Die

Fortschritte der Physik

im Jahre 1880.

Dargestellt

von

der physikalischen Gesellschaft zu Berlin.

XXXVI. Jahrgang.

Dritte Abtheilung,

enthaltend:

Physik der Erde.

Redigirt von

Prof. Dr. B. Schwalbe.

Berlin.

Druck und Verlag von G. Reimer.

1883.

Sechster Abschnitt.

Physik der Erde.

Einleitung zum sechsten Abschnitt.

Bei dem stets wachsenden Material der physikalischen Litteratur erschien es wünschenswerth, dass die Redaktion in der Weise getrennt wurde, dass der rein physikalische Theil und der Abschnitt VI für sich bearbeitet wurden. Es konnte die Frage entstehen, ob es überhaupt erforderlich war, diesen Abschnitt beizubehalten, nachdem die Physik zu so manchen andern Gebieten in nahe Beziehung getreten ist, und diese schon früher nicht mehr eingehend berücksichtigt werden konnten. Mussten doch schon aus der Molekularphysik, aus der Photochemie, aus dem Abschnitt Elektrophysiologie, physiologische Optik, Anwendungen der Wärme, Anwendungen der Elektricität viele Sachen unberücksichtigt bleiben, da gerade diese Zweige so umfangreich und allseitig sich entwickelt haben, dass es nothwendig erscheinen kann, für dieselben besondere Jahresberichte herzustellen. Immer aber ist es für richtig befunden, die Hauptsachen aus diesen Gebieten in dem physikalischen Jahresberichte mit zu berücksichtigen, ohne dass dabei eine Vollständigkeit der gesammten Litteratur, die schon der Umfang der Fortschritte verbieten würde, erreicht werden kann. Aehnlich ist es mit Abschnitt VI. Die Astrophysik und physikalische Geographie bauen sich vorwiegend auf physikalischer Grundlage zu ganz selbständigen Wissenschaften aus, sodass sie eine besondere Darstellung äusserst wünschenswerth machen. Bei der ausserordentlich grossen Anzahl von Journalen, die Material für diese Zweige bergen, den zahllosen Notizen die sich überall zerstreut finden, und der innigen Beziehung zur Astronomie, Geographie und Geologie ist es für die Fortschritte in ihrem jetzigen Umfange nicht möglich die gesammte Litteratur zu berücksichtigen. Wohl aber scheint es auch hier erforderlich den Zusammenhang zwischen den Disciplinen aufrecht zu erhalten, indem die wichtigsten Erscheinungen und Notizen kurz dargestellt werden. Zugleich ist die Litteratur übersichtlich zusammengestellt, so dass immerhin ein Ueberblick über die Hauptsachen dieser mit der Physik aufs engste zusammenhängenden Wissenschaften in ihrem physikalischen Theil gewonnen werden kann. Wer sich mit der Zusammenstellung einer Bibliographie der Journale, die physikalische Litteratur bringen, beschäftigt, und die einzelnen Arbeiten controllirt und sichtet, wird vielleicht zu dem Schlusse kommen, dass eine Herstellung von Jahresberichten in viel ausgedehnterer Form als es bisher der Fall gewesen ist erforderlich sein wird, um eine Verwerthung des gelieferten Materials für spätere Zeiten zu ermöglichen, eine Arbeit, die eine einzelne Gesellschaft freilich nicht gut zu unternehmen vermöchte, wohl aber von grossen wissenschaftlichen Instituten in die Hand genommen werden könnte.

Die rein meteorologischen, tabellarischen, geographischen und astronomischen Arbeiten haben nur z. T. Erwähnung in der Litteratur gefunden und auch viele Arbeiten, die rein physikalisch-kosmischer oder -terrestischer Natur sind, konnten nur kurz berichtet werden, um den Umfang der Berichte nicht zu sehr zu vermehren. Um die Uebersicht zu erleichtern, ist eine etwas andere Anordnung getroffen, deren Abschnitte folgende sind:

VI, 41. Astrophysik.

A. Allgemeines. Theorie der Gestirnbewegungen. Beobachtungen von Observatorien.
B. Die Planeten und ihre Trabanten.
C. Die Fixsterne und Nebel.
D. Die Sonne.
E. Die Kometen.
F. Die Sternschnuppen.
G. Meteorsteine.
H. Das Polar- und Zodiakallicht.

VI, 42. Meteorologie.

A. Allgemeines. Theorien. Kosmische Meteorologie; allgemeine Eigenschaften der Atmosphäre (Zusammensetzung etc.)
B. Apparate und Wettertelegraphie.
C. Meteorologische Optik.
D. Temperatur.
E. Luftdruck und Höhenmessungen.
F. Winde.
G. Feuchtigkeit, Wolken und Nebel.
H. Atmosphärische Niederschläge.
J. Allgemeine Beobachtungen (Klimatologie), Beobachtungen auf Reisen.

VI, 43. Erdmagnetismus.

VI, 44. Atmosphärische Elektricität. (Gewitter etc.).

VI, 45. Physikalische Geographie.

A. Physik der Erde.
1. Ortsbestimmungen, Pendelbeobachtungen, allgemeine Eigenschaften der Erde (Dichte etc.).
2. Boden- und Erdtemperatur.
3. Vulkane.
4. Erdbeben.
5. Hebungen und Senkungen, Gebirge, Thalbildungen, Niveauveränderungen, besondere Verwitterungserscheinungen.
6. Theorien der Erdbildung.

B. Physik des Wassers.
1. Meere (Oceanographie).
2. Seen und Flüsse.
3. Quellen, Grundwasser.
4. Eis, Eiszeit, Gletscher.

VI, 46. Geographie und Reisen (in denen physikalische Beobachtungen sich vorfinden).

Der Umfang soll hierdurch nicht vermehrt werden, auch ist in der Art und Weise der Berichterstattung keine Aenderung getroffen, wenngleich es nicht unzweckmässig erscheinen könnte, anstatt der Einzelreferate Gesammtdarstellungen über die einzelnen Abschnitte zu geben; doch muss sich die Redaktion versagen, hier weiter auf die Einrichtung von Jahresberichten, die Herstellung physikalischer Bibliographieen etc., obgleich ein reiches Material dazu bereit liegt, einzugehen.

Wenn also manche Arbeiten keine Stelle haben finden können, so liegt die Veranlassung dazu wesentlich in dem Umstande der erforderlichen Raumbeschränkung. — Auch für diesen Theil ist die Uebersendung von Originalarbeiten und Einzelwerken äusserst wünschenswerth und kann auch hier nur der Wunsch wiederholt werden, dass die geehrten Gesellschaften ihre Publikationen möglichst bald nach dem Erscheinen der physikalischen Gesellschaft zugehen lassen.

Die in dem ersten Theile der Fortschritte erwähnten Arbeiten sind im letzten Theile nur in besonderen Fällen berücksichtigt.

Die Redaktion
Schwalbe.

41. Astrophysik.

A. Allgemeines. Theorie der Gestirnbewegungen. Beobachtungen von Observatorien.

L. Weinek. Die Photographie in der messenden Astronomie, insbesondere bei Venusvorübergängen. Halle 1879†; Nov. Act. d. Kaiserl. Leop. Carol. Deutsch. Ak. 1-114 (bei Engelmann).

In der vorliegenden Schrift hat Verfasser die Erfahrungen, welche er als stellvertretender Leiter der photographischen Versuchsstation in Schwerin für den Venusdurchgang 1874, ferner als Mitglied der Kerguelen-Venusexpedition und bei der ihm übertragenen Ausmessung der beim Venusdurchgang erhaltenen Photographien gesammelt hat, zusammen mit den Untersuchungen anderer, soweit sie für den vorliegenden Zweck passend erschienen, niedergelegt. Der Zweck, den Verfasser dabei im Auge hatte, war: Eine hauptsächliche Uebersicht des auf dem betreffenden Gebiete geleisteten, als Beitrag zum Verständniss der Specialpublication, betreffend die photographischen Resultate des Vorübergangs 1874, und ferner eine neue Beleuchtung gewisser Kapitel der astronomischen Photographie.

Die Abhandlung zerfällt in zwei Theile, deren erster die Beschreibung und Theorie der Instrumente enthält, während der zweite von den Fehlerquellen des photographischen Bildes handelt.

Es sind zwei Arten von Photoheliographen zur Verwendung gekommen, der bewegliche und der feste, von denen jede Art ihre besonderen Vortheile aber auch Fehlerquellen besitzt.

Beim beweglichen Photoheliographen, der parallaktisch oder horizontal montirt sein kann — letzteres ist wegen grösserer Stabilität und Sicherheit vorzuziehen —, ist es wünschenswerth die Dimensionen möglichst klein zu haben; man wird daher Objektive mit kurzer Brennweite verwenden, muss dann aber um ein genügend grosses Bild zu erhalten ein vergrösserndes Linsensystem einschalten, welches wegen der starken Krümmung der Linsen Verzeichnung im Bilde bewirkt und überhaupt den Apparat complicirter macht und die Ermittelung der Constanten des Instrumentes erschwert.

Der Momentverschluss, mit regulir- und messbarem Spalte versehen, bringt bei dieser Art Montirung durch sein heftiges Hindurchschnellen störende und schädliche Erschütterungen hervor, auch wird beim Plattenwechsel stets die Aequilibrirung des Rohres gestört. Alle diese Uebelstände sind bei fester Aufstellung des Photoheliographen vermieden. Das Objektiv kann von grosser Brennweite genommen und das Sonnenbild daher direct im Focus photographirt werden, wodurch optische Verzeichnungen wegfallen, da diejenigen, die das Objektiv hervorbringt, verschwindend klein sind. Das Fernrohr wird vor den Aufnahmen in ein auf astronomischem Wege bestimmtes Azimut gebracht, sei es in den Meridian oder ersten Vertical, oder in das der Mitte der Beobachtungszeiten entsprechende Azimut der Sonne; ein einfaches Nivellement giebt dann die vollständige Orientirung des Rohres.

Der Cassettentheil des Rohres kann direct in die Dunkelkammer geführt werden, was ein rasches Operiren erleichtert. Jede Erschütterung des Rohres wird dadurch vermieden werden, dass der Momentverschluss isolirt aufgestellt werden kann, etwa nur durch undurchsichtiges Tuch mit dem Rohre verbunden.

Die feste Aufstellung des Rohres, die die vorhin erwähnten Vortheile mit sich bringt, bedingt andrerseits auch eine Einrichtung, welche die optischen Vorzüge der Aufstellung wieder in Frage stellt. Dies ist die Nothwendigkeit das Sonnenlicht durch einen Spiegel in die Rohraxe einzuführen. Wenn es auch möglich ist, wie von französischer Seite behauptet wird, einen vollständig ebenen Spiegel herzustellen, so sind jedenfalls Andeutungen vorhanden, dass bei der Erwärmung durch die Sonnenstrahlen Krümmungen der Oberfläche eintreten, deren Folge Verzeichnungen des Sonnenbildes sind. Wolf und Martin bringen deshalb durch ein Parallelogramm einen kleineren Spiegel in Verbindung mit dem Hauptspiegel, der demselben immer genau parallel bleibt. Dies ermöglicht ein Einstellen des Hauptspiegels ohne Belichtung desselben, so dass dieselbe nur im Momente der Exposition stattzufinden braucht, und die Erwärmung also auf ein Minimum beschränkt wird. Je schräger die Sonnenstrahlen zur Spiegelebene einfallen und reflektirt werden, um so mehr kommen die Unvollkommenheiten desselben zur Wirkung, weshalb es vortheilhaft ist, das Fernrohr in das für die Mitte der Erscheinung geltende Azimut der Sonne zu richten.

Zur Orientirung des Bildes und seiner Einzelheiten, ferner zur Ermittelung der optischen Verzeichnung und der später zu besprechenden Verziehungen der empfindlichen Schicht wird ein Fadennetz oder wegen der grösseren Festigkeit ein auf eine Glasplatte gezogenes Strichsystem im Focus aufgestellt und mitphotographirt. Die Gitterplatte muss daher erst selbst orientirt sein, und dies kann auf verschiedene Weise erreicht werden. Beim beweglichen Photoheliographen kann man folgendermaassen verfahren: Setzt man hinter der Gitterplatte an Stelle der Camera ein astronomisches Ocular ein und bringt das Instrument in den Meridian, so lässt sich durch Beobachtung von Aequatorsternen die Horizontalität der Striche erreichen. Da indessen die Striche nicht viel länger sind wie etwa der Sonnendurchmesser, und die vertieften Diamantstriche Beugungen und Versetzungen des Sternbildes bewirken, so ist diese Methode kaum genau genug, wenn später mittels des Gitters Positionswinkel bestimmt werden sollen, Durch Vision mit einem Universalinstrumente durch das Objektiv hindurch würde man auch den Zweck erreichen; es ist hierbei aber eine sehr genaue Centrirung der beiden Objektive auf einander nöthig, weil sonst Verzerrungen entstehen. Ferner könnte man eine Kante der photographischen Platte abschleifen und dieselbe auf die genau nivellirte untere Fläche der Cassette aufsetzen. Als genauestes und einfachstes Verfahren dürfte sich die Aufnahme von Sonnendoppelbildern auf derselben Platte bei festgeklemmtem Rohre empfehlen. Beim festen Photoheliographen ist die Orientirung sehr einfach durch Mitphotographirung eines nivellirten Lineals, welches den oberen oder unteren Theil der Platte bedeckt, zu erreichen.

Der Winkelwerth eines Millimeters der Gittertheilung wird nach Ansicht des Verfassers am genauesten durch Messung der Brennweite des Objektives bestimmt. Man könnte ihn auch durch Sternpassagen — wie beim Meridianinstrumente — ermitteln. Eine Bestimmung durch Vergleichung des gemessenen Sonnenbildes mit dem bekannten Sonnendurchmesser ist nicht zu verwenden, da beinahe keine Platte denselben Sonnendurchmesser giebt wie die andere.

Die weiteren Kapitel des ersten Abschnittes, in denen Verfasser das Centriren des Photoheliographen, was zur Erreichung scharfer und guter Bilder sehr exact ausgeführt werden muss, und die Ermittelung der optischen Constanten des Apparates — Brennweitenbestimmung und Focusdifferenzbestimmung — behandelt, können hier füglich übergangen werden.

Der zweite Abschnitt handelt von den Fehlerquellen des photographischen Bildes. Die gefährlichste dieser Fehlerquellen ist die Verziehung der photographischen Schicht nach der Exposition durch die folgende Behandlung zum Hervorrufen und Fixiren und durch Trocknen und Lackiren. Die in proportionaler

Weise vor sich gehenden Verziehungen können durch das Mitphotographiren des Gitters ermittelt und zum grössten Theile unschädlich gemacht werden, aber nicht so die lokalen Verziehungen. Verfasser führt verschiedene Untersuchungen hierüber an. RUTHERFURD schloss aus seinen Photographien der Plejadengruppe und anderer Sternhaufen, dass keine grösseren schädlichen Verziehungen existirten, besonders wenn die Glasplatten vorher mit Albumin überzogen wurden. PASCHEN fand aus Messungen von Gitterphotographien albuminirter nasser Platten proportionale Contractionen von $^1/_{522}$, $^1/_{618}$, $^1/_{1856}$, aber keine lokalen Verziehungen, bei einer nicht albuminirten Platte $^1/_{8123}$, aber Andeutungen einer ungleichmässigen Contraktion. In Anbetracht der von PASCHEN gefundenen grossen Werthe hat RUTHERFURD seine Messungen an Gitterphotographien sowohl im nassen als trocknen Zustande wiederholt, wobei sich herausstellte, dass die trocken gemessenen Platten ein grösseres Linienintervall gaben wie die nassen, welcher Unterschied sich aber schon durch Annahme einer durch Verdunstung um 2,2° Celsius niedrigeren Temperatur der nassen Platten erklären lässt. Als mittlere Verziehung fand RUTHERFURD $^1/_{84706}$. H. C. VOGEL und LOHSE fanden bei Trockenplatten ebenfalls nur sehr geringe Verziehungen, etwa $^1/_{5000}$. H. W. VOGEL kommt in seinen eingehenden Untersuchungen zu dem Resultate, dass verschiedene Collodiumsorten verschiedene Verziehung geben, dünne Schichten geringere wie dicke, und dass das Lackiren unregelmässige Verziehungen bewirkt. Er empfiehlt vor dem Collodioniren die Platten mit einer dünnen Kautschukschicht zu überziehen. Bei Bromsilber-Trockenplatten fand er starke Verziehungen bis zu $^1/_{300}$ wenn sauer entwickelt wurde, bei alkalischer Entwickelung keine Verziehungen.

Schliesslich hat Verfasser selbst mit dem Apparate, der bei der Ausmessung der Expeditionsphotographien bemerkt worden war, Gitterphotographien gemessen und zwar Platten in noch nassem Zustande, trocken, und warm lackirt. Das Resultat fasst er in Folgendem zusammen: „Lokale Verziehungen der photographischen Schicht durch Antrocknen derselben von einem Betrage von 0,003 Millimeter, noch viel weniger von grösserem Betrage, also auch, da Längen von 122 Millimeter gemessen wurden, proportionale Verziehungen von $^1/_{40000}$ konnten nicht gefunden werden. Kleinere Verziehungen, wenn sie vorhanden waren, wurden von der Messungsunsicherheit überdeckt. Die photographische Schicht trocknete also völlig senkrecht an. Durch warmes Lackiren scheinen Veränderungen in der Schicht vorgegangen zu sein, die aber immerhin als wider Erwarten klein bezeichnet werden müssen.“ Aus den Untersuchungen der Expeditionsplatten selbst hat sich ergeben, dass bei den nassen Platten keine ausgesprochenen Verziehungen stattgefunden hatten, während die Trockenplatten solche bis 0,02 Millimeter zeigten.

Eine zweite Fehlerquelle liegt in der Verzeichnung des Bildes durch den optischen Apparat, hauptsächlich durch das Vergrösserungssystem. Bei einer Dehnung des Bildes durch Verzeichnung wird das Verhältniss eines Gitterintervalles am Rande zu dem des Originals einen grösseren Vergrösserungsfactor geben wie in der Mitte. Für eine bestimmte Richtung, die durch die Mitte des Gesichtsfeldes geht, wird man also das Gesetz der Aenderung des Vergrösserungsfactors ermitteln können und nun weiter untersuchen, ob und wie dieses Gesetz sich ändert, wenn die Richtung geändert wird.

Das letzte Kapitel enthält zunächst eine theoretische Darstellung der Beugungserscheinungen nach André und handelt sodann über das Verhalten der Photographie gegenüber den Beugungserscheinungen. Die Versuche Angot's zeigen, dass die sogenannte chemische Irradiation — das Ausbreiten hellerer Partien über dunkle bei längerer Exposition — keineswegs ein Fortrücken der chemischen Action über die wirkliche Lichtgrenze hinaus ist, sondern dadurch verursacht wird, dass die jenseit der für das Auge scheinbaren Lichtgrenze liegenden Beugungsmaxima bei längerer Exposition allmählich immer mehr von der empfindlichen Schicht aufgefasst werden. Je stärker der Contrast zwischen hell und dunkel, je empfindlicher die Platte und je länger die Expositionsdauer ist, um so mehr wird von dem durch Beugung abgetonten Rande des hellen Bildes mitphotographirt werden.

Da diese Bedingungen im Allgemeinen von Platte zu Platte variabel sind, so ist es nicht zu verwundern, dass z. B. bei Sonnenphotographien keine Platte denselben Durchmesser giebt wie die andere. Die Photographien des Venusdurchgangs zeigen sogar, dass auch die Summe der Durchmesser von Sonne und Venus für die verschiedenen Platten nicht eine Constante ist.

Schnr.

CH. V. ZENGER. La loi fondamentale du mouvement planétaire dans le système solaire. Mem. d. Spettrosc. ital. 1880. H. 9†.

Das angebliche Gesetz lautet: Die siderischen Umlaufszeiten S aller Planeten sind Multipla der halben Rotationszeit r der Sonne, und ebendasselbe findet mutatis mutandis in dem Systeme der Erde, des Jupiter, des Saturn und des Uranus statt. (Von den Trabanten des Mars, wo die Umlaufszeit des inneren kleiner als der halbe Marstag ist, ist nicht die Rede.) Man sollte danach meinen, dass der Verfasser den Nachweis zu führen gesucht habe, dass alle Umlaufszeiten innerhalb der Beobachtungsfehler der Form $S = N.r$, wo für N eine ganze Zahl zu nehmen ist, genügen. Allein statt dessen bestimmt er die Grösse

$$r = 12{,}6 + x$$

durch die Form

$$N = \frac{S}{12{,}6 + x},$$

und freut sich der scheinbar guten Uebereinstimmung, welche die Werthe von x zeigen, wenn er sie aus den Umlaufszeiten der einzelnen Planeten berechnet. In Wirklichkeit aber sind die Abweichungen der einzelnen x untereinander ganz enorm. Denn wenn z. B. der Verfasser die halbe Rotationsdauer der Sonne aus der Umlaufszeit des Neptun durch Division mit 4772 gleich 12,5979 Tage ableitet, so ist dies eine so enorme Abweichung von dem von ihm angegebenen Mittel aus allen Planeten 12,5607, dass sogar der wahre Werth des anzunehmenden Divisors um Dutzende von Einheiten unsicher bleibt. Ja man kann behaupten, dass wegen bisher nur mangelhaft ausgeführter Entwickelung der zwischen Uranus und Neptun bestehenden sog. grossen Ungleichheit die Umlaufszeiten dieser beiden Planeten gar nicht einmal genau genug bekannt sind, um ein derartiges Gesetz ernstlich zu prüfen. Ganz ähnlich liegt die Sache bei den vom Verfasser discutirten Trabantensystemen. Auch nimmt er es hier sogar noch weniger genau mit den Zahlenwerthen und richtigem Rechnen, als bei den Planeten; bei dem Uranussysteme geht der Verfasser sogar von einer halben Umlaufszeit aus, die „à peu près = 6^h“ ist. Das ist nun freilich nicht die Art fundamentale Gesetze zu ermitteln. *Schnr.*

A. A. MICHELSON. Plan zur Bestimmung der absoluten Geschwindigkeit des Sonnensystems durch den Raum. Beibl. 1880, 548; Nat. XXI, 532†.

Herr MICHELSON schlägt vor zur Erreichung des vorliegenden Zweckes die physikalische Bestimmung der Lichtgeschwindigkeit zu benutzen und zwar unter Vermeidung des bei den bisherigen Methoden nöthigen Umstandes, dass das Licht denselben Weg hin- und zurücklaufen muss. Vielmehr soll vermittels rotirender Spiegel die Lichtgeschwindigkeit sowohl in der Richtung der Bewegung des Sonnensystems als auch in der umgekehrten bestimmt werden. Verfasser ist im Begriffe betreffende Versuche anzustellen. *Schnr.*

M. FAYE. Sur l'hypothèse de LAPLACE. C. R. XC, 566†; Mondes (2) XLI, 645-647; Beibl. 1881, 439. 7.

— — Sur l'origine du système solaire. C. R. XC, 637 bis 643†; Mondes (2) XLI, 622-628. 685-686; Beibl. 1881, 439. 7a.

Die rückläufige Bewegung der Uranusmonde und des Neptunmondes stehen scheinbar im Widerspruche mit der LAPLACE'schen Theorie. Die vorliegenden Aufsätze sind ein Versuch, aus der Annahme eines rotirenden Urnebels, dessen Dichtigkeit nach dem Centrum zunimmt, diese scheinbaren Anomalien als Nothwendigkeiten zu erklären. Ferner wird gezeigt, dass die Kometen als ursprünglich zum Sonnensystem gehörend zu betrachten seien.

Schnr.

G. Forbes. The most distant planets. Athen. 1880 (1) 765†; R. Soc. Edinb.

In einer der Royal Society of Edinburgh vorgelegten Schrift leitet Verfasser aus den Apheldistanzen der periodischen Kometen die Existenz zweier ultraneptunistischen Planeten her in den resp. Entfernungen von 100 und 300 Erdbahnhalbmessern. Aus 7 Kometen, deren Apheldistanz etwa 100 Erdbahnradien beträgt, schliesst Verfasser sogar auf den Ort des näheren der beiden Planeten und giebt denselben an zu 11 h 40 m + 3° (für 1880?). Die Umlaufszeiten müssten etwa 1000, resp. 5000 Jahre betragen.

Schnr.

G. H. Darwin. Zur Geschichte des Mondes und der Erde. Naturf. 1880, 78-80; Phil. Trans. 1879; Astr. Nachr. No. 2294†.

Die durch die gegenseitige Anziehung von Erde und Mond auf ersterer erzeugte Flutherscheinung und die hiermit jedenfalls verbundene Reibung hat Verfasser einer eingehenden Untersuchung unterzogen und die hierbei gefundenen Resultate auf die Urgeschichte unserer Erde angewandt. Er hat seine Theorie unter der Hypothese einer im Inneren der flüssigen Erde stattfindenden Fluthwirkung aufgestellt, wobei er jedoch bemerkt, dass fast dieselben Resultate auch unter Annahme der Meeresfluth folgen.

Augenblicklich haben wir in dem Systeme von Erde und Mond folgende Verhältnisse: Die Erde rotirt in 24 Stunden um ihre Axe, und ihr Aequator schwankt um den mittleren Aequator (the proper plane of the earth) mit einer Amplitude von 9″ in einer Periode von 19 Jahren (Nutation). Der mittlere Aequator ist gegen die Ekliptik geneigt um einen Winkel von 23° 28′. Der Mond bewegt sich um die Erde in 27,3 Tagen in einer Ellipse mit der Excentricität $^1/_{18}$. Seine Bahn ist um 5° 9′ gegen eine dem System eigenthümliche Ebene (the proper plane of the orbit) geneigt, welche ihrerseits eine Neigung von 8″ gegen die Ekliptik besitzt.

In früheren Zeiten ist nun die Umlaufszeit des Mondes bedeutend kürzer gewesen, im Anfange betrug sie etwa 2 bis 4 Stunden. Die Neigung der Mondbahn gegen die vorhin erwähnte Ebene ist früher grösser gewesen, im Maximum 6° bis 7°. Diesen Maximalwerth hatte die Neigung jedoch nicht im Anfange, zuerst muss sie nahe Null gewesen sein. Die Neigung der dem System eigenthümlichen Ebene hat einen Maximalwerth von 11° 45′ gehabt, kann aber im Anfange kleiner gewesen sein. Die Excentricität der Mondbahn ist verschiedenen Schwankungen unterworfen gewesen, die je nach der Natur der Fluthen (ob im Innern oder aussen) anders gestaltet sind. Die Rotation der Erde war zuerst gleich der Umlaufszeit des Mondes, also 2 bis 4 Stunden, sodass beide Körper sich nahe berührten, und der Mond immer derselben Stelle der Erdoberfläche gegenüberstand, oder nur eine sehr langsame scheinbare Bewegung besass. Die Neigung des Erdäquators gegen den mittleren Aequator hat ein Maximum von 2° 45′ gehabt, war aber im Anfange sehr nahe Null. Die Neigung des mittleren Aequators gegen die Ekliptik war anfangs 11° 45′. Der Verfasser schliesst nun aus alle dem, dass der Mond wahrscheinlich in Folge sehr rascher Rotation der ursprünglichen Gesammtmasse von Erde und Mond abgetrennt worden sei. Hiermit stimmt sehr gut überein, dass die kürzeste Rotationszeit einer flüssigen Masse von der mittleren Dichtigkeit der Erde, welche noch für das Bestehen dieser Masse gestattet ist, $2^h\ 24^m$ beträgt.

Das Minimum der Zeit, welche seit jenem Anfangszustande bis jetzt verflossen ist, findet Herr Darwin zu 54 Millionen Jahren; in Wirklichkeit wird dieser Zeitraum viel grösser sein.

Schnr.

S. Glasenapp. Influence de la pente de réfrigence sur la réfraction astronomique. C. R. XC, 967-969†; Mondes (2) LIII, 579.

Man hat bis jetzt bei allen Theorien der Refraktion vorausgesetzt, dass in unserer Atmosphäre die Schichten gleicher Dichtigkeit concentrisch zur Erdoberfläche liegen. Diese Bedingung ist jedenfalls in Wirklichkeit nicht erfüllt, aber der Einfluss dieser Anomalie — pente de réfrigence — auf die Refraktion kann nur sehr gering sein. Trotzdem hält Verfasser es für nöthig diesen Einfluss genauer zu erforschen und giebt fünf Gesichtspunkte an, unter denen dies geschehen soll: 1) Den Einfluss der p. d. r. vermittels Beobachtungen an verschiedenen Fixsternen zu bestimmen (hiermit hat Verfasser selbst begonnen); 2) die Aenderung dieses Einflusses als Funktion der Zenithdistanz zu untersuchen; 3) eine etwaige jährliche Periode und deren Grösse zu bestimmen; 4) zu untersuchen, welchen Einfluss die jährliche Ungleichheit auf die Parallaxe der Fixsterne und die Aberration ausübt; 5) die seitliche Refraktion zu studiren.

Es erscheint uns sehr fraglich, ob überhaupt eine solche Gesetzmässigkeit, wie sie Verfasser anzunehmen scheint, existiren kann; jedenfalls wird die definitive Erledigung der Frage noch in sehr weiter Ferne liegen. *Schnr.*

L. Gaussin. Lois concernant la distribution des astres du système solaire. C. R. XC, 518-520†; Mondes (2) LI, 557-560.

P. E. Chase. Sur les positions des principales planètes. C. R. XC, 912-913†.

Die Entfernungen der Planeten von der Sonne und die der Trabanten von ihrem Planeten bilden eine geometrische Progression

$$u = \alpha K^n.$$

Für die einzelnen Trabantensysteme (Jupiter, Mars, Saturn) werden die Werthe von K und α bestimmt. Für die Planeten findet man $\alpha = 1$, $K = 1{,}7229$ und nimmt Merkur die achte Stelle in der Reihe ein und von da folgen in regelmässiger Progression die übrigen Planeten bis Neptun (16). Die berechneten Werthe stimmen mit den wirklichen im Ganzen überein. Herr

CHASE geht von der halben grossen Axe der Jupiterbahn aus, während GAUSSIN die der Erdbahn genommen hatte, und findet dann, dass die harmonische Reihe $^1/_{13}$, $^1/_7$, $^1/_5$, $^1/_3$, 1, 2, 4, 6 die Entfernungen besser wieder giebt. *Sch.*

FAYE. Annuaire du Bureau des Longitudes pour l'année 1881. C. R. XCI, 1017†.

Neben den Angaben über Zeitbestimmungen u. s. w. enthält der Band eine Tabelle der Brechungsindices der Gase und Dämpfe von MASCART, eine Geschichte der verschiedenen astronomischen Observatorien, die vor der Revolution in Frankreich vorhanden waren und eine vergleichende Geologie von Mond und Erde. *Sch.*

S. TOLVER PRESTON. On the possibility of accounting for the continuance of recurring changes in the universe, consistently with the tendency to temperature equilibrium. D'ALMEIDA J. IX, 65; Philos. Mag. (5) VIII, 152†.

Der Verfasser vergleicht die kosmischen Verhältnisse mit denen eines Gases von zusammengesetzten Molekülen. „In einem Gase findet bei jedem Molekularzusammenstoss Zerstreuung der Energie statt, aber die Energie ist nicht verloren, sie wird auf einen anderen Punkt übertragen und die mittlere Temperatur bleibt dieselbe. Wenn man die einzelnen Moleküle bei gewöhnlicher Temperatur sehen könnte, so würden auch einige glänzend roth oder weiss sein.“ Dieser Vergleich mit den leuchtenden Weltmolekülen „den Himmelskörpern“ wird durchgeführt. *Sch.*

A. RITTER. Anwendungen der mechanischen Wärmetheorie auf kosmologische Probleme. VI Abhandlungen über die Constitution gasförmiger Weltkörper. Hannover 1879. Z. S. f. Met. XV, 150; Astron. Nachr. XCVII.

Der Verfasser hat seit einer Reihe von Jahren in WIEDEM. Ann. Abhandlungen theoretischer Natur über die Constitution der Atmosphäre und die gasförmiger Weltkörper entwickelt, indem er die mechanische Wärmetheorie zu Grunde legt. Vgl. WIEDEM. Ann. V, 405 (1878) und die folgenden Bände. Auch 1880 sind die Publicationen fortgesetzt:

A. RITTER. Untersuchungen über die Höhe der Atmosphäre und die Constitution gasförmiger Weltkörper. Ann. d. Phys. (2) X, 130-143†; Cimento (2) VIII, 262-267.

Diese letztere umfasst § 27: Einfluss der Condensirbarkeit der Gase auf die Höhe einer aus denselben gebildeten Atmosphäre. § 28: Grenzbedingungen für die Möglichkeit des Vorhandenseins einer Atmosphäre. § 29: Dispersionstemperatur einer kosmischen Eiskugel. — Dispersionstemperatur ist die Grenztemperatur, bei welcher die Gravitationskraft des Weltkörpers nicht mehr ausreichen würde, die Atmosphäre an denselben zu fesseln und eine Zerstreuung desselben in unendliche Räume zu verhindern. Von den früheren Paragraphen mögen erwähnt werden: 1) Indifferenter Gleichgewichtszustand der Atmosphären. 2) Atmosphärenhöhe für ein vollkommenes Gas. 3) Atmosphäre von reinem Wasserdampf. 4) Gemisch von Dämpfen und vollkommenen Gasen. 5) Kritik der aufgestellten Hypothesen. 6) und 7) Zustände im Innern des Erdkörpers etc. 15) Begründung der Hypothese des indifferenten Gleichgewichts durch die kinetische Gastheorie. 16) Mechanisches und chemisches Gleichgewicht einer verticalen Luftsäule. 17) Höhe des Schwerpunktes der Luftsäule. 18) Einfluss der Wärmestrahlung. 19) Verallgemeinerter Beweis von der constanten Schwerpunktshöhe der verticalen Luftsäule etc.

Die Besprechung und Berichterstattung über diese Arbeiten, deren Schlussfolgerungen von grossem Interesse für die kosmische Physik sind, ist erst im Anschluss an die Bände der Fortschritte 1878/79 möglich; auch gehören diese Arbeiten naturgemäss in das Gebiet der mechanischen Wärmetheorie IV, 19. *Sch.*

E. WIEDEMANN. On a means to determine the pressure at the surface of the sun and stars and on some spectroscopic remarks. Philos. Mag. (5) X, 123-126†; Monthl. Not. XL Suppl. 627-628; Proc. phys. Soc. IV H. 1, 31. cf. III, 12.

Der Verfasser giebt an, dass er darauf aufmerksam gemacht, dass da die grösste Zahl von Interferenzen, die man in den von einem Gas ausgehenden Lichtstrahlen beobachten kann, ein Maass für den Druck in demselben giebt, man Schlüsse auf die physikalische Constitution der Himmelskörper machen kann, wenn man diese Grösse für das von Himmelskörpern kommende Licht ermittelt. Sodann wird darauf hingewiesen, dass die Schlussfolgerungen aus spektroskopischen Beobachtungen elektrischer Entladungen in Beziehung auf Temperatur und Druck bei den Himmelskörpern sehr vorsichtig anzuwenden sind, da bei Gasgemischen durch den Funken oft nur ein Gas leuchtend wird und ein Gas durch die elektrische Entladung schon unter 100° leuchtend werden kann. *Sch.*

E. HOLDEN. Catalogue of U. S. Naval Observatory. I. Astronomical Bibliography. SILLIM. J. (3) XIX, 249.

SAFFORD T. St. Catalogue of the mean declination of 2018 stars between 0^h to 2^h and 12^h to 24^h R. A and 10° to 70° N. decl. for Jan. 1. 1875. SILLIM. J. (3) XIX, 249-250.

PICKERING. Annals of the Astronomical Observatory of Harvard College Bd. XI, II. Cambridge 1879. SILLIM. J. (3) XIX, 250.

Fortsetzung der photometrischen Beobachtungen (1877—79). Unter der Annahme dass die Satelliten die Albedo ihrer Hauptkörper haben, die Asteroiden die des Mars, sind die Durchmesser in Meilen (engl.)

beim	Phöbos	5,57	m
-	Deimos	4,85	-
-	Pallas	167	-
-	Juno	94	-
-	Vesta	319	- etc.

Sch.

C. MAXWELL. On a possible mode of detecting a motion of the Solar System through the luminiferous ether. Naturf. 1880, 185; Athen. 1880 (2) 1556; Beibl. 1880, 356-357; Proc. R. Soc. 22. Jan. 1880. XXX, 108-110.

Aus einem Briefe von Herrn MAXWELL an Herrn TODD: Messungen über die scheinbare Verzögerung der Verfinsterungen der Jupitermonde, wie sie von der geocentrischen Stellung des Jupiters beeinflusst wird, können allein vielleicht ein Mittel geben, um eine Schätzung von der Richtung und Grösse der Geschwindigkeit der Sonne in Beziehung auf den Lichtäther zu machen. Durch die Aberrationsmethode werden nur Differenzen der Sternpositionen erhalten, ebenso sind die terrestrischen Methoden der Bestimmung der Lichtgeschwindigkeit nicht geeignet. In der Encyclopädia Britannica sind alle Thatsachen gesammelt, welche Herr MAXWELL über die relative Bewegung des Aethers und der Körper kannte. *Sch.*

Litteratur.

Allgemeines. Mathematisch-theoretisch.

Rapports de MM. CATALAN, DE TILLY et V. D. MENSBRUGGHE sur le mémoire de M. SAVILLART concernant les mouvements relatifs de tous les astres du système solaire. Bull. d. Brux. 1874 (2) XLVIII, 96. 103.

P. BRETON. Études sur les orbites hyperboliques et sur l'existence probable d'une réfraction stellaire. Paris. Gauthier-Villars. 1880.

E. J. STONE. Mémoire sur l'évidence d'une relation antérieure entre quatre étoiles du sud nettement distinctes aujourd'hui. Mondes (2) LII, 363-368.

TISSERAND. Sur des transcendantes qui jouent un rôle fondamental dans la théorie des perturbations planétaires. C. R. XC, 1093-1096.

G. DARBOUX. Sur des transcendantes qui jouent un rôle important dans la théorie des perturbations planétaires. C. R. XC, 1416-1419.

G. Darboux. Sur des transcendantes qui jouent un rôle important dans la théorie des perturbations planétaires. C. R. XC, 1472-1474.

O. Callandreau. Sur les transcendantes qui jouent un rôle fondamental dans la théorie des perturbations planétaires. C. R. XC, 1154-1156. 1201-1203.

R. Hoppe. Ueber die Ausdehnung der Kepler'schen Gesetze. Grunert Arch. LXVI, H. 1, p. 107-112.

M. C. Lagrange. De l'origine et de l'établissement des mouvements astronomiques (2 parties). Bruxelles 1881. 5 fr.; P. Bibl. 1880. 2.

H. Seeliger. Wahrscheinlichkeitsbetrachtungen über die Vertheilung zufälliger Fehler. Astron. Nachr. XCVII, No. 2323, p. 289-303.

Gyldén. Versuch einer mathematischen Theorie zur Erklärung des Lichtwechsels der veränderlichen Sterne. Helsinfors 1880.

Langley. Advantage for astronomical observing at a great elevation above the sea-level. Athen. 1880 (2) p. 150.

J. J. Landeur. Les atmosphères des corps célestes. Mondes (2) LIII, 102-107.

W. Fabricius. Ueber den Fall des grössten Kreises bei Bahnbestimmungen aus 3 beobachteten Orten. Astr. Nachr. XCVI, No. 2298, p. 279-286.

A. Weiler. Das Problem der drei Körper in der neuen Störungstheorie. Astron. Nachr. XCVII, No. 2311, p. 97-112, No. 2313, p. 129-144.

Christie. On the systematic errors of the Greenwich North Polar Distances. Athen. 1880 (1) 91; Astron. Soc. 9./1. 1880.

Th. v. Oppolzer. Eine Bemerkung über die Berechnung der Refraktion. Astron. Nachr. XCII, No. 2156, p. 29. 1880.

A. Souchon. Sur un point de la théorie analytique du système du Monde. Astr. Nachr. XCVII, No. 2318, p. 209 bis 224.

The Unity of Nature. Engineering XXX, 493-494.

Observatorien und ihre Beobachtungen.

Publications of the Cincinnati Observatory No. 5. 1879. Sillim. J. (3) XIX, 249. (Sternmessungen.)

L'observatoire de Nice. Mondes (2) LIII, 548-549. (Nachrichten über Anlage etc.).

Annual report 1878. Dudley Observatory. Albany 1879. 8.

Vienna equatorial No. III. Engineering XXIX, No. 746, p. 309 bis 311.

Astronomical observations and researches made at Dunsink (Dublin). 1879. III.

Observatoire du Harvard College. Mondes (2) LI, 656-657.

E. J. Stone. Astronomical observations at the Royal Obs. (Cape of Good Hope) 1875. 1877 publ.

Th. Bredichin. Annales de l'observatoire de Moscou. V. 1878. Moscou: Sur la résistance de l'éther produite par le mouvement de translation du système solaire.

Galle. Mittheilungen der k. Universitäts-Sternwarte Breslau über die bisher gewonnenen Resultate für die geographischen und klimatologischen Ortsverhältnisse. Breslau, Maruschke. 7,20 M. Litter. C. Bl. 1880, 310.

Annalen der k. k. Sternwarte in Wien. (3) XXXVIII. 1878. Wien 1879.

Rapport annuel sur l'état de l'observatoire de Paris pendant l'année 1879. Mondes (2) LII, 395.

Cappanera. L'osservatorio di Cincinnati. La Natura IV, Heft 2.

Melbourne Astronomical observations (Ellery). Bespr. Athen. 1880 (1) 570.

Cambridge Astronomical observations (Challis). Athen. 1880 (1) p. 570.

Ed. Hagenbach, J. Piccard, J. Stehlin. Bernollianum,

Anstalt für Physik, Chemie und Astronomie an der Universität Basel. CARL Rep. XVI, 159-171.

ED. HAGENBACH. Bericht über die Ausrüstung der astronomischen Anstalt. CARL Rep. 1880. XVI, 171-179.

Results of astronomical observations made at the R. Observatory, Cape of Good Hope, during the year 1876. Cape Town 1879. 8°.

Greenwich observations for 1877. Athen. 1880 (2) p. 285. Publ. d. Greenw. Observ. für 1877. (Anzeige).

L. JAUBERT. Instruments du grand observatoire populaire. Mondes (2) LI, 112-114.

Das astro-physikalische Observatorium in O'Gyalla. Ung. Litt. Ber. III, H. 3, p. 559-567.

E. C. PICKERING. Annual Report of Harvard College. Cambridge 1880. 8°. p. 1-14.

The Melbourne observatory. Nature XXI, 240.

Proceedings of Observatories. (Greenwich, Cambridge etc.). Monthl. Not. Febr. 1880. XL, 213-238.

Observatoire de Meudon. Mondes (2) LI, 112.

MOUCHEZ. Annales de l'observatoire de Paris. Observations 1877. Paris Gauthier-Villars 1880. 4°.

A. HALL. On the progress of Astronomy. Nature XXII, 570-574.

STONE. Results of the astronomical observations made at the Radcliffe observatory Oxford in the year 1876. Athen. 1880 (2) p. 574.

Observations at the Cambridge Observatory XXII. T. n. Athen. 1880 (1) p. 796.

Kosmogenie.

B. PEIRCE. Propositions in cosmical physics. Proc. Amer. Ac. Boston (2) VII. Abt. 1 (1879) 1880, 201-202.

H. PHILLIPS. An account of an old work on Cosmography. Proc. Amer. Soc. XVIII. No. 105 1880 (1) 443.

KLUK-KLUCZYCKI. Gänzliche Reform der Himmelsmechanik auf Grund der induktiven Logik mit streng berechtigter, philosophischer und mathematischer Nachweisung. Leipzig. 1880

BUDDE. Das CLAUSIUS'sche Gesetz und die Bewegung der Erde im Raume. Ann. d. Phys. (2) X, 553-560; D'ALMEIDA IX, 414.

(Schluss: Beobachtung relativ ruhender Ströme und Ladungen auf der bewegten Erde für Verification des CLAUSIUS'schen Gesetzes ist nicht zu gebrauchen.)

TH. W. TOBIN. A new hypothesis regarding comets and temporary stars. Athen. 1880 (1) p. 604. T. u. J. Frankl. Inst. 1880. April.

J. CROLL. The temperature of space and its bearing on terrestrial physics. Nature XXI, 521.

P. E. CHASE. Cosmical Determination of JOULE's equivalent. Philos. mag. (5) X, 70.

(Aus der Temperaturdifferenz am Aequator und Pol.)

FAYE. Sur les idées cosmogéniques de Kant, à propos d'une réclamation de priorité de M. SCHLÖTEL (Würzbourg). C. R. XC, 1246-1252.

DAUBRÉE. Descartes, l'un des créateurs de la Cosmologie et de la Géologie. Mondes (2) LII, 125; C. R. XC, 1324-1327. (Historisch.)

RESAL. Sur l'Astronomie nautique. LIOUVILLE J. 1880 (3) VI, 85-88.

J. A. MONCRIEFF. The scientific structure of the Universe. With maps of the Great Globe of the Heaven. London. Ward 1881. 10,5 sh.

REMY. Stellung und Bewegung des Sonnensystems im Weltraum. Z. S. f. ges. Naturw. (3) IV. 1880. LII, 476. (Populär. Vortr.)

MILLOSEVICH. Riflessioni sulla navigazione astronomica e specialmente sulla „Nouvelle navigation astronomique.“ Atti d. Ist. Ven. (5) V, H. 10. 1878/79.

M. W. MEYER. Kosmographisches Skizzenbuch. Leipzig. Brockhaus 1879, 1-368. Besp. Naturf. 1880, 68.

C. FERRANDI. Découvertes et idées nouvelles sur les mondes du ciel. Bastia. 1880.

KIRKWOOD. The cosmogeny of Laplace. Proc. Amer. Soc. XVIII. 1879, 2, No. 104, p. 324-327.

PROCTOR. De l'existence d'un soleil central. Mondes (2) LIII, 351-352.

Vermischtes. (Kalendarisches etc.)

DOOLITTLE. A pile of balls. Bull. philos. soc. Washingt. III, 76-77.

J. LANDERER. Los atmósferos de los cuerpos celestes. Cronica cientifica 1880, No. 68-69, p. 473.

ABETTI. Sulla determinazione del tempo coll'osservazione dei passaggi delle stelle pel verticale della polare Vinezia. 1880. broch. 8°.

Handbuch der Navigation nebst den neusten Methoden der astronomischen Ortsbestimmung. Berlin 1879. Mittler und Sohn p. 1-342; Litt. C. B. 1880, 10.

S. NEWCOMB. Remarks on the temperature of space. Bull. philos. Soc. Wash. II, 73.

TAYLOR. On the temperature of space. Bull. philos. Soc. Wash. II, 73.

PEARSON. Computation of occultations and eclipses. Proc. Ir. Ac. III, 2 u. 3. 1878/79.

Connaissance des temps ou des mouvements célestes, à l'usage des astronomes et des navigateurs pour l'an 1880 publiée par le Bureau des Longitudes. Paris 1878. 8°.

P. SMYTH. Colour in practical Astronomy spectroscopically examined. Trans. R. Soc. Edinb. XXVIII, (3) 1877/78, 779-847.

Planetarium. Nature XXI, 568.

HALL. Astronomical photography. Bull. Philos. soc. Wash. I. 1874, 28.

Uebersicht, was auf diesem Gebiet geleistet.

Allongement des jours terrestres. Mondes (2) LI, 239-240.

Mémain. Notice sur l'ancien calendrier hebraïque et sur ses rapports avec les autres calendriers. Mondes (2) LI, 126-127.

B. Die Planeten und ihre Trabanten.

J. N. Stockwell. Ungleichheit der Mondbewegung in Folge der Polabplattung der Erde. Sillim. J. Nov. 1879, 387; Naturf. 1880. XIII, 1-2†.

— — Inequalities of the moon's motion produced by the oblateness of the earth. Sillim. J. (3) XIX, 1-10.

Die Anziehung eines sphäroidischen Körpers muss von der einer Kugel mit derselben Masse verschieden sein, da die Anziehung nicht nur von dem Abstand des angezogenen Punktes vom Erdmittelpunkte, sondern auch vom Abstand vom Aequator beeinflusst wird. Die Anziehung würde in der Ebene des Aequators und nördlich und südlich bis 35° 16′ grösser, von da ab kleiner sein, als wenn die Erde kugelförmig wäre. Diese Beobachtungen werden auf die Anziehung des Mondes angewandt, und ergeben eine seculare Ungleichheit der Mondbewegung die von der Polabplattung der Erde abhängt. Jene ist $= 0{,}1981'' i^2$ wo i die Zahl der Jahrhunderte nach 1850. Auch wird noch auf andere Ungleichheiten der Mondbewegung hingewiesen.

Sch.

Mond.

de Gasparis. Sulla variazione dell' area descritta della luna intorno alla terra, prodotta dall' azione solare. Atti de Lincei IV, H. 4, p. 116.

Neison. On a general method of treating the lunar theory. Mem. R. astron. Soc. XLIV, 1877/79, p. 1-52.

J. Landerer. Géologie lunaire. C. R. XC, 1018.

— — Histoire ancienne de la lune. Mondes (2) LIV, 184 bis 192.

PERTY und ASTERIOS. Die Physiognomie des Mondes. Versuch einer Deutung im Anschluss an die Arbeiten von MÄDLER, NASMYTH, CARPENTER etc. Bern. Mitth. No. 962-978 (1879) Abh. p. 23.

H. B. AIRY. On the theoretical value of the acceleration of the Moon, mean motion in longitude, produced by the change of excentricity of the earth orbit. Monthl. Not. XI, 368-376.

v. ADAMS. Remarks. Ib. p. 411-416; Correction cf. 385.

ADAMS. Note on the Constant of lunar Parallax. Monthl. Not. XL, 482-488.

E. NEISON. Der Mond, die Beschaffenheit und Gestaltung seiner Oberfläche. Bespr. SCHLÖMILCH Z. S. f. Math. XXV, 137-141.

ADAMS. Investigation of the secular acceleration of the Moon's mean motion caused by the secular change with excentricity of earth's orbit. Monthl. Not. XL, 472 bis 482.

J. N. STOCKWELL. Recent researches on the Lunar theory. SILL. J. (3) XIX, 95-103.

CHAPIN. Analyse de quelques ouvrages récents relatifs à la topographie et la constitution de la lune. Arch. sc. phys. (3) 1879, II, 427.

G. H. DARWIN. Report of the comittee consisting of W. THOMSON etc., appointed for the measurement of the Lunar disturbance of gravity. Rep. Brit. Assoc. at Swansea. 1880, 25-26.

C. J. STONE. On the determination of the coefficient of the parallactic inequality in the expression for the moon's longitude. Monthl. Not. XLI, 243.

E. NEISON. Note on HANSEN's value of the semi-diameter of the moon. Monthl. Not. XLI, Nov. p. 23-24.

L. MATTHIESSEN. Ueber die ellipsoidischen Gleichgewichtsfiguren der Satelliten der Erde und des Jupiter. Z. S. f. Math. XXV, 72-87.

NEWCOMB. Le Researches on the motion of the moon. Made of the U. S. N. O. Washington 1874. 4.

J. LANDERER. Essai de sélénologie. Mondes (2) LI, 854.

AIRY. On the lunar theory. Astron. Soc. 9./4. 1880; Athen. 1880, 508.

— — Addition. Monthl. Not. XL, 578.

Merkur- und Venusbeobachtungen.

A. SAFARIK. Beobachtung des Vorübergangs des Merkur vor der Sonnenscheibe am 6. Mai 1878. Prager Ber. 1879, 266-287.

T. D. The visibility of Mercury to the naked eye. Nature (2) XXII, 117-120. (L.)

SERRES. Rapport sur les résultats obtenus pendant la campagne de la Magicienne pour l'observation du passage de Mercure. Mondes (2) LI, 596-598.

C. F. PECHÜLE. Passage du Mercure du 6. Mai 1878. Astr. Nachr. 1880. XCVIII, No. 2339, p. 161-174.

EASTMAN. Some results from the discussion of the observations of the transit of Mercury of 6. may 1878. Bull. soc. philos. Wash. III, 43.

HENNESSEY. Further particulars of the Transit of Venus across the Sun 9. Dec. 1874, observed on the Himalaya Mountains Mussoore l. 30°28′ long 78°3′. Proc. R. Soc. XXIX, No. 198, p. 297.

FUCHS. Ueber den Durchgang der Venus durch die Sonne. Presb. Nachr. 1873/75. H. 3, p. 127.

Documents relatifs au Passage de Vénus. Titel C. R. XC, 15.

AIRY. On the preparations to be made for observations of the transit of Venus 6. Dec. 1882. Monthly Not. XL, 381-385.

A. WILCOCKS. Schatten des Venuslichts. Proc. Amer. philos. Soc. XVII, 705; Naturf. 1880, 231.

Herr W. hat Jan. 1878 starke Schatten durch das Venuslicht beobachtet. Die Schatten zeigten das Eigenthümliche, dass sie keine Halbschatten besassen.

The natural history of the Transit of Venus expedition. Nature XXI, 259-260; Philos. Trans. CLXVIII. Extraband.

Mars.

Lohse. Beobachtungen des Planeten Mars. Publ. d. astrophys. Obs. zu Potsdam I, 126†.

Im Anschluss an die wiedergegebenen Beobachtungen (nebst Tafeln) und an die sonst 1877 gemachten physischen Untersuchungen des Mars wird eine kurze Darstellung über die physische Beschaffenheit des Planeten gegeben. Neben den weissen Polflecken ist für die Marsscheibe charakteristisch, dass sie am Rande heller erscheint, als in der Mitte, während dies beim Jupiter umgekehrt ist. Der Mars besitzt ebenfalls eine Atmosphäre. Die dunklen Flecke auf der Scheibe gehören der festen Oberfläche an, und hat die Atmosphäre eine begrenzte Durchsichtigkeit mit einzelnen Schwankungen, wie sich aus der Verschiedenheit der Intensität der rothen Farbe schliessen lässt. Die Marsatmosphäre ist mit Dämpfen erfüllt, die jedoch nicht dicke Wolken geben, wird aber am Rande, wo eine dickere Schicht ist, die Marsoberfläche verdecken. Die Reflexionsfähigkeit wird jedoch grösser erscheinen, weil die vorhandenen Lücken in Folge der Projektion zur Deckung kommen. Die grosse Wolkenbildung wird vielleicht dadurch verhindert (Brett Monthl. Not. XXXVIII, 58), dass der Planet noch heiss ist, und eine Condensation nur in der Nähe der Pole, wo die Temperatur niedriger ist, stattfindet, so dass also die Polflecken wolkenartige Condensationen sein würden, entgegen der üblichen Anschauung, dass die äusseren Flecke Schneeflächen seien. *Sch.*

Green. On some changes in the markings of Mars since the opposition 1877. Monthl. Not 1880. March.†; Athen. 1880 (1) 381; Mem. Roy. Astron. Soc. XLIV, 123-141.

Die meisten Gebilde, welche Verfasser 1877 in Madeira auf der Marsoberfläche beobachtet hat, hat derselbe auch in der Opposition von 1879 wieder identificiren können. Nur einige wenige Fälle sind ausgenommen, von denen der auffälligste wohl das Verschwinden und Wiedererscheinen eines Fleckens sein dürfte. DAWES, LOCKYER und KAITEN haben übereinstimmend früher einen dunklen Flecken gezeichnet, der 1877 in Madeira nicht aufgefunden werden konnte, 1879 aber in vollständig demselben Aussehen wiedererschienen ist. Verfasser glaubt, dass die dunklen Flecken stabile Gebilde der Marsoberfläche seien, jedoch zuweilen auf längere oder kürzere Zeit durch Wolken verdeckt würden. *Schur.*

Beobachtungen über den Mars und seine Trabanten.

BURTON. Physical observations of Mars 1879/80. Roy. Dubl. Soc. 16. Februar 1880; Trans. Ir. R. Soc. XII, 151.

KONKOLY. Beobachtung der Oberfläche des Mars nach der O'GYALLAER-Sternwarte 1877. Abh. d. ung. Akad. VII, H. 1. Ertekezek.

ASATH. Les Satellites de Mars. Mondes (2) LI, 685.

HALL. Observations of the satellites of Mars Aug. 1877. Athen. 1880, 509.

— — Observations of the Satellites of Mars (1879). Monthl. Not. XL, 272-283.

J. T. J. SCHMIDT. Helligkeit des Planeten Mars. Astron. Nachr. XCVII, No. 2310, p. 81-94.

GREEN. On some changes in the markings of Mars. Monthl. Not. Jan. 1880 and march 331.

AIRY. Observations of the outer Satellite of Mars. Monthl. Not. Jan. 1880.

A. M. W. DOWNING. A determination of the diameter of Mars at the mean distance of the earth from the sun. Monthl. Not. XLI, 41-44.

Terby. Étude sur la planète Mars. Exploration des dessins exécutés. Mondes (2) LI, 269-273; Bull. d. Brux. (2) 1879. XLVIII, 592. 594. 619.

— — Mémoire à l'appui des remarquables observations de M. Schiaparelli sur la planète Mars. Bull. d. Brux. (2) 1879. XLVIII, 725-726.

La planète Mars. Mondes (2) LI, 205-210.

Terby. Mémoire à l'appui des remarquables observations de M. Schiaparelli sur la planète Mars. Mondes (2) LI, 419-420.

C. A. Young. Measures of the Polar and Equatorial diameters of Mars. Sillim. J. (3) XIX, 206-212; Naturf. 1880, 174.

H. S. Pritchett. Micrometer measures of the diameter of Mars. Astr. Nachr. XCVII, No. 2301, p. 73-74.

H. Hennessy. Sur la figure de la planète Mars. Philos. mag. (5) X, 119-123; C. R. XC, 1419-1422; Mondes (2) LII, 170; Sill. J. (3) XXI, 162.

Young. The polar compression of Mars. Nature XXII, 112.

W. Erck. On the satellites of Mars. Trans. Dubl. Soc. I. No. 3, p. 1-37.

J. Dreyer. Notes on the physical appearance of the planet Mars during the opposition of 1877. Dubl. Phil. Trans. I, No. VI. 1878.

E. J. White. Observation of the outer satellite of Mars 1879. Trans. Proc. of the R. S. of Victoria XVI.

Marth. Note referring to observation of estimations of the brightness of Mars which ought to be made in February and March 1880. Monthl. Not. XL, 159-161.

E. C. Pickering. Observations of the satellites of Mars, made at the Harvard College Observatory. Astr. Nachr. XCVII, 2302. 115-118. 145-147.

C. Pritchard. Observation of the exterior satellite of Mars at Oxford. Univ. Observ. Monthl. Not. XL, 292.

LINDSAY. On the relative star magnitude of Mars in February and March 1880. Monthl. Not. 1880. XL, 380.

Kleinere Planeten.

Discovery of minor planets. Monthl. Not. XL, Februar 1880, 238-239.

C. H. F. PETERS. Ueber die Helligkeit der Frigga. Astr. Nachr. XCVII, 2310. p. 147. 150.

MOUCHY. Observations méridionales des petites planètes faites à l'observatoire de Greenwich (par AIRY) et à l'observatoire de Paris pendant le troisième trimestre 1880. C. R. XCI, 883-886.

MOUCHY. Observations méridiennes de petites planètes faites à l'Observatoire de Paris pendant le IV trimestre de l'année 1879. C. R. XC, 261-264.

O. CALLANDREAU. Détermination par les méthodes de M. GYLDÉN du mouvement de la planète Hera. C. R. XC, 82-84.

Diamètre des satellites des planètes et de quelques astéroides. Mondes (2) LII, 110.

TACCHINI. Diamètre de Vesta. Mondes (2) LII, 383.

LEVEAU. On the theory of the motions of the planet Vesta. Athen. 1880 (1) 763.

Jupiter.

O. LOHSE. Beobachtungen und Untersuchungen über die physische Beschaffenheit des Jupiter und Beobachtungen des Planeten Mars. Publ. d. astrophys. Obs. zu Potsdam I, 93-132†.

Den Beobachtungen des Jupiter von 1872 an bis 1877 folgt zunächst die Bestimmung der Umdrehungszeit des Jupiter (nach dem Streifenzuge). Es ergiebt sich R die Rotationszeit:

9 h 55 m 19,6 s $\pm$ 2,34 s

AIRY	1834	$R =$ 9 h 55 m 24,2 s
MÄDLER	1834	$R =$ 9 h 55 m 26,53 s $\pm$ 0,17 s
SCHMIDT	1862	$R =$ 9 h 55 m 25,7 $\pm$ 0,05 s.

Dann folgt: „Ueber die Wirkung der Jupiter-Atmosphäre auf die Beobachtung der Satellitenbewegung. 3) Einige vermischte Beobachtungen der Jupitermonde: a) mikrometrische Durchmesserbestimmung des dritten Mondes (1,451"); b) Beobachtung des dritten Mondes als dunkler Fleck auf der Scheibe des Planeten und Versuch einer Durchmesserbestimmung desselben aus der Grösse seines Schattens (1,273"); c) Vergleichung der vier Satelliten in Beziehung auf Durchmesser, Farbe und Lichtstärke (in der Helligkeit folgen III, I, II, IV); d) Bestimmung der Breite der am Rande des Jupiter bemerkbaren Lichtabstufung; e) die Streifen des Jupiter.

Gestützt auf Beobachtungsresultate ist von verschiedener Seite die Ansicht geltend gemacht, dass der Kern des Jupiter noch sehr heiss sei, wodurch sich auch die geringe mittlere Dichtigkeit und die schnellen Veränderungen und Bewegungen in der Atmosphäre erklären würden. Dann aber sind auch häufige vulkanische Eruptionen höchst wahrscheinlich und würden diese die bekannte Streifenbildung veranlassen.

Denkt man sich an einer Stelle des Planeten einen vulkanischen Ausbruch erfolgend, so wird durch die emporgeschleuderten glühenden Gase und Dämpfe über der Ausströmungsöffnung die Wolkendecke durchbrochen; da aber diese eruptiven Massen eine geringere Rotationsgeschwindigkeit haben, so muss nothwendig die Bildung eines dunklen Streifen erfolgen, der in der Rotationsrichtung liegt. Dauert der Ausbruch genügend lange Zeit fort, so wird die Streifenbildung rund um den Planeten herum erfolgen, indem sich das Ende an den Anfang anschliesst. Auch die Nuancirung der Streifen, der stete Wechsel in der Bildung derselben etc. würden sich erklären. Uebrigens ist die südliche Hemisphäre durch ausgeprägtere Streifenbildung und grössere Veränderlichkeit der Gebilde vor der nördlichen ausgezeichnet.

Die periodischen Veränderungen in der Jupiteratmosphäre lassen sich vielleicht in Zusammenhang mit den periodischen Schwankungen bringen, welche an der Sonne beobachtet werden. Zur Zeit der grösseren solaren Thätigkeit (Sonnenfleckmaximum) ist die Streifenbildung und die Atmosphäre des Jupiter entwickelter und die röthliche Färbung ist intensiver. *Sch.*

C. W. PRITCHETT. Der rothe Fleck auf der Jupiterscheibe. Naturf. 1880, 95†; Astron. Nachr. No. 2294.

Herr BREDICHIN und LOHSE hatten einen scharfen rothen Fleck auf dem Jupiter beobachtet und beschrieben (1879). Herr PRITCHETT hat diesen Fleck schon früher beobachtet. Der Fleck ist seit dem 5. August um mehr als 18° zurückgewichen oder es ist der Werth der Jupiterrotation nach der Ephemeride zu klein. Von den Aequatoralflecken haben sich einige von O nach W um die ganze Länge des Fleckes in 3 Tagen bewegt. Zeigt der Fleck eine Translationsbewegung, so findet sie in entgegengesetzter Richtung statt wie die in der Aequatorzone. *Sch.*

J. F. J. SCHMIDT. Ueber die Rotation des Jupiter. Astron. Nachr. XCVIII. No. 2342, p. 202-222†.

— — Ueber den Einfluss gewisser Beobachtungsfehler auf die Bestimmung der Rotation des Jupiter. Astron. Nachr. IC. No. 2353, p. 1-12†.

Aus Beobachtungen eines kleinen schwarzen Fleckens im Jahre 1862, dessen Durchgang durch die Mitte der Scheibe sich sehr gut auffassen liess, hat Verfasser eine Rotation von 9 h 55 m 25,68 s abgeleitet. Bei der Bestimmung der Rotationsdauer durch den neuen rothen Flecken konnte unter Zuhilfenahme von Beobachtungen von LOHSE und PRATT der Zeitraum von 1879 Juli bis 1880 August verwendet werden. Es sind hauptsächlich die Durchgänge der Mitte des rothen Streifens durch die Mitte der Scheibe beobachtet worden, theilweise aber auch die der Enden.

SCHMIDT's Untersuchungen machen es wahrscheinlich, dass die Länge des rothen Streifens sich bis Ende 1879 verkürzt hat, von da ab aber constant geblieben ist; auch die Rotation des Fleckens ergiebt sich als nicht gleichförmig, besonders im September 1879 scheint eine grössere Störung eingetreten zu sein.

Als wahrscheinlichsten Werth für die Rotationsdauer findet SCHMIDT 9 h 55 m 34,4 s (aus 1021 Perioden).

Da Verfasser später erkannt hat, dass die Lage des Jupiteräquators von Einfluss auf die Schätzung des Durchgangs durch die Mitte ist, so hat er unter Zuziehung neuerer Athener Beobachtungen bis November 1880 diesen Einfluss untersucht und findet denselben bei seinen Beobachtungen sehr merklich. Bei schräger Lage des Aequators schätzt er die Durchgänge später als bei horizontaler. Unter Berücksichtigung dieses Umstandes erhält er die Rotationsdauer für 1880 gleich 9 h 55 m 37,12 s.

Schnr.

TH. BREDICHIN. Constitution de Jupiter. Naturf. 1881, 75 bis 76; Astr. Nachr. IC. No. 2354†.

Auf Grund siebenjähriger Beobachtungen des Jupiter glaubt Herr BREDICHIN die ungleiche Winkelgeschwindigkeit der verschiedenen Zonen durch folgende Annahmen erklären zu können:

Am Aequator befindet sich eine feste etwas erhöhte Zone, die jedoch die Grenze der Atmosphäre nicht überragt; sie ist nach Norden sanfter geneigt wie nach Süden, weshalb sie auf der Nordseite mehr oder weniger durch Wolken und Dünste sichtbar ist, was auf der Südseite nicht stattfindet. Auf der Südhälfte strahlt die feste Rinde des Jupiter mehr Wärme in die Atmosphäre aus wie auf der Nordhälfte, welcher Umstand die Richtung der Wolkenzüge ändert, die von einer Hemisphäre auf die andere strömen. Werden die Wolken zertheilt, so sieht man auf die glühende Oberfläche Jupiters, wie bei dem „rothen Flecken.“ *Schnr.*

NIESTEN. Tache rouge observée sur la planète de Jupiter pendant les oppositions de 1878/79. Naturf. 1880, 146; Bull. de Brux. XLVIII, 604†; Mondes (2) XLI, 341-347.

Bericht über das Aussehen des rothen Fleckens auf Jupiter nebst Rückblick auf früher beobachtete auffallende Flecken und deren eventuelle Identität mit dem jetzigen. *Schnr.*

CRULS. Détermination de la durée de la rotation de la planète Jupiter. C. R. XCI, 1049-1051†; Mondes (2) LIV, 37.

Aus 1083 Perioden umfassenden Beobachtungen des rothen Fleckens erhält Herr CRULS die Rotationsdauer Jupiters zu 9 h 55 m 36 s. *Schnr.*

PRATT. The rotation period of Jupiter. Athen. 1880 (1) 91. 412; Monthl. Not. Jan. 1880; Mondes (2) LI, 773-777.

Herr PRATT findet 9 h 55 m 33,9 s (aus 321 Perioden). *Schnr.*

Jupiter und seine Trabanten.

O. TODD. Observations of the phenomena of Jupiter's Satellites (Adelaide). Monthl. Not. Jan. 1880.

BRASHEAR. Modifications dans l'aspect de Jupiter. Mondes (2) LI, 198-199; Scient. Amer. 1880.

KORTAZZI. Observations de Jupiter en 1879. Ann. de l'Observ. d. Moscou 1880. VII, H. 1.

BACKHOUSE. Estimation of the time of transits of the red mark on Jupiter across the central meridian. Monthl. Not. Jan. 1880.

AIRY. Occultations of stars and Jupiter's satellites. Monthl. Not. 1880 Jan.

WINNECKE. Beobachtungen von Sternbedeckungen und Verfinsterungen der Jupitertrabanten 1878. 1879 (auf der provisorischen Sternwarte zu Strassburg). Astron. Nachr. XCVI. No. 2304, p. 369.

TH. BREDECHIN. Observations de Jupiter en 1879. Bull. d. Moscou 1879. No. 4. LIV, 370-384.

— — Sur la constitution de Jupiter. Astr. Nachr. IC, 25 bis 26.

H. DRAPER. Photograph of Jupiters spectrum showing evidence of intrinsic light from heat planets. SILL. J. (3) XX, 118-121. cf. Ausl. 1881, 319; D'ALM. J. 1881, 224; Mondes (2) LIII, 773; Monthl. Not. XL, 433-435; Naturf. 1880, 375.

Lindsay. Bemerkung über das Spektrum des rothen Flecks auf dem Jupiter. Monthl. Not. XL, 87-88; Beibl. 1880, 614.

Abney. On a phenomenon shown in a photograph of the spectrum of Jupiter. Observatory 1880. No. 334, p. 513.

Pickering, Searle und Upton. Ueber die Atmosphäre des Jupiter. Naturf. 1880, 241-242; Ann. of Harvard Coll. XI.

Prats (Prath). Note sur la période de rotation de Jupiter. Mondes (2) LII, 568-572.

Backhouse. Estimated lines of transit of the Red Mark on Jupiter across the Central Meridian. Monthly Not. XL, 157-158.

J. R. Capron. Condition of Jupiter. Nature XVIII, 34.

Cruls. Détermination de la durée de la rotation de la planète Jupiter. C. R. XCI, 1049-1051; Mondes (2) LIV, 37.

Marth. Ephemeris for physical. observat. of Jupiter. Monthl. Not. XL, 416-430. 490-495.

Bredichin. Constitution des Jupiter. Naturf. 1881, 75. 76; Astron. Nachr. No. 2354. Cf. oben.

C. Todd. Notes on the physical appearance of Jupiter. Monthl. Not. XL, 286-287.

F. Denning. The motions and varieties of the Iovian spots. Monthl. Not. XLI, 44.

— — Observations of the red spot on Jupiter. Ib. 46.

Perry. Observation of Jupiter satellites made at the Stonyhurst Observatory. Monthl. Not. XL, 144-149.

Pratt. The rotation period of Jupiter. Ib. 153-157.

Noble. Note on a phenomenon on Jupiter Satellites. Monthly Not. XLI, 47.

Observations de Jupiter. Mondes (2) LIII, 546.

J. F. J. Schmidt. Ueber den rothen Streifen auf Jupiter 1879. Astron. Nachr. XCVII, No. 2309, p. 67-70.

Hirsch. Tache rouge observée sur la planète Jupiter. Bull. d. Neuchâtel XII, H. 1, 1880.

Saturn, Uranus, Neptun.

A. Gaillot. Sur les tables du mouvement de Saturne de Le Verrier. C. R. XCI, 847-849.

A. Hall. On a bright spot on the ball of Saturn and the time of rotation. Bull. Washingt. philos. soc. II, 102.

G. Pycroft. Saturn's rings. Athen. 1880 (2), p. 467.

Clarke. Occultation of a fixed star by Saturn. Nature XXII, 112.

Holden. Herschel's observations of satellits of Uranus. Bull. phil. soc. Wash. I, 1879. Appendix IV.

G. Forbes. The most distant planets. Athen. 1880 (1) p. 765; R. Soc. of Edinb.

Beobachtungen über mehrere Planeten.

Hartwig's Paper on the diameters of Venus and Mars. Monthl. Not. XL, Febr. 1880, p. 252.

The planets of the season. Nature XXI, 212-213 (Webb.)

Rapports sur la deuxième partie d'un travail de M. Lagrange concernant les mouvements astronomiques. Bull. d. Brux. 1879 (1) XLVII, 4. 12. 14. 15.

L. Swift. The intramercurial planet question. Nature XXI, 299-301 (L.).

A. Sawitch. Observations des planètes Mars, Saturne et Neptune en 1879. Bull. d. Pétersb. XXVI, 181-188.

A. Abetti. Observazioni di pianeti in opposizione fatte all' equatoriale di Padova nel 1880. Astron. Nachr. IC, 241-254. 257-262.

Trouvelot. Sur les planètes Mars, Jupiter et Saturne. Preisarbeit. C. R. XC, 394.

de Gasparis. Sulla variazione della eccentricità nelle orbite planitarie. Atti dei Lincei IV. 1, p. 50-51.

E. C. Pickering. Photometric observations. Naturf. 1880, 482; Ann. of Harvard College XI, 2; Satellites of Mars, Jupiter etc. p. 226. 239. 247. 271. 277. Miscallaneous objects 291.

Litteratur zu: Planeten und Monde.
Allgemeines.

de Gasparis. Verificazione ed uso di una nuova formola pel calcolo delle perturbazioni planetarie. Atti nuov. Linc. 1880. IV, H. 7, p. 246.

D. P. Todd. Preliminary account of a speculative and practical search for a transneptunical planet. Sill. J. (3) XX, 225-235.

Watson. Entdeckung des Vulkan. Ausl. 1880, 560.

Franz. Ueber den Planeten zwischen Merkur und Sonne. Schrift d. Königsb. Ges. 1878. XIX, 1. Sitzber. p. 39. 41.

Downing. The possible ten month period of observation in latitude. Monthl. Not. XL, 430-433.

de Gasparis. Sulla variazione degli elementi ellittici nelle orbite planitarie. Rendic. d. Napoli XVIII, H. 10-12. (1879); Monthl. Not. XL, 269-270.

C. Fixsterne und Nebel.

E. C. Pickering. Dimensions of fixed stars. Proc. of the Amer. Acad. of science and arts. XVI. 1880†.

Die schon vielfach versuchten directen Messungen von Fixsterndurchmessern haben ergeben, dass die letzteren so klein sind, dass auf diesem Wege ein Aufschluss über ihre Grösse nicht erlangt werden kann. In der vorliegenden Schrift wird beabsichtigt durch Untersuchungen über Quantität und Charakter des von den Sternen ausgesandten Lichtes ihre Dimensionen zu erforschen. Die grosse Unsicherheit, mit der noch einige der hierzu nöthigen Daten behaftet sind, lässt leider die numerischen Resultate nur als ungefähre Annäherungen an die Wirklichkeit erscheinen. Die Untersuchung zerfällt in drei Theile, über: Einfache Fixsterne, Doppelsterne, und veränderliche Sterne vom Typus Algol, von welch letzteren Verfasser annimmt, dass sie ebenfals Doppelsterne sind.

Mit B und b seien bezeichnet die Durchmesser von Sonne und Fixstern, von der Erde aus gesehen und in Bogensecunden ausgedrückt. l sei das Verhältniss, der von gleichen Oberflächenstücken der Sonne und des Fixsterns ausgesandten Lichtmengen; S und s sollen die Sterngrössen von Sonne und Fixstern sein. Die beobachteten Lichtmengen von Sonne und Stern verhalten sich dann wie $B^2 : lb^2$, und ferner ist

$$s - S = 2{,}5 \lg \frac{B^2}{lb^2},$$

da das Verhältniss der Lichtmengen zweier auf einander folgenden Grössenklassen (nach Pogson) $= 2{,}5$ ist. Hieraus folgt für den Durchmesser des Fixsterns

$$\lg b = \lg B + 0{,}2 S - 0{,}2 s - 0{,}5 \lg l.$$

In diesem Ausdrucke sind bekannt s und B, letzteres vom Verfasser zu 1924″ angenommen.

Um S zu bestimmen muss das Lichtverhältniss von Sonne zu einem Fixsterne (Sirius) bekannt sein. Herr Pickering führt die von verschiedenen Astronomen hierfür gefundenen Werthe an, und ihre schlechte Uebereinstimmung lässt erkennen, mit welcher Unsicherheit S noch behaftet sein wird. Im Mittel nimmt Herr Pickering für das Lichtverhältniss von Sonne zu Sirius 24,0 an, in Sterngrössen ausgedrückt. Die Grössenklasse der Sonne wird hiermit $-25{,}5$, Sirius zu $-1{,}5$ angenommen. Ueber den Werth von l ist bis jetzt noch gar nichts bekannt; Verfasser giebt aber eine Methode zur Bestimmung dieser Grösse für die verschiedenen Fixsterne an. In der vorliegenden Untersuchung wird l immer gleich 1 gesetzt, was im Allgemeinen für die Sterne, deren Spektrum dem Sonnentypus angehört, nahe richtig sein wird.

Folgendes Täfelchen giebt die nach obiger Formel gerechneten scheinbaren Durchmesser der Sterne für die verschiedenen Grössenklassen an.

Grösse	Durchm.	Grösse	Durchm.	Grösse	Durchm.
0	0,01528″	5	0,00153″	10	0,00015″
1	0,00964	6	0,00096	11	0,00010
2	0,00608	7	0,00061	12	0,00006
3	0,00384	8	0,00038	13	0,00004
4	0,00242	9	0,00024	14	0,00002

Der Durchmesser des Sirius würde hiernach sein 0,03″. Bei bekannter Parallaxe ergiebt sich hieraus auch die wirkliche Grösse der Sterne. Für die beiden Componenten von α Centauri, dessen Parallaxe zu 0,9″ angenommen, würden z. B. die Durchmesser in Einheiten des Sonnendurchmessers folgen 1,82 und 0,46.

Bei den Doppelsternen kommt zu dem bisherigen noch eine neue Bedingungsgleichung hinzu, nämlich das dritte KEPLER'sche Gesetz. Ist N die Masse des Doppelsteins, Masse der Sonne $= 1$, P die Umlaufszeit in Jahren, a die mittlere Distanz und p die Parallaxe des Doppelsterns, und denkt man sich das System Sonne und Erde in die Entfernung des Doppelsterns gerückt, so folgt nach dem dritten KEPLER'schen Gesetze

$$N:1 = \frac{a^3}{P^2} : \frac{p^3}{1}, \quad \text{oder} \quad N = \frac{a^3}{p^3 P^2}.$$

Bezeichnet man nun ferner mit C den Durchmesser eines Sterns, der dieselbe Masse wie der Doppelstern hat, aber auch dieselbe Dichtigkeit und dasselbe Lichtausstrahlungsvermögen wie die Sonne, so ist auch

$$N = \frac{b^3}{(0{,}00933\,p)^3}.$$

$(0{,}00933\,p)$ ist der Durchmesser der Sonne in der Entfernung des Doppelsternes. Aus beiden Gleichungen folgt also der Durchmesser

$$b = 0{,}00933\,a.P^{-\frac{2}{3}}.$$

Die Durchmesser der einzelnen Componenten würden sich hieraus sofort ergeben, wenn l für beide bekannt wäre. Es bleibt auch hier vorläufig nichts anderes übrig, als l bei beiden $= 1$ zu setzen, was aber in den Fällen, in welchen die beiden Componenten sehr verschiedene Massen haben, der Wirklichkeit schwerlich entsprechen wird.

Ein Eingehen auf die weiteren Untersuchungen des Verfassers bei Doppelsternen, Bestimmung der Einzelmassen der Componenten durch mikrometrischen Anschluss an benachbarte, nicht zum System gehörige Sterne, Bestimmung der im Visionsradius liegenden Componente der Eigenbewegung aus der Verschiebung der Spektrallinien u. s. w., würde die Grenzen eines Referates zu sehr überschreiten.

Die räthselhafte Erscheinung der veränderlichen Sterne erklärt Verfasser je nach dem Typus der Veränderung auf verschiedene Weise. Die temporären Sterne durch plötzliche Ausbrüche grosser Wasserstoffmassen, die Sterne von langer und unregelmässiger Periode durch ähnliche Erscheinungen wie die Sonnenflecken, und diejenigen vom Typus Algol durch Umlauf eines mehr oder weniger dunklen Satelliten. Die nähere Untersuchung bei Algol hat Verfasser auf die SCHÖNFELD'sche Lichtcurve gegründet, wonach im Minimum das Licht Algols nur 0,416 von dem des „vollen Lichtes" beträgt. Da eine längere Dauer des Minimums durch die Beobachtung nicht angezeigt ist, kann die Verfinsterung durch den Satelliten nur eine partielle sein. Der Durchmesser des Satelliten muss also mindestens

$$\sqrt{0,584} = 0,764$$

sein, weil er 0,584 vom Lichte des Hauptkörpers abschneidet. Die in der Darstellung der Beobachtungen übrigbleibenden systematischen Fehler erklärt Verfasser als verursacht durch eine stark absorbirende Atmosphäre des Hauptsternes, sodass dessen Scheibe in der Mitte bedeutend heller ist wie nach den Rändern zu. Die beiden Zweige der Lichtcurve sind bekanntlich nicht symmetrisch; die wahrscheinlichste Ursache dieser Erscheinung bei der Hypothese eines umlaufenden Körpers ist eine Ellipticität der Bahn desselben. Eine strenge Lösung des Problems unter dieser Annahme hat Verfasser nicht vorgenommen. Er nimmt eine Excentricität von 0,5 an und findet dann, dass die grosse Halbaxe 3,55 beträgt, so dass im Periastron die Distanz der Centren der beiden Körper 1,775 ist; nun ist aber der Radius des Hauptsternes gleich 1,000, folglich der des Satelliten mindestens 0,764, und mithin müssten sich die Oberflächen der Körper nahe berühren. Eine geringere Excentricität, die dies vermeiden würde, giebt aber wieder schlechtere Darstellung der Beobachtungen. Herr Pickering geht deshalb wieder ganz zur Kreisbahn über, verschiebt aber die Zeit des Minimums, wodurch die Darstellung der Beobachtungen besser wird. Die Elemente, bei welchen Verfasser schliesslich stehen bleibt, sind:

grosse Halbaxe = 0,0138″,
Neigung = 87,1°,
Durchmesser des Hauptsternes = 0,006″.

Die weiteren interessanten Speculationen des Verfassers über das Algolsystem müssen wir hier übergehen, er giebt aber selbst zu, dass sehr begründete Einwürfe gegen dasselbe erhoben werden können. *Schnr.*

J. F. J. Schmidt. Ueber die Farben der Gestirne. Astron. Nachr. XCVIII. No. 2334, p. 83-90†.

Auf Grund zahlreicher Beobachtungen untersucht Schmidt den Farbenwechsel von Gestirnen

1) als Funktion der Zenithdistanz und 2) in Rücksicht auf die Frage, ob sich bei veränderlichen Sternen die Farbe zugleich mit der Helligkeit ändert.

Zur Entscheidung der ersten Frage hat Schmidt die Venus benutzt, da die Farbenschätzungen bei Fixsternen in der Nähe des Horizontes wegen der starken Scintillation zu unsicher werden. Die Bestimmung der Farbe geschah durch Schätzung im Sucher nach Schmidt's bekannter Farbenscala. Aus den in 10 Mittel zusammengefassten 181 Beobachtungen hat der Verfasser eine Curve construirt für die Zenithdistanzen 72° 30′ bis 89° 30′, von der zu bemerken ist, dass sie mit der Refraktionscurve in diesen grossen Zenithdistanzen grosse Aehnlichkeit besitzt.

Was die zweite Frage anlangt, so kommt SCHMIDT zu dem Schlusse, dass weder aus seinen Beobachtungen am Sucher noch aus denen am Refraktor eine Abhängigkeit der Farbe der von ihm untersuchten veränderlichen Sterne von ihrer Helligkeit resultirt.

Vergl.

J. F. J. SCHMIDT. Beobachtungen über veränderliche Sterne. Athen. 1879. Astron. Nachr. 2297, XCVI, 257-272.

Schnr.

E. S. HOLDEN. Relation between the colors and magnitudes of the components of Binary Stars. SILLIM. J. (3) XIX, 467-472†; Naturf. 1880, 313; Beibl. 1880, 726.

162 Doppelsterne sind auf ihre Grösse und Farbe untersucht. Bei 122 binären Sternen sind die Componenten von gleicher Farbe, die mittlere Differenz ihrer Grössen ist 0,53, bei 40 Doppelsternen haben die Componenten verschiedene Farbe, die mittlere Differenz ihrer Grössen ist 2,44. Bei der Farbenbestimmung war immer einer der beiden Doppelsterne verdeckt. Die isolirten Sterne tragen die Farben weiss, gelb, orange, roth, während grün, blau oder purpur nur bei Doppelsternen auftreten. Die isolirten Sterne zeigen also die Farben, wie sie beim Abkühlen fester oder flüssiger Massen entstehen. *Sch.*

SPÉE. Sur le déplacement des spectres des étoiles. Rapport de HOUZEAU et MONTIGNY. Bull. d. Brux. 1879 (1) XLVII, 318. 320. Cf. Mém. de l'Ac. d. Belg.

MONTIGNY. Sur le déplacement des raies des spectres des étoiles. Bull. de Brux. XLVII. No. 4 (1879).

Herr MONTIGNY giebt einen kurzen Bericht über frühere Untersuchungen ARAGO's und empfiehlt die SPÉE'sche Arbeit zur Aufnahme in die Memoiren der Brüsseler Akademie. *Sch.*

GOULD. Zur Verbreitung der Fixsterne im Raume. Naturf. 1880, 238-239; Monthl. Not. XL. No. 4, p. 247†.

Besprechung der Gould'schen Uranometria Argentina, cf. unten. Mittheilung folgender Hauptergebnisse, zu denen Gould betreffs der Verbreitung der Fixsterne gelangt ist.

Es giebt am Himmel einen Gürtel von hellen Sternen, dessen Mittellinie sich nur wenig von einem Kreise unterscheidet und der zur Milchstrasse unter einem Winkel von etwas weniger als 20° geneigt ist.

Die allgemeine Vertheilung der Fixsterne nach ihrer Grösse scheint nicht durch irgend einen einfachen algebraischen Ausdruck dargestellt werden zu können u. s. w. *Sch.*

B. A. Gould. Uranometria Argentina. Brightness and Position of every fixed star, down to the seventh magnitude within one hundred degrees of the South Pole. Buenos Aires 1879. 4°. Atlas fol.; Nature XXII, 454; cf. Astron. Nachr. XCVII, No. 2323, p. 203.

Uranometry. Monthl. Not. XL, Febr. 1880, 245-250. 294-295.

Lindsay. Remarks. Ib. 294.

Niesten. Recherches sur les couleurs des étoiles doubles. Bull. de Brux. 1879 (1) XLVII; Rapport 25. 27. 50†; Cimento (3) XIX, 183; Beibl. 1880, 45.

Folgende Schlüsse werden gezogen:

1. Bei den mit einer Umlaufsbewegung versehenen Systemen (namentlich bei kurzer Periode) haben beide Sterne dieselbe gelbe oder weisse Färbung.

2. Bei den Systemen mit Haupt- und Nebensternen ist der Hauptstern weiss oder hellgelb, wenn der Begleiter im Periaster ist, gelb, goldgelb oder orange, wenn er in andern Stellungen ist.

3. In diesen Systemen folgt der Begleiter dem Hauptsterne und seinen Farbenveränderungen, ja übertrifft ihn oft an Intensität der Färbung, wenn er sich vom Periaster, wo seine Farbe meist weiss wie die des Hauptsternes ist, entfernt.

4. Gleichheit der Farbentöne bei Haupt- und Nebensterne

wird auch bei Systemen mit geradliniger Bewegung, oder bei solchen mit langer Umlaufszeit beobachtet.

5. Bei perspektivischen Gruppen ist der Begleiter fast stets blau. Dies wird durch die Annahme erklärt, dass der Begleiter der entferntere Stern ist und sein Licht bei dem Wege durch den Weltraum elektive Absorption erfuhr. *Sch.*

C. W. MOESTA MOESTER. Bemerkungen über die Beobachtungen von β und α Centauri. Astr. Nachr. IC. No. 2355†.

Untersuchungen über den Einfluss etwaiger Temperaturdifferenzen auf die Parallaxen Bestimmung von β und α Centauri aus Declinationsbeobachtungen am Meridiankreise in Santiago. *Schnr.*

H. W. VOGEL. Ueber die neuen Wasserstofflinien und die Spektra der weissen Fixsterne. Astron. Nachr. XCVI. No. 2301, p. 327-330†; Beibl. 1880, 786-787; Chem. C. Bl. 1880, 491-494; Berlin. Monatsb. 1880, 192-198.

In den photographischen Aufnahmen des Wasserstoffspektrums hat Verfasser im violetten und ultravioletten Theile mehrere Linien von fast derselben Intensität wie die vier bekannten aufgefunden. Eine derselben fällt mit der FRAUNHOFER'schen Linie H' zusammen, welche auch im Spektrum der weissen Sterne, die bekanntlich die Wasserstofflinien sehr kräftig zeigen, vorhanden ist. Vier der von HUGGINS im photographischen Spektrum der weissen Sterne (siehe Referat) erhaltenen Linien stimmen vollkommen mit den von VOGEL erhaltenen überein. *Schnr.*

H. DRAPER. On photographing the spectra of the stars and planets. Mem. d. soc. degli Spettroscopisti italiani 1879. Oct.†; Naturf. 1880. 44; Athen. 1880 (1) p. 444; SILLIM. J. (3) XVIII, 1879. 419.

Der leider zu früh durch den Tod der Wissenschaft entrissene Verfasser giebt hier eine interessante historische Uebersicht über seine Bemühungen die violetten und ultravioletten Partien der Sternspektra photographisch zu fixiren, sowie eine Beschreibung des zuletzt hierfür als praktisch erkannten Apparates und die hiermit in Verbindung mit einem 12zölligen Refraktor oder 28zölligen Reflektor erlangten Resultate. *Schnr.*

L. CRULS. Recherches spectroscopiques sur quelques étoiles non encore étudiées. C. R. XCI, 486-487†; Beibl. 1881, 130.

Der Verfasser hat eine Reihe Sterne untersucht und giebt ihre Spektra nach der SECCHI'schen Eintheilung an: Typus I weisse Sterne, Sirius etc. II. Gelbliche Sterne: Capella. III. Spektrum mit nebeligen Streifen, untermischt mit Linien, α Herculis. IV. Drei durch dunkle Zwischenräume getrennte Lichtzonen (kleine rothe Sterne):

Sternbilder	Bezeichnung des Sterns und seiner Farbe	Grösse	Spektrum und Bemerkungen
Biene	α blassblau	4	T. I
-	β weiss	4	T. I
-	γ -	4	T. I
-	δ -	4	T. I
-	ζ^1 u. ζ^2 blassgelb	6	T. I { schwaches Spektrum
-	η blassblau	5	T. I
-	ε orangeroth	5½	T. IV { wohl begrenzte Banden
Kreuz	α blassblau	5½	T. II
-	β -	5½	T. II
-	γ orangegelb	5½	T. III
-	δ sehr hellblau	5½	T. II
Centaur	β blassgelb	5½	T. I { deutliche Wasserstofflinien
-	$\gamma\delta\varepsilon$ weiss	5½	T. II
-	4272 *BAC* gelb		T. II *Sch.*

W. HUGGINS. Sur les spectres photographiques des étoiles. C. R. XC, 70-73†.

— — Sur les spectres photographiques des étoiles. Proc. R. soc. XXX. No. 200, p. 20; Naturf. 1880, 89-90; Nature XXI, 269-270; C. R. XC, 70-73; Photogr. Soc. 10./2. 1880; Mondes (2) LI, 189. LIII, 375; Nature XXI, 436; Philos. Trans. 1880. II, 669-690; SILLIM. J. (3) XIX, 317, 373; Ausland 1880, 320; Beibl. 1880, 467. 659; J. chem. soc. 1881 (2) July p. 485.

Die zum Typus α Lyrae gehörigen weissen Sterne: Sirius, η Urs. maj., α Virg., α Aqu., α Cygni geben ein photographisches Spektrum, bestehend aus 12 breiten und an den Rändern verwaschenen Streifen, welche sich von der Wellenlänge 4340 bis 3699 (im Ultravioletten) erstrecken.

Die photographischen Spektra von Jupiter, Mars, Venus lassen eine etwaige Aenderung des Sonnenspektrums durch eine Atmosphäre nicht erkennen. Die Spektra haben eine Länge von nur 13 mm, sind aber sehr scharf, so dass die Linien unter dem Mikroskope gemessen werden können. Cf.

W. HUGGINS. Spectre photographique des étoiles. Mondes (2) LV, 200-205.

PICKERING. HUGGINS' photographs of spectra of stars. Amer. Ac. of Boston 10./3. 1880. *Schnr.*

M. CH. FIEVEZ. Recherches sur l'intensité relative des raies spectrales de l'hydrogène et de l'azote, en rapport avec la constitution des nébuleuses. Phil. mag. (5) IX, 309-312; Beibl. 1880, 461; Bull. d. Brux. (2) XLIX. No. 2. 1880, 107, cf. auch Abschnitt III, 12; Naturf. 1880. XIII, 197-198.

HUGGINS hat gezeigt, dass das Spektrum der Nebel 37 *H* IV Draconis und 73 *H* IV Cygni aus einigen hellen Linien besteht, von denen die hellste mit einer Linie im Stickstoffspektrum, und eine andere schwächere mit der Wasserstofflinie *F* coïncidirt. Da die anderen Linien dieser beiden Gase bis jetzt in den Nebeln nicht gesehen worden sind, so war die Anwesenheit dieser beiden Gase in den Nebeln jedenfalls noch fraglich, und Herr

Fievez hat deshalb Versuche angestellt, ob durch blosse Schwächung des Lichtes der glühenden Gase Linien zum Verschwinden gebracht werden können, während andere noch sichtbar bleiben. Die Versuche wurden unter verschiedenen Temperaturverhältnissen der Gase und bei verschiedener Dispersionskraft des Spektroskopes in der Weise angestellt, dass durch eine Linse das Bild der leuchtenden Röhre auf den Spalt des Spektroskopes projicirt wurde und nun durch Diaphragmen, die man allmählich der Linse näherte, die Intensität des Lichtes verringert wurde. Alle Versuche haben übereinstimmend ergeben, dass beim Wasserstoff zuerst die Linie *H*, sodann *C* verschwindet und *F* zuletzt allein noch sichtbar bleibt. Beim Stickstoffspektrum verschwinden der Reihe nach die Liniengruppen I, III, V und II, während IV zuletzt verschwindet. IV ist aber gerade die mit dem Nebelspektrum übereinstimmende Liniengruppe. Hat man auf diese Weise die Linien zum Verschwinden gebracht und öffnet dann den Spalt weiter, so erscheinen die Linien in der umgekehrten Reihenfolge wieder. Herr Fievez schliesst aus diesen Versuchen, dass Wasserstoff und Stickstoff in den Nebelflecken wirklich vorhanden ist, und dass die Abwesenheit der übrigen Linien dieser Gase einer alle Strahlengattungen gleichmässig treffenden Absorptionsfähigkeit des Weltraums zuzuschreiben sei. *Schnr.*

Ceraski. Photometric stellar observations. Ann. d. l'obs. d. Mosc. VI.

Pickering. Spectrum of No. 17681. Nature XXIII, 321.

— — Spectrum of the star 13472. Nature XXIII, 604 (L.).

H. C. Vogel. Spektralphotometrische Untersuchungen einiger Himmelskörper. Naturf. 1881, 73. 78; Berl. Monatsb. Oct. 1880, 801; cf. diese Ber. p. 430.

Litteratur.

Doppelsterne.

SH. W. BURNHAM. Double star observations in 1877/78 at Chicago. Mem. Roy. Astron. Soc. XLIV, 141-306.

BURNHAM. The double star: 85 Pegasi. Astron. Nachr. XCVII, No. 2319, p. 239-240.

L. CRULS. Sur le mouvement orbital probable de quelques systèmes binaires du ciel austral. Mondes (2) LIII, 84-85.

— — Le système stellaire 40. 0^h Eridani. Rapport von HOUZEAU. Bull. d. Brux. XLVII, 229.

DE GASPARIS. Sopra una nuova formola pel calcolo delle orbite delle stelle doppie. Atti d. Lincei Trans. (3) V. H. 5, p. 133.

A. HALL. Companion of Sirius. SILLIM. J. (3) XIX, 457 bis 459; Naturf. 1880, 329. Astronomisch.

Cincinnati Measures of double stars. Nature XXIII, 396.

Veränderliche Sterne und Farbe der Sterne.

BALL. Researches on the parallax of 61 (A) Cygni made at Dunsink.

— — Observations in search of stars with a large annual parallax. Proc. Ir. Ac. III, 2-3. 1878/79.

MONTIGNY. Scintillation de l'étoile principale de γ Andromedae dans ses rapports avec la couleur de cette étoile. Bull. d. Brux. 1879 (2) XLVIII, 22.

La nova stella de Kepler. Mondes (2) LII, 420.

E. B. KICK. The colours of stars. The Observ. 1880. No. 43/44, p. 652.

Colours of southern stars. Nature XXII, 495.

Minima of ALGOL. Nature XXII, 156.

J. F. J. SCHMIDT. Veränderliche Sterne 1880. Astron. Nachr. No. 2335. XCV, 103-111.

GYLDÉN. Mathematical theory of the cause of the periodic changes of light in the variable stars. Athen. 1880 (2), p. 20.

C. H. F. Peters. Beitrag zu veränderlichen Sternen. Astron. Nachr. IC. No. 2360, p. 113-128.

Du Cygne est-il une étoile variable? Mondes (2) LIII, 57.

M. Konkoly. Die Mappirung des Farbenbildes der Fixsterne. Ertekezések (Abh. d. ung. Ac.) VII. H. 2.

Pickering. Variable stars grouped according to a new law. T. Nature XXIII, 451; Boston sc. IX, 81.

Winnecke. Variable stars. Nature XXII, 277; Viertelj. d. Astron. Ges. 1880.

Allgemeines.

Niesten. Alignements entre les étoiles. Mondes (2) LIII, 563-560.

Secchi. Die Sterne (internat. Biblioth.). Bespr. Naturf. 1880, 87-88.

E. J. Stone. Mémoire sur l'évidence d'une relation antérieure entre quatre étoiles du sud nettement distinctes aujourd'hui. Mondes (2) LII, 363-368.

C. H. F. Peters. Die Eigenbewegung der Sterne W. 12^h 69 und 124. Astron. Nachr. XCVI, 290.

E. C. Pickering. Annals of the Harvard College. Sillim. J. (3) XIX, 250. Cf. diese Berichte 450 (Photometric observations) cf. Orig.

Schweizer. Observations pour déterminer les parallaxes de quelques étoiles. Ann. de l'Obs. de Moscou VII. 1880. H. 1. 1880.

Th. R. Robinson. Places of one thousand stars observed at the Armagh Observatory. Trans. Roy. Dubl. Soc. I. No. IX, p. 101-132.

O. Struve. Études sur le mouvement relatif des deux étoiles du système de 61 Cygni. Mém. d. Pétersb. XXVII. No. 11, p. 1-38.

C. W. Moesta. Bemerkungen über die Beobachtungen

von β und α Centauri. Astron. Nachr. IC. No. 2355, p. 33 bis 44.

Südliches Kreuz. Ausl. 1880, 618-619. Beschreibung nach Ciel et Terre 1880, 169-171.

H. C. Vogel. Ueber einen Nebel im Sternbilde des Schwans. Astr. Nachr. XCVI. No. 2289†.

— — Ueber das Spektrum des von Webb entdeckten Nebels und eines neuen von Baxendell aufgefundenen Sternes im kleinen Hunde. Astr. Nachr. XCVI. No. 2298†. XCVI, 287; Naturf. 1880, 124 u. Beibl. 1880, 468.

Der Nebel zeigt ein schwaches continuirliches Spektrum und 3 helle Linien von sehr verschiedener Intensität, welche identisch mit den Linien der planetarischen Nebel sind. Der Baxendell'sche Stern ist röthlich und zeigt ein sehr ausgeprägtes Bandenspektrum. *Schnr.*

E. Pickering. The new planetary nebulae. Nature XXII, 327-328; Sillim. J. (3) XX, 303-305†; Naturf. 1880, 404.

Schaltet man ein Prisma à vision directe zwischen Ocular und Objektiv eines Fernrohrs, so wird das Bild eines Fixsternes zu einer farbigen Linie ausgebreitet, ein Nebel giebt einen Punkt oder eine kleine Scheibe, wenn er monochromatisch ist, ein kleiner Sternhaufen liefert ein den Fixsternen ähnliches Bild. Mit Hülfe dieses Unterschieds wurden 4 neue planetarische Nebel entdeckt, deren Art und Aussehen beschrieben wird. *Sch.*

Winnecke. Periodical variation in the brightness of nebulae. Astr. Nachr. No. 2293; Nature XXI, 307-308; Naturf. 1880, 115.

Herr Winnecke hat für den Nebelfleck *H* II 278 (1877) und jetzt für *H* I 20 = *h*882 periodische Aenderungen der Helligkeit gefunden und schliesst daran die Frage, ob nicht neu aufgefundene Nebel neu aufleuchtende sind. *Sch.*

A. Searle. Luminous band. Astr. Nachr. IC, No. 2358, p. 91†.

Verfasser macht auf eine Erscheinung aufmerksam, die er schon seit 5 Jahren beobachtet hat. Vom Sternbilde des Adlers bis zu den Plejaden hin zieht sich durch Wassermann, Fische und Widder ein sehr schwach leuchtendes Band hin, welches also nahe in der Ekliptik liegt und vielleicht im Zusammenhange mit dem Zodiakallichte steht. Das 5° breite Band von weisslichem Lichte soll immer sichtbar sein, wenn die atmosphärischen Verhältnisse günstig sind. *Schnr.*

H. Draper. Photographic nebulae. Engin. XXX, 437; Sillim. J. (3) XX, 433; C. R. XCI, 688†; Philos. mag. (5) X, 388.

Es ist Herrn Draper gelungen den hellsten Theil des Orionnebels zu photographiren (Exposition 50 Minuten). Die Photographie zeigt deutlich das wolkige — mottled, pommelé — Aussehen des Nebels in der Gegend des Trapezes. *Schnr.*

H. Draper. Présentation d'un épreuve photographique de la nebuleuse d'Orion. C. R. XCII, 173. 261; Beibl. 1881, 442; Naturf. 1881, 123-124; Sillim. J. (3) XXII, 75.

E. Stephan. Nébuleuses découvertes et observées à l'observatoire de Marseille. C. R. XC, 837-839†.

Verzeichniss der Positionen von 40 meist sehr schwachen Nebeln, reducirt auf 1880,0 neben den dabei benutzten Vergleichsternen. *Schnr.*

E. C. Pickering. Light of Webb's planetary nebula (DM. 41,4004°). Nature XXI, 346-347 (L.).

P. W. Webb. Découverte d'une nébuleuse dans la constellation du Cygne. Mondes (2) LII, 223.

Knott. Note sur la nébuleuse gazeuse dans le cygne. Ib. p. 224.

Lindsay. Sur la nouvelle nébuleuse du Rév. P. W. Webb. Ib. p. 224.

Auf der Harvard College Sternwarte in Cambridge U. S. ist eine Beobachtungsarbeit unternommen, welche bezweckt die Spektra, Dimensionen und Helligkeit aller planetarischen Nebelflecke zu bestimmen. Das letztere geschieht dadurch, dass durch Ausziehen des Oculars die dann entstehende Lichtscheibe eines Vergleichsternes an Helligkeit gleich dem zu untersuchenden Nebel gemacht wird. Die Sterngrösse des Webb'schen Nebels hat sich hiernach zu 8,6 ergeben; die Bonner Durchmusterung hat hierfür 8,5. *Schnr.*

Nebelflecke.

Holden. On the Nebula of Orion. Nation. Acad. Wash. Apr. 1880.

C. Abbe. Position of certain nebulae. Bull. Philos. Soc. Washingt. 1874. I, 109.

G. Tempel. Disegno e descrizione delle principali nebulose. Atti d. Lincei IV. 1. p. 36-37. Kurze Notiz.

St. Alexander. On some modern developments bearing upon the nebular hypothesis and other matters connected therewith, as well as on some previous changes and miscellaneous notices. Nat. Ac. Washingt. 1880 April.

Lindsay. Ueber den Nebel Webb. Monthl. Not. XL, 91 bis 92; Beibl. 1880, 614.

Rosse's Observations of nebulae and clusters. Monthl. Nat. XL. Febr. 1880, p. 252.

E. of Rosse. Observations of nebulae and clusters of stars made with the six foot and three foot reflectors of River Castle from 1848 to 1878. Trans. Dubl. Soc. II. No. 1, p. 137-177. 2. Heft.

J. Janssen. Sur les photographies de nébuleuses. C. R. XCI, 713.

Im Anschluss an Draper's Arbeit (cf. oben); weist auf die Richtigkeit und Schwierigkeit dieser Arbeiten hin.

D. Sonne.

K. Remeis. Die Frage der Veränderlichkeit des Sonnendurchmessers. Leipzig 1880. Verlag von Karl Scholtze, 32; Sirius, N. F., VII; Naturf. 1880, 215†; Z. S. f. Math. XXV, 173 (Besprechung von Valentins).

Wir entnehmen den Inhalt der vorstehenden populär gehaltenen Arbeit der Besprechung im Naturforscher (l. c.). Nach einer kurzen historischen Uebersicht über die älteren Arbeiten zur Bestimmung des Sonnendurchmessers, deren Genauigkeit und Bedeutung durch die neueren spektroskopischen Erkenntnisse eine wesentliche Einbusse erlitten hat, schildert Verfasser die Arbeiten von Secchi und Rosa, sowie die eingehende Prüfung der von genannten Forschern erhaltenen Resultate durch Respighi und präcisirt mit Berücksichtigung der einschlägigen Arbeiten von Spörer, Auwers, R. Wolff und Tacchini den gegenwärtigen Stand der Frage dahin, dass eine neue und ausgedehntere Prüfung derselben auf den grösseren Sternwarten ebenso erwünscht wie nothwendig wäre. Der letzte Theil der Abhandlung ist im Ausland 1880, 273—276 abgedruckt. *Bgr.*

D. P. Todd. Solar parallax from the velocity of light. Sill. J. (3) XIX, 59-83; Naturf. 1880, 135†; Nature XXI, 330; Bull. soc. phil. Wash. III, 74.

Verfasser benutzte zur Bestimmung der Sonnenparallaxe die Werthe für die Lichtgeschwindigkeit, welche Fizeau (1849), Cornu (1874 und 1876) und Michelson (1878 und 1879) erhielten. Als astronomische Constanten benutzte er die aus den

Beobachtungen von Delambre und Glasenapp über die Bewegung der Jupitermonde festgestellte Zeit, während welcher das Licht den mittleren Radius der Erdbahn durchläuft, sowie die Aberrationsconstante und den mittleren Radius der Erde nach den Bestimmungen von Listing. Er berechnet daraus die mittlere horizontale Parallaxe der Sonne zu 8,808″±0,006″. Der entsprechende mittlere Radius der Erdbahn ist danach 149345000 km oder 92800000 engl. Meilen. *Bgr.*

Maxwell Hall. Determination of solar parallax from the opposition of Mars 1877. Mem. of the R. Astr. Soc. XLIV, 53-121†. 1877/79; Athen. 1880 (1) p. 285.

Die Beobachtungen wurden in Jamaica angestellt. Aus denselben ergab sich als Werth für die Sonnenparallaxe 8,789″ mit einem wahrscheinlichen Fehler von 0,060″. *Bgr.*

J. Campbell and E. Neison. On the determination of the solar parallax by means of the parallactic inequality in the motion of the moon. Monthl. Not. XL. No. 7, p. 386-411. 441-472†.

Der Werth derselben wurde zu 8,848″±0,007″ gefunden. *Bgr.*

Gill. Determination of the solar parallax from heliometer observations of the planet Mars made at Ascension during the opposition of 1877. Ath. 1880 (1), p. 794†.

Als Werth für die Sonnenparallaxe wurde 8,78″±0,013″ gefunden. *Bgr.*

G. Spörer. Beobachtungen der Sonnenflecken vom Oktober 1871 bis December 1873. Publ. des astrophys. Obs. zu Potsdam I, 3-92†.

Die vorliegende Publikation bildet die Fortsetzung der beiden in den Jahren 1874 und 1876 erschienenen und umfasst die Anclamer Beobachtungen vom October 1871 bis December 1873. Aus denselben ergeben sich Bestätigungen zahlreicher, bereits früher vom Verfasser abgeleiteter Folgerungen. Die Fleckengruppen entstehen in der Regel in der Weise, dass zunächst einige kleine Flecken auftreten, durch deren Vermehrung alsdann eine Gruppe gebildet wird. Daneben kommen aber auch häufig Fälle vor, in denen eine Protuberanz der Vorläufer einer Fleckengruppe ist. Behofte Flecke entstanden in der Mehrzahl der Fälle (70%) in dem westlichen (vorangehenden) Theil einer Fleckengruppe, wobei der übrige Theil der letzteren sich alsdann verminderte oder gänzlich verschwand. Durch Auflösung eines behoften Flecks können umgekehrt auch neue Fleckengruppen entstehen, die dann wiederum zur Bildung neuer (westlich gelegener) behofter Flecke Veranlassung werden. Bei Theilungen eines behoften Fleckes schiebt sich zwischen die getheilten Flecke ein Fackelraum ein. Die Auflösung desselben erfolgt entweder in der Weise, dass die umgebenden Fackeln convergirend einwirken, oder durch eine von unten her erfolgende Einwirkung, bei welcher flammige Spitzen den Fleck durchbrechen.

Verfasser giebt alsdann eine Fortsetzung seiner früheren tabellarischen Uebersichten über den Zusammenhang der Breite, in welcher die Flecken auftreten, mit den Maximal- und Minimalperioden der Sonnenthätigkeit.

Weiter werden die Werthe, welche sich für den Rotationswinkel ξ nach der früher vom Verfasser aufgestellten Formel

$$\xi = 8{,}548^\circ + 5{,}798^\circ . \cos b$$

ergeben, mit den direct beobachteten Werthen verglichen, die Abweichungen $\Delta\xi$ zusammengestellt und die Fälle, in welchen dieselben besonders gross sind, ausführlicher discutirt. Die Abweichungen finden durch die Annahme von Oberflächenströmungen keine hinreichende Erklärung; Verfasser erklärt dieselben durch die Wirkung von Strömungen, welche aus der Tiefe kommen. Wegen der Details müssen wir auf das Original verweisen.

Bgr.

G. Spörer. Beobachtung der Sonnenflecken. Astron. Nachr. XCVI. No. 2302, p. 343-346†.

Enthält die Beobachtungen vom Oktober 1879 bis zum Februar 1880, welche die Beobachtung Carrington's bestätigen, dass zur Zeit des Minimums der Sonnenthätigkeit der neue Fleckenzug in hohen Breiten auftritt. *Bgr.*

Means of daily areas of umbrae, whole spots and faculae upon the sun's disk, as measured on photographs taken at the royal observatory, Greenwich, for each rotation of the sun, from 1877, Dec. 22, to 1879, Dec. 28. Monthly Not. XL, 158-159†.

Die Flächenräume, welche im Mittel täglich von den Kernen, Flecken und Fackeln eingenommen wurden, sind in der folgenden Tabelle in Milliontel der sichtbaren Sonnenfläche ausgedrückt. Die Werthe wurden aus den mittleren Flächenräumen berechnet, die sich für jeden Beobachtungstag während einer Sonnenrotation ergaben.

Jahr	Kerne	Ganze Flecken	Fackeln
1873	116	678	2882
1874	83	583	1095
1875	45	255	475
1876	25	132	226
1877	20	94	168
1878	5	25	84
1879	10	44	163

Das Minimum der Sonnenflecke und der Fackeln scheint demnach Ende 1878 und Anfang 1879 erreicht worden zu sein. *Bgr.*

Mean heliographic latitude of sun spots for the years 1874 to 1879, deduced from photographs taken at the royal observatory, Greenwich. Monthl. Not. XL, 311†.

Die heliographische Breite eines jeden Sonnenflecks für jeden Beobachtungstag wurde mit seinem Flächenraum für den

Tag multiplicirt und die Summe der Produkte für nördlich vom Sonnenäquator gelegene Flecke wurde durch die Summe der entsprechenden Flächenräume dividirt, um die mittlere heliographische Breite des von den Flecken nördlich vom Aequator eingenommenen Flächenraums zu finden. Aehnlich wurde mit den südlich vom Aequator gelegenen Flecken verfahren. Um die mittlere heliographische Breite des gesammten von den Flecken eingenommenen Flächenraums zu finden, wurde die algebraische Summe der Produkte für nördlich und südlich gelegene Flecke durch die Summe der Flächenräume dividirt. Durch eine ähnliche Division der numerischen Summe der Produkte ohne Rücksicht auf das Zeichen der Breite wurde die mittlere Entfernung aller Flecke vom Aequator erhalten.

Jahr.	Flecke nördl. vom Aequator. Mittlerer Flächenraum.	Mittl. heliogr. Breite.	Flecke südl. vom Aequator. Mittlerer Flächenraum.	Mittl. heliogr. Breite.	Mittlere heliograph. Breite d. gesammten Flecken-Flächenraums.	Mittlere Entfernung aller Flecke v. Aequator.
1874	245	+ 9° 3′	326	−12° 9′	−2° 58′	10° 48
1875	125	+11 12	127	− 9 50	+1 49	10 35
1876	43	+12 31	84	−10 55	−4 18	11 22
1877	32	+ 9 10	60	− 9 41	−4 17	9 32
1878	21	+ 7 13	3	− 7 40	+5 40	7 19
1879	11	+23 54	34	−22 39	−9 11	23 1

Bgr.

R. Wolf. Statistique des taches solaires de l'année 1879. C. R. XC, 254-255†; Mondes (2) LI, 366; Naturf. 1880, 124; Z. S. f. Meteorol. XV, 322-333; Astron. Nachr. XCVI, 295-298, No. 2299.

Aus der Reihe von Beobachtungen, welche Verfasser in Zürich angestellt hat, und welche zusammen mit denen in Palermo, Rom, Moncalieri, Athen, Madrid, Leipzig, Peckeloh und Washington angestellten das Material für die Sonnenstatistik des Jahres 1879 lieferten, ergiebt sich als mittlere Relativzahl für das Jahr 1879 $r = 6{,}0$ anstatt $r = 3{,}4$ des Jahres 1878. Die Epoche des Minimums ist mithin überschritten, sie lag bei

1878,9. Aus den Schwankungen der magnetischen Declination ergiebt sich das Minimum für 1878,5. Eine ähnliche Uebereinstimmung zeigen auch die früheren Maximal- und Minimalperioden.

Bgr.

TACCHINI. Observations des taches et protubérances solaires pendant les troisième et quatrième trimestres de 1879. C. R. XC, 358-360†; Naturf. 1880, 156*; Mem. Spettrosc. 1879. H. 11 u. 12; Ann. d. Spettrosc. 1879. 3. Sept. Oct.; Mondes (2) LI, 452.

Angabe der Relativzahlen der Sonnenflecke und -fackeln in den beiden letzten Quartalen des Jahres 1879. Aus denselben ergiebt sich eine bedeutende Zunahme der Sonnenthätigkeit. Dasselbe folgt auch aus der mittleren Anzahl der täglich beobachteten Protuberanzen. Dieselben treten am häufigsten zwischen dem 30. und 50. Breitengrad einer jeden Halbkugel auf, das Maximum der Fackeln befindet sich dagegen zwischen dem 10. und 30. Breitengrad in jeder Hemisphäre. Die Beobachtungen wurden theils in Palermo, theils in Rom ausgeführt, beide Male indess nach demselben Princip. *Bgr.*

TACCHINI. Résultats des observations de taches et de facules solaires pendant les deux premiers trimestres de 1880. C. R. XCI, 316-317†; Mondes (2) LI, 490; Ann. d. spettrosc. 1880, 49-60.

Indem wir wegen der tabellarischen Zusammenstellung auf die Originalabhandlung verweisen, geben wir hier nur die wichtigeren Zahlen und Folgerungen aus derselben. Es geht aus der Zahl der beobachteten Sonnenflecken hervor, dass das Minimum der Sonnenthätigkeit definitiv überschritten ist, und dass ein Maximum herannaht. Ein relatives Minimum liegt im März. Die Tage ohne Flecken ordnen sich in 5 Gruppen, die immer durch ein Intervall von 29 Tagen getrennt sind. Auf der einen Hemisphäre bilden sich mithin die Flecken schwieriger, als auf der andern. Am stärksten war dieser Unterschied im December

1879, am schwächsten im Juni 1880. Im März 1880 war die Zahl der Fackeln sehr gross, die Anzahl der Flecke dagegen ziemlich klein. *Bgr.*

TACCHINI. Observations des protubérances, des facules et des taches solaires pendant le premier semestre de l'année 1880. C. R. XCI, 466-467†; Mondes (2) LIII, 44 bis 45.

Auch die Zahl der Protuberanzen zeigt eine Zunahme der Sonnenthätigkeit an, obgleich die Phänomene in der Chromosphäre sich nur langsam vermehren. Die meisten Protuberanzen finden sich, wie in den beiden vorhergehenden Quartalen, auf beiden Halbkugeln innerhalb des 30. und 50. Parallelkreises. Das Maximum der Fackeln ist auf der nördlichen Halbkugel ungefähr doppelt so gross als auf der südlichen, während die Protuberanzen auf beide Halbkugeln gleichmässig vertheilt sind. Die Sonnenflecke verhalten sich hinsichtlich ihrer Verteilung wie die Fackeln. *Bgr.*

TACCHINI. Observations solaires, faites à l'observatoire royal du Collège romain, pendant le troisième trimestre 1880. C. R. XCI, 1053-1054†; Naturf. 1881, 94.

Die Zahl der beobachteten Flecke war doppelt so gross als in den beiden vorhergehenden Quartalen. Indessen lassen sich auch hier Perioden von Maximis und Minimis unterscheiden, die durch Zeitintervalle getrennt sind, welche ungefähr einer halben Umdrehung der Sonne entsprechen. Eine Vermehrung der Sonnenthätigkeit geht ferner aus der Zahl der Protuberanzen, besonders der Wasserstoffprotuberanzen hervor. Die Mehrzahl der Protuberanzen liegt zwischen dem 50. und 70. Breitengrad, das Maximum ist also nach den Polen hin verschoben. Bestimmt man indess die Zahlen, welche sich auf Intervalle von 10 zu 10° beziehen, so constatirt man auf jeder Halbkugel ein Maximum zwischen 50° und 60° und ein anderes zwischen 20° und 40°.

Das Maximum der Sonnenflecke und -fackeln liegt auf jeder Hemisphäre zwischen 20° und 30°. *Bgr.*

LAMEY. Sur la visibilité directe du réseau photosphérique du Soleil. C. R. LXXXIX, 984-985*.

J. JANSSEN. Remarques sur une communication récente, relative au réseau photosphérique. C. R XC, 26-28†.

LAMEY hatte in der obigen Mittheilung behauptet, mittelst eines Fernrohres, dessen Oculardurchmesser 6″ beträgt, das photosphärische Netzwerk direct beobachtet zu haben. JANSSEN erklärt auf Grund einer an demselben Tage erhaltenen Photographie der Sonne die Beobachtung LAMEY's für unrichtig; das vermeintliche Netzwerk sei durch Sonnenfackeln hervorgebracht worden. Er weist noch einmal darauf hin, dass wegen der Beschränkung des Gesichtsfeldes in Instrumenten mit starkem Ocular das photosphärische Netzwerk nicht gesehen werden kann und dass auch nur solche Photographien der Sonne dasselbe zeigen, auf denen die Granulation der Sonnenoberfläche deutlich sichtbar ist, die also einen Durchmesser von mindestens 0,18—0,20 m besitzen. *Bgr.*

E. SPÉE. Ueber die sogenannte Heliumlinie. Bull. Ac. Belg. IL, 379. 1880; Beibl. 1880, 614†; Naturf. 1880, 338-339.

Die Heliumlinie D_3 rührt nach Ansicht des Verfassers von einer besondern Modification des Wasserstoffs her, die bei einer sehr hohen Temperatur desselben entsteht. Ihre Nichtumkehrbarkeit erklärt sich daraus, dass in den unteren kälteren Schichten der Sonnenatmosphäre diese Modification des Wasserstoffs nicht mehr vorhanden ist, sodass das kältere Wasserstoffgas auch nicht Strahlen der betreffenden Art aussenden kann. *Bgr.*

G. BELL. Sur l'application du photophone à l'étude des bruits qui ont lieu à la surface solaire. C. R. XCI, 726 bis 727†; Mondes (2) LIII, 343.

Es wird hier über Versuche berichtet, welche GRAHAM BELL auf der Sternwarte zu Meudon unternahm, um mittelst des Photophons die Schallerscheinungen zu reproduciren, welche auf der Sonne infolge der rapiden Bewegung innerhalb der Photosphäre entstehen. Die Versuche waren bisher erfolglos. *Bgr.*

L. THOLLON. Sur quelques phénomènes solaires observés à Nice. C. R. XCI, 487-492†; Mondes (2) LIII, 85.

Bericht über eine Protuberanz vom 28. Mai 1880, 0 h 40 m. Ferner berichtet Verfasser über eine Reihe von Beobachtungen an Perturbationen (6′ 27″ s. vom Aequator und 13″ 12′ vom Centrum nach dem westlichen Rand), welche am 27. Juni 1880 angestellt wurden. Aus der Verzerrung der C-Linie berechnete sich die grösste Geschwindigkeit derselben zu 50000 km von der Sonne hinweg und 30000 km nach der Oberfläche zu. Bei einer kleinen Hin- und Herbewegung des Fernrohrs entstand deutlich der Eindruck einer Wirbelbewegung. Dieselbe Region bot am 30. Juni den Anblick einer glänzenden Protuberanz am Westrand der Sonne dar. *Bgr.*

L. THOLLON. Étude sur les raies telluriques du spectre solaire (Observatoire de Nice). C. R. XCI, 520-522† Mondes (2) LIII, 128; J. chem. soc. 1881. N. u. Abstr. 1.

Verfasser legt der Academie eine genaue Abbildung der Gruppen *B*, *D* und *α* von Luftlinien vor (Bezeichnung ANGSTRÖM's), deren erste von LANGLEY bereits im Jahre 1878 genauer untersucht wurde, und für welche der absorbirende Körper noch nicht bekannt ist. Die Entfernung der äussersten Linie der *D*-Gruppe betrug 12″. Ist D_1 die am wenigsten, D_2 die am meisten brechbare, so ist der Winkelabstand δ_1, δ_2 ... der einzelnen Linien (in Sekunden ausgedrückt):

$D_1 =$	0″	Na	10
$\delta_1 =$	98	L	0—4
$\delta_2 =$	116	L	1—5

$\delta_3 = 183$	L	1—6
$\delta_4 = 290$	L	2—7
$\delta_5 = 351$	L	1—5
$\delta_6 = 366$	Ni	5
$\delta_7 = 374$	L	0—5
$\delta_8 = 424$	L	4—8
$\delta_9 = 509$	L	3—7
$\delta_{10} = 518$	L	0—5
$\delta_{11} = 573$	?	4
$\delta_{12} = 647$	L	0—2
$D_2 = 720$	Na	10

L bedeutet Luftlinie; die Zahlen 1—10 bezeichnen die Intensitäten. *Bgr.*

L. Thollon. Études spectroscopiques faites sur le Soleil, à l'Observatoire de Paris. C. R. XCI, 656-660†; Mondes (2) LIII, 260; Beibl. 1881, 45.

Verfasser giebt die Abbildungen von 3 Protuberanzen, die er am 10. August, 30. August und am 19. September beobachtete. Die letztere stellte eine isolirte Feuersäule von 5000 km Länge dar, die nach 10 Minuten den Sonnenrand wieder erreichte, während sich die erste Protuberanz von 100000 km Höhe durch ihre eigenthümliche Gestalt auszeichnete und 2 Tage lang sichtbar blieb. Protuberanzen von 1' Höhe sind häufig.

Weiter theilt Verfasser die Resultate seiner Messungen über die Lage des Sonnenäquators mit. Er stellte nämlich den Spalt seines Spektroskops abwechselnd auf den Ost- und auf den Westrand des horizontalen Sonnendurchmessers ein und bestimmte den Zeitpunkt, an welchem die Entfernungen *ab* und *cd* (s. das zweitnächste Referat) keine Veränderung erlitten. Es geschah dies um 1 h 45 min. Um diese Zeit war also die Rotationsaxe der Sonne horizontal. Daraus wurde dann die Stellung berechnet, welche derjenige Durchmesser um 1 h 45 m einnahm, welcher um 12 h horizontal gewesen war. Es ergab sich, dass der Sonnenäquator mit dem um 12 h horizontalen Sonnendurchmesser einen Winkel von 24" bildet. Secchi giebt 26° an. *Bgr.*

THOLLON. Cyclone solaire. C. R. XC, 87-89†; Mondes (2) LI, 190; Naturf. 1880, 105.

Die Cyclone fand am 3. Januar 1880 statt und äusserte sich in der Ablenkung der *C*-Linie: Aus der Amplitude der Abweichung berechnet Verfasser die Geschwindigkeit der Cyclone in dem einen Fall zu 60 km, im anderen zu 137 km. *Bgr.*

THOLLON. Observation faite sur un groupe de raies dans le spectre solaire. C. R. XCI, 368-370†; Mondes (2) LII, 530; J. chem. soc. 1881. N. u. Abstr. 333; Beibl. 1881, 45; Naturf. 1880, 395.

Zum Beweis dafür, dass die Bewegung einer Lichtquelle die Wellenlänge der von ihr ausgesandten Strahlen ändert, führt Verfasser folgende Beobachtung an. Es befinde sich das Centrum des Sonnenbildes im Spalt eines Spektralapparates. Dann giebt es zwei Linien *b* und *c* die dem Eisen zugehören, deren Wellenlänge gleich 5976,1, bezw. 5974,6 ist, ausserhalb deren zwei tellurische Linien *a* und *d* liegen von der Wellenlänge

$$a = 5976{,}35, \quad d = 5974{,}36,$$

so dass die Differenzen $a-b = 0{,}25$ und $c-d = 0{,}24$ nahezu gleich gross sind. Wird nun das Sonnenbild so verschoben, dass das östliche Ende seines äquatorialen Durchmessers auf den Spalt fällt, so tritt eine Verschiebung der Eisenlinien von links nach rechts ein, während die tellurischen Linien unverändert bleiben. Diese Verschiebung besitzt der Theorie nach einen Werth von 0,04, sodass nunmehr $ab = 0{,}29$ und $cd = 0{,}20$ wird. Diese Forderung der Theorie wird durch den Versuch bestätigt. *Bgr.*

L. THOLLON. Sonnenflecke und Protuberanzen, beobachtet mit einem Spektroskop von grosser Dispersion. C. R. LXXXIX, 855-858; Beibl. 1880, 277; Cim. (3) IX, 38; D'ALM. J. IX, 118-122; Mondes (2) LI, 128-132.

Verfasser macht von Neuem auf die Vorzüge eines stark dispergirenden Spektralapparates bei der Untersuchung der Protuberanzen aufmerksam, weil bei demselben infolge des Zurücktretens des Grundes die Details der Protuberanzen sich sehr abheben, und beschreibt dann einige neue Protuberanzen. Die Verzerrungen der *C*-Linie ergeben für eine derselben die ungemein grosse Geschwindigkeit von 25 km in der Sekunde in grosser Entfernung von der Sonne und senkrecht zu einem ihrer Querschnitte. Verfasser meint, dass diese grosse Geschwindigkeit sich aus den bisherigen Anschauungen über das Wesen der Protuberanzen nicht wohl erklären lasse. *Bgr.*

EGOROFF. Researches into the atmospherical lines of the solar spectrum. Nature XXII, 208†; J. d. phys. Ges. i. Russl. XII. Heft 7.

Verfasser hat gefunden, dass selbst eine 5 m starke Schicht von Kohlensäure oder Stickstoff das Sonnenspektrum nicht verändert, sodass ÅNGSTRÖM's Vermuthung, manche der tellurischen Linien (*A*, *B*, *a*) würden durch diese beiden Gase hervorgerufen, nicht bestätigt wird. *Bgr.*

E. CONCHE. Sur la photographie du spectre solaire. C. R. XC, 689-690†; Beibl. 1880, 374.

Die Mittheilung bezieht sich auf Photographien des ultrarothen Spektraltheils mittelst Platten von Bromsilbergelatine. Die Photographien erstrecken sich bis zu den Strahlen, welche ebenso weit vom äussersten Roth entfernt sind, wie das Blaugrün. Die Photographie zeigt zahlreiche Linien, die sich in mehrere Hauptgruppen vertheilen. Messungen sind nicht angegeben. *Bgr.*

JANSSEN. Sur la photographie du chromosphère. C. R. XCI, 12†; Beibl. 1880, 615*; Naturf. 1880, 318-319; Mondes (2) LII, 291.

Lässt man die Sonnenstrahlen so lange einwirken, dass das Sonnenbild bis zum Rande positiv wird (vgl. C. R. XC, 1447-1448; XCI, 199), so erscheint die Chromosphäre als schwarzer Kreis von 8—10″ Dicke, der das positive Bild begrenzt. Aus der Vergleichung positiver und negativer Bilder, die an demselben Tage und mit demselben Instrument erhalten waren, geht zwar hervor, dass der fragliche schwarze Kreis sich ausserhalb der Sonnenscheibe befindet; indess hält Verfasser weitere Versuche erforderlich, um zu entscheiden, ob derselbe wirklich die Photographie der Chromosphäre darstellt. *Bgr.*

TROUVELOT. Spectres fugitifs. Ann. chim. phys. (5) XIX, 433-449; Beibl. 1880, 727†; Mondes (2) LII, 370; Naturf. 1880, 297-298.

TACCHINI. Sur la cause des spectres fugitifs observés par M. TROUVELOT sur le limbe solaire. C. R. XCI, 156 bis 158†; Beibl. 1880, 727*.

TROUVELOT sah beim Beobachten der Protuberanzen bisweilen im Gesichtsfelde des Spektroskops helle Spektra aufblitzen. Nach TACCHINI rühren dieselben davon her, dass auf den Schwungfedern vorbeifliegender Vögel unter Umständen eine starke Reflexion der Sonnenstrahlen stattfindet. Gleichzeitig in Rom und in Palermo angestellte Beobachtungen ergaben, dass die Ursache des fraglichen Phänomens keinesfalls in der Sonne zu suchen ist.

Bgr.

THOLLON. Observation d'une protubérance solaire le 30 août 1880. C. R. XCI, 432-433†; Naturf. 1880, 403-404; Mondes (2) LII, 615; Beibl. 1880, 727*.

Dieselbe hatte die enorme Höhe von 343000 km, war also gleich einem halben Sonnenradius. Ihre Geschwindigkeit betrug nach der Verzerrung der *C*-Linie 35 km in der Sekunde. Bemerkenswerth war der Umstand, dass der mittlere und untere Theil der Protuberanz eine Verschiebung der *C*-Linie nach dem Violett hin, der obere Theil dagegen eine ungefähr gleich grosse Verschiebung nach dem Roth hin hervorbrachte. Eine Abbildung der Protuberanz befindet sich in C. R. XCI, 658. *Bgr.*

J. NORMANN LOCKYER. Ueber die Nothwendigkeit eines neuen Ausgangspunktes in der Spektralanalyse. Nature XXI, 5-8; Naturf. 1880, 101-104†; Beibl. 1880, 363-364*.

Unter den 345 Linien des Sonnenspektrums, deren Wellenlänge THALÉN bestimmt hat, befindet sich eine Anzahl (18), welche zwei Metallen gemeinsam ist. Verfasser hat das Auftreten derselben in Sonnenflecken und -stürmen bestimmt und ihre Veränderungen in dem Spektrum festgestellt. Folgendes sind die Resultate:

λ	Gemeinsam	Intensität	Fleck Verbreiterung	Sturm Häufigkeit	Sturm Helligkeit
5207,6	FeCr	3,1	4	10	6
5203,7	FeCr	3,1	4	10	6
5340,2	FeMn	2,3	2	1	2
6064,5	FeTi	2,2	3	5	2
5661,5	FeTi	3,1	4	15	2
5403,1	FeTi	2,3	4	5	3
5396,1	FeTi	2,2	7	4	2
5352,4	FeCo	4,3	2	4	2
5265,8	FeCo	2,3	2	10	4
5168,3	FeNi	3,5	4	40	30
5166,7	FeMg	2,1	2	30	20
5681,4	FeNa	3,3	3	2	1
6121,2	CoCa	1,3	4	5	3
5601,7	CaFe	4,1	2	—	—
5597,2	CaFe	3,1	2	—	—
5856,5	CaNi	3,4	2	—	—
5425,0	CaTi	3,3	4	—	—
6449,0	CaBa	2,3	2	—	—

Aus dem Umstand, dass diese Linien in dem Spektrum der Flecke und Protuberanzen eine so auffallende Verbreiterung zeigen, schliesst Verfasser, dass in diesen heissesten Theilen der Sonne eine Dissociation der metallischen Dämpfe erfolgt, so dass die coïncidirenden Linien durch die Dissociationsprodukte der Metalle hervorgebracht werden. Aus diesem Grunde bezeichnet Verfasser dieselben auch als basische Linien. Eine zweite Stütze seiner Ansicht erblickt Verfasser darin, dass das complicirte Eisenspektrum, wie es der Sonnenoberfläche entspricht, in diesen Eruptionen wesentlich vereinfacht erscheint, indem die stärkeren Linien fast sämmtlich verschwinden, während die schwachen Linien verstärkt werden. Endlich müssen die basischen Linien auch von den Maximis und Minimis der Sonnenfleck-Periode abhängen, wie dies die Beobachtung thatsächlich ergeben hat. In den Protuberanzen, die YOUNG zur Zeit des Sonnenfleckmaximums im Jahre 1872 beobachtete, waren Linien verbreitert, die im Jahre 1877 nicht verbreitert erschienen. Das Gesetz, nach welchem das Spektrum eines jeden Elementes nur aus Linien besteht, die diesem Element eigenthümlich sind, erweist sich mithin für die höchsten Temperaturen und die stärksten Dispersionen als ungenügend. *Bgr.*

J. NORMANN LOCKYER. Discussion of „YOUNG's List of Chromospheric Lines." Note I. Proc. R. Soc. 1879. No. 194†.

Inhaltlich der vorstehenden Abhandlung gleich. *Bgr.*

J. NORMANN LOCKYER. Preliminary Note on the Substances which produce the Chromospheric Lines. Proc. R. Soc. 1879. No. 192†.

Verfasser glaubt, dass dieselben nicht, wie bisher angenommen wurde, durch Metalldämpfe hervorgebracht werden, die von der Sonnenoberfläche emporsteigen, sondern dass diese chromosphärischen Linien sämmtlich sogenannte basische Linien sind. Sie rühren also von den noch nicht isolirten Basen der Elemente her und die Sonnenphänomene entstehen durch eine auf dem Niveau der Photosphäre stattfindende Dissociation und eine darauf folgende Verbindung in höheren Schichten. *Bgr.*

J. N. LOCKYER. Bericht an das Comité für Sonnenphysik in Betreff der basischen Linien, die in Sonnenflecken und Protuberanzen auftreten. Proc. R. Soc. XXIX, 247-265; Beibl. 1880, 45†.

Tabellarische Zusammenstellung der Linien des Eisens, Titans, Chroms, Cadmiums, Mangans, Kobalts, Nickels, Strontiums, Calciums, Baryums, Magnesiums und Natriums unter Zugrundelegung der Ångström-Thalén'schen Messungen des Sonnenspektrums und der Wellenlängenbestimmungen Thalén's. Ferner wird angegeben, wie gross die Intensität der Linien ist, ob sie mit einer Linie eines anderen Metalls zusammenfallen, ob sie von Young in Sonnenflecken beobachtet wurden, ob sie dort verbreitert waren, ob und wie oft sie sich in Protuberanzen zeigten und wie hell sie waren. *Bgr.*

C. A. Young. Spectroscopic Notes. Sill. J. (3) XX, 353 bis 358†; Americ. Assoc. 1880. Boston.

1) Die Magnesiumlinien der *b*-Gruppe sowie die beiden *D*-Linien des Natriums zeigen in dem Spektrum der Basis einer Protuberanz häufig eine doppelte Umkehrung. Inmitten der breiten *D*-Linien entsteht eine helle Linie, in deren Mitte alsdann wieder ein dunkler Fleck auftritt.

2) Verfasser hat häufig in dem Spektrum von Protuberanzen und Sonnenflecken eine Umkehrung der *H*- und *K*-Linien beobachtet. Collimatorrohr und Beobachtungsfernrohr besassen einen Durchmesser von $1^1/_4''$, die Brennweite betrug ungefähr $13''$; das Rutherfurd'sche Metallgitter hatte 17300 Linien auf einen Zoll. Eine Blende von blauem Kobaltglas unterstützt sehr die Beobachtung. Die beiden Linien sind in dem Spektrum der Chromosphäre immer, in dem von Sonnenflecken gewöhnlich umgekehrt. In dem Spektrum der Chromosphäre ist die Linie *H* immer doppelt, in demjenigen eines Sonnenflecks dagegen nicht. Eine Verdoppelung der *K*-Linie wurde weder in dem einen noch in dem anderen Spektrum beobachtet. Die zweite Linie rührt deshalb wahrscheinlich von einer anderen Substanz her, als *H* und *K*. Verfasser vermuthet, dass sie von Wasserstoff erzeugt wird. In einer am Schluss angefügten Notiz spricht Verfasser indess die

Vermuthung aus, dass auch die *H*- und die *K*-Linie von Wasserstoff herrühren.

3) Aus der Untersuchung der coincidirenden Linien in den Spektren mehrerer Metalle scheint hervorzugehen, dass man es meistens nur mit einer Annäherung der Linien an einander, nicht mit einer wirklichen Coincidenz zu thun hat. Sollte die Untersuchung mit stark zerstreuenden Apparaten dennoch eine Coincidenz ergeben, so kommt Verfasser zu ähnlichen Schlüssen, wie Lockyer in seiner Abhandlung.

4) Verfasser entwickelt die mathematischen Bedingungen, denen ein Spektroskop genügen muss, um keine Verzerrungen der Sonnenprotuberanzen zu zeigen. Es zeigt sich, dass dies der Fall ist, wenn das Collimatorrohr gleichzeitig als Beobachtungsfernrohr dient. Die Schwierigkeiten, die alsdann aus dem Einfluss des diffus reflektirten Lichtes entstehen, hofft Verfasser zu beseitigen. *Bgr.*

J. Janssen. Notiz über die neuen Fortschritte der Sonnenphysik. Annuaire du bureau des longitud. 1879, 623 bis 685; Beibl. 1880, 277†.

Verfasser findet, dass bei kurzer Expositionszeit bei seinen photographischen Platten die chemische Wirkung sich auf einen ganz kleinen Theil des Spektrums reducirt, der in der Nähe der Linie *G* gelegen ist, sodass also bei Photographien, die nur kurze Zeit dauern, selbst die gewöhnlichen Linsen als achromatisch betrachtet werden können. *Bgr.*

C. A. Young. Note on the *b*-lines in the solar spectrum. Observatory 1880. No. 33-40, p. 271-272; Beibl. 1881, 45 bis 46†.

Mittelst des Spektrums dritter Ordnung, welches durch ein Rutherfurd'sches Gitter mit 17280 Linien auf den Zoll erzeugt war, fand Verfasser, dass b_3 und b_4 doppelt sind und dass die zusammensetzenden Linien nur um $^1/_6$ einer Einheit der Ångström'schen Skala von einander abstehen. Auch die Linie 5207,4 ist doppelt. Alle diese Linien sind basisch (vgl. LOCKYER), sind also mehreren Elementen gemeinsam. b_4 ist gemeinsam Fe und Mg, b_3 Fe und Ni, 5207,4 endlich Cr und Fe. *Bgr.*

Three years experimenting in meansurational spectroscopy, by a New Hand Thereat. Nature XXII, 193-195†. 222-225†; Beibl. 1880, 276-277†.

In diesen beiden Abhandlungen wird eine Uebersicht über die Resultate gegeben, welche P. SMYTH mit einem in grossen Dimensionen ausgeführten Spektralapparat erhielt, welcher ursprünglich zur Untersuchung der Nordlichter bestimmt war, dann aber wegen des Ausbleibens dieses Phänomens zu Untersuchungen des Sonnenspektrums benutzt wurde. Dieselben erstrecken sich zunächst auf Körperfarben und Absorptionsspektra und bestätigen bereits bekannte Thatsachen über die Ortsveränderung farbiger Streifen im Spektrum mit der Dicke der absorbirenden Schicht und der Intensität der Lichtquelle, ferner über die Verschiedenheit der Absorptionsspektra gleichgefärbter Körper, die aber von verschiedener chemischer Zusammensetzung sind. Eine zweite Beobachtungsreihe bezieht sich auf die vom atmosphärischen Wasserdampf hervorgebrachten Absorptionsstreifen. Die Vergleichung des Spektrums bei frostigem Wetter (bei welchem die Luft arm an Wasserdampf ist) mit demjenigen an einem heissen Sommertag lässt in dem letzteren vor der D-Linie nach der Seite des Roth einen dunkeln Streifen erkennen, aus dessen grösserer oder geringerer Dunkelheit an auf einanderfolgenden Tagen man auf den Sättigungsgrad der Luft mit Wasserdampf schliessen kann und welchen Verfasser deshalb auch als Regenstreifen bezeichnet. Mittelst seines Apparates gelang es Herrn SMYTH auch, die zahlreichen dunkeln Streifen im Roth zu beobachten und aufzuzeichnen. Diese Untersuchung wie die folgenden wurden in Lissabon bei einer mittleren Sonnenhöhe von 70° ausgeführt mittelst Prismen mit Dispersionen von 10 bis 50° zwischen A und H, mit Vergrösserungen von 10—20 und einer Länge von Collimator und Beobachtungsfernrohr von

32 Zoll Brennweite. Herr SMYTH nahm nämlich eine nochmalige genaue Durchmusterung des gesammten Sonnenspektrums vor, beginnend im äussersten Roth bei einer Wellenlänge in englischen Zollen von ungefähr 25000 (Linie X) bis zu einer Wellenlänge von 65000 (Linie H_2). Die gefundenen Resultate sind zu einer Farbentafel zusammengestellt (p. 223). Besonders genau wurde das violette Ende des Spektrums untersucht, weil dasselbe bei dem Dispersionsspektrum mehr auseinander gezogen ist, als bei dem Beugungsspektrum. In diesem Theil liefern also die Messungen von SMYTH wesentliche Ergänzungen zu denjenigen ÅNGSTRÖM'S. Aus der grossen Zahl dunkler Linien, welche sich im Violett im Vergleich zum Roth fand, schliesst Verfasser auf eine hohe Temperatur der Sonne. SMYTH giebt folgende Zusammenstellung der Angaben verschiedener Forscher über die Sonnentemperatur: J. HERSCHEL 9000000; ERICSSON 4000000; SECCHI 239000; J. W. THOMSON 108000 bis 54000; französische Gelehrte 4500; VIOLLE 2800; während LANGLEY sie höher als 15000000 Grad nach Fahrenheit annimmt. Der letzte Theil der Abhandlung enthält die Resultate einer spektroskopischen Untersuchung von Kohlenstoffverbindungen, wegen deren wir auf die Originalabhandlung verweisen müssen. Erwähnt sei noch, dass die Untersuchungen, über welche hier berichtet ist, in Band XVIII. und XIX. der Philosophical Transactions of Royal Edinburgh Society p. 285—342 (auch Proc. Edinb. Soc. X. 1878/79. p. 274) veröffentlicht sind. Der Theil, welcher über die Regenstreifen handelt, findet sich auch in Edinburgh Astronomical Observations, Bd. XIV, sowie im Journal of the meteorological Society of Scotland 1878. Der letzte Theil endlich über das Spektrum gasförmiger Körper erschien im Phil. Mag. August 1879.

Bgr.

H. C. VOGEL. Untersuchungen über das Sonnenspektrum.
Publ. d. astrophys. Observator. z. Potsdam I, 133-211†.

Verfasser hat die dunkeln Linien in dem zwischen 480 und 540 Mill. Mm. Wellenlänge gelegenen Theil des Spektrums einer genauen Messung unterzogen und die Resultate seiner Messungen in Tabellen (p. 144—160) zusammengestellt. Der II. Abschnitt enthält die Resultate einer Reihe von photographischen Aufnahmen des zwischen 389 und 486 Mill. Mm. Wellenlänge gelegenen Theiles, deren Resultate in den Tabellen (p. 171—211) zusammengestellt sind. In den beigefügten Tafeln befindet sich eine Zeichnung des untersuchten Spektraltheils, welcher eine Wellenlängenskala zu Grunde gelegt ist. *Bgr.*

A. Cornu. Ultraviolette Grenze des Sonnenspectrums in verschiedenen Höhen. C. R. LXXXIX, 808-814; Sillim. J. XIX, 406; Naturf. XIII, 21-22†; Beibl. 1880, 207; J. chem. soc. 1880, 201.

Theoretische Erwägungen hatten den Verfasser zu dem Resultat geführt, dass ein grosser Theil der ultravioletten Strahlen beim Durchgang des Lichtes durch die Erdatmosphäre absorbirt würde. Diese Folgerung bestätigte er nunmehr experimentell und bestimmte durch photographische Aufnahmen des Sonnenspektrums auf dem Riffelberg (Monte Rosa-Gruppe, 2570 m hoch), in Viège (657 m) und auf dem Rigi (1650 m hoch) die Abhängigkeit der Wellenlänge der durchgelassenen Strahlen von der Erhebung über die Erdoberfläche. Die Verschiebung ist nur gering; sie beträgt für 900 m Erhebung 1 Milliontel Millimeter Wellenlänge. Die Grenze des Spektrums ist auf dem Riffelberg durch eine Wellenlänge von 293,2, in Viège von 295,4, auf dem Rigi endlich von 294,8 Milliontel Millimeter gegeben. *Bgr.*

Christie. Diagram of a remarkable absorption spectrum of a solar spot. Ath. 1880 (2) 819†.

Das Spektrum enthielt 18 breite Linien zwischen *B* und *F*, von denen keine mit einer tellurischen Linie zusammenzufallen schien. *Bgr.*

George-F. Barker. Résultats de l'observation spectroscopique de l'éclipse de Soleil du 29 juillet 1878. d'Alm. J. IX, 179-180†; Sill. J. (3) XVII, 121.

Während der Finsterniss war noch hinreichend Licht vorhanden, um die Ablesungen auf den Theilkreisen auszuführen. Das Spektrum zeigte keine hellen Linien, auch nicht im Grün, es glich vielmehr dem gewöhnlichen Spektrum mit den FRAUNHOFER'schen Linien, nur war es viel lichtschwächer. Man muss deshalb auf die Abwesenheit glühender Gase in der Corona schliessen und letztere als durch Reflexion des Sonnenlichtes entstanden annehmen. *Bgr.*

J. C. DRAPER. Lignes obscures de l'oxygène dans le spectre du soleil. D'ALM. J. IX, 182-183†; SILL. J. (3) XVII, 448.

Verfasser sucht die von H. DRAPER behauptete Existenz des Sauerstoffs in der Sonne zu widerlegen. Seine Deductionen beziehen sich besonders auf die Strahlen $\lambda = 4317$ und $\lambda = 4319$. Dieselben existiren nach ihm allerdings in dem Sonnenspektrum, aber als dunkle Linien, so dass der Sauerstoff ebenso wie der Wasserstoff und die übrigen Körper Absorptionslinien geben würde. Da eine gleichzeitige photographische Aufnahme des Spektrums der Sonne und des Sauerstoffs nicht stattgefunden hat, so lassen sich die behaupteten Coincidenzen auf ihre Richtigkeit schwer prüfen. *Bgr.*

H. DRAPER. Ueber die Coincidenz der hellen Linien des Sauerstoffspektrums mit hellen Linien in dem Sonnenspektrum. SILL. J. (3) XVIII, 262-279. 1879; Beibl. 1880, 275-276†; D'ALM. J. IX, 249; Monthl. Not. XXXIX. No. 8. 1880.

Um die Frage über die Anwesenheit von Sauerstoff auf der Sonne ihrer Entscheidung näher zu bringen, hat Verfasser seine früheren Versuche mit grösseren Apparaten auf's Neue ausgeführt. Zur Erzeugung des Spektrums diente eine 17 Zoll lange Funken gebende Induktionsspirale, deren primärer Strom von einer GRAMME'schen Maschine erzeugt wurde, die 1000 Umdrehungen in der Minute machte. Ausserdem waren noch 14 LEYDNER Flaschen mit einer Oberfläche von 14 Quadratfuss eingeschaltet.

Die Funken schlugen zwischen Eisenelektroden über, sodass neben dem Sauerstoffspektrum dasjenige dieses Metalls erhalten wurde. Neben diesem Spektrum wurde dann gleichzeitig das Sonnenspektrum photographirt. Es ergab sich bei einer ganzen Reihe von Sauerstofflinien Coincidenz mit hellen Partien im Sonnenspektrum, jedoch mit dem Unterschied, dass erstere stets scharf begrenzt, letztere dagegen verwaschen erschienen. Die Meinungen der astronomischen Gesellschaft zu London, welcher Draper zuerst seine Beobachtungen mittheilte, waren über die Anwesenheit des Sauerstoffs in der Photosphäre sehr getheilt. Das Nichtauftreten von Sauerstofflinien in der Chromosphäre wird durch Oxydationsvorgänge bei den niedrigeren Temperaturen, die in derselben herrschen, erklärt. *Bgr.*

W. Harkness. Die Sonnencorona. Bull. Phil. Soc. Wash. III, 116-119; Beibl. 1881, 128†; Nat. Acad. of scienc. Wash. 1880. 20/23. 4.

Mittelst eines fluorescirenden Prismas untersuchte Verfasser bei Gelegenheit der totalen Sonnenfinsterniss am 29. Juli 1878, ob die Sonnencorona auch ultraviolette Strahlen enthält, gelangte aber zu einem negativen Resultate. Weiter bestimmte er nach Photographien die Helligkeit der Corona und gelangte zu folgenden Resultaten.

Die Intensität des Coronalichtes nimmt im umgekehrten Quadrat mit der Entfernung vom Sonnenrande ab und ist in Theilen der Helligkeit des Vollmondlichtes durch folgende Formel ausgedrückt:

$$B = \frac{0,15}{h^2}(23' + 100'.\cos\vartheta),$$

wo h den Abstand des Punktes vom Sonnenrand in Bogenminuten, ϑ die Länge des gemessenen Punktes am Sonnenäquator bezeichnet. Für kleine h gilt die Formel nicht mehr. Die hellste Stelle der Corona ist ungefähr 15mal heller als die Vollmondoberfläche; das gesammte Coronalicht 38mal heller als der Vollmond. Uebrigens war die Corona am 22. December 1870 etwa $7^1/_4$ mal heller als die am 29. Juli 1878. *Bgr.*

Ch. Fievez. Das Spektrum des Magnesiums und die Constitution der Sonne. Bull. de l'acad. royale belg. (2) L, 91; Naturf. XIII, 437-438†; Rapp. d. Houzeau etc.

Die Magnesiumlinien des Sonnenspektrums (Gruppe *b* nach Ångström) zeigen häufig eine Umkehrung, die indess nicht für alle 4 Linien gleich oft eintritt. Setzt man nach Young die Häufigkeit der Umkehrung und die Helligkeit der Wasserstofflinie *C* gleich 100 (dieselbe ist in der Chromosphäre stets umgekehrt), so ist für

die Linie	die Häufigkeit der Umkehrung	die Helligkeit
b_1	50	30
b_2	50	35
b_3	40	30
b_4	30	20

Zur Erklärung dieser Erscheinung wird entweder eine Dissociation des Magnesiumdampfes auf der Sonnenoberfläche oder eine Aenderung in dem Auftreten der Linien mit der Intensität des ausgestrahlten Lichtes, resp. mit der Energie der Sonnenthätigkeit angenommen. Verfasser hat zur Prüfung dieser beiden Theorien eine Reihe von Versuchen angestellt, wegen deren wir auf die Abhandlung verweisen müssen. Die Resultate derselben sprechen zu Gunsten der letzteren Hypothese, nach welcher also die Modification des Spektrums ihren Ursprung in einer physikalischen Ursache hat. *Bgr.*

A. Crova. Mesure de l'intensité calorifique des radiations solaires et de leur absorption par l'atmosphère terrestre. Ann. chim. phys. (5) XIX, 167-194†; Mondes (2) LI, 671-672.

Die Abhandlung bildet die Fortsetzung einer unter dem gleichen Titel im Jahre 1877 in den Ann. chim. et phys. (XI,

433—520) erschienenen Arbeit des Verfassers (vergl. Berl. Ber. 1877, 809). Sie enthält die Beobachtungen des Verfassers aus den Jahren 1876 und 1877, über deren Ergebniss berichtet wurde (Berl. Ber. 1877, 806 und 1878). Zu bemerken ist nur, dass Verfasser dem bei seinen ersten Versuchen benutzten Apparat eine etwas andere Gestalt gegeben hat, die eine leichtere Transportirbarkeit desselben ermöglicht. Die vorliegende Abhandlung enthält die Abbildung und Beschreibung des neuen Apparates.

Bgr.

AIMÉ WITZ. Sur la température du soleil. Mondes (2) LI, 381-385†; Rev. d. questions scientif. 1880. Janv. 1-40; Ausl. 1880, 760†.

Verfasser bespricht im Anschluss an ROSSETTI's Bestimmungen der Sonnentemperatur die von verschiedenen Forschern für dieselbe angenommenen Werthe. Er bekämpft besonders die von H. STE. CLAIRE-DEVILLE vertretene Ansicht, nach welcher die Sonnenwärme nicht höher sein könne, als die durch irdische Verbrennungsprocesse erzeugte Temperatur mit dem Hinweis darauf, dass die Sonnenwärme zum grössten Theil durch mechanische Vorgänge erzeugt wird. Demgemäss hält Verfasser SECCHI's Zahl durchaus nicht für unmöglich. ROSSETTI's Werth ist noch discutirbar, dagegen sind die Zahlen von VIOLLE und von VICAIRE jedenfalls zu verwerfen. Wir lassen hier eine Zusammenstellung der von verschiedenen Forschern für die Sonnentemperatur angegebenen Zahlen folgen:

NEWTON	1669300°
POUILLET	1461
ZÖLLNER	102000
SECCHI	5344840
ERICSSON	2726700
FIZEAU	7500
WATERSTONE	9000000
SPÖRER	27000
H. STE. CLAIRE-DEVILLE	2500

SORET	5801846	
VICAIRE	1398	
VIOLLE	1500	
ROSSETTI	20000	*Bgr.*

J. JANSSEN. Note sur les températures solaires. C. R. LXXXIX, 463-465†; Beibl. 1880, 46.

Verfasser weist auf die Ungenauigkeit des Begriffs Sonnentemperatur hin, hebt die Unmöglichkeit einer Bestimmung derselben ohne Kenntniss des Emissionsvermögens der Sonne hervor und betont die Nothwendigkeit neuer Ausgangspunkte bei der Bestimmung der Sonnentemperatur. Statt das Gestirn als Ganzes zu betrachten, müssten vielmehr seine einzelnen Theile genau untersucht werden und anstatt durch calorimetrische Messungen müsste die Temperatur aus der Wellenlänge der ausgesandten Strahlen bestimmt werden. *Bgr.*

J. P. LANGLEY. Ueber die Temperatur der Sonne. Proc. Am. Acad. 9. Oct. 1878, 106-113; D'ALM. J. IX, 59; DINGL. J. CCXXXVI, 348; Beibl. 1880, 206-207. 277†; Mondes (2) LII, 73; vergl. vorst. Arbeit. C. R. LXXXIX, 463†.

Verfasser hat die Strahlung des geschmolzenen Stahls im Converter beim Bessemerprocess mit der Strahlung der Sonne direct verglichen, indem er eine Thermosäule der Einwirkung beider Wärmequellen aussetzte. Es ergab sich, dass die Sonne wenigstens 87 mal so viel Wärme aussendet als eine gleichgrosse Fläche glühenden Metalls. Die Vergleichung der Helligkeiten beider Quellen mittelst eines passend vorgerichteten BUNSEN'schen Photometers führte zu dem Resultat, dass die Helligkeit der Sonne wenigstens 5300 mal so gross ist, als diejenige des glühenden Metalls. Der ungleich höhere Werth der Helligkeit erklärt sich daraus, dass die Intensität der brechbareren Strahlen mit der Temperatur schneller zunimmt als diejenige der weniger brechbaren. Die früheren Angaben über die Temperatur der

Sonnenoberfläche dürften wohl zu niedrig sein. LANGLEY schätzt dieselbe auf höher als 15 Millionen Grad nach FAHRENHEIT.

Bgr.

R. A. SMITH. Measurement of the actinism of the sun's rays and of daylight. Proc. R. Soc. 1880. XXX. No. 203, 355-359†; Beibl. 1880, 619*; Chem. News XLI, 211; J. chem. soc. 1880. Oct. Abstr. 685.

Verfasser benutzt zur Bestimmung des Strahlungsvermögens die Eigenschaft einer mit wenig Salpetersäure angesäuerten Lösung von Jodkalium, im Licht unter Abscheidung von Jod zersetzt zu werden, dessen Menge dann durch Maassanalyse bestimmt wird. *Bgr.*

ROTH. Vertheilung der Sonnenstrahlung. Z. S. f. Met. XV, 332†.

Verfasser weist im Anschluss an eine im Jahre 1879 erschienene Abhandlung von WIENER (Z. S. f. Met. XIV, 113-130) darauf hin, dass er im Programm der Wilhelmsschule zu Buxtehude (1871) den Satz abgeleitet hat, nach welchem die Strahlenmenge, welche die ganze Erdkugel in einer gegebenen Zeit von der Sonne erhält, nur von der während der Bestrahlung stattfindenden Zunahme der Sonnenlänge abhängt. Die Wärmemenge, welche eine sich nach den KEPLER'schen Gesetzen um die Sonne bewegende Fläche bei unveränderlichem Einfallswinkel von der Sonne durch Strahlung empfängt, während der Leitstrahl der Bahn einen beliebigen Winkel beschreibt, ist

$$W = \frac{S(\vartheta_1 - \vartheta_0)}{\sqrt{Ap}},$$

wenn S die Wärmemenge bezeichnet, welche dieselbe Fläche im Abstand 1 von der Sonne empfangen würde. A ist die Anziehungskraft der Sonne in demselben Abstand, p der Parameter der Bahn, ϑ_0 und ϑ_1 der Anfangs- und Ausgangswerth der wahren Anomalie. *Bgr.*

A. C. Ranyard. Observations made during total solar eclipses. Mem. R. Astr. Soc. XLI. 1879 with 18 plates. London 1879, p. 1-792; Beibl. 1881, 128*; Astr. Soc. 10./12. 1880; Athen. 1880 (2) 381.

Das Werk enthält eine Zusammenstellung aller während der Sonnenfinsternisse gemachten Beobachtungen. Wir müssen uns hier auf die Angabe der Kapitelüberschriften beschränken und verweisen auf die ausführlichere Kritik von Schuster in Nature XXI, 488—490.

I. Beobachtungen über das Bedecken von Sonnenflecken durch den Rand des Mondes.

II. Der Mond ist dunkler als die Sonnenflecken.

III. Farbige Erscheinungen am Rande des Mondes.

IV. Spektroskopische und photographische Untersuchung des farbigen Mondrandes.

V. Der ausserhalb der Sonnenscheibe gelegene Theil des Mondrandes.

VI. Sichtbarkeit des Mondes vor und nach der Totalität der Finsterniss.

VII. Farben der Hörner der Sonnensichel.

VIII. Rothe Farbe des Mondes vor Eintritt der totalen Finsterniss.

IX. Helle und dunkle Streifen (shadow bands).

X. Bewegung des Lichtes kurz vor der Totalität; zitternde Bewegung des dünnen Horns der Sichel.

XI. Lichtbogen, der von den Hörnern der Sonnensichel ausgeht.

XII. Strahlenfäden und Nebensonnen dicht vor dem Eintritt der Totalität.

XIII. Lichtbündel, die vom Rand der eben verschwindenden Sonnensichel ausstrahlen.

XIV. Sichtbarkeit der Corona vor und nach der Totalität.

XV. Sterne, die vor Eintritt der Totalität sichtbar waren.

XVI. Sichtbarkeit der Protuberanzen vor und nach Eintritt der totalen Verfinsterung.

XVII. Baily's schwarze Linien.

XVIII. Bewegung und Zusammenfliessen von BAILY's schwarzen Linien.

XIX. Rotation der Strahlen, die von dem Monde und von der Corona ausgesandt werden.

XX. Hüpfende Bewegung des Mondes bei Beginn und am Ende der totalen Verfinsterung.

XXI. Die Chromosphäre erscheint als continuirlicher rother Bogen.

XXII. Teleskopische Beobachtung der YOUNG'schen Schicht.

XXIII. Doppelte Beobachtung von Anfang und Ende der totalen Verfinsterung.

XXIV. Herannahen des Mondschattens auf der Erde.

XXV. Scheinbares Herabsinken des Himmels bei Eintritt der totalen Verfinsterung.

XXVI. Farben der Wolken.

XXVII. Irisirende Wolken und regenbogenfarbige Lichtbogen.

XXVIII. Farbe des Himmels.

XXIX. Aussehen der Mondscheibe während der totalen Verfinsterung.

XXX. Sterne, die während der totalen Verfinsterung sichtbar sind.

XXXI. Helligkeit des Horizontes während der totalen Verfinsterung.

XXXII. Dunkelheit während der totalen Verfinsterung.

XXXIII. Unnatürliche Beleuchtung von Gegenständen während der totalen Verfinsterung.

XXXIV. Lichtblitze an oder nahe der Mondscheibe.

XXXV. Wind während der totalen Verfinsterung.

XXXVI. Temperaturerniedrigung und Thau während der totalen Verfinsterung.

XXXVII. Wirkung der Sonnenfinsterniss auf Menschen, Thiere und Pflanzen.

XXXVIII. Magnetische Beobachtungen während der Sonnenfinsternisse.

XXXIX. Trou d'Ulloa und Einkerbungen am Mondrand.

XL. Zodiakallicht und intramerkuriale Planeten.

XLI. Helligkeit der Corona.

XLII. Beobachtungen über Polarisation

a) Des Lichtes, welches von der in der Nähe der verdunkelten Sonne befindlichen Atmosphäre zerstreut ist.

b) Des Lichtes der Protuberanzen.

c) Des Lichtes der Corona.

XLIII. Spektroskopische Beobachtungen.

XLIV. Photographien und Zeichnungen der Corona.

Bgr.

R. Copeland. Solar phenomenon. Nature XXI, 225† (L.).

— — Note on the phenomenon known as „Shadow Bands.“ Monthly Not. XL. No. 5. March 1880, 329-330†.

Das Phänomen der hellen und dunklen Linien, welches wiederholt bei Sonnenfinsternissen unmittelbar vor und nach dem Eintritt der Verfinsterung beschrieben worden ist, wurde vom Verfasser auch beim Sonnenuntergang bemerkt. Es wurde von den letzten Strahlen der Sonne hervorgebracht, wenn dieselbe hinter einem mehrere Meilen entfernten Hügel unterging; sein Auftreten war indess sehr unsicher und veränderlich. Die Bewegung der dunkeln Linien erfolgte einmal von unten nach oben, das andere Mal in umgekehrter Richtung; ebenso änderte sich die Breite der hellen und dunkeln Streifen, sowie ihre Gestalt. Verfasser denkt sich die Streifen in ähnlicher Weise durch Luftschichten von wechselnder Dichte hervorgebracht, wie die streifenförmigen, durch dunkle Zwischenräume getrennten Bilder des Sonnenrandes, welche entstehen, wenn der Rand der untergehenden Sonne durch die Zweige eines entlaubten Baumes beobachtet wird. Er verspricht weitere Beobachtungen. *Bgr.*

D. P. Todd. The next total solar eclipse. Nat. XXII, 112†.

Auszug aus einer Abhandlung des Verfassers, welche der Nat. Acad. of sciences of Washington vorgelegt wurde und welche die Nutzbarmachung der Telegraphenlinien zur Auffindung intramerkurialer Planeten bei der Beobachtung totaler Sonnenfinsternisse zum Gegenstand hat. Verfasser schlägt vor, die etwaige Entdeckung eines Planeten an der einen Station sofort auf telegraphischem Wege anderen Stationen zum Zweck der Verificirung mitzutheilen und zeigt, wie dieses Verfahren bei der Sonnenfinsterniss am 16. Mai 1882 praktisch ausführbar wäre. *Bgr.*

---

v. Oppolzer. Ueber die Sonnenfinsterniss des Schuking. Berl. Monatsber. Febr. 1880, 166-185†.

Historische Studie, als deren Resultat sich ergiebt, dass die im Schu-king erwähnte Finsterniss höchst wahrscheinlich im 5. Regierungsjahre des Kaisers Tschung-khang, am 22. Oktober des Jahres —2136 (—2137 der Historiker) morgens stattfand.

Bgr.

Giovanni Celoria. Sopra alcuni eclissi di sole antichi e su quelli di Agatocles in particolare. Atti dei Linc. IV, H. 4, p. 105-106†.

Verfasser bestimmt aus der Berechnung von 138 totalen Sonnenfinsternissen, die in dem Zeitraum von 330 v. Chr. bis 100 v. Chr. stattfanden, den Coefficienten der säcularen Beschleunigung der mittleren Mondbewegung zu 12,557″, während Hansen denselben zu 12,18″ und Adams und de Delaunay ihn zu 6,176″ angeben. *Bgr.*

J. Macé et W. Nicati. Étude de la distribution de la lumière dans le spectre solaire. C. R. XCI, 623-625†. (cf. III. 17. 12)

Aus ihren Beobachtungen ziehen Verfasser folgende Schlüsse:

1) Das Maximum der Lichtintensität liegt im Gelb, nahe der Linie *D*.

2) Die Perceptionsfähigkeit für Blau und Violett nimmt viel langsamer mit der Verminderung der Beleuchtungsintensität ab, als diejenige für die weniger brechbaren Strahlen.

3) Von der Grenze des Roth bis zum Grün (Wellenlänge 0,5 μ) ist das Gesetz für die Vertheilung der Lichtintensitäten unabhängig von der Beleuchtung.

4) Für verschiedene Augen ist die Fähigkeit dieselbe Farbe zu empfinden sehr verschieden. *Bgr.*

Fernere Litteratur.

Bereits berichtet.

W. ABNEY. On the photographic method of mapping the least refrangible end of the solar spectrum (with a map of the solar spectrum from 7600 to 10750). Proc. R. Soc. XXX. No. 200, p. 67; Mondes (2) LI, 276-277; C. R. 26./1.; Phil. Trans. (2) CLXXI. II, p. 653; Beibl. 1880, 375; vgl. auch Beibl. 1881, 507-509; Berl. Ber. 1880, 434.

A. CORNU. Sur le spectre normal du Soleil, partie ultraviolette. Ann. de l'école norm. sup. (2) IX. 1880, 21-107; Beibl. 1880, 371-374. Cf. Berl. Ber. 1880, 435.

F. ROSSETTI. Temperature of the Sun. SILL. J. (3) XIX, 144-145*; Phil. Mag. Suppl. 1879; Mondes (2) LI, 381-385. Cf. Berl. Ber. 1878. IV, 24. B.

Report of the committee (WILLIAMSON, WATTS, ABNEY etc.) appointed for the purpose of reporting upon the present state of knowledge of spectrum analysis. Rep. Brit. Ass. Swansea 1880, 258-318. Cf. Berl. Ber. 1880, 409; Mondes (2) LIII, 617-622.

Sonnenflecke und Protuberanzen.

SPÖRER. Periodicität der Sonnenflecke, Häufigkeitscurven, Epochen und mittlere Lage der Periode. Astr. Nachr. XCVIII. No. 2335, p. 97-104*. Cf. Berl. Ber. 1881.

HENRY BEDFORD. Sun spots. Nature XXI, 276† (L.).

EDWARD PARFITT. Sun spots. Nature XXI, 324† (L.). Historische Notizen.

P. TACCHINI. Le fotografie del sole, fatte all'osservatorio de Meudon dal Prof. JANSSEN. Ann. dei Spettrosc. 1880, H. 1-5.

— — Disegni di macchie solari del ottobre 1879. Ann. dei Spettrosc. 1880, H. 5-7.

P. Tacchini. Disegni delle protuberanze, delle macchie, delle eruzione e facole del sole fatti a Roma dal giugno a ottobre 1879. Mem. degli Spettrosc. 1880, H. 7-9.

— — Sulle macchie solari e facole osservate alla specola del colleg. Romano nel primo trimestre del 1880. Mem. degli Spettrosc. 1880. 45-48, 105-110.

— — Macchie solari e facole osservate a Roma nei mesi di April e Maggio 1880. Mem. degli Spettrosc. Ital. 1880 Aug. p. 80-92.

— — Sulle macchie e facole osservate all'Osservatorio del Collegio Romano in Roma durante il terzo e quarto trimestre 1879. Mem. d. Spettrosc. 1879. 3. Nov. Dec. p. 89-92.

— — Note sulle facole e macchie registrate nel terzo trimestre 1879. Mem. d. Spettrosc. 1879, 97-101.

— — Osservazioni solari dirette e spettroscopiche fatte a Roma nel terzo e quarto trimestre del 1879. Mem. d. Spettrosc. p. 93-96. 101-104. H. 11 u. 12.

— — Osservazioni solari spettroscopiche dirette fatte a Roma nel IV trimestre 1880. Mem. degli Spettrosc. 1880. No. 9-12.

— — Observations of solar spots etc. Mem. d. Spettrosc. Nov. Dec. 1879.

— — Andamento dell'attività solare dal 1871-78. Mem. d. Spettrosc. 1879. III. Agosto p. 65-72.

Riccò. Osservazioni solari dirette e spettroscopiche eseguite nel R. osservatorio di Palermo. Mem. d. Spettrosc. Ital. 1880. März No. 9-12, p. 60-61.

— — Résumé of solar observations à Palermo. 3 quart. 1880. Rev. Scient. Industr. Oct. 31. 1880.

Tacchini. Macchie solari e facole osservate a Roma nel meze di giugno 1880. Mem. d. Spettrosc. 1880. giugno p. 93-95. luglio-septembre ib. 190-192.

Tacchini e Millosevich. Macchie solari e facole osservate a Roma nel ultimo trimestre 1879. Mem. d. Soc. degli Spettrosc. ital. nel gennaio 80. Palermo 1879. H. 10.

Riccò. Eruzione solare metalliche del 31 luglio 1880, osservata a Palermo. Mem. d. Spettrosc. 1880, 96-100.

N. Konkoly. Die Sonnenflecken und das Aussehen der Sonnenoberfläche im Jahre 1877. Abh. d. Ungar. Akad. Ertekezések. VI. H. 9, p. 1-36.

B. Barberi. Quadri statistici delle protuberanze e macchie solari osservate al Collegio Romano nel I sem. 1879. Mem. d. Spettrosc. 1879. 3. Sept.

Ferrari. Sulle protuberanze e le macchie solari osservate nel 1877/1878 nell'Osservatorio del Coll. Rom. Atti dell Acad. pontifica XXII, giugno 1879; XXXII. H. 4-7; XXXII, marzo, giugno 1879.

J. F. Schmidt. Beobachtungen der Sonne. 1879. Astr. Nachr. XCVI. No. 2298, 275-278†.

Zusammenstellung der in Athen im Jahre 1879 beobachteten Sonnenflecke.

Gazan. Les taches solaires, leur nature, leur formation et leur disparition. Antibes b. Morchand 1880.

v. Konkoly. Sonnenflecken-Beobachtungen. Ung. Litt. Ber. 1879. III. H. 2, p. 340.

Berti. Intorno ad alcune correzioni di Galileo al libro delle macchie solari. Atti d. Linc. IV. H. 2. p. 82. Historische Notiz.

B. Stewart. On systematic sun-spot periodicity. Nat. XXII, 80-82.

Sonnenfinsternisse.

The total eclipse of January 11. Nature XXI, 287†.

Notiz über die Entdeckung eines intramerkurialen Planeten während der Beobachtung der Sonnenfinsterniss am 11. Januar 1880 auf dem Santa Lucia Berg in Kalifornien.

The solar eclipses in the next decade. Nature XXI, 308†.

Angabe von Datum, Dauer und Ort der Sichtbarkeit für die Sonnenfinsternisse bis zum Jahre 1889.

J. Johnson. Central solar eclipses in Great Britain during 1000 years. Monthly Not. XL, 436-437†.

Zusammenstellung der seit dem Jahre 1263 in England sichtbar gewesenen centralen Sonnenfinsternisse.

Solar eclipse of december 31. Nature XXIII, 65. 18. November 1880.

E. Kaiser. Vorausberechnung der Sonnenfinsterniss am 18. und 19. August 1887. Bonn 1879.

E. Hartwig. Beobachtung der Sonnenfinsterniss vom 18. Juli 1879 mittelst des Heliometers der Universitätssternwarte zu Strassburg. Astr. Nachr. XCVI. No. 2303. p. 359.

Frisby. Remarks on the total solar eclipse of January 11. 1880. Bull. phil. Soc. Wash. III, 121.

S. Newcomb. On the recurrence of solar eclipses with tables of eclipses from B. C. 700 to A. D. 2300. Sill. J. (3) XX, 79-80.

Allgemeines.

C. S. Hastings. A comparison of the spectra of light from limb and centre of the sun. Amer. Assoc. f. science. Bost. 1880. Sept. cf. Berl. Ber. 1881.

Respighi. Sulle osservazioni fatte al R. Osservatorio del Campidoglio sulla cromosfera e protuberanze solari dal giugno 1877 sino alla fine del maggio ultimo. Atti d. Lincei IV. 1880. H. 7. p. 235.

B. Stewart and W. Dodgson. Preliminary report to the committee of solar physics on the evidence in favour of the existence of certain short periods common to solar and terrestrial phenomena. Proc. R. Soc. XXIX. No. 198. p. 303-324.

Schuster. Polarisation of the solar corona. Monthl. Not. XL. 1879, 31-57.

G. H. Darwin's researches on the history of the solar system. Monthl. Not. 1880. Febr. XL, 240-243.

E. S. Holden. Adopted value of sun's apparent diameter. Bull. phil. Soc. Wash. I. 1874. Appendix I.

J. L. Smith. Some remarks on the supposed nature of the sun's corona and on a supposed new meteoric silicate. Nation. Acad. Wash. April 1880.

W. Spottiswoode. On spectrum analysis. Address to the R. Soc. Nat. XXIII, 111-114. 135-139†.

Uebersicht über die Fortschritte der Spektralanalyse im verflossenen Jahre.

De l'état actuel de l'analyse spectrale. Mondes (2) LIII, 617-622.

Allen. Solar light and heat gravitation with explanations of planetary and molecular forces. New-York. 1879. 8°.

Annuaire de l'observat. de Bruxelles. 1880. 7. Jan.

Enthält auch Spektra von Planeten. Fiévez. 204-214.

Bredichin. Spectroscopic observations of the sun. 1879. Ann. de l'Obs. d. Moscou VI.

Ferrari. Sulla relazione fra le tempestà terrestre e i rapporti planetarii del sistema solare. Mem. d Spettrosc. 1880, 45-48.

Bélopolski. Photoheliographical observations. Ann. de l'Obs. d. Moscou VI. L. 2.

Cappanera. Ciclone solare. La Natura IV. No. 2.

P. Hoitsky. Wärmequellen der Sonne. Ung. Litt. Ber. 1879. Bd. IV. H. 2. p. 340-341.

Respighi. Sulle osservazioni fatte al R. Osservatorio del Campidoglio nel 1879, per determinare la grandezza del diametro apparente del sole e gli errori personali possibili in questa misura. Atti dei Lincei IV. 1880, 184.

Langley. Address. Amer. Assoc. f. Advanc. Aug. 1879. Orig.

— — Physique solaire. Mondes (2) LIII, 213-219*. The Observatory.

Température du Soleil. Mondes (2) LII, 383. Scient. Am.

Puissance motrice du Soleil. Mondes (2) LI, 282-283. Scient. Am.

Spettroscopic Observations made at the Royal Observatory Greenwich 1878, 1-38. 1879, 1-28.

J. Hilfiker. Ueber die Bestimmung der Constante der Sonnenparallaxe. Bern. Mitth. No. 937-961. 1879. p. 86.

P. Tacchini. Preliminary report by the committee on solar physics appointed by the lords of the committee of council on education. Nat. XXII, 44-45.

W. N. Hartley. On the probable absorption of the solar ray by atmospheric ozone. Chem. News XLII, 268. cf. Berl. Ber. 1881.

C. R. Powalky. Comparison of Observations of the Sun made at Washington 1866|75. Monthl. Not. XLI, 1-18.

Shettle. On the influence of the solar energy on the earth's rotation. Phys. Soc. 12./6. 1880.

Shettle. On the influence of solar radiation on the earth's radiation. Nature XXII, 210; Phys. Soc. 12./6. 1880.

R. C. Shettle. The earths rotation as influenced by solar energy. 1-12. M. Berk's Chronicle office 1880.

P. E. Chase. Apparent Semi-diameter of the Sun and nebular origin of the terrestrial day. Proc. Amer. Soc. 1879. II. No. 104. p. 380-384.

d'Apples. Calcul abrégé de la hauteur du soleil. Arch. sc. phys. (2) IV, 189.

Mc. Farland. Perihelion and Eccentricity. Sillim. J. (3) XX, 105-111.

E. Kometen.

Th. Bredichin. Ueber Kometenschweife. Astr. Nachr. XXVII. No. 2321†. p. 265.

— — Remarques générales sur les comètes. Soc. mathem. d. Moscou 20./1. u. 2./2. 1879, 29-88.

— — Sur la constitution probable des queues des

comètes. (2. Abth.), 1·15 u. 1-3. Ann. de l'Obs. de Moscou VII. H. 1. 1880.

Herr Bredichin findet seine Eintheilung der Kometenschweife in die drei Typen immer mehr bestätigt. Seine Rechnungen über die grossen Kometen von 1680, 1744, 1769 und 1880 geben folgende Resultate für die schweifbildende Repulsivkraft: Für den Kometen von 1769 ergiebt sich $1-\mu = 12$ und für den Hauptschweif des Kometen von 1744 folgt $1-\mu = 13$, während der viel kleinere Nebenschweif $1-\mu$ sehr nahe $= 1$ giebt, so dass also die resultirende Wirkung von Gravitation und Repulsivkraft nahe 0 ist. Die Darstellung des Schweifes des Kometen von 1680 erfordert $1-\mu = 0{,}95$, und für den grossen südlichen Kometen von 1880 ergiebt sich $1-\mu = 1{,}2$. Bei den Schweifen des 2. Typus, wo also $1-\mu$ nahe 1 ist, ist es klar, dass die hyperbolischen Bahnen der Schweiftheilchen sich Tangenten an den Punkten der Bahn, wo sie sich abgetrennt haben, nähern, und dass sie nur durch die Geschwindigkeit bewegt werden, welche sie in diesem Momente besassen. *Schnr.*

Hasselberg. Das elektrische Leuchten der Gase bei niedriger Temperatur und das Kometenlicht. Viertelj. Schr. d. Astr. Gesellsch. XIV, 356†; Naturf. 1880, 253-254.

Die noch nicht abgeschlossene Versuchsreihe des Verfassers, bei welcher unter anderem die Aufgabe verfolgt wird durch den elektrischen Strom Gase bei möglichst niedriger Temperatur zum Leuchten zu bringen und zugleich diese Temperatur zu ermitteln, ist in der Absicht angestellt worden, künstlich die Modificationen im normalen Kohlenwasserstoffspektrum darzustellen, welche die Kometenspektra zeigen.

Der bei den Versuchen benutzte Apparat ist folgendermaassen beschaffen: Eine Glasröhre von 75 cm Länge und 30 mm innerem Durchmesser wurde an einem Ende durch eine plangeschliffene Glasplatte zur Ermöglichung spektroskopischer Betrachtung geschlossen, am anderen Ende war ein empfindliches Thermometer luftdicht eingelassen. Durch zwei seitlich angebrachte Glashähne konnte man sowohl ein beliebiges Gas in die Röhre einführen als auch durch Verbindung mit einer GEISSLER'schen Luftpumpe eine beliebige Verdünnung desselben herstellen. Der durch eine Inductionsrolle erzeugte Strom wurde nicht direct in die Röhre eingeführt, sondern auf zwei auf der Röhre festgeklebte Stanniolplättchen geleitet, zugleich war in dem Stromkreis ein Funkenmikrometer eingeschaltet. — Bekanntlich leuchtet eine GEISSLER'sche Röhre auch noch schwach, wenn der Strom aussen auf die Glaswände geführt wird. — Es wurden nun bei verschiedenen Verdünnungen die in der Röhre befindlichen Gase zum Leuchten gebracht und vermittels eines Fernrohres die Temperaturerhöhung im Inneren der Röhre am Thermometer gemessen. Es zeigte sich hierbei, dass die Temperatur allmählig bis zu einem gewissen Maximum stieg und dann constant blieb. Dieses Maximum ist nun nicht die Temperatur, bei welcher das Leuchten stattfindet, da die Dauer der Einzelentladungen im Verhältniss zu den Zwischenzeiten sehr klein ist. Das Maximum ist eingetreten, sobald der durch die einzelnen Entladungen hervorgebrachte Wärmegewinn gleich dem durch Ausstrahlung verursachten Wärmeverluste ist. Die wirkliche Temperatur findet Verfasser aus der Maximaltemperatur durch folgende Betrachtung.

Die in einer Secunde ausstrahlende Wärme sei w, das Gewicht der in der Röhre vorhandenen Luft π, deren specifische Wärme γ, N die Anzahl der Entladungen (in 1 Secunde) und ϑ die Temperaturerhöhung durch eine Entladung, so ist

$$w = \pi \gamma N \vartheta.$$

γ ist bekannt, N leicht zu ermitteln. w hat Verfasser nach dem NEWTON'schen Abkühlungsgesetze bestimmt und die hierbei auftretende Abkühlungsconstante A experimentell zu

$$A = 0{,}00239 \pm 0{,}00002$$

gefunden. Bezeichnet man die beobachtete Maximaltemperatur mit T und mit θ die Temperatur der umgebenden Luft, so wird

$$w = 0{,}163(T - \theta) \text{ Wärmeeinheiten.}$$

Als Wärmeeinheit wurde die Wärmemenge genommen, welche 1 gr Wasser von 0° auf 1° Celsius erhöht. Da bei sehr geringem

Drucke über die Gültigkeit des MARIOTTE'schen Gesetzes keine definitiven Untersuchungen vorliegen, so hat Verfasser vorgezogen π auf einem Umwege zu bestimmen, nämlich nach der Formel

$$\pi = \frac{v'}{1+\alpha T} \cdot \frac{B}{760} \cdot 0{,}00129 \text{ gr},$$

und zwar ist α der Ausdehnungscoefficient der Luft, v' das Volumen der in der Röhre vorhandenen Luft, wenn dieselbe auf Barometerdruck zurückgeführt wird, und B die Barometerhöhe. Die experimentelle Bestimmung von v' ist in der vorliegenden Schrift nicht im détail angegeben, weil dies ohne Figur nicht gut möglich ist.

Folgende Werthe ϑ für die Temperatur des Leuchtens bei verschiedener Dichtigkeit der in den Röhren befindlichen Luft hat nun Verfasser auf oben beschriebene Weise ermittelt:

$e = 8$ mm		$e = 10$ mm	
ϑ	p	ϑ	p
82°	1,72 mm	137°	1,38 mm
129°	1,08 -	148°	0,82 -
189°	0,75 -	152°	0,72 -
		336°	0,63 -

e ist die Schlagweite am Funkenmikrometer.

Es ist auffallend bei welch niedriger Temperatur hiernach noch ein Leuchten der Gase stattfinden kann, ja Verfasser giebt an, dass obige Werthe jedenfalls noch nicht das Minimum bezeichnen, da ein ganz schwaches Leuchten auch noch wahrnehmbar ist, wenn die Stanniolbeläge ganz entfernt werden, und die Leitungsdrähte direct auf die Röhre gebracht werden; eine Temperaturerhöhung ist hierbei am Thermometer kaum noch vorhanden und wird ϑ hierbei kaum 10°—15° betragen.

Verfasser hält übrigens das Leuchten der Gase bei so niedriger Temperatur in Uebereinstimmung mit WIEDEMANN für eine Fluorescenzerscheinung.

Bemerkenswerth in obiger Tabelle ist noch, dass ϑ mit abnehmendem Drucke wächst. Die Zahlen p können indessen keinen Anspruch auf hohe Sicherheit machen, sie sollen nur eine Vorstellung von den Druckverhältnissen geben.

Verfasser glaubt nun, dass die typische Uebereinstimmung der Kometenspektra mit dem der Kohlenwasserstoffe, sowie die elektrische Natur vieler an den Kometen beobachteten Erscheinungen — Schweifbildungen, Ausströmungen — als genügend festgestellt angesehen werden könne. Die einzige Schwierigkeit sei bis jetzt nur die Erklärung der zum Leuchten nöthigen Temperaturerhöhung gewesen; unter Annahme eines elektrischen Leuchtens scheine durch obige Versuche die Schwierigkeit wegzufallen. Dasselbe gelte auch für die Nebelflecke, nur müsse hier die elektrische Erregung ihre Ursache im Nebel selbst haben. Jedenfalls schiene es nicht nöthig, um die Spektralerscheinungen dieser Himmelskörper (Kometen und Nebelflecke) zu erklären, irgend eine hohe Temperatur derselben vorauszusetzen.

Theilweise ist es auch gelungen mit obiger Röhre das Nordlichtspektrum darzustellen. Das Spektrum der mit verdünnter Luft gefüllten Röhre besteht aus zwei aufeinanderliegenden, nämlich dem des Stickstoffoxyds und dem des negativen Pols. Wird nur am negativen Pole der Stanniolbelag angebracht, so überwiegt das Spektrum desselben vollständig, und es bleiben fast nur die Banden dieses Spektrums sichtbar, von denen nach ÅNGSTRÖM die 3 Hauptbanden mit den 3 Streifen im brechbareren Theile des Nordlichtspektrums übereinstimmen. Hierzu kommt noch, dass nach ZÖLLNER's theoretischen Untersuchungen die Entladungen im Nordlichte einer niedrigen Temperatur angehören müssen. Die hellste gelbgrüne und die rothe Nordlichtlinie künstlich darzustellen ist Verfasser bis jetzt noch nicht gelungen.

Schnr.

V. OPPOLZER. Ueber den periodischen Kometen WINNECKE (1819 III) und das Widerstand leistende Medium. Naturf. 1880, 261; Astron. Nachr. XCVII. 2314, p. 149-154†; Naturf. 1880, 261.

— — Einige Bemerkungen über die anomalen Bewegungserscheinungen einiger Kometen und über das Widerstand leistende Medium. Astr. Nachr. XCVII. 2319, p. 225-236†; Athen. 1880 (2) p. 20.

Die Erscheinungen des Winnecke'schen Kometen (1819 III) in den Jahren 1858, 1869, 1875 lassen sich nur vereinigen, wenn man annimmt, dass entweder die Jupitermasse auf $^1/_{1051}$ zu verkleinern ist, oder durch die Annahme einer der Encke'schen ähnlichen Hypothese. Das erstere ist unwahrscheinlich, die zweite Annahme giebt eine Acceleration von 0,01436″ in der mittleren siderischen Bewegung nach einem Umlaufe.

Unter Annahme der Encke'schen Hypothese findet v. Oppolzer hieraus für die Widerstandskraft $U = {}^1/_{930}$. Aus der Asten'schen Acceleration von 0,1044″ folgt für den Encke'schen Kometen $U = {}^1/_{862}$. Der Faye'sche Komet giebt bekanntlich keine Veranlassung zur Annahme eines widerstehenden Mittels; der Werth $U = {}^1/_{900}$ führt für diesen Kometen zu der sehr kleinen Acceleration von 0,0026, einer so geringen Grösse, dass die bisher angenommene Abwesenheit einer ausserordentlichen Einwirkung bei diesem Kometen nicht als Argument gegen die Richtigkeit der Encke'schen Hypothese betrachtet werden kann. Auch die durch das Widerstand leistende Medium verursachte Aenderung der Excentricität ist beim Faye'schen Kometen sehr gering gegenüber den beiden anderen Kometen.

Diese schöne Uebereinstimmung hat Verfasser veranlasst zu versuchen, ob sich durch Einführung des widerstehenden Mittels die Erscheinungen der Kometen 1843 I und 1880 I verbinden lassen, was durch die Aehnlichkeit der Elemente wahrscheinlich gemacht ist; nach Hubbard's Untersuchungen aber lässt sich den Beobachtungen von 1843 durch eine Ellipse von 37 Jahren nicht Genüge thun mit blosser Berücksichtigung des Gravitationsgesetzes. v. Oppolzer kommt jedoch hierbei zu einem negativen Resultate, da die Einführung von $U = {}^1/_{880}$ für die Zeit der Erscheinung von 1843 nur einen verschwindenden Einfluss ausübt. Eine die Uebereinstimmung herbeiführende Vergrösserung von U ist sehr unwahrscheinlich, vielmehr scheint der Komet eine bedeutende Verkleinerung von U zu verlangen, da mit $U = {}^1/_{880}$ der Komet, wenn er in einer nahe parabolischen Bahn in das Sonnensystem eingetreten wäre, in eine Ellipse von 24 Jahren Umlaufszeit hineingelenkt worden wäre; die zweite Wiederkehr müsste schon nach 10 Jahren erfolgen u. s. w., was in keiner Weise durch die Beobachtungen bestätigt wird. Eine wesentliche Verkleinerung von U ist leichter zu erklären, wenn man annimmt, dass der Widerstand proportional dem Querschnitt des bewegten Körpers und umgekehrt proportinal der Masse desselben wirkt, in welchem Falle plausible Annahmen über Grösse und Dichtigkeit des Kometen im Verhältniss zum ENCKE'schen und WINNECKE'schen Uebereinstimmung herbeiführen würden.

Unter der einzigen Bedingung, dass die störende Kraft beim ENCKE'schen und WINNECKE'schen Kometen mit der Annäherung an die Sonne wesentlich zunimmt, untersucht Verfasser nun weiter 3 denkbare Fälle: 1) die störende Kraft wirkt in der Richtung des Radius Vector, 2) sie wirkt normal zur Richtung des Rad. V., 3) sie ist eine Widerstandskraft.

Im ersten Falle bleibt Neigung und Parameter der Bahn constant, und es ergiebt sich als Relation zwischen den Störungen der mittleren Bewegung und der Excentricität

$$\Delta\mu = -\frac{3k}{a^{\frac{3}{2}}} \operatorname{tang}\varphi \, \Delta\varphi.$$

Nun hat v. ASTEN für den ENCKE'schen Kometen gefunden

$$\Delta\mu = +0{,}1044'' \pm 0{,}0001'',$$
$$\Delta\varphi = -3{,}68'' \pm 0{,}15''.$$

Unter Beibehaltung dieses $\Delta\mu$ folgt nach obiger Formel

$$\Delta\varphi = -4{,}21'',$$

also ein merklicher Unterschied.

Aus dem $\Delta\mu$ des ENCKE'schen Kometen ergiebt sich für den WINNECKE'schen $\Delta\mu = +0{,}0209''$ (beobachtet $+0{,}0150$ und für den FAYE'schen $+0{,}0036''$ (beobachtet 0,000), also auch hier nicht genügende Uebereinstimmung. Für den Kometen von 1843 würde man allerdings eine den Beobachtungen nicht widersprechende Umlaufszeit von 5—6 Jahrhunderten erhalten.

Um überhaupt das Vorhandensein einer Acceleration im ersten Falle zu erklären, muss die weitere Annahme gemacht werden, dass die Kraft wenigstens theilweise eine Funktion der ungeraden Potenzen der Differentialquotienten des Rad. Vector nach der Zeit ist (Endliche Fortpflanzungsgeschwindigkeit der Kräfte).

Die zweite Annahme, welche zur Relation führt

$$\Delta\mu = -\frac{3K}{a^{\frac{3}{2}}\cos\varphi}\Delta\varphi,$$

giebt $\Delta\varphi = -3{,}56''$, also sehr gute Uebereinstimmung; Verfasser hält das Vorhandensein einer solchen Kraft aber für so unwahrscheinlich, dass er trotz der guten Uebereinstimmung die Annahme nicht weiter verfolgt.

Die dritte Annahme endlich führt zu genau derselben Relation wie die zweite, stellt also gute Uebereinstimmung her und ist die wahrscheinlichste. Der Verfasser kommt zu folgendem Schlusse: „Die bei dem ENCKE'schen Kometen gefundenen empirischen Variationen von $\Delta\mu$ und $\Delta\varphi$ werden theoretisch völlig bestätigt gefunden, wenn man die störende Kraft als Widerstand betrachtet; die Form der Kraft selbst ist aber unter dem bekannten Vorbehalte noch völlig willkürlich".

Aber auch auf die Art des Widerstandes hat Verfasser seine Untersuchungen ausgedehnt. Nähere Betrachtung verdient die Relation $T = -c^2 D b^{-\delta r}$. D ist die Dichte des widerstehenden Mittels, b die Basis der natürlichen Logarithmen. Die Constanten D und δ hat v. OPPOLZER aus den Accelerationen des ENCKE'schen und WINNECKE'schen Kometen bestimmt; bei letzterem hat aber eine kleine Aenderung der Jupitermasse einen solchen Einfluss auf den Betrag der Acceleration, dass numerische Angaben nahezu illusorisch werden müssen. Für $\delta = 3{,}1$ und $D = 1{,}555$ ergiebt sich für einen Umlauf:

	ENCKE	WINNECKE	FAYE
$\Delta\mu =$	$+0{,}1044''$	$+0{,}0149''$	$+0{,}0005''$
$\Delta\varphi =$	$-3{,}71''$	$-1{,}19''$	$-0{,}07''$

Es ist dies eine sehr schöne Uebereinstimmung mit den Beobachtungen; besonders interessant ist der fast unmerkliche Einfluss beim FAYE'schen Kometen.

Für den Kometen von 1843 folgt bei parabolischer Eintrittsgeschwindigkeit eine Umlaufszeit von nahe 200 Jahrtausenden, also durchaus im Einklange mit den Beobachtungen. Es ist übrigens zu bemerken, dass die Annahme D = constans nicht wahrscheinlich ist, mithin die obige Uebereinstimmung nicht so gut zu sein brauchte.

Verfasser fasst seine interessanten Untersuchungen dahin zusammen, dass eine Identificirung der Kometen von 1843 und 1880 unter Annahme der beim Encke'schen und Winnecke'schen Kometen wirkenden störenden Kräfte nicht möglich ist, dass aber bei diesen Kometen die anomalen Erscheinungen mit einiger Wahrscheinlichkeit durch einen Widerstand zu erklären sind, während über die Form dieses Widerstandes sich gegenwärtig noch nichts bestimmtes angeben lässt. *Schnr.*

Oppolzer's treatise on the calculation of the orbits of comets and planets. Monthl. Not. XL. Febr. 1880†.

Litteratur.

Allgemeines und frühere Kometen.

Biela Comet meteors. Nature XXI, 240.

Chase. Paraboloides cométaires. Mondes (2) LI, 842-843.

Les comètes de courte période. Mondes (2) LIII, 11-12 (nach Nat.).

Schwedoff. Théorie mathématique des formes cométaires. Odessa 1880. 1-65.

The great comet of 1843. Nature XXI, 618.

The comet of 1577. Nature XXI, 383.

The Comets of 1879. Monthl. Not. XL. Febr. 1880. p. 239-240.

G. Forbes. The comet 1861 I. Nature XXI, 562 (L).

H. Kreutz. Untersuchungen über die Bahn der grossen Kometen 1861 II. Bonn. Behrendt. 8 M. 1880.

Cappanera. Effemeride della terza apparizione della cometa periodica di Tempel. La Natura III, 23-24. 1879.

B A. Gould. Observations of Tempel's periodic comet of six years, made at the Cordoba observatory. Astron. Nachr. XCVII. No. 2322, p. 287.

J. J. Plummer. Observations of Brorsen's periodical comet made at the Orwell Park Observatory 1879 (Ipswich). Astron. Nachr. XCVI. No. 2301. p. 329.

Chandler. Elements and ephemeris of comet 1879 I. Science Observ. Boston II. No. 9.

C. Young. Spectre de la comète de Brorsen. Mondes (2) LII, 290.

Le retour d'une comète. Mondes (2) LII, 313.

H. C. Vogel. Ueber die Spektra der Kometen Winnecke 1877b und Palisa 1879d. Astron. Nachr. XCVI. No. 2292. p. 189-190.

Winnecke's Komet. Nature XXI, 264-265†.

Palisa. Orbite de la comète 1879. Mondes (2) LIII, 129.

O. Struve. Observations de la Comète de Brorsen au printemps 1879. Bull. d. Pétersb. XXVI. No. 9-11. p. 314 bis 326.

Beobachtungen über die einzelnen Kometenerscheinungen aus dem Jahre 1880.

Fr. Deichmüller. Die Kometenerscheinungen des Jahres 1880. Sitzungsberichte der Niederrhein. Gesellsch. für Natur- und Heilkunde zu Bonn. 1881†. Viertelj. d. astr. Ges. XVII, 140 bis 147†.

Das Jahr 1880 ist ein für die Kometenastronomie sehr reiches und interessantes gewesen, indem in diesem Jahre nicht weniger als 7 Kometen zu verzeichnen sind, von denen 2 mit Sicherheit periodische. Verfasser giebt eine vollständige Darstellung der Erscheinungen dieser Kometen mit Hervorhebung ihrer besonders interessanten Eigenthümlichkeiten. Das folgende ist eine kurze Darstellung der Resultate, welche Verfasser über den in vielen Beziehungen merkwürdigsten Kometen (1880 I) anführt.

Der erste Comet des Jahres 1880 wurde am 3. Februar von Gould in Cordoba (Argent. Rep.) entdeckt und ist nur auf der südlichen Halbkugel sichtbar gewesen. Der Kopf des Kometen war eine matte, neblige Scheibe ohne Verdichtung, sein Schweif ebenfalls matt, nirgends heller wie die Milchstrasse im Taurus, aber ungefähr 40° lang und $1\frac{1}{2}$° breit.

Schon die erste Bahnbestimmung gab eine ausserordentlich kleine Periheldistanz, welche in Verbindung mit der befriedigenden Uebereinstimmung der übrigen Elemente eine Identität dieses Kometen mit dem des Jahres 1843 wahrscheinlich machte. Spätere Untersuchungen von v. Oppolzer (siehe Referat: v. Oppolzer, Ueber die periodischen Kometen u. s. w.) haben indessen dargethan, dass diese Identität nicht reell ist. Nach Ansicht des Verfassers haben wir es hier vielmehr wahrscheinlich mit einem jener Kometensysteme zu thun, welche ursprünglich ein Körper, durch Einflüsse, wie sie bei der sehr geringen Periheldistanz nur zu wahrscheinlich sind, sich theilen, und vielleicht schon durch die dabei stattfindende ungleiche Massenvertheilung und dadurch geänderte Widerstandsfähigkeit in jenen Regionen eine Aenderung der Umlaufszeit erfahren, während die übrigen Elemente keine wesentliche Störung erleiden. Die kleine Periheldistanz bedingt nämlich ganz anomale Verhältnisse. Der Radius Vector hat vom Momente, wo der Komet die Ekliptik passirte (aufsteigender Knoten), bis zum Perihel den Winkel von 77° 40′ in 53,4 Minuten zurückgelegt, und die 102° 20′ von da bis zum niedersteigenden Knoten in 102,0 Minuten. Der Kometenkopf ist also nördlich von der Ekliptik nur 155,4 Minuten gewesen, hat mithin die 650300 Meilen lange Strecke mit einer durchschnittlichen Geschwindigkeit von 70 Meilen in der Sekunde durcheilt. Im Perihele betrug die Entfernung von der Sonnenoberfläche nur 23165 Meilen, und der Komet hat also mit dieser enormen Geschwindigkeit die Region der Protuberanzen durchschnitten. Es ist also nicht zu verwundern, wenn derselbe in seiner Bewegung Anomalien zeigt, die durch das Gravitationsgesetz allein nicht erklärt werden können. *Schnr.*

a. Der grosse südliche Komet. (GOULD.)

LIAIS. Der südliche Komet. Astron. Nachr. No. 2304. p. 379 bis 380.

Der südliche Komet. Mondes (2) LI, 767-769; Nature XXII, 156.

GOULD. Ebendarüber. Astron. Nachr. XCVII. No. 2307. p. 43 bis 46, 57-62; Naturf. 1880, 157; Anales d. l. Soc. scient. Argent. IX. H. 3 u. 4; Nature XXI, 525. 575. 597; SILLIM. J. (3) XIX, 396; Mondes (2) LII, 383.

A Comet observed from H. M. S. Triumph. Nature XXI, 515.

ELLERY, RUSSEL. Southern Comet. Monthl. Not. XL, 377. 379.

ELLERY, RUSSEL, HIND. Ueber den südlichen Kometen. Astron. Soc. 9./4. 1880; Athen. 1880, 508. Ebenso WEISS Athen. 1880. (1) 509.

J. TEBBUT. Notice of a large comet. Astron. Nachr. XCVII. No. 2309. p. 75-76.

GWYN. The Great Southern comet (Monte Verde). Monthl. Not. XL, 295.

MORRIS. Ebendarüber. Ib. 295-296-302.

W. MEYER. Bahnbestimmung des grossen Kometen 1880 a. Astron. Nachr. XCVII. No. 2326. p. 185-186, 343.

Frühere Erscheinungen des grossen südlichen Kometen (nach verschiedenen Stellen referirt). Naturf. 1880, 217 bis 218.

Ueber GOULD's und WEISS' Arbeit, namentlich über die Identität mit früheren Kometen (1843).

Ein Komet in Australien. Ausl. 1880, 400.

GILL. Cape observations of comet 1880 (I). Nature XXII, 374-375.

E. WEISS. Untersuchungen über den grossen südlichen Kometen von 1880. Astron. Nachr. XCVII, 61-64; Naturf. 1880, 310; Wien. Anz. 1880. No. 15. p. 120; Mondes (2) LIII, 131-133.

GILL (GILLE). The southern comet. R. Astr. Soc. 12./3.

1880; Mondes (2) LI, 691; Nature XXI, 502-503; C. R. XC, 593; Athen. 1880. (1) 380.

The southern comet. Nature XXI, 453. 475; Athen. 1880. (1) p. 475; Mondes (2) LII, 311.

S. M. Don Pedro. Dépêche donnant les éléments de la nouvelle comète. C. R. XC, 357-358.

Liais beobachtet, der Kaiser telegraphirt.

Klinkerfues. Gould's Komet (a 1880). Engineering XXX, 204; Athen. 1880. (2) 86.

Weiss. Ueber die Bahn der Kometen 1843 I, 1880 a. Wien. Ber. (2) LXXXII, 95-114; Wien. Anz. 1880, 120-123; Mondes (2) LIII, 456-457.

b. Der Komet Schäberle. (II Schäberle.)

Schäberle. Decouverte d'une comète. C. R. XC, 911.

Henri et Bigourdan. Observations de la comète Schäberle. C. R. XC, 911; Nature XXI, 619, XXII, 67, 467; Sillim. J. (3) XIX, 494; Mondes (2) LII, 327; C. R. 12./7. 1880; Monthl. Not. XL, 379; Wien. Anz. 1880. No. 9, 10.

Tisserand et Bigourdan. Observations de la comète b de 1880 (Schäberle) faites à l'Observatoire de Paris (équatorial de la tour de l'Ouest). Element de la comète b 1880 (par Bigourdan). C. R. XCI, 71 bis 75.

Bigourdan. Ephémeride de cette comète. C. R. XCI, 153 bis 154.

Martin. Element und Ephemeride des Kometen Schäberle. Astron. Nachr. XCVII. No. 2319. p. 235-238.

Stephan. Observation de la comète Schäberle faite à l'observatoire de Marseille. C. R. XC, 958; Mondes (2) LII, 219.

Rayet. Position de la comète b de 1880, déterminée à l'Observ. de Bordeaux. C. R XC, 1153-1154; Mondes (2) LII, 33.

J. R. Hind. Elements of Schäberle's Comet. Monthl. Not. XL, 439.

G. BIGOURDAN. Observations de la comète FAYE et de la comète b 1880 (SCHÄBERLE), faites à l'obs. de Paris. Mondes (2) LIII, 84; C. R. XCI, 483.

J. HOLOTSCHEK. Comète de SCHÄBERLE, signalée à Washington 6 avril 1880. Mondes (2) LIII, 133-134; Wien. Ber. April 1880.

Comet II 1880. Athen. 1880. (1) 569.

HENRY. SCHÄBERLE Komet 6.|4. 11 h. Astron. Nachr. XCVII, No. 2309; Naturf. 1880, 212. (unwichtig.)

c. Komet FAYE. (III.)

FAYE's Comet. Nature XXII, 156. 466.

A. MÖLLER. FAYE's Comet. Astron. Nachr. XCVIII, 95-96.

TEMPEL. Observations de la comète FAYE, faites à l'Observ. de Florence, Arcetri. C. R. XCI, 573-574.

W. H. M. CHRISTIE. The spectrum of HARTWIG's Comet. Nature XXII, 557 (L)†.

Am 7. Oktober zeigte sich das Kometenspektrum als aus 3 hellen Banden und einem dem Kerne entsprechenden continuirlichen Spektrum bestehend. Es wurde nur die hellste mittlere Bande gemessen und zwar durch dreimaligen Anschluss an die in 519,8 befindliche Linie einer Alkoholdampf enthaltenden GEISSLER'schen Röhre. Die Breite der Bande war etwa 4,0 und die 3 Messungen geben für die weniger brechbare Seite der Bande 518,4, 521,5 und 520,4. Sie stimmt also mit der obigen Alkohollinie besser überein wie mit der der Bunsenflamme in 516,5. Die Beobachtungen sind wegen tiefen Standes und wegen Dünste unter ungünstigen Verhältnissen angestellt. *Schnr.*

CHRISTIE. On the spectrum of comet 1880 d. Monthl. Not. XLI. Nov. 1880. No. 1. p. 52-55; Beibl. 1881, 129.

Th. Bredichin. Spectre de la comète de Hartwig. Astr. Nachr. XCVIII. No. 2345. p. 271-272†.

Folgende 2 Banden sind gemessen, die dritte war nicht sichtbar, wahrscheinlich wegen Mondscheins.

A in 555,9 Milliont. Millim. Wellenlänge.	Die hellste Stelle.
B - 515,5 - - -	Die hellste Stelle.
B - 514,5 - - -	Mittel aus den Rändern.

Schnr.

C. A. Young. Observations on the spectrum of Hartwig's Comet. Astron. Nachr. XCVIII. No. 2350. p. 349-350†; Beibl. 1881, 129; Naturf. 1881, 7; The Observat. 1880. No. 43 u. 44. p. 645-647.

Young hat die 3 Kometenlinien an einem 9½zölligen Refraktor gemessen und gefunden:

A = 556,4 Milliont. Millim. Wellenlänge.
B = 516,9 - - -
C = 473,7 - - -

Schnr.

Konkoly. Beobachtung des Kometen Hartwig. Beibl. 1881; Observatory 1880. Nov.

---

d. Komet Hartwig. (IV.)

E. Hartwig. A new comet. Nature XXII, 542. 569. XXIII, 43; Mondes (2) LIII, 392-393; Naturf. 1880, 422.

Bigourdan. Observations de la comète Hartwig. Mondes (2) LIII, 539; C. R. XCI, 917.

Schulhof et Bossert. Sur la comète Hartwig d 1880 et sur la comète Swift e 1880. Mondes (2) LIII, 539; C. R. XCI, 918†.

Comète Palisa, Comète Hartwig. Mondes (2) LII, 57-58.

Brooks. La nouvelle comète (Hartwig). Mondes (2) LIII, 470-471.

Verschiedene Beobachtungen über Elemente des Kometen Hartwig und des Swift e finden sich Astron. Nachr. XCVIII. No. 2349 und No. 2350; Nature XXIII, 158.

Schulhof et Bossert. Note sur la comète Swift (e 1880) — Tempel (1869 III).

Auf Grund von 6 Normalörtern, welche sich von Okt. 25 bis Dec. 5 erstrecken, erhalten die Verfasser eine Umlaufszeit dieses Kometen von 5—5½ Jahren. Es zeigt sich eine sehr schöne Uebereinstimmung der Elemente mit denen des Kometen 1869 III, so dass an einer Identität beider Kometen nicht gezweifelt werden kann. Dass der Komet 1874 nicht gesehen wurde, ist dadurch leicht erklärlich, dass er damals 16mal entfernter von der Erde geblieben ist, wie 1880. Die nächste Wiederkehr wird leider unter ebenso ungünstigen Verhältnissen stattfinden.

Schnr.

---

e. Komet Swift. (V.)

L. Swift. A comet (Schreiben an den Herausgeber). Mondes (2) LIII, 546; Astron. Nachr. XCVIII. No. 2334. p. 95-96; Nature XXIII, 322.

Schulhof et Bossert. Comète Swift (e 1880) et Hartwig. Mondes (2) LIII, 578-579. LIV, 38-39; Naturf. 1881, 34; C. R. XCI, 965-967. 1051-1053.

Schulhof und Bossert. Komet Swift. Astron. Nachr. IC. No. 2353. p. 11-16.

Tacchini. Observations de la comète Swift (e 1880) faites à l'observ. royal du collège romain. Mondes (2) LIV, 39; C. R. XCI, 1054-1055; Astron. Nachr.

A. Abetti. Confronti di osservazioni della Cometa Swift. Astron. Nachr. XCVIII. No. 2332. p. 50-54.

Zelbr und Hepperger. Identität der Kometen 1869 III und 1880 e. Wien. Anz. 1880, 239. 254-257.

F. Sternschnuppen und Feuerkugeln.

R. Lehmann-Filhés. Ueber die Bestimmung des Radiationspunktes eines Sternschnuppenschwarms mit Hülfe eines neuen Meteoroskopes. Astr. Nachr. XCVI. No. 2296, p. 241-248†.

In der bisher üblichen Weise wird der Radiationspunkt eines Sternschnuppenschwarmes aus den Anfangs- und Endcoordinaten der einzelnen scheinbaren Sternschnuppenbahnen bestimmt, ein Verfahren, welches bei kurzen Bahnen jedenfalls sehr ungenaue Resultate giebt. Das hier in Vorschlag gebrachte, parallactisch montirte, Meteoroskop gestattet eine helle Lichtlinie mit der Bahn der Sternschnuppe zur Deckung zu bringen und giebt dann die Rectascension und Declination irgend eines Punktes dieser Bahn nebst dem Positionswinkel ihrer Richtung. Da die Lichtlinie einen ähnlichen Eindruck macht wie die Bahn selbst, so ist einzusehen, dass man sie verhältnissmässig genau in die wahre Richtung wird einstellen können. Jede Beobachtung giebt nur 3 Coordinaten, und in Folge dessen gestaltet sich die Berechnung der Correctionen des genäherten Radiationspunktes ziemlich einfach. Bei der Vereinigung vieler Beobachtungen ist es indessen nöthig, das jeder Bedingungsgleichung entsprechende Gewicht festzusetzen, und bei dieser Bestimmung tritt bei jedem Gewichte eine Constante auf, die nicht zu eliminiren ist, sondern für jeden Beobachter besonders bestimmt werden muss. Dies geschieht am einfachsten durch Beobachtung von Sternschnuppen eines schon möglichst genau bekannten Radianten, indem man in die einzelnen Bedingungsgleichungen mit gleichen Gewichten die wahren Coordinaten des Radiationspunktes einsetzt; die übrig bleibenden Fehler lassen die individuellen Constanten ermitteln. Da in der entwickelten Methode die Fehler der Coordinaten des Radianten als Differentiale betrachtet werden, kann dieselbe auf nahe am Pole gelegene Radianten nicht angewendet werden. In solchen Fällen wird man daher am besten ein anderes Coordinatensystem einführen. *Schnr.*

Lehmann-Filhés. Vertheilung der Radiationspunkte an der Himmelskugel. Astron. Nachr. XCVII. No. 2328, p. 369 bis 372. No. 2327, p. 353-368.

W. F. Denning. The Meteor Shower of January 2. Nature XXI, 527-528†; Mondes (2) XLI, 785-789.

Nach Ansicht des Verfassers gehört der Januar-Meteorschwarm zu den schönsten, welche existiren. Den Radiationspunkt dieses Schwarmes nimmt Herr Denning im Mittel vieler Beobachtungen an zu 230,5°+51,3° (15° folgend η Ursae Majoris). Die Ursache, dass dieser Radiant bis jetzt nur verhältnissmässig wenig beobachtet worden ist, mag zum Theil die sein, dass seine volle Thätigkeit am besten nur in den kalten Januarnächten zu sehen ist. Die Erscheinung wiederholt sich jedes Jahr; nach den Untersuchungen von Prof. Kirkwood sind indessen Maxima eingetreten in den Jahren 1825, 1838 und 1864, woraus eine Periode von 13 Jahren folgen würde. Ein hiernach zu erwartendes Maximum im Jahre 1877 ist aber nicht eingetreten. Für einen einzelnen Beobachter sendet der Radiant bis zu 20 Sternschnuppen in der Stunde aus, welche meist ziemlich hell sind und lange Bahnen mit verhältnissmässig langsamer Bewegung durchlaufen. Etwas südlicher von diesem Radianten, in 221° + 42° befindet sich ein zweiter, aber bedeutend schwächerer, dessen Thätigkeit hauptsächlich auch in den Januar fällt. *Schnr.*

Remarkable meteor 20./7. Nature XXII, 431†.

Am 20. Juli 1880 um halb acht Uhr wurde zu Vizingaum und anderen Orten Indiens ein Meteor gesehen, welches sich von Süden nach Norden bewegte und $^3/_4$ Minute sichtbar blieb und während dieser Zeit die ganze Gegend hell erleuchtete. Zuletzt platzte das Meteor und einige Zeit später wurde ein 2 Minuten lang anhaltendes Geräusch, wie entfernter Donner, gehört.

Schnr.

A. Herschel. Report on the progress of meteoric astronomy in the year 1879/80. Monthl. Notic. Febr. XL. No. 4, p. 255-257†.

Unter diesem Titel giebt Herr Herschel eine Zusammenstellung der wichtigeren und auffallenderen Meteorerscheinungen der Jahre 1879—1880 (auch älterer), von denen wir hier einige aufführen wollen.

Am 15. Juli 1878 um 1 h 45 m p. m. fiel zu Tieschitz in der Moldau ein Stein von 27,5 kg mit lautem Getöse etwa 100 Schritte von einigen Leuten herab. Beim Auffinden war er noch warm. Er ist pyramidenförmig, mit einer schwarzen Kruste überzogen und gleicht innerlich und äusserlich den Pultuksteinen.

In Wiskonsin und Michigan wurde am 28. Januar 1879 ein sehr grosses Meteor beobachtet, vom vierfachen scheinbaren Monddurchmesser, welches durch seine Explosion eine erdbebenartige Erschütterung hervorrief.

Am 10. Mai 1879 fand bei Esterville in Jowa ein Steinfall statt. Die Explosion des Meteors wurde am hellen Tage gesehen und verursachte ein Geräusch wie lang rollender Donner. Die beiden grössten Stücke wiegen 500 lbs und 170 lbs. Sie bestehen zu fast gleichen Theilen aus Stein und Nickeleisen; das letztere enthält Zinn und zeigt die Widmannstädt'schen Figuren. Das kleinere der Stücke drang $4^1/_2$ Fuss tief in den Boden ein, das grössere $14^1/_2$ Fuss. *Schur.*

Report of observations of luminous meteors during the year 1879/80 by a committee consisting of J. Glaisher, E. J. Lowe etc. Rep. Brit. Ass. 1880. L, 39-50.

Kirkwood. Ueber die Aërolithen-Epoche des 12. und 13. November. Naturf. 1880, 221-222; Proc. Americ. philos. Soc. XVII, 339.

Für die Feuerkugeln, die nur grösser und mehr zerstreut als die Sternschnuppen sind, wird angenommen, dass es bestimmte

Epochen giebt, von denen der 12. und 13. November eine solche ist. Es ist wahrscheinlich, dass die Bahn dieser Meteoriten mit der des bekannten Novemberschwarms übereinstimmt. Aus 10 Beobachtungen (8 in diesem Jahrhundert) werden die Schlüsse abgeleitet. *Sch.*

G. v. NIESSL. Theoretische Untersuchungen über die Verschiebungen der Radiationspunkte aufgelöster Meteorströme.

Nach dem Wien. Anz. 1880 p. 258—259 enthält die Arbeit Folgendes:

„Die Meteorbeobachtungen der letzteren Zeit sind geeignet, immer mehr und mehr frühere Erfahrungen über das Vorkommen von Radianten, welche bei längerer Dauer der Radiation fast stabil bleiben, zu bestätigen. Obgleich sich diese Erscheinung in einzelnen Fällen wohl durch das anscheinend zufällige Zusammenwirken verschiedener Ursachen erklären lassen möchte, deutet doch das häufige — nicht blos ausnahmsweise — Auftreten derselben auf einen mehr allgemeinen Grund hin. Die nächstliegende allgemeinere Erklärung könnte in der Voraussetzung von Strömen grossen Querschnittes gefunden werden. Die vorliegende Untersuchung beschäftigt sich damit, die aus einer solchen Annahme mit der Veränderung des Knotens zu folgernden Verschiebungen der Radiationspunkte vom theoretischen Standpunkte aus analytisch festzustellen, um dadurch eine Grundlage zur Beurtheilung der Beobachtungsresultate zu gewinnen.

Hinsichtlich der physischen Constitution der Ströme wird für ihre Bahnen im Sonnensystem supponirt, dass die inneren Kräfte als verschwindend klein anzunehmen sind, und dass die Zusammengehörigkeit der Partikel durch den gleichen stellaren Ausgangspunkt und einerlei heliocentrische Geschwindigkeit gekennzeichnet ist. Für die Geschwindigkeit wurden nach den Ergebnissen der Beobachtung Werthe von der kometarischen aufwärts als möglich und wahrscheinlich genommen.

Es werden nun zuerst Ausdrücke aufgestellt zur Berechnung des scheinbaren Radianten für einen gegebenen Ausgangspunkt, und umgekehrt. Sodann werden zur Bestimmung der täglichen Ortsveränderung die Differentialausdrücke entwickelt, und sowohl allgemein als für besondere Annahmen untersucht. Auf etwaige planetarische Störungen konnte wegen der Allgemeinheit der Betrachtung vorläufig nicht Rücksicht genommen werden.

Für jede Geschwindigkeitshypothese befinden sich in der Ekliptik zwei Stillstandspunkte der Radianten. Innerhalb einer gewissen Grenze werden auch in den diese Punkte umgebenden Räumen die Verschiebungen das durch die Beobachtungen nachweisbare Maass nicht überschreiten. Diese Räume sind jedoch bei Voraussetzung parabolischer Ströme sehr eng begrenzt, während sie sich rasch erweitern, wenn die Geschwindigkeit, entsprechend hyperbolischen Bahnen, wesentlich grösser angenommen wird." *Sch.*

Litteratur.

Sternschnuppen. Allgemeiner Radiationspunkt.

v. NIESSL. Ueber die tägliche Variation der Sternschnuppen. Astr. Nach. XCIII, 209 u. 225.

LAIS. Osservazioni meteoriche antiche. Atti dell'acad. pontif. Nuov. Linc XXXIII. 1880. Gennaio.

DOOLITTLE. On aerolithic disturbance of planetary motions Bull. philos. soc. Washingt. II, 190.

N. DE KONKOLY. A list of 410 radiation-points of shooting stars, deduced from Observ. Hungary 1871—78 and of 80 probable radiants deduced from the 410 radiant points. Monthl. Not. XL, 349-364.

— — Beobachtung von Sternschnuppen auf dem Gebiete der ungarischen Krone i. J. 1877. Abh. d. ung. Akad. VI. II. 8, p. 1-9.

F. SAWYER. The July Aquariads 1880. Monthl. Not. XLI, 54-56.

Bestimmung des Radiationspunktes.

H. CORDER and W. F. DENNING. Meteor showers. Monthl. Not. XL. Jan. 1880.

CORDER. Pluies d'étoiles filantes, principaux centres radiants. Monthl. Not. XL, 131-139; Mondes (2) LI, 811.

Aufz. v. 95 Radiationspunkten.

C. TORNIONI. Sternschnuppenregen 22. Juni 1880 (mit Bemerk. von SCHIAPARELLI). Rend. Lomb. (2) XIII, 441; Naturf. 1880, 348.

— — Osservazioni di una pioggia di stelle filanti fatte la sera del 22 giugno 1880.

Zwischen 10 h 30 m und 11 h 12 Sternschnuppen (2 erster Grösse). Herr SCHIAPARELLI macht darauf aufmerksam, dass dieser Schwarm möglicherweise identisch ist mit einem Schwarm, den Herr SERPIERI in den Nächten vom 21.-24. Juni 1871 namentlich am 23. Juni beobachtet hat und dessen Radiationspunkt 255° RA und 35° N Decl. war.

PERRY. The November meteors. Monthl. Not. XL, 139-140.

— — Brilliant meteor 8./11. 1880. Nature XXIII, 34 L.

W. F. DENNING. Meteor showers. Monthl. Not. XL. No. 3, p. 124-131; Nature XXI, 621-624.

F. T. MOTT. Four meteors 4. Apr. Nature XXI, 537.

DENNING. Remarks. Ib. 537 (L.).

The August meteors. Nature XXII, 374.

E. OMMANEY. The August Perseids. Monthl. Not XL. Suppl. 628.

W. F. DENNING. The shower of August Perseids 1880. Nature XXII, 470-471.

Les étoiles filantes, du mois d'août. Nach Nature Mondes LIII, 2-3.

CHAPELAS. Sur les étoiles filantes des 9. 10. et 11. août 1880. Mondes (2) LII, 535; C. R. août 80. XCI, 395; Naturf. 1880, 384-385.

Strahlungspunkt Giraffe, Perseus, Stundenmaximum um 11 bis

12 Nachts, Stundenmittel 53,7. Es wird auf eine Periode von 32 bis 33 Jahren geschlossen.

Einzelne Beobachtungen.

E. L. Layard. Meteors in New Caledonia. Nature XXI, 397 (L.)

Thwaites. Meteor 19./9. 11 h 34 p. m. Nature XXII, 484-485.

Barker. Meteors observed during a voyage from London to Melbourne and home. Monthl. Not. XL, 364-368.

Einzelne Beobachtungen von Sternschnuppen: Lienz 11./12., St. Georgen 11./11., Ueberlingen 13./12., Neutitschein 23./11. Z. S. f. Met XV, 32.

R. Bergmann. Meteor 16./10. Petersburg. Z. S. f. Met. XV, 63.

v. Stainhaussen. Meteor 7./12. 1874 Eger. Ib. p. 63-64.

Schiefecker etc. Meteor 8./1. 1880 von verschiedenen Orten. Ib. p. 64-65.

Polongi. 6./1. zu Rosenau. Ib. p. 101. — 8./1. und 28./12. 1879. Ib. p. 102. — Meteor zu Hampsteadheath 29./3. 7 h 57 m. Nat. XXI, 515 (L.).

W. Odell. Meteor 11./6. 8½ h p. m. Nature XXII, 193. (L.).

G. L. Tupman. Great meteor 9./7. Abends 8 h 20 m. Nature XXII, 242.

Penrose. 9./7. 9 h 45 m (Wimbledon). Nature XXII, 267.

Niessl. Ueber die Bahn des Meteors vom 5. September 1868. Verh. d. naturf. Ver. in Brünn XVII. 1878. Brünn 1879.

S. J. Perry. Fire ball 12./8. 8 h 30 m Nachmittags. Nature XXII, 362.

Bolide. 17./12. 1879. Mondes (2) LI, 111-112. Kärnten 13./11. — Z. S. f. Met. 1880, 31. Meteor. 7./4. 8 h 25 m A. (zu Guildford, von Hoersted beobachtet.)

Report of the committee to collect information relative

to the meteor of December 24 the 1873 (4 Abhandl. No. I—IV). Bull. soc. philos. Washingt. II, 139-161.

C. ABBE. Report on the meteor of December 24. 1873. Bull. philos. soc. Washington II, 139.

v. NIESSL. Bahnbestimmung zweier am 12. Januar 1879 in Böhmen und den angrenzenden Ländern beobachteten Feuerkugeln. Wien. Ber. (2) LXXIX, 723-745. cf. 1879.

GRONEMANN. Meteor 3./3. Nature XXI, 444 (L.).

J. S. THOMSON. Meteor 19./1. in West Calder. Nature XXI, 303 (L.).

G. Meteorsteine.

P. MAISSEN. Analisi chimica della Meteorite di Albarello. Gazz. chim. X. II. 1. 1880; J. chem. soc. 1880. June Ref. p. 369.

Dieser Meteorit aus 1766 stammend enthält Silikate und Meteoreisen. Von den Silikaten waren 40,82 pCt. in Salzsäure löslich (Olivin), 45,414 unlöslich (Bronzit). *Sch.*

P. GRIGORIEW. Meteorit von Rakowska (20. November 1878 bei Tula). Z. S. d. deutsch. geol. Ges. XXXII, 447; Jahrb. Miner. 1881. Ref. II. p. 181.

Spec. Gew. 3,582. Die Analyse lässt auf folgende Bestandtheile schliessen: 7,42 pCt. Nickeleisen (Fe_4Ni), 6,16 pCt. Schwefeleisen, 0,81 pCt. Chromeisen, 0,13 pCt. Kohlenstoff, 0,12 pCt. Phosphor, 43,91 pCt. zersetzliche und 40,70 unzersetzliche Silikate.

Ueber denselben Meteoriten hat Herr TRAUTSCHOLD 1879 einen Bericht gegeben. Jahrb. f. Min. 1879. p. 144. *Sch.*

J. L. SMITH. Sur la météorite tombée, le 10 mai 1879, près d'Estherville (Emmet County, Jowa, Etats Unis). C. R. XC. 1880. (1) p. 958-962†; Naturf. 1880, 257; DINGL. J. CCXXXVII, 412; Chem. C. Bl. 1880, 327; Mondes (2) LI, 800.

J. L. Smith. Nouveau minéral météoritique avec un complément d'informations au sujet de la chute de météorites observée dans l'Jowa en mai 1879. C. R. XC, 1460-1463†; Sillim. J. (3) XX, 136-138.

Dieser ausserordentliche Meteorsteinfall fand in den mittleren Vereinigten Staaten statt, von wo schon die Fälle Rochester (Indiana), Cynthiana (Kentucky) und Warrington (Missouri) bekannt sind. Die den Fall begleitenden Erscheinungen waren die gewöhnlichen, traten aber ausserordentlich heftig auf. Die Erschütterung des Bodens wurde in 200 bis 300 M Entfernung gespürt, die Stücke wurden auf einer Oberfläche von 6 qkm ausgestreut, die grösste Masse lag 2,50 m unter der Erdoberfläche, die zweite 2,5 in einem blauen Thone, 3 km von der ersten (die Nachrichten stimmen nicht überein cf. oben), die dritte wurde erst 9 Monate später in 6 km Entfernung gefunden. Die Stücke wogen 198 kg, 78 kg, 42 kg, 13 kg, 4,55 kg, 2,2 kg und 1 kg. Die Höhe, in welcher die Feuerkugel erschien, wurde auf 60 km geschätzt. Die Oberfläche der Bruchstücke ist die gewöhnliche schwarze Kruste mit Eindrücken; Dichte 4,5. In der steinigen Grundmasse finden sich metallische Stücken von Meteoreisen (92 pCt. Eisen, 7,1 Nickel, 0,69 Kobalt, 0,112 Phosphor und Spuren von Kupfer) die steinige Masse löst sich z. Th. in Salzsäure, z. Th. nicht, doch war das Verhältniss bei den einzelnen Stücken schwankend, 16 bis 60 pCt. Das unlösliche Mineral lässt sich auf die Formel $\dot{R}\ddot{S}i$ beziehen, also $(\dot{M}g\,\dot{F}e)\ddot{S}i$, Bronzit oder Enstatit. Das grüne lösliche Mineral (3,35 spec. Gew., Härte 7) ergab bei der Analyse die Formel $\ddot{S}i\,2\dot{R}$ (Peridot R : FeMg). Es wird noch ein drittes Mineral unterschieden, für das die zuerst aufgeführte Formel $\ddot{S}i\,\dot{R} + \ddot{S}i\,2\dot{R}$ in in einer späteren Arbeit nach weiterer Untersuchung in

$$2\ddot{S}i\,\dot{R} + \ddot{S}i\,2\dot{R}$$

(Peckhamit) umgewandelt wird; Troilit und Chromit waren nur in geringen Spuren vorhanden. In der zweiten Abhandlung wird ausserdem noch mitgetheilt, dass später noch viele kleine Bruchstücke aufgefunden wurden. Die Bahn des Meteors war SW-NO.

Weitere Nachrichten darüber:

J. L. SMITH. Emmet County Meteorite, that fell near Estherville, Emmet County, Jowa. SILLIM. J. (3) XIX, 459-464. 495; cf. auch Shepard (1879); SILLIM. J. (3) XVIII, 186; J. chem. soc. 1881. Abstr. p. 395.

In einer späteren Arbeit 1882:

ST. MEUNIER. Détermination lithologique de la météorite d'Estherville, Emmet County, Jowa (10 mai 1879). C. R. 1882. XCIV, 1659†

ist die mineralogische Natur des Meteorits etwas anders bestimmt (mikroskopisch). Hiernach steht dieser Meteorit dem von Chaco nahe. Die mineralischen Bestandtheile sind Olivin, Bronzit, Peckhamit, Pyrrhotin, Schreibersit, Eisenoxydul, Nickeleisen. Die kleinen Bruchstücke waren z. Th. reines Meteoreisen. *Sch.*

TACCHINI. Sur la présence du fer dans les chutes de poussières en Sicile et en Italie. Mondes (2) LII, 256; C. R. XC, 1568-1569†; cf. C. R. 17 mars 1879, 613.

Herr TACCHINI und MACCAGNO haben ihre Staubuntersuchungen fortgesetzt (Palermo) und geglaubt überall Meteoreisen constatiren zu können. Nickel und Kobalt wurden mit dem Spektroskop nachgewiesen. Herr T. nimmt an, dass der Sirokko aus der Sahara kommt. Staub von Syrakus, Modika, Termini, Kosenza, Girgenti, Rom (15 Proben) enthielt ebenfalls diese kleinen kugelförmigen Eisenstückchen, die meteorischen Ursprungs sein sollen. Auch glauben die Verfasser im Saharasand selbst solches Eisen gefunden zu haben. Herr SILVESTRI hat auch im Sirokkostaube von Catania solche Kügelchen nachgewiesen. Vgl.:

SILVESTRI. Sopra un pulviscolo meteorico continente abbondante quantità di ferro metallico, caduto a Catania la notte 29/30 marzo 1880. Atti d. Lincei IV, 163 bis 166; Naturf. 1880, 385; cf. auch Athen. 1880 (2) p. 540.

Diesen Staub (Kryokonit nach NORDENSKIÖLD im Jahre 1874 genannt) hält v. LASAULX nach mikroskopischer Untersuchung für tellurisch. Es wurde darin gefunden Quarz, Glimmer, Orthoklas, Plagioklas, Magneteisen, Granat, Epidot und Hornblende; im Staub von Catania wurde gefunden: thonige Theile, Quarz, Kalkspath, Gyps und sporadisch Plagioklas, Augit und Olivin; im Staube von Kiel: Quarz, thonige Theile, Feldspath, Glimmer, Hornblende, eine Wad ähnliche Substanz und Magneteisen. Für das Vorhandensein metallischen Eisens liess sich ein sicherer Beweis nicht beibringen. *Sch.*

MAKOWSKI und TSCHERMAK. Bericht über den Meteorsteinfall bei Tieschitz in Mähren (mit 5 Tafeln und 2 Holzschnitten). Wien. Denkschriften XXXIX. 2. Abth. p. 187†.

Der Fall ereignete sich am 15. Juli 1878 1 Uhr 45 M. bei Tieschitz in Mähren. Nähere Nachrichten darüber konnten nur durch Erkundigung bei den Landleuten erhalten werden. Der Stein drang ungefähr $^1/_2$ m tief in den frisch gepflügten Boden ein; beim Niederfallen wurde eine kleine Wolke und donnerähnliches Getöse wahrgenommen. Wird nach dem vorliegenden Material die Bahnlage durch Azimuth 108° Höhe 40° bestimmt angesehen, und die obige Zeitangabe zu Grunde gelegt, so würde der scheinbare Radiant in Rektascension 68° nördl. Deklination 40° gelegen sein. Das Gewicht des Steins beträgt 27,5 kg und ist die Oberfläche ausser an einer beschädigten Stelle mit einer schwarzen Rinde bedeckt. Der Stein gehört zu den Chondriten. Die Kügelchen und Splitter, die denselben im Innern zusammensetzen erweisen sich als Olivin, Bronzit, Enstatit, Augit, Magnetkies, Nickeleisen, Spec. Gew. 3,59. Die Analyse ergiebt folgende Verhältnisse der einzelnen Mineralien:

Olivin	38,79
Bronzit und Enstatit	33,84
Augit	14,01
Magnetkies	4,08
Nickeleisen	9,28

Sch.

W. E. HIDDEN. A New Meteoric Iron from North Carolina. SILLIM. J. (3) XX, 324-326. (In dem J. Chem. Soc. 1881 (2) 1017 ist HARRIS als Verf. genannt.)

Von einem Herrn HARRIS am 19. Juli 1879 am Lick Creek (Davidson County N. C.) gefunden und zuerst für Silber gehalten. Das Stück war 1,24 kg (2¾ lbs) schwer. Die Farbe war dunkelbraun, die Kruste hatte 1 cm Dicke und war von schiefriger Struktur. Zusammensetzung: Eisen 93 pCt., Nickel 5,74 pCt, Kobalt 0,52 pCt., Phosphor 0,36 pCt., Spuren von Schwefel, Chlor und Kupfer, Kohlenstoff nicht bestimmt. Beim Aetzen zeigten sich die WIDMANSTÄTTEN'schen Figuren nicht, wohl aber trat eine krystallinische Struktur hervor. *Sch.*

CH. U. SHEPARD. On the Ivanpah, California, Meteoric Iron. SILLIM. J. (3) XIX, 381-382†.

Dieses aus Südcalifornien stammende Meteoreisenstück ist von länglicher Gestalt, an den Seiten etwas zusammengedrückt und zeigt eine grosse Anzahl kleiner Vertiefungen neben 3 sogenannten Fingereindrücken. Es wiegt 120 Pf. Es zeigt eine deutliche krystallinische Struktur, so dass man die WIDMANSTÄTTEN'schen Figuren nicht durch Aetzen hervorzurufen braucht. Es scheinen zwei Varietäten von Schreibersit darin zu sein, eine blättrige und eine prismatische (letztere vielleicht der Rhabdit Reichenbachs) Spec. Gew. 7,65. Zusammensetzung: Eisen 94,98, Nickel 4,52, Phosphor 0,07, Graphit 0,10. Mangel an Material hinderte die Prüfung auf andere Elemente. *Sch.*

Chûte d'un aérolithe, vendredi 5 nov. vers dix heures du soir près Rouen. Mondes (2) LIII, 386.

Das Meteor soll ausserordentlich hell leuchtend gewesen sein. *Sch.*

W. E. HIDDEN. An account of the finding of a new meteorite in Cleberne County. SILLIM. J. (3) XIX, 370 bis 371; J. chem. soc. 1881. Abstr. p. 394.

Das Stück wiegt 14,75 kg. Es besteht hauptsächlich aus Nickeleisen mit Kupfer, Phosphor und Kohlenstoff. Die WIDMANSTÄTTEN'schen Figuren zeigten sich sehr schön. In einer spätern Abhandlung ist die Analyse mitgetheilt. *Sch.*

J. B. MACKINTOSH. Analysis of meteoric iron from Cleberne Co. Alabama. SILLIM. J. (3) XX, 74.

Le grand aérolithe de l'Jowa. (Beschrieben von TOMPSON.) Mondes (2) LI, 725-726†. cf. oben p. 114.

Dieser bedeutende Fall ereignete sich am 10. Mai 1879 an einem klaren wolkenlosen Tage 43° 30′ N. B. und 94° 50′ W. L. Gr. Das Meteor bewegte sich NW—SW und erschien als grosse Feuerkugel, die unter äusserst heftiger Detonation zersprang. Die Bruchstücke wurden auf einen Raum von 3 bis 4 Meilen zerstreut. Die beiden grössten Bruchstücke fielen ungefähr 2 Meilen (engl.) von einander entfernt. Das grösste wiegt 470 Pf. und drang 12′ in den Thonboden ein, das kleinere drang 5′ in einen Rasenboden ein und wog 170 Pf. Die einzelnen Bruchstücke hatten die schwarze Schmelzungsrinde. Im grösseren Stücke scheint mehr Eisen und Nickel vorhanden zu sein. *Sch.*

A. E. NORDENSKIÖLD. Two remarkable meteors, observed in Sweden. Jahrb. f. Min. 1879, 77-81; J. chem. soc. 1880. Abst. p. 869†.

Die beiden Meteorsteinfälle fanden statt, der eine am 18. März 1877, über dem Wenersee, der gerade mit Eis bedeckt war, der andere am 28. Juni 1876 bei Ställdalen. Das Meteor war, durch den hellen Glanz, der so stark war, dass es bei Tageslicht gesehen werden konnte, ausgezeichnet; der Distrikt seiner Sichtbarkeit erstreckte sich von Stockholm bis Christiania und von Mora bis Wisingsö. Die Höhe, in welcher das Zerspringen stattfand, wird auf 38 km angegeben; es wurden im Ganzen 11 Steine im

Gewichte von 35 kg gefunden. In der Gegend des Fallens wurde keine Feuererscheinung beobachtet, sondern dunkle Wölkchen, aus denen die Detonation zu kommen schien, das spec. Gew. der Steine betrug 3,733—3,745. Nach den vorgenommen Analysen berechnet N. folgende Zusammensetzung:

5,74 pCt. Magnetkies
19,42 pCt. Nickeleisen
33,46 pCt. lösliche } Silikate { namentlich
40,69 pCt. unlösliche } Silikate { Magnesia
0,59 pCt. Chromeisen

und bei einer andern Probe

6,36 pCt. Magnetkies
14,65 pCt. Nickeleisen
78,99 pCt. Silikate und Chromeisen.

Die Meteoriten von Hessle, Blausko, Orvinio u. s. w. sind ganz ähnlich zusammengesetzt und nennt N. die ganze Gruppe Hessleite. Herr N. glaubt, dass diese Meteoriten sich alle im gleichen Zustande befunden haben und durch Reduktion entstanden sind. *Sch.*

G. TSCHERMAK. The meteorite of Grosnaja (am Terek). J. chem. soc. 1880. Jan. Abstr. 20; Jahrb. f. Min. 1878, 868-869†.

Die Stücke rühren von einem Fall am 28. Juni 1861 her; die meisten Stücke sollen in den Terek gefallen sein. Das aufgefundene Stück war 0,5 m tief schräg in den Boden eingedrungen, wurde noch heiss ausgegraben und wog 3826 g. Nachweisbare Mineralien: Olivin, Bronzit (resp. Enstatit), Augit, Magnetkies, wenig Eisen. Das spec. Gew. 3,45 und 3,55. Auch fanden sich bei der Analyse geringe Mengen Alkalien. *Sch.*

GALLE and v. LASAULX. The fall of meteorites at Gnadenfrei in Silesia May 17. 1879. Jahrb. f. Min. 1880. H. 2; J. chem. soc. 1881. Abstr. p. 395-397†.

Der Fall fand zwischen Reichenbach und Frankenstein statt; zwei Meteorsteine wurden gefunden, der eine 1 kg schwer war

0,3 m tief, der andere, etwas kleiner 3 km davon entfernt, war 15—24 cm tief in das Feld eingedrungen. Die Schmelzrinde zeigte die Fingereindrücke, in der grauen Grundmasse finden sich bis 3 mm grosse Kugeln und Kugelfragmente. Bestandtheile: Nickeleisen (26,16 pCt.), Magnetkies und Troilit (4,79 pCt.), Chromeisen (0,85 pCt.), Enstatit (34,03 pCt.) und Olivin (34,02 pCt.), letztere beide die Kugeln bindend. *Sch.*

DAUBRÉE. Sur une météorite tombée le 26 novembre 1874 à Kerilis, commune de Maël-Pestivien, canton de Callac (Côtes-du-Nord). Jahrb. f. Min. 1881. Refer. p. 182; Mondes (2) LII, 293-293†; C. R. XCI, 28; J. chem. soc. 1881, 1017.

Der Stein fiel am 26. November 1874 10 h 30 m Abends unter heftigem donnerähnlichem Geräusch, das 10 km im Umkreise hörbar war. Er wog 5 kg, war 0,78 m eingedrungen und zeigte die Schmelzrinde. Spec. Gew. 3,51. Der von Salzsäure angreifbare Theil besteht aus Peridot, Nickeleisen und Pyrrhotin, in dem unangreifbaren Theile ist Enstatit enthalten. *Sch.*

DAUBRÉE. Sur une météorite tombée le 6 septembre 1841 dans les vignes de Saint-Christophe-la-Chartreuse, commune de Roche-Servières (Vendée). C. R. XCI, 30-31†; Mondes (2) LII, 294.

Die gewöhnlichen Erscheinungen wurden beim Falle bemerkt. Gewicht 5,5 kg. Der Eigenthümer des Grundstücks weigert sich den Stein zugänglich zu machen. *Sch.*

DAUBRÉE. Sur une météorite sporadosidère tombée le 31 janvier 1879, à la Bécasse, commune de Dun-le-Poëlier (Indre). C. R. LXXXIX, 597-598†; J. chem. soc. 1880. Apr. Abstr. p. 226.

Der Fall fand statt am 31. Januar 1879 $12^1/_4$ Uhr mit sehr starker Detonation (20 km weit hörbar) und nachfolgendem donnerähnlichem Rollen. Es wurde nur ein Stein im Gewichte von 2,8 kg gefunden, der bis 0,3 m Tiefe eingedrungen war. Der Meteorit, mit der Kruste überzogen, ist im Uebrigen von hellgrauer Farbe mit vielen kleinen Körnchen untermengt; die metallischen Körnchen bestehen aus Nickeleisen und Troilit. Die übrige Masse scheint hauptsächlich aus Peridot und einem Bisilikat (Pyroxen oder Enstatit) gebildet. Er gehört mit den Meteoriten v. Lucé, Aumière etc. zu den Sporadosideren, Untergruppe Oligosideren. *Sch.*

H. Karsten. Die Meteorite und ihre Organismen. Natur, Jahrgang 1881. No. 14. 15. 16.

Hahn. Die Meteorite, Chondrite und ihre Organismen. Tübingen Laupp. 4°. 40 M.

Meunier. Widerlegung. Athen. 1881. (1) 303-304; Nature XXIV, 132.

Ein bekannter englischer und deutscher Forscher hatte die Theorie aufgestellt, dass die Meteoriten die Träger der Organismenkeime für unsere Erde gewesen seien. Hahn nimmt nun nachdem er schon früher Granite und ähnliche Gesteine als organischen Ursprungs in Anspruch genommen hatte, auch für die Meteorsteine, namentlich die Chondrite einen ähnlichen Ursprung an und zwar findet er in den Steinmetcoriten Thierformen (Schwämme), in den Eisenmeteoriten pflanzliche Formen (Widmanstätten'sche Figuren als Pflanzenzellen). Von Seiten der französischen Physiker ist die Sache widerlegt, während Herr K. für die Anschauung eintritt und die Hahn'sche Arbeit z. Th. referirt. *Sch.*

C. Rammelsberg. Die chemische Natur der Meteoriten. Abh. d. Berl. Ak. 1870. 4°. p. 1-159.

— — Die chemische Natur der Meteoriten (2. Abh.). Abh. d. Berl. Ak. 1879, 1-64†.

Der Verfasser hat in diesen beiden Abhandlungen eine ausführliche und klare Zusammenstellung dessen, was über die chemischen Verhältnisse der Meteorsteine bekannt ist, gegeben und glauben wir deshalb etwas näher, auch auf die frühere Arbeit eingehen zu müssen, als eine Beachtung der mineralogischen Verhältnisse der Meteoriten vor manchen phantastischen Ideen in Beziehung auf ihre Verhältnisse zu den Organismen bewahrt hätte.

Nach kurzer Erwähnung einiger früherer Forscher und unter Zugrundelegung der Rose'schen Gruppen werden die in den Meteoriten beobachteten Mineralien aufgezählt, die ja bekanntlich z. Th. identisch mit den terrestrischen, theils ihnen vollständig analog sind.

A. Isomorphe Mischungen von Elementen: Nickeleisen Fe_nNi und Schreibersit (Phosphornickeleisen). B. Schwefelverbindungen: Oldhamit (CuS), Troilit (FeS), Magnetkies (Fe_8S_9). C. Oxyde, Magneteisen (Fe_3O_4)? Chromeisenerz ($FeCr_2O_4$), Kieselsäure (Asmanit) SiO_2. D. Silikate: a. normale (Glieder der Augitgruppe): Enstatit $MgSiO_3$, Broncit $(MgFe)SiO_3$, Augit $(MgCa)SiO_3$ und $FeMgCaSiO_3$; b. Halbsilikate: Olivin $(MgFe)SiO_4$ und Anorthit $CaAl_2Si_2O_8$. Die Meteoriten lassen sich unterscheiden in: I. Meteoreisen. II. Meteoreisen und Silikate. 1. Meteoreisen und Olivin oder Broncit (Pallasit). 2. Meteoreisen, Olivin und Broncit. 3. Eisen (N frei) Olivin und Enstatit (Goalpora). III. Silikate (öfter ein wenig Meteoreisen enthaltend). 1. Olivin (Chassignit). 2. Olivin und Broncit (Shalkit). 3. Broncit. 4. Enstatit (Chladnit). 5. Enstatit und Diopsid. 6. Augit und Anorthit (Eukrit). 7. Olivin, Augit und Anorthit (Howardit).

Nun werden die einzelnen Gruppen I. etc. durchgesprochen. Bei der Struktur lassen sich im Wesentlichen nach Rose drei Strukturen unterscheiden, von denen die Meteorite die aus Aggregaten von Krystallen in paralleler Stellung nach einer Oktaederfläche (mit schaliger Absonderuug) die Widmanstätten'schen Figuren zeigen. Aber auch bei den übrigen tritt beim Anätzen hervor, dass die Masse nur scheinbar homogen ist und krystallinische Theile als kleine glänzende Krystalle oder Blätter (Rhabdit) eingelagert enhält. Von dem Meteoreisen mit Widmanstätten'schen Figuren werden 4 Arten (Reichenbach) unterschieden:

Balkaneisen (Kamacit), Bandeisen (Tannit), Fülleisen (Plessit), Glanzeisen (Lampsit), verschieden durch die Löslichkeit, ohne dass eine chemische Verschiedenheit sicher festgestellt ist. Darauf wird die Passivität der meisten Meteoreisen gegen Kupfervitriollösung hervorgehoben (aktiv: Lenarto, Chester County etc. und nach längerer Zeit Agram, Arva, Atakama, Burlington), nach WÖHLER; ebenso das Verhalten des Charcaseisens, das Silber-, Kupfer- und Quecksilbernitrat nicht reducirt, nach MEUNIER, und werden die Versuche desselben die einzelnen Verbindungen zu trennen (Maximum des Nickelgehalts bis dahin beim Eisen von Octibbeha County 59,7 nahe Fe_2Ni_3, später das von Santa Catarina Fe_2Ni) beschrieben. Ebenso werden die Untersuchungen über den Rückstand beim Auflösen des Eisens in Säuren und die sonstigen Bestandtheile (Silikate, Kohlenstoff, Wasserstoff, Troilit, Magnetkies in den Eukriten) und ihre Trennung behandelt. Die hinzugefügte Tabelle I. giebt die Zusammensetzung der Meteoreisen, sowohl der für sich bekannten, als der in Pallasiten, Mesosideriten und Chondriten untersuchten in alphabetischer Folge. Eine Tabelle (b) giebt die Zusammensetzung der Rückstände beim Auflösen in Chlorwasserstoff. Tabelle c enthält Namen des Eisens, Bestandtheile (Fe, Ni, Co, Cu, Sn, Ca, P, Si, C) Rückstand, Name des Forschers und Quelle. Es sind 55 Meteoreisen (bei einigen mehrere Analysen) angeführt, dazu kommen noch 6 aus Pallasiten, 1 aus Mesosideriten, 38 aus Chondriten. Tab. II. Die Analyse des Rückstands bei 14 Meteoreisen zeigt, dass derselbe hauptsächlich aus Schreibersit (FeNiP) (auch bisweilen Co, Mg, Cu haltig) besteht. — In ähnlicher Weise wird bei II. „Meteoreisen und Silikate" verfahren, wo sich leicht die Unterscheidung in Pallasit (Meteoreisen mit porphyrartig eingewachsenen, krystallisirten Silikaten Olivin, Augit, Bronzit), dem sich der Mesosiderit (körniges Gemenge von Meteoreisen, Olivin und Augit) anschliesst, und in Chondrite, bei denen ein Silikat oder ein Gemenge von Silikaten die Grundmasse bildet und Meteoreisen eingestreut ist (Schwefeleisen, Chromeisenerz eingestreut), darbietet. Mittheilungen über Struktur, Analysen einzelner Meteorite oder von Bestandtheilen derselben geben reiches Material. Bei den Chondriten werden die durch Säuren zersetzbaren Silikate und die unzersetzbaren (Augit) erörtert. Aeusserst schätzbare Tabellen geben die analytischen Resultate der Chondrite. Tab. III. enthält die Zusammensetzung der Chondrite ihren Bestandtheilen (Meteoreisen, Schwefeleisen, Chromeisenerz, Silikate, vereinzelt Graphit) und Autoren (ca. 50) nach. Tab. IV. Zusammensetzung der Silikate der Chondrite (SiO_2, Al_2O_3, FeO, MgO, CaO, Na_2O, K_2O). Tab. V. Verhältniss des zersetzbaren Theils (A) zu dem unzersetzbaren (B) der Silikate, gefunden und berechnet. Tab. VI. Zusammensetzung des zersetzbaren Theils der Silikate der Chondrite (SiO_2, Al_2O_3, FeO (MnO), MgO, CaO, Na_2O, K_2O) und Atomverhältniss. Tab. VII. Zusammensetzung des unzersetzbaren Theils (B) der Silikate der Chondrite (SiO_2, Al_2O_3, FeO, MgO, CaO, MgO, K_2O) und Atomverhältniss. Wir müssen uns hier des Raumes wegen versagen auch nur Theile der Tabellen wiederzugeben, was sonst wohl wünschenswerth sein dürfte. Als Anhang zu den Chondriten werden die Analyse des Meteorits von Tula und Mittheilungen über die kohlenhaltigen Meteorite gegeben.

Im Abschnitt III. kommen die fast ausschliesslich aus Silikaten bestehenden Meteorite zur Erörterung, die als accessorische Bestandtheile Schwefeleisen, Schwefelcalcium (Busti) und häufig Chromeisenerz enthalten. Die Silikate sind Olivin (Singulosilikat), Glieder der Augitgruppe (Bisilikate): Enstatit (Mg), Bronzit (MgFe), Diopsid (CaMg) und eigentlicher Augit (CaMgFe) und Anorthit, Singulosilikat von Al und Ca. Die Hauptrepräsentanten dieser Gruppen sind: Chassignit (Olivin), Shalkit (Olivin und Bronzit), Bronzit, Chladnit (Enstatit), Meteorit von Busti (Bustit, Enstatit und Diopsid); Oldhamit (Osbornit), Eukrit (Augit und Anorthit), Howardit (Olivin, Augit und Anorthit). Eine Uebersicht der isomorphen Mischungen von Olivin und Augit in den Meteoriten bildet den Schluss. Im Nachtrag finden sich Notizen über den Hessle-Chondrit, cf. die fr. Ber. fr. Jahrg.

In der zweiten Abhandlung sind die neueren Untersuchungen und Berichtigungen seit 1870 veröffentlicht und die neuen Tabellen mit den alten zusammengezogen. Die frühere Eintheilung ist auch hier festgehalten. Beim Meteoreisen sind hinzugekommen

Untersuchungen über die Struktur, die darin enthaltenen Gase, eine grössere Anzahl neuer Analysen, Anhang: das Ovifakeisen; Bronzit-Pallasit: Meteoreisen von Rittersgrün, von Breitenbach, Feststellung des Asmanit; Chondrite: Adare, Danville (Alabama), Frankfort (Alabama), Bandony, Barcelona, Chantonnay, Dhurmsala, Eichstädt, Goalpara, Gopalpur, Grossnaja, Jowa (Marengo), Kansas (Waconda), Kernouve, Krähenberg, Lancé, Neuenkirchen, Mezö-Madaras (Mocs 1882), Orvinio, Schönenberg, Tjabé, Wisconsin, Vernon Co. — Chladnite: Ibbenbüren. — Shalkite. Meteorit von Roda (Spanien). — Eukrit: Shergotty. — Howardit: Meteorit von Mässing. Dann kommen Notizen über den Graphit im Meteoreisen und den Kohlenstoff in Chondriten. (In einigen auch S und schwefelsaure Salze, Alais, Bokkeveld, Orgueil und Kaba.) Neue Elemente sind nicht gefunden; als neue Mineralien sind Daubreelit (CrS?), Asmanit, Tridymit, Maskelynit (im Shergotty, Labrador?) genannt. Auch hier bildet die Uebersicht der isomorphen Mischungen der meteorischen Olivin- und Augitsubstanz und die vervollständigte oben erwähnte Tabelle den Schluss.

Sch.

B. PRENDEL. The Meteorite of Vavilooka. Jahrb. f. Min. 1878, 868; J. chem. soc. 1880. Jan. Abstr. 80†.

Gefallen am 7. Juni 1876 bei Vavilooka (Gouv. Cherson), schwarze Schmelzrinde, im Innern graue eckige Flecken, die Nickeleisen und Magnetkies enthielten. Spec. Gew. 3,51. Analyse

SiO_2	53,81
MgO	18,54
Al_2O_3	8,75
CaO	2,07
Alkalien	1,14
Fe_2O_3	9,41
Magnetkies	5,26
Ni	0,7

Sch.

DEMANGÉ. Des Tables synoptiques manuscrites destinées à faire voir la répartition quotidienne et mensuelle des chutes de météorites. C. R. XC, 1018†.

Bei der Ueberreichung dieses Werkes macht DAUBRÉE die Bemerkung, dass Herr DEMANGÉ glaubt, ein Maximum im Mai constatiren zu können und dass die Statistik immerhin zu unvollständig bleiben würde, um allgemeine Schlüsse zu ziehen.

Sch.

ST. MEUNIER. Production et cristallisation d'un silicate anhydre (enstatite) en présence de la vapeur d'eau à la pression ordinaire. C. R. XC, 349-351†; Naturf. 1880, 164.

Der Verfasser glaubt, dass die Gesteine aus Magnesiasilikat zu den ältesten gehören und dass solche bei der Erkaltung der Sonne entstehen müssten. Er hat deshalb Magnesium, Chlorsilicium und Wasserdampf bei gewöhnlichem Druck auf einander wirken lassen und $MgOSiO_2$ erhalten. Das sich bildende Silikat gleicht sehr den Enstatitnadeln in den Meteoriten. *Sch.*

Fernere Litteratur.

DAUBRÉE. Substances dressées au Museum comme des météorites avec lesquelles on les à confondues à tort. Mondes (2) LII, 408; C. R. XCI, 197†.

Aufzählung der Mineralien, welche als Meteorsteine fälschlich der Sammlung geliefert sind. Die Stücke gehören den verschiedenartigsten Mineralien an (Eisenglanz, Quarz, Schlacken etc.). Angabe einiger Gründe, aus welchen sich diese Verwechslungen erklären.

C. KLEIN. Zuwachs zur Meteoritensammlung der Universität. Götting. Nachr. 1880. No. 5.

J. C. ADAMS. On the orbit of November meteors. London (Jahr nicht angegeben). zu F.

SEELAND. Der Meteorsteinfall (rother Schnee) am 25. Februar 1879. Carinthia 1880. L. 3. (1879. 12.)

Lancetta. Sintesi delle osservazioni meteorologiche fatte in Modica e in Siracusa relative al fenomeno della caduta delle polveri meteoriche dell' anno 1876 fino al 16 april 1880. Rivista scient.-industriale XII. No. 15. Firenze.

A. Brezina. Ueber neue oder wenig bekannte Meteorite. Wien. Anz. 1880, 198.

— — Ueber die Reichenbach'schen Lamellen im Meteoreisen. Wien. Anz. 1880, 177. cf. auch die betreffenden Arbeiten in den Wien. Ber. (Fortschr. 1881.)

Meteorit von Mihave. Iron XIII, 315; Berg- u. Hüttenm. Ztg. XXXIX; Chem. C. Bl. 1880, 208.

H. Trautschold. Die Meteoritensammlung der Petrowski'schen Ackerbau- und Forstakademie. Bull. d. Mosc. 1879. No. 4. Bd. LIV. p. 363-369.

Erst spät zugegangen sind folgende Notizen:

P. Parker. Remarks on the meteor of Dec. 24 to 1873. Bull. Philos. Soc. Washingt. 1874. I, 94*. (Kurze Notiz.)

Silvestria. Meteoric dust 29|3 1880. Nature XXI, 574; Z. S. f. Kryst. V, 506-508.

H. Das Polar- und Zodiakallicht.

H. T. H. Gronemann. Height of the Aurora. Nature XXIII, 56†.

Herr Capron hatte Nature XXII, 291 geäussert, dass gleichzeitige Beobachtungen der Corona fehlen. Herr G. fühlt sich veranlasst, auf seine Schrift: Théorie cosmique de l'Aurora polaire (Mem. d. Spettrosc. 1878. VII) zu verweisen, wo er nachweist, dass die Corona, wie schon früher behauptet, durch rein perspektivische Ursachen entsteht. Auch auf die Arbeiten von Heis, Flögel, Galle (1872) wird hingewiesen. *Sch.*

J. J. Plummer. Height of the Aurora. Nature XXII, 362†.

Herr Pl. weist darauf hin, dass die Angaben von Nordlichthöhen sich beziehen können auf die Strahlen, die circa 100 M ergeben oder auf den Nordlichtbogen, der trigonometrisch gemessen ca. 70 M Höhe ergiebt. *Sch.*

R. Copeland. Observations of Aurorae on August 12 and 13. Nature XXII, 510†.

Beobachtung zweier Nordlichterscheinungen. Angabe der spektroskopischen Beobachtungen unter Benutzung verschiedener Spektroskope. Sechs verschiedene Linien werden verzeichnet. (Wellenlängen 557,16, 527,5, 469,6, 473,2, 430, 434.) *Sch.*

Displays of Auroras in America Aug. 1880. Nature XXII, 594†.

Nachricht aus den Vereinigten Staaten, dass die Nordlichterscheinungen dort im August häufig waren. Das Nordlicht vom 12. August (11.—12. am hellsten) war von Manitoba bis zum atlantischen Ozean sichtbar. Im Ganzen sind von 21 Nächten Nordlichterscheinungen verzeichnet. Auch in Norwegen (Christiania) war die Erscheinung am 12. und 13. sichtbar und findet sich hierüber ein Bericht Nature XXIII, 148—149 von St. Jevons. Besonders hervorgehoben wird das Aufblitzen (Strahlenschiessen, Coruscation), das sehr stark hervortrat. *Sch.*

Aurora Borealis and Magnetic Storms. Nature XXII, 361 bis 362†.

Weitere Nachrichten über das Nordlicht vom 12. August von S. J. Perry, Stonyhurst Observatorium. Hier wurden auch starke magnetische Störungen schon am Vormittag beobachtet von Oliver (Springburn, Glasgow), Mott (Leicester); in der Auvergne von Whitby (11. August angegeben). *Sch.*

S. J. Johnson. Coincidence of Sun spots and Aurorae in Olden Time. Monthl. Not. XL. (1880), p. 561-563†.

Der Verfasser hat nach den alten sächsischen Urkunden und Chroniken Erscheinungen zusammengestellt, die als Nordlichterscheinungen gedeutet werden müssen und die auch im Allgemeinen mit den zurückgerechneten Sonnenfleckperioden zusammenfallen. Die Nachrichten stammen aus den Jahren 555, 660, 670, 710, 773, 793, 890, 944, 979, 1098, 1117, 1122, 1131. *Sch.*

H. Fritz. Beitrag zur Bestimmung der Nordlichtperioden. Z. S. f. Meteor. 1880. XV, 73†.

Aus dem Rubenson'schen Nordlichtkataloge (cf. Berl. Ber. 1877) zieht der Verfasser den schon früher begründeten Schluss, dass Polarlicht- und Sonnenfleck-Maxima und -Minima gleichzeitig eintreffen. Er stellt zunächst die Jahressumme der Tage, für welche die Nordlichtbeobachtungen aufgefunden wurden, zusammen, indem die fünfjährigen Mittel beigesetzt werden. Ein späteres Eintreffen der Nordlichtmaxima erklärt der Verfasser daraus, dass vielfach die Nordlichtbeobachtungen erst beginnen, wenn sich die grossen Nordlichter zeigen. *Sch.*

S. Tromholt. Jagttagelser over Nordlys anstillede i Norge, Sverige og Danmark. Nature XXIII, 84; Naturf. 1881, 144†.

Weyprecht. Nordlichtbeobachtungen ausgeführt in Norwegen, Schweden, Dänemark. Z. S. f. Meteor. 1880. XV, 480-482†.

S. Tromholt. Nordlichtbeobachtungen in Skandinavien. Z. S. f. Met. 1881. XVI, 72†.

Herr Tromholt hatte in Schweden, Dänemark und Norwegen zu correspondirenden Nordlichtbeobachtungen aufgefordert und aus dem Winter 1878/79 von 132 Stationen (zwischen 55°, 3′ und 71°, 7′ N. B.) Nachrichten erhalten, deren Resultate mitgetheilt werden. Herr Weyprecht fügt einige Bemerkungen hinzu, die namentlich darauf hinauslaufen, dass es wünschenswerth ist, einige Aenderungen im Beobachtungssystem anzubringen: dass die Beobachtungen genauer (besonders bezüglich der Zeit) angestellt werden und es ersichtlich gemacht werden muss, ob an den Orten und Tagen, von welchen keine Beobachtungen vorliegen, nicht beobachtet ist oder ob kein Polarlicht sichtbar war.

Das Material zeigt, dass nur wenige Abende vergingen, an denen nicht ein Polarlicht beobachtet wurde, obgleich der Winter in die Minimumperiode fällt; auch zeigt sich, dass das Polarlicht vielfach ein lokales Phänomen ist und in nur geringer Höhe über der Erde sich entwickelt. Einige Höhen sind sehr gering, 0,24, 0,25, 0,15 geogr. Meilen und wenn auch nicht ganz sicher festgestellt, geben sie doch immer ein Bild, wie niedrig eine grosse Zahl der Nordlichter sein muss. Die Häufigkeit nimmt mit der Breite ab. Die Verhältnisszahlen auf die gleiche Zahl von Beobachtungsstationen reducirt sind für die Breiten

71—68°	68—65°	65—62°	62—59°	59—55°
100	30,6	18,2	12,6	7,6

Nur dreimal wurden in der ganzen Region Nordlichter an demselben Tage beobachtet. Zur Zeit des Vollmondes ist die Erscheinung weniger häufig, doch lassen sich daraus wohl keine Schlüsse auf einen inneren Zusammenhang zwischen den Nordlichterscheinungen und Mondphasen ziehen; ebenso führte der Vergleich mit den magnetischen Variationsbeobachtungen zu Christiania und den Wetterbeobachtungen zu keinem Resultate. In Bezug auf das Nordlichtgeräusch scheint Herr T. geneigt einigen Beobachtungen in dieser Richtung Gewicht beizulegen, obgleich er selbst niemals das geringste wahrgenommen hat.

Auch vom Winter 1879/80 liegen ungefähr 370 Beobachtungen vor, und sind für 1880/81 ebenfalls Cirkulare ausgesandt.

Sch.

Hildebrandsson. Nordlichtartige Erscheinung. Z. S. f. Met. XV. 1880, 451-452†, (6 h 34 m Abends, Upsala).

Ein weissgraues Cirrusband (NE—SW) zeigte rasche Veränderungen in der Lichtstärke. Die Periode zwischen Maximum und Minimum der Lichtstärke war nicht constant. Das Phänomen dauerte $^1/_2$ Stunde. *Sch.*

Nordlicht $\frac{31. \text{Juli}}{12. \text{August}}$ zu Petersburg (Mitternacht). Z. S. f. Met. 1881, 67†.

Die Erscheinung war durch das besonders ausgeprägte Segment merkwürdig. *Sch.*

P. SMYTH. The Aurora at last (17.|3.). Nature XXI, 492 (L.); Beibl. 1881, 128.

Es wird darauf hingewiesen, dass mit dem Wiederauftreten der Sonnenflecke sich auch wieder Nordlichter zeigen. Obiges Nordlicht zeigte nur die citronenfarbene Linie. *Sch.*

S. TROMHOLT. Höhe des Nordlichts am 17. März 1880. Z. S. f. Met. X, 333†.

In KLEIN's Wochenschrift f. Astr. 1880 No. 21 und 22 sind die ausführlichen Berechnungen wieder gegeben, hier nur die Endresultate, die nur als vorläufige angesehen werden müssen: Untere Höhe des Nordlichts 14,2 M., mittlere 16,6 M., Dicke der Nordlichtschicht 4,8 M. *Sch.*

Results derived from the Arctic Expedition 1875|76. Physical Observations by Capt. Sir G. NARES and Capt. FEILDEN. — 1878. Hieraus: Auroras observed 1875|76 at Floeberg Beach and Discovery Bay. (Mit drei Tafeln Nordlichtbilder.)

In beiden Winterquartieren traten die Nordlichter nicht glänzend und häufig auf. Sie zeigten sich meist von 9 h p. m. bis Mitternacht. Nur 6—7 mal war zu constatiren, dass dasselbe Nordlicht auf beiden Schiffen zugleich gesehen wurde. Man konnte kein Geräusch wahrnehmen und keinerlei Beziehung zur

Witterung entdecken. Niemals zeigten sich Wolken oder Berge durch das Nordlicht beleuchtet wie auf dem Heimwege: über diese Beobachtung ist nichts weiter erwähnt. Im Spektrum zeigte sich nur die gelbe Linie. *Sch.*

W. DE LA RUE and H. MÜLLER. The Aurora borealis and its colours. Proc. R. Soc. XXX, No. 203. p. 332; Nature XXII, 169 (L.); Naturf. 1880, 270; SILLIM. J. (3) XX, 63; Beibl. 1880, 840. 841; Z. S. f. Met. 1880, 414-416.

WEYPRECHT. Höhe des Nordlichts. Z. S. f. Met. 1880, 491 bis 492.

Die Verfasser haben ausführliche Untersuchungen über Entladungen in gasverdünnten Räumen veröffentlicht (Trans. of Edinb. Soc.; Proc. Edinb. Soc.) und haben daraus die Stellen, wo das Nordlicht mit grösstem Glanze und die Grenzen, wo es wegen zu grosser Verdünnung nicht mehr auftreten kann, hergeleitet.

Beim Wasserstoff ist der geringste Entladungswiderstand bei 0,64 mm Druck (Philos. Trans. Bd. 171. Abth. I); eine weitere Druckverminderung bringt dann eine Zunahme des Widerstandes hervor; beim Druck von 0,002 mm gab erst ein Potential von 11000 Chlorsilberelementen Entladung; bei 0,000055 mm gaben weder die 11000 Elemente noch eine Induktionsrolle Entladung. Für Luft wurde die Verdünnung mit kleinstem Widerstande nicht direct bestimmt, sondern aus der Entladungsentfernung, verglichen mit der im Wasserstoff, berechnet auf 0,379 mm, ein Druck, der in der Höhe von 61 km über dem Meeresniveau erreicht wird. Dies würde also die Stelle sein, wo die Nordlichtentladung das Maximum des Glanzes erreichen könnte. Die Sichtbarkeit desselben wäre dann 942 km. In der Höhe von 124 engl. Meilen (0,00000001 mm, 1 engl. M. = 1,61 km) halten die Verfasser eine Entladung überhaupt nicht mehr für möglich und müsste dieselbe schon in 815 km Höhe sehr an Glanz eingebüsst haben.

Die Farbe der Entladung ändert sich nun nach der Dichte des Gases. In Luft ist dieselbe bei 62 mm Druck (entsprechend der Höhe 12,4 M und Sichtbarkeit von 336 M Halbmesser) carmoisinroth, bei 1,5 mm Druck lachsfarben etc. Die rosigen Nüancen finden sich stets am positiven Pol, während am negativen Pol die Entladung von violetter Farbe ist. Auch eine Nordlichtentladung in der Höhe von einigen tausend Fuss halten die Verfasser für möglich.

Die folgende Tabelle giebt die Uebersicht über die Untersuchungen:

Druck in Mm.	Höhe in engl. Meilen	Sichtbarkeitsradius in engl. M.	Bemerkungen über Intensität und Farbe der Entladung
1×10^{-8}	124	1061	Keine Entladung
55×10^{-6}	81,5	860	Schwach und blass
0,379	37,7	585	Maximum des Glanzes
0,800	34,0	555	Schwach lachsfarbig
1,000	32,9	546	Lachsfarbig
1,500	30,9	529	-
3,000	27,4	499	Carmin
20,66	17,9	403	-
62,00	12,4	336	-
118,7	11,6	324	Volles Roth

Spektroskopische Untersuchungen finden sich nicht.

Herr Weyprecht macht darauf aufmerksam, dass in einiger Beziehung die österreichischen Nordlichtbeobachtungen mit diesen Resultaten übereinstimmen. Die normale Farbe des Nordlichts war weiss, bei dunstigem Wetter gelb. Die Farbe Roth trat stets zu unterst auf, während Grün sich oben zeigte. Lachsfarbe wurde nicht beobachtet. Violett tritt bei den nur geringe Lichtintensität besitzenden Erscheinungen auf. *Sch.*

Backhouse. The Aurora borealis and its colours. Nature XXII, 145 (L.)†.

Herr B. hat die Farben Grün und Roth nicht in der von Weyprecht bezeichneten Weise gesehen. *Sch.*

The inevitably test of or Aurora.

In Bezug auf die erste Arbeit p. 132 werden manche Einwendungen erhoben und giebt sie wohl auch keine definitive Entscheidung über die Höhe. Cf. Nature XXII, 76—96. 145. 291. *Sch.*

P. SMYTH. The inevitable test of Aurora. Nature XXII, 76 (L.)†; Beibl. 1880, 840†.

Anfrage, ob RUE und MÜLLER die citronengelbe Nordlichtlinie gesehen haben, worauf hin diese die elektrische Entladung nicht untersucht haben. *Sch.*

J. RAND CAPRON. Aurorae: their Characters and Spectra. 1-207 pp. 4°. London 1879. l'Électricité 1880. No. 4.

Empfehlende Anzeige des Buches. Dasselbe ist sowohl von populärem als historischem Interesse. Es enthält eine historische Einleitung, Beschreibung vieler einzelner Nordlichterscheinungen, Discussion des Spektrums und der magnetelektrischen Beziehungen. Auch werden die Theorien kurz besprochen. (Nach SILLIM. J. (3) XIX, 164.) Ebenso vergl. Philos. mag. (5) IX, 65—70. *Sch.*

C. ABBE. Remarks on observations of auroras. Bull. Philos. Soc. Washingt. I. 1874, 45†.

Herr A. ist zu der Ueberzeugung gekommen, dass die Nordlichter in naher Beziehung zum Zustande unserer Atmosphäre stehen. Tabellen etc. sind nicht mitgetheilt. *Sch.*

E. B. ELLIOTT. Remarks on auroras. Bull. Philos. Soc. Washington I. (1874) p. 45†.

Die Häufigkeit der Nordlichter soll in einfacher Beziehung zu der Aenderung der Lage des Radiusvektor der Erde stehen. Sie kommen am häufigsten vor bei der schnellen Annäherung oder Entfernung der Erde zur Sonne, im Maximum März und

Oktober; das grösste Increment und Decrement des Logarithmus des Radiusvektor liegt in denselben Monaten. Die belegenden Daten sind dem Nordlichtkatalog von LOVERING entnommen.

Sch.

S. NEWCOMB. Remarks on auroras. Bull. Philos. Soc. Washington 1874. I, 46†.

Herr N. hält die parallaktischen Höhenbestimmungen der Nordlichter für unzuverlässig und zu hoch, da die britischen Beobachtungen nicht viel über 100 engl. Meilen ergeben. Die geringe Zahl von Juni bis Juli erklärt sich aus der Tageshelle von 8—10 Abends in höheren Breiten, einer Zeit, zu welcher die meisten Nordlichter aufzutreten pflegen. *Sch.*

HILGARD. Remarks on auroras. Bull. Philos. Soc. Washington 1874. I, 46†.

Herr H. stimmt Herrn N. zu und hält es für nützlich, wenn die Bewölkung des Himmels bei der Feststellung der Nordlichthäufigkeit mit berücksichtigt wird, auch berichtet derselbe kurz (p. 48) über ein Nordlicht zwischen dem Beobachter und dem Horizont.

Sch.

W. B. TAYLOR. The Aurora. Bull. Philos. Soc. Washington 1874. I, 43-45†.

Angeregt durch den Nordlichtkatalog von LOVERING untersucht der Verfasser die Frage, ob bei der vorausgesetzten grossen (Höhe 400—500 engl. M.) der Nordlichter die Erscheinung sich nicht aus dem Vorhandensein kosmischen Staubes oder gasförmiger Ringe erklären liess, die periodisch von der Erde oder ihrer Atmosphäre gestreift werden. Die im Katalog verzeichneten Beobachtungen 12382 (von 1289 bis 1864 9885 und Supplement von ca. 1818—1868 mit noch 2497 Nummern) ergeben für März und Oktober zwei hervortretende Maxima und für Juni ein Minimum, ein weniger hervortretendes für December; in Zahlenverhältnissen März 1436, Oktober 1341, Juni 455, December 1090. Vergleicht man damit die Häufigkeit der Meteorerscheinungen (nach Biot, Arago, Baumhauer), so stellt sich keinerlei Beziehung zu den Nordlichtern bezüglich der Häufigkeit heraus, was gegen die oben angeführte Erklärung sprechen würde. *Sch.*

St. Alexander. On the zodiacal light. Bull. philos. soc. of Washington I. 1871/74. Appendix III†.

Der Verfasser prüft die verschiedenen Theorien über das Zodiakallicht (Ausbreitung der Sonnenatmosphäre, elliptischer Sonnenring, bestehend aus Meteoriten, Reflexion der Erdatmosphäre etc.) und kommt zu der Hypothese, dass dasselbe aus einem Gürtel von äusserst feiner Materie (im Molekularzustande), der die Erde umgiebt bestehe. Die Umdrehungszeit desselben um die Erde fällt mit der Mondperiode zusammen. Einzelne Erscheinungen und Beobachtungen werden zur Stützung dieser Theorie angeführt und besprochen. *Sch.*

H. Carvill Lewis. Note on the Zodiacal Light. d'Alm. J. 1881. X, 227; Am. Ass. f. sc. Bost. Sept. 1880; Sillim. J. (3) XX, 437-445†; Naturf. 1881, 59-61; (cf. 1878) the Aurora and Zodiacal light of May 2 d 1877.

Diskussion einer fünfjährigen Reihe von Beobachtungen des Zodiakallichts und Gegenscheins, zu Germantown 40° N. Br. mit möglichsten Vorsichtsmaassregeln.

Der Zodiakallichtkegel ist in seiner Gestalt und Höhe, ebenso wie im Ganzen abhängig von der Dauer der Dämmerung und Neigung der Ekliptik. Seine Spitze (apex) erreicht 100° von der Sonne und wird es am besten beim Verschwinden der letzten Dämmerung beobachtet. Es ist nicht symmetrisch, es ist am glänzendsten in der Sonnennähe bei der kürzesten Dämmerung, von Mitte Februar bis Mitte März, und soll es sogar bestimmte Schatten werfen. Im December hat es die Helligkeit der Milchstrasse, wird im April schwächer als dieselbe und ist Juli, August leicht mit der Dämmerung zu verwechseln. Zur Zeit der grossen Helligkeit ist ein innerer Kegel unterscheidbar, die etwaigen Farbennüancen rühren von atmosphärischer Absorption her, auch ist des Morgens das Licht matter als am Abend. Plötzliche Aenderungen im Glanz wurden nicht beobachtet, ebenso wenig wie periodische Aenderungen der Helligkeit. Das Mondlicht übt keinen Einfluss aus, die an der Basis eintretende Verbreiterung ist atmosphärischen Urprungs (Horizontlicht). Die Beobachtungen mit dem Spektroskop ergeben bei engem Spalt kein Spektrum, beim weiteren ein schwaches continuirliches, am weniger brechbaren Ende abbrechend, FRAUNHOFER'sche Linien waren nicht zu bemerken (die Weite des Spalts war zu gross), die Farbe des Spektrums war matt grünlich-grau. Diese Beobachtungen deuten auf reflektirtes Sonnenlicht. Als Zodiakalbande beschreibt der Verfasser einen äusserst schwachen Lichtstreifen, der sich über den Himmel von Ost nach West erstreckt und zur selben Zeit wie das Zodiakallicht am hellsten ist. Bei Mondschein ist die Bande nicht sichtbar. Auch der Gegenschein, die helle Stelle des Himmels 180° von der Sonne entfernt wird näher beschrieben und die Beobachtungen auf einer Tafel graphisch dargestellt. Beide Zodiakalbande und Gegenschein geben wegen ihrer Lichtschwäche kein Spektrum. Das sogenannte Mondzodiakallicht von JONES hat der Verfasser nie bemerkt. *Sch.*

Fernere Litteratur.

Polarlicht.

L'orage magnétique du 12 Oct.; l'aurore boréale du 12 août 1880. L'électricité 1880. No. 21.

HILGARD. The Aurora of February 4th (1872). Bull. Philos. Soc. Washington 1874. I, 47-48.

RUBENSON. Catalogue of Aurora. Nature XXI, 384; Berl. Ber. 1877.

PREVOST. Aurora display 3|11 1880. Nature XXIII, 42.

Nachricht über diese Nordlichterscheinung aus verschiedenen Gegenden Grossbritanniens.

Three years' experimenting in mensurational spectroscopy. Nature XXII, 193-195 (spec. 193-194).

Beschreibung des Spektroskops auf der Edinburger Sternwarte, das zur Beobachtung der Nordlichter benutzt werden soll.

J. R. Capron. The Aurora of the 30 Nov. Nature XXIII, 76. (Unwesentliche Notizen.)

J. Messtorff. Beobachtung eines Nordlichts im Karaibischen Meer. Ann. d. Hydr. VIII. 1880, 666.

Am 12. Juni 1880 10 h 15 m p. m. auf 11° 15' N. Br. und 73° 45' W. Lg. (bei Sebanilla) prachtvolles Nordlicht im wahren Nord mit Corona.

L'observation des aurores boréales. l'Électricité, Paris 1880, No. 24.

P. Smyth. Auroral response in America. Nature XXI, 609 (L).

Lemström. Electrical experiment. Nature XXII, 89.

Aurores boréales (nach Natur). Mondes (2) LIII, 3.

J. W. Redhouse. On the identification of the false dawn of the Moslims with the zodiacal light of Europeans. T. n. Athen. 1880. (2) 252; Asiat. Soc. 16./2. 1880.

---

42. Meteorologie.

A. Allgemeines. Theorien. Kosmische Meteorologie; allgemeine Eigenschaften der Atmosphäre (Zusammensetzung etc.)

J. Liznar. Ueber die Beziehung der täglichen und jährlichen Schwankung der Temperatur zur elfjährigen Sonnenfleckenperiode. Sitzgsber. d. Kais. Ak. d. Wiss. zu Wien, math.-naturw. Cl. LXXXII. Heft IV, 1880 (Novbr.) Abth. 2, p. 864-882; Wien. Anz. 1880. No. 20-22, p. 207-209; Naturf. 1881, 129-130.

Der Verfasser (Adjunct an der k. k. Central-Anst. f. Met. und Erdmagnet.) discutirt in dieser Abhandlung die Frage, ob die tägliche und die jährliche Schwankung der Temperatur, ebenso wie nachweislich die Aenderung der mittleren Temperatur, eine dem Sonnenfleckenstande entsprechende Periode zeigt. Hinsichtlich der täglichen Schwankung theilt Verfasser die Beobachtungen an 13 Orten (zwischen 60° nördl. Br. bis 45° südl. Br. von 30°—150° östl. Lg. d. h. von Petersburg bis Hobarttown) in den Jahren 1837—1875 mit und berechnet für eine Sonnenflecken periode von 1857—1870 aus österreichischen Stationen zwischen Prag und Triest nachstehende Werthe der täglichen Temperaturschwankung in °C.:

1857	1858	1859	1860	1861	1862	1863	1864	1865
5,09	4,95	4,71	4,66	4,71	4,94	4,96	5,16	5,26

1866	1867	1868	1869	1870
5,20	5,11	4,94	4,93	4,86.

Eine nach diesen Daten gezeichnete Curve zeigt für die Minima der täglichen Schwankung 1859—1861 und 1870—1871 eine sehr gute Uebereinstimmung mit dem entsprechenden Wendepunkte der Sonnenfleckencurven. Also: das Verhalten der täglichen Temperaturschwankungen zeigt einen mindestens ebenso deutlichen Einfluss der Sonnenflecke auf die Wärmeverhältnisse der Erde, als das der mittleren Temperaturen. In ähnlicher Weise, wenn auch nicht so deutlich ausgeprägt, findet eine Beziehung zwischen den jährlichen Schwankungen der Temperatur und der Sonnenfleckenperiode statt. Die Discussion der Frage über die wahrscheinlichen Ursachen dieser Schwankungen ergiebt, dass allerdings viele Erscheinungen dafür sprechen, dass zur Zeit des Minimums der Flecken die Sonne die meiste, zur Zeit des Maximums aber die wenigste Wärme ausstrahlt (nach LANGLEY, Berl. Ber. a. a. O.), dass aber auch andere Erscheinungen dagegen sprechen. Verfasser hat u. A. nachstehende Beziehungen zwischen den Maxima und Minima der Sonnenflecke und der Temperaturen:

Sonnenflecke	Max.	Min.
Entsprech. Temp. — Maxima	33,8°	29,8°
Entsprech. Temp. — Minima	—7,4°	—7,0°.

Man sieht hieraus, dass in den Jahren mit Fleckenmaxima die höchsten Maxima immer tiefsten Minima, in jenen mit Fleckenminimum dagegen die tiefsten Maxima immer höchsten Minima entsprechen, also entgegengesetzt den bisherigen Annahmen. Verfasser zieht hieraus folgenden Schluss: „Wir sehen sonach, dass nach den bisherigen Kenntnissen über die Beziehung der Sonnenflecke zur Temperatur auf die Ursachen der Veränderungen der letzteren nicht geschlossen werden kann.“ *Bo.*

---

1) H. F. BLANFORD. Ueber eine Compensation in den Variationen des mittleren Luftdruckes während eines Sonnenfleckencyclus zwischen Indien und Russland. Nature XXI, 477-482; Z. S. f. M. XV, 153-158†.

2) J. HANN. Bemerkungen zu vorstehender Abhandlung. Z. S. f. M. XV, 158-162†.

3) H. F. BLANFORD. Erläuterungen einiger Punkte der Abhandlung ad 1) über die Variationen des Luftdruckes und der Temperatur während eines Sonnenflecken-Cyclus. Z. S. f. M. XV, p. 393-397†.

Ausgehend von der beobachteten Thatsache, dass zwischen Mai 1876 und August 1878 über dem tropischen Südasien (die indisch-malayische Region) ein excessiv hoher Luftdruck herrschte, als ein Theil der Maximumphase einer cyklischen Oscillation, conform mit der Sonnenfleckenperiode, giebt BLANFORD in der Abhandlung (1) zunächst für mehrere Orte Indiens die Abweichungen der Monatsmittel von den Gesammtmitteln der ganzen Sonnenfleckenperiode und schliesst daraus, dass für die ganze indo-malayische Region eine cyklische Oscillation existirt, welche nahezu mit dem Sonnenfleckencyklus übereinstimmt. Der grösste Luftdruck fällt nämlich zusammen mit der Epoche der geringsten Häufigkeit der Sonnenflecke (oder folgt ihr unmittelbar), und der kleinste Druck mit dem Sonnenfleckmaximum. Am regelmässigsten entwickelt sich diese Oscillation in der unmittelbaren Nähe des Aequators, und zwar bei den insularen Stationen. Ein Vergleich der Abweichungen der Monatsmittel des Luftdrucks von dem Mittel der Sonnenfleckenperiode in der indo-malayischen Region mit denen in Westsibirien und dem europäischen Russland ergiebt nun, dass für diese letztere Region das umgekehrte Verhältniss stattfindet, nämlich ein Zusammenfallen der Maxima und Minima des Luftdrucks mit denen der Sonnenflecken. Diese denjenigen für die insularen Stationen des tropischen Asiens entgegengesetze Oscillation des Luftdruckes beschränkt sich aber, wie BLANFORD nachweist, fast ganz und gar auf die Wintermonate. Er folgert hieraus, dass die directe Wirkung der Sonne auf die tropischen Gegenden darin besteht, eine derartige Oscillation zu erzeugen, dass der Luftdruck niedrig ist, wenn die Sonnenoberfläche die wenigsten Flecken hat, und dass als Compensation dieser Wirkung im Winter eine Oscillation entgegengesetzter Art in den Ebenen Russlands und Nordasiens eintritt (möglicherweise auch in den arktischen Regionen). Als die Hauptursache der Abnahme des Drucks zur Zeit der Sonnenfleckenmaxima stellt BLANFORD die zu dieser Zeit stattfindende reichlichere Produktion und Ascension des Wasserdampfes hin.

In den Bemerkungen ad 2) stellt HANN bezüglich des oben erwähnten Einflusses einer veränderlichen Intensität der Sonnenstrahlung (correspondirend mit den Variationen der Fleckenhäufigkeit) auf die Luftdruck- und Wasserdampfverhältnisse in der tropischen Zone und in den gemässigten hohen Breiten folgende Schlüsse zur Diskussion.

1) Zur Zeit des Maximums der Intensität der Sonnenstrahlung oder einige Zeit nachher muss mindestens die mittlere Temperatur der unteren Schichten der Atmosphäre in der Tropenzone ein Maximum erreichen, und zugleich damit der mittlere Wassergehalt derselben. — 2) Die Flächen gleichen Luftdrucks müssen deshalb gleichzeitig eine grössere Hebung erfahren, als zu anderen Zeiten, und infolge dessen werden die oberen Luftströmungen gegen die „Winterhemisphäre“ verstärkt, während an der Erdoberfläche der mittlere Luftdruck der ganzen Tropenzone zugleich ein Minimum erreicht. — Die Barometermaxima des Winters der gemässigten und hohen Breiten werden damit zugleich ihre grösste Intensität erreichen. Es bleibt aber noch zur Verificirung dieser Schlüsse übrig genügend nachzu-

weisen, dass zur Zeit der Fleckenmaxima der mittlere Luftdruck der Tropenzone in der That sein Minimum erreicht; alsdann kann man sicher schliessen, dass die Intensität der Sonnenstrahlung zur Zeit der Fleckenmaxima gleichfalls ihr Maximum erreicht, wie es zum Theil schon von BAXENDELL in England und von BLANFORD in Indien nachgewiesen ist. In der Abhandlung ad 3) giebt BLANFORD noch einige Erläuterungen zu den von ihm in seiner ersten Abhandlung gemachten Ausführungen. *Bo.*

BALFOUR STEWART. Ueber bestimmte kurze Perioden in den Sonnen- und Erd-Erscheinungen. Proc. of the R. Soc. XXIX. No. 198. p. 303; Nature XXII, 80-82; Naturf. 1880, 73.

Verfasser hat nach einer eigenen Methode (s. Proc. of the R.-Soc. XXIX, 106) die Temperaturbeobachtungen zu Kew darauf hin untersucht, ob sich in ihnen bestimmte Perioden von kurzer Dauer zeigen, und hat in der That in denselben Ungleichheiten gefunden, welche eine etwa 24tägige Periode ergeben. Nach derselben Methode hat STEWART in Verbindung mit WILL. DODGSON die Lufttemperaturen von Toronto und Utrecht untersucht. Die allgemeinen Schlussergebnisse lassen sich, wie folgt, kurz zusammenfassen. 1) Die Temperaturreihen von Kew, Utrecht und Toronto zeigen gemeinschaftliche Perioden von rund 24 Tagen. — 2) die Kurve von Kew entspricht diesen Kurven am nächsten, die von Toronto am wenigsten. — 3) Aehnliche Phasen scheinen in Toronto 8 Tage früher einzutreten, bevor sie in Kew sich zeigen, und in Kew einen Tag früher als in Utrecht. — 4) Corrigirt man hier diese Phasenunterschiede, so werden die einzelnen Ungleichheiten in Kew, Utrecht und Toronto sehr ähnlich dem Mittel aus den dreien und einander ähnlich. — 5) Die Ungleichheiten von Kew sind dem Mittel am ähnlichsten, und die von Toronto am wenigsten. — 6) Die vorliegenden Sonnenfleckenverzeichnisse scheinen gewisse Sonnenungleichheiten zu erweisen, die hinsichtlich ihrer Periode den meteorologischen (und auch den magnetischen) Ungleichheiten sehr ähnlich sind. *Bo.*

Balfour Stewart. Sonnenflecken und Regenfall. Nature XXI, 541-543; Z. S. f. M. XV, 225-228. Vgl. unter Abschnitt H.

S. A. Hill. Dgl. Z. S. f. M. XV, 336. Vgl. sub H.

J. Hann. Dgl. Sitzber. d. Wien. Ak. d. Wiss. LXXXI. 188. 45 ff. Vgl. sub H.

Archibald Douglas. Sonnenschein-Cyklen. Nature XXI, 393-394; Z. S. f. M. XV, 139-140†.

Bei Gelegenheit einer Arbeit über die Bewölkungsverhältnisse von Europa verglich Verfasser die mittlere Bewölkung verschiedener Jahrgänge mit den von Piazzi Smyth aus den Beobachtungen an den Erdthermometern in Edinburg abgeleiteten Perioden von grösserer Wärme und Kälte (den sogen. „waves of heat and cold"). Nach Piazzi Smyth (cf. Nature V (1872) und XXI, 298 u. 299) fallen die Scheitel der „heat waves" auf die Jahre 1826,5; 1835,4; 1846,4; 1857,9; 1868,8; die der „cold waves" auf 1829,6; 1837,3; 1845,2; 1848,0; 1855,8; 1860,3; 1866,3; 1870,3; 1879,1. Nach der Tabelle der mittleren Bewölkungszahlen für diese extremen Jahre ist der jährliche Betrag der Bewölkung unter dem Mittel zur Zeit des Eintritts der „Wärmewellen" und über dem Mittel zur Zeit der „Kältewellen". Verfasser ist der Ansicht, dass die Ursache dieser Erscheinung in den verschiedenen Rollen zu suchen sei, welche die Bewölkung im Sommer und im Winter spiele; in der ersteren Jahreszeit sei die Lufttemperatur in unseren Breiten mehr abhängig von der Sonnenstrahlung; infolge dessen habe Alles, was die Strahlung unterbricht einen grösseren Einfluss als im Winter, wo die herrschende Windrichtung den grössten Einfluss auf die Temperatur ausübe. Cf. Piazzi Smyth Sunshine cycles Nature XXI, 248-249 (L).

Bo.

Koeppen. Mehrjährige Perioden der Witterung. Z. S. f. M. XV, 279-281†.

Bei einer Diskussion des obigen Aufsatzes von Archibald macht K. darauf aufmerksam, dass die von diesem aufgestellten Schlusssätze (s. oben) in Widerspruch mit den in Mittel- und

Nordeuropa gemachten Erfahrungen stehen. Diese Länder haben durch das Vorherrschen einer von warmen Meerestheilen herstammenden Luftströmung eine weit höhere Lufttemperatur, als wenn sie auf das Gleichgewicht zwischen Einnahme durch Zustrahlung und Verlust durch Ausstrahlung angewiesen wären; die erwärmende Wirkung der Wolkendecke durch Verminderung der Ausstrahlung ist auch im Jahresmittel grösser, als deren abkühlende Wirkung durch Beeinträchtigung der Besonnung. Verf. belegt dies durch mehrere Zahlenbeispiele, welche u. A. darthun, dass die Temperatur in den auf das Sonnenfleckenminimum folgenden Jahren im Jahresmittel nicht wegen, sondern trotz der verringerten Bewölkung höher als gewöhnlich ist. Verfasser zeigt ferner in einer diesem Aufsatze beigefügten Tabelle, aus über 250 Breitenmessungen, dass auf einem Gebiet, welches etwa $^2/_3$ des z. Z. in dieser Hinsicht übersehbaren Theiles der Nordhemisphäre umfasst (Centraleuropa, Oestl. Nordamerika, Europäisches Russland, Indien, Costarica), die Jahrestemperatur regelmässig von 1875 (kaltes Jahr) bis 1878 (warmes Jahr) zunahm und dann zum Jahre 1879 rasch abnahm. K. weist aus dem Gange der Sonnenflecken zwischen 1875 und 1878 nach, dass die Temperaturerniedrigung von 1875 nicht mit der Sonnenfleckenperiode, sondern eher mit der 45jährigen Temperaturperiode zusammenhänge, ebenso dass die Temperaturanomalie von 1879, welche local begrenzt gewesen sei und durch terrestrische Einflüsse (oceanischer Sommer 1878 zwischen zwei continentalen Wintern 1877 bis 1878 und 1878—1879) erklärt werden könne. *Bo.*

A. Supan. Die Temperaturzonen der Erde. Peterm. Mitth. 1879. H. 9; Ref. in Z. S. f. M. XV, 343; Z. S. f. wiss. Geogr. 1880. I, 141-155†.

Verfasser macht in dieser Abhandlung den interessanten Versuch eine neue Eintheilung der Erdoberfläche nach ihren Wärmeverhältnissen einzuführen; er schlägt hierzu statt der üblichen Abgrenzung der Zonen nach Breitengraden eine solche nach Isothermen vor. Er unterscheidet hierbei: 1) die warme

Zone zwischen den Jahresisothermen von 20° C.; 2) die gemässigte Zone zwischen den Jahresisothermen von 20° und 0° und 3) die kalte Zone jenseits der Jahresisothermen von 0° (charakterisirt durch beständiges Bodeneis). Jede dieser Zonen wird wieder in zwei Subzonen vertheilt und ad 1) in die tropische (in welcher auch die Temperatur des kältesten Monats nicht unter 20° sinkt) und ektropische; ad 2) und 3) in die äquatoriale in welcher die Temperatur des kältesten Monats nicht unter 0° sinkt und polare. Zum Zwecke der scharfen Abgrenzung dieser Temperaturzonen hat Verfasser auf Grundlage der bis 1879 vorliegenden Temperaturbestimmungen neue Karten der Isothermen construirt, die er auf einer Karte graphisch dargestellt hat, und welche zur Ermittlung des Flächeninhalts der verschiedenen Temperaturzonen dienen. Aus ihnen ersieht man deutlich, dass in der nördlichen Halbkugel das Areal der warmen Zone das der beiden anderen Zonen überwiegt (53 zu 47); auf der Südhemisphäre ist dagegen dies Verhältniss 45 zu 55. *Bo.*

C. MELDRUM. Sonnenflecken und der Regenfall in Paris. Nature XXI, 166-169†.

Auf Grund der Regenbeobachtungen zu Paris von 1689 bis 1870, die längste Beobachtungsreihe dieser Art, welche 17 Maximum- und 17 Minimumjahre der Sonnenflecke umfassen, hat MELDRUM den Zusammenhang der Sonnenfleckenperiode mit derjenigen der Regenmengen für Paris verglichen und u. A. als Regel gefunden, dass die letztere in einem Maximumjahre der Sonnenflecken grösser war als die einem der Minimumjahre vorangehenden oder folgenden (und zwar in 11 bis 13 Fällen unter 17), so dass wenigstens für Paris eine Periodicität des Regenfalls sehr wahrscheinlich ist. Ist man auch noch aus Mangel an dem die ganze Erde umfassenden Beobachtungsmaterial nicht dahin gelangt eine solche Periodicität des Regenfalls festzustellen, so ist es doch nach MELDRUM bis jetzt für die britischen Inseln, den Continent von Europa, Amerika, Indien, Mauritius, das Kapland und Australien (zusammen 138 Stationen) constatirt (?), dass der Regenfall am grössten ist, wenn die meisten Sonnenflecke sich zeigen und vice versa. *Bo.*

FRED. CHAMBERS. Abnorme Variationen des Luftdrucks in den Tropen und ihre Beziehung zu Sonnenflecken, Regenfall und Hungersnöthen. Nature XXIII, 88-91 und 107-111†.

Nach einem kurzen Ueberblick über die Literatur hinsichtlich dieser Beziehungen und nachdem sich CHAMBERS zu Gunsten eines causalen Zusammenhanges zwischen Sonnenflecken und den irdischen meteorologischen Erscheinungen ausgesprochen hat, giebt er für mehrere in den Tropen gelegene Orte eine die Jahre 1841—1880 umfassende, tabellarische Uebersicht der neunmonatlichen Mittel der Grösse der Areale der Sonnenoberfläche, welche mit Flecken bedeckt ist, zugleich mit den abnormen Werthen des Luftdrucks. Aus einem hieraus gewonnenen Vergleiche der mittleren Epochen der Luftdruckmaxima und -minima mit denen der Sonnenflächenareale zieht CHAMBERS den Schluss, dass die ersteren in der Zeit hinter den letzteren zurückzubleiben, und zwar zwischen 6 Monate und $2^1/_2$ Jahr, oder durchschnittlich 1 Jahr und 8 Monate. Die abnormen Variationen des Luftdrucks folgen also denen der Sonnenfleckenareale erst nach einigen Monaten; sie wandern ferner innerhalb der tropischen Zone langsam um die Erde von West nach Ost. Verfasser betont die Wichtigkeit der tropischen Inselstationen, welche von den localen Einflüssen der Continente befreit sind, für die Erhärtung der von ihm gezogenen Schlüsse. *Bo.*

BALFOUR STEWART. Barometrische Cyclen. Nature XXIII, 237 u. 238.

D. ARCHIBALD. Bemerkungen zu dem Aufsatze von FRED. CHAMBERS. Ib. 399 u. 400.

S. A. HILL. Barometrische und Sonnencyclen. Ib. 409 u. 310.

Die obige Abhandlung von FRED. CHAMBERS bot die Veranlassung zu den hier erwähnten drei Notizen, welche sich sämmtlich für den von CHAMBERS discutirten Zusammenhang zwischen dem Gange des Luftdrucks in den Tropen und der Sonnenthätigkeit aussprechen, aber zur Feststellung desselben wünschen, dass die Thätigkeit selbst direct gemessen werde (STEWART und HILL), theils dass der Unterschied der Jahreszeiten, namentlich für Indien, mehr berücksichtigt wird (ARCHIBALD). *Bo.*

La lune et la nébulosité du ciel. Mondes (2) LI, 650-651; Ausl. 1880, 660.

Aus astronomischen Beobachtungen wird geschlossen, dass in Paris bei der Zunahme des Mondes die Beschaffenheit der Atmosphäre günstiger sei als bei Abnahme. *Sch.*

HOUZEAU. De l'influence de la Lune sur l'Atmosphère. Mém. de l. soc. des sciences de Heinaut (3) I. Titel nach Ausl. 1880, 660.

JAMES CROLL. Die Temperatur des Weltraums und ihre Bedeutung für die Physik der Erde. Nature XXI, 521 u. 522†.

Die Experimente von TYNDALL haben gezeigt, dass die absorbirende Kraft der Atmosphäre für die Wärmestrahlen fast ausschliesslich von den kleinen Mengen von Wasserdampf herrührt, welchen sie enthält. Ferner haben die Experimente von BALFOUR STEWART (Trans. Edinb. R. Soc., XXII) über die Radiation von Glasplatten von verschiedenen Dicken gezeigt, dass die Strahlung eines materiellen Theilchens wahrscheinlich proportional ist der absoluten Temperatur, d. h. dass sie dem NEWTON'schen Gesetze gehorcht. STEWART fand, dass die Strahlung einer dicken Platte mit wachsender Temperatur stärker zunimmt als die einer dünnen; wird das Partikelchen unendlich dünn, so würde seine Strahlung in der That proportional der absoluten Temperatur sein. Hieraus folgt, dass eine Reduction in dem Betrage der von der Sonne empfangenen Wärme, welche von einer zunehmenden Entfernung von der Sonne herrühren kann, für die extrem dünnen Luftpartikelchen eine grössere Erniedrigung der Temperatur hervorbringen kann, als für den festen Erdboden. Nimmt man nun für den Weltraum eine Temperatur von unter -239^0 F. an, und ferner, dass die Temperatur der Erde an der Oberfläche durch die der Luft bedingt ist, so würde hieraus folgen, dass man keinen grossen Fehler begeht, wenn man annimmt, dass die Abnahme der Temperatur proportional derjenigen der Intensität der Sonnenwärme sei. Die Erniedrigung der Wintertemperaturen der Erde durch die wachsende Entfernung von der Sonne hat die Tendenz, den Betrag an Wasserdampf der Luft zu vermindern und dies hat wiederum die Folge, dass die Temperatur der Erde noch niedriger wird, indem sie der Luft gestattet, ihre Wärme freier in den Weltenraum auszustrahlen. *Bo.*

TEISSERENC DE BORT. Zusammenhang zwischen Temperatur und Luftdruck. Nature XXI, 285†.

Verfasser hat Karten angefertigt für gleichzeitige anormale Verhältnisse der Temperatur und des Druckes der Atmosphäre. Er fand dabei, dass wenn irgend eine Gegend einen Ueberschuss der Temperatur aufweist, sei es absolut oder relativ, an einigen Orten in derselben Breite ein barometrisches Minimum sich zu bilden strebt, so dass eine Coincidenz zwischen einem Minimum des Luftdrucks und einem Maximum der Temperatur thatsächlich stattfindet. *Bo.*

W. SCHLEMÜLLER. Der Zusammenhang zwischen Höhenunterschied, Temperatur und Druck in einer ruhenden nicht bestrahlten Atmosphäre und der Höhe der Atmosphäre. Prag 1880. Ref. von L. HAJUIS in Nature XXI, 176 u. 177.

Der Zweck dieser Abhandlung ist, eine Formel aufzustellen, nach welcher man die Temperatur in irgend einer Höhe über der Oberfläche der Erde berechnen und ebenso die Höhe der Atmosphäre bestimmen kann. Die Entwicklung dieser Formel gehört mehr in das Gebiet der Molecularphysik, als in das der Meteorologie und möge hier nur noch angeführt werden, dass eine Abnahme der Temperatur um 1° C. bei 175,611 m stattfindet, ferner dass die Höhe der Atmosphäre für reinen Sauerstoff 43360 m oder 27 engl. Meilen ist, für reinen Stickstoff 49360 m oder 31 engl. Meilen und für Wasserdampf 76980 m oder 48 engl. Meilen wäre. Alle diese Angaben stimmen mit den bisherigen Angaben gut überein. *Bo.*

R. ANGUS SMYTH. Messung des Aktinismus der Sonnenstrahlen und des Tageslichtes. Proc. of the R. Soc. 29./4. 1880; Nature XXII, 70 u. 71†; Chem. News XLI, 211-213.

Verfasser theilt hier ein Verfahren mit, welches bei grosser Einfachheit zuverlässsige Resultate für die Messung der von Rauch und Nebel absorbirten Lichtmengen zu liefern vermag. Die fundamentale Thatsache ist folgende: Behandelt man gelöstes Jodkalium mit Salpetersäure, in so kleinen Mengen, dass bei diffusem Licht keine Aenderung in der Färbung wahrnehmbar ist, so tritt eine solche sofort ein, sobald die Lösung in helles Licht gebracht wird; Jod wird frei und die Lösung selbst wird gelb. *Bo.*

W. ELLIS. On the Greenwich sunshine records 1876|80. Meteor. soc. 17./3., 21./4. 1880.

WHIPPLE. Dauer des Sonnenscheins zu Greenwich und Kew. Z. S. f. Met. XV. 1880, 101; Quart. J. IV. No. 28.

A. CORNU. Absorption der ultravioletten Strahlen durch die Atmosphäre. POGG. Beibl. 1880, 40-41; C. R. LXXXVIII, 1285. LXXXIX, 808; Naturf. 1880, 21-22. cf. a. a. O. dieser Ber.

Elliot. Witterung in Indien in den Jahren 1877|78. Z. S. f. Met. XV. 1880, 187-188; Rep. on Meteorology of India 1877, Calcutta 1879.

— — Report on the meteorology of India in 1877. III. Calcutta 1879. 1-550. fol. Z. S. f. Met. XV, 246-247.

Anführung der Schlussfolgerungen: Zur Zeit der Minimumperioden der Sonnenflecken besteht eine Tendenz zu einem andauernden excessiven Luftdruck über Indien und einer ungewöhnlichen Entwicklung der Winterregen und abnorm reichlichen Schneefall im Himalaya, wahrscheinlich reichlicher im westlichen als im östlichen Himalaya. In Folge hiervon tritt schwacher SW-Monsun auf mit grösserer Unregelmässigkeit in der Vertheilung des Regenfalls — Eintreten sehr starken localen Regenfalls, langwährendes Ausbleiben des Regens über beträchtlichen Gebieten. Diese Gebiete der Trockenheit und Hungersnoth hängen bis zu einem gewissen Grade von der geographischen Eigenthümlichkeit und der Lage ab, hauptsächlich aber von den oben erwähnten atmosphärischen grossen Luftströmungen. *Sch.*

Ueber den Kohlensäuregehalt der Schulluft. Dingl. J. CCXXXVII, 167†.

Nichols fand 9,4—23,9 Th. Kohlensäure in 10000 Th. (Boston) 7,3—37,5 (Michigan), 9,7—35,7 (New-York).

Schottky 20—30 (Breslau) in ungünstigen Fällen 51,5.

Lupton 9,1—32,4 in Nashville Tenessee. (Z. S. f. Biol. 1879, 549; Chem. News. 1879. XL, 180.) *Sch.*

Der Kohlensäuregehalt der Atmosphäre. Chem. Ztg. IV, 485-486.

E. L. Moss. Notes on arctic air. Proc. Dubl. Soc. II, 1. Oct. 1878, 34-42; Naturf. 1881, 135; Z. S. f. Met. 1880, 492†.

Der Verfasser findet, dass die Polarluft zwar organische Zellen enthält, aber anscheinend aktiv fäulnisserregende Infektion nicht verursacht. Kohlensäuregehalt 0,0553 (also bedeutend mehr als in niedrigen Breiten. Bei —48° C. und 755,6 mm enthielt 118,2 l Luft nur 0,053 g Wasser, also 1 cbm 0,45 g = 49 pCt. rel. Feuchtigkeit. *Sch.*

EM. SCHÖNE. Zur Frage über das Vorkommen von Ozon und Wasserstoffsuperoxyd in der atmosphärischen Luft. Festschrift zur Feier des Jahresaktus der land- und forstwirthschaftlichen Akademie in Petrowskoje Rasumowskoje bei Moskau, November 1877.

— — Ueber die Beweise, welche man für die Anwesenheit des Ozons in der atmosphärischen Luft angeführt hat. Ber. d. chem. Ges. 1880, 1503-1508; DINGL. J. CCXXXVIII, 182.

— — Ueber Beobachtungen in der atmosphärischen Luft mit Thalliumpapier. Ber. d. chem. Ges. 1880, 1508, 1574.

Der Verfasser legt dar, dass vollständig unanfechtbare Beweise für die Anwesenheit des Ozons in der Luft noch nicht erbracht seien, indem er die von SCHÖNBEIN, HOUZEAU, ANDREWS und FOX gegebene Reaktion näher bespricht, glaubt aber, dass durch ihn die Gegenwart von Wasserstoffsuperoxyd erwiesen ist. In der zweiten Arbeit findet sich eine Prüfung der Jodkaliumpapiere, die falsche Resultate geben und durch die Hygroskopicität sehr beeinflusst werden. Die Thalliumoxydulhydratpapiere geben bessere Resultate, doch beweisen auch diese nicht die Annahme von Ozon neben Wasserstoffsuperoxyd. Eine Tabelle giebt Beobachtungen für das Jahr 1879 mit Thalliumpapieren, deren Färbung in Abstufungen gebracht wird, verglichen mit Beobachtungen mit dem SCHÖNBEIN'schen Ozonometer. Die wichtigsten meteorologischen Elemente sind gleichfalls angeführt und zeigt sich, dass auch auf die Intensität der Färbung hauptsächlich Einfluss haben: 1. Tageszeit (die Papiere werden am Tage stärker gefärbt und zwar ist der Unterschied um so grösser, je länger die Tage). 2. Die Windrichtung (bei südlichen Winden stärkere Färbung). 3. Bewölkung und Niederschlag (je stärker dieselben, desto geringer die Färbung). Auch die Windstärke hat Einfluss, da von ihr die in demselben Zeitraum dem oxydirenden Agens zugeführte Luftmenge abhängt. Genaue Angabe über die Bereitung des Thalliumpapiers vgl. Original p. 1511 ff. *Sch.*

E. W. Morley. A possible cause of variation of the proportion of oxygen in the air. Chem. News XL, 184 bis 186. 199-201†; J. chem. soc. Febr. 1880. Bd. XXXVII. Abstr. p. 90.

Der Verfasser ist der Meinung, dass die kalten absteigenden Luftströme, die die Temperaturerniedrigung herbeiführen, auch verringerten Sauerstoffgehalt bedingen, so dass beide in bestimmtem Verhältnisse stehen würden. Untersuchung mit Luftproben, bei starken Depressionen gesammelt, haben indess noch kein dem entsprechendes Resultat gegeben. Auch die Annahme Jolly's, dass der Sauerstoffgehalt am Aequator geringer sei als an den Polen, hat sich nicht bestätigt. *Sch.*

Macagno. Analysen der Luft. Chem. N. 1879. No. 41; Chem. Centralbl. 1880. No. 15. p. 225-226; C. R. XC, 230; Ref. in Klein's Fortschr. d. Met. 1880, 6; Chem. News XLI, 97.

Auf dem Observatorium zu Palermo 72 m über dem Meeresspiegel hat Macagno im Jahre 1879 eine grosse Anzahl Luftanalysen ausgeführt. Er fand in 100 l Luft bei 0° C. und 760 mm Luftdruck:

Sauerstoff	Kohlensäure	Ammoniak	organ. Substanz	Mittl. Temp.	Regen in mm
Mittel für Februar und Mai mit Regen.					
20,717 l	0,033 l	0,008 gr	0,102 gr	14,2	173,18
Mittel für Juni und August ohne Regen.					
20,920 l	0,039 l	0,009 gr	0,160 gr	23,4	0,00

Diese Angaben zeigen, dass sowohl die Kohlensäure als auch die organischen Verunreinigungen mit der Temperatur zunehmen, und dass der Regen die Atmosphäre förmlich auswäscht; er beseitigt die schädlichen Gase, welche in der Atmosphäre über

Land und Stadt angehäuft sind; er bringt aus den höheren Regionen der Atmosphäre eine gesundere Luft herab. Ferner hat sich herausgestellt, dass bei Sirokkowind der Sauerstoffgehalt aussergewöhnlich gering zu sein pflegt. Cf. Winde. *Bo.*

MARIÉ-DAVY. Kohlensäure der Luft und die grossen Strömungen der Atmosphäre. C. R. XC, 32†; Naturf. 1880, 69-70.

Verfasser discutirt die Analysen der Luft, welche ALB. LEVY und dessen Assistent ALLAIRE seit 4 Jahren (1876—1879) an jedem Tage Mittags in dem Park von Montsouris angestellt haben. Diese Analysen ergeben 1) dass die Menge der in 100000 Volumina Luft enthaltenen Volumina der Kohlensäure zwischen 22 und 36 schwankt; 2) dass durchschnittlich die nördlichen Winde, welche aus Paris über den Park von Montsouris wehen, weniger Kohlensäure enthalten, als die Südwinde, die vom Innern des Landes her wehen. Da die Nordwinde für Frankreich solche Winde sind, die aus den oberen Schichten der Atmosphäre nach der Oberfläche Frankreichs herabsinken, während die Winde des Südens die Oberfläche streifen, so ist es nach DAVY wahrscheinlich, dass die Kohlensäure in grösseren Mengen in der Luft unter der Wolkenschicht als in der Luft über derselben enthalten ist. *Bo.*

REISET. Kohlensäuregehalt der atmosphärischen Luft. Naturf. 1880, 265.

— — Recherches sur la proportion de l'acide carbonique dans l'air. Chem. C. Bl. 1880, 447; C. R. XC, 1144 bis 1148; J. chem. soc. 1880. Sept. Abstr. 605; Mondes (2) LII, 32-33, 210; Ber. d. chem. Ges. 1880, 1366.

— — Proportion de CO_2. Réponse à M. DAVY. C. R. XC, 1457; Chem. C. Bl. 1880, 417; J. chem. soc. 1881, 19; Naturf. 1880, 265.

REISET will nach Messungen von Juni bis November 1879 in der Nähe von Dieppe gefunden haben, dass der Gehalt von

Kohlensäure in der Luft ein constanter ist, nämlich 29,78 Theile in 100000 Theilen Luft. — Davy betont in seiner Entgegnung (cf. unten) hierauf mit Recht, dass man aus zwei vereinzelten Messungen noch keine allgemeinen Schlüsse ziehen könne.

Bo.

Marié-Davy. Proportion d'acide carbonique dans l'air. Mondes (3) LII, 91; Chem. C. Bl. 1880, 417 (gegen Reiset); C. R. XC, 1287.

Th. Schlösing. Ueber die Constanz des Kohlensäuregehaltes der Luft. Chem. Ztg. 1880, 459; C. R. XC, 1410 bis 1413; J. chem. soc. 1881. Abstr. 19; Ber. d. chem. Ges. 1880, 1762; Chem. C. Bl. 1880, 529-530.

Bespricht namentlich den Einfluss des Meeres auf den Kohlensäuregehalt. *Sch.*

G. F. Armstrong. Tägliche Schwankung der Kohlensäure in der Luft. Proc. of the R. Soc. XXX, 343-355; Naturf. 1880, 282; Nature XXII, 47.

Verfasser fand im Mittel aus 53 Messungen zu Grasmene in Westmoreland 29,603 Theile Kohlensäure in 100000 Vol. Theilen Luft am Tage und 33 solcher Theile in der Nacht, der Ueberschuss der Nacht gegen den Tag betrug also 3,4 Vol. in 100000 Theilen Luft (die Messungen bei Tage stimmen also mit den Ergebnissen von Reiset, s. o., überein). Verfasser will diese tägliche Schwankung der CO^2 durch den Einfluss der Pflanzen erklären, welche am Tage (im Lichte) CO^2 absorbiren und ausscheiden, in der Nacht aber nur ausscheiden; eine Zunahme von CO^2 in der Nacht sei also natürlich. *Bo.*

A. Lévy. Ammoniaque de l'air et des eaux. C. R. XCI, 94-97†; Mondes (2) LII, 327; Naturf. 1880, 339.

Der Verfasser hat schon früher Methoden angegeben, um den Ammoniakgehalt in der Luft und im Wasser zu bestimmen (C.

R. LXXXIV, 273 und 1335) und auch einige Resultate mitgetheilt. Er hat nun seit längerer Zeit die Luft und das Wasser in Paris ebenso wie verschiedene andere Gewässer auf Ammoniak untersucht. Die ausführlichen Tabellen für 1879 finden sich im Annuaire de l'Observatoire de Montsouris und im Bulletin statistique de la ville de Paris. Die Untersuchung des Meteorwassers zu Paris, von verschiedenen Stellen entnommen, gab sehr verschiedene Resultate, doch zeigen die berechneten Mittel, dass die geringste Menge Ammoniak im Juli, die grösste sich im December findet (1,32 mgr im Liter, gegen 0,93); auch das Trinkwasser verhält sich ähnlich, doch ist der Gehalt hier überhaupt geringer (Maximum 0,27 mgr im Liter, December). Es enthalten im Liter: Vanne 0,21 mgr, Dhuis 0,24 mgr, Marne 0,24 mgr, Ourcq 0,22 mgr, Seine 0,22 mgr, das Kanalwasser aber 20 mgr. Regenmenge und Ammoniakgehalt sind in der folgenden kleinen Tabelle zusammengestellt.

Jahr (Sept. bis August, landwirthschaftliches Jahr)	Regenhöhe (an den Analysentagen)	Mittel im Liter	Ammoniak auf den Quadratmeter
1875—1876	541,5 mm	1,98 mgr	1074,78 mgr
1876—1877	601,7 mm	1,54 mgr	929,65 mgr
1877—1878	600,1 mm	1,91 mgr	1149,40 mgr
1878—1879	655,3 mm	1,2 mgr	787,32 mgr

Für die Luft sind die durchschnittlichen Mittel: 1876—1877 3 mgr, 1877—1878 2,3 mgr, 1878—79 1,9 mgr in 100 cm Luft.

Was die Vertheilung anbetrifft, so ist die Luft im Sommer reicher an Ammoniak als im Winter und war der Gehalt an den einzelnen Stationen ganz verschieden. *Sch.*

Litteratur.

Eigenschaften der Luft, Constitution der Atmosphäre, Bestandtheile.

Flohr und Mifler. Untersuchung der atmosphärischen Luft. Chem. C. Bl. 1880, 615.

E. Yung. Sur les poussières organisées dans l'atmosphère. Arch. sc. phys. (3) IV, 416-418. 573-592.

HASSELBARTH and FITTBOGEN. Observations on local fluctuations of the proportion of carbonic acid in the atmosphere. BIEDERM. C. Bl. 1880. 3./3.; Chem. News XLII, 83.

Der Gehalt nahm mit Südwestwind ab, mit Nordostwind zu (Rostock); in Dahme war der Gehalt bei westlichem Winde am grössten. Sonnenschein und Schatten hatten keinen Einfluss. Regen und Thau brachten eine Verminderung, Nebel bald Verminderung bald Vermehrung.

MARIÉ DAVY et A. LÉVY. Des variations du temps et des changements de proportion de l'acide carbonique de l'air. C. R. XCI, 39. Titel.

C. M. v. BAUERNFEIND. Die physikalische Constitution der Atmosphäre nach der Theorie des k. k. Hauptmanns W. SCHLEMÜLLER in Prag. Münch. Ber. 1880.

KAPUSSTIN. Estimation of carbonic acid in the air. J. chem. soc. 1880. Juni 420 Ref.; Ber. d. chem. Ges. XII, 2376; Bull. soc. chim. XXXIV, 219-220. analytisch.

E. LECHER. Ueber die Absorption der Sonnenstrahlung durch die Kohlensäure unserer Atmosphäre. Wien. Anz. 1880, 217-218. Cf. IV, 24.

J. TYNDALL. Ueber BUFF's Versuche über die Diathermansie der Luft. Beibl. 1880, 369; Proc. R. Soc. XXX, 10 bis 20.

— — On BUFF's experiments on the diathermancy of air. Proc. R. soc. XXX. No. 200, p. 10-20. Nach BUFF adiatherman zu IV, 24 B.

E. WOLLNY. Ueber den Kohlensäuregehalt der Bodenluft. Chem. C. Bl. 1880, 694; Landw. Versuchs Stat. XXV, 373 bis 391.

W. FOSTER. Verunreinigung der Luft durch arsenige Dämpfe. Chem. News XLI, 3-4; Chem. C. Bl. 1880, 152.

COHN. Ueber die in der Luft suspendirten Bakterien. Naturf. 1880, 172-174; Beitr. zur Biol. d. Pflanzen III. H. 1, p. 119.

Allgemeines und Theoretisches.

E. Loomis. Contributions to Meteorology. Twelfth Paper. With three plates. Sillim. J. (3) XIX. 1880; Z. S. f. Met. 1880, 379-381.

Handelt von Luftdruck-Verhältnissen (Vertheilung des Luftdrucks im Januar und Juli — Vergleich der Barometerminima in Europa und Asien — Barometerminima, die mit ungewöhnlicher Geschwindigkeit sich fortbewegen) cf. an andern Orten.

W. Schlemüller. Die mittlere Jahrestemperatur eines Parallelkreises als Funktion der geographischen Breite — Correktion wegen der Temperaturabnahme mit wachsenden Breiten, anzuwenden beim barometrischen Höhenmessen. IV. phys. Abh. Piaz bei Dominicus 1881, 1-32.

v. Bauernfeind. Die Beziehungen zwischen Temperatur, Druck und Dichtigkeit in verschiedenen Höhen der Atmosphäre. Münchn. Ber. 1880. H. II. p. 107-122.

H. Kopp. Einiges über Witterungsangaben. 1-141. Braunschweig. Z. S. f. Met. XV. 1880, 472.

Czerny. Die Veränderlichkeit des Klimas und ihre Ursachen. Wien 1881 bei Hartleben. Peterm. Mitth. 1880, 474. (unwichtig.)

A. Ritter. Untersuchungen über die Höhe der Atmosphäre und die Constitution gasförmiger Weltkörper. Ann. d. Phys. (2) XI, 978-997. zu IV, 29 u. cf. oben.

Ragona. Sur la calculation des phénomènes périodiques. Rep. Brit. Ass. L. 1880; Swansea 466-467.

Peppercorne. Influence of forests on Climate and rainfall. — Edwin On the principle of New Zealand weather forecast. Trans. of New Z. Inst. 1879. XII. ersch. 1880.

Cl. Abbe. Remarks on a table of balloon voyages (mit einigen meteorologischen Beobachtungen). Bull. Philos. Soc. Washingt. I. 1874, 38.

Sohncke. Schilderung des Witterungsverlaufes in den

einzelnen Monaten des Jahres 1879. XI. Jahresber. d. meteor. C. A. in Karlsruhe. 1-12.

St. Hunt. Chemical and geological relations of the Atmosphere. Sillim. J. (3) XIX, 349-363.

Handelt über die Beschaffenheit der Atmosphäre in früheren geologischen Epochen.

Contributions to our Knowledge of the meteorology of the arctic regions. I. II. (Published by the authority of the Met. Council.) London 1879. Ann. d. Hydrogr. 1880, 393. 881 u. a. a. O.; Z. S. f. Met. XV, 244-246.

Houzeau. Résumé de quelques observations astronomiques et météorologiques faites dans la zone surtempérée et entre les tropiques. Mondes (2) LI, 831-838.

Circulation de l'air dans le tunnel du Saint-Gothard. Mondes (2) LII, 846-847.

Forster. Annales de l'observatoire tellurique de Berne en 1878 avec addition d'observations forestières. Arch. scienc. phys. (3) III, 372-381.

Ritter. Recherches sur la hauteur de l'atmosphère. d'Almeida J. IX, 205; Ref. Ann. d. Phys. 1878. V. cf. VI, 41 A.

A. Cornu. Sur la loi de répartition suivant l'altitude de la substance absorbant dans l'atmosphère des radiations solaires ultraviolettes. Mondes (2) LI, 798; C. R. XC, 940-946. cf. IV, 24.

v. Pettenkofer. Theorie des natürlichen Luftwechsels von G. Recknagel. Münchn. Ber. 1880. H. 1. p. 33-88.

van der Stok. Over het bepalen eener periodische functie nit meteorologische gegevens. Tijdschrift voor Nederl. Indic. XXXVIII. Batavia 1879.

R. Abercromby. Ueber die Anwendung der harmonischen Analysis auf die Reduktion meteorologischer Beobachtungen und über die allgemeinen Methoden der Meteorologie. Quart. J. of the Met. Soc. IV. 1878. No. 27.

JENKINS. On the connexion between meteorological phenomena and the time of the arrival of the earth at perihelion. Atti d. Lincei IV. 1880. Trans. p. 172-174.

The Meteorology in South Australia. Nature XXII, 120 (L).

H. WETTSTEIN. Einfluss der regelmässigen Winde auf Witterung und Klima. Ausland 1880, 213-217.

Besprechung im Anschluss an das Buch von H. WETTSTEIN: Die Strömungen des Festen, Flüssigen und Gasförmigen und ihre Bedeutung für Geologie, Astronomie, Klimatologie und Meteorologie. Zürich bei Würster 1880. Besprechung in den Verh. d. Ges. f. Erdkunde 1880, 59-63.

H. MOHN. Grundzüge der Meteorologie. 2. Auflage. Bespr. Z. S. f. Met. XV. 1880, 146-149 v. A. WOEIKOFF. Verh. d. Ges. f. Erdkunde 1879, 226-230. (Sehr empfehlenswerthes Buch.)

BAUDENS. Essai de météorologie. Nancy. Berger, Levrault u. Co.

ARATUS. The skies and weather transl. by Poste. London. Macmillan 1880. 3,5 Sh.

Résumé des travaux de M. MONTIGNY. Mondes (2) LI, 536 bis 539.

H. WILD. Annalen des physik. Central-Observ. 1878. Theil II. Meteorol. Beob. d. Stationen 2. u. 3. Ordnung nach dem internationalen Schema. 1—528. Theil I. Meteorol. u. magnet. Beob. d. Stat. 1. Ordnung. 1—217. cf. VI, 42 J.

Eingänge von meteorologischen Journalen bei der deutschen Seewarte August 1879 (8 Schiffe). Ann. d. Hydrogr. VIII. 1881, 36-44. — vom 21. Sept. 1879 (9 Schiffe) ib. 44-54. — v. 19. Oktober 1879 ib. 84-103. — 10 Schiffe November 1879 ib. 146-156. — 7 Schiffe December 1879 ib. 201-207. — 11 Schiffe März 1880 ib. 357-373. — April 1880 ib. 414-436. — 17. Mai 1880 ib. 467-483. — Aug. 1880 ib. 631-654. — Sept. 1880 ib. IX. 1881. p. 29. — Februar 1880 ib. VIII, 311-327. — 17. Juni ib. 510-535. — Juli ib. 567. Cf. VI, 42 J.

MAWLEY. The weather 1879. 8°. 1 Sh. b. Buncose London.

Schreiber. Witterung von Europa und seiner Umgebung. Halle. Schwetschke. 2 M.

J. Hann. Einführung in die Meteorologie der Alpen. Lindauer 1879. Anl. zu wissensch. Beob. auf Alpenreisen.

Meteorological charts in the northern hemisphere. Nature XXI, 500. No. 544.

A. Angot. La météorologie télégraphique. La lumière Electrique 1880. II. No. 11.

La météorologie électrique. L'Electricité 1880. No. 1. 9.

International meteorology. Nature XXII, 307.

Köppen. Toynbee's Meteorologie des Nordatlantischen Oceans im August 1873. Ann. d. Hydrogr. VIII, 403.

H. Plining. Einige Punkte aus der neuen Meteorologie. Minster Gymn. Progr. 1877.

Beziehung meteorologischer Verhältnisse zur organischen Natur.

F. N. Macnawara. Climate and medical topography in their relation to the disease-distribution of the Himalayan and sub-Himalayan districts of British India. Longmans 1880.

G. Forbes. Beobachtungen betreffend die Temperaturen, denen der menschliche Körper ausgesetzt ist. J. Scott Met. Soc. V. No. 51-59.

A. Mitchell and A. Buchan. Die grosse Pest in London 1665 und ihre Beziehung zur Witterung. J. Scott Met. Soc. V, 57.

A. Young. Beziehung des strengen Winters und Frühlings 1878—1879 zu den schlechten Ergebnissen der Lachsfischerei. J. Scott Met. Soc. V. No. 54-59.

H. C. Lombard. Traité de climatologie médicale. 1877 bis 1880. 4 vol. Paris.

H. C. Lombard. Climatologie médicale. Atlas de la distribution géographique des maladies dans leurs rapports avec les climats. Paris. Baillière 1880.

Cl. Abbe. Application of meteorology to the grasshopper pest. Nation. Ac. of sc. Washingt. 1880 April.

J. Bonwick. Climate and health in South Africa. 8°. 1 bis 125. London. Silver 1880. 1 sh.

A. Pamard. La mortalité dans ses rapports avec les phénomènes météorologiques dans l'arrondissance d'Avignon 1873|77. Paris bei Baillière 1880. 8°.

P. Smyth. Meteorology Reports. Nature XXI, 407.

Appendix to the last Quarterly Return of the Births, Deaths and Marriages for Scotland. (Ueber die Temperatur d. December 1879.)

A. Mitchell. Influence of the recent fog on the health of London. Scottish Met. Soc. Ann. Meet. T. n. Nat. XXI, 452.

J. Cordeaux. Ueber einige Eigenthümlichkeiten in der Wanderung der Vögel im Herbst und Winter 1877|78. Qu. J. of the Meteor. Soc. IV, 1878. No. 27.

Wiesner. Die heliotropischen Erscheinungen im Pflanzenreiche. Wien. Denkschr. XXXIX, 143.

Buchan. Dritter Bericht über die Beziehungen der Häringsfischerei zur Meteorologie. J. Scott Met. Soc. V. No. 57. 59.

— — Einfluss der Witterung auf die Sterblichkeit an verschiedenen Krankheiten und in verschiedenen Lebensaltern. II. New-York und London. J. Scott Met. Soc. V. No. 55-56.

Agrarmeteorologie.

Fautrat. Einfluss der Wälder auf den Regenfall und Anziehung des Wasserdampfes durch die Fichte. Biederm. C. Bl. IV. 1880. April; Chem. News XLII, 95. Cf. VI, 42 G.

J. W. Moll. Quelques observations concernant l'influence de la gelée sur les plantes toujours vertes. Arch. néerl. XV. 1880, 345-359. Physiol.

Gurnaud. La lumière, le couvert et l'humus étudiés dans leur influence sur la végétation des arbres en forêt. Mondes (2) LI, 279; C. R. 26./1. 1880; J. chem. soc. 1880. Aug. p. 506-507.

Schoher. La temperatura bassa e le viti. Rivista di viticoltura. IV. H. 2-4. Conegliano 1880.

E. Wollny. Einfluss der Pflanzendecke und Beschattung auf die physikalischen Eigenschaften in der Fruchtbarkeit des Bodens. Berlin 1877. Z. S. f. Met. XV, 39-40.

A. Mathieu. Météorologie comparée agricole et forestière. Paris 1878. Z. S. f. Met. XV, 69-70.

Balland. De l'influence des climats sur la maturation des blés. C. R. XC, 139-141.

A. Borius et J. Blanchard. De l'influence de l'hiver et de l'été de 1879 sur la végétation des plantes exotiques, dont l'acclimatisation est tentée au Jardin de l'Ec. med. de Brest 1880. Arch. d. medicine naval.

H. Mangon. Des conditions climatologiques des années 1869 à 1879 en Normandie et de leur influence sur la maturation des récoltes. C. R. LXXXIX. 1879. 10. u. 17. Nov.; Z. S. f. Met. XV, 243-244.

E. Wollny. Einfluss der Pflanzendecke und Beschattung auf den Kohlensäuregehalt der Bodenluft. J. chem. soc. 1880. Nov. Abstr. 823; Naturf. 1880, 196; Forsch. d. Agriculturph. III, 1.

Matthieu. Comparative meteorological observations in fields and forests. Biederm. C. Bl. 1880, 3./3.; Chem. News XLII, 83.

Porro. On some recent studies in agrarian meteorology. La Natura IX. No. 3 u. 4.

Meteorology and Free Growth. Engineering XXX, 98.

Cantoni. Meteorologische Beobachtungen zu Zwecken

der Agrar-Meteorologie. Meteor. Ital. Mem. e Not. 1878. Heft 1-5.

Cantoni. Ueber Agrarmeteorologie. Meteor. Ital. Mem. e Not. 1878. H. 1-5.

— — Meteorologia agraria. I guasti parati all' agricoltura dall' inverno 1879—1880. Milano 1880. br. u. 8°.

Porro. Di alcuni recenti studi sulla meteorologia agraria. La Natura IV. H. 3 u. 4. 1880.

Phänologisches.

J. Ziegler. Ueber phänologische Beobachtungen und thermische Vegetationsconstanten. Frankf. a. M. 1879. Bespr. Naturf. 1880, 47.

Buchan. Blüthezeiten. Z. S. f. Met. 1880, 419; J. Scott. Met. Soc. V. No. 49-59.

Meteorologisch-phänologische Beobachtungen aus der Fuldaer Gegend. Ber. d. naturf. Ges. Fulda 1879.

J. Ziegler. Ueber thermische Vegetationsconstanten. Ber. d. Senckenberg'schen naturf. Ges. 1878/79; Z. S. f. Met. 1880. XV, 200.

Preston. Report on the phenological observations made in the year 1880. Athen. 1880. (2) 870; Meteor. Soc. 1./12. 1880.

B. Apparate und Wettertelegraphie.

L. Löwenherz. Bericht über die wissenschaftlichen Instrumente auf der Berliner Gewerbeausstellung 1879. Berlin. Springer 1880.

Die meteorologischen Apparate. Berichterstatter L. Löwenherz u. A. Sprung. 211-249†.

Unter den besprochenen meteorologischen Instrumenten sind hauptsächlich neue Construktionen von Thermometern und Barometern hervorzuheben.

Bei dem Fuess'schen patentirten Einschluss-Thermometer ist eine unverrückbare Lage der Milchglasskala dadurch gesichert, dass dieselbe mit ihrem unteren Ende in einen Glasbecher gelagert ist, welcher direct an die Umschlussröhre des Thermometers angeschmolzen ist, während gegen das obere Skalenende eine Metallfeder drückt, die sich zwischen der Skala und einem zweiten mit dem oberen Ende des Rohrs verbundenen Glasbecher befindet. Durch Schlingen von Platindraht, welche durch feine Löcher in der Milchglasskala hindurchgehen, ist die Capillare lose an der Skala befestigt. Eine etwaige Verschiebung zwischen der Capillare und der Skala ist durch zwei am oberen und unteren Ende der Capillare aufgeätzte Striche genau messbar.

Bei einem Thermometer von J. C. Greiner ist die Skala zunächst beiderseitig durch Schrauben mit gebogenen Messinglamellen verbunden; letztere sind durch Hausenblase an die Umschlussröhre gekittet. Die vordere Lamelle sichert zugleich die Lage der Capillare. Gegenüber der Fuess'schen Construktion besteht hier der Nachtheil, dass die Ausdehnung der Skala und des Umschlussrohrs nicht unabhängig von einander erfolgen können, und dass die Sicherheit der Befestigung durch die Haltbarkeit des Leimes bedingt ist.

Bei einem von M. Thiesen angegebenen, ebenfalls von Fuess construirten Stab-Thermometer ist das starke Capillarrohr mit zwei planparallel angeschliffenen Flächen versehen, deren vordere die aufgeätzte Theilung trägt, während die hintere versilbert ist. Ein in der Glasmasse befindlicher Milchglasstreifen hebt die Quecksilberkuppe gegen die spiegelnde Fläche genügend ab. Bei Coincidenz der direct gesehenen und gespiegelten Striche wird die Parallaxe bei der Ablesung mit grosser Sicherheit vermieden.

Von Barometern wird das in Deutschland gebräuchliche Barometer nach J. G. Greiner jun. eingehend beschrieben und abgebildet. Von neueren Modellen des Heberbarometers, bei denen das von Kupffer im Jahre 1839 eingeführte Princip des Anhebens der Quecksilbermasse in beiden Schenkeln durchgeführt ist, werden die Barometer von Koeppen und von Fuess abgebildet und beschrieben, von denen das letztere besonders beachtenswerth ist. Das Barometer, bei welchem die beiden Quecksilberniveaux in einer Vertikalen übereinanderliegen und mittels

Schraube und Lederbeutel anhebbar sind, wird von einem vernickelten Messingrohr umschlossen, welches gleichzeitig die Theilung trägt. Auf der Röhre verschiebt sich ein mit Nonius und feiner Verstellung versehener Ring, dessen vorderer und hinterer Rand zur Einstellung der Kuppen dient. Für gewöhnlich dient dieser Ring nur zur Einstellung der oberen Kuppe, doch kann mit demselben auch die untere Kuppe eingestellt und dadurch der Indexfehler eliminirt werden. Für gewöhnliche Zwecke wird die untere Kuppe an einem festzustellenden Index eingestellt, dessen Lage durch den vorstehend beschriebenen Ring controlirt werden kann. Das Barometer gestattet demnach eine selbständige Bestimmung aller Fehler. Ein besonderer Vorzug desselben besteht noch in der eigenthümlichen Glasconstruktion, welche eine leichte Füllung, aber auch eine ziemlich gefahrlose Versendung des gefüllten Barometers gestattet.

Ein drittes von Fuess construirtes Barometer besteht aus drei Schenkeln, von denen die beiden eigentlichen Barometerschenkel vertikal übereinander liegen, während der dritte mit den beiden anderen communicirende Schenkel, in welchen ein Thermometer beliebig tief eingesenkt werden kann, dazu dient, das Quecksilber in den Barometerschenkeln ansteigen zu lassen. Die Theilung befindet sich auf der Barometerröhre selbst, die Einstellung und Ablesung erfolgt mittels röhrenförmiger Glasnonien, welche auf dem Barometerrohr verschiebbar sind, und deren innere Flächen die Theilung tragen. Derartige Barometer werden auch ohne den dritten Schenkel für chemische Laboratorien angefertigt.

Von Registrirapparaten ist der Waagebarograph nach Moreland und der für 1881 referirte Waagebarograph nach Sprung beschrieben. Ferner wird eine Beschreibung des Anemographen nach Beckley gegeben, welcher mit Hilfe eines Robinson'schen Schalenkreuzes und von zwei verschieden orientirten Woltmann'schen Flügeln Richtung und Stärke des Windes durch das Uhrwerk registrirt.

Ein von Fuess construirter Anemograph zu Ventilationszwecken besteht aus einer an einer Schneide hängenden ebenen

Blechtafel, welche in der Mitte des Ventilationscanals angebracht wird. Mit der Tafel ist ein horizontaler Arm verbunden; auf einer Spitze desselben ruht eine zum Registrirapparat führende Stange. Der Registrirapparat besteht aus einer in 24 Stunden umlaufenden Trommel, welche mit entsprechend liniirtem Papier bekleidet wird. Die oben erwähnte Stange trägt an ihrem Ende einen Stift, welcher durch das Uhrwerk gegen die Trommel geschlagen wird und dadurch die Markirung bewirkt. Der Abstand der horizontalen Linien auf der Trommel, an welchen die Ausschläge der Tafel und damit die entsprechenden Windgeschwindigkeiten abgelesen werden können, entspricht Vielfachen von 6 m pro Minute der Windgeschwindigkeit. Durch 24 senkrechte Linien ist die Stundentheilung gegeben. Die Feststellung der Abstände der horizontalen Linien erfolgte empirisch mittelst eines Combes'schen Rotationsapparates, zum Theil auch unter Berücksichtigung der vom Referenten für die Wild'sche Windstärketafel gewonnenen Resultate. *T.*

W. J. Marek. Neues Verfahren Normalbarometer und -Manometer abzulesen. Carl Rep. XVI, 585-588†; Beibl. 1881, 831*.

Die genaue Einstellung der Oberfläche des in einem Glasrohr eingeschlossenen Quecksilbers ist bei einem sehr grossen Durchmesser des Rohrs und bei starker Vergrösserung des angewandten Mikroskops nicht mehr mit Hilfe der üblichen Blendenvorrichtung möglich. Die Einstellung auf den Zwischenraum zwischen einer Glasspitze und ihrem in der Quecksilberoberfläche gespiegeltem Bilde gewährt eine grössere Genauigkeit, doch ist die Anbringung einer Spitze nicht immer möglich.

Verfasser bringt nun hinter dem Rohr einen Collimator an, durch dessen Linse in der Mitte der Quecksilberoberfläche ein Bild des Collimatorfadenkreuzes entworfen wird. Stellt man nun auf die Mitte des direct gesehenen und des in der Quecksilberoberfläche gespiegelten Bildes ein, so entspricht diese sehr scharf zu bewirkende Einstellung der Einstellung auf einen der Axe des Rohrs nahen Punkt der Quecksilberoberfläche. Bei einem provisorischen Versuche ergab sich bei einer Röhrenweite von 32 mm der wahrscheinliche Fehler einer Einstellung zu $\pm 0,0023$ mm, doch dürfte dieser Betrag noch wesentlich herabgedrückt werden können. *T.*

Das Aneroid-Barometer. Ann. d. Hydrogr. VIII. 1880, 16-30†.

Der vom hydrographischen Amte ausgehende Artikel enthält zunächst eine kurze historische Uebersicht der wichtigsten Aneroidconstruktionen. Es folgt, mit besonderer Rücksicht auf den Gebrauch auf Schiffen, eine eingehende Anleitung zur Ermittelung der verschiedenen Correktionen des Aneroidbarometers, erläutert an einem Naudet'schen Aneroide und zwei von Bohne ausgeführten Aneroiden Naudet'scher Construktion. 14 andere, von dem hydographischen Amte untersuchte Aneroide ergaben in Uebereinstimmung mit anderen Erfahrungen bis auf eines negative Temperaturcoefficienten, deren Werthe zwischen —0,034 und —0,153 lagen. Von den beiden Bohne'schen Aneroiden entsprach das eine als compensirt bezeichnete vollkommen dieser Angabe. Die Uebereinstimmung der Ablesung ist in horizontaler Lage eine grössere als in vertikaler Lage, da die Aneroidzeiger niemals vollkommen equilibrirt sind. *T.*

G. Hellmann. Vergleichungen von Normalbarometern und Bemerkungen über die Reduktion des Barometers auf Normaltemperatur. Wild Rep. f. Met. VI. 1879†.

Der Verfasser giebt die Resultate der von ihm mittelst eines Reisebarometers ausgeführten Vergleichungen der Normalbarometer verschiedener Sternwarten und meteorologischen Institute, und eine Beschreibung dieser Instrumente. Ferner rügt er scharf, dass die meisten der üblichen Tafeln zur Reduction auf 0° nicht nach der strengen Formel

$$B_0 = B\frac{1+mt}{1+qt},$$

sondern nach der angenäherten

$$B_0 = B(1-(q-m)t)$$

berechnet sind. *T.*

R. Ferrini. Ueber Barometer ohne Quecksilber, insbesondere über Luftbarometer. Centr. Ztg. f. Optik. u. Mechanik. 1880, 77-80. 92-94†.

Der Artikel enthält hauptsächlich eine Beschreibung des sogenannten „absoluten Barometers“ von Heus und Hermary, welches auf der Volumenänderung einer eingeschlossenen Luftmasse beruht, und sich von dem älteren Adie'schen Sympiezometer durch die Methode unterscheidet, nach welcher die Reduction auf eine bestimmte Temperatur stattfindet. *T.*

J. B. Jordan. On the construction of a glycerine barometer. Athen. 1880. (2) 612; Proc. R. Soc. XXX. No. 200. p. 105-108; Mondes (2) LIII, 235; Z. S. f. Met. 1881, 25-26†.

The Times' Barometer. Engineering XXX, 378.

Glycerin-Barometer. Chem. Ztg. 1880, 259.

Das Jordan'sche Glycerinbarometer ist bisher in 4 Exemplaren in England ausgeführt. Eins derselben befindet sich im Bureau der Times, welche seine Angaben von zwei zu zwei Stunden täglich in einem Diagramme veröffentlichen. Das Barometer besteht aus gewöhnlichem Gasleitungsrohr, an welches oben ein 1 m langes Glasrohr von 25 mm Weite angekittet ist. Messingskalen mit Nonien gestatten die genaue Ablesung des Standes des Glycerins in dem Rohre. Unten mündet das Glasrohr in ein verzinntes Kupfergefäss von 15 cm Tiefe und 30 cm Durchmesser, das durch einen Schraubendeckel verschlossen wird, welcher nur durch eine kleine Oeffnung der durch Baumwolle vom Staub filtrirten Luft Zutritt gewährt. Das Glycerin von 1,20 specifischem Gewicht, wird mit Anilin roth gefärbt, um es zu klären auf 40° erhitzt, in's Kupfergefäss gegossen und durch eine Luftpumpe in den langen Schenkel gehoben. Man schliesst nun den Schraubendeckel und die kleine Oeffnung luftdicht, füllt die

Glasröhre mit Glycerin bis oben an, schliesst sie durch den Gummistöpsel und gewährt jetzt der Luft durch die kleine Oeffnung Zutritt. Hat sich nach einiger Zeit die im Glycerin enthaltene Luft über demselben angesammelt, so wird die kleine Oeffnung auf's Neue geschlossen, der Gummistöpsel gelüftet und das Glasrohr bis oben hin mit Glycerin aufgefüllt. Eine Schicht von schwerem Steinöl, welches das Glycerin im offenen Schenkel überdeckt, hindert die Anziehung von Wasser aus der Luft.

T.

Krajewitsch. New sensitive barometer. J. d. phys. Ges. in Russl. XII. H. 4; Nature XXII, 208†.

Das registrirende Barometer, dessen Säule theils aus Quecksilber, theils aus Wasser besteht, giebt die Barometerschwankungen in 140facher Vergrösserung wieder. (Vgl. das Referat f. 1877. S. 1134). *T.*

F. H. Reitz. Mikrometervorrichtung mit beweglichem Gewicht für Aneroidbarometer etc. Dingl. J. CCXXXVIII, 49†.

Durch ein an einem Arm verschiebbares Gewicht kann die Feder eines Reitz'schen Aneroides verschieden belastet und dadurch ein Skalenstrich genau mit dem Faden des Mikroskopes zur Coincidenz gebracht werden. Man liest nun an der Skala z. B. die ganzen 10 mm ab, die ganzen und zehntel mm werden durch die Stellung des Gewichts gegeben. Dasselbe Princip lässt sich auch sonst anwenden, z. B. um ein genaues Einspielen der Libelle an geometrischen Instrumenten herbeizuführen. *T.*

A. Eichhorn. Elektrischer Gradanzeiger für Barometer. Dingl. J. CCXXXVII, 306†.

In dem geneigten offenen Schenkel eines Quecksilberbarometers sind Platindrähte eingeschmolzen. Erreicht das Quecksilber den einem bestimmten Barometerstande entsprechenden

Draht, so circulirt in der mit dem Drahte verbundenen Leitung ein Strom, welcher zu Signalen oder Auslösungen benutzt wird.

T.

H. Wild. Aufstellung der Thermometer zur Bestimmung der wahren Lufttemperatur. Wild Rep. f. Met. VI. No. 9†.

Nachdem Verfasser die Temperatur der Luft definirt und an die Methode erinnert hat, auf dieselbe aus der Dichtigkeit der Luft zu schliessen, bespricht er eingehender die beiden für die gewöhnliche Praxis allein brauchbaren Methoden, den Einfluss von Boden-, Himmels- und Sonnenstrahlung auf ein frei aufgehängtes Thermometer unschädlich zu machen. Eine zweckmässige Beschirmung des Thermometers giebt die besten Resultate. Das vom Verfasser schon früher angegebene und auf meteorologischen Stationen vielfach eingeführte Blechgehäuse bestehend aus alternirenden Segmenten zweier cylindrischer Mäntel bringt den Einfluss der Strahlung auf die Grenzen $\pm 0,1^{0}$ herab, falls der Einfluss der Strahlung auf das unbeschirmte Thermometer nicht grösser als 2^{0} ist. Das Blechgehäuse ist an der Nordseite eines Gebäudes oder in einem nach Norden geöffneten Häuschen von Holzjalousieen aufzustellen, da andernfalls der Einfluss der Wärmestrahlung auf ein ungeschütztes Thermometer 2^{0} übersteigt.

Weniger wirksam ist die rasche Erneuerung der Luft entweder durch schnelle Bewegung des Thermometers selbst (Schleuderthermometer nach Arago) oder durch Aufstellung eines Ventilators. In wie weit ein Ventilator, wie er bei den italienischen Stationen eingeführt ist die Genauigkeit der Feuchtigkeitsbestimmung durch das Psychrometer vermehrt, lässt Verfasser noch unentschieden.

T.

Crafts. Sur l'élévation du point zéro dans les thermomètres à mercure. C. R. XCI, 291-294†; Mondes (2) LII, 454; J. chem. soc. 1881, 5.

— — Causes des variations. C. R. XCI, 370-373†.

Der Verfasser untersucht die Aenderungen des Eispunktes von Quecksilberthermometern und weist nach, dass der Luftdruck bei diesen Aenderungen keine oder keine merkliche Rolle spielt.
T.

J. Pernet. Sur les variations des points fixes dans les thermomètres à mercure et sur les moyens d'en tenir compte dans l'évalution des températures. Mondes (2) LIII, 45; C. R. XCI, 471†.

Wird für 1881 bei Gelegenheit einer ausführlicheren, denselben Gegenstand behandelnden Arbeit referirt. *T.*

Wm. Mariott. Thermometer exposure. Quart. J. Oct. 1879; Z. S. f. Met. 1880, 511†.

Aus einer ein Jahr umfassenden Vergleichung zwischen zwei Maximum- und Minimum-Thermometern, von denen das eine Instrument in einer Beschirmung auf der Nordseite einer Wand, das andere in einem frei in der Sonne stehenden Thermometerhäuschen von Stevenson aufgestellt war, ergab sich, dass die Aufstellung der Thermometer an einer Gebäudewand dieselben weniger empfindlich macht und die Extreme abstumpft. *T.*

Nares and Feilden. Results derived from the Arctic Expedition 1875|76. London 1878. Z. S. f. Met. 1880. XV, 190-192†.

Mitgetheilt werden die September 1875 bis August 1876 angestellten Beobachtungen von zwei verschiedenen Stationen Floeberg Beach in $82^1/_2{}^0$ N. Br. und Discovery-Bay. Die Dicke des in einem Winter erzeugten Salzwassereises wurde an der ersten Station im Maximum Anfang Mai gleich 2,01 m*) gefunden. Beobachtungen am geschwärzten Thermometer ergaben im Juni

---

*) Vom Referenten sind hier wie durchweg sämmtliche Maassangaben auf metrisches Maass, die Temperaturen auf Centigrade reducirt.

1876 mehrfach Temperaturen von 53°—54°, während die Schattentemperatur gegen 5° betrug. Von den thermometrischen Beobachtungen ist besonders hervorzuheben, dass Floeberg Beach obgleich nördlicher gelegen, in Folge seiner freieren Lage häufig höhere Temperaturen zeigte, da Winde in der Nähe der Kältepole erwärmend wirken. Die grösste Kälte trat Ende Februar und Anfang März ein. Die mittlere Temperatur vom 28. Februar bis 11. März war in Floeberg Beach —52,2°. Das absolute Minimum wurde am 3. März bei —58,7° bei einem Tagesmittel von —56,2° erreicht. Zu Discovery Bay war das Minimum —57,1°; das absolute Maximum der Temperatur war +10°. Die extremen Barometerstände waren 782,9 mm und 736,1 mm resp. 784,3 mm und 736,5 mm. Das Maximum trat im November, das Minimum im December ein. Die täglichen Schwankungen der Temperatur und des Luftdruckes betrugen 0,60° (Minimum 4 h p. m., Maximum 9 h p. m.) und 0,33 mm (Minimum Mittags und 2 h a. m. Maximum 6 h p. m. und 5 h a. m.)

Bemerkt zu werden verdient noch, dass bis —42,5° die Quecksilberthermometer ziemlich mit den Weingeistthermometern stimmten, dass aber bei einer Temperatur zwischen —42,8° bis —43,6° die Quecksilberkuppe auf etwa —50 fiel, wodurch also eine Zusammenziehung des Quecksilbers beim Gefrieren angezeigt wird. *T.*

Neuerungen an Wärmemessern.

DINGLER J. CCXXXVI, 303-309†.

C. L. STRUBE's Metallthermometer. (Patent.)

A. EICHHORN. Thermometer mit elektrischem Gradanzeiger. (Patent.)

J. SALLERON's Telethermometer. Bull. d. Mulh. 1879, 593.

KUNTZE's Drehthermometer. (Patent.)

MÖLLER's Pyrometer etc.

STRUBE's Metallthermometer besteht aus zwei mit einander verbundenen, aus je 2 Metallen zusammengesetzten Spiralen, deren Wirkung sich addirt.

EICHHORN gewinnt eine elektrische Uebermittelung der Anzeigen eines Quecksilberthermometers dadurch, dass er in die Capillare an den, den verschiedenen Temperaturen entsprechenden Stellen Platindrähte einschmilzt. Erreicht die Quecksilberkuppe den einer gewissen Temperatur entsprechenden Draht, so cirkulirt in der entsprechenden Leitung ein Strom.

Bei SALLERON's Telethermometer ist die Thermometerkugel durch ein beliebig langes kupfernes oder eisernes Kapillarrohr mit dem aus Glas hergestellten Beobachtungsrohre, in welchem der Stand der Flüssigkeit abgelesen wird, verbunden. Zur Elimination der Temperatur der Kapillaren liegt neben derselben eine völlig gleiche mit derselben Flüssigkeit gefüllte, aber an Stelle des Thermometersgefässes blind endigende Röhre, welche, wie die erste in ein getheiltes Glasrohr endigt. Der Unterschied der Flüssigkeitssäulen entspricht der Temperatur der Kugel.

Bei KUNTZE's Drehthermometer wird die Aenderung des Schwerpunktes eines an einem Wagebalken befestigten Quecksilberthermometers zur Temperaturmessung benutzt.

Die Zusammenstellung in DINGLER's Journal enthält ferner die Beschreibung von drei Pyrometern, von denen das eine auf der Messung des Dampfdruckes verschiedener Flüssigkeiten beruht, während die beiden anderen calorimetrische Methoden anwenden. *T.*

WITZ. New air thermometer. Engineering XXX, 116-117; Mondes (2) LII, 403-404; Beibl. 1881, 26†; C. R. XCI, 164-166; J. chem. Soc. pro 1880; Ath. 1880, 783.

Die Kugel eines LESLIE'schen Differentialthermometers wird durch einen Temperaturregulator auf derselben Temperatur erhalten. *T.*

DUFOUR. Note on a demonstration differential thermometer. Bull. Soc. Vaud. XVI, 655-656; Phil. Mag. (5) X, 143 bis 144; Mondes (2) LIII, 458; Ausl. 1881, 220; Arch. sc. phys. IV, 71; Beibl. 1881, 264-265†.

Ein V förmiges einerseits in eine geschwärzte Kugel endigendes Glasrohr ist leicht drehbar aufgehängt. Die Verschiebung einer kleinen Säule von Quecksilber und Schwefelsäure, welche die Luft der Kugel absperrt bewirkt die Drehung des Instruments.

T.

F. Miller. Ueber eine neue Construktion des Luftthermometers. Carl Rep. XVI, 251-253; Mondes (2) LII, 147; Beibl. 1881, 767†; Dingl. J. CCXXXVII, 127†.

Das eigentliche dem Jolly'schen gleiche Luftthermometer ist in einen durchbohrten Eisenkörper eingekittet und steht mittelst dessen mit dem Manometerrohre und einem durch einen Kolben verschlossenen Cylinder in Verbindung. Durch eine Kurbel, welche mittelst einer Schraube auf den Kolben wirkt, wird das Quecksilber bis zu der Spitze des Luftthermometers angehoben und sein Stand im Manometerrohr mittels eines festen Nonius an einer beweglichen Skale abgelesen, welche unten in eine Spitze endigt, welche auf die Kuppe des Quecksilbers eingestellt wird. *T.*

Müttrich. Das Patent-Hygrometer von Klinkerfues. Z. S. f. Met. 1880. XV, 170-176†.

Nach einer ausführlichen Beschreibung des Klinkerfues'schen Hygrometers und der demselben beigegebenen Gebrauchsanweisung theilt der Verfasser eingehende Vergleichungen des Hygrometers mit dem August'schen Psychrometer mit. Trotz wiederholter, theils durch den Verfertiger Lambrecht, theils durch den Verfasser selbst ausgeführter Justirung gelang es nicht, sobald die Grösse der relativen Feuchtigkeit stärker schwankte, eine genügende Uebereinstimmung zu erlangen, da sich anfangs Abweichungen bis zu 30 pCt. und auch zuletzt noch solche bis zu 10 pCt. zeigten. Nur die letzte, im November und December angestellte Beobachtungsreihe, bei welcher nur unbedeutende Schwankungen der relativen Feuchtigkeit stattfanden, zeigte eine befriedigende Uebereinstimmung der beiden Instrumente.

Der Verfasser zieht aus seinen Versuchen den Schluss, dass das Bifilarhygrometer, so sinnreich auch seine Theorie ist, doch nicht den Ansprüchen genüge, die an ein Instrument zu wissenschaftlichen Beobachtungen gestellt werden müssen, weil es sprungweise und unregelmässig auftretende Abweichungen zeigt. *T.*

Fr. Rüdorff. Zur Bestimmung des atmosphärischen Wasserdampfes. Ber. d. chem. Ges. XIII. 2. 149-152; Chem. C. Bl. 1880, 192; Z. S. f. Met. XV, 167-170†; Beibl. 1880, 349 bis 350†; J. chem. soc. 1880. Juni. 420.

Das Princip des Apparates, welches vom Verfasser schon früher zur Bestimmung der Kohlensäure im Leuchtgas vorgeschlagen war*), besteht darin, dass man zu einem bestimmten Quantum atmosphärischer Luft (etwa 100 ccm), welche sich in einem geschlossenen Gefässe befindet, aus einer Hahnbürette concentrirte Schwefelsäure fliessen lässt solange, bis der durch die Absorption des Wasserdampfes verminderte Druck wieder ausgeglichen ist. Der Apparat besteht aus einer dreihalsigen Flasche; in dem mittleren Tubulus ist die in $^1/_{10}$ ccm getheilte, mit concentrirter Schwefelsäure gefüllte Hahnbürette eingeschliffen. Ein anderer Tubulus trägt ein Manometer, welches nach des Verfassers Vorschlag mit verdünnter Schwefelsäure vom specifischen Gewicht 1,300 gefüllt ist. Ein Dreiweghahn erlaubt die Communikation zwischen der Flasche entweder mit diesem Manometer oder, wenn Luft durch die Flasche getrieben werden soll, mit der äusseren Luft herzustellen. Der dritte Tubulus trägt ein bis auf den Boden der Flasche reichendes Glasrohr, welches durch einen einfachen Hahn abgesperrt werden kann. Vor Anstellung des Versuchs wird die Luft in der Flasche durch einen Blasebalg erneuert; die Absorption ist in 5—6 Minuten beendet. Nach jedem Versuche werden die Schliffstücke entfernt, die Flasche mit Wasser, absolutem Alkohol und entwässertem Aether ausgespült, die Aetherdämpfe durch Einblasen von Luft mittels des

*) Wied. Ann. VI, 455.

Blasebalgs entfernt. Mehrere vom Verfasser angestellte Versuche zeigten eine durchaus befriedigende Uebereinstimmung. *T.*

A. Voller. Ueber ein neues Absorptionshygrometer. Verh. d. naturw. Ver. in Hamburg u. Altona 1880. 1-12; Z. S. f. Met. 1881. XVI, 319†; Beibl. 1881, 113†.

Das Princip des Apparates besteht darin, einem abgeschlossenen Luftquantum den Feuchtigkeitsgehalt zu entziehen und die resultirenden Volumen oder Druckänderungen zu messen. *T.*

Neesen. Abänderung des Absorptionshygrometer nach Rüdorff. Ann. d. Phys. (2) XI, 526-529†; Chem. C. Bl. 1881, 272.

Um Temperaturänderungen beim Rüdorff'schen Hygrometer unschädlich zu machen wird das freie Ende des Manometers mit einem zweiten dem Absorptionsgefässe gleichen Gefässe verbunden. *T.*

A. Matern. Ueber ein neues Condensations- oder Absorptionshygrometer. Ann. d. Phys. (2) IX, 147-157†.

— — Ueber ein neues einfaches Condensationshygrometer. Ann. d. Phys. (2) X, 149-154†; Chem. Centr. Bl. 1881, 577; d'Almeid. J. IX, 357-358.

Der in dem ersten Artikel beschriebene Apparat besteht aus zwei Glasgefässen mit aufgeschliffenen und mit Fett gedichteten Deckeln. In die Deckel sind Röhren eingeschmolzen, welche mit den beiden Enden eines mit Rüböl gefüllten Manometers verbunden werden. In das eine der mit der zu untersuchenden Luft gefüllten Gefässe kann man eine Quantität Wasser bringen, welche schnell verdunstet, die Aenderung des Drucks giebt ein Maass für die Feuchtigkeit der eingeschlossenen Luft.

In dem zweiten Artikel bespricht der Verfasser zumeist die Anwendung seines Apparats als Absorptionshygrometer oder auch als verbundenes Condensations- und Absorptionshygrometer, in dem die Luft in dem einen der Glasgefässe mit Wasser gesättigt, in dem andern getrocknet wird. Sodann beschreibt er einen zweiten einfacheren Apparat, bei welchem das zweite Gefäss fortfällt und die Sättigung der Luft mit Feuchtigkeit durch einen Leinwandsack bewirkt wird, welcher zunächst in dem am Boden des Gefässes befindlichen Wasser durchnässt und dann in die Höhe gehoben wird. *T.*

Cantoni. Sulle condizioni di forma e di esposizione più opportune per gli evaporimetri. Rend. Lomb. XII, 941; Z. S. f. Met. 1881, 39-40†; Nature XXI, 358.

Der Verfasser hatte schon bei Gelegenheit des meteorologischen Congresses in Rom darauf aufmerksam gemacht, dass die Menge des verdunsteten Wassers nicht nur von der Grösse der Verdunstungsoberfläche und der Temperatur und Feuchtigkeit der Luft abhänge, sondern auch von der Menge des im Gefäss enthaltenen Wassers, von der Masse und Wärmeleitungsfähigkeit des Gefässmaterials, vom Verhältniss der Flüssigkeitsmenge zur Gefässoberfläche, vom Verhältniss der Gefässöffnung zur Tiefe der Flüssigkeit, sowie vom Luftwechsel. Am ehesten vergleichbare Resultate giebt ein dem Evaporimeter von Piche ähnliches Instrument, da das Wasser in einem engen Cylinder von dünnem Glase am leichtesten die Temperatur der Luft annimmt.

Das von Cantoni empfohlene Evaporimeter besteht aus einer Glasröhre von 9 mm äusserem Durchmesser und 50 mm Höhe, welche mittels eines doppelt gekrümmten Rohres mit einer horizontal liegenden Glasröhre von 3 mm Weite communicirt. Die Verdunstung findet von der Oberfläche eines Stückes Papier statt, welches die Oeffnung der erstgenannten Röhre bedeckt und bei der Einrichtung des Instruments stets ohne Ueberdruck benetzt gehalten wird; abgelesen wird der Stand des Wassers in der horizontalen Röhre. Die Montirung ist der Art, dass das Verdunstungsgefäss möglichst frei von der Luft umgeben ist. *T.*

A. L. KUNZE. Das Evaporimeter Piche und seine Angaben in Beziehung zur Verdampfung freier Wasserflächen. Z. S. f. Met. XV, 21. 22†.

Der Verfasser bestätigt die Brauchbarkeit des Evaporimeters PICHE, findet aber abweichend von RIEGLER, dass die Verdunstungsgrösse dieses Instruments zu derjenigen einer freien Wasserfläche im Verhältniss von etwa 1,1 : 1 steht.

Die Redaktion der Zeitschrift weist darauf hin, dass die äusseren Bedingungen der Versuche von RIEGLER andere waren, als bei den Versuchen des Verfassers. *T.*

LANCETTA. Das Pluviopulverimeter. Z. S. f. Met. 1880, 372-373†.

Der Zweck des Apparates ist, Regen und Staub und zwar letzteren nach den Tageszeiten getrennt aufzufangen und zu messen. Der von dem Aussengefäss gesammelte Regen fliesst durch eine verticale Röhre in den nach oben gerichteten Zweig einer └┐förmig gebogenen Röhre, welche durch ein Uhrwerk in jeder viertel (halben?) Stunde um ein $^1/_{48}$ des Umfanges weiter gedreht wird, und aus dieser in eine von 48 auf dem Umkreise angeordneten Proberöhre. Hier bleibt der Staub zurück, das Wasser fliesst in ein anderes Gefäss, in dem es gesammelt und gemessen wird. *T.*

F. DOHRANDT. Bestimmung der Anemometer-Constanten. WILD Rep. f. Met. VI, No. 5†.

Die Abhandlung, welche dem Referenten z. Z. leider nicht zugänglich ist, enthält die Fortsetzung der Versuche des Verfassers zur Bestimmung der Konstanten von Anemometern mit Hülfe eines grossen, bei den jetzigen Versuchen mit Wasserkraft getriebenen Rotationsapparates. Als Resultat seiner Bestimmungen von Schaalenanemometern stellt der Verfasser Formeln auf, welche — in ihrer Form von den vom Referenten aufgestellten theoretischen Formeln abweichend — gestatten sollen, die Hauptconstante eines Schaalenanemometers aus dessen Dimensionen zu berechnen. *T.*

ROBINSON. On the constants of the cup anemometer. Proc. R. Soc. XXX. No. 205, p. 572-574; Nature XXII, 404†; Z. S. f. Met. 1881, 33-35*.

Vom Verfasser wurden Vergleichungen von zwei sonst gleichen Schaalenanemometern angestellt, deren eines durch eine Bremse verschiedene Werthe der Reibung erhielt. Seiner Diskussion legt er die Formel zu Grunde

$$V^2+v^2-2Vvx-\frac{F}{\alpha}=0$$

in welcher V und v die Geschwindigkeiten des Windes und des Anemometers, x und α Constanten, F die Reibung bezeichnen. R. erhielt mit dieser Formel an Anemometern verschiedener Grösse sehr unerwartete Resultate und schlägt den Meteorologen schliesslich vor, sich nur eines bestimmten Typus zu bedienen um vergleichbare Resultate zu erhalten. *T.*

TORNIONI. Instrumento per nivelare la direzione del moto delle nubi. Rend. Lomb. XIII. H. 3, p. 90; Nature XXII, 132-133†.

Der Nefodoskop genannte Apparat, welcher die Richtung und Geschwindigkeit der Bewegung von Wolken messen soll, besteht aus einem flachen Compass, dessen Decke von einem belegten Spiegelglase gebildet wird. Auf der Oberfläche des Glases sind diagonale Linien gezogen, welche den Himmelsrichtungen entsprechen; in einem Bogen der sich von Nord bis Nordwest erstreckt und welcher in Grade getheilt ist, ist die Belegung des Spiegels entfernt, so dass man die Spitze der Compassnadel sehen kann. Endlich ist an einer Seite der Büchse ein aufrechter, frei beweglicher Stab befestigt, dessen Ende ein Diaphragma trägt. Zur Beobachtung bringt man das Diaphragma und damit das Auge, das Centrum des Spiegels und das reflektirte Bild eines Wolkenpunktes in eine gerade Linie; Richtung und Geschwindigkeit des Wolkenbildes entspricht dann der Richtung und scheinbaren Geschwindigkeit der Wolke. *T.*

A. Levy. Das Aktinometer Arago-Davy. Ann. agron. IV, 4; Z. S. f. Met. XV, 30†.

Nach dem Referat in der Z. S. f. Met. wird in der ziemlich weitläufigen Brochüre das Aktinometer Arago-Davy zur Bestimmung der Dauer der Insolation empfohlen, da der Grad der Güte des Weins vor Allem von dieser Grösse abhänge. Der Referent in der genannten Zeitschrift wirft indessen die Frage auf, ob es gerade die leuchtendsten Strahlen des Spektrums sind, welche diese Wirkungen hervorbringen und nicht vielmehr photochemische Messungen eher am Platze seien. *T.*

Snellen. Le Télémétéorographe d'Olland. Harlem 1879. Arch. Néerl. 1879; Z. S. f. Met. XV, 104†.

Das wichtige Instrument, dessen genauere Beschreibung dem Referenten z. Z. nicht zugänglich ist, wird ev. später referirt.

T.

Litteratur.

Macaluso. Nota sul riempimento di una canna barometrica nel vuoto. Mem. d. Spettrosc. 1879; Cimento VII, 67†.

E. Debrun. Baromètre amplificateur. Mem. d. Bourdeaux (2) IV. II. 2; J. d. phys. IX. Nov. 1880, 387-389.

Dufour. Thermomètre extrasensible. Mondes (2) LIII, 237.

J. W. Zambra. A new form of Six's self-registering thermometer. Meteor. Soc. 21./4. 1880.

Thermomètre Legroux. Mondes (2) LIII, 60; Scient. Amer.

Winstanley. Two new varieties of air-thermometers

and a thermograph. Nature XXII, 259; Mondes (2) LIV, 288; Chem. News. XLII, 9; Phys. soc. 26./6. 1880; Engineering XXX, 458-459; Philos. mag. (5) X, 380-383.

WINSTANLEY. Radiograph. Z. S. f. Met. 1880. XV, 493.

THOMSON's water-steam pressure thermometer. Engineering XXIX, 467; Athen. 1880. (1) 636.

W. D. BOWKETT. A new thermograph. Meteor. Soc. 16./6. 1880.

A. v. HASSELT. Bestimmung des atmosphärischen Wasserdampfes. Maandblad IX, 71; DINGL. J. CCXXXVI, 66; Z. S. f. an. Chem. XIX, 67; Chem. C. Bl. 1880, 443.

VAN DER STOK. Over een nieuwe vochtigheidsmeter. Tijoschrift voor Neederl. Indië XXXVIII. Batavia 1879.

Zur Bestimmung der atmosphärischen Feuchtigkeit (v. HASSELT, RÜDORFF, MATTERN). DINGL. J. CCXXXVI, 66-71*.

Apparate zur Bestimmung des Feuchtigkeitsgehaltes (FISCHER, RÜDORFF etc.). Z. S. f. an. Chem. XIX. Heft 3. p. 337-339.

Bestimmung des Feuchtigkeitsgehalts der Luft (SCHWACKHÖFER, EDELMANN). Beibl. III, 485 etc.; Z. S. f. an. Chem. XIX, 67-69. 80.

KENNEDY. Absorption von Feuchtigkeit durch Glycerin in offenen Gefässen. Arch. f. Pharm. Jan. 1880. XIII, 57-58; Amer. J. of pharm. (4) IX, 513.

W. J. BLACK. On a new form of marine rain gauge. T. n. Nature XXI, 340; Manch. soc. 16./12. 1879.

HORKENS. Marine-Regenmesser. J. Scott. Met. Soc. V. No. 49 bis 59.

S. GRIMALDI. New registering pluviometer. Rivista Scientifico-Industriale No. 18. 30./9.

DENZA. Anemografo e pluviografo. Roma 1879. Meteorol. Italiana 1879.

FLECK. Das Ballon-Anemoskop. Polyt. Notizbl. 1880, 179; Chem. Ztg. 1880, 356.

STEVENSON. Beschreibung eines wolkenreflektirenden Compasses. J. Scott. Met. Soc. V. No. 49-59.

D. WINSTANLEY. Appareil enrégistreur de la lumière solaire (radiographe). Engineering XXX, 315-316; Mondes (2) LI, 288-289; Chem. News XLI, 292; Phys. soc. 12./6. 1880.

L. WARNECKE. On a new actinometer. Titel nach Athen. 1880. (1) 156; Photogr. Soc. 13./1. 1880.

J. A. OSBORNE. On a new meteorological instrument. Bull. soc. philos. Washington. II, 63.

EASTMAN. Comparison of thermometers used at the Naval Obs. Bull. Philos. Soc. Wash. I. 1874, 68-70.

HOCHSTETTER. Die Zauberinstrumente der Regenmacher bei den Tortingo- und Larra-Stämmen in Australien. Mitth. d. geogr. Ges. zu Wien. XXII. 1879.

G. GRASSI. Die Aneroide von GOLDSCHMID. Meteor. Ital. Mem. e Not. 1878. H. 5.

G. CANTONI. Ueber die Bestimmung der wahren Lufttemperatur und das Psychrometer mit Ventilation. Meteor. Italian. Mem. e Not. 1878. H. 1-5.

— — Ueber Evaporimeter. Meteor. Italiana, Mem. e Notizie 1878. H. 1-5.

CHISTONI. Psychrometervergleichungen. 2 Abh. Meteor. Ital. Mem. e Not. 1878. H. 1-5.

G. GRASSI. Ueber Barometervergleichungen in Italien. Meteor. Italian. Mem. e Not. 1878. H. 1-5.

DENZA. Anemograph und Pluviograph mit Abbildungen. Meteor. Ital. Mem. e Not. 1878. H. 1-5.

P. SMYTH. Rainband Spectroscopy. J. Scott. Met. Soc. V, 51-54. 84-97.

Correktionen der Barometer der italienischen Stationen, wie sie sich ergeben haben durch die Vergleichungen, welche vom Consiglio direttivo di Meteorologia veranlasst worden sind. Meteor. Ital. Mem. e Not. 1878. H. 1-5.

C. CHISTONI. Vergleichung des Psychrometers von AUGUST und des Psychrometers mit Ventilation mit dem Hygrometer von REGNAULT. Meteorologia Italiana Memorie e Notizie Anno 1878. H. 1-5. Roma 1878—1879.

CHISTONI. Prüfung einiger Psychrometerformeln. Meteor. Italiana, Mem. e Not. 1878. H. 1-5.

KREUSLER. Method for the continuous measurement of the intensity of daylight and its application to physiological and botanical researches. J. chem. soc. march 1880, 188; BIEDERM. C. Bl. 1879, 117-120.

Mit Hilfe eines lichtempfindlichen Papiers.

J. M. EDER. Neues chemisches Photometer mittels Quecksilberoxalat zur Bestimmung der Intensität der ultravioletten Strahlen des Tageslichts und Beiträge zur Photochemie des $HgCl_2$. Wien. Anz. 1879. No. 20; CARL Rep. XVI, 127-130.

C. Meteorologische Optik.

Anzeige.

Am 18. April 1883 ist Herr Prof. RADICKE, eines der ältesten Mitglieder der physikalischen Gesellschaft (seit 1846) nach längerem Leiden gestorben. Mit ihm scheidet der älteste Berichterstatter aus. Seit dem Jahre 1847 ist er für die Fortschritte thätig gewesen. Erst in den letzten Jahren musste er mehr und mehr von dieser Thätigkeit zurücktreten und behielt zuletzt nur den nachstehenden Abschnitt bei, den er aber nicht mehr bearbeiten konnte. Seine Referate über Theorie des Lichts und Astrophysik werden allen Lesern der Fortschritte in ihrer Gründlichkeit und Sorgfalt bekannt sein. Die Redaktion hat in ihm einen ihrer treuesten Mitarbeiter verloren.

Die folgenden Referate sind seitens der Redaktion fertig gestellt.

R. ABERCROMBY. Ueber die Durchsichtigkeit oder die ungewöhnliche Klarheit der Luft, der zufolge ferne Objekte sehr nahe erscheinen. Z. S. f. Met. XV. 1880, 29-30†.

Nach seinen in England angestellten Beobachtungen hält der Verfasser die gewöhnliche Erklärung, dass die Luft infolge der Sättigung mit Wasserdampf die grossen Durchsichtigkeit erhalte, für nicht richtig, da jene nur bei dichtem Nebel oder an der SO-Vorderseite oder Cyklone mit warmer feuchter Luft bei schmutzig-grauem Himmel eintritt. Vielmehr sind für die Erscheinung zwei Bedingungen, eine meteorologische und eine optische, erforderlich: vollständige Abwesenheit von Dunst, Nebel und Staub und ein gewisser Stand der Wolken, welcher ähnlich wie ein Schirm wirkt. Auch in England ist diese Durchsichtigkeit ein Vorzeichen andauernden Regens. *Sch.*

F. A. Forel. Scintillation des flammes du gaz d'éclairage. Z. S. f. Met. XV, 62-63†; Ausl. 1880, 400; C. R. LXXXIX, 408-411†; Naturf. XII. No. 40.

Durch die Beobachtung des Glitzerns der Gasflammen von Morges aus findet Herr F. dass das Glitzern von atmosphärischen Einflüssen abhängt, hat aber nur constatiren können, dass es um so stärker ist, je ruhiger die Luft, um so schwächer, je heftiger der Wind. *Sch.*

E. L. Nichols. Nouvelle explication de la couleur du ciel. Mondes (2) LI, 226-227†; Z. S. f. Met. XV, 102-103†; Philos. mag. dec. 1879; Naturf. 1880, 34; d'Almeida J. IX, 292.

Der Verfasser basirt seine Erklärung auf der Annahme, dass von den drei Lagen von Nervenzäpfchen, die nach der Young-Helmholtz'schen Theorie, für die Aufnahme der rothen, grünen und violetten Strahlen bestimmt sind, die violette so organisirt ist, dass sie bei wenig intensivem Lichte empfindlicher ist, als die beiden anderen, deren Empfindung rasch bei steigender Intensität wächst. Sehr schwaches weisses Licht wird daher einen blauen Schein bekommen und so wird das Himmelslicht um so blauer erscheinen, je schwächer es ist (wie das vom Zenith kommende). Ausserdem werden Farbenänderungen, durch Intensitätsunterschiede hervorgebracht, angeführt. Je feiner daher die reflektirenden Theile in der Atmosphäre, desto schwächer und desto blauer das Licht, so dass also, wenn nur Luftheilchen reflektiren die Farbe am intensivsten sein muss. *Sch.*

Zur Erklärung der blauen Farbe des Himmels. Z. S. f. Met. 1880. XV, 289-290†.

Im Anschluss an die Erklärung von NICHOLS wird bemerkt, dass eine analoge Erklärung sich schon in ROTHE's Lehrbuch der Klimatologie von Dr. J. R. v. LORENZ findet. Das Himmelsblau wird als subjektive Erscheinung bezeichnet. Es wird als weisses Licht aufgefasst, welches nur durch das Zusammenwirken des von weissen Theilchen reflektirten Lichtes mit dem nicht ganz verhüllten schwarzen Hintergrund des Weltraums im Auge die subjective Empfindung von blau hervorbringt. *Sch.*

AL. CRUICKSHANK. Ueber die Durchsichtigkeit der Atmosphäre in horizontaler Richtung oder die extremen Grenzen der Sichtbarkeit längs der Erdoberfläche. Z. S. f. Met. 1880, 420†; J. Scot. Met. Soc. (2) V. No. LI-LIV. p. 97-102.

Der Verfasser hat 21 Jahre hindurch regelmässige Beobachtungen angestellt und zwar von einer Höhe bei Aberdeen aus über die Sichtbarkeit von bestimmten Objekten in 50, 40, 30, 20, 10 und 5 Miles. Die Hauptresultate sind folgende:

Zahl der Tage im Jahre (durchschnittlich), an welchen die Aussichtsweite von Aberdeen innerhalb der angegebenen Grenzen lag.

Unter 5 miles	10	20	30	40	50	bis 50
Tage 366(?)	347	266	225	176	138	90

Jährliche Periode der Aussichtsgrenze, Mittel in Meilen.

Dec.	Jan.	Febr.	März	Apr.	Mai
21	20	21	24	25	28

Juni	Juli	Aug.	Sept.	Okt.	Nov.	Jahr
29	32	29	28	25	22	25

Die Beobachtungen wurden am Mittag angestellt und die Aussichtsgrenzen landeinwärts Richtung WSW genommen. *Sch.*

W. N. Hartley. Blue colour of the atmosphere. — Ueber die Absorption von Sonnenstrahlen durch das Ozon der Atmosphäre. Engineering XXXI, 339; Chem. C. Bl. 1881, 273; J. chem. Soc. XXXIX, 111-128; Chem. News XLII, 305; Dingl. J. CCXL, 405; Ber. d. chem. Ges. 1881, 390.

Im Anschluss an seine Arbeit über das Absorptionsspektrum des Ozons J. chem. Soc. XXXIX, 57, das durch eine breite Absorptionsbande zwischen

$$\lambda = 0{,}000285 \quad \text{und} \quad \lambda = 0{,}000233 \text{ mm}$$

ausgezeichnet ist, hat Herr H. die Absorption der Sonnenstrahlen durch atmosphärisches Ozon untersucht und ist zu folgenden Resultaten gekommen. Das Ozon ist ein constanter Bestandtheil der höheren Atmosphäre und ist dort in grösserer Menge als nahe der Erdoberfläche enthalten. Die Menge des atmosphärischen Ozons ist genügend dafür, dass ihr die Begrenzung des Sonnenspektrums in dem ultravioletten Theile zugeschrieben werden kann. Es ist nicht nöthig, die Möglichkeit einer Absorption durch sehr dicke Schichten von Sauerstoff oder Stickstoff in Rechnung zu ziehen. — Die blaue Farbe der Atmosphäre ist dem Ozon zuzuschreiben. Ammoncarbonat, Stickstoffoxyde und Wasserdampf sollen die Absorption des ultravioletten Spectrums nicht veranlassen (cf. auch die Arbeit von Cornu). *Sch.*

F. A. Forel. Luftspiegelungen auf zugefrorenen Seen. Z. S. f. Met. 1881, 32-33†; Naturf. 1880, 395; Arch. sc. phys. (3) IV. 1880, 104.

Im Winter 1879—1880 hat Herr Forel auf dem Murtener See (23. December 1879 und dem Züricher See 25. und 26. Januar 1880) sehr schöne Luftspiegelungen beobachtet, die ähnlich den

Erscheinungen sind, welche man im Winter auch bei nicht zugefrorenen Seen beobachtet. Ist hier das Wasser wärmer als die Luft, so erscheinen die in einer bestimmten Entfernung über dem See gelegenen Objekte über den scheinbaren Horizont gehoben, indem sie sich in dem Raum welcher den scheinbaren vom wirklichen Horizont trennt, wie in einer ruhigen Wasserfläche spiegeln. Aehnliches kann auch über dem Eise des Sees entstehen, wenn die darüber liegende Luft sehr kalt ist, während das Eis das durch Berührung mit dem Wasser von 0° warm ist, Wärme abgiebt, so dass die unterste Luftschicht weniger kalt ist, als die darüber liegende. Herr FOREL fand dies bestätigt (am 26. Jan.); 1,3 m über dem Eise war die Temperatur —10,5°, 0,01 m —8°, die Temperatur des Eises 0,01 m unter der Oberfläche —3,8°, 0,05 m unter der Oberfläche —2,6 und 0,1 m —0,8° und die des Wassers 0,13 m unter der Oberfläche +0,2°. In anderen Fällen sind geringere Temperaturunterschiede beobachtet, wie DUFOUR beim Genfer See angiebt, dass die Differenz zwischen der Temperatur der Luft an der Oberfläche und 1 m Höhe selten mehr als 1° beträgt. *Sch.*

R. COPELAND. Note on the phenomenon, known as „Shadow Bands“. Monthl. Not. XL, 329-330†.

Diese bei Sonnenfinsternissen beobachtete Erscheinung zeigt sich auch öfters bei Sonnenuntergang oder -aufgang. Die an einer Mauer des Doms von Dunecht beobachteten Linien waren ungefähr $\frac{1}{4}$ Zoll breit, fast horizontal und $2\frac{1}{2}$ Zoll von einander entfernt, sie hatten eine zitternde Bewegung und eine aufsteigende Bewegung. Später, 13. Januar 1880, wurden sie auf einem weissen Schirm deutlich bemerkbar, ebenso am 3. Februar, beidemale bei Sonnenuntergang. Unregelmässigkeiten in der Dichte der verschiedenen Luftschichten verursachen die Erscheinung. *Sch.*

R. E. HARRIS. A strange phenomenon. Nature XXI, 409 bis 410†.

Eine höchst eigenthümliche Lichterscheinung, die auf einem Schiffe am 5. Januar 1880 zwischen Oyster Reef und Pigeon Island (Malabarküste) beobachtet wurde. In der stillen ruhigen mondlosen Nacht, beim stillen Meere erschien eine weisse Lichtmasse im Süd-Südwest, die eine segmentartige Gestalt annahm. Das Schiff kam gerade in einen Lichtarm und wurde von glänzenden Lichtwellen überfluthet, so dass es ganz von Licht umgeben war, im Wasser zeigten sich schwache leuchtende Lichtflecke, 2 Fuss im Durchmesser. Das Phänomen dauerte etwas über eine halbe Stunde, und wurden elektromagnetische Strömungen als Ursache vermuthet. *Sch.*

H. Becquerel. De la polarisation atmosphérique et de l'influence que le magnétisme terrestre peut exercer sur l'atmosphère. d'Almeida J. IX, 51-56†; Mondes (2) LI, 446-448; C. R. LXXXIX, 838-841†; Naturf. 1880. XIII, 9-10†; Beibl. 1880, 292-293*. cf. 1879.

Da die Abhandlung wohl ausführlicher 1879 unter III. Polarisation berücksichtigt wird, mögen hier nur die Resultate angegeben werden: Die Existenz einer variablen Abweichung zwischen der Ebene der Sonne und der Polarisationsebene der Atmosphäre in einem beliebigen Punkte ist erwiesen, ebenso wie die Kundgebung eines magnetischen Einflusses der Erde auf die Atmosphäre. Die Ebene der Sonne ist die Ebene, welche in jedem Momente durch das Auge des Beobachters, den visirten Punkt und durch das Centrum der Sonne geht. Polarisationsebene und Sonnenebene machen einen bestimmten Winkel, der von der Lage des Punktes, Stande der Sonne (also der Sonnenebene) abhängt. *Sch.*

J. M. Pernter. Cornu: Ueber die verticale Vertheilung der die ultravioletten Sonnenstrahlen absorbirenden Substanz in der Atmosphäre. Z. S. f. Met. 1880, 443-446.

Durch die Cornu'schen Untersuchungen (cf. a. a. O.) ist nur bewiesen, dass für die äussersten chemischen Strahlen die Luft und nicht der Wasserdampf das absorbirende Medium sei, daraus folgt jedoch nicht, dass dasselbe für die violetten oder ihnen nahe liegenden ultravioletten Strahlen der Fall ist, denn andere Untersuchungen (Roscoe, Marchand) sprechen entschieden dafür, dass der Wasserdampf chemische Strahlen absorbirt. *Sch.*

Litteratur.

Einzelne optische Erscheinungen.

Fata morgana zu Freiburg im Breisgau 16. December 1879. Nature XXI, 286.

Montigny. Supernumerary rainbows. Bull. d. Brux. (2) XLVIII, No. 9 u. 10 (1879) p. 343; Philos. mag. (5) IX, 389-390; Nature XXI, 218.

Die überzähligen Regenbogen (Sekundär- und Supplement-Regenbogen) bestehen in gefärbten Rändern (roth, grün, violett) die sich am oberen Theile des Hauptregenbogens gewöhnlich am inneren, selten am äusseren Rande zeigen und besonders nur bei sehr glänzenden Bogen bemerkt werden. Herr Montigny hat solche Farben auch nahe am Fusse eines Regenbogens beobachtet. Dieses wurde erklärt durch Diffraktion in sehr kleinen Tropfen, während die Erscheinung bei grossen Tropfen nicht stattfindet. Die Sekundär-Regenbogen Montigny's gehörten unteren Wolkenschichten an, während in den oberen Wolkenschichten die Tropfen zu gross waren, um die Diffraktionserscheinung auftreten zu lassen.

Cf. auch Burton. On the supernumerary rings of the rainbow. Proc. Ir. Ac. III, 2. 3 1878/79.

Steinhauser. Die Fata morgana in den Alpen. N. dtsche. Alpenztg. X. No. 1-6.

Riccò. Arcobaleno in maree, modificazione allo spettroscopio descritto nel vol. V. Mem. d. Spettrosc. 1879. H. 3. Sept.

O. Bláthy und J. Ferschner. Merkwürdiger Regenbogen. Z. S. f. Met. 1880. XV, 290-291. (Ein fünffacher Regenbogen 25. April 3¼ Uhr nachmittags.)

Dufour. Mirages sur les lacs de la Suisse. Revue scient. 1880. No. 12.

K. H. Ulrichs. Eine Lufterscheinung am tyrrhenischen Meer. Ausland 1880, 1010-1012.

Weisse wellenartige Schleierbildung längs einer Landzunge bei Fiumicino, Tibermündung, wahrscheinlich auf Spiegelung zurückzuführen.

A. von Gifford. Lunar Rainbows. Nature XXII, 319 (L.).

In der Nacht des 19. Juli. Der Bogen dehnte sich fast vom Zenith bis zum Horizont aus, und war von weisser Farbe (keine prismatische Farben). Der Theil des Himmels, an dem der fast volle Mond stand war ganz klar.

J. J. Rogers. Spectre of the Brocken at Home. Nature XXII, 559 (L.).

J. Plateau. Die scheinbare Entfernung des Mondes. Naturf. 1880, 347; Bull. d. Brux. XLIX, 316.

Physiologisch; Schätzung der scheinbaren Entfernung nach dem Nachbilde auf 51 m.

C. A. Schott. Observations on atmospheric refraction and hypsometric formulae based on thermodynamic principles. Report U. St. Coast Surv. 1876, 1-41. Washington 1879.

Ergebnisse und Beobachtungen der terrestrischen Refraktion. München. 4°. 6 Mk. Bespr. von Günther Z. S. f. wissensch. Geogr. 1881, 29-31.

Stevenson. Beobachtungen über atmosphärische Refraktion im Azimuth. J. Scott Meteor. Soc. V. No. 49-52.

Kowalski. Recherches sur la réfraction astronomique. 8°. Kansas. Petersburg b. Becker. 1880. 5 M.

Socoloff. Sur le coéfficient thermométrique de la réfraction. Ann. de l'observ. d. Moscou. VII. H. 1. 1880.

E. Geleich (auch Gelrich gedruckt). Refraktion über die Unverlässlichkeit beobachteter Raumabstände. Mitth. aus d. Ges. d. Seews. p. 1-33. Wien b. Gerold.

E. J. Stone. On mean refractions. Monthl. Not. XL, 333 bis 349*. Von besonderem astronomischen Interesse.

Montigny. Recherches sur les changements de couleur qui caractérisent la scintillation. Brux. 1878, 1-13. Separatabdruck. Ueber diese Arbeit ist schon 1878 zu referiren. Naturf. 1878, 289; Bull. d. Brux. (2) XLV, 391.

MONTIGNY. Prédominance de la couleur bleue dans les observations de scintillation aux approches et sous l'influence de la pluie. Bull. d. Brux. 1879. 1. XLVII, 755.

LEEDS. New methods in actino-chemistry with their application to the sun, electric and magnesium light and to the actino-chemical analysis of the atmosphere. Proc. Amer. chem. soc. 3./1. 1880; Chem. News XLII, 44-45.

Herr L. hat schon 1879 eine neue aktinometrische Methode auf das Verhalten des Lichts gegen lösliche Jodide gegründet und eine Prioritäts-Reklamation gegen SMITH gegeben, die letzterer anerkennt. Cf.

A. R. LEEDS. Einwirkung verschiedener Lichtquellen (Sonnenlicht, elektrisches Licht, Magnesiumlicht) auf einige Jodide. Pharm. J. Trans. (3) IX, 1017.

A. SMITH. Reply to Dr. LEEDS's criticism. Chem. News XLII, 155-156.

— — Neue Methode zur Messung der aktinischen Lichtwirkung. Proc. R. Soc. XXX. No. 203. p. 355; Naturf. 1880, 303.

Mit Hilfe von Jodkalium, das, mit wenig Salpetersäure versetzt, von diffusem Licht noch nicht verändert wird.

CORNU. Die Grenze des ultravioletten Endes des Sonnenspektrums in verschiedenen Höhen. C. R. LXXXVIII, 1285. LXXXIX, 808. XC, 940; Z. S. f. Met. XV. 1880, 180-183; Naturf. 1880, 233-234; Beibl. 1880, 727. cf. andere Abschnitte und Theile der Fortschr.

STELLING. Photochemische Beobachtungen der Intensität des gesammten Tageslichts in Petersburg. WILD Rep. VI. 1879. cf. 1879 und andere Theile III, 16.

C. COHN. Vergleichung des Tageslichts mit Gaslicht und elektrischem Licht. Phot. Mitth. 1879. XVI, 231-232; Beibl. 1880, 280. (Beziehlich ihres Einflusses auf die Sehschärfe.)

J. TYNDALL. Sur la diathermansie de l'air. Examen critique d'un mém. de M. BUFF. POGG. Ann. CLVIII, 177; Mondes (2) LIII, 114-120. cf. VI, 42 A, auch bei IV, 24 B zu berücksichtigen.

Langley. Observations astronomiques à de grandes altitudes. Mondes (2) LIII, 311-313.

Reproduktion einer Arbeit aus dem Jahre 1878 in Beziehung auf Klarheit und Durchsichtigkeit der Atmosphäre in grossen, Höhen für astronomische Beobachtungen (Casa di Bosco, Aetna, Pike's Peak etc.). *Sch.*

D. Temperatur.

Hann. Zur Charakteristik der Temperatur-Anomalien der letzten fünf Jahre (1875—1879). Z. S. f. M. XV, 177-179†.

Aus den von der Deutschen Seewarte in den Ann. d. Hydr. u. Mar. Met. allmonatlich publicirten vergleichenden Uebersichten der Witterung in Nordamerika und Central-Europa und den Abweichungen für 1876—1879 vom vieljährigen Mittel in den monatlichen Uebersichten etc., aus der „Monthly Weather Review" der „Signal Office" in Washington, aus den Publicationen der verschiedenen meteorologischen Institute Europas und anderen in der Original-Abhandlung angegebenen Quellen hat Hann eine sehr instructive Tabelle der durchschnittlichen Grössen der Abweichung des jeweiligen Monatsmittels der Temperatur vom vieljährigen Mittel für Central-Europa, Skandinavien, Schottland, Island und Faröer, West-Grönland und das östliche Nordamerika zusammengestellt, aus welchen hervorgeht, dass die fünf Jahre 1875—1879 innerhalb dieses grossen Gebietes auch reich an bemerkenswerthen Temperatur-Anomalien sind. Wir können für die Einzelheiten der verschiedenen Anomalien nur auf die Tabelle selbst hinweisen. Nur eine sich aus ihr ergebende Thatsache möge erwähnt werden, nämlich die, dass die in Europa vorkommenden Kälte- oder Wärmeperioden von der Dauer eines halben Jahres und darüber sämmtlich mit dem November einsetzten; hiernach scheinen in der That die Monate Oktober und April die Wendemonate der Temperatur für Europa zu sein, wie schon Koeppen früher nachgewiesen hat. — Unter den 21 Fällen, in denen Nordamerika und Central-Europa gleichzeitig bedeutende Temperaturstörungen (über 1°) aufwiesen, war in 14 Fällen das Zeichen entgegengesetzt, in 7 dasselbe. (Vgl. KOEPPEN sub A p. 143.) *Bo.*

E. LOOMIS. Grosse Temperaturschwankungen in den Vereinigten Staaten von Amerika. SILLIM. J. (3) XX, 1-21†.

— — Great and sudden changes of temperature. Z. S. f. M. XV, 499-502†; Nature XXII, 594.

In seiner 13. Abhandlung der „Contrib. to Met." (s. sub J) untersucht Verfasser die verschiedenen ihm seit 1873 bekannt gewordenen Fälle von grossen Temperaturschwankungen in dem Gebiete der Vereinigten Staaten; es sind von 118 Stationen Differenzen von mindestens 40° F. = 22,2° C. zwischen dem Maximum und Minimum desselben Tages vorgekommen.

Zur Erklärung der Ursachen der plötzlichen Temperaturerniedrigungen hatte LOOMIS früher (1875) die Ansicht ausgesprochen, dass die Perioden grösserer Kälte eine Wirkung des Hinabsteigens kalter Luft aus den höheren Regionen der Atmosphäre seien. Nach einem Vergleiche der Beobachtungen zu Denver und Pikes Peak und von Mt. Washington und seiner unteren Umgebung giebt der Verfasser seine bisherige (überdies schon unhaltbare) Ansicht auf. *Bo.*

CH. MARTINS. Température de l'air, de la terre et de l'eau au jardin des plantes de Montpellier, 1852—77. Montpellier 1879. Ref. in Z. S. f. M. XV, 453-456†.

Verfasser giebt zunächst eine Uebersicht der seit 1851 regelmässig in der Stadt und im botanischen Garten angestellten Temperaturbeobachtungen. 1) Die mittlere Temperatur von Montpellier ist (corrig.) 13,6 oder aus den Mitteln der Extreme 13,42°. Es ergiebt sich hieraus: 2) Das Klima von Montpellier ist extrem gegenüber demjenigen der West-Pyrenäen und der ligurischen Küste; die tägliche Temperaturschwankung ist bedeutend, jeden Monat über 20°. — 3) Die Temperatur des Brunnenwassers ist niedriger als die der Luft. — 4) Das Klima im botanischen

Garten (im Freien) ist extremer als in der Stadt. — 5) Die Temperaturverhältnisse von Montpellier sind beeinflusst von den 700 bis 800 m hohen Cevennen, welche im Winter und Frühjahr mit Schnee bedeckt sind und von denen der NW-Wind, der „Mistral" auf die südliche Niederung herabstürzt. *Bo.*

STAPFF. Temperatur-Beobachtungen im St. Gotthard-Tunnel. Ref. in Z. S. f. M. XV, 331-332†. cf. Abschnitt Bodentemperatur.

Verfasser findet im Mittel aus 5 Bestimmungen in einem Abstand von mehr als 7000 m vom Nord- und Südportal des Tunnels, also fast im Centrum desselben als mittlere Gesteinstemperatur 30,4° (Grenzen 30,6° und 30,2°). Die Mächtigkeit des darüber lagernden Gebirges ist 1700 m. *Bo.*

Lufttemperatur zu Greenwich, 1849—1868, nach photographischen Registrirungen. Ref. in Z. S. f. M. XV, 465 u. 466†.

Eine aus 8 Tabellen zusammengezogene kleine Tabelle giebt für jeden Monat und das Jahr die aus 20jährigen Beobachtungen abgeleiteten mittleren Temperaturen, sodann die Temperatur des Thaupunkts und der ganz heiteren Tage, sowie die Abweichungen an ganz bewölkten Tagen, ferner die kältesten und wärmsten Stunden an ganz heiteren und ganz bewölkten Tagen; die täglichen periodischen Schwankungen, endlich die Bodentemperaturen in 6′, 12′ und 24′ Tiefe. Wir theilen hier nur die mittleren Monatstemperaturen in °C. mit.

Jan.	Febr.	März	Apr.	Mai	Juni
3,7	4,3	5,3	8,6	11,7	15,4

Juli	Aug.	Sept.	Okt.	Nov.	Dec.	Jahr
17,0	16,6	14,2	10,6	5,9	4,9	9,8

Bo.

H. TOYNBEE. Comparison between the temperature of the North Atlantic and of Great Britain in December

1877 and 1878. Quarterly Journal of the Met. Soc. V, 240; Z. S. f. M. XV, 248†.

Aus den Aufzeichnungen der Temperatur von Kapt. WATSON, Führer des Dampfers „Algeria" von der Cunard-Linie, bei der Aus- und Heimreise von Europa nach Amerika und zurück in den Monaten December 1877 und 1878 (vgl. Z. S. f. M. XV, 196) ergiebt sich, dass der Atlantische Ocean zwischen England und Nordamerika im December 1878 um 1,8° C. wärmer war als im December 1877, dass dagegen die Temperatur in England im December 1878 um $4^1/_2$° C. kälter war, als im December 1877. Dies zeigt, dass die gewöhnliche Annahme, dass die Wintertemperatur der europäischen Küsten von der Temperatur des angrenzenden Oceans direct abhängig sei, nicht ganz richtig ist. Dieselbe hängt vielmehr von der Luftdruckvertheilung ab, namentlich von der Lage der Barometermaxima, von welcher es abhängt, ob die barometrischen Minima solche Wege einschlagen, dass England die warme Luft des Oceans empfängt, oder nicht.

Bo.

Anomale niedrige Temperatur des December 1879 und Zunahme der Temperatur mit der Höhe.

1) J. HANN. Im mittleren und westlichen Theile Oesterreichs. Z. S. f. M. XV, 76-81; Naturf. 1880, 208-210; Mitth. d. d. ö. A. V. 1880, 53-59.

2) BILLWILLER. In der Schweiz. Z. S. f. Met. XV. 1880, 82-85.

3) SCHODER. In Würtemberg. Ib. 139.

4) MALY. Im böhmischen Mittelgebirge und Erzgebirge. Ib. 377.

5) LEMOINE. Im Bassin der Seine. Ib. 377; C. R. XC, 1083.

6) MARRIOTT. In England. Z. S. f. Met. XV, 288 (aus Qu. Met. Journ. 1880).

7) KÖPPEN. In Centraleuropa im Vergleich mit Nordamerika. Ann. d. Hydr. 1880, 167; Z. S. f. M. XV, 230.

8) Deutsche Seewarte. In verschiedenen Ländern Europas

und Vergleich mit Sibirien. Mon. Uebers. d. Witterung Jahrg. IV. 1879. Decbr.

Die ungewöhnlich niedrigen Temperaturen im December 1879 in Mitteleuropa sind von verschiedenen meteorologischen Autoritäten (s. oben sub 6 bis 8) mehr oder weniger eingehend discutirt worden; sie waren fast überall von höherem Luftdruck begleitet, und in denjenigen Gegenden, wo zugleich in der Tiefe und Höhe beobachtet werden konnte (s. sub 1 bis 6), wurde eine Zunahme der Temperatur beobachtet, so in Kärnthen und in der Schweiz. Nach Hann (sub 1) ist diese Temperatur ein weiterer Beweis für die schon früher von ihm entwickelte Ansicht (s. Ber. 1876), dass die Kälte in einem Barometermaximum nicht aus den höheren Schichten der Atmosphäre stammt (wogegen auch schon die Gesetze der Physik sprechen dürften), sondern dass sie ein Effekt der Wärmeausstrahlung bei heiterem Himmel und schneebedecktem Boden ist. Aus der „Vergleichenden Uebersicht der Witterung des December 1879 in Nordamerika und Centraleuropa" (Ann. d. Hydr. 1880, 166—168) ergiebt sich für die Temperaturvertheilung in letzterem Ländergebiete (s. sub 7), dass der December 1879 in Süddeutschland der kälteste Monat seit dem Jahre 1788 gewesen ist. Die intensive Kälte erstreckte sich aber hier nur auf die relativ tieferen Ebenen und Thäler. Auf dem Rigi und Gäbris z. B. herrschte vorwiegend Thauwetter, während an ihrem Fusse die Temperatur zwischen —4° und —9° betrug. Die Abweichungen der Monatsmittel von dem Normalmittel betrugen in den einzelnen Distrikten von Centraleuropa: Im Norddeutschen Tiefland: —4,0° bis —5,4°; im mitteldeutschen Hügelland: —5,3 bis —7,4° (westl. Theil); in Süddeutschland: —9° bis —11°; in Oesterreich: —4° bis —9°; in der Schweiz unter 500 m: —7,2°; über 1800 m: —2,2°. In dem nordwestlichen Theile von den Vereinigten Staaten war die Temperatur im December 1879 gleichfalls unter dem normalen Mittel, im südöstlichen Theile aber über demselben.

In der „Monatlichen Uebersicht der Witterung für December 1879" (s. sub 8) wird u. A. nachgewiesen, dass die Vertheilung der Wärme im December 1879 über ganz Europa grosse Anomalien zeigte. Das Gebiet der grössten Kälte lag im südlichen Bayern (Landshut −13,4° Monatsmittel); während aber in fast allen Ländern von Central- und Südeuropa die Monatstemperaturen beträchtlich unter der normalen blieben, hatten das nördliche Skandinavien positive und Nordrussland nur sehr schwache negative Abweichungen. In Sibirien bis zu den Küsten des Stillen Oceans waren die Monatstemperaturen beträchtlich über dem Mittel (1°—6°). Aus der Discussion der normalen Temperaturverhältnisse des December 1879 über dem europäisch-asiatischen Kontinent in den mittleren und höheren Breiten ergiebt sich der Gegensatz des kälteren West- und Centraleuropa zu dem wärmeren Osteuropa und Sibirien. *Bo.*

Ausführlichere Angabe der Litteratur hierzu.

CH. ANDRÉ. Sur l'interversion des températures de l'air avec l'hauteur. C. R. XC, 1161-1163; Mondes (2) LII, 34-35.

W. MARRIOTT. On the frost of december 1879 over the British Isles. Meteor. Soc. 18./2. 1880; Nature XXI, 435; Z. S. f. Met. XV, 288; Chem. News XLI, 99-100.

FOREL (WARD). Température pendant le mois de décembre 1879. Arch. sc. phys. (3) IV, 385-387.

Zur Temperaturvertheilung im December 1879. Z. S. f. Met. XV, 230-231.

G. LEMOINE. Variations de la température avec l'altitude pour les grands froids de décembre 1879 dans le bassin de la Seine. Mondes (2) LI, 842; C. R. XC, 1083 bis 1085; Z. S. f. Met. 1880, 377.

J. HANN. Ueber die Temperaturverhältnisse des December 1879. Z. S. f. Met. 1880. XV, 76-81.

R. BILLWILLER. Temperatur und Luftdruckverhältnisse in der Schweiz während der Kälteperiode im December 1879. Z. S. f. Met. 1880. XV, 82-85.

Ueber den Winter 1879/1880.

Betrachtungen über den Winter 1880. Ausland 1880, 372 bis 375.

Hajech. Comparison of the winter 1879|80 with the preceding one in Milan. Rend. Lomb. (2) XIII. H. 3. p. 78.

Betrachtungen über die heurige Winterstrenge. Ausland 1880, 439-440.

Lavaud de Lestrade. Études sur quelques phénomènes météorologiques de l'hiver 1879|80 à Clermont et au Puy de Dôme. Mondes (2) LII, 864.

Renou. Note sur l'hiver de 1880. Ann. d. l. soc. météor. d. France XXVIII, 1. 2.

Der Winter 1879|80 an der Südküste der Krim. Z. S. f. Met. XV, 231-232.

G. Rohlfs. Weitere Betrachtungen über den Winter 1880. Ausl. 1880, 457-458.

Les grands froids à propos le l'hiver 1879—1880. Mondes (2) LI, 116-120.

Alluard. Hiver de 1879—1880 à Clermont et au Puy de Dôme. C. R. XC, 795; Z. S. f. Met. 1880. XV, 472; Ann. d. l. soc. mét. d. France XXVIII. 1. 2. 1880.

Al. Supan. Die Vertheilung der jährlichen Wärmeschwankung auf der Erdoberfläche. Z. S. f. wiss. Geogr. I. 1880, 141-156†. Mit einer Karte.

Verfasser hat hier zum ersten Male den Versuch gemacht, die Vertheilung der jährlichen Wärmeschwankung auf der Erdoberfläche d. h. die Temperaturdifferenz des wärmsten und des kältesten Monats graphisch darzustellen. Es ergab sich dabei, dass die Linien gleicher Wärmeschwankung (Isotalantosen nach Supan) sich mit grosser Genauigkeit von 5° zu 5° C. ziehen lassen. Gestützt auf ein reiches Beobachtungsmaterial untersucht

Verfasser in dieser Abhandlung zunächst die vertikale Vertheilung der jährlichen Wärmeschwankung, wobei er Berg- und Plateauklima unterscheidet; sodann wird die horizontale Vertheilung derselben discutirt und dabei unterschieden: 1) das See- bez. das Aequatorialklima mit einer jährlichen Wärmeschwankung unter 15° C.; 2) das Uebergangsklima mit einer solchen von 15°—20°; 3) das Landklima mit einer solchen von 20°—40°; und 4) Excessives Landklima mit einer solchen von über 40°.

Verfasser zieht aus seinen Darlegungen folgende Schlüsse:

1) Die jährliche Wärmeschwankung nimmt vom Aequator gegen die Pole und von der Küste gegen das Innere des Landes zu. 2) Die Maxima der jährlichen Wärmeschwankungen fallen auf der Nordhemisphäre mit den winterlichen Kältepolen zusammen, wie überhaupt die Isotalantosen sich enger an die Januarisothermen anschliessen. 3) Die jährliche W.-Schwankung ist durchschnittlich auf der nördlichen Halbkugel grösser als auf der südlichen unter gleichen Breiten; die Differenz steigert sich mit der Annäherung gegen die Pole. 4) In den mittleren und höheren Breiten beider Hemisphären — mit alleiniger Ausnahme von Grönland — ist die jährliche Wärmeamplitüde an den Westküsten kleiner als an den Ostküsten; auf unserer Hemisphäre ist nördlich vom 30. Parallel das See- und Uebergangsklima nur auf die Westküsten beschränkt. 5) Im Gebiet des Land- und Uebergangsklimas nimmt die jährliche W.-Schwankung im Gebirge entschieden mit der Höhe ab und nimmt infolge dessen das Bergklima den Charakter des Seeklimas an; im Gebiete des See- und Aequatorialklima's tritt stellenweise der entgegengesetzte Fall ein, ohne dass eine bestimmte Gesetzmässigkeit in dieser Erscheinung bislang nachweisbar ist. 6) Auf der grossen Massenerhebung der Erdkruste ist die vertikale Abnahme der jährlichen W.-Schwankung entweder sehr gering oder sogar in Zunahme. *Bo.*

A. F. Prestel. Die niedrigste und höchste Temperatur von 1836—1877 auf dem Observatorium in Emden. 1-49. Emden naturf. Ges. 1879.

— — Höchste und niedrigste Tagestemperaturen von 1836—1877 zu Emden. Kl. Schrift. d. naturf. Ges. in Emden. XVIII. 1879; Z. S. f. M. XV, 511.

Wir entnehmen hier dieser Schrift nachstehende Werthe für die absoluten Maxima und Minima der Temperatur in den mittleren täglichen Extremen von 1836—1877.

Absol.	Jan.	Febr.	März	Apr.	Mai	Juni
Max.	12,4	15,0	18,2	27,3	28,8	36,3
Min.	—18,7	—17,5	—17,8	—5,6	—2,8	2,0

Absol.	Juli	Aug.	Sept.	Okt.	Nov.	Dec.	Jahr
Max.	36,5	36,2	28,8	25,0	16,1	12,5	36,5
Min.	6,4	6,0	1,5	—3,5	—12,5	—18,1	—18,7

		Jan.	Febr.	März	Apr.	Mai	Juni
Mittl. tägl.	Max.	2,0	3,5	6,5	11,6	16,5	20,0
	Min.	—1,6	—1,0	0,7	4,2	8,1	12,0
	Ampl.	3,6	4,5	5,8	7,4	8,4	8,0

		Juli	Aug.	Sept.	Okt.	Nov.	Dec.	Jahr
Mittl. tägl.	Max.	21,0	21,2	17,0	13,1	6,8	3,5	11,7
	Min.	13,6	13,7	10,9	7,4	2,5	0,2	5,7
	Ampl.	7,4	7,5	6,9	5,7	4,3	3,3	6,0

Bo.

Reinhold Kleemann. Absolute und mittlere monatliche Extreme zu Halle 1851|77. Aus: Klima von Halle. Theil I. Ref. in Z. S. f. M. XIV, 488. XV. 1880, 453.

Zum Vergleich mit den obigen Werthen für Emden, theilen wir hier die aus 27jährigen Beobachtungen zu Halle abgedruckten Werthe mit:

Absol.	Jan.	Febr.	März	Apr.	Mai	Juni
Max.	15,8	16,0	19,8	36,9	31,0	34,3
Min.	—25,0	—23,3	—13,6	—5,8	—0,9	7,1

Absol.	Juli	Aug.	Sept.	Okt.	Nov.	Dec.	Jahr
Max.	35,8	34,6	33,3	27,5	18,5	15,8	35,8
Min.	9,3	10,4	1,0	−7,3	−13,8	−25,5	−25,5

	Jan.	Febr.	März	Apr.	Mai	Juni
Mittl. monatl. Max.	9,6	9,8	14,9	21,3	26,5	29,6
Min.	−10,0	−10,8	−6,3	−1,1	3,2	9,7

	Juli	Aug.	Sept.	Okt.	Nov.	Dec.	Jahr
Mittl. monatl. Max.	31,0	30,4	26,4	20,9	12,8	10,2	32,5
Min.	11,7	10,3	4,5	−0,3	−6,6	−10,7	−15,7

Bo.

P. BROUNOW. Ueber die anomalen Temperatur-Verhältnisse in Russland im Jahre 1878. Beil. z. meteor. Bulletin d. Phys. Central-Observat. zu St. Petersburg vom 18./30. August 1879; Z. S. f. M. XV, 90-99.

Aus Veranlassung der excessiv niedrigen Temperaturen im Juli 1878 (seit 123 Jahren der kälteste Juli in Petersburg) bis Anfang August und der ausserordentlich warmen Monate Oktober 1877 bis Februar 1878 im europäischen Russland und Westsibirien, hat Verfasser den Verlauf der Witterung in diesen Ländern im Jahre 1878 näher untersucht und in der Originalabhandlung für jeden Monat eine Karte der Abweichungen der mittleren Monatstemperaturen von den aus vielen Jahren abgeleiteten normalen Monatstemperaturen angefertigt. Verfasser bringt diese Wärmeanomalien mit dem Auftreten und dem Verlaufe der Barometerminima in Europa im Laufe des Jahres 1878 in Zusammenhang. Der für diese Anomalien bemerkenswertheste Monat Juli wird hauptsächlich charakterisirt durch geringen Luftdruck, starke Bewölkung, Regen und niedrige Temperatur, ausserdem noch durch die in der ganzen Westhälfte Europa's vorherrschenden N-Winde, oft von bedeutender Stärke. *Bo.*

Contributions to our Knowledge of the Meteorology of the Arctic regions. Part I. London 1879. Ref. in Z. S. f. M. XV, 245.

Enthält u. a. Temperaturtabellen für Frederikshaab (vgl. auch Temperaturmaxima an diesem Ort. Z. S. f. M. XV, 374), York Factory, Fort Confidence (Gr. Bärensee), Repulse Bai (Fort Hope). Vgl. folgenden Artikel. *Bo.*

G. v. BOGUSLAWSKI. Vergleichende Temperaturbeobachtungen während verschiedener Ueberwinterungen arktischer Expeditionen. Ann. d. Hydr. 1880, 390-395†.

Zum Vergleiche der während der Vegaexpedition (s. VI, 45 B 1881) 1878—1879 in dem Winterquartier zu Serdze Kamen gemachten Temperaturbeobachtungen werden die mittleren Monatstemperaturen, die Maxima und Mimima an folgenden Stationen mitgetheilt und discutirt: zu Floeberg-Beach und Discovery-Bai (1875 bis 1876), Polaris-Bai (1871—1872), Fort Hope, Repulse-Bai (1853—1854), Sabineinsel (1869—1870), Griffithinsel (1850 bis 1851), bei und auf Franz Josefland (1873); ferner zu Fort Confidence (1850—1851), in der Batty-Bai (1851—1852), in der Assistance-Bai (1850—1851), im Boothia-Golf (1829—1832), in Northumberland (1852—1853), im Kennedyhafen (1858—1859).

Die niedrigste Temperatur ist zu Floeberg-Beach (82° 27' N. Br. und 61° 22' W. Lg.) im Februar 1876 zu —58,8° C. beobachtet worden; die Jahrestemperatur daselbst betrug —19,8°.

Bo.

PERRY. Temperatur der Kerguelen-Insel 1874|1875. Ann. d. Hydr. 1880, 538 aus Rep on the Met. of Kerguelen-Insel 1879†.

In den antarktischen Sommermonaten (Novemb. bis Febr.) 1874—1875 betrug nach den Beobachtungen der englischen astronomischen Station (zum Beobachten des Venusdurchganges im December 1874) die Temperatur im Royal Sound an dem Ostende der Kergueleninsel in $49^1/_2$° S. Br. im Durchschnitt 6,4°, das Minimum war —1,9° im November und das Maximum +12,2 im Februar. *Bo.*

Temperatur-Abweichungen des Jahres 1879 in Schottland, Norwegen und Schweden. Ann. d. Hydr. 1880, 219†.

Die in einer Tabelle für diese drei Länder mitgetheilten Zahlenwerthe der Temperaturabweichungen ergeben, dass, mit Ausnahme des nördlichen Schwedens, der Nordwesten Europa's im Jahre 1879 eine erheblich niedrigere Temperatur hatte, als der Durchschnitt beträgt. (Vgl. S. 195). *Bo.*

Franz Augustin. Einfluss der Bewölkung auf den täglichen Gang der Temperatur in Prag. Sitzungsber. d. böhm. Ges. d. Wiss. zu Prag 1880, 1. Sep.-Abz. 1-15†. Auszug in Naturf. 1880, 377 u. 378; Z. S. f. Met. 1881, 164.

Die Angaben über die Bewölkungsverhältnisse zu Prag in der Zeit von 1840 bis 1877 siehe unten G, H.

Aus den Tabellen über die gleichzeitigen Temperatur- und Bewölkungsbeobachtungen ergeben sich hinsichtlich der ersteren folgende allgemeine Sätze: 1) Die Extreme der täglichen Temperaturperiode werden durch die Wolkendecke abgeschwächt; — 2) Die Amplitude der täglichen Temperaturoscillation ist im Mittel grösser an heiteren als an trüben Tagen; — 3) Die Eintrittszeiten der Temperaturextreme in der täglichen Periode stellen sich für das Minimum und das Maximum an trüben Tagen früher ein, als an heiteren. (Die diesem widersprechenden Angaben Wild's s. Berl. Ber. 1877, 1150 werden weder durch Weilenmann, noch durch Quetelet und Rikatscheff bestätigt); — 4) Auch die Mitteltemperaturen treten im ganzen an heiteren Tagen später auf als an trüben; — 5) Die Zeit des raschesten Ganges der Temperatur in der täglichen Temperaturperiode wird durch die Bewölkung mehr beim Fallen als beim Steigen beeinflusst; — 6) Der tägliche Temperaturgang ist viel rascher, beträchtlicher und auch regelmässiger bei klarem Himmel als bei bewölktem; — 7) Die mittlere, aus heiteren Tagen berechnete Jahrestemperatur ist etwas grösser, als die aus trüben Tagen berechnete. Das Mittel aus 836 heiteren Tagen (1840—1878) beträgt nämlich 8,09°, das aus 2279 trüben Tagen 8,02°. Das 38jährige Jahresmittel (1840 bis 1878) ist für Prag 9,18°. Cf.

F. AUGUSTIN. Ueber den täglichen Gang der Lufttemperatur in Prag. Prag. Sitzungsber. 17./10. 1879, 408-444; Z. S. f. Met. 1881, 164. *Bo.*

E. u. H. BECQUEREL. Wirkung der Kälte auf die Temperatur des Bodens. C. R. LXXXIX, 1011; Naturf. 1880, 44.

Während der grossen Kälteperiode, die in Frankreich im November 1879 begann (s. p. 195), stellten die Verfasser Temperaturmessungen mittels elektrischer Thermometer in 10,7 und 20 m Höhe über kahlem und mit Rasen bewachsenem und mit Schnee bedecktem Boden und in Tiefen unter diesem Boden von 5, 10, 20, 30 und 60 cm an, in der Absicht, die durch die Kälte veranlassten Schwankungen der Bodentemperatur genauer zu verfolgen. Unter dem mit Rasen bedeckten Boden war vor wie nach dem Schneefall die Temperatur in allen Tiefen unterhalb 5 cm stets über 0°; unter dem kahlen Boden dagegen zeigten die Bodentemperaturen grosse Schwankungen sowohl vor als nach dem Schneefall. *Bo.*

CANTONI. Temperatur und Feuchtigkeit der Luft in der Nähe grosser Seen. Rendic. R. Inst. Lomb. (2) XII. 1879, 935; Naturf. 1880, 129 u. 130†.

Der Hauptgegenstand dieser Abhandlung ist die Erklärung der schon öfters beobachteten Erscheinung, dass die Luft über einem grösseren See (im vorliegenden Falle der Como-See) weniger feucht ist, als die über dem offenen Felde entfernt von demselben.

Wir erwähnen hier nur kurz die mit dieser Erscheinung in causalem Zusammenhang stehenden Temperaturverhältnisse, wie sie CANTONI über und bei dem Como-See im Herbst 1879 beobachtet hat. — Die Temperatur der Luft, wenig über dem Spiegel des Sees ist in den ersten Morgenstunden um einige

Zehntel Grad niedriger, als die des Wassers. Ist der Tag heiter, so erwärmt sich die Luft allmählich, ohne aber selbst in den wärmeren Tagesstunden die Wassertemperatur um 3° zu übersteigen. Dann sinkt die Temperatur mit dem Niedergang der Sonne, aber nur um wenige Zehntel niedriger zu werden, als die Temperatur des Wassers. *Bo.*

Litteratur.

A. WOEIKOF. Why the air at the equator is not hotter in January than in July. Freezing of the Neva. Nature XXI, 249-250 (L); SILLIM. J. (3) XIX, 232.

— — On the various causes of perturbations in the diurnal changes of temperature. VI. Russ. naturf. Congress.

J. CROLL. Why the air at the Equator is not hotter in January than in July. SILLIM. J. (3) XIX, 142-144; Nature 11./12. 1879.

F. W. STOW. Up-bank Thaw. Quart. J. of the Met. Soc. V, 64-72; Z. S. f. Met. 1880, 200; cf. ib. 81.

Es werden einzelne Fälle angeführt, wo Thauwetter zuerst in der Höhe eintrat, und die Luft auf den Höhen milder war, während in der Niederung Kälte herrschte. Up-bank Thaw das frühere Eintreten warmer Thauwinde in der Höhe. Discussion darüber.

A. FOREL. Une barre thermique. Arch. sc. phys. (3) IV, 372-373.

B. A. GOULD. Use of the sine formula for the diurnal variation of temperature. SILLIM. J. (3) XIX, 212-220.

G. GRASSI. Ueber die Berechnung der mittleren Tagestemperatur in Italien. Meteor. Ital. Mem. e Not. 1878. H. 1-5.

— — Ueber die Temperatur der Luft in verschiedenen Höhen und über die Reduktion der Barometerstände auf das Meeresniveau. Meteor. Ital. Mem. e Not. 1878. H. 1 bis 5.

Temperatur-Beobachtungen an einzelnen Orten. Vgl. auch VI, 42 J Klimatologie und vermischte Beobachtungen.

Borenius. Medeltemperaturen och nederbören i Helsinfors under aret 1878. Ofv. Finska Ak. Forh. XXI 1878 u. 1879.

Ch. Coppock. High temperature in Adelaide 20.|1. 1881, 172° F. in sun, 113,5° in shade. Nature XXI, 445 (L).

Davila. La temperatura en Santa Cruz. Bol. Inst. Geogr. Argent. 1880. No. 2. p. 125-131.

João Capello. Temperatura do Ar em Lisboa 1856|75. Annaes do Obs. Luiz. 1878; Z. S. f. Met. XV, 37-38.

Ausführliche Tabellen und Diskussion derselben.

A. Borius. Le climat de Brest. I. Température et pluie. p. 1—104. Z. S. f. Met. 1880, 456-457.

Ausgezeichnet durch milde Winter. Regenmenge 904 mm. Gedeihen vieler exotischer Pflanzen. 11,7° C. mittlere Jahrestemperatur.

G. Grassi. Ueber den jährlichen Gang der Temperatur in Italien. Meteor. Ital. Mem. e Not. 1878. H. 1-5.

W. T. Williams. The winter climate of Davos. Chem. News XLI, 293; Nature XXII, 235*; Meteor. soc. 16./6. 1880.

Watson. Thermometric observations on board the Cunard Algeria. Qu. J. of met. Soc. V, 72; Meteor. soc. 17./3. 1880; Z. S. f. Met. XV. 1880, 196. cf. oben p. 194.

W. F. Caborn. Thermometrical observations on boardship. Meteor. Soc. 17./11. 1880.

Temperatur und Regen am Rio Madeira zu San Antonio. Z. S. f. Met. 1880, 492 aus Verh. d. Ges. f. Erdk. VII, 213 Mathews: Up the Amazon and Madeira Rivers through Bolivia and Peru. London 1879. Jahrestemperatur 26° C. Regenmenge 2318 mm. Tiefe des Fluthwassers am grössten im März 46′ e., am niedrigsten im August 7′.

Temperature in Canada. Nature XXIII, 183. (Plötzlich strenge Kälte am 19. Nov. bis —10° F.)

S. Kostlivy. Der tägliche und jährliche Gang der Temperatur zu Port Said und Suez. Wien. Ber. (2) LXXVII, 533-569.

Cutts. Results of observations at Sherman station. Bull. Philos. Soc. Wash. I. 1874, 70-73.

W. Marriott. Thermometric observations. Nature XXI, 384; J. meteor. Soc. Oct. 1879.

Temperaturbeobachtung au verschieden beschaffenen, nahe benachbarten Lokalitäten.

Olbers. Ueber die mittlere Wärme in Bremen. Abh. d. naturw. Ver. zu Bremen. VI. H. 2 u. 3. 1879/80.

Temperaturmaxima in Grönland. Z. S. f. Met. 1880, 374 bis 375.

Wild. Atlas des isothermes de l'année et des mois pour la Russie. Mondes (2) LII, 376; C. R. XC, 1585. Cf. 1877.

Temperature in India. Athen. (1) 1880, 285.

Allgemeines über Temperaturbeobachtungen.

C. H. D. Buys Ballot. Sur la marche annuelle de la température en quelques lieux d'Europe et sur la mesure de sa variabilité. Arch. Néerl. XV. H. 1, 75-112; Z. S. f. Met. 1881, 404-407. Cf. 1881.

Die Wärmevertheilung in Europa. Ausl. 1880, 751-754.

L. Teisserenc de Bort. Étude sur la distribution relative des températures et des pressions moyennes. Paris. Gauthier-Villars 1879; Z. S. f. Met. XV. 1881, 461-463. Cf. a. a. O.

Guthrie. Thermal twilight. Chem. News XLI, 292; Phys. Soc. 12./6. 80.

S. Haughton. On the total annual heat received at each point of the earth's surface from the sun and on the amount of the loss of that heat caused by radiation into space neglecting the effect of the atmosphere. Proc. Dublin Soc. II, 1. 92-101. Oct. 1878.

A. Vogt. Wirkung der Wärmestrahlen der Sonne auf die Hauswandungen. Naturf. 1880, 106-107; Z. S. f. Biol. XV, 603.

E. Luftdruck und Höhenmessungen.

L. LANCASTER. Luftdruck zu Brüssel. Z. S. f. Met. XV, 31†.

Unter Berichtigung früherer durch Rechenfehler entstellter Angaben werden die folgenden Mittel und Extreme des Barometerstandes zu Brüssel mitgetheilt.

Mittel aus zweistündigen Beobachtungen. 1842—1876. +700 mm:

Dec.	Jan.	Febr.	März	April	Mai	Juni
57,0	56,2	56,7	55,1	55,5	55,8	56,8

Juli	Aug.	Sept.	Okt.	Nov.	Jahr
56,8	56,5	56,9	54,9	55,6.	756,1

Absolute Extreme. 1833—1876.

Dec.	Jan.	Febr.	März	April	Mai	Juni +700 mm
76,4	78,2	78,7	77,5	71,6	70,9	69,6
20,5	24,1	25,2	20,7	31,4	37,6	38,7

Juli	Aug.	Sept.	Okt.	Nov.	Jahr
68,5	68,8	71,2	75,3	76,6	778,7
39,5	27,4	26,1	24,6	29,7	720,5

Absolute Schwankung.

Dec.	Jan.	Febr.	März	April	Mai	Juni
55,9	54,6	53,5	56,8	40,2	33,3	30,9

Juli	Aug.	Sept.	Okt.	Nov.	Jahr
29,0	41,4	45,1	50,7	46,9	58,2

Das absolute Maximum trat ein am 11. Februar 1849, das absolute Minimum am 10. December 1872. *T.*

DE BRITTO CAPELLO. Pression atmosphérique à Lisbonne 1856|75. Z. S. f. Met. XV, 35-36†.

Nach dem Referate in der Z. S. f. Met. enthält die Publikation auf 12 Quartseiten nebst graphischen Darstellungen eine Diskussion des jährlichen und täglichen Ganges des Luftdrucks, sowie der unregelmässigen Schwankungen desselben, gegründet auf die 20jährigen Beobachtungen der Periode 1856—1875. Von 1856 bis Ende 1863 wurden die Beobachtungen täglich viermal angestellt um 9 h, 12 h, 3 h, 9 h, seit Januar 1864 funktionirt ein photographisch registrirender Barograph. Den jährlichen Gang berechnet der Verfasser aus den Pentadenmitteln mittelst der BESSEL'schen Formel. Die Wendepunkte im jährlichen Gange sind:

1. Maximum.	1. Minimum.	2. Maximum.
757,6 am 11. Jan.	753,4 am 23. April	755,3 am 3. und 4. Juli
2. Minimum.	3. Maximum.	3. Minimum.
754,7 am 22. u. 23. Aug.	754,8 am 19. u. 20. Sept.	754,1 am 4. Nov.

Aus dem im Original für jeden Monat aus den 12jährigen Registrirungen abgeleiteten täglichen Gange des Luftdruckes folgt im Mittel für beide Hauptjahreszeiten das folgende bemerkenswerthe Resultat:

	Winter	Sommer
Das Barometer sinkt vom Morgenmax. zum Nachmittagsmax.		
	1,33 mm in 4,4 h	0,95 mm in 7,2 h
Das Barometer steigt vom Nachmittagsmin. zum Abendmax.		
	0,83 mm in 8,4 h	0,79 mm in 4,6 h
Das Barometer sinkt vom Abendmax. zum Morgenmin.		
	0,68 mm in 5,5 h	0,68 mm in 6,0 h
Das Barometer steigt vom Morgenmin. zum Nachmittagsmax.		
	1,18 mm in 5,4 h	0,85 mm in 6,2 h

Aus derselben folgt das, wie der Verfasser auch besonders hervorhebt, der gewöhnlichen Theorie widersprechende Resultat, dass die Barometerschwankung im Winter zu Lissabon grösser ist als im Sommer. *T.*

EATON. Täglicher Gang des Luftdruckes in England.

Z. S. f. Met. XV, 189-190†; Qu. J. of the Met. Soc. IV. April 1878.

Der tägliche Gang des Luftdruckes an den 7 Stationen, für welche continuirliche Aufzeichnungen von Barographen seit 1876 vorliegen, zeigt zwei Typen; in dem einen ist das Morgenminimum, in dem andern das Nachmittagsminimum am stärksten entwickelt, entsprechend dem mehr maritimen oder mehr continentalen Klima. Bei stärker entwickeltem Morgenminimum tritt das Vormittagsmaximum später ein. Zu Kew, wo der continentale Typus am meisten entwickelt ist, erreicht das Barometer das

Maximum um 9 h 55 m a. m., 1 h 45 m früher als zu Valentia und 1 h 25 m früher als zu Falmouth, den beiden dem Einfluss des Oceans am meisten ausgesetzten Stationen. An der Inlandsstation zu Armagh 230 miles von Valentia, d. i. fast in gleicher Distanz wie Falmouth von Kew, tritt das Maximum um 10 h 35 m a. m. ein, 1 h 5 m früher als zu Valentia.

Wenn man die Stationen nach dem Unterschied zwischen dem Vormittags- und Nachmittagsmaximum ordnet, so zeigt sich, dass auch die tägliche Amplitude der Temperaturschwankung mit diesem Unterschiede zu- oder abnimmt, wie folgende Reihe zeigt:

	Falmouth	Valencia	Aberdeen	Glasgow
Morgenmin. — Nachmittagsmin.	—0,28	—0,23	+0,03	+0,13 mm
Tägl. Temperaturschwankung	2,7°	2,8°	3,1°	3,7°

	Armagh	Stonyhurst	Kew
Morgenmin. — Nachmittagsmin.	+0,15	+0,20	+0,25 mm
Tägl. Temperaturschwankung	3,8°	4,0°	5,2°

Die ungleiche Höhe, in welcher die Thermometer aufgestellt sind, hat allerdings auf dieses Resultat einigen Einfluss. Mit dieser Reserve verdient auch hervorgehoben zu werden, dass unter dem Einflusse der See das Minimum der Temperatur sich verspätet. Es tritt ein zu: Falmouth 5 h 50 m a. m.; Valentia 5 h 45 m; Armagh 5 h 35 m; Glasgow 5 h 20 m; Stonyhurst 4 h 35 m; Kew 4 h 20 m. *T.*

F. Chambers. Diurnal variations of the barometric pressure in the British Isles. Qu. J. of meteor. Soc. V, 133-136; Z. S. f. Met. XV. 1880, 195-196†.

Verfasser will nachweisen, im Anschluss an die vorstehende Arbeit, dass der Unterschied des täglichen Gangs des Barometers an den Inland- und an den Küstenstationen durch die Uebereinanderlagerung einer täglichen Variation des Luftdrucks entsteht, wie sie zur Entstehung der täglichen Land- und Seewinde und als allgemeiner Typus der täglichen Variation des Barometers überhaupt angenommen werden muss. *Sch.*

STORKS EATON. Average height of the barometer in London. Meteor. Soc. 16./6. 1880; Z. S. f. Met. 1881. XVI, 157-158†.

— — On the average height of the barometer in London. T. n. Athen. 1880. (1) 829; Meteor. Soc. 16./6. 1880; Nature XXIII, 184.

Der Artikel enthält die einzelnen sorgfältig corrigirten Monatsmittel des Luftdrucks zu London für die Periode Januar 1774 bis August 1781 und Januar 1787 bis December 1879. Die Hauptresultate der Untersuchung sind die folgenden:

100jährige Mittel des Luftdruckes zu London im Meeresniveau 700 mm +.

Dec.	Jan.	Febr.	März	April	Mai	Juni
60,5	60,7	61,0	60,9	60,3	61,1	61,9

Juli	Aug.	Sept.	Okt.	Nov.	Jahr
61,1	61,4	61,2	59,7	59,5	60,77.

Extreme Monatsmittel.

Dec.	Jan.	Febr.	März	April	Mai	Juni
72,7	71,1	72,2	70,5	69,8	67,2	66,0
49,0	51,4	49,3	51,2	51,6	56,6	55,2

Juli	Aug.	Sept.	Okt.	Nov.	Jahr
68,1	66,6	68,2	68,8	70,6	63,9
55,1	55,2	54,2	51,1	50,2	57,6.

Absolute Schwankung in mm.

Dec.	Jan.	Febr.	März	April	Mai	Juni
23,7	19,7	22,9	19,3	18,2	10,6	10,8

Juli	Aug.	Sept.	Okt.	Nov.	Jahr
13,0	11,4	14,0	17,7	20,4	6,3.

T.

P. ANDRIES. Ueber die Ursache des niedrigen Luftdrucks auf der südlichen Halbkugel. Z. S. f. Met. XV. 1880, 53-56†; Naturf. 1880, 178-180.

Auf Grund der HANN'schen Vorstellungen über die Neigung der Niveauflächen sucht der Verfasser die Ursache des niedrigen Luftdrucks auf der südlichen Halbkugel aus dem verhältnissmässigen Mangel der Continente und dem Umstande zu erklären, dass die Temperatur in feuchter Luft mit der Höhe langsamer abnimmt als in trockner. Die nördliche Halbkugel sei von einem grösseren Luftquantum umgeben als die südliche und es fliesse nach der ersteren auch jetzt noch beständig mehr Luft hin. Auf der nördlichen Halbkugel finden nur lokal ähnliche Verhältnisse statt, wie auf der südlichen z. B. bei Island und den Aleuten, Gegenden, in denen ebenfalls geringer Luftdruck herrscht. *T.*

JORDAN. Ermittlung einer empirischen Barometerformel. Z. S. f. Met. XV, 162-167†.

Verfasser berechnet zunächst die zehnjährigen Temperaturmittel für 1869—1878 von 26 Württembergischen und 14 Badischen Stationen durch die folgende Interpolationsformel nach der Methode der kleinsten Quadrate:

$$A = 11{,}31 - 0{,}943\left(\frac{h}{100}\right) + 0{,}0307\left(\frac{h}{100}\right)^2 + 0{,}88(\varphi - 49^0).$$

Dabei bedeutetet A die Temperatur in Celsiusgraden, h die Meereshöhe in Metern, φ die geograpische Breite in Graden. Nach einer Diskussion dieser Formel sucht der Verfasser die Höhe der betreffenden Stationen zunächst durch die Formel darzustellen

$$h = X(\log Y - \log B_0)(1 + zt),$$

wo X, y, z zu bestimmende Constanten, B_0 den wegen der Schwere corrigirten Barometerstand und t die Temperatur bezeichnet. Das Resultat der Rechnung wird indessen wegen des sich ergebenden Werthes $z = 0{,}0079 \pm 0{,}0032$ verworfen, da wegen der wenig von einander abweichenden Werthe von t die sich ergebende Unsicherheit von z zu gross ist, und der wahrscheinlichste Werth von z zu sehr von dem bekannten abweicht. Die auf's Neue nach der Formel

$$h = X.(\log Y - \log B_0)(1 + 0{,}003665t)$$

nach der Methode der kleinsten Quadrate wiederholte Rechnung ergab

$$h = 18517(\log 762{,}56 - \log B_0).(1 + 0{,}003665t),$$

wobei der mittlere übrigbleibende Höhenfehler ± 3 m wird. Diese Formel stimmt sehr gut mit der allgemeinen barometrischen Theorie, wenn man eine mittlere Jahresfeuchtigkeit von etwa

8 mm mit der Constanten X zusammenzieht. Natürlich gilt dieselbe nur für die Beobachtungsverhältnisse, welche ihr zu Grunde liegen. Die Beobachtungen von B und t sind täglich dreimal um 7 h, 2 h und 9 h gemacht und die Mittel in der Weise gebildet, dass bei den Barometerständen die Beobachtungen um 2 h, bei den Temperaturen diejenigen um 9 h mit doppeltem Gewicht genommen wurden. Uebrigens sind die zu Grunde liegenden absoluten Höhen wenigstens für Baden ebenfalls noch mit merklichen Fehlern behaftet. *T.*

STRACHAN. Diurnal range of barometer. Z. S. f. Met. 1880, 512; Engineering XXX, 13; Mondes (2) LIII, 20-21; Qu. J. of Met. Soc. 1880. Jan. VI.

Von SIMMOND's sind für 29 Stationen die Constanten der BESSEL'schen Formeln für den täglichen Gang des Luftdrucks für das Jahres- und Monatsmittel berechnet worden. Der Verfasser sucht die Abhängigkeit der einzelnen Constanten der Formeln von der geographischen Breite und Seehöhe festzustellen, doch ist das Resultat wesentlich ein negatives. *T.*

S. A. HILL. The annual variation of the barometer in India. Nature 1880. XXI, 513-514†.

Betrachtet man von der jährlichen Barometerschwankung nur das erste Glied der BESSEL'schen Formel, welches die langjährige Periode darstellt, so fällt das Maximum resp. Minimum dieses Theiles der Schwankung genau mit dem Minimum resp. Maximum der Temperatur zusammen. Dies gilt für jede Seehöhe, während die Zeiten der Maxima und Minima selbst mit der Seehöhe sich ändern. *T.*

H. F. BLANFORD. Ueber eine Compensation in den Variationen des mittleren Luftdrucks während eines Sonnenfleckencyclus zwischen Indien und Russland. Nature XXI, 477-482†; Z. S. f. Met. XV, 153-158†.

J. HANN. Bemerkungen dazu. Z. S. f. Met. XV, 158-162†.

Schon früher ist auf eine Oscillation des mittleren Luftdruckes hingewiesen worden, welche der Sonnenfleckenperiode zu entsprechen scheint. BLANFORD hat die Untersuchungen weiter ausgedehnt und theilt für die indischen Stationen: Calcutta, Bombay, Mauritius, Batavia, Singapore, Colombo und Port Blair theils die Abweichungen der Monatsmittel von den Gesammtmitteln der ganzen Periode, theils auch nur die Abweichung der Jahresmittel mit. Es zeigt sich dabei, dass das Maximum des Luftdruckes mit dem Minimum der Sonnenflecken nahezu übereinstimmt und umgekehrt. Die Stationen Bombay und Calcutta zeigen dies für 3 Sonnenflecken-Minima und 2 -Maxima.

Verbindet man hiermit die Untersuchungen KÖPPEN's, so fällt also der höchste Luftdruck mit der grössten Luftwärme zusammen und umgekehrt. In anderen Theilen des europäisch - asiatischen Continents tritt eine Oscillation des Luftdruckes von gerade entgegengesetztem Charakter auf, welche in Jekaterinenburg am ausgeprägtesten entwickelt ist. Zugleich zeigt sich, dass hier die Abweichungen im Winter viel grösser sind als im Sommer. Je weniger direct die Wirkung der Sonne, desto grösser ist also die Veränderlichkeit des Luftdruckes. Dem entsprechend zeigt sich die Sonnenfleckenperiode für die Wintermonate allein auch an anderen sibirischen Stationen weit ausgeprägter, als wenn man die ganzen Jahresmittel berücksichtigt. Für eine Erklärung der gefundenen Erscheinungen giebt der Verfasser nur einzelne Andeutungen.

In seinen Bemerkungen zur Abhandlung BLANFORD's weist HANN darauf hin, dass die Untersuchungen BLANFORD's eine volle Bestätigung seiner eigenen Deductionen geben, nach welchen die Wärmeänderung in der Tropenzone einen grossen Einfluss auf die Witterungsverhältnisse durch Verstärkung oder Schwächung der oberen Strömung der gemässigten und kalten Zone haben muss und dass es sehr wohl denkbar sei, dass positive Wärmeanomalien in den niedrigen Breiten von negativen Wärmeanomalien in den höheren Breiten begleitet sein könnten. Aus dieser Deduction folgt auch, dass die Wirkung der Tropengegenden in den Sommermonaten schwächer sein müsse, da dann die

Temperaturdifferenz eine geringere sei, in diesen finden also geringere Luftbewegungen und Schwankungen des Luftdruckes statt. Hann setzt dann weiter, zum Theil im Gegensatz zu Blanford, auseinander, wie eine Steigerung der Sonnenstrahlung auf die Abweichungen des Luftdruckes wirken muss. *T.*

C. Felberg. Ueber die unperiodischen monatlichen Schwankungen des Barometerstandes. Mit 2 Tafeln. Hamburg 1878. Archiv d. dtsch. Seewarte I. Jahrg. No. 3.

Es werden in dieser Abhandlung von 316 Stationen der nördlichen und südlichen Halbkugel der Erde die monatlichen Barometerschwankungen mitgetheilt nebst Angabe der Beobachtungsjahre, der Breite, Länge und Seehöhe des Beobachtungsortes und daraus für jeden Ort die Schwankungen des Luftdrucks für die beiden extremen Jahreszeiten der nördlichen Halbkugel, Winter (December, Januar, Februar) und Sommer (Juni—August) hergeleitet. Ann. d. Hydr. VIII, 224. *Sch.*

---

v. Friesenhof. Der Einfluss des Polareises auf die Bahnen der Depressionen in Europa. Z. S. f. Met. XV, 209-218†.

Der Verfasser sieht die lokal gesteigerte Verdunstung als Hauptfaktor bei Entstehung eines Sturmcentrums an und schreibt daher der Bedeckung des Meeres (Vertheilung des Polareises) einen Einfluss auf die Veränderungen der Depressionen zu. Von den verschiedenen Depressionen, die in nordatlantische, mittelatlantische, südeuropäische, lokal-mitteleuropäische eingetheilt werden, kommen hier nur die ersten in Betracht, und treten die mitteleuropäischen nur in besonderem Falle in Beziehung zum Polareise. Die nordatlantischen Depressionen werden auf amerikanischen Ursprung zurückgeführt, und der Anlass der Ueberführung ist eine im südlichen Theile des West-Polarmeeres befindliche Depression und hängt also auch die Häufigkeit des Hinübergelangens von der Häufigkeit der Entstehung dieser Depressionen ab. Es werden nun diese Depressionen und die daraus entstehenden Winde näher ausgeführt und in Beziehung zum Eise gebracht. *Sch.*

R. Tennent. Ueber die fortschreitende Bewegung barometrischer Depressionen. Naturf. 1880, 86; Proc. R. Soc. of Edinb. IX, 570. X, 280.

Der Verfasser sucht das Fortschreiten der Depressionen aus dem ungleichmässigen Zufluss der Luft der höheren Regionen zu denselben zu erklären. *Sch.*

P. F. Denza. Seehöhe des Observatoriums in Moncalieri und Turin. Bull. del Club alpino italiano XIV. 1880. No. 43. p. 384-400; Z. S. f. Met. 1880, 495-497†.

Die Seehöhe des Barometers zu Moncalieri bestimmt sich auf 259 m (259,27 m), nach dem Präcisionsnivellement 259,85 m, für das Barometer von Turin 275,85 m, also Höhenunterschied 16 m. Diese Höhendifferenz hat Denza auch aus den Barometerbeobachtungen abzuleiten versucht, unter Anwendung der Laplace'schen Formel und Mathieu'schen Tafeln (Ann. du Bureau des Longitudes), und findet, dass die Laplace'sche Formel auch für kleine Höhenunterschiede vorzügliche Resultate giebt, so dass barometrische Höhenmessungen, wenn eine genügende Zahl von Beobachtungen vorliegt, sogar den geodätischen ebenbürtige Resultate geben, wenn keine Fehlerquellen übersehen werden und eine genügende Anzahl Beobachtungen benutzt wird. Die gefundene Zahl 16,4 m zeigt keine Periode nach der Temperatur, weil das Correktionsglied nur 0,17 m ausmacht; auch haben die Beobachtungszeiten (Grassi) keinen Einfluss. Doch hält der Referent Herr Hartl diese Beobachtung in Moncalieri für nicht ausreichend beweisend. *Sch.*

E. Stelling. Ueber die Seehöhen der meteorologischen Stationen in Sibirien auf Grundlage neuer Isobaren. Rep. f. Met. VI. No. 11. p. 1-14 mit 3 grossen Kartenblättern. Ref. Z. S. f. Met. 1880. XV, 236-237.

Nachdem das. Nivellement von Westsibirien bei Irkutsk vorläufig seinen Abschluss erhalten hat, sind von Herrn ST. unter Zugrundelegung der genauen Seehöhen die Isobaren des Jahres und der einzelnen Monate aufs neue festgestellt. Das Nivellement ist auf das schwarze Meer bezogen: Irkutsk 458,1 m Kathedrale (Barometer: 461,5 m); Jekaterinenburg 271 m; Barometer 272,4 m etc.

Es stellt sich nun für den Baikalsee heraus, dass dies Gebiet sowohl ein höheres Januarmaximum 780 mm, als auch einen höheren Luftdruck als Westsibirien besitzt, während das ostsibirische Küstengebiet einen relativ niedrigen Luftdruck hat. Ausserdem ist eine Tabelle hinzugefügt, welche für eine Anzahl von Orten die Luftdruckmittel enthält, reducirt auf das Meeresniveau in 45° Breite (Station, Lage und Breite, Seehöhe, Zeitraum der Beobachtungen, Maximum, Minimum und Jahresmittel werden angegeben). Das Minimum liegt überall im Juli und bei Petro-Pawlowsk im December. *Sch.*

RIKATSCHEW. La marche diurne du baromètre en Russie. WILD Rep. VI. 1879. No. 10. p. 1-194; Naturf. 1880, 405-407; Z. S. f. Met. 1881, 41.

Die ausführliche und wichtige Arbeit wird später noch Gelegenheit geben, darauf zurückzukommen. Es wurden nur solche Stationen benutzt, an welchen stündliche Beobachtungen Tag und Nacht gemacht waren (16), die über das grosse Gebiet 60° 10′ bis 39° 37′ N. Br. und 24° 57′ bis 224° 42′ Oestl. Lg. Gr. zerstreut waren. Ausserdem wurden die gewonnenen Resultate mit den Beobachtungen an fremden Stationen verglichen und folgende Schlüsse namentlich unter Berücksichtigung der BUCHANS'schen Arbeiten aufgestellt.

1. Als mittleres Resultat des ganzen Jahres unter allen Breiten, inmitten des Continents, wie an den maritimen Stationen, zeigt das Barometer in seinem täglichen Gange zwei Maxima und zwei Minima. Das erste Minimum erscheint zwischen 4 h und 5 h morgens, dann steigt das Barometer bis 9 h oder 11 h

vormittags; das zweite Minimum wird zwischen 4 h und $4^1/_2$ h nachmittags erreicht, und endlich tritt das zweite Maximum zwischen 9 h und $10^1/_2$ h abends ein, nach welch letzterem das Barometer zum ersten Minimum sinkt.

2. Die Amplituden des Tages (1 Maximum — 2 Minimum) und der Nacht (2 Maximum — 1 Minimum) erreichen die grössten Werthe unter den Tropen, wo die Amplitude des Tages 3 mm erreicht; mit zunehmender Breite werden die Schwankungen des Barometers geringer, und in der Breite von 60° übersteigen sie nicht 0,2 mm.

3. In der heissen Zone ist die Tagesamplitude grösser als die Nachtamplitude. In der gemässigten Zone auf dem Continent ist der Unterschied zwischen den Schwankungen des Tages und der Nacht (in demselben Sinne) noch viel beträchtlicher; das kleine Maximum des Abends und das kleine Minimum des Morgens bilden die Charaktereigenthümlichkeit der continentalen Stationen, hingegen werden an den Küstenstationen unter dem 52. Parallelkreise und unter höheren Breiten die Schwankungen der Nacht gleich denen des Tages.

4. Inbetreff der geographischen Vertheilung der Tagesamplitude entlehnen wir dem Buchan'schen Werke die folgenden Regeln, die auch bestätigt wurden durch die von uns gesammelten Daten. Die Tagesamplitude erreicht ihren grössten Werth in den Tropen und nimmt ab mit wachsender Breite; unter derselben Breite ist sie grösser in der Mitte des Continents als auf dem Meere; in Gegenden, wo das Klima trocken ist, ist die Tagesamplitude fast immer grösser, als in feuchten Gegenden. In den Gebieten der Monsune sind die Tagesamplituden in der trockenen Jahreszeit grösser als zur Regenzeit.

5. Die Nachtamplituden sind in den maritimen Stationen grösser, als unter denselben Breiten auf dem Continent.

6. In den continentalischen Stationen tritt das Minimum des Nachmittags im Durchschnitt $1^3/_4$ Stunden nach dem Maximum der Temperatur ein. Im Winter ist das Intervall nur wenige Minuten; im Sommer erreicht es 3 Stunden.

7. In den maritimen und continentalen Stationen treten mit

zunehmender Breite das Minimum und Maximum des Morgens immer später ein.

8. In den continentalen Stationen nehmen die Tagesamplituden im Sommer zu und im Winter ab; die Amplituden der Nacht sind hingegen im Winter grösser als im Sommer. In der Mitte des Sommers verschwinden im Centrum der Continente die Amplituden des Tages vollständig. Unter den Tropen und in den maritimen Stationen der gemässigten Zone ändert sich der Werth der Amplitude weniger mit den Jahreszeiten wie auf dem Continent.

9. In allen Stationen nähern sich im Winter die Stunden der beiden Haupt-Maxima und -Minima dem Mittag; im Sommer entfernen sie sich von demselben.

10. In den continentalen Stationen entfernen sich im Sommer mit Zunahme der Breite die periodischen Stunden vom Mittag; im Winter hingegen nähern sich die periodischen Stunden dem Mittag um so mehr, je höher die Breite ist. Für die maritimen Stationen gilt diese Regel nur bei den periodischen Stunden des Nachmittags.

11. In den maritimen und continentalen Stationen der gemässigten Zone bildet sich im Winter vor dem Eintritt des Morgenminimums ein drittes Maximum zwischen 2 h und 3 h nachts mit einem dritten Minimum, das ihm vorangeht, und das etwa gegen 1 h nachts eintritt (vergl. Naturf. X, 458).

12. Das dritte Minimum erreicht seinen grössten Werth ungefähr in der Breite 33° und nimmt ab mit Zunahme der Breite; bei 60° ist es kaum merklich; zwischen den Tropen verschwindet es.“

Die Ursachen der täglichen Barometerschwankungen werden, nachdem die anderen Theorien besprochen sind, aus den Luftströmungen erklärt, die zwischen dem Meridian des Temperatur-Maximums und -Minimums stattfinden müssen. In ersterem findet sich ein aufsteigender Luftstrom, der nach oben zum Meridian des Minimums abfliesst, hier ein sich senkender Strom und an der Erde eine Luftströmung zum Meridian des Maximums. Die Geschwindigkeit dieser periodischen Bewegung ist nicht gleich, nur die Aenderung derselben bedingt wesentlich die Schwankungen, die auch dadurch mit anderen meteorologischen Momenten in Verbindung stehen. Für Petersburg wird dieser Gedanke näher durchgeführt. Auch der Wasserdampf übt wesentlichen Einfluss auf den Gang des Barometers aus, indem er die Differenz der beiden Minima abzuschwächen bestrebt ist. Doch sind die Beobachtungen überall noch nicht ausreichend, um zu endgültigen Resultaten zu kommen und fehlen namentlich fortlaufende Beobachtungen auf den Meeren gänzlich. *Sch.*

Boussingault. Détermination de la hauteur du mercure dans le baromètre sous l'équateur; amplitude des variations diurnes barométriques à diverses stations dans les Cordillères. Ann. d. chim. (5) XXI, 5-72†.

Enthält eine ausführliche Angabe der Barometerbeobachtungen an sehr verschiedenen Orten Südamerikas, namentlich des Cordillerengebietes nebst Berührung anderer meteorologischer Daten. Die Orte liegen zwischen 11° N. Br. und 5° S. Br. und bis zu einer Höhe von 4300 m. In einer Schlusstabelle sind die Resultate der Beobachtungen übersichtich zusammengefasst. Die Tabelle enthält die Orte, mittlere Temperaturen, Höhe des Barometers auf 0° reducirt; die täglichen Schwankungen mit ihrer mittleren Amplitude und der grössten und kleinsten Schwankung, die Zahl der Beobachtungen, der Beobachter, und Bemerkungen. Mangel an Raum erlaubt nicht, auf die einzelnen Beobachtungen einzugehen und die Zahlenwerthe wiederzugeben. Sie bieten ein ausserordentlich reiches und interessantes Material für die physikalisch-meteorologischen Verhältnisse jener Gegenden. *Sch.*

G. B. Airy. Reduction of 20 years photographic records of the barometer and dry-bulb and wet-bulb thermometers and 27 years Obs. of the earth thermom. of the R. Obs. Gr. London 1878. Z. S. f. Met. 1880. XV, 464†.

Der Quartband umfasst 142 Seiten und 10 Tafeln graphischer Darstellung.

1. Luftdruck. Die Tabellen 1—37 enthalten die Ergebnisse der Barometerreduktionen Seehöhe 48,5 m (cf. Z. S. f. Meteor. 1878. XIII, 302 täglicher Gang des Luftdrucks in Greenwich) cf. 1878. — Die Zusammenstellung des Barometerstandes nach Mondstunden zeigt aber kaum mit genügender Sicherheit einen täglichen Gang, das Maximum +0,0007 Zoll (e) tritt 13 Sonnenstunden nach dem oberen Durchgange des Mondes durch den Meridian ein, das Minimum —0,0012″ in der 25. Stunde, Amplitude = 0,048 mm.

2. Temperatur. Tabelle 38—124. Hier mögen die barischen und thermischen Windrosen mitgetheilt werden.

Tabelle I.

	Luftdruck, mittlere Aenderung, Abweichung	pro Tag	Jahr	Temperatur in C. Januar	Juli	Tägliche Schwankung
N	0,9	+3,1	7,7	1,4	15,9	4,8
NE	3,8	+0,9	8,3	0,2	17,3	5,9
E	2,5	—1,6	9,1	—0,3	17,8	6,8
SE	0,9	—2,5	10,2	2,3	19,4	7,2
S	—3,3	—2,2	11,1	5,9	18,1	5,7
SW	—2,2	—1,2	11,2	6,3	16,9	5,4
W	—1,1	+1,7	10,4	4,5	16,6	5,7
NW	—0,4	+4,0	8,6	3,8	14,5	4,8

Tabelle 101 bis 118. Täglicher Gang des trocknen und feuchten Thermometers in jedem Monate an vollkommen heiteren und bedeckten Tagen. Im December ist die Temperatur bei heiterer Witterung 3,6° unter dem Mittel, im Juni 2,7° darüber. In England differiren die Abweichungen der bedeckten Tage vom allgemeinem Wintermittel sehr wenig, im Juni sind sie 2,1° kälter als die Mittel. Die tägliche Wärmeschwankung ist im Frühling und Sommer 4 bis 3 mal grösser an heiteren als an bedeckten Tagen. Die Zeit des Temperaturmaximums ist 2 h Nachmittags, im Oktober 1 Uhr, das Minimum ist im December bis Februar 7 h früh, März und November 6 h früh, Oktober 5 h 30 m, April, August, September 5 Uhr früh und Mai bis Juli 4 Uhr.

Folgende Tabelle giebt einige Zahlen von allgemeinem Interesse.

Tabelle II.

Lufttemperatur zu Greenwich 1849—1868. Cels.-Grade.

	Mittlere Temp. 1849/68	Temp. d. Thau-punktes 1849/68	Temp.-Abw. an ganz heiteren Tagen	Temp.-Abw. an ganz bewölkt. Tagen	Wolkenl. Tage kälteste Stunde	Wolkenl. Tage wärmste Stunde	Diff.	Ganz bedeckte Tage kälteste Stunde	Ganz bedeckte Tage wärmste Stunde	Diff.	Tägliche periodische Schwankg. im Mittel	Luft- und Boden-Temperatur 1847—1873 Luft	6′	12′	24′
Dec.	4,9	3,0	—3,6	0,0	—0,2	4,3	4,5	4,3	5,7	1,4	2,2	4,7	9,2	10,8	11,2
Jan.	3,7	1,9	—3,3	0,1	—1,5	4,3	5,8	3,4	4,6	1,2	2,6	3,6	7,7	9,5	10,9
Febr.	4,3	1,9	—2,2	0,0	—1,2	6,9	8,1	4,2	6,2	2,0	3,9	4,3	7,1	8,6	10,5
März	5,3	2,3	0,4	—0,3	0,3	12,1	11,8	3,8	6,6	2,8	5,4	5,3	7,1	8,0	10,1
April	8,6	4,7	2,1	—0,4	4,5	17,4	12,9	6,4	10,1	3,7	7,2	8,4	8,1	8,0	9,7
Mai	11,7	7,4	2,2	—1,4	7,3	19,8	12,5	8,2	12,1	3,9	8,1	11,6	9,9	8,7	9,4
Juni	15,4	10,8	2,7	—2,1	10,6	24,7	14,1	11,2	15,6	4,4	8,4	14,8	12,3	9,9	9,4
Juli	17,0	12,1	2,4	—1,6	12,6	26,2	13,6	13,1	17,7	4,6	8,5	16,9	14,3	11,4	9,6
Aug.	16,6	12,5	2,4	—1,1	12,8	26,1	13,3	13,6	18,0	4,4	8,4	16,4	15,4	12,6	10,1
Sept.	14,2	10,8	1,6	0,0	10,0	23,3	13,3	12,7	16,3	3,6	7,2	14,0	15,1	13,2	10,6
Okt.	10,6	8,3	0,0	0,5	6,4	16,2	9,8	9,9	12,7	2,8	4,9	10,3	13,6	13,0	11,0
Nov.	5,9	4,1	—2,6	0,9	1,2	7,7	6,5	6,1	8,1	2,0	3,4	5,9	11,3	12,1	11,2
Jahr	9,8	6,7	0,2	—0,4	5,2	15,7	10,5	8,1	11,1	3,0	5,85	9,7	10,9	10,5	10,3

Sch.

Litteratur.

Luftdruck.

W. Schlemüller. Der Zusammenhang zwischen Höhenunterschied, Temperatur und Druck in einer ruhenden, nicht bestrahlten Atmosphäre. Prag 1880. 1-18. Orig.

R. Tennent. Why the barometer does not always indicate the real weight of the mass of atmosphere aloft. Proc. Edinb. soc. X. 1878/79, 212-224.

Stevenson. Beobachtungen über Windstärke in verschiedener Höhe der Atmosphäre. J. Scott. Met. Soc. V. No. 51-54.

Mathet. Les coups de grisou et la pression barométrique. Mondes (2) LII, 505-506.

G. Hellmann. Vergleichung des Normalbarometers von Petersburg, Dorpat etc. Rep. f. Met. VI. No. 8. Petersb. 1879; Z. S. f. Met. 1880. XV, 467.

Bureau central météorologique de France. Cartes figurant le déplacement de l'air en janvier et juillet Paris. — Isobares moyennes de janvier, mars, mai, juillet, octobre; Paris.

R. Abercromby. Bestimmung des Betrages der täglichen Variation des Barometers. Quart. J. of Meteor. Soc. IV. 1878. No. 28.

Sur les ondes atmosphériques. 8°. 1-15. Nancy bei Berger-Levrault. P. Bibl. 1880, 18.

Whipple. On the relation between the height of the barometer, the duration of sunshine and the amount of cloud as observed at the Kew Obs. Qu. J. Met. Soc. Oct. 1879; Z. S. f. Met. 1880, 471.

G. M. Whipple. On the rate at which barometric changes traverse the British isles. Meteor. Soc. 21./4. 1880.

— — On the relative frequency of given heights of the barometer readings at the Kew Observatory during the ten years 1870—1879. Meteor. Soc. 15./12. 1880.

Barometer- en thermometerafwijkingen in Europa en enkele plaatsen in Azië. Nederl. Meteor. Jaarb. 1876. II, 5-117.

E. D. ARCHIBALD. Variations in the barometric weight of the lower atmospheric strata in India. Meteor. Soc. 19./5. 1880.

F. H. LOUD. Discussion of the barometric observations of Prof. E. S. SNELL. Amer. Ass. f. sc. 1880. Sept. Boston.

Barometermaximum Ostasiens im Winter. Z. S. f. Met. 1880, 407-411 von WOEIKOFF.

Brief an HANN. (Hohe Barometerstände 800 mm.)

MARRIOTT. Résumé of three years' observations made by COBB at STANLEY in the Falkland islands. Nature XXIII, 184.

Barometrische Höhenmessungen.

J. HANN. Einige Resultate neuerer meteorologischer und hypsometrischer Beobachtungen im äquatorialen Ost-Afrika (Lados). PETERM. Mitth. 1880. H. 10. p. 373-375. (Temperatur, Barometerstand etc.)

A. ANGOT. Tables nouvelles pour calculer les hauteurs au moyen des observations barométriques. Mondes (2) LIII, 461-462; C. R. XCI, 851-854; Nature XXIII, 208; Ann. d. l. soc. meteor. XXIII. H. 3.

Bezogen auf die Fläche von 760 mm Druck.

— — Sur le calcul des hauteurs au moyen des observations barométriques. C. R. XCI, 924; Mondes (2) LIII, 540-541.

SCULLY. Meteorological and hypsometrical observations in Western Tibet. Philos. mag. (5) IX, 377; Ind. Meteor. Mem. I, 3.

W. WOLKENHAUER. Zur Geschichte der Höhenmessungen. Geogr. Rundsch. II. No. 4. p. 225-229.

G. MARINELLI. Materiali per l'altimetria italiana. Turin 1880. Mitth. d. d. ö. A. C. 1880. No. 1. p. 182.

L. NEUMEYER. Ueber die praktische Verwerthung der

Aneroidbarometer bei Höhenmessungen. Carl Rep. XVI, 529-569. 597-647.

L. Marshall. Results of barometric hypsometry in 1871—1875. Washington 1878/79.

H. Abich. Ein Cyklus fundamentaler barometrischer Höhenbestimmungen auf dem armenischen Hochlande. Mém. d. Petersb. XXVII. No. 12. p. 1-53; Peterm. Mitth. 1881, 34. (112 gemessene Punkte namentlich im Araratgebiete.)

v. Zichy. Die Danakil-Küste.

K. Zöppritz. Bemerkungen zu Zichy's Höhenmessungen und meteorologischen Beobachtungen. Peterm. Mitth. 1880. H. 4. p. 133-136.

G. K. Gilbert. On a special method of barometric hypsometry. Bull. soc. philos. Wash. I. p. 131.

Kunze. Beiträge zu einem Litteraturverzeichniss der physikalischen Höhenmessungen. Z. S. f. Vermessungswesen 1879. Ergzh. I. Bd. VIII; Z. S. f. Met. XV. 1880, 344.

Cuppari. Livellazione barometrica. Ingegneria VI. H. 6-11. Torino 1880.

Chistoni. Altimetria di alcuni punti della valle Trompia. Ann. dell' Uffic. centr. di meteor. ital. (2) I. 1879. Roma 1880.

Prudent. Relevés hypsométriques resultant d'observations barométriques faites par les membres du C. A. F. Club Alp. Francais VI. 1879.

F. Winde.

G. Hinrichs. Description of the storm of Easter-Sunday April 21 1848 in Jowa. With 6 plates. Jow. C. 1879. Z. S. f. Met. 1880, 71-72†.

Eine eingehende, durch die zahlreichen freiwilligen Beobachtungs-Stationen in Jowa ermöglichte Darstellung eines häufig von Hagel und Tornados begleiteten Gewittersturmes. *T.*

Rykatschew. Ueber Beobachtung der Richtung und Stärke des Windes auf Schiffen. Rep. f. Met. VII. No. 2. 8 S.†

Auf des Verfassers Vorschlag ist auf einem russischen Kriegsschiffe ein Robinson'sches Anemometer aufgestellt worden, um die Geschwindigkeit des herrschenden Windes aus den Angaben dieses Anemometers, der Geschwindigkeit des Schiffes und aus der scheinbaren Richtung des Windes auf dem Schiffe zu ermitteln. Das Anemometer ist cardanisch aufgehängt und trägt ausserdem unten ein Gegengewicht von kugelförmiger Gestalt, durch welches gleichzeitig der Schwerpunkt erniedrigt und die durch den Druck des Windes auf das Anemometer im Allgemeinen bewirkte Ablenkung der Drehungsaxe aus der verticalen Lage möglichst aufgehoben wird. Zur Beobachtung wird das vor dem Kompasse aufgestellte Anemometer in die Höhe gezogen und nach zehn Minuten abgelesen. Geht das Schiff unter Segeln, so ist die Beobachtung nur möglich, wenn während derselben die unteren Segel entfernt werden.

Die Abhandlung enthält Tabellen zur Berechnung der Windgeschwindigkeit aus den entsprechenden Daten und eine Probe des betreffenden Journals des Kriegsschiffs. T.

M. Rykatschew. Die Vertheilung der Winde über dem Weissen Meere. Wild Rep. f. Met. VII. No. 4. 26 S.†

Die Beobachtungen, welche der vorliegenden Arbeit zu Grunde liegen, sind an acht Stationen am Ufer des Weissen Meeres (darunter fünf Leuchtthürmen) und an sechs Landstationen angestellt. Es sind nur die Beobachtungen, welche den Stunden 7 h, 1 h, 9 h am nächsten liegen, berücksichtigt worden, auch da wo die Zahl der Beobachtungen eine grössere war. Zunächst wird eine eingehende Beschreibung der einzelnen Stationen und des für dieselben vorliegenden Beobachtungsmaterials gegeben, sodann werden nach der Lambert'schen Formel die Richtungen des Windes für jede der vier Jahreszeiten unter der Voraussetzung berechnet, dass die Windgeschwindigkeit für jede der beobachteten Richtungen die gleiche sei. Aus einer Vergleichung dieser angenäherten Rechnung und einer strengeren Rechnung unter Zugrundelegung der wirklichen Windgeschwindigkeiten aus den Beobachtungen zu Petersburg wird endlich noch eine Correktion von etwa 11° für die betreffende Richtung abgeleitet und als Endresultat die mittlere Richtung des Windes in dem Viereck zwischen 59—69° nördlicher Breite und 30—43 östlicher Länge von Greenwich gleich S 61° 3′ W gefunden. Schliesslich wird der Einfluss der Jahreszeiten und der wahrscheinliche Fehler der Resultate erörtert. In den beigegebenen Tabellen ist die procentische Zahl der Windesrichtungen für die acht Hauptrichtungen für die vier Jahreszeiten und das ganze Jahr und zum Theil in Monatsmitteln angegeben. Zwei beigegebene Tafeln geben eine graphische Darstellung der Resultate für die vier Jahreszeiten.

T.

In ähnlicher Weise hat Herr R. schon die Winde der Ostsee studirt:

RYKATCHEW. Vertheilung der Winde über dem baltischen Meere. Z. S. f. Met. 1880, 383. 466; WILD Rep. 1879. VI. No. 7. 19 Seiten und 2 Karten.

Die erste Karte umfasst die Isobaren. — Im Winter verlaufen die von 759 und 760 mm quer über die mittlere Ostsee. R. SW. nach NE. Der Winter erzeugt Winde vom Lande gegen das Meer; im Sommer umgekehrt: es ist die Windrichtung landeinwärts gerichtet und steht die mittlere Windrichtung überall nahe senkrecht auf der Küste. *Sch.*

L. BRAULT. Étude sur la circulation atmosphérique de l'Atlantique Nord pendant les saisons extrêmes. Paris 1879. Z. S. f. Met. XV, 39†.

— — Allgemeine Circulation der Atmosphäre. Naturf. 1880, 35; C. R. LXXXIX, 995.

Nach der Notiz in der Z. S. f. Met. hat das jetzt in zweiter wesentlich vermehrter Auflage erschienene Werk folgenden Inhalt: I. Bemerkungen. 1. Blick auf MAURY's Werk, hauptsächlich vom Standpunkte unserer Aufgabe. 2. Die Vertheilung der Calmen während der extremen Jahreszeiten. 3. Die Windgeschwindigkeiten während eben derselben. II. Abhandlungen. 1. Ueber den Fortschritt, welchen das Studium des Regimes der Winde in der Frage der Seewege herbeiführen könnte, und über gewisse Thatsachen bezüglich der Meteorologie der Winde im nordatlantischen Ocean. 2. Ueber die neuen Karten, publicirt vom Autor und besonders über die atmosphärische Circulation im Nordatlantischen Ocean. 3. Die allgemeine Circulation der Atmosphäre auf der Oberfläche der Erde. III. 200000 Beobachtungen über die Winde des nordatlantischen Oceans. 1. Tabellen der Beobachtungen, ihre Lesung und ihr Nutzen. 2. Tabellen der Winde des Sommers. 3. Tabellen der Winde des Winters.

Zwei Karten sind beigegeben: die eine enthält eine Uebersicht des Beobachtungsgebietes mit numerirten Querfeldern, die zweite eine schematische Darstellung des Systems der Luftcirculation über dem atlantischen Ocean von 5° S. Br. bis 55° N.

T.

KARLINSKI. Tägliche Periode des Windes in Krakau.

Z. S. f. Met. XV, 28-29†.

Der Verfasser untersucht für Krakau die Gültigkeit des von HANN für Wien gefundenen Faktums, dass sich die Maxima der Frequenz der einzelnen Windrichtungen mit der Sonne um den Horizont drehen. Eine solche Drehung ist für Krakau in nur geringem Grade angedeutet, doch liegt das zum Theil wohl nur an der im Süden durch die Karpathen, im Norden durch niedrige Hügelreihen geschützte Lage Krakau's welches eigentlich nur WSW- und ENE-Winde besitzt. *T.*

A. SPRUNG. Zur Theorie der oberen Luftströmungen.

Z. S. f. Met. XV, 17-21†.

Der Versuch die Bewegungen der oberen Luftschichten über einer Depression, wie sie an den Bewegungen der Cirruswolken erkannt sind, durch eine, wie der Verfasser selbst hervorhebt, rohe geometrische Betrachtungsweise aus den Bewegungen der unteren Luftschichten ohne die Annahme von Druckunterschieden in jenen höheren Regionen zu erklären. *T.*

R. H. Scott. Note on the reports of wind force and velocity during the Tay Bridge Storm 28|12 1879. Chem. News XLI, 99; Athen. 1880. (1) 314; Meteor. Soc. 18./2. 1880.

Macagno. Minimum des Sauerstoffgehalts in der Luft beim Sirokko (19,9 – 20 Volumth.). Chem. News XLI, 97; Chem. Ztg. 1880, 190.

Eine Reihe von Luftanalysen:

An dieser Stelle ist hervorzuheben, dass beim Sirokkowind (Sicilien) der Sauerstoffgehalt niedriger sein soll.

20. März 1879	Sirokko:	Sauerstoff	19,994 vol.
21. -	-	-	20,008 -
22. -	-	-	20,064 -
15. April	-	-	19,998 -
21. Mai	-	-	20,021 -
30. -	-	-	20,032 -
31. -	-	-	20,017 -

Sch.

Litteratur.

Stevenson. Velocity of the wind of different heights above the ground. Scot. Met. Soc. Meeting 1880. No. 40-43. p. 346.

Wind pressures. Engineering XXIX. No. 744. p. 263.

Russel. The Wentworth hurricane. J. and Proc. of R. Soc. of New South Wales 1879. XIII. (1880 ersch.)

— — The Storms on the coast of N. S. Wales. J. and Proc. R. S. of N. S. Wales XII.; Athen. (1) 1881, 440.

W. HARTNELL. Wind pressures. Engineering XXIX, 8.

Bemerkung dazu. (An.) ib. p. 28.

CL. ABBE. Laws of the movements of storms. Bull. Philos. Soc. Washingt. I. 1874, 99-101.

TICE. Nature électrique des Tornades. Mondes (2) LIII, 196-197.

TH. REYE. Die Wirbelstürme, Tornados und Wettersäulen. 2. Aufl. Hannover b. Rümpler. 6 Mk.

R. RADAU. Le rôle des vents dans les climats chauds. Paris. Gauthier-Villars 1880. 1,50 fr.

R. RADAU. La rôle des vents dans les climats chauds; la pression barométrique et les climats des hautes regions. 1-57. Paris. Gauthier-Villars. 1,50 fr.

FERREL. Laws connecting the wind with the barometric gradient. Bull. Philos. Soc. Wash. I. 1874, 106-109.

GILBERT. Air currents on mountain slopes. Bull. soc. philos. Wash. III, 38.

D. CHRISTISON. Pamperos and their relation to the other storms of Uruguay and Buenos Aires. J. Scot. Meteor. Soc. 1880. No. 40-43. p. 335-347.

KING. Aerial currents observed in 50 balloon ascensions. Bull. Philos. Soc. Washingt. 1874. I, 35-38.

W. FERREL. The effects of winds and barometric pressure on tides. Bull. Wash. Philos. soc. I. 1874, 53-54.

MIKSCHE. Phänomen der Meeressäule. Wien. Anz. 1879. No. XXVI.

POMAND. Théorie du mistral. Mondes (2) LII, 504-505.

REYES. El régimen de los vientos en la ciudad de Mexico y sus relaciones con la hygiene. Bol. d. l. Soc. de geogr. y est. de la dep. Mex. (3) IV. H. 8 u. 9.

CORPMAEL. Meteorological notes from Canada. Nature XXI, 503; Monthl. weather review.

A. SPRUNG. Studien über den Wind und seine Beziehungen zum Luftdruck. Arch. d. dtsch. Seew. II. 1879. 1-24.

F. J. TEMPLER and H. ELSDALE. Account of a balloon ascent from Lews in a whirlwind on March 23 1880. Meteor. Soc. 16./6. 1880.

DENZA. Istruzioni per le osservazioni dei temporali Torino 1879.

— — Servizio dei temporali in Italia Torino 1879. T. n. Z. S. f. Met. XV, 72.

CHÜDEN. Sturm bei dem Kap Leeuwin (SW-Australien) 20.|10. 1879. Ann. d. Hydr. VIII. 1880, 63-64. (Notiz.)

Teifun im Osten der Philippinen April 1879. Ann. d. Hydr. VIII, 212-216.

Ueber die Stürme an der deutschen Küste zu Ende Februar und Anfang März 1880. Ann. d. Hydr. VIII, 193 bis 199.

Ueber einige Teifune in den Meeren von China und Japan 1878 und 1879. Ann. d. Hydr. VII, 372-384.

J. VAN BEBBER. Bemerkenswerthe Stürme. I. Sturm vom 22. Oktober 1880. Ann. d. Hydr. VIII. H. 12. p. 609 bis 619.

Sturm an der Südküste von Australien September 1880. Ann. d. Hydr. 1880. VIII, 665.

Meteorologische Beobachtungen während des Prince Adalbert Teifuns vom 10.—16. September 1879. Ann. d. Hydr. 1880. VIII, 621-631.

F. CHAMBERS. On the winds of Kurrache. Indian Meteor. Memoirs I, 4.

T. CLINGMAN. On water spouts in North Carolina. Bull. soc. philos. Washingt. II, 104.

Teifun im Ost-chinesischen Meer am 6. Juni 1880. Ann. d. Hydr. VIII, 545.

Orkan in der Gegend von Slornin Grodno. Z. S. f. Met. 1880. XV, 453.

Die jüngsten Wirbelstürme in Nordamerika. Ausl. 1880, 470-473.

L. PURPER. Système de 4 vents simultanés dérivé d'un

principe de l'ordre physique de la nature. 1-6. Paris 1880.

Ciampi. Intorno alla burrasca del 25 febbraio. Atti d. Accad. pont. d. nuovo Lincei XXXII. H. 4.

Biksche (Mikscbe ?). Trombe. Mondes (2) LII, 67; Wien. Ber. 1879.

W. C. Ley. The Tay Bridge Storm. Nature XXI, 468 (L).

R. Abercromby. The Tay-Bridge storm. Nature XXI, 443 bis 444. XXII, 533-534 (L).

Buchan. The Tay-Bridge storm. Nature XXI, 503.

Chüden. Sturm zwischen Australien und Neuseeland November 1879. Ann. d. Hydr. VIII. 1880, 144-146.

F. A. Hegemann. Bemerkungen über die Windverhältnisse in der Umgebung der Bering-Strasse. Ann. d. Hydr. VIII. 1880. H. 3. p. 141-144.

J. L. R. Wadsworth and F. N. Nipher. The Tornado of April 14 1879. Trans. of Acad. of sc. St. Louis IV. No. 1. p. 1-20.

A. Carpenter. On typhoons in China 1877 and 1878. T. n. Athen. 1880. (1) 317; Meteor. Soc. 18./2. 1880.

Beenke. Bericht über ungewöhnlich stürmisches Wetter im südwestlichen Theile des Passatgebietes im südatlantischen Ozean. Ann. d. Hydr. VIII, 171.

Un cyclone en Normandie. Mondes (2) LI, 238.

Mauritius. Orkan und orkanartige Erscheinungen im östlichen Theile des indischen Ozeans im März 1879. Hydrogr. Mitth. VIII. 1880, 106-115. zu VI, 45 B.

Wirbelsturm westlich von den Bermudas am 10. und 11. April 1880. Ann. d. Hydr. VIII, 388.

Sur le présence du fer dans les chutes de poussières en Sicile et en Italie. Note de M. Tacchini. C. R. 1880. XC, 1568 (1879 p. 613).

Meteorologische Cyklone am 24. Febr. 1879. Sirokko, Nickel und Kobalt führend, aus Afrika stammend. Viel wahrscheinlicher terrestrischen, als (höchst zweifelhaften) kosmischen Ursprungs.

H. PITTIER. Notes sur les vents de montagnes. Arch. sc. phys. (3) IV, 521-525; Bull. soc. Vaud. XVI. No. 83.

CH. HARDING. A sketch of the wind and weather experienced in the North Atlantic between latitudes 30 degr. and 5 degr. during February and March 1880. Meteor. Soc. 19./5. 1880; Athen. 1880, 699; Engineering XXIX, 423; Nature XXII, 139.

A. CARPENTER. Note on a water spout observed at Morant Cays, Jamaica. Nature XXII, 235; Meteor. Soc. 16./6. 1880.

H. HILDEBRANDSSON. Sur la trombe près de Hallsberg le 18 août 1875. Nuov. Act. Ups. X. Heft 2. 1879. p. 1-8.

J. R. CAPRON. Storm effects (in Survey). Nature XXII, 290-291*. (Unwichtig.)

Ueber die folgenden Arbeiten soll thunlichst im nächsten Bande berichtet werden. Die Uebersiedlung des Herrn Referenten an einen anderen Ort verhinderte die Fertigstellung.

BILLWILLER. Der Thalwind des Ober-Engadin. Z. S. f. Met. XV, 297; Neue Alpenpost XII. No. 21-26.

J. ELIOT. Report on the Madras Cyclone of May 1877. Calcutta 1879. fol. 1-215. Z. S. f. Met. XV. 1880, 305-312.

J. HANN. Bemerkungen dazu. Z. S. f. Met. XV. 1880, 313 bis 321.

G. SCHIAPARELLI e P. FRISIANI. Sui temporali osservati nell' Italia superiore, durante l'anno 1877. Pubblic. d. Brera XVI. 1880, 1-90.

FAYE. Sur le cyclone du 24 janvier dernier à la Nouvelle-Calédonie. Mondes (2) LI, 680; C. R. XC, 785-790.

J. HANN. Bemerkungen zur Lehre von den allgemeinen atmosphärischen Strömungen. Z. S. f. Met. 1879, 33-41; WIED. Beibl. 1880, 184.

FAYE. Sur les observations météorologiques du mois de mai, à Zi-ka-wei en Chine. C. R XC, 50-53; Mondes (2) LI, 187.

KNIPPING. Sur les cyclones de 1878 dans les mers de la Chine. C. R. XC, 1375-1376.

FAYE. Sur une lettre de M. l'amiral CLOUÉ relative au trombes. Mondes (2) LI, 839-841; C. R. XC, 1044-1047.

E. KNIPPING. The September Teifuns 1878. Mitth. d. dtsch. Ges. f. Ostasien Sept. 1879. No. 18. p. 333-366; Z. S. f. Met. 1880, 510.

N. HOFFMEYER. Études sur les tempètes de l'Atlantique septentrional et projet d'un service télégraphique à cet océan. Paris. 4°. Nilsson. 1880. Ann. d. Hydr. 1880. VIII, 292; Z. S. f. Met. XV, 345-361; PETERM. Mitth. 1880, 240 bis 376; Naturf. 1880, 285-288; Athen. 1880. (2) 439.

Der Sturm vom 28. December 1879 in England. Z. S. f. Met. 1880. XV, 232-233; Nature XXI, 503 etc.

O. T. SHERMAN. Observations on the height of land and sea breezes. SILLIM. J. (3) XIX, 300-303; Z. S. f. Met. XV. 1880, 446-449.

A. WOEIKOFF. Die Winde des Erdballs. III. Der atlantische Ocean. Z. S. f. Met. XV, 124-129.

RAGONA. Täglicher und jährlicher Gang der Windgeschwindigkeit zu Modena. Z. S. f. Met. XV. 1880, 66-69; Annuario d. Soc. met. 15./11. 1878. 32 S.

W. KÖPPEN. Ueber die mechanischen Ursachen der Ortsveränderung atmosphärischer Wirbel. Z. S. f. Met. XV. 1880, 41-53.

A. SPRUNG. Die Trägheitscurven auf rotirenden Oberflächen als ein Hilfsmittel beim Studium der Luftbewegung. Z. S. f. Met. XV, 1-16.

LOOMIS. Contributions to meteorology. Nature XXI, 503 bis 504. XXII, 594-595. cf. SILLIM. J.

E. LOOMIS. Contributions to Meteorology. SILLIM. J. (3) XIX, 89-109; Nat. ac. of Sc. Washingt. 1880. 20./4.; Z. S. f. Met. 1880, 379-381.

Schlüsse aus Barometerbeob. — Winde.

P. ANDRIES. Die Winde in den mittleren und höheren

Breiten der südlichen Halbkugel. Z. S. f. Met. XV, 425 bis 429.

W. C. LEY. On the inclination of the axes of cyclone. Quart. J. of Met. Soc. V, 167-178; Z. S. f. Met. 1880, 424.

HAMBERG. Sur la variation diurne de la force du vent. K. Sv. Vet. Ak. Handl. V. Stockh. 1880; Z. S. f. Met. 1880. XV, 457.

A. SPRUNG. Die theoretische Begründung des BUYS-BALLOT'schen Gesetzes. Ann. d. Hydr. XII. 1880, 603-609.

R. BIRT. Cyclones of the Bay of Bengal. Philos. mag. (5) IX, 221-225.

G. Feuchtigkeit, Wolken, Nebel.

STEVENSON. Ueber Entstehung der Wolken durch Unregelmässigkeit der Erdoberfläche. J. Scot. Met. Soc. XV. No. 49-59; Z. S. f. Met. 1880, 419.

Wenn die unteren Schichten der Luftströmungen von dem Meere zur Küste übergehen, so müssen sie eine Verzögerung erfahren, da die Reibung wirkt. Es kann so die nachströmende Luft nach oben abgelenkt werden und dann starke Condensation entstehen. Auch eigenthümliche Wolkenbildungen erklären sich dadurch. Cf. Nature XII, 487. Berl. Ber. 1875. p. 869*.

Sch.

H. HILDEBRAND HILDEBRANDSSON. Sur la classification des nuages employée à l'observatoire météorologique d'Upsala. — Photographies de M. HENRI OSTI (Édition de 60 exemplaires publiée aux fraix des fonds de la donation Letterstedt). Upsala 1879, 1-9†. Bespr. Z. S. f. Met. XV, 242-243*.

Es wird auf die Schwierigkeit, die Formen der Wolken zu beschreiben und genau zu unterscheiden hingewiesen, ebenso wie auf die Wichtigkeit der Wolkenbeobachtung, die oft als Wetterprognose dient. In Folge hat der Verfasser versucht bestimmte Wolkenformen durch die Photographie fixiren zu lassen. Die Bewegung der Wolken, ihre schnelle Veränderlichkeit, geringe Intensität des Lichtes machen die Aufnahmen äusserst schwierig und mühsam, und lassen sich manche Wolkenformen überhaupt nicht durch Photographie wiedergeben wie ein gleichmässig verbreiteter Wolkenschleier, die eigentlichen Stratus etc. Auch die vorliegenden interessanten Photographien zeigen die Schwierigkeit des Unternehmens.

Es werden unterschieden:

1. Cirrus (Cr, c), Cirro-Stratus (Cr-Str, cS) Nimbus (Nb, N) Taf. 1—7. Zugleich werden kurze Beschreibungen und Vergleichungen mit der Poey'schen Eintheilung gegeben.

2. Cirro-Cumulus (Cr-Cm, cC) Strato-Cumulus (Str-Cm, Sc). Tafel 8—12.

3. Cumulus (Cm, C) Cumulo-Stratus (Cm-Str, CS). Tafel 13—16.

4. Brouillard (Nebel) Stratus (Str). *Sch.*

W. Linss. Wolkenbeobachtungen. Z. S. f. Met. XV, 1880, 323-325†.

Einige Resultate der vom 1. Oktober 1877 bis 30. November 1879 angestellten Wolkenbeobachtungen. Es werden drei Wolkenklassen unterschieden:

I. Cumulopallium, Cumulus, Cumulostratus und Fractocumulus.

II. Cirropallium, Cirrocumulus, Cirrocumulostratus.

III. Cirrus und Cirrostratus.

Besonderes Gewicht wurde auf Bestimmung der Abnahme der Geschwindigkeit gelegt und die Windgeschwindigkeit hinzugefügt. Im Allgemeinen nimmt die scheinbare Geschwindigkeit der 1. und 2. Wolkenklasse im Laufe des Tages ab und ist dies auch für dritte wahrscheinlich. In 4 Tabellen sind die bezüglichen Daten zusammengestellt. *Sch.*

F. Galton. On determining the heights and distances of clouds by their reflexions in a low pool of water and in a mercurial horizon. Rep. Brit. Ass. XI, 1880. Swansea p. 459-461; Z. S. f. Met. 1881, XVI, 319-320.

„Der Verfasser empfiehlt den natürlichen Spiegel, welchen eine grössere Wasserfläche liefert, in Verbindung mit einem Quecksilberhorizont auf einem Standpunkt in einiger Höhe über demselben und einen Sextanten zur Bestimmung der Wolkenhöhe zu benutzen.“ Er giebt in der vorliegenden Vertheilung die hierzu nöthigen Mittelrechnungen an. Es ist natürlich nothwendig, dass die Wasserfläche ziemlich gegen den Wind geschützt ist, um reine Bilder zu geben; seichtes Wasser ist deshalb günstiger als tiefes. Durch fortgesetzte Beobachtungen könnten interessante Resultate erreicht werden. *Sch.*

W. CL. LEY. Cloud Classification. Nature XXI, 207-212†.

Der Verfasser berichtet nach dem POEY'schen Werke: Comment on observe les nuages pour prevoir le Temps. III. Aufl. Paris bei Gauthier-Villars 1879, und wird die POEY'sche Eintheilung in Beziehung zur HOWARD'schen diskutirt, indem zugleich Vorschläge bestimmte Benennungen fortzulassen oder einzuführen gemacht werden. *Sch.*

J. AITKEN. On dust, fogs and clouds. Abstract of a paper read to the R. Soc. of Edinb. Dec. 20; Nature XXIII, 195-197†. 450; Beibl. 1881, 189*; Naturf. 1881, 69-91; Z. S. f. Met. 1881, 205-206*; SILLIM. J. (3) XXI, 237.

CHATEL. Dust, fogs and smoke. Nature XXIII, 436.

Aus einem Laboratorium-Experiment im Kleinen wurden Schlüsse auf Regen- und Nebelbildung gemacht, die deshalb nicht hinlänglich begründet sind. Die Nebelbildung (also Condensation) soll immer nur dann hervorgerufen werden, und entstehen können, wenn kleine feste Theilchen in der Atmosphäre vorhanden sind, die als Keime für die Condensation dienen; also ähnlich wie die Nukleustheorie beim Erstarren, Sieden etc. Es wurde Wasserdampf mit Luft in 2 grossen Glasrecipienten gemengt, der eine derselben war mit gewöhnlicher, der andere mit durch Baumwolle filtrirte Luft gefüllt, in dem ersten Recipienten entstanden Nebel, im zweiten nicht. Die Condensation erfolgt nur, wenn ein Theilchen zum Ansatzpunkt da ist: auch wurde in zwei Recipienten etwas Wasser gebracht, so dass sich die darin befindliche Luft vollständig sättigen konnte, wurde durch die Luftpumpe eine kleine Verdünnung hervorgebracht, so zeigte der Recipient mit reiner Luft keine Veränderung, in dem Recipienten mit gewöhnlicher Luft entstand die bekannte Nebelbildung. Je mehr feste Theilchen in der Luft sind, desto leichter und desto mehr bildet sich der Nebel, doch können die Theilchen ausserordentlich fein sein, viel feiner als die Sonnenstäubchen und werden sie durch Erhitzen nicht zerstört. Alle Ursachen der Zerbröckelung produciren auch diesen Staub, Verbrennung, Erhitzung fremder Körper (Glas, Eisen etc. auch der Meeresschaum), und wurden directe Versuche mit Salz in der Alkoholflamme und mit brennendem Schwefel angestellt, der ganz besonders die Nebelbildung begünstigen soll. Auch die Dämpfe anderer Substanzen, schwefliger Säure, Alkohol, Benzol, Paraffin geben nur Condensation, wenn sie mit nicht filtrirter Luft gemengt waren, bleiben mit filtrirter Luft ganz klar. Am Schluss wird an die starke Nebelbildung, welche im December London heimsuchte, angeknüpft und behauptet, dass die vollkommenere Verbrennung der Steinkohlen in London, nicht, wie es von anderer Seite befürwortet war, die Häufigkeit, Dauer und Dichtigkeit der Nebel ändern würde; freilich wird dadurch wohl die dickliche Consistenz des Nebels vermindert, weil der Rauch fehlt. Dieser sinkt bei feuchter Luft leicht nieder. Der Verfasser meint, dass der Rauch und die beim Verbrennen des Schwefels entstehende schweflige Säure durch Absorbiren schädlicher Stoffe und Desinficiren günstig auf die Luft wirken. Spätere Versuche unterhalb des Gefrierpunktes lieferten gleiche Resultate in Beziehung auf Nebel und Wolkenbildung.

Die Schlüsse, die Verfasser selbst aufgestellt hat, sind folgende:

1. Wenn Wasserdampf sich in der Atmosphäre condensirt, so geschieht dies immer nur an einem festen Nukleus. 2. Staub-

theilchen in der Luft bilden die Nuklei, an denen die Condensation erfolgt. 3. Wenn es keinen Staub gäbe, so würden keine Nebel, Wolken und Dunstbildungen und wahrscheinlich kein Regen vorhanden sein und die mit Wasserdampf übersättigte Luft würde an jeden festen Gegenstand ihren Wasserdampf absetzen. 4. Unser Athem der sichtbar wird und jeder Dampfstrahl in der Luft zeigen die unreine und staubige Beschaffenheit unserer Atmosphäre. — In d. Z. S. f. Met. wird gegen diese Verallgemeinerungen mit Recht Verwahrung eingelegt, namentlich da sie anderweitig aufgenommen sind: C. WM. SIEMENS, Without dust according Mr. AITKEN we should be without rain and should have to live in a perpetual vapour bath. Nature 3. Febr. 1881. *Sch.*

The Fogs of London. Nature XXIII, 165-166†.

Es sind von MITCHELL Zusammenstellungen über die starken Nebel Londons und Vermehrung der Sterblichkeit gemacht, die zeigen, dass diese bei den Nebeln ausserordentlich stark wächst. Diese Gefährlichkeit der Nebel ist wohl weniger auf den etwas geringern Sauerstoffgehalt — der in Manchester von A. SMITH 20,85 pCt. nachgewiesen war — zu schieben als auf die schädlichen Beimengungen. Sie treten besonders bei Anticyklonen, bei ruhiger Luft und langsam absteigendem Luftstrom ein: hauptsächlich tragen zu dieser Rauch- und Nebelbildung die Produkte die bei Verbrennung und beim Betrieb der Fabriken entstehen, bei (Salzsäure, Schwefelwasserstoff etc.) *Sch.*

Cause des brouillards de Londres. Mondes (2) LI, 493†.

FRANKLAND. Nebel. Pharm. J. and Trans. (3) No. 496. p. 501; Arch. f. Pharm. XIII, 312.

Kurzer Auszug über FRANKLAND's Untersuchungen der englischen Nebel. Diese sind nicht immer ein Zeichen der Feuchtigkeit, da sie sich auch in verhältnissmässig trockner Luft bilden. Das Bestehen der Bläschen wird einer ölartigen Substanz, die sich im Rauche der Steinkohlen findet, zugeschrieben, die dann eine Hülle bildet und die Verdampfung verhindert. Ein Brennmaterial, Coaks oder Gas, das diese ölartigen Substanzen nicht zeigt, würde das Aufhören der Nebel herbeiführen. *Sch.*

Litteratur.

FRANKLAND. Dry fog. Proc. Roy. Soc. XXVIII, 238; J. chem. soc. 1880. July. p. 439.

J. HARMAR. On estimating the height of clouds by photography and the stereoscope. Nature XXIII, 194-195. Vorschläge. Resultate nicht gegeben.

An. Cloud classification (E. K.). Nature XXII, 96-97 (L).

CL. LEY. Cloud classification. Nature XXII, 144 (L).

BARBER. Ueber die Polarbanden und magnetischen Cirruswolken. Quart. J. of the Meteor. Soc. No. 28.

LOSE. Ueber den täglichen und jährlichen Gang der Bewölkung. Preuss. Stat. XLVII. (1877) 70-73.

LAVAUD DE LESTRADE. Études sur quelques phénomènes météorologiques observés à Clermont-Ferrand de 1879|1880; le brouillard. Mondes (2) LII, 200-208.

GREAVES. Hygrometry. Nature XXI, 363†; Met. Soc. 21./1. 1880.

Rede des Präsidenten in der meteorologischen Gesellschaft, in der die Wichtigkeit erweiterter hygrometrischer Untersuchungen hervorgehoben wird. Die Tafeln, die diese Verhältnisse erschöpfen, enthalten den berechneten Thaupunkt, Dampfspannung, relative Feuchtigkeit und thermometrische Trockenheit. *Sch.*

H. E. HAMBERG. La température et l'humidité de l'air à différentes hauteurs, observées à Upsal pendant l'été de 1875. 4°. 1-37. Orig. Nov. act. Ups. X, 1-37†.

Der Verfasser hat es sich zur Aufgabe gestellt, einmal den Feuchtigkeitsgehalt und die Temperatur an einer besimmten Lokalität in fortschreitenden Höhen von 16 oder 22′ namentlich in der Nachtzeit zu bestimmen, sodann auch dieselben Daten für verschiedene Orte in 5' Höhe festzustellen. Die Methoden der Aufstellung des Thermometers werden gegeben (trockne und feuchte Thermometer an besonderen Ständern befestigt).

Abschnitt I. enthält die Beobachtungen an den festen Ständern beim Observatorium und werden jene im Anschluss daran diskutirt.

A. Die Temperatur und Feuchtigkeit der Atmosphäre während des Nachmittags, bis § 9.

B. Temperatur und Feuchtigkeit der Atmosphäre während der Nacht, bis § 17. (Er glaubt, dass die Verminderung der absoluten Feuchtigkeit des Abends nicht die Folge der Thaubildung sei, sondern dass Verdampfung, Diffusion und aufsteigende Luftströme sie erkläre.)

C. Temperatur und Feuchtigkeit der Luft während des Morgens, bis § 19.

D. Feuchtigkeit der Luft während des Tages, bis § 23.

E. Beobachtungen während einzelner Nächte, bis § 27.

II. Einfluss des Bodens auf die Temperatur und Feuchtigkeit der Atmosphäre § 24. — Aus der ganzen Arbeit wird am Schluss ein Résumé gegeben, das wir mittheilen.

1. Bei heiterem Wetter ist Nachmittags 2—3 Stunden wenigstens vor Untergang der Sonne und morgens 2 bis 3 vor Aufgang die Lufttemperatur niedriger nahe der Erde als darüber. Folglich rührt die steigende Lufttemperatur in der Höhe des Morgens nicht von der Erwärmung des Bodens selbst her.

2. Die Erniedrigung der Temperatur während des Nachmittags vor dem Sonnenuntergang ist viel grösser nahe der Erde als in den oberen Schichten, während der Nacht mit oder ohne Thau ist sie bald grösser nahe dem Boden, bald gleich, bald kleiner je nach der Natur des Terrains und den Bedingungen der Strahlung.

3. Es scheint daher die bei der Thaubildung freiwerdende latente Wärme die Erniedrigung der Temperatur aufzuhalten, aber nicht in dem Grade, wie man erwarten sollte.

4. Zur Zeit des Thauens kann die Temperatur des Bodens

ziemlich unter Null herabsteigen, aber sobald sich der Thau in Reif verwandelt, steigt die Temperatur auf 0° und selbst darüber: während in grösserer Höhe die Temperatur noch unter dem Gefrierpunkte sein kann.

5. Während der Nacht sind die Isothermen der Luft nahe am Erdboden nicht immer horizontal und parallel, sondern bei allen kleinen und grossen Höhen gebogen und zwar dem Boden auf den Gipfeln mehr genähert als an tiefen Orten.

6. Die Spannung des Wasserdampfes in heiteren thaufreien Nächten und am Tage ist nahe am Boden grösser und vermindert sich mit der Höhe; in Nächten mit Thau ist sie, wenn der Thau gefallen ist, niedriger nahe am Erdboden und wächst in der Höhe. Dieser Einfluss erstreckt sich noch auf 22 Fuss über dem Boden. Bei beiden Arten von Nächten vermindert sich die absolute Feuchtigkeit gegen Morgen, worauf sie wieder anfängt zu steigen.

7. Die Ursache der Verminderung der absoluten Feuchtigkeit des Abends kann nicht in der Bildung des Thaus gesucht werden, diese übt nur eine modificirende Wirkung aus, dadurch, dass sie durch Verminderung der Dunstspannung zur allgemeinen Verminderung, die von anderen Ursachen herrührt, beiträgt.

8. Der tägliche Gang der absoluten Feuchtigkeit bei klarem Wetter ist in verschiedenen Höhen verschieden, sowohl in den absoluten Werthen, als auch in den Zeiten der Extreme und resp. Quantitäten. Das Abendmaximum tritt früher nahe am Boden als darüber ein, und um so später je mehr man sich bis zu einer bestimmten Grenze erhebt. Das Morgenmaximum sinkt später nahe am Boden als darüber Das Minimum der Tagesmitte ist verhältnissmässig grösser und sinkt allmählich bis zu einem bestimmten Punkte. Wenn dies Minimum unbedeutend ist oder nahe dem Erdboden fehlt, kann es dafür in einiger Höhe wieder erscheinen und um so deutlicher hervortreten, je bedeutender die Höhe ist.

9. Die absolute Feuchtigkeit und daher auch der Thaupunkt sind während der Nacht ehe der Wasserdampf sich niedergeschlagen hat, ziemlich gleich an verschiedenen Orten, die in derselben Höhe über dem Boden liegen; wenn der Thau sich bildet,

werden sie nach den Orten verschieden; da beide vom stärkeren oder schwächeren Thau abhängen, sind sie natürlich niedriger an Orten, wo die Temperatur weniger hoch ist.

10. Wenn der Himmel sich bedeckt oder der Nebel sich hebt, steigen Temperatur und Dunstspannung und sind fast gleich in vertikaler Linie. — Auf die einzelnen Darlegungen und die stützenden Tabellen kann nicht eingegangen werden und verweisen wir in dieser Beziehung auf die interessante Arbeit. *Sch.*

J. L. SCHÖNN. Ueber die Absorption der ultravioletten Strahlen durch Wasser und Eis. Z. S. f. Meteor. XV. 1880, 57-58†.

Die Hauptarbeiten sind in WIEDEMANN's Annalen erschienen und an anderer Stelle dieser Berichte zu referiren. Der Verfasser hat nachgewiesen, dass die ultravioletten Strahlen durch Wasser absorbirt werden und wird daher, wenn die Atmosphäre flüssige Wassertheilchen enthält, dieser Theil des Sonnenspektrums ausgelöscht, während Eis viel weniger eine Absorption des ultravioletten Lichtes zeigt und so die Cirruswolken dies in geringerem Grade thun werden als das atmosphärische Wasser.

Sch.

G. ED. STELLING. Ueber den jährlichen Gang der Verdunstung in Russland. Z. S. f. Met. 1881, 117; Rep. f. Meteor. VII. H. 1. No. 6. p. 1-73; Naturf. 1881, 21-23; PETERM. Mitth. 1880, 466-467.

Die Beobachtungen wurden mit dem WILD'schen Wageevaporimeter angestellt. Stationen: Petersburg, Pawlowsk, Moskau, Nowaja Alexandrija, Wassilewitschi, Pinsk, Kiew, Charkow, Elissawetgrad, Kischinew, Lugan, Ssaratow, Tiflis, Astrachan, Akmolinsk, Nukuss, Petro Alexandrowsk, Taschkent, Katharinenburg, Barnaul, Ssalair, Nertschinsk, Peking, also sehr verschiedene Gebiete Russlands und des nördlichen Asiens. Da die Resultate durch Aufstellung des Apparats und Beschaffenheit der Umgebung beeinflusst werden, werden diese Verhältnisse discutirt, auch werden, da bei vielen Stationen die Beobachtungszeit von kurzer Zeitdauer ist, andere meteorologische Momente, Temperatur, Feuchtigkeit etc. herangezogen, um die Frage zu entscheiden, wie weit die vorliegenden Mittelwerthe der Verdunstung sich den normalen nähern möchten.

Allgemeine Resultate:

Das Minimum tritt überall gleichzeitig mit dem Minimum der Temperatur im Januar ein.

Das Maximum tritt im grössten Theile des europäischen Russland im Juli ein, an den Küsten des baltischen Meeres aber, sowie im Ural und Westsibirien schon im Juni, in den südrussischen Steppen und im Kaukasus im August; an der Grenze des ostasiatischen Monsungebietes findet das Maximum auch im Januar und an der Küste schon im Mai statt.

Die Jahresamplitude der Verdunstung und die Grösse der Verdunstung selbst hängt hauptsächlich von den Temperatur- und Feuchtigkeitsverhältnissen zur Zeit des Maximums der Verdunstung ab; sie wachsen beide mit abnehmender Breite und Steigerung der continentalen Lage.

Grossen Einfluss übt die Lage des Ortes auf die Verdunstung aus, selbst wenn die Stationen an demselben Orte sind, wie bei Taschkent, wo die an der Wüste liegende bedeutend höhere Verdunstung zeigt. Höhere Temperatur, geringere relative Feuchtigkeit und grössere Windstärke bedingen dies. Auch wurde die Grösse der Verdunstung mit der Regenmenge nach Jahreszeiten verglichen. In der Z. S. f. Meteor. ist eine Tabelle gegeben, welche die Monatssummen (für 12 Stationen) der Verdunstung für die einzelnen Stationen enthält, ebenso die Regenmenge für das Jahr und die wirkliche tägliche Verdunstung im Monat des Maximums.

Monatssummen der Verdunstung in Russland:

	Petersburg	Nowaja Alexandrija	Elissawetgrad	Kischinew	Astrachan	Akmolinsk	Nukuss	Petro Alexandrowsk	Katharinenburg	Ssalair	Nertschinsk	Peking
Nördl. Breite	59° 56′	51° 25′	48° 31′	46° 59′	46° 21′	51° 12′	42° 27′	41° 28′	56° 49′	54° 15′	51° 19′	39° 57
Oestl. Länge	30° 16′	21° 57′	30° 17′	28° 51′	43° 2′	71° 23′	59° 37′	61° 4′	60° 38′	85° 47′	119 37	116 20
Zeit	1872/79	1877/79	1875/79	1877/79	1877/79	1876/79	1874/79 (3 Jahre)	1875/79 (4 Jahre)	1877/79	1877/79	1877/79	1875/79
December	5	5	7	16	11	2	35	44	5	9	1	35
Januar	4	6	6	9	7	1	23	21	4	6	1	28
Februar	4	12	7	13	7	4	44	53	6	13	2	34
März	10	13	23	29	30	16	104	115	20	25	20	93
April	20	24	58	64	60	58	188	202	40	57	55	129
Mai	37	34	88	82	108	166	288	350	63	114	80	169
Juni	61	37	114	97	131	189	276	323	68	97	90	151
Juli	60	34	109	91	133	231	302	394	73	114	86	95
August	46	34	138	95	113	165	274	364	55	91	52	60
September	30	25	88	70	77	140	184	230	36	59	39	59
Oktober	17	14	41	37	45	53	129	142	35	41	27	63
November	8	14	15	25	23	10	83	82	16	15	4	54
Jahr	302	251	693	627	744	1035	1931	2321	420	641	459	969
Regen	511	594	458	551	156	233	71	65	436	361	400	632
Mittlere tägliche Verdunstung im Monat des Maximums:												
Betrag Mm.	2,05	1,23	4,45	3,22	4,37	7,44	9,73	12,72	2,35	3,67	3,01	5,46
Monat	Juni	Juni	Aug.	Juni	Juni	Juli	Juli	Juli	Juli	Juli	Juni	Mai

Sch.

FAUTRAT. De l'influence des forêts sur les courants pluvieux qui les traversent et de l'affinité des pins pour les vapeurs. C. R. LXXXIX, 1051-1054†; Naturf. 1880, 66†.

Schon seit längerer Zeit hat der Verfasser den Einfluss der Laub- und Nadelhölzer auf Feuchtigkeit und Regen untersucht. Nach demselben (Tabellen sind mitgetheilt) ist eine grössere Anziehung der Nadelwaldung zum Wasserdampf zu folgern, während die Laubwaldungen immer noch den Luftströmungen mehr Wasser entziehen als die Felder. Diese grössere Anziehungsfähigkeit der Nadelbäume erklärt auch die Möglichkeit, dass sie auf trockenem Grunde wachsen können und hebt F. dies HÄHNEL gegenüber hervor, der gefunden hat, dass die Transpiration der Nadelbäume geringer ist als die der Laubbäume.

Sch.

VOLLAND. Verdunstung und Insolation, Beitrag zur besseren Kenntniss des Hochgebirgsklimas. Basel bei Schweighäuser. 1,50 M. Mitth. d. d. ö. A. V. 1880. No. 5. p. 181.

Vergleichung der betreffenden Werthe von Davos und Strassburg (nach KRIEGER). Die aufgestellten Schlüsse sind wohl noch nicht als allgemein giltig anzusehen. Schlüsse:

1. Die Verdunstungsgrösse im Hochgebirge ist eine absolut geringere als im Tiefland.

2. Die Verdünnung der Luft, bedingt durch den verminderten Atmosphärendruck im Hochgebirge, ist ein Hinderniss für die Verdunstung wegen der durch sie herabgesetzten Capacität der Luft für Wasserdampf.

3. Die Insolation des Hochgebirges ist im Sommer eine geringere als im Tiefland.

4. Die Erscheinungen grösserer Trockenheit im Hochgebirge kommen blos im Winter zur Geltung und sind durch den minderen Dunstdruck im Freien und durch die hohe Spannung der relativen Feuchtigkeit der erwärmten Luft bedingt.

(Nach einem Ref., G gezeichnet.) *Sch.*

Der Thau. Ausland 1880, 676-678†.

Im Anschluss an einen Artikel von Lancaster in „Ciel et Terre, No. 7, 1880, 1. Juni, p. 157-161“ über den Thau wird hervorgehoben, dass dieser Gegenstand von Wells „An Essay on Dew (1814)“ am erschöpfendsten behandelt und nicht viel Neues hinzugekommen ist; hauptsächlich fehlen noch Bestimmungen über Quantität des Thaues. Versuche dazu machte Flaugerges, der bei 125 Thaufällen eine Höhe von 6,43 mm fand, $^5/_{100}$ mm per Fall, während Raddi und Nacca $^7/_{100}$ mm und Gaspari eine dazwischen liegende Zahl fanden. Erst in neuerer Zeit sind von Dines diese Untersuchungen wieder aufgenommen, der in zwei Jahren 198 Thaumessungen machte:

Die Beobachtungen wurden mittels kleiner Gläschen, die auf den verschiedensten Gegenständen aufgestellt waren, gemacht und der Thaufall durch die Gewichtszunahme genau bestimmt. In drei Fällen betrug die Menge über 0,25 mm, in 58 0,25 bis 0,13 mm, 107 zwischen 0,13 und 0,03 mm und 22 weniger als 0,03 mm und 8 mal konnte keine Spur von Thau wahrgenommen werden. Mittel 0,1 mm, also für das Jahr 36,7 mm. Ausserdem trägt zu der Wassermenge, die der Boden erhält, auch die direct durch Condensation an poröser Oberfläche aufgenommene Wassermenge bei.

Sch.

Dines. Grösse der Nebeltheilchen. Z. S. f. Met. 1880, 375; Symons' meteor. Mag. Jan. 1880. p. 190; Naturf. 1881, 18-19. 34; Nature XXIII, 398.

— — Dew, mist and fog. Quart. J. of meteor. IV. No. 31. p. 156-164.

Die Grösse der Theilchen ist auch bei demselben Nebel nicht gleich, sie schwankt zwischen 0,016—0,127 mm (0,00062 bis 0,005 Zoll); die grösseren kommen nur in dichtem Nebel vor, während bei leichterem Nebel die Grösse gewöhnlich auf 0,033 mm hinabsteigt. (Nach Kämtz ist die Grösse in den einzelnen Monaten veränderlich 0,014 bis 0,035 mm). Die Beobachtungen wurden direct mikroskopisch an einer die Nebeltheilchen auffangenden Messingplatte gemacht. Am Schluss finden sich Fragen über die trockenen Nebel. *Sch.*

D. RAGONA. Andamento annuale dell' umidità relativa ed assoluta. Modena 1879. 4°. 67 Quartseiten u. 2 Curventafeln. Z. S. f. Met. XV. 1880, 468†.

Die Arbeit umfasst die Beobachtungen von 1866—1877. Folgende Resultate werden in Z. S. f. Met. mitgetheilt.

	normaler Dunstdruck in mm	relative Feuchtigkeit normale pCt.
Dec.	4,9	85
Jan.	4,6	84
Febr.	5,0	78
März	5,8	76
April	7,4	65
Mai	9,6	63
Juni	11,8	61
Juli	13,1	57
Aug.	12,9	58
Sept.	11,3	65
Oct.	8,9	74
Nov.	6,4	82

194 Tage bleibt der Dunstdruck unter, 171 Tage über dem Mittel. Die relative Feuchtigkeit ist an 202 Tagen kleiner, an 163 Tagen grösser als im Mittel. Der höchste Wassergehalt der Luft war August 1876 (21,5 mm), der kleinste Februar 1874 (0,9 mm), und zeigt August überhaupt die grösste absolute Schwankung. Das mittlere Maximum ist 19,1 mm, das mittlere Minimum 1,8 mm, die mittlere Jahres-Schwankung 17,3 mm.

Die relative Feuchtigkeit kann in jedem Monat die vollständige Sättigung erreichen; der niedrigste Grad war 7 pCt. im April 1867 (bei NW und SW), die mittleren Jahresextreme sind 100 und 16,5 pCt.

In dem Schlussabschnitte: Riepilogo e confronti giebt der

Verfasser eine interessante Zusammenstellung der wichtigsten Epochen des Luftdruckes, der Temperatur, der Windgeschwindigkeit, des Dunstdruckes und der relativen Feuchtigkeit, sowie der Variationen jeder dieser Elemente. *Sch.*

J. CROLL. Aqueous vapour in relation to perpetual snow. Nature XXII, 191-192 (L); SILLIM. J. (3) XX, 103-105†.

Die Differenz im Stande eines beschatteten und eines dem Sonnenschein ausgesetzten Thermometers vermindert sich mit der Höhe in der Atmosphäre. CROLL gab 1867 March. Philos. Mag. die allgemeine Erklärung hierfür. Dass der Schnee in hohen Regionen nicht schmilzt rührt davon her, dass die Wärme sofort wieder ausgestrahlt wird und der Schnee nicht auf seinen Schmelzpunkt erwärmt wird; es tritt nur Verdampfung ein, wobei auch noch die grosse Trockenheit der Luft mitwirkt; bei geringen Erhebungen absorbirt der Wasserdampf die Wärme, diese strahlt zurück und wird nun vom Schnee absorbirt und dieser kommt zum Schmelzen. Der Verfasser schreibt diesem Umstande bei jedem Schmelzen des Schnees einen grossen Einfluss zu. Das Herabgehen der Schneegrenze an den feuchteren Abhängen der Gebirge, die Eisanhäufungen in Grönland und der antarktischen Region werden zur Erklärung und Stützung herangezogen. *Sch.*

SCHIAPARELLI. Variazioni periodiche della tensione del vapore acqueo atmosferico e dell' umidità relativa nel clima di Milano dedotta di 30 anni di osserv. fat. nel R. Oss. d. Brera. Rend. Lomb. (2) XII. H. 16. 1879. 11 Seiten. Juli; Z. S. f. Met. 1880, 416.

Diskussion der 30jährigen Psychrometerbeobachtungen, (1845 bis 1859, 1863—1877) Gesammtzahl 71175 Beobachtungen, zum grössten Theile von Herrn G. CAPELLI angestellt.

Jährliche Schwankung. Der Gang der Dampfspannung kommt dem Gange der Temperatur sehr nahe, und sind die Epochen der Maxima und Minima nicht sehr verschieden. Gleichen Temperaturen im Herbst entsprechen grössere Dampfspannungen als im Frühjahr, wenn die Zunahme der Spannung etwas langsamer erfolgt (vielleicht wegen der Winde, oder wegen der noch niedrigeren Temperatur des Wassers?). Der grösste normale Werth des Dunstdrucks ist 13,6 mm (Ende Juli), das Minimum 4,35 mm (16. Januar). Bei der relativen Feuchtigkeit fällt das Maximum auf Ende December und nimmt mit Zunahme der Temperatur und dem Vorherrschen der Winde ab bis April, von da bis Mitte Mai constant (68 pCt.) sinkt dann auf's neue bis zum 20. Juli, von wo ab ein Steigen bis December stattfindet. Maximum 88 pCt., Minimum 62 pCt., Jahresmittel 74,5 pCt. Auch die Temperatur des Thaupunktes ist bestimmt, sie ist natürlich niedriger als die Lufttemperatur, die Differenz schwankt aber sehr.

Tagesschwankungen. Auch die täglichen Schwankungen in der Dampfspannung folgen im Allgemeinen den täglichen Temperaturschwankungen. Die Spannung ist am kleinsten vor Sonnenaufgang, am grössten kurz nach Mittag. Doch kommen hier noch locale Umstände in Mitwirkung (Localwinde etc.); die Schwankung der relativen Feuchtigkeit verläuft im umgekehrten Sinne.

Eine Tabelle giebt die durchschnittlichen Zahlenwerthe.

Weitere ausführliche Untersuchungen über die atmosphärische Feuchtigkeit in Mailand sind publicirt:

G. V. Schiaparelli. Sull' umidità atmosferica nel clima di Milano. Risultati di 35 anni di osservazioni fatte nell' osservatorio di Brera 1845—1879. Pubblic. d. Brera XV, 1-35.

Eine Arbeit über die vielleicht im nächsten Jahre Bericht erstattet wird. *Sch.*

Litteratur.

Feuchtigkeit und Thau.

Sam. Révész. Der Thau, seine Geschichte und Rolle im Naturhaushalt. Természettudomanyi Közlöny (Naturwiss. Z. S., Monatsschrift zur Verbreitung gemeinnütziger Kenntnisse. Herausgegeben v. d. k. ungar. naturw. Gesellsch. Red. Scily u. Paszlavszky). XI. 1879. H. 7.

L. Hampel. Amount of dew on plants. J. chem. soc. 1880. July. 493; Biederm. C. Bl. 1879, 630.

J. Breitenlohner. Das Eis und Duftanhang im Wiener Walde 27.|1.—1.|2. 1879. Forsch. d. Agricultphys. II, 497 bis 520; Ref. Z. S. f. Met. XV, 72.

Die Grösse der Eisbelastung der Bäume wird bestimmt.

Leslie. Evaporation zu Glencorse 1857—1876. J. Scott. Met. Soc. V, 84-97.

B. A. Craig. Remarks on climate and the distribution of moisture. Bull. philos. soc. Wash. II, 46.

Ellis. Ueber die mittlere relative Feuchtigkeit am K. Observ. Greenwich. Quart. J. of the Meteor. Soc. IV. 1878. No. 28.

G. M. Whipple. On the variations of relative humidity and thermometrical dryness of the air with changes of barometric pressure at the Kew Observatory. Meteor. Soc. 15./12. 1880.

E. Dymond. Table of relative humidity. Meteor. Soc. 17./11. 1880.

Der Regenbaum (Tamia-caspi). Ausland 1880, 19.

Feuchtigkeit, die sich unter dem Baum zeigt, wenn sonst alles trocken gefunden wird; sie ist zuzuschreiben der Condensation, absondernden Drüsen, den darauf lebenden Cicaden etc.

A. Beer. Ueber die Bestimmung der Feuchtigkeit der Wände und hygrometrische Bestimmungen zu hygienischen Zwecken. Diss. Erlangen 1878.

H. Rietschel. Selbstregulirender Luftbefeuchtungsapparat. Elektrot. Z. S. 1880. I. H. 2. p. 65.

H. Atmosphärische Niederschläge.

Woeikoff. Ueber die Vertheilung des Regens auf der Erdoberfläche nach Zonen und Jahreszeiten. Journ. d. russ. phys. Ges. XII, 86†.

Die vom Verfasser 1874 gegebene Classification (Atmosphärische Circulation. Gotha 1874) musste Veränderungen unterworfen werden und wird jetzt in folgender Weise dargestellt.

Die wichtigsten Zonen sind

1) In der Nähe vom Aequator, etwas mehr gegen Norden, im Atlantischen und Stillen Ocean, in Afrika und südlichem Amerika — die Aequatorialregen (Zone), welche von der Bewegung des Gürtels der Windstille begleitet werden.

2) Gegen Norden und Süden, im offenen Ocean, weit vom Festlande: trockene Passatzone. Wegen der Beständigkeit der Passate sind die Niederschläge hier selten.

3) Unter denselben Breiten, in Nord- und Süd-Amerika und Polynesien: tropische Regen (Zone), welche vorzugsweise während des Durchgangs der Sonne durch den Zenith oder bald nach diesem Durchgange fallen. Der Passat selbst zeigt sich auf den östlichen Abhängen als Regenwind, ausserdem fällt der Regen auch bei örtlicher Windstille, wenn dieselbe von einem sich aufwärts bewegenden Luftstrome begleitet wird u. dgl. Man hat keine genügenden Gründe Ortschaften darnach zu theilen, dass sie eine einfache oder doppelte Regenperiode anzeigen, da solche Erscheinungen nur örtlichen Ursprungs sind.

4) Die unter-tropische Zone, mit einem sehr trockenen Sommer und Regen in den anderen Jahreszeiten. Gegen N. (in der nördlichen Halbkugel) und S. (in der südlichen) von der trockenen Passatzone und der Zone der tropischen Regen, in den Meeren und den westlichen Theilen des Festlandes, wobei dieselbe jedoch sehr tief in das Innere der alten Welt hineingeht (bis Pamir).

5) Zone von Niederschlägen in jeder Jahreszeit in mittleren und höheren Breiten. Die grösste Zone. Sie zerfällt in drei folgende:

a) wo die Sommerregen vorherrschen. Besonders ausgebildet in den Continental-Climas: europäisches Russland, westliches Sibirien, Felsengebirge und Prärieen von Nord-Amerika. Dieselbe erstreckt sich auf einen kleinen Theil von Süd-Amerika, Süd-Afrika und Australien; b) wo die Regen gleichmässig in den verschiedenen Jahreszeiten vertheilt sind; c) mit vorherrschendem Herbstregen, hauptsächlich im Ocean und an den westlichen Seeküsten in den mittleren Breiten.

6) Gegenden mit trockenen Wintern. Continental-Clima in höheren Breiten. Im Winter, bei sehr niederen Temperaturen im allgemeinen Windstille.

7) Wüsten. Der Wasserniederschlag in allen Jahreszeiten sehr gering, annähernd 200 Millim. für das ganze Jahr.

8) Das Gebiet der asiatischen Mussone (Monsune). Das Einschliessen in diese Zone von China, Japan, der Amur-Länder, Manjurien, ist eins der wichtigsten Resultate der Beobachtungen und Untersuchungen der Neuzeit. Die Winde und die von ihnen bedingten Niederschläge besitzen denselben streng periodischen Charakter in dem nördlichen, wie in dem südlichen (tropischen) Theile des Gebiets.

9) Das Gebiet der australischen Mussone.

10) Das Gebiet der afrikanischen Mussone. Dasselbe wird erst jetzt für so umfangreich angesehen, indem man es auf das ganze nördliche Afrika von 5°—17° nördlicher Breite erstreckt. Das regelmässige periodische Wechseln des trockenen NW. im Winter mit dem von Regen begleiteten S. im Sommer, ist durch alle Reisenden, welche dieses Gebiet passirten, bestätigt worden. *A.*

Schwedoff. Was ist der Hagel. Journ. d. russ. phys. Ges. XII, 138†.

Indem der Verfasser alle Erscheinungen in Betracht zieht, welche das Fallen des Hagels begleiten, kommt er zur Ueberzeugung, dass derselbe nicht erdlichen Ursprungs sei, dass wir es hier mit einer besonderen Art von Meteoriten zu thun haben, welche gleich anderen auf die Erde fallen, wenn dieselbe ihre Region durchkreuzt. *A.*

J. Hann. Die jährliche Periode des Regenfalles in Oesterreich-Ungarn. (Untersuchung der Regenverhältnisse von Oesterreich-Ungarn.) Wien. Ber. LXXX. (2) Oct. 1879, 571-635†; Z. S. f. Met. XV. 1880, 249-270.

In diesem durch zahlreiche Tabellen illustrirten Aufsatze wird mittels mehrjähriger Beobachtungsreihen an 181 verschiedenen Orten die jährliche Periode des Regenfalls in den verschiedenen Theilen von Oesterreich-Ungarn gegeben und die Regenvertheilung an jeder Station mit jener an den Nachbarstationen direct verglichen; zu diesem Zwecke wurden alle Monatssummen in Procente der Jahressummen umgerechnet; hieraus ergab sich die schon früher von Kämtz für die Jahreszeiten vermuthete Uebereinstimmung der Regenvertheilung an benachbarten Orten auch für die einzelnen Monate und für ganze Gruppen von Stationen. Verfasser unterscheidet 34 solcher Gruppen. Die ersten 10 Gruppen umfassen die nördlichste Zone der österreichischen Monarchie, nördlich vom Donauthale und dem Karpathenzuge. In diese Zone fällt das Haupt-Maximum der Niederschläge auf den Juni, das Minimum auf den Januar und Februar. Die Gruppen 11 und 12 erstrecken sich über Siebenbürgen gleichfalls mit einem Juni-Maximum und einem Januar-Minimum; bemerkenswerth ist die Gleichmässigkeit in der Vertheilung der absoluten Regenmengen über ganz Siebenbürgen. — Die Gruppen 14—17 umfassen Ungarn (mit Ausnahme der Tatra); wir treffen hier den Frühsommerregen (Mai und Juni) und das Minimum im Februar, nebst einem secundären Maximum im November und einem zweiten Minimum im September. In einer Zone, die sich vom Fusse des Riesengebirges in Böhmen bis zur Donaubeuge bei Waitzen erstreckt, besteht eine entschiedene Tendenz der Auflösung des Sommer-Maximums der Niederschläge in ein Juni- und August-Maximum mit einer zwischen diese beiden Monate fallenden Abnahme der Regen im Juli. — In den Gruppen 18—20 (Alpenvorland zwischen der Donau und den nördlichen Kalkalpen) trifft man eine Verminderung der Winterniederschläge und eine Steigerung der Sommerregen. Das Minimum fällt auf Januar und Februar, das Maximum auf Juli oder August; die Juniregen traten hier sehr zurück. — Gruppe 21 wird von Nordtirol und Vorarlberg eingenommen und Gruppe 22—25 von den

Theilen an der Südseite der Central-Alpen mit einem ausgeprägten Minimum im Februar (3 Procent) und einem ebensolchen Maximum im August (12,3 Procent). — In den Gruppen 26—29 (Süd-Alpenthäler) und 31 (oberitalienische Ebene) findet man ein Frühsommer-Maximum (Mai oder Juni) und ein stärkeres im Oktober und das Minimum fällt überall auf den Februar. Die Gruppen 13 und 30 (die Länder der ungarischen Krone) zeigen deutlich den Uebergang zu den entschiedenen Sommerregen Siebenbürgens. In die Gruppe 32—34 (an oder nahe dem östlichen Ufer des Adriatischen Meeres) tritt die Zunahme der Winterregen und die Abnahme der Sommerregen sehr deutlich hervor.

Eine Tabelle giebt eine Uebersicht der Zeit des Eintrittes und der Grösse der Extreme des monatlichen Regenfalles für jede dieser Gruppen; ausserdem stellt eine Tafel die jährlichen Regenperioden graphisch deutlich vor Augen. Zum Schluss dieser Abhandlung giebt Verfasser in einer Tabelle zunächst eine Uebersicht der jährlichen Regenmengen von 186 Stationen in Oesterreich-Ungarn (mit Grenzgebieten) in Centimetern, geordnet nach den Niederschlagsmengen für drei Gruppen. In der ersten Gruppe: Böhmen, Mähren, Schlesien, Galizien und Bukowine hat Eisenstein die grössten Regenmengen mit 124 cm; in der zweiten: Ungarn und Siebenbürgen, Lugos mit 125 cm und in der dritten: Alpenländer und adriatische Küste, Tolmezza mit 242 cm. Eine andere grössere Tabelle giebt die vollständigen Angaben über die monatlichen Regenmengen an den 186 Stationen mit Hinzufügung der ganzen Strecke und Länge und Seehäfen derselben und der Anzahl der Beobachtungsjahre. *Bo.*

Balfour Stewart. Ueber die langen Perioden der Variation des Regenfalles. Nature XXI, 541-543; Z. S. f. M. XV, 225-228.

Verfasser stellt in dieser Abhandlung, die er der Lit. and Phil. Soc. of Manchester vorgelegt hat, nähere Betrachtungen an, auf welchem Wege man eine Aenderung in der Intensität der

Sonnenstrahlung für längere Perioden mit derjenigen des Regenfalls in Verbindung bringen kann und gelangt zu dem Schlusse, dass wir für jetzt noch nicht in der Lage sind, diese Frage durch die Erfahrung zu beantworten oder gar zu lösen, da wir für jetzt immer noch auf ein zu beschränktes Beobachtungsmaterial angewiesen sind. *Bo.*

S. A. Hill. Variations of Rainfall in Northern India. Ind. Met. Mem. No. VII Ref. in Z. S. f. M. XV, 336-338; Philos. mag. (5) IX, 377.

Als Grundlage dieser Untersuchungen dienten die Beobachtungsresultate von 20 Stationen, von denen mindestens 20jährige Beobachtungen vorlagen. Der Regenfall im Sommer und der im Winter werden getrennt von einander discutirt, und zwar zunächst für jede Station, nach ihren Abweichungen vom 11jährigen Mittel, um die Beziehungen zwischen Regenfall und Sonnenflecken für Indien herzustellen. Für den Sommerregen zeigt sich nun allerdings ein Ueberschuss in der ersten Hälfte des Cyclus nach dem Sonnenfleckenmaximum, ein Mangel in der zweiten, aber der Gang der Curve der Sommerregen weicht sehr ab von dem der Sonnenfleckencurve. Die Winterregen Nordindiens folgen gerade dem umgekehrten Gange der Sommerregen. Dieses wichtige Gesetz tritt aus den vorliegenden Beobachtungen sehr deutlich hervor. Das Maximum der Winterregen scheint im Mittel mehr als ein Jahr vor dem Minimum der Sonnenflecken einzutreten und das Minimum des Regenfalls im Winter scheint mit dem Maximum der Sonnenflecken übereinzustimmen oder ihm zu folgen. Dies scheint darauf hinzudeuten, dass die höhere Temperatur, welche nach Köppen 1 Jahr vor dem Sonnenfleckenminimum einbricht (s. Berl. Ber. 1877), die Ursache der Verstärkung der Regen ausserhalb des Tropengebietes ist.

Aus dem von Hill und von Blanford (cf. a. a. O.) gesammelten Thatsachen besteht zwischen der Vertheilung der Luftdruckanomalien vor und während der Regenzeit und der Vertheilung des Regenfalles eine innere Beziehung oder ein causales Verhältniss.

Ein starker Winterniederschlag fällt im Allgemeinen mit einem hohen Luftdruck über Nordindien zusammen. Die Sommerregen traten in den Jahren, in welchen der Luftdruck über dem nördlichen Nordindien relativ höher ist, als in den Monaten April und Mai, im Allgemeinen spät auf und sind spärlich und unregelmässig vertheilt. *Bo.*

S. A. HILL. Report on the Rainfall of the NW-Provinces and Oudh. Allahabad. Ref. in Z. S. f. M. XV, 338 bis 343†.

Diese Schrift enthält die Resultate der Regenmessungen von 275 Stationen bis zum Jahre 1878 und ist begleitet von vier grossen Kartenblättern, welche die Vertheilung der Regenmengen des ganzen Jahres, ferner der Winterregen (November bis Februar), der Regen der heissen Jahreszeit von März bis Mai und der eigentlichen Monsunregen von Juni bis Oktober, darstellen.

Die Hauptergebnisse sind:

1) Die Regenmenge nimmt im Allgemeinen nach dem Himalaya hin zu, eine zweite Zone reichlicheren Regenfalles liegt im Süden der Flüsse Jumna und Ganges. — 2) Hinsichtlich der jährlichen Variation hat der Monat November die kleinste Regenmenge, von Ende December beginnen die Winterregen bis März mit einem Maximum im Januar; ein zweites Minimum wird im April erreicht. Die Regen im April und Mai sind meist Gewitterregen. Gegen Mitte oder Ende Juni beginnen die starken Regen des Sommermonsuns; sie haben ihr Maximum Ende Juli, nehmen im August und September ab und finden ihren Schluss Ende September oder Anfang Oktober.

Verfasser discutirt alsdann ausführlich die Ursachen, von denen diese jahreszeitliche Vertheilung der Regenmengen abhängt. Die Winterregen gegen Ende December werden von östlichen Winden mit vorausgehendem Fallen des Luftdruckes eingeleitet, entgegen der sonst in dieser Jahreszeit herrschenden Windrichtung; sie können nach ELLIOT und HILL nur dem oberen SW-Winde zugeschrieben werden, der bei seinem Herabsteigen in die

Ebene südlich vom Ganges in seiner nördlichen Fortsetzung gegen die Kette des Himalaya hinweht und, nach aufwärts abgelenkt, wieder Regen liefert. Die Winterregen Nordindiens bilden hiernach ein Analogon zu denen von Nordafrika. — Die Monsunregen beginnen im äussersten Süden Indiens, Ceylon und Burma in der letzten Woche des Mai und rücken längs der Küste rasch vor; die höhere Temperatur landeinwärts macht die eindringenden Seewinde trockener und verzögert den Eintritt des allgemeinen Regenfalles; die Annäherung desselben wird angekündigt durch eine plötzliche und rasche Zunahme des Wasserdampfgehaltes der Luft, bis eine geringfügige und scheinbar zufällige Ursache einen Theil der Luft in aufsteigende Bewegung versetzt, und damit beginnen die Regen, setzen sich fort und unterhalten sich selbst, in Folge der Begünstigung der aufsteigenden Bewegung der Luft durch die frei werdende latente Wärme des Wasserdampfes.

Hinsichtlich der monatlichen Häufigkeit der Hagelfälle hat Hill gefunden, dass sie in den NW-Provinzen Indiens und in Oudh ihr Maximum im März haben; im Januar, Februar und April ist fast die gleiche Hagelfrequenz; in den Monaten Mai und Oktober eine kleinere; in den übrigen Monaten, also auch in der Regenzeit, fällt kein Hagel. *Bo.*

W. Köppen. Regenhäufigkeit und Regendauer. Z. S. f. M. XV, 362-367†.

Verfasser geht in dieser Abhandlung von dem richtigen Gedanken aus, dass bei der Darlegung der für die klimatologische Charakteristik einer Gegend so wichtigen atmosphärischen Niederschläge es, abgesehen von dem Aggregatzustande derselben, nicht nur auf ihre Häufigkeit, sondern auch auf ihre Intensität und Dauer ankommt. Er hält die Bestimmung der absoluten Regendauer und der mittleren Dauer des Regens an einem Regentage sehr wünschenswerth, wie sie bereits in Brüssel und Melbourne ausgeführt worden sind; sie lassen sich auch sehr leicht auf Schiffen ausführen. Verfasser giebt in einer Tabelle für einige Gebiete an der Küste und im Inneren Deutschlands die Anzahl der Beobachtungen und Tage mit Regen und die mittlere Dauer des Regens an einem Regentage in Stunden. Er hält es nach diesen vorläufigen Ergebnissen für nothwendig, die Anstellung solcher Beobachtungen in die Formulare und Instruktionen für dieselben von Seiten der meteorologischen Central-Institute einzuführen und einen Ausdruck in die meteorologischen Uebersichten für Land und See aufzunehmen. *Bo.*

W. Köppen u. A. Sprung. Die Regenverhältnisse des Atlantischen Oceans nach den Beobachtungen Deutscher Schiffe. Ann. d. Hydr. VIII. 1880, 225-236†. Ausz. in Z. S. f. M. XV, 473-479 u. Naturf. 1880, 337-340.

Wir theilen hier aus dieser umfangreichen und von vielen Tabellen begleiteten Abhandlung, welche sich auf die Schiffsjournale von 161 Segelschiffen und 17 Dampfern aus den Jahren 1868—72 stützt und in welcher zum ersten Male die Untersuchung der Regenvertheilung nach der für diese zu Land und auf der See gleichmässig anzuwendenden Methode, nämlich der Zählung der Tage, an denen Regen vorkam, durchgeführt ist, nachstehend die wichtigsten Schlussergebnisse mit.

1. Die Zahl der Tage mit Niederschlägen ist auf dem Atlantischen Ocean im Allgemeinen, und namentlich in den Passatgebieten und an deren äusseren Grenzen grösser, als man gewöhnlich annimmt. Ausserhalb eines Raumes, der durch die Verbindungslinien folgender vier Punkte: Oporto, 55° W. Lg. und 15° N. Br., Kap S. Roque und Kap der guten Hoffnung abgegrenzt wird, kommen Monate, in welchen die normale Regenwahrscheinlichkeit unter 0,20 liegt, auf dem Ocean nicht vor, ausser vielleicht an der Küste von Patagonien; nach Westen zu scheint dieses Gebiet durch die brasilianische Provinz Ciara mit dem Gebiete periodischer oder constanter Regenarmuth im Innern Südamerikas zusammenzuhängen. Innerhalb des oben erwähnten Raumes scheint es hingegen, von einzelnen gebirgigen Inseln ab-

gesehen, keine Gegend mit „ununterbrochener Regenzeit“ zu geben, wie sie Mühry in der Nähe des Aequators annimmt.

2. Die tropischen „Zenith- oder Solstitial-Regenzeiten“ (Griesebach) haben auf dem Ocean eine viel beschränktere Verbreitung, als bisher angenommen wurde, indem sie sich wenig über das vom Calmen-Gürtel periodisch berührte Gebiet hinaus erstrecken, also namentlich auf der Südhemisphäre lange nicht so weit wie auf den angrenzenden Festländern. Jenseits 5° S. Br. und 20° N. Br. ist bis nach den Polarkreisen hin auf dem Ocean fast überall der Sommer die regenärmste Jahreszeit.

3. Eine durchgreifende Analogie zwischen den Gegenden südlich und nördlich des bei 5° N. Br. liegenden meteorologischen Aequators lässt sich nur für die beiden angrenzenden, je 10 Breitegrade umfassenden Zonen mit tropischen Regen verfolgen, darüber hinaus treten Analogien nur strichweise hervor und findet namentlich das fast den ganzen nordatlantischen Ocean ausserhalb der Tropen umfassende Gebiet der Winterregen auf dem südatlantischen sein Analogon nur in der Umgebung des Kaplandes, während das den grösseren Theil des südatlantischen Oceans einnehmende Gebiet mit doppeltem Aequinoctial-Maximum auf der Nordhemisphäre kein eigentliches Analogon besitzt.

4. Im Becken des Atlantischen Oceans lässt sich vielfach eine allmähliche Verspätung der Regen- und Trockenzeiten mit zunehmender Entfernung vom Aequator bemerken, nicht allein zu den Zeiten, wo auch die Deklination der Sonne in demselben Sinne sich ändert, sondern häufig auch da, wo die Bewegung der Sonne eine entgegengesetzte ist, also z. B. auf der südlichen Halbkugel während der ersten Hälfte des Jahres. Es scheinen demnach die Ursachen, welche die Regen- und die Trockenzeiten bestimmen, häufig aus den Tropen nach den Polen zu allmählich sich fortzupflanzen. Das auffallendste Beispiel dieser Verschiebung bietet die Trockenheit in der östlichen Hälfte des nordatlantischen Oceans und auf der Westseite von Europa-Afrika; dieselbe fällt zwischen 5°—10° N. Br. auf Januar bis April, zwischen 10°—15° N. Br. auf Februar bis Mai, zwischen 15°—20°, auf Februar bis Juni, nördlich von 20° N. Br. über den Ocean auf Mai bis Sep-

tember; in Europa aber ist der trockenste Monat im Mittelmeer-Gebiet der Juni, im mittleren Frankreich und in der Po-Ebene der August, im südwestlichen Deutschland etc. der September und in Norddeutschland der Oktober, bis endlich auf der Nord- und Ostsee alle Monate, und besonders die der zweiten Jahreshälfte ziemlich gleich regnerisch sind. *Bo.*

J. Hann. Die Schwankungen der monatlichen und jährlichen Regenmengen in Oesterreich-Ungarn. Sitzungsb. d. Wien. Ak. d. Wiss. Math.-naturwiss. Kl. II. LXXXI. 1880, 45† ff. Ref. in Naturf. 1880, 225 u. 226. Kurze Notiz in Nature XXI, 385.

Die Kenntniss des Betrages der Abweichungen der Regenmengen in den einzelnen Monaten von den entsprechenden Mitteln aus einer längeren Beobachtungsreihe ist theoretisch wichtig für die Entscheidung der Frage, eine wie lange Beobachtungsreihe erforderlich ist, um die normalen Monatssummen des Regenfalles eines Ortes mit einem bestimmten Grade der Genauigkeit zu erhalten, aber auch praktisch zu verwerthen, insofern es wichtig ist zu wissen, mit welcher Sicherheit man auf eine bestimmte Regenmenge rechnen darf. Verfasser hat nun die Schwankungen des Regenfalles von einem Jahre zum andern in Oesterreich-Ungarn eingehend untersucht und ist dabei zu folgenden Ergebnissen gelangt. 1) Die Veränderlichkeit der Monatssummen des Regenfalles nimmt zu mit der Grösse derselben und wächst nach Süden zu mit der Annäherung an das Gebiet periodischer Niederschläge. 2) Der wahrscheinliche Fehler eines 10jährigen Mittels ist $\pm$ 9,2 mm, eines 100jährigen $\pm$ 3 mm; um den wahrscheinlichen Fehler auf $\pm$ 1 mm zu reduciren, bedarf es hiernach einer Periode von 840 Jahren. 3) Die relativ grösste Veränderlichkeit (55 pCt.) trifft auf die Wintermonate, die kleinste (38 pCt.) auf die Sommermonate. — 4) Die Veränderlichkeit der Jahresmengen des Niederschlages ist in den westlichen Stationen der Alpen und Voralpen am geringsten und am grössten im Osten und Süden des ganzen Gebietes. — 5) Um die Perioden der Sonnenflecken-

Maxima blieb der jährliche Regenfall im Mittel an 60 pCt. unter dem normalen, um die Zeit der Sonnenflecken-Minima nur an 37 pCt.; letztere Jahre waren daher vorwiegend nass. Man kann demnach hieraus keine sicheren Schlüsse ziehen, nur so viel, dass die Relationen zwischen Regenfall und Sonnenflecken in diesen Gebieten sehr unbestimmt auftreten. — Die Niederschlagsmengen nehmen mit der wachsenden Seehöhe zu, wie besonders die Messungen am Arlberg erweisen; an der Luv(-Wind)seite der feuchten Winde ist sie grösser als an der Leeseite. *Bo.*

Hann. Regenfall in Oesterreich. Untersuchungen über die Regenverhältnisse von Oesterreich-Ungarn. Nature XXI, 385; Wien. Ber. (2) LXXXI, 45. 2 Abh. u. Nachtr.; Naturf. 1880, 225-226.

— — Die Vertheilung des Regenfalles über Oesterreich in der Periode vom 11.—15. August 1880 und deren Beziehungen zur Vertheilung des Luftdrucks. Naturf. 1881, 4-5; Wien. Anz. 1880, 231-234; Z. S. f. Met. XVIII. 1881, 312-315; Wien. Ber. (2) LXXXII, 1041-1050.

— — Vertheilung der Niederschlagsmengen auf beiden Seiten des Arlbergs. Z. S. f. Met. 1880, 373-374; Mitth. d. d. ö. A. V. 1880, 206-208.

— — Remarkable fall of rain in Austria 11.—15. Aug. Wien. Anz.; Nature XXIII, 210.

A. Woeikof. Die Vertheilung der Niederschläge über die Erde. Mit 1 Karte. Z. S. f. wiss. Geogr. I. 1880, 189 bis 195†; J. d. phys. Ges. in Russl. XII. H. 4.

Der Hauptzweck dieser Abhandlung, durch eine Karte eine allgemeine Idee über die Vertheilung des Regens über die Erde während des Jahres zu geben, basirend auf die Anzahl der Regentage, welche an verschiedensten Orten der Erde beobachtet worden sind, ist allerdings leider durch falsche Kolorirung der Karte nicht erfüllt worden; auch ist dieser Fehler bis jetzt (1882) noch nicht corrigirt; diesem Umstand ist es auch wohl zuzuschreiben, dass diese an sich sehr werthvolle Abhandlung unvollendet geblieben ist. Indessen gewährt sie sehr viele interessante Darlegungen der Regenverhältnisse in verschiedenen Zonen und Gebieten der Erde, so dass sie der allgemeineren Beachtung der Physiker und Meteorologen wohl werth ist. Verfasser unterscheidet hierbei: 1) Kontinentale Polargebiete mit schneearmen Wintern; 2a) Vorwaltende Sommerregen der mittleren Breiten des Kontinents (über 35 pCt. der Jahresmenge in den drei Sommermonaten); — 2b) Vorwaltende Herbstregen der mittleren Breiten des Kontinents über 32 pCt. September bis Januar in der nördlichen und März bis Juli in der südlichen Hemisphäre; — 2c) Gleichmässig vertheilte Regen der mittleren Breiten des Continents; — 3) Suptropische Zonen mit regenarmen Sommern (unter 12 pCt. der Jahressummen); — 4) Wüsten und Halbwüsten. (Regenarm); 5) Zonen der See-Passate mit sehr seltenen Regen in allen Monaten; — 6) Tropische Regen, hauptsächlich aber nicht ausschliesslich während und nach der Culmination der Sonne; — 7) Aequatoriale Regenregionen mit Verschiebung der Kalmenzone (auf offenem Meere sind diese Gegenden einige Monate in den Passat aufgenommen und dann sehr ungenau); — 8), 9) und 10) Gebiete des asiatischen, nordafrikanischen und australischen Monsuns. *Bo.*

Whipple. Untersuchungen über die Periodicität des Regenfalles. Proc. of the R. Soc. XXX, 70; Nature XXI, 338 u. 339†.

Verfasser hat nach einer eigens hierzu ersonnenen Methode (die er ausführlich in den Proc. a. a. O. entwickelt hat) für 11 verschiedene Orte in Europa, Amerika und Ostindien, welche mindestens 50jährige Beobachtungsreihen lieferten und zusammen 958 Jahre repräsentirten, Curven der Regenmengen construirt und sie mit den durch die direkten Beobachtungen gewonnenen verglichen, sowie die Anzahl der Coincidenzen und der Nichtcoincidenzen in den Epochen des Maximums und des Minimums der Regenfälle bestimmt. Er hat hierbei gefunden, dass in keinem

Falle irgendwie Anzeichen einer Periode von einer ganzen Zahl von Jahren (von 5 bis 13) stattfinden, ferner, dass für vergleichsweise nahe gelegene Orte (wie z. B. Padua und Mailand) für dieselbe Epoche sehr weitauseinanderliegende Regencurven sich ergeben. Hieraus kann man den Schluss ziehen, dass entweder keine kurzen Perioden von genau 5 bis 13 Jahren in der jährlichen Regenmenge für die betreffenden Stationen nachweisbar sind, oder dass der Einfluss der abnormen Fälle so überwiegend ist, dass er nicht durch 100jährige Beobachtungen eliminirt werden kann. *Bo.*

A. v. Danckelmann. Regen, Hagel und Gewitter im Indischen Ocean. Arch. d. Deutschen Seewarte III. 1880. No. 3. p. 1-36. 7 Karten. Ausz. in Ann. d. Hydr. 1881, 339-343†.

Auf Grund von Regenbeobachtungen im Indischen Ocean, die in den Journalen von ca. 340 deutschen Schiffen verzeichnet sind, hat Verfasser die Regenverhältnisse dieses Oceans eingehend diskutirt, nach derselben Methode, wie Köppen und Sprung diejenigen des Atlantischen Oceans. Er fand hierbei zunächst, dass auf die mehr oder minder grosse Regenhäufigkeit in den einzelnen Gebieten des Indischen Oceans, die in diesem zu verschiedenen Jahreszeiten vorherrschenden Windsysteme einen grossen Einfluss ausüben. Verfasser führt hierbei einige Beispiele für die Zeit des NE-, NW- und SW-Monsuns, sowie des SE-Passates an.

Eine ausführliche Tabelle über die Zahl der Beobachtungstage, der unter diese fallenden Regentage und die daraus abgeleiteten Regenwahrscheinlichkeiten für die einzelnen Monate und bestimmte, natürlichen Verhältnissen am besten sich anschliessende Zonen, gestattet eine Einsicht in die jahreszeitliche Vertheilung der Regen in verschiedenen Gebieten des Indischen Oceans. Die Hauptzüge derselben sind: 1) Es giebt in diesem Ocean zwei Gebiete, in welchen periodische Regenlosigkeit eintritt; das eine liegt zwischen den Sunda-Inseln und Australien (Oktober und November), das andere umfasst den Bengalischen Meerbusen (Februar bis April) mit der Westküste von Hinterindien (December) und ganz Vorderindien (November bis Februar). — 2) Zwischen 8° N. Br. und 12° S. Br. befindet sich das äquatoriale Regengebiet mit Niederschlägen in allen Monaten, mit einem Minimum im Januar und Februar. — 3) Zwischen 12° und 30° S. Br. ist das südhemisphärische Frühjahr die regenärmste Zeit. — 4) Südlich vom 30° Br. bis zu 50° und noch darüber hinaus findet ein rascher Uebergang statt zu dem Gebiete, in welchem der Sommer die trockenste Jahreszeit bildet. — 5) In dem grössten Theile des südlichen Indischen Oceans ist der australische Winter die regenreichste Jahreszeit (in höheren Breiten besonders der August, in niederen der Juni und Juli, entgegengesetzt zu den Regenverhältnissen im Südatlantischen Ocean, s. p. 259). — 6) Nördlich vom 6° S. Br. findet das Umgekehrte statt: von den Seychellen bis zum malayischen Archipel fällt das Maximum der Regenhäufigkeit auf den Frühsommer (December), die Nordküste Australiens hat das Maximum im Januar, die äquatoriale Ostküste Afrikas im April. — 7) Die Umgebung der Insel Malacca bis zum Meerbusen von Siam hat Herbstregen vom September bis November. — 8) Die Ostküste des Bengalischen Meerbusens hat entschiedene Sommerregen im Juli und August. — 9) In Vorderindien sind die Regenverhältnisse complicirter. Man kann hier zwei Perioden unterscheiden: eine einfache Periode mit einem Maximum im Sommer (Juli und August) und einem Minimum im Winter (December bis Februar) und einer doppelten Periode mit zwei Maximen, das eine im Juli und August im Norden, das andere Oktober und November im Süden.

Bei der Discussion der auf dem Indischen Ocean beobachteten Hagelfälle stellte sich heraus, dass dies Phänomen sich hauptsächlich nur in höheren südlichen Breiten zeigt, erst von 36° S. Br. an und hier auch nur während des australischen Winterhalbjahres. Doch kommen auch einzelne Fälle von Hagel in den tropischen Zonen des Indischen Oceans vor. *Bo.*

Bergsma. Regenfall in Batavia. Aus „Observations made at the Magn. and Met. Observ. at Batavia" II. u. III. (vgl. sub J). Z. S. f. M. XV, 143 u. 144; Nature XXII, 434.

Die Regenmessungen begannen schon im Jahre 1864. Die mittlere Regenmenge in den 12 Jahren 1864—1875 ist 2066 mm (Grenzen 1451 mm im Jahre 1868 und 2634 im Jahre 1872), der regenreichste Monat ist der Januar mit 21 pCt. des jährlichen Regenfalles (December bis Februar (Regenzeit) nahezu 54 pCt.) der regenarmste und trockenste Monat ist der August mit 3 pCt. (Juli bis September oder Trockenzeit zusammen nur 10 pCt.). Es werden sodann noch die Abweichungen der einzelnen Monats- und Jahressummen vom Gesammtmittel und die Werthe der täglichen Perioden in Procenten gegeben. —

Die grössten Regenmengen innerhalb 24 Stunden erreichen nicht 200 mm, trotz der grossen Jahresmenge, während in Südeuropa das Tagesmaximum oft über 200 mm beträgt; zu Batavia haben mithin die Regen kürzere Dauer (von 1 bis 12 Stunden), als in Südeuropa; dagegen sind die stündlichen Maxima sehr gross, zuweilen fast 100 mm in 1 Stunde.

Vertheilt man die gefallenen Regenmengen auf die Mondphasen, so erhält man folgende Abweichungen vom Mittelwerthe 5,79, die auf 24 h durchschnittlich entfallen:

Neumond +1,03; Erstes Viertel —0,04; Vollmond —0,30; Letztes Viertel —0,69. *Bo.*

Bergsma. Regenwaarnemingen in Nederlandsch India. I. 1879. 1-257. Batavia 1880. Peterm. Mitth. 1880, 357.

— — Rainfall of the East Indian Archipelago. Nature XXII, 434.

Brito Capello. Regenfall in Lissabon. Lisbonne 1879. Ref. in Z. S. f. M. XV, 36†.

Wir theilen hieraus folgende Angaben mit: die Regenmengen betrugen im Mittel: 1836—1845: 622 mm; 1846—1855: 673 mm; 1856—1865: 808 mm; 1866—1875: 653 mm. *Bo.*

Regenbeobachtungen zu Mombas und Kisauni. Z. S. f. M. XV, 489-491†.

Die Missionare Lamb und Streeter haben zu Mombas (4° 4′ S. Br.) und Kisauni 2 km nördlich von Mombas an der ostafrikanischen Küste von 1875—1879 Regenmessungen angestellt. Hiernach sind die Regenverhältnisse denen des benachbarten Zanzibar sehr ähnlich. Die jährliche Vertheilung ist sehr unregelmässig. Die trockensten Monate sind Januar, Februar und Juli, die regenreichsten April und Mai, theilweise auch Oktober und November. Die mittlere Regenhöhe für 1876 bis 1878 ist 1555 mm (für Zanzibar 1550 mm). *Bo.*

Regenfall auf Jamaika. Z. S. f. M. XV, 188 u. 189†.

Es werden die Regenmessungen von 1870—1876 an 17 Stationen (aber nur 4 umfassen den vollen Zeitraum) mitgetheilt und in drei Gruppen geordnet: Nordseite der Insel; Südseite; Inneres. Eine Karte der Insel mit Lage und Seehöhe der Stationen ist beigegeben. *Bo.*

Regenfall zu Stonyhurst. Z. S. f. M. XV, 197.

Aus dem Jahresbericht des met.-magnet. Observatoriums zu Stonyhurst von PERRY, S. Z. werden hier die Resultate 30jähriger Regenmessungen mitgetheilt. Hiernach beträgt die durchschnittliche jährliche Regenmenge zu Stonyhurst 1303 mm und die Zahl der Regentage 236 pro Jahr. Der regenreichste Monat ist der Oktober (137 mm), der regenärmste der Februar (95 mm). Die grösste Regenmenge fiel in den Jahren 1852, 1863, 1866, 1869, 1872 und 1877. *Bo.*

G. J. SYMONS. On the distribution of Rain over the British Isles during the year 1878 as observed at about 2000 stations in Great Britain and Ireland. London 1879. Ref. in Z. S. f. M. XV, 197.

Neben den Resultaten, den Regenmessungen für 1878 an 2000 englischen und irischen Stationen enthält dieser Jahresbericht namentlich auch Abbildungen und Beschreibungen der bisher construirten registrirenden Regenmesser, an Zahl 28. Vgl. sub B. *Bo.*

MATHEWS. Regenmenge zu S. Antonio am Rio Madeira. Verh. d. Ges. f. Erdk. 1880. VII, 213†; Z. S. f. M. XV, 492.

Bei seinen Arbeiten als Ingenieur beim Bau der Eisenbahn fand MATHEWS als Summe der Regenmenge im Jahre 1873 unterhalb der Fälle bei S. Antonio 2318 mm. Bemerkenswerth ist die Vertheilung der Regenmenge (mm) für die einzelnen Monate

Jan.	Febr.	März.	Apr.	Mai	Juni
402	279	371	279	151	65
Juli	Aug.	Sept.	Okt.	Nov.	Dec.
8	27	145	49	287	255

Bo.

Regenfall zu Tanger im Winter 1879|1880. Ann. d. Hydr. 1880, 216-217†.

Es werden für die Monate September und Februar die absoluten Regenmengen, die Anzahl der Regentage und die grösste Menge des in 24 Stunden gefallenen Regens mitgetheilt. Die gesammte Niederschlagsmenge vom 1. September 1879 bis zum 28. Februar betrug 676 mm. In den gleichen 6 Monaten beträgt in dem Tanger gegenüberliegenden Gibraltar die Regenmenge im 16jährigen Durchschnitt nur 449 mm. *Bo.*

FAUTRAT. Einfluss der Wälder auf Regen und Feuchtigkeit der Luft. C. R. LXXXIX, 1051†; Naturf. 1880, 66.

Seit 1874 hat FAUTRAT Untersuchungen über den Einfluss der Laub- und Nadelhölzer auf die über ihren Kronen liegenden Luftschichten angestellt. Eine Vergleichung des Feuchtigkeitsgrades dieser Schichten mit dem, welchen man auf offenem

Terrain in derselben Höhe über dem Boden erhält, hat gezeigt, dass die Luft über dem Wald mehr Wasserdampf enthält, wie über waldlosem Boden, und dass die ermittelte Differenz grösser war, wenn die in Betracht kommenden Schichten direct unter dem Einfluss der Nadelhölzer standen. Ueber die Feuchtigkeitsmessungen s. dies. Ber. vor. Abschn.

Hinsichtlich der Regenmengen hat FAUTRAT im Jahre 1878 über dem Laubwalde 775 mm und in der Umgebung des Waldes auf freiem Felde nur 756 mm (Diff. 19 mm), über Nadelholzwald 774 mm und ausserhalb desselben 728 mm (Diff. 46 mm) gefunden. Die Wälder und vor Allem die Nadelhölzer haben hiernach die Eigenschaft, den regnerischen Luftströmungen eine grössere Wassermenge zu entziehen, als die Aecker und Felder.

Bo.

CH. TODD. Rainfall of South-Australia during 1878. Ref. in Nature XXI, 281.

Der Regenfall in Süd-Australien hängt einerseits ab von den tropischen Regen an der Nordküste Australiens von November bis April, und andererseits von den Winterregen, die sich von der Südküste bis nach nordwärts in das Innere, und von Juni bis Oktober erstrecken. Es werden die Regenbeobachtungen von 115 Stationen von Palmerston im Norden bis Kap Northumberland im Süden mitgetheilt, die Lage dieser Stationen ist auf einer Karte aufgezeichnet. *Bo.*

G. GAMBLE. Regenfall in Süd-Afrika. Nature XXIII, 96; Engineering XXX, 495; Met. Soc. 7./11. 1880.

In der Sitzung der Met. Soc. vom 17. November 1880 theilt Verfasser Regenbeobachtungen von 103 Stationen für die 13 Monate von December 1878 bis December 1879 mit und für einige Stationen die monatlichen Mittel von 5 Jahren. Das Kapland, sowie die SW- und W-Küste haben Winterregen mit trockenem

Sommer, charakteristisch für die subtropische Region. Die Regen kommen mit dem NW-Wind oder Anti-Passat. *Bo.*

WOEIKOF. Regenloses Gebiet im centralen äquatorealen Theile des Stillen Oceans. Z. S. f. M. XV, 120 u. 121†.

Aus den Beobachtungen von LA HAGUE auf der Insel Baker und von DIXON auf der Insel Malden, welche beide unter dem Einfluss des NE- und SE-Passates stehen, ergiebt sich eine für diese Gegenden merkwürdige Trockenheit und einem fast regenlosen Gebiete am Aequator. *Bo.*

Litteratur.

Schnee. Hagel. Eisbildungen.

ARGYLL. Ice-crystals. Nature XXI, 274 (L).

R. MELDOLA. Ice filaments. Ib. 302 (L).

AGOSTINI. Sulla gragnuola di sal marino a Mantova. Annali dell' Uffizio centrale di meteorologia italiana (2) I. 1879. Roma 1880.

DE TOUCHIMBERT. Photographie de formes de neige. C. R. XC, 46; Mondes (2) LI, 192.

LYDEKKER. Schneefall in Kaschmir. Z. S. f. Met. XV, 31; J. Ass. Soc. of. Beng.; Nature 25./9. 1879.

LE ROY BROUN. Ice filaments. Nature XXI, 589 (L).

CHISTONI. Formen der Schneeflocken beobachtet im Winter 1878|1879 zu Pavia auf einer Tafel, 32 Schneefiguren enthaltend. Meteor. Italiana; Min. e Notiz 1878 H. 1-5.

ED. HAGENBACH. Ueber Hagelkörner mit Eiskrystallen. Ann. d. Phys. (2) VIII. 1879 (Z. O.); Verh. d. schw. naturf. Ges. 62. S. St. Gallen. 1878/79, 74.

Merkwürdige Hagelfälle. Z. S. f. Met. XV. 1880, 452.

HAGENBACH. Ueber krystallinischen Hagel. Z. S. f. Met. XV. 1880, 132-134.

Merian. Ebendarüber. Ib. 134; Ann. d. Phys. 1879.

Ward. Remarkable hailstones 21.|8. 1880. Symons' Monthl. Mag.; Nature XXIII, 233.

Seeland. Hagelfall. Z. S. f. Met. 1880, 378.

Boussingault. Temperatur der Hagelkörner. Z. S. f. Met. XV, 65-66; C. R. LXXXIX, 202; Naturf. XII. No. 40.

Schwedoff. Qu'est ce que c'est la grêle. J. d. russ. phys. chem. Ges. 1880. XII. No. 4-6. cf. oben.

J. R. Blake. Observations on some recent hail storms in North Carolina. Amer. Ass. f. sc. Boston 1880. Sept.

G. Paterson. Large hailstones. Nature XXII, 292.

Colladon. Théorie nouvelle de la formation de la grêle. Mondes (2) LI, 693-695.

— — Origine de la grêle et aspiration des cascades. Le Monde d. l. Soc. et de l'Inst. 1879, 1-13; Z. S. f. Met. XV. 1880, 429-433.

K. V. Riecke. Die Hagelschläge und Hagelbeschädigungen in Württemberg während der 50 Jahre 1828 bis 1877. Württemb. Jahrb. 1877. Stuttg. 1878; Z. S. f. Met. 1880, 382-383.

H. Abich. Ueber den krystallischen Hagel im Gebirge von Teraletien und Abhängigkeit der Hydrometeore vom Bau des Bodens. Mem. d. Kauk. Abth. f. K. Russ. Geogr. X. No. 3.

C. de Candolle. Sur une pluie jaune observée près de Bonneville (Haute-Savoie) le 25. avril 1880. Arch. sc. phys. (3) III, 538-542.

F. de Jussieu. Sur une pluie de boue tombée à Autun. C. R. XC, 1131; Chem. C. Bl. 1880, 397.

Daubrée. Observations. Ib. 1132-1133; Mondes (2) LI, 882.

— — Sur une pluie de poussière qui à été observée du 21 au 24 avril 1880 dans les départements des Basses Alpes, de l'Isère et de l'Ain. Chem. C. Bl. 1880, 394; Naturf. 1880, 248-249; C. R. XC, 1098-1101; Mondes (2) LI, 878.

Simony. Ueber den schwarzen Schnee oder die Gletscherschwärze. Neue dtsch. A. Z. (2) I. No. 8-10.

Quantité d'eau que fournit la rosée. Mondes (2) LII, 179.

Ferrel. Hollow water spouts and sand spouts. — Cloud bursts. Nation. Ac. of sc. Washingt. 1880. 20./4.

Rainfall at Greenwich. Engineering XXX, 165.

Denza. Valori jetografici mensuali ed annuali ottenuti nelle stazione pluviometriche dell' alta Italia 1875 e 1876. T. n. Z. S. f. Met. XV, 72.

J. H. Prevost. On the effects of the growth of plants on the amount of matter removed from the soil by rain. Chem. News XLI, 44; Chem. Soc. 15./1. 1880.

Da Como. Quantità enorme di acqua che va dispersa nel sottosuolo di Brescia. Commentari dell' Ateneo d. Brescia 1879.

Briosi. Acqua caduta nella staz. met. d. Brescia nel decennio 1869—1879. Ib.

A. Woeikof. Rainfall in the tropics. Nature XXI, 347 (L).

Eastman. On the comparison of rain gauges at different elevations. Bull. soc. philos. Washingt. II, 49.

Wilhelm. Die atmosphärischen Niederschläge der Steiermark im Jahre 1879. Mitth. d. naturw. Ver. f. Steierm. Juli 1879. publ. 1880.

Ruggles. Projet de produire artificiellement de la pluie. Mondes (2) LII, 850.

G. J. Symons. On the distribution of rain over the British Isles during the year 1878 as observed at about 2000 stations in Great Britain and Ireland. London 1879. (Nebst 5 anderen Arbeiten cf. Z. S. f. Met. XV. 1880, 197.)

Schwedoff. Cosmic origin of hail. Nature XXIII, 402; Journ. Russ. phys. Ges. 1881, 71-73.

Lose. Ueber die Vertheilung des Regens auf die Tageszeiten. Preuss. Stat. XXXIV. (1876) 60-62.

Regenwaarnemingen in Nederlandsch Indie 1879. Astr. Nachr. XCVIII. No. 2330. p. 31.

Clerc. Niederschlagsverhältnisse zu Dolmatoff, Gouv. Perm, 1862|1875. Bull. d. l. soc. Ouralienne IV. 1878. I, 125; Z. S. f. Met. XV, 330-331.

Prettner. Regenmessungen zu Klagenfurt 1813|1878. Z. S. f. Met. 1880. XV, 450-451.

Peirce. Geographical distribution of rainfall. Bull. soc. philos. Washington 1874. I, 68.

Rainfall in southern China. Nature XXII, 431.

Quantités de pluie en 1876 de jour en jour. Nederl. Jaarb. 1876. II, 139-188.

Quantités de pluie en 1874—1876 mensuelles. Ib. 188.

Bell. Regenband-Beobachtung zur See. J. Scott. Met. Soc. V. No. 55-56.

J. Gale. Regenfall zu Mount stuart und Rothesay von 1800—1875. J. Scott. Met. Soc. V. No. 49-50.

Ph. Newnham. Fréquence plus grande des fortes averses à certaines dates des mois. Mondes (2) LIII, 551-552.

H. Hart. Rainfall of Sierra Leone. Nature XXII, 585.

Ellis. Bemerkung über den starken Regenfall vom 10.|11. April 1878. Quart. J. of Meteor. Soc. 1878. IV, 150.

Block. Regenfall auf dem Meere. Quart. J. of the Meteor. Soc. IV. No. 27. 1878.

Courtenay-Tox. Lois présidant à la succession des températures et à la chute de la pluie dans le climat de Londres. Mondes (2) LIII, 172; Swansea Ass. 1880.

Ragona. Sulla probabilità della proggia in Modena. Mem. della Accad. disc. in Modena XX. 1a. 1880.

da Fonseca Benevides. Rainhas de Portugal. I. u. II. Lisboa 1878/79. 8°.

Strasser. Regenmessungen zu Klagenfurt 1813|1878. Z. S. f. M. XV, 450.

Bergsma. Regentage an der Küste von Nordsumatra. Z. S. f. M. XV, 469.

L. Sohncke. Einfluss des Schwarzwaldes auf die Regenvertheilung. Z. S. f. M. XV, 497 u. 498.

W. H. Abbot. Rainfall map of South Australia for 1878. Adelaide.

F. Chambers. Meteorological notes. Nature XXI, 384.
Ueber den Regenfall in Indien und in anderen Theilen Südasiens (Batavia etc.).

Audoynaud et Chanzit. Nouvelles recherches sur le passage des eaux pluviales au travers de la terre arable. Annal. agronomiques 1880. Oct. VI.

H. Witmeur. Les eaux, leur formation, leur répartition, leur distribution à la surface et dans le sein de la terre. 18°. 1-16. Brüssel 1880. 0,80.

T. Mazure. Recherches sur l'évaporation de l'eau libre, de l'eau contenue dans les terres arables et sur la transpiration des plantes. Ann. agron. VI. Oct. 1880.

Pluies et neiges de l'année météorologique 1878|1879. Observatoire de Lyon. Station de la Tête-d'Or. Lyon. 1880. br. in 8°.

Ch. André. Étude sur les orages à grêle du département du Rhône 1819—1878. Lyon. 1880. 8°.

Colladon. Sur une chute de grésil à Genève le 19 janvier. C. R. XCII, 213†; Arch. Sc. Phys. et Natur. V, 184-185*.
Der Verfasser hat an kleinen, bis 5 mm im Durchmesser haltenden Graupelkörnern stark elektrische Eigenschaften bemerkt, da dieselben einige Sekunden nach dem Fallen wieder aufsprangen.

J. Allgemeine Beobachtungen (Klimatologie), Beobachtungen auf Reisen.

A. von Woeikof. Ueber die klimatischen Verhältnisse der Eiszeiten sonst und jetzt. Verh. d. Ges. f. Erdk. 1880, 151-161.

Die in diesem in der Sitzung der Ges. f. Erdk. zu Berlin am 8. Mai 1880 gehaltenen Vortrage dargelegten Thatsachen und deren Erklärung lassen sich in folgende Sätzen zusammenfassen:

1) Das Wasser mildert die Gegensätze der Temperatur und zwar absolut, sowohl in Raum als in Zeit.

2) Ausser der grossen Wärmecapacität des Wassers haben besonders die Aenderungen der Form des Wassers (d. h. des festen, flüssigen und gasförmigen Aggregatzustandes) einen grossen Einfluss wegen der dabei vorgehenden Umwandlung von Wärme in Arbeit und umgekehrt.

3) Einen besonders grossen Einfluss auf Milderung der Temperaturgegensätze haben die Meeresströmungen, deren directe Wirkung grösser ist als diejenige der Winde.

4) Die Winde sind in dieser Hinsicht wichtig, weil sie die Temperaturen der Meeresströmungen weiter verbreiten.

5) Die Winde müssen als das erste Motiv der Meeresströmungen anerkannt werden, welche aber wieder von der Lage der Continente und Inseln und durch die Gestalt des Meeresbodens beeinflusst werden.

6) Besonders wichtig sind die Passatwinde wegen ihrer Beständigkeit, wie auch dadurch, dass sie theilweise über den Aequator hinaus in die andere Hemisphäre reichen und somit warmes Wasser transportiren.

7) Jetzt reicht der SE-Passat im Atlantischen und Stillen Ocean weit über den Aequator in die Nord-Hemisphäre hinein, wodurch eine grosse Menge warmen Wassers von der Süd- in die Nord-Hemisphäre transportirt wird.

8) Dies ist die Ursache der grösseren Wärme der Nord-Hemisphäre.

9) Diese zeigt sich besonders auf den Oceanen und an den Westseiten der Continente, nördlich von 40° N. Br. im Vergleich

zu denselben Breiten der südlichen Halbkugel; gerade wegen der unbedeutenden Erstreckung der Meere, nördlich von 40° N. Br., concentrirt sich daselbst die Wirkung der warmen Meeresströmungen.

10) Die niedrigere Temperatur auf den Meeren der Süd-Hemisphäre, in höheren Breiten als 40°, wird dadurch erklärt, dass ein grosser Theil des warmen Wassers aus den Tropen der südlichen Hemisphäre durch die Strömungen in die Nord-Hemisphäre gebracht wird, also den mittleren und höheren südlichen Breiten nicht zu Gute kommt, der Rest aber sich in den weitausgedehnten Meeresräumen so zu sagen verliert.

11) Die grosse Erstreckung der Meere, südlich von 40° S. Br., ist der Entwickelung der Gletscher günstig. Die Grösse und Tiefe der Oceane lässt auch in höheren Breiten keine beständige Eisdecke zu, während die relativ unbedeutenden warmen Strömungen auch in mittleren Breiten eine niedrige Temperatur der Oberfläche ermöglichen. So existirt denn auf den grossen Meeresräumen der Süd-Hemisphäre eine Temperatur von etwas über und unter 0°, die günstigste für Bildung von Schnee und Gletschern.

12) Auf der Nord-Hemisphäre sind die jetzigen Verhältnisse den Gletschern ungünstig, weil die Oceane derselben durch warme Strömungen erwärmt sind, so dass bis in ziemlich hohe Breiten die Niederschläge mehr in der Form von Regen als von Schnee fallen; dagegen sind die mittleren und östlichen Theile der Continente zu trocken.

13) Dies ist besonders der Fall in Hochasien und Ostasien. Da sich seit der pliocänen Zeit die Hauptzüge der Topographie nicht geändert haben, so konnten hier auch in der letzten Eiszeit keine grossen Gletscher existirt haben. Selbst das Untertauchen der chinesischen Ebene konnte daran nichts Wesentliches ändern.

14) Um die grossen Gletscher zu erklären, deren Spuren man in Europa aufgefunden hat, muss man für West-Europa zu jener Zeit eine, um einige Grade niedrigere Temperatur annehmen, etwa durch Verminderung der Wassermenge oder Ver-

änderung des Laufes des Golfstromes. Für Schweden, Finnland, das nordwestliche Russland müssen wir jedenfalls damals einen kälteren Sommer und eine viel grössere Schneemenge annehmen. Die zu dieser Zeit bestehende Verbindung des weissen und baltischen Meeres durch den Ladoga- und Onega-See mag viel zu einem solchen Klima beigetragen haben. Die Tschernosem-Gegend, d. h. ein grosser Theil von Südrussland, welcher weder unter Wasser war, noch Gletscher besass, muss ein viel gewärmteres Klima gehabt haben, etwa wie jetzt die patagonischen Pampas.

15) Der grossen Entwickelung der Gletscher musste ein Untertauchen der Ebenen unter das Meer vorhergehen.

16) Bei grosser Excentricität der Erdbahn und dem Winter im Aphelium müssen, bei sonst gleichen Bedingungen, die Winter kälter, die Sommer heisser sein. Daher mussten die Monsune Ostasiens zu dieser Zeit stärker sein als jetzt, und also noch entschiedener der Schnee- und Gletscherbildung entgegenwirken. Der Winter im Perihelium musste im Innern wärmere Winter und kältere Sommer gegeben haben, daher auch schwächere Monsune.

17) Allgemeine Eisbedeckungen, die vom Pole bis etwa 45° reichen sollten, sind ganz unzulässig. Ist genügend Meer vorhanden, so kann es nicht gefrieren, bei grossen Continentalflächen wird das Klima für Gletscher zu trocken sein. Es werden sich also immer theilweise eisfreies Meer oder theilweise eisfreie Landflächen finden, gewöhnlich beides. *Bo.*

Aus dem Archiv der Deutschen Seewarte. **I. bis III. Jahrgang 1878 bis 1880. Herausgegeben von der Direktion der Seewarte (Prof. Dr. NEUMAYER). gr. 4° mit vielen Karten, Tafeln und Abbildungen.**

Dieses Sammelwerk und Repertorium erscheint seit 1878 in einzelnen Jahrgängen von unbestimmtem Umfange und ist in erster Linie dazu bestimmt, grössere wissenschaftliche Monographien, von dem Personale der Seewarte bearbeitet, aufzunehmen und zu veröffentlichen. Jeder Jahrgang enthält zunächst einen Jahresbericht des Direktors der Deutschen Seewarte Prof. Dr. NEUMAYER über die Organisation und Thätigkeit der Deutschen Seewarte: 1875—1878, 1879 und 1880, ferner die Special berichte über die Thätigkeit der einzelnen vier Abtheilungen der Seewarte, nämlich 1) für die „Maritime Meteorologie“, — 2) für die „Beschaffung und Prüfung der nautischen, meteorologischen und magnetischen Instrumente und Apparate“, — 3) für die „Pflege der Witterungskunde, der Küstenmeteorologie und des Sturmwarnungswesens in Deutschland“, — 4) „Chronometerprüfungs-Institut.“

Die wissenschaftlichen Abhandlungen dieser drei Jahrgänge des Archivs der Deutschen Seewarte, die speciell das meteorologische Fach berühren, sind folgende: 1) Instruktion für den meteorologischen Dienst der Deutschen Seewarte. 60 S. (Mit einem Blatt „Wolkenabbildungen“); — 2) C. FELBERG: Ueber die periodischen Schwankungen des Barometerstandes. 16 S. Mit zwei Tafeln (Jahrg. I u. II); — 3) A. SPRUNG, Studien über den Wind und seine Beziehungen zum Luftdrucke No. 1 und 2. 57 S. (Jahrg. II); — A. VON DANCKELMANN, Regen, Hagel und Gewitter im Indischen Ocean 36 S. (s. sub H); — 5) KOEPPEN, Untersuchungen über die Witterungsverhältnisse zwischen dem Felsengebirge und dem Ural in den Monaten Januar bis März 1878 (Jahrg. III). *Bo.*

Deutsche Seewarte. 1) Monatliche Uebersicht der Witterung für jeden Monat des Jahres 1880. Jahrg. V.

Die seit 1876 von dem Direktor an der Deutschen Seewarte (Prof. Dr. NEUMAYER) herausgegebenen „Monatsübersichten der Witterung“ gliedern sich in folgende Abtheilungen: 1) Vorgänge in der Atmosphäre über Europa, besonders in Centraleuropa. — 2) Correspondenzen über die Witterung der einzelnen Monate aus verschiedenen Ländern Europas incl. Russland und Sibirien. — 3) Mittheilungen über die Witterungsverhältnisse auf dem Nordatlantischen Ocean. — 4) Wetterprognosen und Sturmwarnungen für das Deutsche Reich. — 5) Meteorologische Tabellen über Luftdruck, Temperatur, Niederschläge und Windverhältnisse in Central-Europa, sowie Mittel, Summen und Extreme für die Monate Januar bis December 1880 der Normalbeachtungsstationen an der deutschen Küste (Memel, Neufahrwasser, Swinemünde, Wustrow, Kiel, Sylt; — Hamburg, Keitum, Wilhelmshaven, Borkum). Jeder Monatsübersicht ist ausserdem noch eine Tafel der Bahnen der barometrischen Minima beigegeben.

Die „Einleitung" zu diesem V. Jahrg. (1880) der Mon. Uebers. enthält 1) die „Ergebnisse der ausübenden Witterungskunde während des Jahres 1880" (p. 1—27) und 2) „Wissenschaftliche Ergebnisse aus den Mon. Uebers. d. Witter. von 1876—1880" von Dr. VAN BEBBER (p. 24—32) mit 4 Karten der „Geographischen Vertheilung und Bewegung der barometrischen Minima nach den Morgenpositionen in den vier Jahreszeiten der Jahre 1876 bis 1880", sowie mit 4 kleineren Kärtchen, darstellend das Erscheinen und Verschwinden der Minima in denselben Jahreszeiten. (Vgl. Ann. d. Hydr. 1881, 299—302. Vgl. auch sub E).

2) Täglicher Wetterbericht für 1880. (Siehe Berl. Ber. für 1877.)

3) Meteorologische Beobachtungen in Deutschland, angestellt an 17 resp. 18 Stationen zweiter Ordnung im Jahre 1878 resp. 1879. *Bo.*

Vergleichende Uebersicht der Witterung in Nordamerika und Centraleuropa in den Monaten Oktober 1879 bis September 1880. Ann. d. Hydr. 1880, 60. 118. 166. 217. 276. 331. 384. 438. 487. 542. 583. 660 und für das ganze Jahr 1879 ib. 218.

Hinsichtlich der Temperatur ergiebt sich folgender Vergleich der mittleren Abweichungen derselben von der normalen Temperatur für Nordamerika und Centraleuropa.

Monat	Oestl. Nordamerika	Centraleuropa
Januar	— 0,4	— 1,0
Februar	— 1,4	+ 0,4
März	+ 1,5	— 0,7
April	+ 0,1	— 1,4
Mai	+ 1,1	— 1,9
Juni	— 0,5	+ 0,1
Juli	— 0,7	— 2,3
August	— 0,7	+ 0,5
September	— 0,9	+ 0,6
Oktober	+ 2,7	— 1,1
November	+ 0,9	— 2,0
December	+ 0,8	— 6,7
Jahr	+ 0,21	— 1,29

Das Zeichen der Abweichung war demnach in 10 Fällen entgegengesetzt und nur in zwei Fällen (Januar und Juli) gleich. Das Jahr 1879 war im allgemeinen in Centraleuropa ein sehr kaltes und im östlichen Nordamerika ein mässig warmes. (Die Temperaturabweichungen für Schottland, Norwegen und Schweden s. sub D). *Bo.*

Erklärung einiger internationalen meteorologischen Symbole. Ann. d. Hydr. 1880, 666.

Es werden hier einige bei dem häufigeren Gebrauch von meteorologischen Tabellen nützliche Erklärungen der international eingeführten Symbole für Windstärke, Seegang und Wetter mitgetheilt. *Bo.*

Berichte über die Verhandlungen und die Ergebnisse der 1. bezw. 2. internationalen Polar-Conferenz, abgehalten in Hamburg vom 1. bis 5. Oktober 1879 und in Bern vom 7. bis 9. August 1880, abgestattet von der internationalen Polar-Commission. Hamburg. 1880 u. 1881. (Deutsch und Französisch (3 u. 8 pp.)).

Der zweite internationale Meteorologen-Congress zu Rom im April 1882 (s. p. 282) hatte das internationale Comité (ebenda) beauftragt, eine besondere Conferenz nach Hamburg zusammenzuberufen und durch diese die WILCZEK-WEYPRECHT'schen Vorschläge zur systematischen wissenschaftlichen Erforschung der Polar-Gebiete (s. Berl. Ber. 1875, p. 976) berathen zu lassen. Infolge dessen traten die Vertreter von 9 Staaten am 1. October 1879 zu Hamburg unter dem Vorsitz von Prof. NEUMAYER unter dem Namen „Internationale Polarcommission" zusammen und tagten bis zum 5. October. Es wurden in 6 Sitzungen eine Reihe von Beschlüssen gefasst (s. Bericht), theils allgemeiner, theils specieller Art. Der zu erreichende Zweck ist die wissenschaftliche Erforschung in erster Linie der meteorologischen und erdmagnetischen, dann aber auch überhaupt der physikalischen Verhältnisse der beiden Polar-Gebiete der Erde und der unmittelbar an sie angrenzenden Zonen nach einem gemeinsamen durch internationale Uebereinkunft festzusetzenden Plane (Idee von WEYPRECHT). Dieser Zweck soll dadurch erreicht werden, an bestimmten Stationen und in festen, an denselben zu errichtenden und zur selben Zeit in Thätigkeit befindlichen Observatorien die betreffenden Beobachtungen auszuführen. Der erste Bericht enthält sodann noch eine ausführliche Motivirung der Wichtigkeit des geplanten Unternehmens. Auch wurden in dieser 1. Polar-Conferenz 8 feste Stationen auf der nördlichen Halbkugel und 4 auf der südlichen Hemisphäre ausgewählt. Der Termin des Beginns des Unternehmens wurde auf den Herbst 1880 festgesetzt.

An den Sitzungen der zweiten Polar-Conferenz zu Bern im August 1880 nahmen 10 Vertreter verschiedener Staaten Theil, unter ihnen WILD aus St. Petersburg, welcher seitdem auch Vorsitzender der „Internationalen Polarcommission" ist. Die Hauptergebnisse dieser Conferenz waren die durch besondere Umstände gebotene Verschiebung des Termins für die Absendung der Expeditionen von 1880 auf 1881 und die principielle Festhaltung an den Beschlüssen der ersten Polar-Conferenz zu Hamburg.

Ueber die dritte Polar-Conferenz zu Petersburg vom 1. bis

9. August 1881 und die nach diesem Programm seither ins Leben getretenen einzelnen Expeditionen s. Berl. Ber. f. 1881 und 1882.

Bo.

Zweiter internationaler Meteorologen-Congress in Rom 1879 April 14.—22. Herausgegeben in Deutscher Sprache von G. Neumayer. Hamburg 1880.

Derselbe. Von G. Hellmann, Separ.-Abdr. aus Z. S. der königl. preuss. statist. Bureaus, 1879. 18 pp.

ad 1) Dieser auf amtlichen Auftrag verfasste und mit dem in fremden Sprachen gleichlautenden Bericht enthält zunächst die amtlichen Protokolle der fünf Plenarsitzungen, sodann noch 12 Anhänge, unter diesen der Bericht des „Permanenten Comité's", welches auf Beschluss des Ersten internationalen Meteorologen-Congresses zu Wien im September 1873 eingesetzt war, sich dreimal versammelt hatte (1874 und 1878 in Utrecht und 1876 in London); — ferner den Nachweis über die Art der Organisation der verschiedenen meteorologischen Systeme in Europa und Nordamerika; — sodann die Berichte über die Verhandlungen der fünf von dem Congress eingesetzten Commissionen (in denen ein grosser Theil der Lehren und der Forschungs-Ergebnisse der neueren Meteorologie enthalten ist und welche desshalb den Lesern dieser Berichte unentbehrlich sein dürften), — ferner die Zusammenstellung der Beschlüsse des Kongresses (ebenfalls sehr wichtig für die Fortentwicklung der Meteorologie), — endlich eine Liste der dem Congresse von den hervorragendsten Autoritäten aus den verschiedensten Gebieten der theoretischen und praktischen Meteorologie eingereichten Berichte.

ad 2) Verfasser giebt zunächst eine Vorgeschichte des Congresses und eine Uebersicht über den äusseren Verlauf der Verhandlungen, sodann eine Diskussion der Beschlüsse des Congresses hinsichtlich der Organisation eines internationalen meteorologischen Institutes und die Art und Weise der Publication der meteorologischen Arbeiten, ferner die Beobachtungen der Instrumente, — der Wettertelegraphie, der maritimen und landwirthschaftlichen Meteorologie, der Beobachtungen an entlegenen und hochgelegenen Stationen. In einem Anhange stellt Verfasser die Ergebnisse der zu Wien und zu Rom abgehaltenen internationalen Meteorologen-Congresse zusammen, welche die Einigung im meteorologischen Dienste der verschiedenen Staaten bezwecken. *Bo.*

G. HELLMANN. Die Organisation des meteorologischen Dienstes in den Hauptstaaten Europas. Erster u. Zweiter Theil. Separatabdruck aus der „Zeitschrift des Königl. preuss. Statistischen Bureaus", Jahr 1878 u. 1880. Ref. in Verh. d. Ges. f. Erdk. 1880, 288 u. 289.

Im Auftrage des königl. preussischen Unterrichtsministeriums hat Verfasser in den Jahren 1878 und 1879 die meteorologischen Institute und Gesellschaften Russlands und Finnlands, von Schweden, Oesterreich-Ungarn, Italien, Spanien und Portugal besucht, ferner aus eigenen Mitteln, die von England, Frankreich, Belgien und Holland. Er giebt auf Grund persönlich von ihm an Ort und Stelle eingezogener Erkundigungen und Nachforschungen eine sachgemässe und mit zahlreicher literarischer Nachweisung versehene Darlegung der Entstehung, der räumlichen Lage, der inneren Organisation, der wissenschaftlichen Thätigkeit und der Personal- und Budget-Verhältnisse der einzelnen Institute der Gesellschaften in den oben genannten Ländern. Es fehlen in diesem Bericht leider noch die meteorologischen Institute zu Christiania in Norwegen, zu Stockholm in Schweden, zu Kopenhagen in Dänemark, und vor Allem in unserem eigenen Lande zu Berlin und die deutsche Seewarte zu Hamburg. *Bo.*

H. TOYNBEE. Meteorologie des Atlantischen Oceans im August 1873. Ref. v. KÖPPEN in Z. S. f. M. XV, 201-209; Ann. d. Hydr. 1880, 403-409.

Der grosse Orkan im August 1873 an der Ostküste Amerika's gab Veranlassung zu dieser amtlichen Arbeit des Verfassers (Offic. No. 32, 1878) über die Witterungsverhältnisse des Nordatlantischen Oceans während dieses Monats. Diese Arbeit ist auch von besonderer Wichtigkeit für die Kenntniss der atmosphärischen Bedingungen, welche das Wetter im Westen Europas beeinflussen und bestimmen und für die gesammte Theorie und Praxis der Meteorologie von grösster Bedeutung werden können. Vgl. übrigens sub E. *Bo.*

J. Hoffmeyer. Projekt zur Organisation eines telegraphischen Wetterdienstes auf dem Atlantischen Ocean. Ann. d. Hydr. 1880, 302-306.

Die Darlegung dieses Projektes bildet den Schluss einer grösseren Abhandlung des Verfassers: „Etudes sur les tempêtes de l'Atlantique septentrional et projet d'un service télégraphique international relatif à cet océan". 4. 25 Seiten Text und 7 Karten, Kopenhagen 1880, in welcher er auch einige allgemeine Bemerkungen über die heutigen Wetterprognosen (Sturm) macht. Verfasser legt dar, dass man mit Hülfe von synoptischen Karten vom Atlantischen Ocean und des gegenwärtigen Standes des Witterungsdienstes in Europa in Zukunft im Stande sein werde, wahrscheinliche Angaben darüber zu machen, in welcher Art die Witterungsverhältnisse für einen längeren Zeitraum sich zu gestalten scheinen. Er hält es für diesen Zweck (der Herstellung von synoptischen Karten des atlantischen Oceans) für nothwendig auf den Faröern, Island und Südgrönland, sowie auf den Azoren und Bermuden meteorologische Stationen zu errichten.

Anm. Die Vorstände deutscher meteorologischer Centralstellen haben sich auf der Conferenz zu Hamburg im April 1880 für die Ausführung dieses Projektes ausgesprochen. *Bo.*

Elias Loomis. Contributions to Meteorology, being results derivedfrom an examination of the observations of the Un. St. Sign. Serv. No. 12 u. 13; Sillim. J. (3) XIX, 89-109 u. XX, 1-21. Ref. in Z. S. f. Met. XV, 379-381. 499 bis 504.

In der Abhandlung No. 12 dieser Serie wird 1) die Vertheilung des mittleren Luftdruckes in den extremen Monaten Januar und Juli über dem Gebiete der Vereinigten Staaten discutirt; — 2) ein Vergleich der Barometerminima in Europa und Amerika angestellt; — 3) Bemerkungen über Barometerminima, die mit sich mit ungewöhnlicher Schnelligkeit fortbewegen.

Die 13. Abhandlung bespricht 1) die grossen und plötzlichen Aenderungen der Temperatur, welche in einigen Gebieten der Vereinigten Staaten so häufig vorkommen und besonders den bemerkenswerthen Fall im Januar 1875 zu Denver in Colorado (s. sub D); — 2) die Barometerminima, welche die Rocky Mountains kreuzen. *Bo.*

J. Hann. Einige Resultate neuer meteorologischer und hypsometrischer Beobachtungen im äquatorialen Ost-Afrika. Peterm. Mitth. 1880, 373-377.

Verfasser discutirt in dieser Abhandlung die von Dr. Emin Bey und Herrn Buchta theils zu Chartum (15° 36′ N. Br.; 32° 36′ Oestl. Lg.) theils zu Ladó im Jahre 1878 (5° 3′ N. Br. und 31° 50′ Oestl. Lg.) theils in den dazwischen liegenden Orten angestellten meteorologischen Beobachtungen über Temperatur, Luftdruck, Dunstdruck, relative Feuchtigkeit, Bewölkung, Regen, Gewittererscheinungen und Wind.

Aus den Beobachtungen am Aneroid- und Luftthermometer werden für verschiedene Orte die Seehöhen mitgetheilt, bezogen auf die Seehöhe von Ladó zu 965 m. *Bo.*

Annual Reports of the Chief Signal-Officer (General Myer † 24. März 1880) for 1877 und 1878. Ref. in Z. S. f. Met. XV, 40.

Unter den ausführlichen Berichten über die Thätigkeit der Signal Office und den Resultaten aus den Beobachtungen an den meteorologischen Stationen desselben enthalten diese „Reports“ eine grosse Anzahl von Beschreibungen grosser Tornados etc.

und Tabellen über mittlere monatliche Barometerstände (ohne Reduktion auf das Meeresniveau, nach HANN's Referat „ein sehr wesentlicher Fortschritt") und von Juli 1877—1878 und den drei täglichen Beobachtungen mittlerer Wash. Zeit, endlich einen Vergleich der mittleren Barometerstände von MT. WASHINGTON und PIKES PEAK. *Bo.*

A. MATHIEU. Météorologie comparée agricole et forestière. Paris 1878. Ref. in Z. S. f. Met. XV, 69 u. 70.

Diese Schrift enthält die Resultate elfjähriger meteorologischer Beobachtungen (1867—1877) an 3 Stationen inner- und ausserhalb des Waldes bei Nancy. Diese Beobachtungen ergaben u. A. 1) dass die Lage im Waldgebiete die Regenmenge steigert; — 2) dass die Verdunstung im Walde nach erfolgter Belaubung merklich abnimmt und im Walde dreimal geringer ist, als ausserhalb des Waldes; — 3) dass der Wald die Lufttemperatur erniedrigt und die Extreme derselben vermindert, namentlich im Sommer. *Bo.*

The Swedish North-East Passage Expedition. Nature. 1880. XXI, 37-40. 57-58. 326-327. (385).

Die „Vega" war eingefroren am 28. September unter 67° 7' nördl. Br. 173° 30' westl. Lg. von GREENWICH, am nördlichsten Ende der Behringstrasse. Wegen Schneefreiheit konnte sowohl die geognostische Gegenwart von Gneiss und Dolerit, als die dürftige Flora festgestellt werden. Vom 1. December bis 1. Mai wuchs die Eisdicke von 56 zu 154 cm, blieb so einen Monat lang, und fiel bis 1. Juli auf 103 cm. Dann folgen einige meteorologische Notizen. Ein Temperaturminimum von $-45\frac{1}{2}°$ ist im Januar, ein Maximum von $+6{,}8°$ im Juni verzeichnet (Juli, August, September sind nicht beobachtet.) Daran reihen sich Nordlichtbeobachtungen, obwohl für diese Erscheinung ein Minimaljahr vorlag. Die Höhe des Lichtbogens wird zu 0,03 des Erdradius angegeben. Der „Auroralpol" soll in der Verlängerung des Erdhalbmessers liegen, welcher den Oberflächenpunkt 81°

nördl. Br. 80° westl. Lg. schneidet. — Die Forschungen über Ebbe und Fluth, verglichen mit denen an anderen arktischen Gegenden geben wichtige Anzeigen für die Vertheilung von Land und Wasser. Magnetische und naturgeschichtliche Aufzeichnungen ergänzen das Bild. — Die gefrornen Erdschichten wurden 100′ tief untersucht. *Hh.*

Litteratur.

Nachrichten über Observatorien, Congresse, Instruktionen, Errichtung von Beobachtungsstationen, Litteraturangaben.

DENZA. Alcune notizie intorno al congresso met. int. a Parigs dal 24|28 Aug. 1878. Roma 1879. Meteor. Italiana 1879.

— — La meteorologia delle montagne Italiana. Club alpino Ital. No. 41. 1880; Mondes (2) LII, 339.

Conference on agricultural meteorology. Engineer. XXIX, 500.

Intercolonial meteorological conference at Sydney. Nature XXII, 160.

v. SCHLEINITZ. Ueber die von der internationalen Meteorologen-Conferenz in Hamburg im Oktober 1879 geplante Polarforschung. Verh. d. Ges. f. Erdk. VII. No. 6. p. 187.

Bericht über den zweiten internationalen Meteorologen-Congress in Rom 1879. Z. S. f. Met. 1880, 247-248.

Meteorologen-Comité, Conferenz. Z. S. f. Met. XV. 1880, 278.

Conferenz des permanenten internationalen Meteorologen-Comités in Bern. Z. S. f. Met. 1880, 398-400.

A. FORSTER. Jahrbücher des tellurischen Observatoriums zu Bern für 1878 nebst Tabellen der forstl. meteor. Station. 1880.

Winchester Observatory of Gale College: Circular of the horological and thermometrical bureaus. June 1880. SILLIM. J. 1880. (3) XX, 149.

Annual report of the meteorological office enthält: 1) Method of recording the duration of bright sunshine. 2) Climatology of the Arctic regions. 3) Barometer manual. 4) Ballon ascents. Nature XXIII, 113.

ALLUARD. Observatoire météorologique du Puy-de-Dôme. Verglas du 21 nov. 1871. Mondes (2) LI, 682; C. R. XC, 795-798.

FAYE. Remarques. Ib. 798.

Annales du Bureau central météorologique de France année 1879. T. n. C. R. XCI, 846-847.

Meteorology in Japan. Nature XXII, 342-343.

FORSTER. Annales de l'observatoire tellurique de Berne en 1878 avec addition d'observations forestières. Arch. sc. phys. (3) III, 372-380.

Primera Memoria del Observatorio Nacional establecido en Chapultepec. Anal. del Mem. d. Fornesto III, 409-626.

Instruktion für den meteorologischen Dienst der Deutschen Seewarte. 1-60. Arch. d. dtsch. Seew. I; Ann. d. Hydr. VIII, 224.

Erklärung einiger internationalen meteorologischen Symbole, welche in den Ann. d. Hydr. und marit. Met. häufig angewandt werden. Ann. d. Hydr. 1880. VIII, 666.

BRAULT. Les observations simultanées et les Cartes synoptiques aux Congrés météorologiques internationals de Rome, tenu en avril 1879. Nancy. Progr. Levrault.

MALDINI. Il servizio meteorologico in Italia. Riv. marittima XIII. H. 5 u. 6. Roma 1880.

Cirkulär No. 10 från Upsala meteorologiska Observatorium till de af Länens Kongl. Hushåll nings Sållskap utsedde meteor. Obseratörer. Origin. O. 1-22.

SECRETAN. Calendrier météorologique pour 1881. 4°. Paris bei Marpon. 2 fr.

Weather prediction. Engineering XXX, 100.

Examination of work by Smithsonian Institution, on meteorology. Smithsonian Report 1878, 25-27.

Nachrichten über die Leistungen und Arbeiten, die auf dem Gebiete der Meteorologie vom Smithson. Inst. ausgeführt sind.

Correspondence relative meteorological subjects. Smithson Rep. 1878, 32.

Committee appointed on Meteorology. Smithson Rep. 1878, p. 26.

Scientific discussions on Meteorology. Smithson Rep. 1878. 8.

C. Bruhns. Bericht über das meteorologische Bureau für Wetterprognosen im Königreich Sachsen für 1879. Ersch. Leipzig 1880 b. Engelmann, bespr. Litt. C. Bl. 1880, 1498.

Krause. Ein Vorschlag Witterungsnachrichten rasch in Deutschland zu verbreiten. Annaberg b. Graser 25 Pf.

M. Snellen. La télémétéorographie d'Olland. 8°. p. 1 bis 31. Utrecht 1879.

J. Hann. Einführung in die Meteorologie der Alpen. Wien. Ber. LXXVIII, 38. (1878); München b. Lindauer 1 M.; Naturf. 1880, 107; Poggend. Beibl. 1880, 184.

Krebs. Wetterkarten und Wetterprognose. Bespr. v. Zech. Schlömilch Z. S. f. Meteor. XXV, 149.

G. Tissandier. Observations météorologiques en ballon; resumé de 25 ascensions. p. 1-55. 18°. Gauthier Villars 1879. Pris 1,50 fr.

Quarterly Journal of the Meteorological Society. (2) IV. No. 25-28. Jahrgang 1878. Nach Z. S. f. Meteor. XV. 1880, 149 bis 150 ist der Inhalt dieses Bandes folgender:

No. 25. Januar. Abercromby: Ueber den allgemeinen Charakter und die Hauptursachen der Veränderungen des Wetters in einem Theil einer Cyklone oder Anticyklone. — Ueber den Regenfall zu Jamaica während der 7 Jahre 1870—1876. — E. G. Bourke: Bemerkungen über die Meteorologie und physische Geographie der Westküste von Afrika. — Mohn: Ueber die meteorologischen Beobachtungen während der norwegischen wissenschaftlichen Expedition im Nordatlantischen Ocean im Sommer 1876 und 1877. — Preston: Bericht über die phänologischen Beobachtungen 1877. — Marriott: Beschreibung von Bogens Normalhebebarometer. — Scott: Ueber eine bemerkenswerthe Barometer-Oscillation am 23. Januar 1876. — Schück: Arched Squalls in der Nachbarschaft der Passate. — Whipple: Merkwürdiger Nebel, beobachtet zu Kew am 18. Juni 1877, die Arbeiten der übrigen Hefte sind den einzelnen Abschnitten zugetheilt. Ueber einen Theil derselben wird schon 1878 referirt werden müssen.

Modern Meteorology. A Series of six lectures delivered under the auspices of the Meteorological Society in 1878. Ilustrated, London 1879 (populär-wissenschaftliche Vorlesungen): R. J. Mann: Die physikalischen Eigenschaften der Atmosphäre. — J. V. Laughton: Lufttemperatur, ihre Vertheilung und Variationen. — R. Strachan: Der Barometer und seine Anwendung, Winde, Stürme. — W. A. Ley: Wolken und Wetteranzeichen. — G. J. Symons: Regen, Schnee, Hagel und atmosphärische Elektricität. — R. H. Scott: Die Natur, die Methoden und die allgemeinen Objekte der Meteorologie. Nach Z. S. f. Met. 1880, 195.

K. Remeis. Die astronomischen und meteorologischen Bergstationen. Gaea XVI. H. 3.

Weyprecht's proposal for a circle of observing stations round the Norts Polar region. Nature XXII, 90.

Neue meteorologische Stationen in Afrika. Z. S. f. Met. 1881, 498-499.

Al. da Schio. Stazioni di osservazione nei bacini dei fiumi Brento Bachiglione e canale Gorzon per servire alla Meteorologia ed alla Idrografia. Z. S. f. Met. 1880, p. 424.

Klimatologie und statistisches Beobachtungsmaterial aus einzelnen Ländern und Orten.

Einleitung.

Fast in allen Ländern, ja in den meisten Städten erscheinen regelmässige meteorologische Berichte über die einzelnen Witterungsverhältnisse. Es würde, abgesehen von der schwierigen Beschaffung der einzelnen Daten, unmöglich sein alle diese Angaben auch nur aufzuzählen. Sollen dieselben verwerthbar für spätere Zeiten werden, so müssen in den Staaten, in denen der meteorologische Dienst organisirt ist, jährliche Uebersichten und Zusammenstellungen gemacht werden, die von einem besonderen Bureau bearbeitet werden. Es müsste nach Schluss eines jeden meteorologischen Jahres eine Uebersicht vielleicht mit dem Titel, das Klima Deutschlands, Schwedens etc. mit den wichtigsten Tabellen belegt erscheinen und in einem weiteren Anhange wie das Klima des einen bestimmten Landes in Zusammenhang mit den Beobachtungen anderer Länder zu bringen. Für diese einzelnen Arbeiten wäre die Form unserer Jahresberichte zu verlassen, da die einzelnen Arbeiten meist nur statistisches Material geben. Nimmt man nun noch hinzu, dass vielfach, abgesehen von dem eigentlichen meteorologischen Netze auch Privatbeobachtungen existiren, so folgt die Unmöglichkeit, das meteorologische Material auch nur angemessen vollständig durch die Fortschritte wieder zu geben. Es sind ja in verschiedenen Ländern zusammenfassende Arbeiten versucht, und auch für einzelne Städte durchgeführt, aber regelmässige Zusammenfassungen in oben angedeuteter Art existiren nicht.

Das folgende Material ist nur ein Auszug des in den physikalischen Journalen unserer Gesellschaft niedergelegten hier einschlagenden Arbeiten und Zahlenangaben. Von diesem Standpunkte aus sind die folgenden Litteraturangaben zu beurtheilen.

Asien.

Meteorologische Beobachtungen in Zi-ka-wei. Z. S. f. Met. 1880, 416.

Report on the meteorology of India. Calcutta 1879.

Zi-ka-wei Observatoire magnétique et météorologique Bulletin mensuel. 1878. 1879. 4°. Zi-ka-wei. Athen. 1880. (2) 118, 503.

Campbell. Klima von Bangkok, Siam. Z. S. f. Met. XV. 1880, 183-185; Qu. J. of met. soc. V. No. 29.

A. Woeikoff. Ueber das Klima Ostasiens, insbesondere des Amurlandes, Chinas und Japans. Z. S. f. Met. XV, 130-132 kritisirt von Fritsche.

Ch. N. Pearson. On the meteorology of Mozufferpore Tirhoot for the year 1879. Meteor. Soc. 19./5. 1880.

Report on the meteorology of Tokio for 2539 (1879). Mem. of the Sc. Dep. Univ. of Tokio, Japan.

Knipping. Meteorologische Beobachtungen zu Tokio, Japan. Z. S. f. Met. XV. 1880, 438-443.

Bizemont. Notes sur les observations météorologiques de M. l'abbé Desgodins au Tibet. Bull. d. l. soc. d. géogr. Dec. 1879.

Desgodins. On the meteorology of Tibet. Geogr. Ges. Paris. Dec.-Heft. 1879.

H. Fritsche. The climate of eastern Asia. 8°. 1-335. Shanghai 1878.

Observatorio meteorologico del Ateneo municipal de Manila bayo la direction de los 66 de lo comp. d. Jesus. Manila 1879.

Klima von Manila. Z. S. f. Meteor. XV, 228-234.

Meteorologische Beobachtungen auf einer Obfahrt 1879. Deutsche Geogr. Bl. III. No. 2. p. 64-98.

J. Eliot. Report on the administration of the meteorological department of the government of India 1877|78. — Report of the meteorology of India 1877. — Report on the Madras cyclone of may 1877. Athen. 1880. (1) 218.

Klima von Trapezunt. Z. S. f. Meteor. XV. 1880, 325-328.

B. Slatkowski. Problèmes de la Climatologie du Caucase. 1-284. Paris. Villars 1879.

Pyevstoff. Expedition to Mongola. Nature XXI, 311; Iswestija.

Wissenschaftliche Beobachtungen während der Ueberwinterung der Vega 1878|79 in der Beringstrasse. Nature XXI. 13./11. 1879; Z. S. f. Met. XV, 25-28.

Afrika.

Meteorologische Verhältnisse in Westafrika. Ausland 1880, 349-352.

O. Kenter. Meteorologie von Sansibar. Z. S. f. Math. XXV, 80 (T.). Leipzig b. Winter. 6,40 Mk.

J. Hann. Zum Klima von Rubaga (Viktoria Nyanza). Peterm. Mitth. 1880, 143-145.

Klima am Viktoria Nyanza, Central-Afrika. Z. S. f. Met. XV. 1880, 449-450.

Auszug aus zwei meteorologischen Beobachtungsjournalen, demjenigen von Dr. Emir Bey und Rev. Wilson, über das Klima von Rubaga, Residenz des Königs Mtesa von Uganda. Die Aufzeichnungen stammen aus 1876, 1877, 1878 und 1879, erstrecken sich im Ganzen aber doch nur auf 19 Monate, von denen überdies auch nicht alle vollständig behandelt sind.

Das Klima von Kuka am Tsâde in Cornu. Verh. d. Ges. f. Erdk. VII. No. 10. p. 465-470.

Marcet. Zur Meteorologie der Canaren. Z. S. f. Met. XV. 1880, 60-62 v. A. Woeikoff.

J. Robb. Zur Meteorologie von Zanzibar. Ausl. 1880, 120.

Br. Capello e R. Ivens. Expedição scientifica ao Interior de Africa. Observações meteorologicas e magneticas. 1-14. Lissab. Soc. d. Geogr. T. n. Peterm. Mitth. 1880, 201.

Köppen. Klima von St. Helena. Z. S. f. Met. 1880, 400-403; Ann. d. Hydr. 1880.

A. Borius. Recherches sur le climat des établissements français de la côte septentrionale du golfe de Gurnée. Paris 1880. (Gauthier-Villars.)

S. Mann. Beiträge zur Meteorologie von Natal. — Ch. Pearson. Meteorologie von Mozufferpore 1877. Quart. J. of the Meteor. Soc. No. 28.

J. Hann. Meteorologische und hypsometrische Ergebnisse der Rohlfs'schen Expedition nach Kufra 1878|79. Mitth. d. Afrik. Ges. II. H. 3. p. 127-128.

Osservazioni meteorologiche dell' Osservatorio di Porto Maurizio eseguite nell' anno 1878|79. IV. Onegea. 1880.

Australien.

M. Smith. Meteorology of the coast of New South Wales. J. and Proc. of the R. S. of N. S. Wales XII.

S. J. Perry. Report on the Meteorology of Kerguelen Island. London 1879. p. 1-52. 12 Tafeln. Z. S. f. Met. 1880, 421-424.

Meteorological observations made at the Adelaide Observ. during the year 1878 under direction of Mr. Todd. Adelaide b. Spiller 1879. 4°.

Meteorological observations taken from the Sydney Observatory. J. and Proc. of the R. S. of N. S. Wales XII.

Dixon. Meteorology of a Guano island. Nature XXII, 254.

Results of observations in meteorology 1876. V. 1877. VI etc. Monthly Record 1879 Melbourne. Athen. 1880. (2) 118. 503.

Meteorological Report for 1877. Wellington. New-Zealand. 1878.

Registering of original observations in 1879. Jan. 1879. fol. Meteor. Committee in Calcutta.

H. L. Roth. On the meteorology of Mackay (Queensland). Meteor. soc. 17./11. 1880; Athen. 1880. (2) 713.

Perry's Report on the meteorology of Kerguelen island. Erwähnt Peterm. Mitth. 1880, 239; Ausz. in Ann. d. Hydr. VIII, 538-541.

Tebbutt. Meteor. Obs., the Peninsula Windsor N. S. Wales 1863—1866, Sydney 1868, ebenso bis 1876 (2 Bd.). Z. S. f. Met. XV. 1880, 283-288.

Report of the Royal Society of Tasmania 1878. Nature XXII, 133.

E. Jung. Beiträge zur Kenntniss des Klimas Australiens. Mitth. d. Ver. f. Erdk. z. Leipzig 1878, 23-28.

W. A. Dixon. Notes on the meteorology and natural history of a Guano Island. Proc. R. Soc. of N. South Wales 1877. XI.; bespr. Z. S. f. Met. XV, 121.

Scott. Klima der Samoa- oder Schiffer-Inseln. Z. S. f. Met. XV. 1880, 185; Qu. J. of met. Soc. V, 178-179.

Klima von Apia, auf Upolu, Samoa-Inseln. Ann. d. Hydr. VIII, 51.

A. Woeikoff. Zum Klima des centralen äquatorialen Theiles des grossen Oceans. Z. S. f. Met. XV. 1880, 120 bis 121.

Ch. Todd. Meteorological observations made at Adelaide Observatory during 1876—1878. — Rainfall of South Australia 1878. Nature XXI, 281-282.

R. S. Ellery. On the relation between Forest Lands and Climate in Victoria. Trans. and Proc. of the R. S. of Victoria XVI. April 1880.

Amerika.

G. Hinrichs. Report of the Jowa weather service for 1878 2 Hefte. 1-208.

Jowa weather report 1979. No. 1. March, April.

Boletin Meteorologico del Observatorio central de Mexico. Anales del Mem. de Tonesto III. Mexico. 5-63.

Bullettin of international meteorological observations taken simultaneously on 1878. April, 1 June, July. Washington. 1878-1879. 4°.

Bullettin of weather reports Signal service U. St. Arny for April etc. Washington 1879.

Chronicle (weekly weather) Dec. 1879, Jan. 1880, February 1880 etc. Washington 1879/80. 4°.

Observations astronomiques et météorologiques faites pendant l'année 1875 à l'observatoire naval des Etats-Unis. Mondes (2) LI, 297-298.

Carpmael. Monthly weather review of Canada 1880. I. T. n. Athen. 1880. (2) 444.

G. Hinrichs. Report of the Jowa Weather Service for May—Aug. 1878. Quarterly Nombers. 1-144.

Meteorologisches über die nördlichen Küsten des Pacifik. Peterm. Mitth. 1880, 161.

The United States Weather maps for Nov. and Oct. 1878. Nature XXII, 516-517. Dec. 1878 XXIII, 39-40.

Weekly weather chronicle. War department Washington

1879, Dec. No. 22-29. Ebenso in den folgenden Monaten je 3-4 No.

The United States weather maps, April to July 1878. Nature XXI, 565-567. Aug. 1878 ib. XXII, 36. Sept. 1877 (?) XXII, 100. Sept. 1878 p. 349.

Monthly weather review. War department Washington 1879, Febr.-Dec. Jan. 1880.

A. Woeikoff. On meteorological observations in Peru. Bull. philos. soc. Wash. II, 35.

Resumen de las observaciones meteorologicas en Mexico. 1880.

First biennial report of the central station of the Jowa weather service. Des Moires Jowa City 1880. 1880 No. 28. Press Bulletin No. 80 etc. bis 87. July 1880 etc. Jowa City ff.

W. Marriott. Results of meteorological observations made at Stanley Falkland Islands 1875|77. Meteor. Soc. 16./6. 1880.

G. T. Kingston. Report of the Met. service of the Dominion of Canada for the year 1878. Athen. 1880. (1) 731. Titel.

Observations made at the Observatory of Cambridge XXI for the years 1861—1865. Cambridge 1879.

H. v. Kupffer. Klimatisches über Florida. Ausl. 1880, 141.

Mexikanische meteorologische Berichte 1879, 1880.

Signals for the Jowa weather service. 1880. Or.

Beschoren. Zur Meteorologie von Südbrasilien. Z. S. f. Met. 1880, 404.

J. Hann. Zum Klima von Guatemala und S. Fé de Bogota. Z. S. f. Met. 1880, 486 (nach verschiedenen Quellen).

Karsten-Voigt. Klima von Pelotas, Südbrasilien. Z. S. f. Met. XV. 1880, 328; Schrift. d. naturw. V. f. Schleswig-Holstein. IV. H. 2.

Frey. Zum Klima der argentinischen Republik. Z. S. f. Met. 1880, 367-372.

E. Loomis. Contributions to Meteorology No. 11. Sillim. J. XVIII. July 1879. XX. July 1880; Z. S. f. Met. 1880. XV, 238-240. 499-504.

Annual Rep. of the chief signal officer to the Secretary of war for 1877. Z. S. f. Met. XV, 40. Dasselbe für 1878 ib. 40.

American weather maps (einzelne Exemplare z. b.).

Nipher. Missouri weather service report for April 1880. Nature XXII, 253-254.

Bulletin of internat. meteor. Observations year 1870. Wash. 1880.

Europa.

Th. Fischer. Studien über das Klima der Mittelmeerländer. Ergh. 58. Pet. Ann. 1-63, 3 Seiten; Z. S. f. Met. XV. 1880, 293.

P. Schreiber. Die Witterung in Europa und seiner Umgebung. Halle. 2 M. 1-61.

Süd-Europa.

Observaciones meteorologicas de Madrid 1874—1875 de Provincias 1874—1875. Madrid 1877—1878.

Observ. meteor. efectuadas en el observatorio de Madrid durante el ano 1876—1877—1878. Madrid. Ginesta. 1879—1879. 3 Bd. 8°.

J. Rivoli. Die Serra da Estrella. Peterm. Mitth. Ergh. 61. p. 1-36.

Witterung zu Grand Bassa. Ann. d. Hydr. VIII, 170; Annali dell' Ufficio centrale de Meteorologia Italiana (2) I. 1879. Roma 1880.

Hepites. Meteorologische Beobachtungen zu Braila. Z. S. f. Met. XV. 1880, 187.

Statiunca meteorologica diu Braila Observatiuni meteorologice facute in anula 1879 per St. C. Hepites. 4°.

Osservazioni meteorologiche del R. Osservatorio del Campidoglio Luglio 1880. Atti d. R. Acc. dei Lincei Transunti V. H. 1. p. 1-12.

Bollettino mensile di meteorologia italiana. Anni 1871-1878 e suppl. anni 1872-1874. 1878. Roma 1872-1878 f. e. 8°.

Annuario della società meteorologica italiana. I. II. Torino 1878/79. 8°.

G. F. Rodwell. Notes from Italy Climate. Nature XXI, 457.

J. Coaz. Ueber Klima und Vegetationsverhältnisse von Locarno. Bern. Mitth. No. 937-961. 1879. p. 77.

V. Nigri. Stato meteorologico della cikà di Foggia per l'anne 1876|77. 1-86. Nur Titel. Foggia 1878 Z. S. f. Met. 1880. XV, 457.

Osserv. meteor. del R. Osservatorio del Campidoglio. Dic. 1879. Aprile 1880. p. 37. Atti d. Linc. IV. H. 2. p. 21-24. Febbrai Genn. ib. H. 4. p. 25. Marzo ib. H. 5. p. 33.

Ch. Brünecke. Klimatischer Winterkurort Nizza nebst Monako. 64 S. 60 Pf.

F. Denza. Report on the meteorology of the Italian mountains. Nature XXII, 87; Athen. 1880. (2) 214-215.

— — La corrispondenza meteor. italiana alpina-apennina. Boll. soc. geogr. ital. (2) V. H. 6-9. 1880.

Osservazioni meteorologiche fatte nelle stazioni italiane presso le Alpi e gli Apennini. VIII. No. 10, 11, 12. Torino 1879.

P. Frisiani. Osservazioni meteorologiche eseguite nella R. Specola di Brera. 1879. p. 1-38.

— — Riassunto meteorologia dell' anno 1879 calcolato sulle osservacioni fatte nella R. Spec. di Brera. 1880. p. 1-18.

Meteorologische Beobachtungen ausgeführt an einigen forstlich- und agrarmeteorologischen Stationen. Meteor. Italian. Mem. e Not. 1878. H. 1-5.

Osserv. meteorologiche fatte nelle stazioni della corrispondenza meteorologica italiana alpina-apennina e public. per cura del Club alpino italiano. IX. febbr. 1879. IX. 1 u. 2 trimestre. 1880. Torino.

Osservazioni meteorologiche del R. Osservatorio del Campidoglio. Atti dei Linc. IV. Dic. 1879. p. 1-20. Luglio 1879. Novembre 1879.

Bulletino meteor. del R. Osservatorio di Palermo XIV. 1878. Palermo 1879.

Bulletino met. dell' Oss. del Collegio R. C. A. in Moncalieri. XIV. 8 etc. Torino 1879. 4°. XV. 1879/80.

Calendario dell' Osserv. dell officio centrale di meteor. al Collegio romano. I. 1880.

Briosi. Osservatorio in Brescia. Commentari dell' Ateneo di Brescia 1879.

Franchi. Osserv. in Verolanuova.

Bruni. Osserv. in Collio di Valtrompia. Note meteorologiche e agrarie. Ib.

Annuaire de l'observatoire de Madrid 1879. Mondes (2) LI, 262.

Mittel-Europa.

Vergleichende Uebersicht der Witterung des Monats Oktober 1879 in Nordamerika und Centraleuropa. Ann. d. Hydr. VIII. 1880, 60. Für Nov. 1879 ib. 118; Dec. 1879 ib. 166; Jan. 1880 ib. 217-219; Febr. 1880 ib. 276; März 1880 ib. 331; April 1880 ib. 384; Mai 1880 ib. 438; Juni 1880 ib. 487; Juli 1880 ib. 536; August 1880 ib. 593; Sept. 1880 ib. 660; Okt. 1880 ib. IV, 58.

F. Ward. Résumé d'observations faites à Rossinières pendant le mois de décembre 1879. Arch. sc. phys. (3) III. 1880. janv.; Nature XXI, 329.

Commission de Météorologie de Lyon 1877|78. Lyon. 1879.

E. Dietz. Observations météorologiques faites pendant l'année 1878|79 à Rothar (Vosges). 8°. 1-10. Saint Dié b. Humbert.

Bulletin météorologique du departement de l'Hérault année 1879. C. R. XCI, 608. Titel.

Observations météorologiques à Montsoûris (Paris).

Dec. 1879 C. R. XC, 102-104; Janv. 1880 ib. 258-260; Févr. ib. 554-556; Mars ib. 834-836; Avril ib. 1134-1136.

French Meteorological notices. Nature XXI, 452 (2 Bemerk.).

Annales du Bureau central météorologique de France par MASCART. 1878. III. Gauthier-Villars. 1881.

Annales de l'Observatoire de Paris, publiées sous la direction de M. MOUCHEZ. 4°. Gauthier-Villars. Mémoires XV. 27 fr. Observations 1868/69 40 fr. Observations 1877 40 fr.

Météorologie de l'île Malden. Mondes (2) LIII, 393-394.

Meteorologische waarnemingen in Nederland. Nederl. meteor. Jaarb. 1879. XXXI. I. p. 1-144.

BUYS-BALLOT. Nederlandsch Meteorologisch Jaarboek voor 1873. II Th. 1878 Utrecht. 1879 I. I Th. 1877. Bespr. Z. S. f. Met. XV. 1880, 291-292.

Nederlandsch meteorologisch jaarboek voor 1879. XXXI. (I) 1880. Utrecht.

Annales de l'Observatoire R. de Bruxelles. Météorologie. I. 1-14. Bruxelles 1879. 4.

Overzicht over het yaar 1879 (Wetterübersicht). Nederl. meteor. Jaarb. 1879. XXXI. I, 225-240.

Overzicht over de weergesteldheid in elke maand. Nederl. meteor. Jaarboek 1879. XXXI. I, 165-224.

Schweiz. meteor. Beob. 1879. Heft 2, 3 u. Suppl. S. 5.

J. DAIMER. Meteorologische Beobachtungen der Alpenvereinsstationen 1879. Z. S. d. dtsch. öst. A. V. 1880, 47-64.

PLANTAMOUR. Observations météorologiques pendant le mois de décembre 1879 (auch auf St. Bernard). Arch. sc. phys. (3) III. Janv. 1880, 73-80; Nature XXI, 330. de janvier ib. 193; février ib. 309; mars ib. 405; avril ib. 493; mai ib. 557; juin ib. (3) IV, 81; juillet ib. 201; août ib. 305-311; sept. ib. 425; oct. ib. 529; novembre ib. 625.

J. MARGUET et HIRZEL. Lausanne Observ. météorologiques 1874—1879. Bull. soc. Vaudoise XVI. No. 83. p. 677 bis 687.

Schweizerische meteorologische Beobachtungen. XVI. Jan. 1879.

Wolf. Schweizerische meteorologische Beobachtungen. 1877. XIV. Beilagen I-XXII u. No. 7. 1878. XV. No. 5. XVI. 1879. 4.

E. Plantamour. Résumé météorologique de l'année 1879 pour Genève et le Grand St. Bernard. Arch. sc. phys. (3) IV, 433-474.

Beobachtungen an der k. k. Centralanstalt für Meteorologie und Erdmagnetismus (hohe Warte bei Wien 202,5 m). Nov. 1879 Wien. Anz. 1880, 6-9; Dec. 1879 ib. 28-31; Jan. 1880 ib. 50-54; Febr. ib. 78-82; März ib. 96-100; April ib. 108 bis 112; Mai ib. 152-155; Juni u. Juli ib. 185-192; Aug. ib. 200 bis 204; Sept. ib. 220-224; Oct. ib. 244-246.

Uebersicht der am k. k. Observ. 1879 angestellten Beobachtungen. Wien. Anz. 1880, 33-38.

v. Czoernig. Meteorologische Beobachtungen in Görz im Jahre 1879 in Vergleichung mit jenen zehn Jahren 1870—1879. Z. S. f. Met. 1880. XV, 218-225.

N. v. Konkoly. Beobachtungen angestellt am astrophysikalischen Observatorium zu O'Gyalla, Ungarn. Halle b. Schmidt. 20 M.

C. Bruhns. Bericht über das meteorologische Bureau für Wetterprophezeihungen im Königreich Sachsen. Jahrg. 1879. 60 Pf.

Jahrb. d. k. k. meteor. C. Anst. 1877. XIV enth.

Vorwort. V. Einleitung, Beobachtungsstationen. VII. Barometer-Vergleichungen. XIII.:

I. Originalbeobachtungen. 3-91.

II. Stündliche Aufzeichnungen der autographischen Apparate am Obs. der k. k. Centralanstalt. 92-131.

IV. Monats- und Jahres-Uebersichten der meteorologischen Beobachtungen. 146-221.

Zusammenstellung der Beobachtungsresultate für Temperatur und Regen. 221-233.

V. Resultate der meteorol. Beobachtungen zu Kremsmünster. 234-253.

VI. Phänologische Beobachtungen im Jahre 1877. 254-263.

Eingänge von meteorologischen Journalen bei der deutschen Seewarte Januar 1880. Ann. d. Hydr. VIII, 262-275.

Meteorologische Beobachtungen in Deutschland. Leipzig. Teubner. 8 Mk. 1880.

Mittel, Summen und Extreme für den Monat December 1879 nach den meteor. Aufzeichnungen der Normal-Beobachtungsstationen der Deutschen Seewarte. Ann. d. Hydr. VIII. 1880. Tabelle. H. 1; Jan. 1880 ib. H. 2; Febr. ib. H. 3; März H. 4; April H. 5; Mai H. 6; Juni H. 7; Juli H. 8 Aug. H. 9; Sept. H. 10; Oct. H. 11; Nov. H. 12; Dec. ib. 1881 H. 1.

Monatliche Uebersicht der Witterung hergestellt von der Deutschen Seewarte. Jahrg. 1879. 12 H. Hamburg b. Friederichsen u. W. 6 M.

Meteorologische und magnetische Beobachtungen angestellt auf dem Kaiserlichen Observatorium zu Wilhelmshaven im December 1880 (Tabelle). Ann. d. Hydr. VIII. 1880. H. 1; Jan. 1880 H. 2; Febr. H. 3; März H. 4; April H. 5; Mai H. 6; Oct. H. 11; Nov. H. 12; Dec. ib. 1881 H. 1.

J. J. Schuster et Lavoine. Observations sur le climat de Metz, fondée sur vingt années d'observations faites de 1841 à 1860. Nancy. Sordoillet 1879.

Wildermann. Notizen über das Moselklima. Metz. geogr. Ges. 18./2. 1879. T.

Schuster. Observations météorologiques faites à Metz pendant l'année 1877. (3) VI. Sordoillet 1879.

Wildermann. Zur Klimatologie des Moselthales. Jahresb. d. Ver. f. Erdk. Metz. f. 1879. T. n. Peterm. Mitth. 1880, 194.

T. Steinhäuser. Zur Klimatologie des Fürstenthums Birkenfeld. Birkenfeld Gymn. Progr. 1877.

Observations météorologiques faites à Metz, pendant

l'année 1877 par M. SCHUSTER. (3) VI année. 1-48. Nancy b. Sordoillet. P. Bibl. 1880, 3.

C. BRUHNS. Resultate aus den meteorologischen Beobachtungen an 25 Königl. sächs. Stationen. Jahrg. 11 u. 12. Leipzig b. Teubner. 10 M.

L. SOHNCKE. Witterungsverhältnisse des December 1879 in Baden. Z. S. f. Met. XV. 1880, 86-88.

A. MÜTTRICH. Beobachtungsergebnisse der forstlich-meteorologischen Stationen. V. Jahrg. 1879 No. 7-12; VI. 1880. No. 1-12.

R. KLEEMANN. Beiträge zur Kenntniss des Klimas von Halle. Mitth. d. Ver. f. Erdk. Halle 1879. 1-12.

A. R. KLEEMANN. Das Klima von Halle. Halle 1879. 8°. Diss.

Meteorologische und magnetische Beobachtungen der K. Sternwarte zu München 1879. München. 2 M. IV. 96 S.

W. v. BEZOLD u. LANG. Beobachtungen der meteorologischen Stationen im Königreich Bayern. I. 1879. XLVI. u. 182; Z. S. f. Met. 1880. XXII, 333-335.

W. v. BEZOLD u. C. LANG. Beobachtungen der meteorologischen Stationen in Bayern. 1879. Bd. I. H. 1, 2, 3, 4. 1880. II. H. 1, 2. (München b. Ackermann.)

Bericht der K. meteorologischen Station in Bamberg 1879 und die ungewöhnliche Witterung im December. 3 Blätter. I. Sem. II. Sem.

Monatliche Mittel des Jahrgangs 1878 (meteor. Inst. Berlin). Preussische Statistik XLIX.; Z. S. f. Met. 1880. XV, 198-200.

Ergebnisse der meteorologischen Beobachtungen 1879. Preuss. Statistik LIV. Berlin.

Meteorologische Beobachtungen in den Jahren 1877, 1878 am astroph. Obs. zu Potsdam. Publ. I. p. 213-240.

Veröffentlichungen des statistischen Bureaus in Berlin 1880. I-LVIII. Witterung etc. Vergl. Communalbl. 1880.

Die Beobachtungen der meteorologischen Stationen in Elsass-Lothringen, sowie des Grundwasserstandes und Bodentemperatur-Beobachtungen des Lehrer-Seminars in Strassburg 1879. Statist. Bur. f. Els. Loth. Strassburg 1879 b. Schultz. 1-246. Litter. C. Bl. 1880, 346.

Barometer- und Psychrometer-Curven von Halle für den Monat Januar 1880. D. Natur VI. 11-12 ebenso in den folg. Heften.

Witterungsübersicht für den Monat Januar 1880. Ebenda.

Nord-Europa.

Annuaire météorologique pour l'année 1877 (II) et pour l'année 1878 publié par l'Institut météorologique danois 1878|79. 2 Bd.

Moberg. Sammandrag of de Klimatologiska anteckningarne i Finland ar 1878. Ofvers. of Finska Vet. Societeters Forh. XXI. 1878/79.

Bulletin météorologique mensuel de l'observatoire de l'université d'Upsal. X. 1878. IX. 1877. VIII. 1876.

Bolletino dell' osservatorio della regia università. XII. 1877. XIII. 1878.

H. Hildebrandsson. Bulletin météorologique mensuel de l'observatoire de l'université d'Upsal. IX. 1877. 1-73. XI. 1879. 1-74. gr. 8°.

Observations météorologiques publiées par la Société des sciences de Finlande 1877. Erschienen 1879.

Observations météorologiques de Finlande. 1874/76. Helsingfors.

H. Wild. Jahresb. d. phys. C. O. für 1877—1878. Wild Rep. VI. 1879; Z. S. f. Met. 1880, 380.

J. Weinberg. Observations météorologiques faites à Moscou pendant l'année 1879 à l'Institut des arpenteurs dit Constantin. Bull. d. Mosc. 1879. LIV. No. 4. p. 1 bis 27.

Th. Bredichin. Annales de l'observatoire de Moscou. VI. H. 2. 1880.

Klima der Stadt Schitomir, der Hauptstadt von Wolhynien. Ausland 1880, 220.

PANTIOUKHOFF. On the meteorology of Bulgaria as compared with South-Western Russia. VI. Russ. naturf. Congress.

Astronomical and magnetical meteorological observations made at the Royal Obs. Greenwich in 1877. London. 1879. 4⁰.

BUCHAN. Meteorologie von Gordon Castle. J. Scott. Met. Soc. V. No. 51-54. p. 59-84; Z. S. f. Met. 1880, 409.

Meteorological notes. Nature XXI, 265. (Verschiedene Notizen, Wolken etc.)

Report of the meteorological council to the Royal Society for the year ending 31st of march 1879. London. Eyre u. Spottiswoode. 1880.

TRIPE. Ueber das Winterklima einiger klimatischer Curorte der englischen Südküste. Quart. J. of the meteor. Soc. IV. 1878. No. 26.

CRESPI. Klima von Lundy, Island. Quart. J. of the meteor. Soc. IV. No. 28.

H. C. FOX. On some laws which regulate the successives of temperature and rain fall in the climate of London. Nature XXII, 445; Brit. Ass. 1880.

Meteorological observations at stations of the second order for the year 1878. London. Potter 1880. 4⁰.

Resultate der schottischen meteorologischen Beobachtungsstation. J. Scottish Met. Soc. V.

A. CRUICKSHANK. Beobachtungen in und bei Aberdeen über gewisse meteorologische Erscheinungen 1857 bis 1877. J. Scott. Met. Soc. V. No. 55-56.

W. TRIPE. Winterklima der englischen Südküste. Z. S. f. Meteor. XV, 236; Quart. J. of met. April 1878. IV.

---

43. Erdmagnetismus.

W. Ayrton and J. Perry. A new theory of terrestrial magnetism. Phil. mag. 1879. June. p. 401-411†; Chem. News XLI, 91; Phys. soc. 14./2. 1880.

H. A. Rowland. On Prof. Ayrton and Perry's new theory of the earth's magnetism, with a note on a new theory of the aurora. Phil. mag. 1879. August. p. 102 bis 106†.

Aus den von Rowland im Jahre 1876 zu Berlin angestellten Experimenten schien hervorzugehen, dass elektrisch geladene Moleküle, welche mechanisch fortbewegt werden, auf einen Magneten dieselbe ablenkende Wirkung ausüben, wie ein elektrischer Strom. Ayrton und Perry gründen darauf eine neue Theorie des Erdmagnetismus.

Da die lineare Geschwindigkeit der Oberflächentheile der Erde eine andere ist, als diejenige der Moleküle innerhalb resp. ausserhalb der Erde, so müssen die ersteren, wenn sie elektrisch geladen sind, vermöge ihrer relativ grösseren resp. kleineren Geschwindigkeit, nach der Annahme der genannten Herren, elektromagnetisch auf die anderen wirken.

Die Verfasser berechnen darauf das elektro-magnetische Potential, welches die Oberflächentheile auf das innere resp. das äussere magnetische Feld ausüben. Die Berechnung geht von dem bekannten Elementargesetz aus, dass ein Element eines Stromes C, von der Länge ST, auf einen Punkt P, dessen magnetisches Moment gleich der Einheit ist, mit der zu PS und TS senkrecht stehenden Kraft

$$C\frac{ST}{PS^2}\sin PST$$

wirkt. Für den vorliegenden Fall wird dieses Elementargesetz dahin modificirt, dass ein Punkt, dessen in elektromagnetischen Einheiten gemessene elektrische Spannung Q beträgt und der sich mit einer auf den Punkt P relativen Geschwindigkeit v in Bezug von S nach T bewegt, auf letzteren Punkt, dessen magnetisches Moment wiederum gleich der Einheit sein möge, eine Kraft

$$\frac{Q.v}{PS^2} \sin PST$$

ausübt, welche auf PS und TS senkrecht steht.

Die aus diesem Gesetze hergeleitete Entwickelung hat kein analytisches Interesse. Nichtsdestoweniger würde sie hier sammt den Resultaten wiedergegeben werden, wenn nicht die Anwendung der letzteren auf einen konkreten Fall zu erheblichen Bedenken Anlass gäbe.

Berechnet man nämlich das elektromagnetische Potential, d. h. also die elektrische Spannung, welche die Oberflächentheile der Erde haben müssten, damit nach dieser Theorie das magnetische Moment der ganzen Erde das von GAUSS erfahrungsmässig ermittelte 3,3092 n^3 (in Millimeter-Milligramm-Sekunden-Einheiten, falls n den Erdradius in Centimetern bedeutet) würde, so gelangt man zu so ungeheuren Spannungen, dass dadurch der gegenwärtige Gleichgewichtszustand der Erde unmöglich gemacht würde. Die Verfasser freilich erhalten wesentlich geringere Zahlenwerthe, doch beruht das auf einem Fehler, der p. 407 in der vierten Formel von oben gemacht worden ist.

Die ausführliche Entwickelung der Unwahrscheinlichkeit der eben vorgetragenen Theorie bildet den Inhalt der an zweiter Stelle citirten Abhandlung. *Ht.*

S. LEMSTRÖM. On the causes of terrestrial magnetism. C. R. XCI, 223-225†; Mondes (2) LII, 412; Z. S. f. M. 1881, 107 bis 108†; Beibl. 1880, 565†; J. phys. Ges. in Russl. XII, 4; Nature XXII, 207.

„Eine Papierröhre mit doppelten Wänden wird in schnelle Rotation um einen frei in der Richtung der Rotationsaxe befestigten Eisencylinder versetzt. Mittelst astatischer Nadeln soll sich zeigen, dass die rotirende Papierröhre wie ein um den Eisenkern herumgeleiteter Strom in dem einen oder dem anderen Sinne magnetisch wirkt. Der Verfasser begründet hierauf eine Erklärung des Erdmagnetismus." Etwas Weiteres ist aus der oben citirten kurzen Notiz nicht zu entnehmen, doch ist so viel ersichtlich, dass sich des Herrn Verfassers Versuch, wie auch seine Erklärung desselben an EDLUND's elektrische Aethertheorie anlehnt.

Ht.

A. WIJKANDER. Von den magnetischen Verhältnissen in den arktischen Gegenden. Z. S. f. M. XV, 385-392†; Naturf. 1881, 9-11.

Eine Rede, auf der Naturforscherversammlung zu Lund im Jahre 1880 gehalten.

Dieselbe enthält im wesentlichen einen Ueberblick über die bisher durch die arktischen Expeditionen gewonnenen erdmagnetischen Resultate und konstatirt, dass zur Konstruktion eines Gesammtbildes der irdischen, magnetischen Erscheinungen weitere, an möglichst zahlreichen Stationen gleichzeitig anzustellende Beobachtungen unerlässlich sind.

Die Bearbeitung der magnetischen Aufzeichnungen der schwedischen arktischen Expedition von 1872/73 (Berl. Ber. 1877) hatte Verfasser zu der Ansicht geführt, dass der Gürtel der grössten Häufigkeit der Nordlichter eine Grenze bilde zwischen denjenigen Orten, an denen das Maximum der täglichen östlichen Deklinationsstörungen des Morgens und das der westlichen des Abends eintrifft und jenen Orten, wo das Umgekehrte der Fall ist. Spätere Beobachtungen, namentlich im arktischen Amerika haben dies Gesetz bestätigt. So tritt das Maximum der östlichen Störungen beim See Athabasca um 5—6 h Vormittags, am Fort Simpson um 5—7 h, an Point Barrow um 8 h, auf Cap Wilczek um 6 h, bei Polhem um 6 h und auf Sabine's Insel um dieselbe Zeit ein, während die westlichen Störungen an denselben Orten ihr Maximum resp. um Mitternacht, um 9—12 h Nachmittags, um Mitternacht, um 6 h Nachmittags und auf Sabine's Insel ebenfalls um 6 h p. m. aufweisen.

„An Orten, welche ungefähr unter dem Nordlichtgürtel gelegen sind, wie Sitka auf der Westküste Amerikas und Bossekop im nördlichen Norwegen, scheinen die Verhältnisse zwischen den beiden Gruppen vermittelnd zu sein. Noch südlicher treten die östlichen Störungen des Abends, die westlichen des Morgens am zahlreichsten auf.“

Auf die jährliche Variation der Deklination lassen die bisher bekannten kurzen Beobachtungsreihen noch keinen Schluss zu, ebensowenig auf die Beurtheilung der Störungen der Horizontalintensität, zumal hier noch der erschwerende Umstand hinzutritt, dass es sich dabei nicht um ein Maximum und Minimum, sondern um deren zwei handelt.

Bei lake Athabasca und Fort Simpson erreichen diejenigen Störungen, welche die Horizontalintensität vermehren, ihr Hauptmaximum um und gleich nach Mitternacht, die negativen Störungen etwa um dieselbe Zeit. Zu Polhem lagen die Maxima der positiven Störungen zwischen 4 und 5 h Vormittags und um Mittag, auf Cap Wilczek um 4 h Vormittags und (die stärksten) um 2 h p. m., wogegen die negativen bei Polhem ihr Hauptmaximum um 1 h Nachmittag, auf Cap Wilczek des Abends und (die stärksten) um Mitternacht erreichten. Während also die Deklinationsstörungen ihre grösste Wirksamkeit um die Mitte des Vormittags und des Nachmittags ausüben, zeigen die Störungen der Horizontalintensität die ihrige um Mitternacht und um Mittag. Wenn man daher die Beobachtung der Deklination mit Vortheil auf die Mittagszeit verlegt, weil die Nadel um diese Zeit die relativ grösste Ruhe zeigt, muss man dieselbe Zeit bei der Bestimmung der Horizontalintensität in den arktischen Regionen vermeiden.

Was endlich die Totalintensität betrifft, so hat man sich lange bemüht, nachzuweisen, dass sie sich unverändert erhalte. Demgegenüber glaubt Verfasser aus den schwedischen Beobachtungen auf Spitzbergen darthun zu können, dass dieselbe nicht nur einem täglichen Wechsel, sondern auch häufigen und nicht unbeträchtlichen Störungen unterworfen ist.

Gehen wir nun zu den regelmässigen Schwankungen der magnetischen Elemente in den arktischen Gegenden über, so lässt das vorhandene Beobachtungsmaterial auch bei ihnen allein einen Schluss auf die täglichen Veränderungen zu, während es zur

Beurtheilung der jährlichen und der secularen Periode nicht ausreicht.

Der konstante Charakter, den die tägliche Veränderung der Deklination in der gemässigten Zone mit ihrem westlichen Maximum gleich nach Mittag zeigt, hört auf, sowie man in die arktischen Regionen eintritt. Auch ist dies nicht verwunderlich, wenn man bedenkt, dass hier ausser dem (wahrscheinlichen) Einflusse der Sonne, der natürlich, je weiter nach Süden, um so dominirender hervortritt, noch der Einfluss der Störungen hinzukommt. Im Süden des Nordlichtgürtels bewirken diese Störungen nichts Anderes, als dass das westliche Nachmittagsmaximum mit besonderer Deutlichkeit hervortritt, da unmittelbar darnach die herrschenden östlichen Abendstörungen beginnen und den Gang der Nadel nach Osten beschleunigen. Die Lage des östlichen Morgenminimums dagegen wird durch das Eingreifen der westlichen Störungen verwischt und unbestimmt.

Im Norden des Nordlichtgürtels ändern sich die Rollen; die westlichen Nachmittagsstörungen halten die Nadel nicht nur in ihrer westlichen Lage fest, sondern führen sie oft weit darüber hinaus, so dass das Maximum weit später als um 1 h Nachmittags eintritt.

Die Beobachtungen an den schon oben citirten Stationen bestätigen dies Verhalten durchweg.

Die periodischen Aenderungen der Inklination, sowie diejenigen der horizontalen resp. der vertikalen Intensität, endlich der Zusammenhang zwischen diesen Aenderungen in der arktischen und den entsprechenden in der gemässigten Zone können aus den vorhandenen Aufzeichnungen bislang nicht mit Genauigkeit ermittelt werden.

Zum Schluss möge noch erwähnt werden, dass die erdmagnetischen Schwankungen und zwar sowohl die regelmässigen als auch die unregelmässigen (Störungen) in den arktischen Regionen eine weit grössere Amplitude haben als in den gemässigten und dass dieser Unterschied zu bedeutend ist, als dass er sich durch die Abnahme der Horizontalintensität unter hohen magnetischen Breiten erklären liesse. Verfasser schreibt diesen Umstand vielmehr der Wirkung eines der nördlichen Zone näher liegenden Kraftheerdes zu und sucht denselben, wie er schon in seiner früheren Abhandlung (Berl. Ber. 1877) angedeutet hat, in dem Gürtel der Erde, in welchem die Nordlichter am häufigsten sind. Er nimmt dabei an, dass von der einen Seite dieses Gürtels nach der anderen hin eine lebhafte elektrische Strömung stattfinde und dass diese es sei, die man zu der Erklärung der abweichenden magnetischen Erscheinungen der Polarregion heranziehen müsse.

Die scheinbare Ausnahme von den im Eingange besprochenen Verhältnissen, welche der Smith-Sund bildet, will Verfasser durch die Lage desselben zu dem Nordlichtgürtel erklärt wissen.

Ht.

E. W. Creak. Die allgemeinsten Resultate der magnetischen Beobachtungen der englischen Polarexpedition 1875|76. Z. S. f. M. 1879. December; Carl Rep. XVI. 1880, 139-140†; Z. S. f. Met. 1880, 192.

In den mittleren nördlichen Breiten sind die Zeiten der grössten östlichen und westlichen Deklination die Stunden 8 h a. m. und 1 bis 2 h p. m. Zu Discovery-bay wurde das westliche Maximum um 10 h a. m., das östliche um 11 h p. m. erreicht. Die Störungen der Deklination hörten zwar nie auf, doch erreichten sie ein Minimum zur Zeit der Solstitien, ein Maximum zur Zeit der Aequinoctien. Bei Tage waren sie im allgemeinen grösser als in der Nacht.

Nachträgliche Vergleiche haben gelehrt, dass die in dem Winterquartiere beobachteten Störungen mit den in Kew wahrgenommenen gleichzeitig aufgetreten sind, doch haben sich dabei die Magnete an beiden Stationen oft im entgegengesetzten Sinne bewegt.

Interessant ist die Thatsache, dass seit den Expeditionen von Kane (1854) und Hayes (1861) die Inklination nur eine geringe sekulare Variation erfahren hat, während die Aenderung der Deklination erheblicher ist. Ebenso wie in England hat sich seit jenen Jahren die Nadel nach Osten bewegt.

Zwischen den Nordlichtern und den Bewegungen des Deklinometers konnte ein Zusammenhang nicht nachgewiesen werden. *Ht.*

R. v. Trautvetter. Die magnetischen Beobachtungen am physikalischen Central-Observatorium zu St. Petersburg in den Jahren 1870—1877. Wild Rep. VII, 1-70†.

Mit Beginn des Jahres 1878 fand die im Jahre 1864 am Central-Observatorium in St. Petersburg begonnene Reihe von Variationsbeobachtungen ihren Abschluss. Die fortlaufenden Resultate derselben hinsichtlich der stündlichen Werte und der täglichen Maxima und Minima der drei Elemente der erdmagnetischen Kraft sind in den Annalen des C. O. seiner Zeit veröffentlicht worden. Nichtsdestoweniger ist in den vorhandenen Aufzeichnungen, namentlich auch in den photographisch fixirten Ergebnissen des in Thätigkeit gewesenen Magnetometers noch eine Fülle von Material enthalten, welches von verschiedenen Gesichtspunkten aus bearbeitet werden kann. Eine solche Arbeit ist aber nur dann von bleibendem Werthe, wenn nicht nur die Beschaffenheit und die Konstanten der angewandten Instrumente, sondern auch die Beobachtungsmethoden, nach denen verfahren worden ist, bekannt sind.

Verfasser hat es sich nun zur Aufgabe gestellt, die in den einzelnen Jahrgängen der Annalen des C. O. und die in den verschiedenen Bänden dieses Repertoriums zerstreuten Angaben über alles, was auf die in Rede stehenden magnetischen Beobachtungen Bezug hat, zu sammeln und zusammenzufassen.

Den Haupttheil der Arbeit bildet demgemäss die Beschreibung der gebrauchten Instrumente, die Bestimmung ihrer Konstanten und die Erläuterung der Methoden, nach denen beobachtet worden ist.

Dieser Theil des Aufsatzes ist sehr interessant und kann recht wohl zur Belehrung über die Kunst des Beobachtens empfohlen werden. Für die Theorie des Erdmagnetismus dagegen ist er gleichgültig und kann uns daher hier nicht länger beschäftigen. Die Ergebnisse betreffs der Komponenten des Erdmagnetismus mögen in dem folgenden kurz wiedergegeben werden.

1) Die Deklination.

Die Tabelle für den mittleren täglichen Gang der Deklination in den Jahren 1870 und 1873—77 ist aus den schon in den Annalen des C. O. für die einzelnen Jahre veröffentlichten Werken zusammengesetzt und bedarf daher an dieser Stelle keiner Reproduktion. Dieselbe zeigt, dass die Mittel der Deklination einen recht regelmässigen Gang haben. Das absolute Tagesmaximum der westlichen Deklination tritt in allen Monaten zwischen 1 h und 2 h p., das absolute Minimum dagegen in den Monaten November—Februar zwischen 11 h und 12 h p., in den Monaten April—September zwischen 8 h und 9 h a. auf. Ein schwaches secundäres Maximum, das im Winterhalbjahr ca. um 6 h a. eintritt (und in den Monaten November—Januar das Tagesmittel überschreitet) wird in den Sommermonaten durch die grössere Amplitude der täglichen Variation abgeschwächt und scheint in die Abendstunden zurückgedrängt zu werden, in Folge dessen das Tagesmittel nach dem Hauptmaximum in den Monaten Mai bis August erst ca. um 10 h p. eintritt, während es in den übrigen Monaten schon um 7 h p. beobachtet wird. Vor dem Hauptmaximum erreicht die Deklination ihren mittleren Werth in den Monaten Februar bis Oktober zwischen 10 h und 11 h a., in den Monaten November bis Januar (in Folge des stärker hervortretenden sekundären Maximums) schon zwischen 4 h und 5 h a.

Zur Ableitung des jährlichen Ganges der Deklination sind nur die Beobachtungen von 1873—77 benutzt worden. Es ergeben sich aus denselben folgende Monatsmittel:

Jan.	Febr.	März	April	Mai	Juni
1° 33,46′	1° 32,96′	1° 32,56′	1° 32,25′	1° 32,17′	1° 31,68′
Juli	August	Sept.	October	Nov.	Dec.
1° 30,87′	1° 30,37′	1° 30,07′	1° 29,25′	1° 28,64′	1° 28,12′

Das Mittel für die December-Monate der Jahre 1872 bis 1876 beträgt 1° 34,02′, mithin nimmt die Deklination von Mitte

December bis Mitte December des folgenden Jahres um 5,90′ ab.

Ueber die seculare Variation giebt die folgende Tabelle der Jahresmittel einigen Aufschluss:

	Westl. Deklin.	Jährl. Abnahme.
1870	2° 3,83′	
1872	1° 49,33′	7,25′
1873	1° 43,17′	6,16′
1874	1° 37,11′	6,06′
1875	1° 30,91′	6,20′
1876	1° 24,86′	6,05′
1877	1° 19,26′	5,74′

Die hieraus abzuleitende mittlere Sekularvariation beträgt demnach 6,39′.

2) Die Horizontalintensität.

Diese Komponente des Erdmagnetismus erreicht nach den schon oben citierten Aufzeichnungen täglich zwei Maxima. In den Monaten November bis Februar tritt das absolute Maximum am Morgen zwischen 6 und 7 h, das sekundäre, weniger regelmässig, in den Abendstunden zwischen 9 h und Mitternacht ein. In den Monaten März bis Oktober wird das Abendmaximum das grössere, während das Morgenmaximum weniger regelmässig wird und in seinem Auftreten zwischen 4 h a. und 6 h a. schwankt. Das absolute Minimum ist von März bis November um 11 h a. oder bald nachher zu verzeichnen und verspätet sich in den Monaten Dezember bis Februar um ca. eine Stunde. Das sekundäre Minimum erscheint während des ganzen Jahres zwischen 1 h a. und 3 h a. und sinkt im Dezember und Januar dem Werthe nach unter das Tagesmittel.

Den jährlichen Gang unserer Komponente veranschaulicht die folgende Tabelle monatlicher Mittelwerthe, bei denen die Einheit das mgmm ist.

Jan.	Febr.	März	April	Mai	Juni
1,63626	1,63630	1,63714	1,63664	1,63694	1,63720

Juli	August	Sept.	Oktober	Nov.	Dec.
1,63764	1,63714	1,63702	1,63688	1,63750	1,63810

Das Mittel der Decembermonate sämmtlicher Jahre von 1872/76 beträgt 1,63688, und somit nimmt die Horizontalintensität von Mitte December bis Mitte December des nächsten Jahres um 0,00122 mgmm ab. Die sekulare Veränderung geht aus folgender Tabelle hervor:

	Jahresmittel	Jährl. Veränd.
1870	1,6282	
		0,0018
1872	1,6318	
		0,0020
1873	1,6338	
		0,0019
1874	1,6357	
		0,0018
1875	1,6375	
		0,0012
1876	1,6387	
		0,0009
1877	1,6396	

Die Horizontalintensität hat also von 1870 an stetig zugenommen und zwar im Mittel jährlich um 0,0016 mgmm.

3) Die Vertikal-Intensität, die Inklination und die ganze Intensität.

Bei der Ableitung der Tages- und Monatsmittel dieser drei Grössen ist genau derselbe Gang wie bei den beiden so eben behandelten Elementen eingeschlagen worden.

Das Hauptmaximum der Vertikalintensität tritt zwischen 5 h p. und 7 h p., das sekundäre dagegen, welches nur von März bis Oktober deutlich erkennbar ist, zwischen 8 h a. und 10 h a. ein. Das absolute Minimum wird während des ganzen Jahres zwischen 2 h und 3 h a., das sekundäre in den Monaten März bis Oktober zur Mittagszeit beobachtet.

Die Monatsmittel der Jahre 1873/77 sind die folgenden:

Jan.	Febr.	März	April	Mai	Juni
4,68786	4,68930	4,69354	4,69106	4,68938	4,69134
Juli	August	Sept.	Oktober	Nov.	Dec.
4,69424	4,69234	4,69230	4,69114	4,69246	4,69346

Das Mittel der Decembermonate 1872—76 beträgt 4,68862 und die daraus abgeleitete sekulare Variation 0,00484.

Für die Jahresmittel erhält man folgende Zahlen:

		Jährl. Zunahme
1870	4,6594	
		0,0087
1872	4,6768	
		0,0035
1873	4,6803	
		0,0077
1874	4,6880	
		0,0012
1875	4,6892	
		0,0082
1876	4,6974	
		0,0053
1877	4,7072	

Die mittlere jährliche Zunahme der Vertikalintensität betrug demnach in diesen Jahren 0,0062 mgmm.

Der tägliche Gang der Inklination in den Monaten März bis Oktober ist recht regelmässig und zeichnet sich durch ein schnell aufsteigendes und etwas langsamer heruntergehendes Hauptmaximum aus, das ca. um 11 h a. eintritt. Von November bis Februar ist das Maximum geringer, der Gang unregelmässiger. Ein sekundäres Maximum, das übrigens im August und September ganz verschwindet, wird sonst zwischen 2 und 4 h a. beobachtet. Das Hauptminimum fällt von November bis Februar auf die Zeit 6 h bis 7 h a., das sekundäre auf Mitternacht. Letzteres wird in den Monaten März bis Juli und im Oktober zum Hauptminimum und tritt von Mai bis Juli schon zwischen 8 h und 9 h p. ein; zugleich wird aber auch der Eintritt des anderen Minimums der Mitternacht näher gerückt und erscheint in diesen Monaten zwischen 3 h und 4 h a. Im August und September giebt es, wie schon oben gesagt worden ist, nur ein Minimum und zwar um Mitternacht. Die Monatsmittel sind die folgenden:

Jan.	Febr.	März	April	Mai	Juni
70° 45,55′	45,84′	46,25′	46,02′	45,44′	45,71′
Juli	August	Sept.	Okt.	Nov.	Dec.
46,09′	45,98′	46,05′	45,88′	45,78′	45,61′

Die Decemberwerthe ergeben in den bekannten Jahren den Mittelwerth 70° 45,31′ und hieraus eine jährliche Zunahme von 0,30′.

Die Jahresmittel sind:

		Jährl. Zunahme
1870	70° 44,29′	
		0,84′
1872	45,98′	
		−0,57′
1873	45,41′	
		0,51′
1874	45,92′	
		−0,87′
1875	45,05′	
		1,07′
1876	46,12′	
		0,62′
1877	46,74′	

Die Inklination weist demnach keinen stetigen Gang auf, sondern hat bald zu-, bald abgenommen. Die mittlere Veränderung indessen ist als eine Zunahme zu bezeichnen und beträgt 0,35′.

Der tägliche Gang der Gesammtintensität ist in allen Monaten, mit Ausnahme des December ein recht regelmässiger. Das Hauptmaximum erscheint zwischen 5 h und 7 h p., das sekundäre, etwas weniger regelmässig, in den Morgenstunden, etwa zwischen 5 h und 8 h a. Im Sommer tritt das Hauptmaximum zu Mittag, das sekundäre um Mitternacht ein. Im Winter sind die betreffenden Zeiten gerade vertauscht. Die Monatsmittel von 1873 bis 1877 sind:

Jan.	Febr.	März	April	Mai	Juni
4,96520	4,96656	4,97084	4,96836	4,96688	4,96882
Juli	August	Sept.	Oktober	Nov.	Dec.
4,97168	4,96970	4,96966	4,96852	4,96996	4,97112

Die Decemberwerthe ergeben das Mittel 4,96614 mgmm und somit eine Variation von 0,00498 für die Zeit von Mitte December des einen bis ebendahin des folgenden Jahres. Der jährliche Gang der Gesammtintensität ist beinahe identisch mit demjenigen der Vertikalintensität. Die Jahresmittel sind:

		Jährl. Zunahme
1870	4,9357	
		0,0088
1872	4,9534	
		0,0039
1873	4,9573	
		0,0079
1874	4,9652	
		0,0017
1875	4,9669	
		0,0081
1876	4,9750	
		0,0053
1877	4,9803	

Die Gesammtintensität nahm also von 1870—1877 stetig zu und zwar im Durchschnitt um 0,0064 mgmm pro Jahr. *Ht.*

Fr. E. Nipher. Report on magnetic observations in Missouri, summer of 1878 and 1879. 8°†. Sill. J. (3) XIX, 234-235; Z. S. f. M. XVI. 1881, 319; Amer. Ass. f. sc. Boston 1880. Sept.

Beobachtungen über Deklination, Inklination und horizontale Intensität hauptsächlich an solchen Punkten Missouris angestellt, welche bei der Beobachtungsreihe des Jahres 1878 nicht hatten berücksichtigt werden können. Es handelt sich demnach um die Beurtheilung des gleichzeitigen Verhaltens der genannten Elemente auf einer grösseren Fläche, nämlich dem ganzen Staate Missouri.

Die umfangreichen Tabellen wiederzugeben, ist hier keine Veranlassung. Interessant ist die Bemerkung, dass die Isogonen eine auffallende Uebereinstimmung mit dem Flusslaufe des Mississippi zeigen. Dr. Hinrichs in Jowa city will eine ähnliche Wahrnehmung auch für den Staat Jowa gemacht haben. Die Erklärung des Herrn Verfassers für diese bemerkenswerthe Thatsache lässt die Hauptsache dunkel. *Ht.*

Magnetische Störungen zu Wien im Jahre 1880. Z. S. f. M. XV. 1880, 179. 411-414†.

Am 17. März, sowie am 11., 12., 13. und 14. August zeigten zu Wien sämmtliche Elemente des Erdmagnetismus erhebliche Störungen. Hinsichtlich der Deklination und der Horizontalintensität werden dieselben am besten an den beobachteten Maximis und Minimis beurtheilt werden können. Dieselben sind am 17. März für die Deklination:

10° 80′ (1 h 52 m p. m.) resp. 9° 34,5′ (6 h 50 m p. m.),

so dass die Differenz zwischen beiden 33,7′ beträgt, für die Horizontalintensität, und zwar in Skalentheilen des Magnetographen von Adie, von denen ein Theil den Werth von 0,000333 G. E.

besitzt:

48,4 (11 h 50 m p. m.) resp. 8,0 (9 h 17 m p. m.),

woraus eine Differenz von 40,4 folgt. Für die Inklination sind folgende drei Daten mitgetheilt:

7 h a. m. 63° 22,3′, 2 h p. m. 63° 23,7′, 9 h p. m. 63° 29,4′.

An demselben 17. März ist in Edinburgh von 9 h Abends an bis um 1 h des nächsten Morgens ein Nordlicht beobachtet worden, von dem Herr PIAZZI SMYTH in Nature, March. 25, 1880. p. 492 eine Beschreibung giebt.

Am 11., 12., 13. und 14. August zeigte die Magnetnadel wieder eine erhebliche Unruhe. Die darauf bezüglichen, in der folgenden Tabelle mitgetheilten Werthe sind durchweg in Skalentheilen des ADIE'schen Magnetographen angegeben.

Deklination.

	Max.	Min.	Diff.	Diff. in Min.
11. Aug.	38,1	61,4	23,3	28,3
12. -	30,6	65,0	34,4	41,8
13. -	47,5	64,5	17,0	20,6
14. -	50,2	67,7	17,5	21,2

Ein Skalentheil hat hierbei den Werth von 1,214 Minuten.

Horizontalintensität.

	Max.	Min.	Diff.	Diff. in G. E.
11. Aug.	44,5	10,7	33,8	0,0112
12. -	44,1	— 4,6	48,7	0,0161
13. -	44,0	— 4,8	48,8	0,0161
14. -	33,0	0,5	32,5	0,0108

1 Sc. Theil = 0,00033 G. E.

Verticalintensität.

	Max.	Min.	Diff.	Diff. in G. E.
11. Aug.	33,3	40,4	7,1	0,0029
12. -	36,0	47,7	11,7	0,0048
13. -	34,0	42,3	8,3	0,0034
14. -	34,3	37,8	3,5	0,0014

1 Sc. Theil = 0,00041 G. E.

Auffallend ist hierbei, dass die Aenderungen der Vertikalintensität weniger gross und weniger unregelmässig als bei den anderen Elementen sind, sodass zu ihrer Erklärung kaum eine andere Ursache als die den täglichen Gang beeinflussende herangezogen zu werden brauchte.

In der Nacht vom 12. zum 13. August ist indessen doch sowohl in England (Nature, 19. Aug. 1880; Monthly Meteorol. Mag. Sept. 1880), als auch in Wilhelmshafen (Klein's Wochenschrift für Astronomie. 1880. No. 34. p. 272) ein Nordlicht gesehen und somit das Vorhandensein einer besonderen, die magnetischen Elemente störenden Ursache nachgewiesen worden. In Wilhelmshafen nahm die Deklination von 4 h 40 m p. m. bis 1 h 25 m a. m. um 28′ ab, und auch die horizontale Intensität zeigte eine erhebliche Schwächung. *Ht.*

Ellis. Magnetische Störungen zu Zi-ka-wei vom 11. bis 14. August 1880. Nature XXIII, 33 u. 482; Z. S. f. M. 1881, 29†.

Eine Vergleichung der magnetischen Störungen zu Zi-ka-wei (lat. 31° 12′ N., long. 8 h 6 m E. v. Gr.) mit den an denselben Tagen zu Greenwich beobachteten ergab das interessante Resultat, dass die ersten Anzeichen der Störung plötzlich und an beiden Orten nahezu gleichzeitig auftraten. Während der Fortdauer der Erscheinung sind dann die Oscillationen der Magnete durch lokale Einflüsse modificirt worden, wenigstens ist eine Uebereinstimmung derselben für beide Orte nicht zu erkennen. Das Ende der Störungen war für beide Orte wieder nahezu gleichzeitig. (Cf. Creak, Die allgemeinsten Resultate und Z. S. f. M. 1879 und Whipple, über die Störungen derselben Periode in Melbourne. Nature. XX, 558). *Ht.*

B. Stewart. On the diurnal range of the magnetic declination as recorded at the Trevandrum observatory. Proc. R. Soc. XXVII; Z. S. f. M. 1880. XV, 469†.

— — On the variations of the diurnal range of the magnetic declination as recorded at the Prague observatory. Proc. R. Soc. XXVII; Z. S. f. M. 1880. XV, 470†.

B. Stewart. A comparison of the variations of the diurnal range of magnetic declination as recorded at the observatories of Kew and Trevandrum. Proc. R. Soc. XXVIII, 288; Z. S. f. M. 1880. XV, 344†.

In einer früheren Abhandlung (cf. Berl. Ber. v. J. 1877) hatte Verfasser die Veränderung der täglichen Amplitude der Deklinationsnadel, sowie die Perioden derselben, endlich die Uebereinstimmung der letzteren mit den Perioden der Sonnenflecken, sowie auch mit den hauptsächlichsten Planeten-Constellationen für das Observatorium zu Kew untersucht. Die beiden ersten der oben citirten Arbeiten führen dieselbe Untersuchung für Trevandrum (lat. 8° 30,5′ N., long. 5 h 8 m E. v. Gr.) und Prag durch. Für die erstgenannte Station stand das Material der Jahre 1854 bis 1864, für die andere der Jahre 1859 bis 1876 zur Verfügung. Die Methode der Discussion der Beobachtungen ist dieselbe, wie die frühere, über welche a. a. O. eingehend berichtet worden ist.

Zu Trevandrum zeigte die tägliche Amplitude im Laufe des Jahres zwei Maxima und zwei Minima, jene zur Zeit der Solstitien (3. Dec. 3,12′ und 4. Aug. 4,17′), diese zur Zeit der Aequinoctien (4. März 1,96′ und 4. Oktober 2,26′). Hinsichtlich der längeren Perioden findet zwischen der Curve der Deklinations-Amplituden und derjenigen der Häufigkeit der Sonnenflecken ein deutlicher Parallelismus statt, doch so, dass die Wendepunkte der ersteren gegen diejenigen der letzteren etwas zurückbleiben.

Ein Zusammenhang der magnetischen Amplituden mit der Stellung des Merkur und mit den Perioden der Conjunktion von Merkur und Jupiter scheint sich nachweisen zu lassen.

Die Prager Beobachtungen sind um 18, 22, 2 und 10 h angestellt worden. Als jährliche Variation ergiebt sich im Mittel von 37 Jahren:

Dec.	Jan.	Febr.	März	April	Mai
4,70′	5,30′	6,81′	8,64′	10,37′	10,61′
Juni	Juli	Aug.	Sept.	Okt.	Nov.
11,51′	11,18′	10,70′	8,36′	7,36′	5,67′

Die Vergleichung der magnetischen mit der Sonnenflecken-curve ergab sowohl hinsichtlich der Uebereinstimmung, als auch hinsichtlich der gegenseitigen Verschiebung dasselbe Resultat wie zu Trevandrum.

In der dritten Arbeit werden die täglichen Amplituden der Deklinationsnadel zu Kew und zu Trevandrum für die Beobachtungsperiode 1858—64 durch die Ordinaten zweier Curven dargestellt. Man ist in der Lage, den Parallelismus beider zu constatiren, doch sind durchgehends die Ordinaten der Trevandrumcurve grösser als diejenigen der Curve für Kew. An einigen Stellen zeigen sich Abweichungen. Der Zeit nach bleiben die Oscillationen der ersteren Curve hinter denjenigen der zweiten zurück und zwar im Mittel um 9,7 Tage. *Ht.*

KARLINSKI. Ueber die Lunar-diurnal-Variation der magnetischen Deklination zu Greenwich, nach den Beobachtungen in den Jahren 1848—1863. Z. S. f. M. 1880. XV, 321-323†.

Die Beobachtungen zu Melbourne und zu Batavia lassen die Lunar-Diurnal-Variation der magnetischen Deklination von der Deklination der Sonne abhängig erscheinen. Jene war regelmässiger und grösser bei südlicher, als bei nördlicher Deklination der Sonne. Verfasser untersuchte nun an den in der Ueberschrift citirten Aufzeichnungen (Reductions of magnetic observations referred to the moon's place, 1848—57, 1858—63), ob sich auch auf der nördlichen Halbkugel ein ähnlicher Zusammenhang zwischen denselben beiden Grössen nachweisen lasse. Das Resultat war im allgemeinen ein negatives und nur das schien mit einiger Sicherheit hervorzugehen, dass auf der nördlichen Halbkugel mit der nördlichen Deklination der Sonne die Lunar-Diurnal-Variation der Deklinationsnadel etwas regelmässiger wird. *Ht.*

P. F. DENZA. Variazioni della declinazione magnetica dedotte dalle osservazioni regolari fatte all' osservatorio del R. collegio CARLO ALBERTO in Moncalieri. 1871—1878. Atti della R. Accad. delle scienze di Torino. Vol. XIV. adunanza del 15. Giugno 1879; SILLIM. J. (3) XIX, 235;

C. R. XC, 92-94; Mondes (2) LI, 191-192; Z. S. f. M. XV, 32 bis 35†.

P. F. Denza. Discussion der Beobachtungen von 1870 und 1871. Arch. sc. phys. (3) III, 147-150; d'Almeida J. X, p. 177.

Die Aufzeichnungen, welche das Material zu den nachfolgenden Ermittelungen liefern, sind an einem Gauss'schen Magnetometer während der Jahre 1870—78 in dreistündigen Intervallen gewonnen worden.

Abgeleitet werden zunächst die Monatsmittel der täglichen Variation der magnetischen Deklination. Dieselben nahmen von 1871/78 in stetiger Folge ab. Die Differenz zwischen der grössten und der kleinsten Variation der Monatsmittel (April 1871 bis December 1877) beträgt 13,66′. Das Maximum dieser Mittel fällt entweder auf den April — und das ist der häufigere Fall — oder auf den Juni, das Minimum, mit Ausnahme des Jahres 1875, wo es auf den Januar fiel, stets auf den December.

Die Mittelwerthe der täglichen Variation für die ganze Periode, denen wir zum Vergleiche diejenigen von Rom für 1860/76 und von Mailand für 1870/78 beifügen, sind die folgenden:

	Moncal.	Mail.	Rom
Januar	5,40′	3,87′	5,58′
Februar	6,20′	5,47′	6,94′
März	8,67′	8,63′	9,21′
April	10,34′	11,73′	11,50′
Mai	9,18′	10,58′	10,38′
Juni	10,06′	10,59′	10,86′
Juli	9,50′	10,82′	10,27′
August	9,21′	10,72′	10,35′
September	8,37′	9,22′	8,36′
Oktober	7,32′	7,40′	8,14′
November	5,80′	4,38′	6,01′
December	4,09′	2,52′	5,01′

Das allgemeine Mittel für die genannten drei Stationen ergiebt sich hieraus

für Rom gleich 8,55′, Mailand: 8,00′, Moncalieri: 7,89′.

Dass die Zahlen für Moncalieri fast durchweg kleiner als diejenigen für Rom und Mailand sind, möchte wohl auf die Verschiedenheit der Beobachtungsstunden zurückzuführen sein. Im übrigen stimmen die Phasen der Variation für jene Stationen im allgemeinen mit einander überein. Die Jahresmittel sind in folgender Tabelle enthalten:

1871	1872	1873	1874	1875	1876	1877	1878
11,56′	10,53′	9,28′	8,21′	6,48′	6,31′	5,83′	4,50′

Da die Häufigkeit der Sonnenflecken in denselben Jahren durch die Zahlen

111,2 101,7 66,3 44,6 17,1 11,3 12,3

ausgedrückt wird, so dürfte die Uebereinstimmung in dem Gange beider Reihen nicht zu übersehen sein. *Ht.*

WILD. Ueber die Bestimmung der absoluten Inklination mit dem Inductions-Inklinatorium. Mém. de Pétersb. (7) XXVI, No. 8; Z. S. f. M. 1880. XV, 240-242†.

Eine sehr interessante Abhandlung. Als die genauesten Methoden zur Bestimmung der Inklination hat man bisher die auf der Anwendung des WEBER'schen Induktions-Inklinatoriums beruhenden angesehen, ich meine die sog. Multiplikations- und die Reflexionsmethode. Theoretisch ist gegen dieselben in der That nichts einzuwenden. Fortlaufende Beobachtungen mittelst derselben sind indessen erst im Jahre 1873 und 1874 durch die ungarische Centralanstalt für Meteorologie angestellt worden. Die Abweichung der Resultate von den durch ein gutes Nadel-Inklinatorium gewonnenen betrug im Mittel 5,8′. Man korrigirte darnach die letzteren ohne weiteres, da man die ersteren als richtig ansah.

WILD prüfte nun die Zuverlässigkeit der Induktionsapparate, indem er zwei derartige Instrumente, die im übrigen beide vorzüglich gearbeitet waren, in ihren Resultaten mit einander verglich. Er fand, dass die letzteren von den Angaben eines Magnetographen um 15,24′ resp. 4,99′ abwichen. Die Hauptfehlerquelle, welche diese grossen Unsicherheiten herbeiführte, entdeckte Verfasser in der Multiplikator-Funktion. Weit entfernt, constant zu sein, wie die Rechnung voraussetzt, ist sie vielmehr von der Elongation des schwingenden Magneten abhängig. Sie nimmt mit wachsenden Elongationen der Magnetnadel zu, erreicht bei einer gewissen Amplitude ein Maximum und nimmt bei weiterer Vergrösserung derselben wieder ab.

Will man daher mit dem Induktions-Inklinatorium richtige Endwerthe erlangen, so muss man entweder Multiplikatoren anwenden, deren Funktion wirklich constant ist, oder aber bei den Versuchen mit so kleinen Ablenkungen arbeiten, dass die Multiplikatorfunktion innerhalb der Grenzen der Beobachtungsfehler als constant angesehen werden kann. In der That erhielt Herr WILD bei Anwendung kleiner Amplituden Endwerthe, die von denen des Magnetographen nur mehr um 2,88′ resp. 2,14′ abwichen. Immerhin ist die Abweichung dieser Differenzen von einander noch zu gross, als dass man die Angaben der beiden Induktionsapparate für identisch ansehen dürfte. Absolut richtige und für verschiedene Orte unmittelbar vergleichbare Inklinationswerthe wird man von jenen so vorzüglichen Methoden erst erwarten dürfen, wenn es gelungen sein wird, hinlänglich empfindliche Multiplikatoren mit wirklich constanter Multiplikatorfunktion herzustellen. *Ht.*

H. WILD. Vollständige Theorie des Bifilarmagnetometers und neue Methoden zur Bestimmung der absoluten Horizontalintensität des Erdmagnetismus, sowie der Temperatur- und Induktions-Coefficienten der Magnete. Mém. de Pétersb. No. 8. p. 165-179†; CARL Rep. XVI, 325-334; Bull. d. Pétersb. XXVI, 69-79; D'ALMEIDA J. IX, 207; Mél. d. Phys. d. Pétersb. XI; Ann. d. Phys. (2) X, 597-608; Phil. Mag. (5) IX, 443-446; Proc. phys. Soc. IV. H. 1, p. 14.

Durch fortgesetzte Beobachtungen an den guten Instrumenten des magnetischen und meteorologischen Observatoriums in Pawlowsk hat sich Verfasser davon überzeugt, dass es unstatthaft sei, in der Theorie der Bifilarmagnetometer dem Vorgange von GAUSS (cf. Resultate aus den Beobachtungen des magnetischen Vereins i. J. 1837. p. 1) zu folgen und einmal die Torsion der Aufhängedrähte als sehr klein zu vernachlässigen, dann aber auch die Induktion des Erdmagnetismus in Bezug auf den schwebenden Magneten ganz unberücksichtigt zu lassen.

Bei der Berücksichtigung beider, sowohl der Torsion, als auch der Induktion, verschwanden die Differenzen zwischen der Theorie und den Beobachtungen vollständig. Zugleich aber führte die vollständige Theorie des Bifilarmagnetometers unmittelbar zu einer vorzüglichen Methode, aus der directen Beobachtung des Torsionswinkels und der drei Schwingungszeiten des Magneten in der normalen, verkehrten und transversalen Lage die zweierlei Induktionscoefficienten desselben, nämlich den bei der Schwächung und den bei der Vermehrung des magnetischen Moments durch Induktion geltenden, getrennt zu bestimmen.

Nachdem Verfasser durch seine Theorie die dem Gebrauche des Bifilarmagnetometers anhaftenden Unsicherheiten beseitigt, versuchte er, das Instrument auch zur absoluten Messung der Horizontalintensität nutzbar zu machen. Er gelangte dabei zu einer Methode, die vor der betreffenden Gaussischen zum mindesten den Vorzug der Einfachheit hat.

Eine vollständige Darlegung seines Gedankenganzes, sowie die mathematische Entwickelung seiner Theorie behält sich Verfasser für eine spätere längere Denkschrift vor und enthalte ich mich daher an dieser Stelle der Wiedergabe der blossen Endresultate. *Ht.*

Ad. Seebeck. Ueber eine Methode zur absoluten Messung der Vertikalkomponente des Erdmagnetismus mit Hülfe galvanischer Ströme. Symbolae Joachimicae. 1880, 1-12†.

Die nachstehend beschriebene Methode zur absoluten Messung der Verticalcomponente und also auch der Inklination des Erdmagnetismus ist ein Analogon zu dem durch Kohlrausch ausgeführten Gedanken Weber's, die horizontale Intensität des Erdmagnetismus mit Hülfe galvanischer Ströme zu messen. Cf. Pogg. Ann. Bd. 138. p. 1.

Der Kundige weiss, dass es bei Inklinationsmessungen darauf ankommt, sich von dem störenden Einflusse der Schwere zu befreien.

Verfasser sucht dies Ziel durch Anwendung des schon von KOHLRAUSCH anstatt des Magnetstabes benutzten Solenoids, das in einer zum magnetischen Meridian senkrechten Verticalebene drehbar ist, zu erreichen.

Bezeichnet p das Gewicht eines Magnetstabes, l die Entfernung seines Schwerpunktes von der Drehungsaxe, V die Verticalcomponente des Erdmagnetismus, μ das magnetische Moment des Stabes, so wird auf denselben, falls er aus seiner Ruhelage um den Winkel φ abgelenkt worden ist, das Gesammtdrehungsmoment

$$-(p.l \pm \mu.V)\sin\varphi$$

ausgeübt werden; hierin ist das obere oder das untere Zeichen zu wählen, je nachdem der Nordpol der Nadel nach unten oder nach oben liegt, d. h. je nachdem das Drehungsmoment des Erdmagnetismus demjenigen der Schwerkraft gleich oder entgegengesetzt gerichtet ist.

Bezeichnet nun K das Trägheitsmoment des Stabes in Bezug auf seine Drehungsaxe, so gilt die Bewegungsgleichung

$$K\cdot\frac{\partial^2\varphi}{\partial t^2} = -(pl \pm \mu.V)\sin\varphi,$$

woraus

$$T = \pi\sqrt{\frac{K}{pl \pm \mu V}}$$

folgt, wenn T die Schwingungsdauer des Stabes für unendlich kleine Amplituden bedeutet.

Bezeichnen wir nun T für den Fall des oberen resp. unteren Zeichens mit T_n resp. T_s, so wird:

$$\frac{1}{T_n^2} - \frac{1}{T_s^2} = \frac{2\mu V}{\pi^2 K},$$

folglich:

$$\mu.V = \frac{\pi^2 K}{2}\left(\frac{1}{T_n^2} - \frac{1}{T_s^2}\right).$$

Aus dieser Gleichung wäre nach vorheriger Bestimmung von

μ und K die Grösse V zu berechnen, falls die stillschweigend gemachte Voraussetzung zuträfe, dass l für beide Lagen des Magnetstabes ungeändert geblieben wäre.

Diese Forderung nun will Verfasser dadurch erreichen, dass er den Magnetstab durch ein Solenoid ersetzt und die Umkehrung der Pole durch Umschaltung des elektrischen Stromes bewirkt, ohne an der Aufhängung das geringste zu ändern. Bezeichnet r den Radius der Drahtrolle, n die Anzahl der Windungen, J die Stromintensität, so würde

$$V.J = \frac{\pi K}{2n r^2}\left(\frac{1}{T_n^2} - \frac{1}{T_s^2}\right)$$

werden.

Die folgenden kurzen Kapitel, welche von der Bestimmung des Trägheitsmomentes und der Berücksichtigung oder vielmehr der Vernachlässigung der Induktionswirkung des Erdmagnetismus auf das Solenoid handeln, haben kein besonderes Interesse, zumal über den letzteren Punkt ohne Versuche nicht mit Sicherheit geurtheilt werden kann. *Ht.*

J. Stefan. Ueber einige Versuche mit dem erdmagnetischen Induktor. Wien. Anz. 1880, 262-263; Wien. Ber. LXXXII. 16./12. 1880; Pogg. Beibl. 1881, 541†.

Versuche, ein Telephon mittelst der in einem Induktor durch die Horizontalcomponente des Erdmagnetismus erregten Ströme zum Tönen zu bringen. Das Siemens'sche Telephon mit Hufeisenmagnet erwies sich unter denjenigen, die man benutzte, als das empfindlichste. Ganz allgemein zeigte sich, dass die Telephone auf Ströme von periodisch sich ändernder Intensität viel schwächer reagirten, als auf plötzlich unterbrochene. *Ht.*

E. Riecke. Messung der vom Erdmagnetismus auf einen drehbaren linearen Stromleiter ausgeübten Kraft. Götting. Nachr. 1881. 2. Febr.; Wiedem. Ann. XIII, 194-204†.

Ein Magnetpol μ übt auf ein Stromelement ds, welches von μ um r entfernt ist und auf der Geraden r senkrecht steht, die

Transversalkraft

$$\frac{\mu.i.ds}{r^2}$$

aus, falls i die Stromintensität bedeutet. Wendet man diese Formel auf den Erdmagnetismus und ein horizontal gerichtetes Stromelement an und bezeichnet die vertikale Intensität des Erdmagnetismus, welche hier für $\frac{\mu}{r^2}$ zu setzen ist, mit V, so ist die von der Verticalcomponente des Erdmagnetismus auf das Element ds ausgeübte Transversalkraft $V.i.ds$. Wenn nun ds einem geradlinigen und horizontalen Leiter angehört, welcher um eine durch seinen Anfangspunkt gehende verticale Axe drehbar ist, so ist, falls die Entfernung des Elementes ds von dem Anfangspunkte des Leiters gleich s ist, das von der Verticalcomponente des Erdmagnetismus auf ds ausgeübte Drehungsmoment gleich $V.i.s.ds$.

Integrirt man über den ganzen Leiter, dessen Länge gleich l sei, so erhält man das Gesammtdrehungsmoment gleich

$$\tfrac{1}{2}Vil^2.$$

Verfasser construirte nun, um das Drehungsmoment zu messen, eine Kreisscheibe von Kupfer, welche in ihrem Mittelpunkte an einem Messingdrahte so aufgehängt war, dass sie sich in horizontaler Stellung im Gleichgewicht befand. Die obere Fläche der Scheibe war mit Siegellack überzogen, die untere mit einer kreisrunden Glasplatte so bedeckt, dass nur am Rande ein Ring frei blieb. „Die Scheibe war eingetaucht in ein mit Kupfervitriollösung gefülltes Gefäss; der Boden des letzteren war in der Mitte durchbohrt und durch diese Durchbohrung eine verticale messingene Säule in das Innere des Gefässes eingeführt, auf welche eine mit der zuvor beschriebenen vollkommen gleiche Scheibe aufgeschraubt war; die nach oben gekehrte Seite derselben war mit einer Glasplatte bedeckt, so dass an ihrem Rande ein Kupferring frei blieb von genau derselben Breite, wie bei der beweglichen Scheibe. Wurde nun durch den Suspensionsdraht ein galvanischer Strom in die drehbare Scheibe geleitet, so trat derselbe aus dem freien Rande der unteren Fläche aus und ging durch die Kupfervitriollösung hindurch in den gegenüberstehenden Rand der Standscheibe; aus diesem wird er dann durch einen mit ihrem Träger verbundenen Draht vertical nach unten abgeleitet."

Die Schliessung der Kette zu beschreiben, hat hier kein Interesse. Bezeichnet man nun mit l den mittleren Halbmesser des Elektrodenringes, mit δ die halbe Breite desselben, so ist das von der Verticalcomponente des Elektromagnetismus auf die von dem Strome i durchflossene Scheibe ausgeübte Drehungsmoment gleich

$$\tfrac{1}{2} V i l^2 \left(1 + \frac{\delta^2}{l^2}\right).$$

Wird die Scheibe durch dasselbe um den Winkel φ gedreht, und ist D die Direktionskraft der Torsion, so ist

$$D\varphi = \tfrac{1}{2} V i l^2 \left(1 + \frac{\delta^2}{l^2}\right)$$

oder

$$2\varphi = \frac{V i l^2}{D}\left(1 + \frac{\delta^2}{l^2}\right).$$

Beobachtet man nun mittelst Skala und Spiegel und ist der Skalenausschlag gleich n, die Entfernung zwischen Spiegel und Skala gleich r, so ist

$$2\varphi = \frac{n}{r}\left(1 - \tfrac{1}{3}\frac{n^2}{r^2}\right),$$

und also

$$n = \frac{V i l^2 r}{D}\left(1 + \frac{\delta^2}{l^2}\right)\left(1 + \tfrac{1}{3}\frac{n^2}{r^2}\right).$$

Die Direktionskraft der beschriebenen elektrodynamischen Drehwage wurde nach dem Gauss'schen Verfahren gefunden, die Stromstärke i mittelst einer Tangentenbussole bestimmt. Alsdann wurde eine Reihe von Ablenkungsbeobachtungen angestellt und das folgende System von zusammengehörigen Werthen der Ablenkungen des Nordpoles der Magnetnadel in der Tangentenbussole und n ermittelt.

Zeit	φ	n	Zeit	ψ	n
10h 0m	—	6,9	10h 45m	—	6,7
5m	54,52	6,5	50m	56,24	6,5
10m	55,03	6,7	55m	55,79	6,4
15m	55,04	6,4	11h 0m	55,74	6,6
20m	55,03	6,5	5m	55,75	6,6
23m	—	6,6	8m	—	6,6
Im Mittel:	54,90	6,60		55,88	6,58

φ bedeutet hierin einen östlichen, ψ einen westlichen Ausschlag der Nadel, ferner ist zu bemerken, dass der positive Strom von der Peripherie der Scheibe zum Centrum ging. War seine Richtung die umgekehrte, so fand man für dieselben Grössen:

9h 40m	—	7,8	10h 15m	—	7,9
45m	59,75	7,7	20m	60,25	7,7
50m	59,73	7,7	25m	60,30	7,7
55m	59,76	7,7	30m	60,30	7,7
58m	—	7,7	33m	—	7,7

Wenn man nun andererseits n aus der Formel

$$n = \frac{Vil^2r}{D}\left(1 + \frac{\delta^2}{r^2}\right)$$

berechnet, indem man die zweite Potenz von $\frac{n}{r}$ für die Entfernung $r = 2644,5$ Skalentheilen vernachlässigt, so ergiebt sich, nachdem man V nach einer der gangbaren Methoden gemessen, folgende Zusammenstellung der berechneten und beobachteten Werthe von n für 8 verschiedene Stromstärken:

i	n ber.	n beob.	Quotient $\frac{n \text{ beob.}}{n \text{ ber.}}$
2,348	6,43	6,60	1,026
2,351	6,44	6,58	1,022
3,215	8,81	9,22	1,046
3,269	8,95	9,07	1,013
3,152	8,63	8,76	1,015
3,246	8,89	9,19	1,033
2,844	7,79	7,72	0,991
2,786	7,63	7,74	1,014

Die Differenz zwischen beiden Werthsystemen will Verfasser theilweise durch die Vernachlässigung der Aenderung der Direktionskraft des Drahtes, welche dieselbe durch die bei den elektromagnetischen Messungen eintretende Erwärmung erfährt, erklärt wissen. *Ht.*

Contributions to our knowledge of the meteorology of the arctic regions. Peterm. Mitth. 1880, 362.

Anzeige von dem Erscheinen des zweiten Bandes des von dem Meteorological Council herausgegebenen Werkes, in welchem die meteorologischen Beobachtungen von John Ross zu Boothia 1829—1832, von G. Back auf dem Terror in der Hudson-Strasse 1836—1837, von H. Austin auf der Resolute zu Griffith Island 1850—1851, von W. Perry auf der Lady Franklin in der Assistance-Bay 1850—1851, von E. Belcher auf der Assistance und Sherrard Osborn auf dem Pioneer im Northumberland-Sound 1852 bis 1853 und im Wellington Canal 1853—1854, endlich von Mc Clintock in der Baffin Bay 1857—1858 und in Port Kennedy 1858—1859 bearbeitet sind.

Der Inhalt beider Bände bezieht sich auf die arktischen Regionen der westlichen Halbkugel von der grönländischen Westküste bis Fort Confidence unfern des Kupferminenflusses und von Fort York an der Hudson-Bay bis Wellington-Canal und Northumberland. *Ht.*

J. Trowbridge. Die Erde als Elektricitätsleiter. Sill. J. (3) XX, 138-141 (1880); Beibl. 1881, 69.

Anwendung des Telephons zur Beurtheilung der Leitungsfähigkeit der Erde. Im ganzen von geringem Interesse. *Ht.*

Ludewig. Ueber Störungen der unterirdischen Leitungen durch Gewitter. Electricit. Z. S. 1881. II, 7.

W. G. Adams. Einfluss der Sonne auf die magnetischen Störungen. Naturf. 1880, 369-370.

W. G. ADAMS. On the comparison of declination-magnetographs at various places. Nature XXII, 447; Mondes (2) LIII, 173; Rep. Brit. Ass. 1880.

Nichts Neues. *Ht.*

Quet. Le soleil induirait sensiblement la terre alors même que son pouvoir magnétique serait simplement égal à celui de notre globe. Induction de la lune par la terre et variation diurne lunaire des boussoles terrestres. C. R. XCI, 409-411; Mondes (2) LII, 574.

Ref. nicht zugänglich. *Ht.*

H. BECQUEREL. Mémoire sur la polarisation atmosphérique et l'influence du magnétisme terrestre sur l'atmosphère. Cimento VIII, 81-83; SILLIM. J. (3) XIX, 406-407†; Ann. d. Chim. (5) XIX, 90-125.

Aus der kurzen Notiz des amerikanischen Journals ist zu entnehmen, dass der Winkel zwischen der Ebene der Sonne und der Polarisationsebene der Atmosphäre veränderlich ist und während des Tages in periodischem Anwachsen und Abnehmen ein Maximum resp. ein Minimum erreicht, ferner dass der Magnetismus der Erde auf die Aenderung jener Polarisationsebene einen, wenn auch nur geringen, Einfluss zu haben scheint. *Ht.*

G. M. WHIPPLE. L'orage magnétique du 11. août. 1880. L'électricité. Rev. sc. illustrée. Paris 1881. No. 20. cf. Berl. Ber. v. d. J.

Der magnetische Sturm vom 11.—13. Aug. 1880. Jowa weather service. No. 86 und 88. Z. S. f. M. 1881, 28 bis 29†.

Grosse Schwankungen des Deklinometers am 11. u. 12. August. Am Abende des letzteren Tages ein glänzendes Nordlicht. Am 13. geringe Schwankungen der Nadel, Abends ein schwaches Nordlicht. *Ht.*

C. A. Schott. The secular change in the magnetic declination in the U. St. and at some foreign stations. Bull. soc. philos. Washingt. III, 45-50.

— — A chart of the magnetic declination in the U. St. Rep. U. St. coast Surv. 1876, 1-418. Wash. 1879.

— — Orage magnétique du 14. mai. 1878. d'Almeida J. IX, 181; Sillim. J. XVII. 1879.

Ref. nicht zugänglich. (Cf. 1879.) *Ht.*

J. E. Hilgard. Chart of the magnetic declination in the U. St. Sillim. J. (3) XIX, 166. 173-176†.

Eine Karte der Isogonen der Ver. St. Beigegeben ist eine kleine Tabelle der jährlichen Aenderung der Deklination für 31 Orte der Ver. St. während des Jahres 1880. Für die verschiedenen Orte sind zum Theil nicht unerhebliche Abweichungen jener Variation zu bemerken. *Ht.*

S. J. Perry. Comparative curves in terrestrial magnetism. Nature XXII, 120-121.

— — Magnetic observations taken during the transit of Venus Expedition to and from Kerguelen Island. Proc. R. Soc. XXVII; Z. S. f. M. 1881, 40†.

Eine kleine Tabelle über die Inklination, horizontale Komponente, Totalkraft und Deklination an einigen auf der betreffenden Reise berührten Punkten (Capstadt, Colaba, Bombay, Aden, P. Said, Malta, Palermo, Neapel, Rom, Florenz, Moncalieri). Einige Zahlenangaben über die säculare Veränderung jener Elemente scheinen durch Vergleichung mit früheren Beobachtungen gewonnen zu sein. *Ht.*

Erdmagnetische Karten. Ann. d. Hydrogr. VIII, 338-345; Peterm. Mitth. 1880, 364†.

Kurze Anzeige von dem Erscheinen dreier erdmagnetischer Karten für 1880, die Linien gleicher Deklination, Inklination und Horizontal-Intensität enthaltend. Die Annalen der Hydrographie, welche diese von der Deutschen Seewarte herausgegebenen Karten enthalten, fügen denselben die erforderlichen Erläuterungen, sowie den Litteraturnachweis bei. *Ht.*

Fernere Litteratur.

JENKINS. On terrestrial magnetism. J. Amer. geogr. Soc. X, 267-276. Ref. nicht zugänglich.

FERRARI. Le macchie solari ed il magnetismo terrestre. La Natura IV, H. 1 und 2. Firenze. 1880.

— — Sopra la relazione fra i massimi e minimi delle macchie solari e le straordinarie perturbazioni magnetiche. Atti dell' Accad. pont. d. Nuov. Linc. XXXIII, 1880. Ref. nicht zugänglich.

A new theory of earth magnetism. The Electrician. London. V. No. 15. Ref. nicht zugänglich.

J. CAPELLO. Comparative curves in terrestrial magnetism. Nature XXII, 220.

Notiz über einige zu Lissabon angestellte Beobachtungen über die magnetischen Störungen vom 17. März 1880. Vergleichung derselben mit den entsprechenden Aufzeichnungen zu Wien und zu Stonyhurst (cf. S. J. PERRY).

W. ELLIS. Magnetic and earth current disturbance. Nature XXII, 361. Cf. Berl. Ber. v. d. J.

— — On the relation between the diurnal range of magnetic declination and the period of solar spot frequency. SILLIM. J. (3) XXI, 238; Athen. 1880, 612. Ref. nicht zugänglich.

B. STEWART. On some points connected with terrestrial magnetism.

DE LA RUE and H. MÜLLER. Remarks. SILLIM. J. (3) XX, 240†; Nature XXII, 146-147. 169. 202-203; The Electrician V. No. 14 und 16; Naturf. 1881, 39-40; Beibl. 1880, 901-903†.

Soviel aus den kurzen Notizen im SILL. J. und in den Beiblättern zu entnehmen ist, handelt es sich um den Zusammenhang zwischen der Sonnenthätigkeit und magnetischen Erscheinungen. Bemerkenswerthe neue Resultate sind nicht verzeichnet.

F. W. Schulze. On periodical change of terrestrial magnetism. London. Trübner &. 1879, 1-50; North Chin. Branch. of R. As. Soc. XIII. Ref. nicht zugänglich.

J. Wack. De l'origine du magnétisme terrestre. Nancy 1879, 1-27. Ref. nicht zugänglich.

van der Mensbrugghe. Quelques mots sur la relation entre les perturbations météorologiques et les variations magnétiques. Bull. d. Brux. 1876. Schon ber. Berl. Ber. 1877.

Standen en afwijkingen der magnetische variatie-instrumenten te Utrecht en Helder. Nederl. Meteor. Jaarboek 1879. I. XXXI, 145-158. Tabellen.

Blaserna. Sulla variazione secolare della declinazione magnetica in Roma. Atti d. Linc. IV, H. 7, p. 117. Ref. nicht zugänglich.

Keller. Risposta ad una osservazione del sign. Ferrari. Atti Nuov. Linc. IV. 1880. H. 7. p. 212. Ref. nicht zugänglich.

Ferrari. Risposta ad una critica del sign. F. Keller intorno alle osservazioni della declinazione magnetica 1875—1877. Atti dell' Accad. pontif. d. N. L. XXXIII. 5./1. 1880. Ref. nicht zugänglich.

J. Smirnow. Ergebnisse magnetischer Beobachtungen in Russland im Sommer 1878. Carl Rep. XVI, 283. Tabellen. Cf. Berl. Ber. v. J. 1877.

Monats- und Jahresmittel der magnetischen Deklination, Inklination und Horizontalintensität. Wien 1879; Wien. Anz. 1880. No. 4; Carl Rep. XVI, 260. Tabellen.

Monatsmittel der magnetischen Deklination, Inklination und Intensität zu Pawlowsk bei Petersburg i. J. 1878. Carl Rep. XVI, 323. Tabellen.

Monatsmittel der magnetischen Deklination und horizontalen Intensität zu Buda-Pest. 1877. Carl Rep. XVI, 324. Tabellen.

On some recent charts and maps of curves of equal magnetic variation or declination. Nature XXIII, 314-315.

J. LIZNAR. Ueber einen Lokal-Einfluss auf die magnetischen Beobachtungen in Wien in der Periode 1866 bis 1871. Wien. Ber. (2) LXXIX, 595-602. Von keinem allgemeinen Interesse.

— — Magnetische Messungen in Kremsmünster. CARL Rep. XVI, 64; Z. S. f. M. 1881, 407; Wien. Anz. 1879. No. 22; Wien. Ber. (2) LXXX, 776-784.

T. SEELAND. Magnetische Deklinationsbeobachtungen. Litt. C. Bl. 1880, 312; Z. S. d. berg- und hüttenmänn. Ver. in Steiermark XII. No. 1.

Monatsmittel der magnetischen Deklination und horizontalen Intensität zu Prag i. J. 1879. CARL Rep. 1880. XVI, 596; Hornstein, met. Beob. zu Prag 1879.

Tabellen, nebst Angabe der Beobachtungsmethoden.

Deklination an einigen Küstenorten Frankreichs, Portugals etc. Ann. d. Hydr. VIII. 1880, 64.

NERVIUS. Magnetnålens deklination i Fredrikshamm. Ofvers. Finsk. Vetensk. Förb. XXI. 78/79.

E. PRINGSHEIM. Die absolute Deklination und horizontale Intensität des Erdmagnetismus. Verh. d. geogr. Sect. d. schles. Ges. f. vaterl. Cultur. 1880, 1-14.

Resultate der magnetischen Beobachtungen in Batavia. Magn. and met. observ. at Batavia III, 143-194; Z. S. f. M. XV. 1880, 233-236.

Zahlenangaben aus den Jahren 1867-75 über die Deklination, Inklination und horizontale Intensität.

Astronomical, magnetical and meteorological observations, made at the R. Observ., Greenwich 1877. London 1879.

Magnetische Beobachtungen in Oesterreich 1852—1863 und 1877. Jahrb. d. K. K. meteorl. C. A. 1877. XIV, 132 bis 145. Tabellen.

KERSTEN. Magnetische Beobachtungen im mittleren Afrika. Leipzig. Winter. 2,40 M. Ref. nicht zugänglich.

Magnetische Beobachtungen in Peking 1879. Ann. d. phys. C. O. 1879. I, 207-214.

Reyes. Memoria sobre el departamento magnético del Observatorio central de Mexico. Bol. d. l. Sociedad de geografia y estadistica de la republ. Mexicana (3) IV, 819. 1880.

F. Dohrandt. Astron. Ortsbestimmungen und magnetische Messungen am Unterlauf des Amu-Darja. Wild Rep. 1879. VI.

Observations magnétiques en ballon. L'électricité. 1880. No. 21.

Le magnétisme terrestre, produit par l'induction. L'électricité No. 22.

Schering. Observations in the magnetic observatory. Götting. Nachr. 1880. Dec.

F. E. Thorpe. A magnetic survey of the 40. parallel in North America between the Atlantic ocean and the great Salt-Lake, Utah. Proc. R. Soc. XXX, 132-151.

E. Quetelet. Recherches sur les mouvements de l'aiguille aimantée à Bruxelles. Mondes (2) LI, 90-94.

A. Pfannstiel. Ueber eine Methode, die Intensität des horizontalen Theiles des Erdmagnetismus in absolutem Maasse zu bestimmen. Schlömilch Z. S. f. Math. XXV, 271-279.

W. Pscheidl. Ueber eine neue Art, die Inklination aus den Schwingungen eines Magnetstabes zu bestimmen. Beibl. 1880, 151†; Wien. Ber. (2) LXXXI, 1-16. Sept. 1879. Cf. 1879.

Die kurze Notiz in den Beiblättern lässt keinen Auszug zu.

Hodges. Méthode pour déterminer l'inclinaison. d'Alm. J. IX, 180; Sill. J. (3) XVII, 180. Ref. nicht zugänglich.

G. Hellmann. Prüfung eines verbesserten Azimutalcompasses und des compensirten Magnetometers Weber-Kohlrausch. Wild Rep. VII, 1-38; Carl Rep. XVI, 180-220.

Für die Theorie des Erdmagnetismus ohne Interesse; dagegen kann die Arbeit für das Studium der Beobachtungskunst von Nutzen sein.

De Fraysseix. Compas optique indépendant pour les cuirassés d'escadre. C. R. XC, 1556-1557; Mondes (2) LII, 254.

Lamont's erdmagnetische Variationsinstrumente, und •

Weber's Erdinduktor. Edelmann, Neuere Apparate, Lieferung II, 1880, p. 104 u. 113.

The Royal Observatory: Magnetical Observations and instruments. Nature XXII, 159-160.

Thomson's compass. Engineering XXX, 379. cf. Berl. Ber. v. J. 1877.

Ueber Erfahrungen mit Thomson'schen Compassen und über Deviationserscheinungen an Bord der Panzerschiffe des Uebungsgeschwaders von 1879. Ann. d. Hydrogr. VIII. 1880, 121-141.

Beschreibung des Thomson'schen Compasses. Discussion der Erfahrungen, die man mit demselben auf den Schiffen des deutschen Panzer-Uebungsgeschwaders vom Jahre 1879 gemacht hat. Von allgemeinem wissenschaftlichen Interesse sind die betr. Aufzeichnungen nicht.

Dittmer. Die magnetischen Instrumente der Berliner Gewerbeausstellung 1879. Bericht über die wissenschaftlichen Instrumente 1880, 138-162.

Denza. Magnetische Messungen in Italien. Meteor. Ital. Mem. e Not. 1878. H. 1-5.

P. A. Bergsma. Observations made at the magnetical and Meteorological Observatory at Batavia. Bd. II u. Bd. III. Bespr. Z. S. f. Met. XV, 140-146.

Meteorologische und erdmagnetische Aufzeichnungen. Természettudomanyi Közlöny XI. 1879. H. 7 u. 10.

44. Atmosphärische Elektricität.

A. Luftelektricität.

MASCART. Sur l'électricité atmosphérique. C. R. XCI, 158-161; Mondes (2) LII, 370. 436-439; D'ALM. J. 1879. VIII, 329; Engin. XXX, 117; Naturf. 1880, 2-3. 341-342; Z. S. f. M. XV, 135†.

Das Instrument, dessen sich Herr MASCART bediente, bestand im wesentlichen aus einem THOMSON'schen Elektrometer, verbunden mit einem continuirlichen Flüssigkeitsstrahle. Die Ablenkungen der Nadel wurden je nach 2½ Minuten mechanisch durch den Apparat selbst auf einen Stift übertragen und durch diesen auf Papier verzeichnet. Die Curven, die man auf diese Weise erhielt, gestatteten schon für die verhältnissmässig kurze Zeit, während welcher der Apparat in Thätigkeit war, den Gang der atmosphärischen Elektricität zu beurtheilen.

Zunächst bestätigten sich die längst bekannten Wahrnehmungen, dass die Luft im allgemeinen positiv elektrisch ist, dass bedeckter Himmel erhebliche Variationen und Regen fast immer starke negative Elektricität im Gefolge hat. Der Zeichenwechsel tritt vor Anfang des Regens ein. Positive Elektricität bei Regen, negative bei trockenem Wetter bildeten seltene Ausnahmen.

Sieht man von anscheinend zufälligen Veränderungen ab und betrachtet die Curve in ihrer Gesammtheit, so zeigt sich, dass die Elektricität des Nachts weniger veränderlich ist als am Tage. Wichtiger noch ist die Bemerkung, dass nur ein Maximum und zwar zwischen 9 und 10 h Abends und nur ein Minimum und zwar gegen 3 h p. m. wahrzunehmen war.

Es befindet sich diese Beobachtung in vollem Widerspruche mit den Angaben von QUETELET, P. DENZA, H. EVERETT u. A., welche alle zwei Maxima (Morgens und Abends) und zwei Minima (eines bei Tage und eines bei Nacht) constatirt haben.

Möglich, dass die anormale Witterung des Jahres 1879 in Paris diese Abweichung hervorgerufen hat. Es wäre daher wichtig, festzustellen, ob anderwärts, namentlich da, wo selbst registrirende Elektrometer in Thätigkeit sind (wie z. B. in Kew), wo also der Gang der Elektricität auch bei Nacht völlig genau zu erkennen ist, dieselbe Wahrnehmung gemacht worden ist.

Bt.

B. Wolkenelektricität.

TAIT. Thunderstorms. Lecture in the City Hall, Glasgow, 29. Jan. 1880. J. Heywood, Manchester, 1-32. Beibl. 1880, 841-842†; Nature XXII, 339-341. 364-366. 408-410. 436-438; Mondes (2) LIII, 77. 243. 488. 494. 609.

Ein populärer Vortrag, aus dem die folgenden Punkte hervorgehoben werden mögen.

Die Ursache der Elektricitätserregung bei Gewittern sieht Verfasser in dem gegenseitigen Zusammenstoss der Wasser- und Luftmoleküle (cf. LÜDDENS, Ueber die Luftelektricität. Berl. Ber. 1876). Vereinigen sich alsdann mehrere Wassermoleküle zu einem Tropfen, so ist, da die Oberfläche in geringerem Maasse als der Rauminhalt wächst, das elektrische Potential des Tropfens grösser als dasjenige der einzelnen Moleküle. Die Möglichkeit der Vereinigung der letzteren erklärt Herr TAIT dadurch, dass sich in der Wolkenmasse, wenn sie durch und durch homogen ist, die einzelnen Anziehungen und Abstossungen aufheben. Die verhältnissmässig geringe Erleuchtung, welche der Blitz bewirke, erkläre sich aus seiner geringen Zeitdauer, wie ja auch SWAN nachgewiesen habe, dass die scheinbare Helligkeit der Zeitdauer des Lichtes nahezu proportional sei. Dass aber der Blitz weniger als 0,000001 Sekunde lang andauere, folge aus Versuchen mit rotirenden Spiegeln. Es sei noch nicht gelungen, das Bild des Blitzes in einem solchen Spiegel verbreitert zu erhalten.

Der sehr häufige Eindruck, dass man einen Strahl vom Boden aufwärts oder von den Wolken abwärts sich bewegen sehe, sei eine optische Täuschung. Der Ursprung dieses Irrthums scheine rein subjektiv zu sein und daher zu rühren, dass die Centraltheile der Netzhaut empfindlicher als die übrigen seien und dass daher ein Theil des Blitzes, der direct gesehen werde, das Gehirn früher errege, als der übrige. Ein Beobachter, der nach dem einen Ende des Blitzes schaue, halte daher diesen für den Ausgangspunkt.

Aus der besseren Leitungsfähigkeit der warmen Luft, die von Gruppen zusammengeschaarter Thiere aufsteige, erklärt Herr Tait das häufige Einschlagen des Blitzes in gedrängt stehende Heerden. Die Feuerkugeln vergleicht derselbe mit starkgeladenen Leydener Flaschen und endlich das Wetterleuchten führt er in manchen Fällen auf Gewitter in höheren Regionen der Atmosphäre zurück. *Ht.*

J. Hann. Ein Beitrag zur Morphologie der Gewitterwolken. Z. S. f. M. XV. 1880, 434-437†.

Die nachstehende Schilderung des Auftretens und der Entwickelung der Gewitterwolken hat zwar keine allgemeine Gültigkeit, bezieht sich vielmehr nur auf den Nordfuss der Alpen, doch ist sie interessant genug, um etwas genauer besprochen zu werden.

Die bez. Beobachtungen sind von dem Herrn Verfasser zumeist in Kremsmünster und in den benachbarten Vorbergen angestellt worden, doch scheinen die aus ihnen entnommenen Schilderungen nach den Mittheilungen Lamont's auch noch für München und Umgegend zutreffend zu sein.

Das erste Anzeichen eines heftigen Wirbelgewitters war zu Kremsmünster eine scharf abgegrenzte, weisse, dichte Cirrostratuswand, die zwischen 4 und 5 h (in München etwa zwischen 1 und 2 h) am westlichen Horizont auftrat und allmählich unter Bewahrung der deutlichen Begrenzung zum Zenith hinaufrückte. Nach mehreren Stunden erst, während welcher die Cirrostratusschicht dichter und dunkler wurde und sich um das ganze Firmament mit Ausnahme eines kleinen Theiles des östlichen Himmels herumzog, wurden die Cumulostratuslager des eigentlichen Gewitterheerdes hinter dem Cirrostratus sichtbar. Es schiebt demnach der Gewitterheerd seine Cirrostratusdecke in einer erstaunlichen Breite (nach mehrfachen Schätzungen in einer Breite von über 185 km) vor sich her, während die regnende und wetternde Wolkenmasse meist kaum $^1/_5$ dieser Breite hat.

Wenn nun das heranziehende Gewitter ein Sturm- oder Hagelwetter ist, so erscheint unterhalb der dichten, schweren Cumulusmassen und unmittelbar vor den von ihnen im Hintergrunde ausgehenden grauen Regen- oder Hagelsäulen in einem meist halbkreisförmigen Bogen ein weisslich grauer, zuweilen röthlich angehauchter, ziemlich tief herabhängender Wolkenvorhang, der die Regen- und Hagelsäulen gegen den Beschauer zu von oben herab einhüllt. „Die Consistenz dieser Wolkendraperie ist mehr flocken- oder nebelartig, und es zeigen sich in derselben rasche Bewegungen. Wenn sich dieser Wolkenvorhang unter einem regnenden Cumulostratus ausbildet, darf man sicher auf Sturm (wenn auch event. nur auf einen lokalen Gewittersturm) rechnen und Hagel besorgen.“ Bei Gewittern ohne starken Wind, mochten sie von noch so starken Regengüssen begleitet sein, zeigte sich dieser Wolkenvorhang nie.

Wie sich die eben beschriebenen Erscheinungen schon für Wien, welches doch dem Nordrande der Alpen noch recht nahe liegt, abändern, dürfte den Leser kaum interessiren.

Im Uebrigen vergleiche man G. MOHR (Bonn), POGG. Ann. 117 (1862) p. 93—105 und 126 (1865) p. 492. *Ht.*

A. BUCHAN. The diurnal periods of thunderstorms in Scotland. Scott. Meteor. Soc. 1880. V. No. LX-LXIII; Nature XXII, 594; Z. S. f. M. 1880, 493-495†. cf. Berl. Ber. v. J. 1877.

Die vorstehende Abhandlung, welche nicht nur, wie der Titel sagt, die tägliche, sondern auch die jährliche Periode der Gewitter in Schottland behandelt, stützt sich auf Mittheilungen aus Sandwick (23 J.), Aberdeen (23 J.), Cargen (20 J.) und East Linton (23 J.), ferner auf zwölfjährige Beobachtungen an 61 schottischen Leuchtthürmen. Zum Vergleich werden ferner die Aufzeichnungen aus Stykkisholm auf Island (14 J.) herangezogen. Die Leuchtthürme wurden ihrer Lage nach in drei Gruppen, diejenigen der O.-, der N.- und N. W.- und der S. W.-Küste vereinigt.

„Während 23 Jahre (von 1857—79) wurde Donner gehört zu Sandwick an 135 Stunden, zu Aberdeen an 227 und zu East Linton an 230 Stunden, zu Cargen in 20 Jahren an 282 Stunden. In Stykkisholm dagegen wurde in 14 Jahren nur an 23 Stunden Donner gehört. Die Stationen der O.-Küste (Aberdeen, Cargen, East Linton und die Leuchtthürme) haben fast alle Gewitter im Sommer, Stykkisholm fast alle im Winter, und die Stationen der N.- und W.-Küste nehmen eine Zwischenstellung ein."

Was nun die jährliche Periode der Gewitter in Schottland betrifft, so ergiebt sich dieselbe am übersichtlichsten, wenn man die auf die einzelnen Monate entfallenden Gewitterzahlen in Procenten der Jahressumme darstellt.

Man erhält alsdann:

1. Ostseite (23 Jahre).

Dec.	Jan.	Febr.	März	April	Mai	Juni
2,9	1,1	1,1	0,7	6,5	13,4	17,5

Juli	Aug.	Sept.	Okt.	Nov.	Zahl d. Beob.
27,5	15,8	8,6	4,5	0,4	739

2. Leuchtthürme der O.-Küste, nordwärts bis Wick (12 J.).

Dec.	Jan.	Febr.	März	April	Mai	Juni
0,6	0,4	0,0	0,2	9,3	6,1	16,3

Juli	Aug.	Sept.	Okt.	Nov.	Zahl d. Beob.
35,0	17,8	11,7	2,2	0,4	538

3. Leuchtthürme in Shetland, Orkney, Hebriden, W.-Küste bis Oban (12 J.).

Dec.	Jan.	Febr.	März	April	Mai	Juni
3,9	12,5	3,2	3,0	3,2	3,8	23,5

Juli	Aug.	Sept.	Okt.	Nov.	Zahl d. Beob.
15,8	13,2	4,5	11,7	1,7	685

4. Sandwick, Orkney (23 J.).

Dec.	Jan.	Febr.	März	April	Mai	Juni
4,0	9,8	9,8	2,0	2,0	3,3	15,7

Juli	Aug.	Sept.	Okt.	Nov.	Zahl d. Beob.
22,9	16,4	5,2	5,9	3,3	153

5. Leuchtthürme der S.W.-Küste von Oban bis Man (12 J.).

Dec.	Jan.	Febr.	März	April	Mai	Juni
4,3	10,4	3,2	1,4	3,4	7,8	19,5

Juli	Aug.	Sept.	Okt.	Nov.	Zahl d. Beob.
14,2	20,7	6,6	5,6	3,0	682

In Stykkisholm kommen in 14 Jahren von 23 Gewittern 9 auf den Winter (auf den December allein 7), 6 auf das Frühjahr, 0 auf den Sommer und 8 auf den Herbst. Die tägliche Periode der Gewitter kann aus folgender Zahlenreihe beurtheilt werden. Unter 1000 Gewittern traten auf:

zwischen	1—2 h a.	3—4	5—6	7—8	9—10	11—12	1—2 p.
O.-Seite	56	45	48	35	34	93	144
N.- und W.-Seite	76	54	41	34	41	60	92
Differenz:	+20	+9	—7	—1	+7	—33	—52

zwischen	3—4	5—6	7—8	9—10	11—12	im ganzen
O.-Seite	164	142	94	84	61	1277
N.- und W.-Seite	127	128	134	122	91	1520
Differenz:	—37	—14	+40	+38	+30	

Die wenigsten Gewitter sind demnach zwischen 6 und 10 h a., die meisten zwischen 3 und 6 h p. beobachtet worden.

Ueberraschend ist der Unterschied zwischen den Angaben der Leuchtthürme an der O.-Küste und derjenigen der N.- und N.W.-Küste, namentlich im Winter. „An der O.-Küste ist von December bis Februar bloss an 5 Stunden Donner verzeichnet, an der N.W.-Küste hingegen an 135 Stunden und noch an der S.W.-Küste an 122.“ Diese Wintergewitter haben das Maximum ihrer Häufigkeit zwischen 9 h p. und 3 h a., das Minimum um die Mitte des Tages. Von 6 h a. bis 6 h p. sind 103, während der Nacht dagegen, also von 6 h p. bis 6 h a. 135 verzeichnet worden.

In Stykkisholm sind die Gewitter fast reine Wintererscheinungen. Betreffs der Tageszeit ist zu bemerken, dass von 23 Stunden, in denen Donner gehört wurde, 3 auf den Tag, 20 auf die Nacht entfielen.

Betreffs der Entstehung der Gewitter theilt Verfasser die Ansicht, dass der atmosphärische Wasserdampf das Hauptelement für die Bildung derselben sei; ob aber vermöge seiner Kondensation oder vermöge seiner Reibung mit Luftmolekülen, darüber erfahren wir die Meinung Herrn Buchan's nicht. *Ht.*

Schiaparelli e Frisiani. Sui temporali osservati nell' Italia superiore durante l'anno 1877. Milano 1880. U. Hoepli. Pubblic. del R. Oss. di Brera XVI. 1880, 1-90; Z. S. f. M. 1881, 359-360†.

Eingehende Untersuchung der aus den Beobachtungen von 134 Stationen Ober-Italiens während des Jahres 1877 gewonnenen Resultate. Die entsprechende Arbeit für 1876 ist von Frisiani schon vorher veröffentlicht worden. Man findet sie abgedruckt in der Meteorologia Italiana, Supplement für 1877.

Bei dem Interesse, welches die vorliegende Untersuchung nach verschiedenen Seiten hin bietet, mögen hier die wichtigsten Ergebnisse zusammengestellt werden.

1) „Die Dauer der Gewitter betrug meistens 1 bis 3 Stunden, doch wurden auch solche von 8 Stunden Dauer und darüber beobachtet.

2) Die Tageszeiten der grössten Häufigkeit waren 4 bis 8h p. m., der geringsten 1 bis 4h und 8 bis 11h a. m."

3) Berücksichtigte man nicht sowohl den an der Erdoberfläche herrschenden Wind, als vielmehr den durch den Wolkenzug angedeuteten, so fand sich, dass die meisten Gewitter bei W.- und N.W.-Wind eintraten. Im allgemeinen nahm derselbe bei Beginn des Gewitters an Stärke zu, um gegen das Ende desselben abzuflauen.

4) Die meisten Gewitter waren von Regen begleitet, doch wurden auch solche ohne Niederschläge und solche mit Hagelfall beobachtet.

5) Nach ungefährer Schätzung schwankte die Höhe der Wolken zwischen 1246 m und 3045 m. Die Hagelwolken zeigten stets die relativ grösste Höhe.

6) Der Zug der Gewitter ging im allgemeinen von W. nach O.

7) Ein Zusammenhang der Gewitter mit der Luftdruckvertheilung war unzweifelhaft nachzuweisen.

Die Herren Verfasser theilen, um die Resultate in dieser letzteren Beziehung übersichtlich darzustellen, die barometrischen Beobachtungen und die damit zusammenhängenden Gewitterperioden in 4 Typen, die sie resp. den atlantischen, den afrikanischen, den heimischen und den der Ruhe nennen.

1) Der atlantische Typus. Maximum des Luftdrucks an den Küsten von Frankreich und England. Geringer Druck an der Südseite der Alpen. Die Luft steigt heftig in die Po-Ebene hinab. Bei dieser Druckvertheilung entstehen die meisten Gewitter, besonders wenn die Isobaren nicht parallel der Küste verlaufen, sondern sich über die ganze Breite der Halbinsel erstrecken und somit in Ober-Italien das Zusammentreffen verschiedener Luftströmungen aus S.O. und N.W. bewirken.

2) Der afrikanische Typus. Maximum des Luftdrucks im nördlichen Afrika zwischen Gibraltar und Tunis. Die Isobaren verlaufen parallel den Parallelkreisen. Es herrscht ein warmer S.W., der, wenn er sich an den Alpen abkühlt, zur Gewitterbildung Veranlassung giebt.

3) Der heimische Typus. Hoher Luftdruck über Ober-Italien, weitabstehende Isobaren. Bedingung für die Gewitterbildung ist das Vorherrschen heiterer warmer Tage.

4) Bei völlig heiterem, ruhigem Wetter, gleichmässig hohem Luftdruck und mässiger Temperatur treten keine Gewitter auf; ferner auch dann nicht, wenn die Isobaren gegen Frankreich und Spanien abfallen und wenn die Temperatur zu niedrig ist.

Betreffs der Voraussage von Gewittern sind die bisher erzielten Resultate noch nicht ausreichend. *Ht.*

A. LANCASTER. Discussion des observations faites en Belgique pendant l'année 1878. Annales de l'Observat. d. Brux. 1879, 1-50; Z. S. f. M. 1881, 361-362†.

Von allgemeinem Interesse für die Gewitterkunde dürften die folgenden Bemerkungen sein:

Als Ursache der Entstehung der Gewitter konnte man stets kleine Depressionscentren ermitteln, die eine fortschreitende Bewegung hatten. Man beobachtete bei einem Luftdruck von $^{770}/_{65}$ mm 1, bei $^{765}/_{60}$ mm 7, bei $^{760}/_{55}$ mm 16, bei $^{755}/_{50}$ mm 12, bei $^{750}/_{45}$ mm 3 Gewitter. Auf die einzelnen Monate vertheilten sich die letzteren nach Aufzeichnungen, welche die Jahre 1833 bis 1878 umfassen, folgendermaassen:

Zahl der Tage mit Donner:

Dec.	Jan.	Febr.	März	April	Mai	Juni
4	12	10	29	45	108	143

Juli	Aug.	Sept.	Oct.	Nov.	Jahr
158	159	68	21	6	763

Zahl der Tage mit Blitzen:

Dec.	Jan.	Febr.	März	April	Mai	Juni
6	4	4	9	16	25	30

Juli	Aug.	Sept.	Oct.	Nov.	Jahr
38	52	40	31	9	264

Zahl der einzelnen Gewitter:

Dec.	Jan.	Febr.	März	April	Mai	Juni
4	13	10	30	45	130	182

Juli	Aug.	Sept.	Oct.	Nov.	Jahr
201	194	82	24	6	92

Die tägliche Periode der Gewitterfrequenz erhellt aus folgender Stundentabelle:

Mittern.—2	2—4	4—6	6—8	8—10	10—Mittag
27	26	15	16	18	57

Mittag—2	2—4	4—6	6—8	8—10	10—Mittern.
115	193	173	141	75	37

In der Zeit von 10h a. bis 10h p. m. zählte man im ganzen 754, zwischen 10h p. und 10h a. m. nur 139 Gewitter.

Das doppelte Sommer-Maximum der Häufigkeit der letzteren, auf welches besonders Bezold aufmerksam gemacht hat, zeigt sich auch in Brüssel, wie die folgende Zusammenstellung ergiebt:

	Mai		Juni	
Zeit	1.—15.	16.—30.	31.—14.	15.—29.
Zahl d. Gew.	41	65	68	73

	Juli		August	
Zeit	30.—14.	15.—29.	30.—13.	14.—28.
Zahl d. Gew.	67	88	79	71

Die Ursache dieser doppelten Periodicität sucht Verfasser in erster Linie in dem Gange des Luftdrucks, der, nach Dekadenmitteln berechnet, eine analoge doppelte Periode aufweist.

Was den Einfluss der Temperatur auf die Gewitterbildung betrifft, so zeigte sich an den Tagen mit sehr heftigen Gewittern eine mittlere thermische Abweichung von $+3,2^{\circ}$, für die Tage starker Gewitter eine solche von $+3,0^{\circ}$ und endlich für die Gewittertage im allgemeinen eine Abweichung von $+1,8^{\circ}$. Im Juli erreichte die letztere ihr Minimum.

Die Windgeschwindigkeit war am Tage vor Ausbruch der Gewitter gewöhnlich kleiner als die normale.

Die mittlere Dauer derselben betrug 42 m. Im Oktober und April hielt keines länger als eine Stunde an, dagegen gab es in allen Sommermonaten Fälle mit einer Dauer von drei Stunden und darüber. *Ht.*

W. HOLTZ. Ueber die Zunahme der Blitzgefahr und ihre vermuthlichen Ursachen, auf Grund zahlreicher Mittheilungen aus Deutschland, Oesterreich und der Schweiz. Greifswald 1880. Ann. d. Phys. Neue Folge. XI, 719 bis 722; Z. S. f. M. 1881, 222-224†.

Im Jahre 1869 hatte BEZOLD (POGG. Ann. CXXXVI, 513 bis 514; Berl. Ber. 1869) auf Grund des Studiums der Akten der allgemeinen Brandversicherungsanstalt des Königreichs Baiern die Bemerkung gemacht, dass seit dem Ende der dreissiger Jahre eine Zunahme der schädlichen Blitzschläge deutlich wahrnehmbar sei. Eine Discussion der seit 60 Jahren auf dem Peissenberge angestellten Beobachtungen hatte ihm seine Wahrnehmung bestätigt. Den Grund für diese auffallende Thatsache glaubte BEZOLD in einer entsprechenden Zunahme der Gewitter suchen zu müssen und sah für diese Annahme eine Unterstützung in der Vermuthung, die schon früher KUHN in dem Handbuche der angewandten Elektricitätslehre, 1866, p. 255 ausgesprochen hatte, dass nämlich die

Häufigkeit der Gewitter in grösseren Zeitabschnitten gesetzmässig periodischen Schwankungen unterworfen sei.

Auch in anderen Theilen Deutschlands wurde eine Vermehrung der Blitzschäden an Gebäuden nachgewiesen, so von GUTWASSER für das Königreich Sachsen, von AHLEFELD für Schleswig-Holstein, von HÜLSEN für die Provinz Sachsen. Da aber alle diese Beobachtungen die Bezugnahme auf die gleichzeitige Gewitterzahl unterlassen hatten, so war ein Schluss auf die möglichen Ursachen der Vergrösserung der Blitzgefahr unmöglich.

Verfasser hat es nun unternommen, zu erforschen, erstens ob wirklich eine Zunahme der Blitzgefahr allgemein zu constatiren sei und zweitens, ob dieselbe vorwiegend in meteorologischen Veränderungen, also in einer Zunahme der Gewitter überhaupt, oder in tellurischen Verhältnissen zu suchen sei.

Die Mittheilungen nun, welche dem Verfasser aus Deutschland, Oesterreich und der Schweiz zugänglich waren, ergaben das überraschende Resultat, dass die Zunahme der Blitzgefahr (darunter versteht Verfasser den Quotienten aus der Zahl der Blitzschläge und der Gesammtzahl der Gebäude) ausnahmslos für alle Theile der obigen Länder eine erhebliche ist, während die Zunahme der Gewitter nur eine geringe ist, ja für manche Provinzen sogar in eine Abnahme umschlägt. „Schon hieraus dürfen wir schliessen, dass die Zunahme der Blitzgefahr nur zum geringsten Theile meteorologischen Einflüssen zuzuschreiben ist. Noch deutlicher aber erkennen wir dies aus dem Umstande, dass die Zunahme der Blitzgefahr in dem Maasse grösser wird, als die verglichenen Jahre sich weiter von einander entfernen, während dies durchaus nicht für die Zunahme der Gewitter gilt, welche sich umgekehrt seit 1854 im ganzen geringer stellt, als seit 1862“.

Man wird die fragliche Zunahme daher mit Recht in tellurischen Aenderungen begründet sehen müssen und zwar einmal in solchen, welche die Oberfläche des Landes im allgemeinen betreffen, dann aber in solchen, die auf die Beschaffenheit der Gebäude Bezug haben. In ersterer Beziehung erwähnt Verfasser der Zunahme der Entwaldung und der Zunahme der Eisenbahnen, in letzterer der stetig wachsenden Verwendung grösserer Metallmassen, sowie der Anwendung metallischer Dachverzierungen, metallischer Pumpen, Gas- und Wasserleitungen. Einen indirecten Beweis für den Einfluss des letzteren Umstandes, also der veränderten Construktion der Gebäude, sieht Herr Holtz in dem Umstande, dass die Blitzgefahr für städtische Gebäude stärker und früher als für ländliche gewachsen sei.

Ich bemerke hierzu, dass die Richtigkeit dieser Anführung durch die Thatsachen nicht allseitig bestätigt wird.

Welche Maassregeln man nun treffen müsste, um der Steigerung der Blitzgefahr nach Möglichkeit zu begegnen, ist durch die Aufdeckung der Ursachen derselben (falls die wahren Ursachen wirklich gefunden sind) selbst schon angedeutet. *Ht.*

G. Karsten. Gemeinfassliche Bemerkungen über die Elektricität des Gewitters und die Wirkung der Blitzableiter. Kiel 1880. 1-64. 3. Aufl.†.

Verfasser ist zu dieser Broschüre durch die Thatsache veranlasst worden, dass seine heimathliche Provinz Schleswig-Holstein, in hervorragendem Maasse von verheerenden Blitzschlägen heimgesucht wird. Die Ursache davon möchte, ausser in der geographischen Lage zwischen zwei Meeren, in der Bodenbeschaffenheit, namentlich der verhältnissmässig sehr geringen Bewaldung des Landes zu suchen sein. Bedenkt man, dass der Wald im Stande ist, eine gleichmässigere Feuchtigkeit der Atmosphäre zu unterhalten, den aufsteigenden Luftstrom, welcher wesentlich zur Gewitterbildung beiträgt, zu vermindern und mittelst dieser Umstände zu bewirken, dass die elektrischen Entladungen mehr in den Wolken, als zwischen diesen und dem Erdboden erfolgen, so wird man dieser Vermuthung zustimmen können. Von anderen Gebietstheilen Deutschlands ist hinsichtlich der Blitzschäden nur noch Mecklenburg in einer ungünstigeren Lage als Schleswig-Holstein, dann folgt Hannover und Bremen, Brandenburg, Rheinland und Westphalen, Sachsen, Anhalt, Thüringen, endlich das Königreich Sachsen. Für die anderen deutschen

Länder ist das Material zur Beurtheilung dieser Frage noch nicht vorhanden. Entgegengesetzt den Wahrnehmungen von Holtz ist übrigens sowohl in Mecklenburg, als auch in Schleswig-Holstein das Land den Städten gegenüber benachtheiligt.

Den eigentlichen Inhalt der Broschüre bildet zunächst eine gemeinverständliche Darstellung der Gewitterlehre, aus welcher Neues nicht zu berichten ist.

Die Frage, ob die Zahl der zerstörenden Blitzschläge in letzter Zeit zugenommen hat, muss Verfasser ebenso wie Holtz bejahen, doch ist er geneigt, die Ursache davon eher in einer Vermehrung der Gewitter, als in einer Veränderung der Natur der letzteren zu suchen. Es ist nicht deutlich zu erkennen, ob dies eine blosse Vermuthung oder ein Resultat statistischer Forschung ist, auch nicht, ob Verfasser an eine mögliche Veränderung der Bodenbeschaffenheit gedacht hat.

Nach einer allgemein fasslichen Belehrung über die Elektricität im allgemeinen, über die Wirkungen der ruhenden und strömenden Elektricität, über die Spitzenwirkung und über die Verrichtungen, welche ein guter Blitzableiter leisten soll, geht Verfasser zur Construktion der letzteren über. Die Belehrung über die Anlage wirksamer Blitzableiter ist sehr klar und eingehend, ohne im übrigen wesentliche neue Punkte zu berühren. Behandelt werden der Reihe nach das zu verwendende Material, die Dimensionen der Leitung, speciell der Erdleitung, die Auffangestange, die Spitze u. s. w. Zum Schluss werden die Resultate in einigen kurzen Sätzen zusammengefasst, die recht gut als allgemeine Normen gelten können. Da indessen über alle diese Punkte in den Berl. Ber. schon eingehend gesprochen worden ist, so verweise ich den sich dafür interessirenden Leser auf die Abhandlung. *Ht.*

Ueber die Anlage von Blitzableitern. Monatsber. d. Berl. Ak. 1880, 744-756†.

Die vorliegende kleine Abhandlung nimmt Bezug auf die früheren Gutachten der Berliner Akademie der Wissenschaften über die Anlage von Blitzableitern, welche in den Monatsberichten vom Jahre 1876, p. 917—919 und 1877, p. 8—10 und 820—825 abgedruckt sind und fügt denselben drei neue hinzu, nämlich diejenigen vom 12. Juni 1879, 27. Mai 1880 und 5. August 1880.

Die Richtigkeit der in den früheren Gutachten ausgesprochenen Ansichten der Akademie war von Riess und Karsten angezweifelt (cf. Berl. Ber. 1877) und namentlich die Vorschrift über die Dimensionen der Erdleitung als unzutreffend bezeichnet worden.

Die Herren Helmholtz, Kirchhoff und Siemens übernehmen es nun in dem vorliegenden Berichte, ihre Ansicht zu vertheidigen. Entscheidende Gründe werden übrigens weder für noch gegen beigebracht. In dem dritten Gutachten werden einige Punkte der Schrift des Herrn Karsten einer Kritik unterzogen.

Erwähnung möge ein in demselben Berichte beschriebener Versuch von Siemens finden, durch welchen — wenn es eben erlaubt ist, aus den Ergebnissen des Laboratoriums auf den Blitz einen Schluss zu ziehen — der Einfluss gezeigt wird, den die Grösse der Endplatte eines Blitzableiters auf den Schutz, den derselbe gewährt, haben kann. „Der Boden eines cylindrischen, mit Brunnenwasser gefüllten Glasgefässes war mit einer etwa 1 qdm grossen, zur Erde abgeleiteten Metallplatte bedeckt. Eine gleiche Platte oder eine kleine Metallkugel konnte von oben her in das Wasser gehängt und vermöge derselben durch letzteres der Entladungsschlag einer Leydener Flasche, deren äusserer Belag auch zur Erde abgeleitet war, geführt werden. Von dem zur oberen Elektrode führenden Leitungsdrahte ging ein Astdraht zu der einen Kugel eines Funkenmikrometers, dessen andere Kugel mit der Erde gleichfalls in gut leitender Verbindung stand. Bei der Entladung der Leydener Flasche ging ein Funken zwischen den Kugeln des Funkenmikrometers über, wenn der Abstand derselben klein genug war. Dieser Abstand musste, wenn der Funken sich bilden sollte, viel kleiner sein, wenn die Platte als obere Elektrode im Wasser diente, als wenn die Kugel an Stelle derselben gebracht war. Gerade so wird ein Abspringen der Elektricität von einem Blitzableiter viel schwerer eintreten, wenn dieser in einer grossen, als wenn er in einer kleinen Bodenplatte endigt". *Ht.*

CROWE. Photographing a landscape by aid of lightning flashes. Nature XXII, 351†; Mondes (2) LIII, 438.

Eine Gelatineplatte, welche bei Tage eine Exposition von 2 Sek. erforderte, wurde von 10 h 15 m bis 10 h 45 m p. m., während welcher Zeit ungefähr 120 glänzende und etwa halb so viele schwächere Blitze gesehen wurden, exponirt. Die meisten Blitze verliefen in horizontaler Richtung. Auf dem Negativ erschienen von ihnen ungefähr 5 oder 6. Ein senkrechter Blitz, welcher einen $\frac{1}{2}$ (engl.) Meile weit entfernten Kirchthurm traf, wurde mit grosser Schärfe fixirt. Die Objekte der Umgebung erschienen dagegen alle sehr schwach auf der Platte.

Bei der Discussion der Ursache dieser letzteren Wahrnehmung scheint Verfasser die Berücksichtigung der überaus kurzen Zeitdauer des Blitzes versäumt zu haben. *Ht.*

C. Ozon.

EM. SCHÖNE. Ueber die Beweise, welche man für die Anwesenheit des Ozons in der atmosphärischen Luft angeführt hat. Ber. d. chem. Ges. XIII. No. 14. p. 1503-1508†; Z. S. f. M. 1881, 29; SILLIM. J. (3) XXI, 66.

— — Ueber Beobachtungen in der atmosphärischen Luft mit Thalliumpapieren. Cf. Abschnitt VI, 42 A.

Verfasser stellt in Abrede, dass irgend eine der bisher bekannten Reaktionen für den Nachweis des Ozons in der atmosphärischen Luft ausschlaggebend sei, ohne übrigens die Möglichkeit dieses Vorkommens zu leugnen. Sowohl die von SCHÖNBEIN, als auch die von HOUZEAU und ANDREWS mitgetheilten Reaktionen könnten durch das Vorhandensein von Wasserstoffsuperoxyd erklärt werden, von dem Verfasser nachgewiesen, dass es in der normalen Luft vorkäme.

In der zweiten Abhandlung wird die Anwendung des Jodkaliumstärkepapiers zur Bestimmung des oxydirenden Princips in der Luft als völlig ungeeignet bezeichnet, da diese Reaktion wesentlich von dem Feuchtigkeitsgehalt der Luft abhänge. Graphische Darstellungen der Ergebnisse der Jodkaliumstärkepapiere und gleichzeitig ausgeführter psychrometrischer Beobachtungen hätten fast parallele Curven geliefert. Herr Schöne erklärt hierdurch den Umstand, dass man an Orten, an denen eine starke Wasserverdunstung stattfinde, z. B. an Gradierwerken, Wasserfällen etc. gemeiniglich auch eine starke Reaktion auf die Schönbein'schen Papiere erhalte und nennt es einen Irrthum, wenn man daraus auf die Bildung von Ozon durch Wasserverdunstung geschlossen habe. Jodkaliumstärkepapiere seien nach alledem vielleicht als ein rohes Hygroskop, nie aber als ein Reagens für atmosphärisches Ozon zu gebrauchen. Statt derselben schlägt Herr Schöne zur Beobachtung des oxydirenden Princips der Luft Thalliumoxydulhydrat (TlOH) vor, dessen Oxydation zu braunem Oxyd, sei es durch Ozon, sei es durch Wasserstoffsuperoxyd wenigstens von dem Feuchtigkeitsgehalt der Luft durchaus unabhängig sei (cf. Huizinga Berl. Ber. 1868).

Eine längere Beobachtungsreihe im Jahre 1879 lehrte, dass sich derartige Papiere bei Tage tiefer färbten als bei Nacht, dass sich mit zunehmender Stärke des Windes die Färbung vertiefte (weil der Wind immer neue Luftmassen hinzuführte) und dass Bewölkung und Regen gewöhnlich mit schwächerer Bräunung der Papiere verbunden waren. *Ht.*

J. M. Pernter. Ozonbeobachtungen. Z. S. f. M. 1881, 394 bis 396†.

Wiener Beobachtungen haben die Wahrnehmungen Schöne's hinsichtlich des Einflusses der Feuchtigkeit der Luft auf Jodkaliumstärkepapiere nicht bestätigt. Nichts-desto weniger wird man darin nicht einen Grund für die Unrichtigkeit jener, sondern vielmehr nur eine Bestärkung der Meinung sehen dürfen, dass die Ozonbeobachtungen an verschiedenen Orten unter ganz verschiedenen Einflüssen leiden und also, so lange man über die letzteren nicht völlig aufgeklärt ist, für die Vergleichung unter einander keinen Werth haben. *Ht.*

J. Mulvany. Ozone in nature: its relation, sources and influences, from 15 years observations ashore and afloat under all condition of climate. Quarterly Journal of the met. Soc. 16./6. 1880; Athen. 1880. (1) 829; Nature XXII, 235; Chem. News XLI, 292; Z. S. f. M. 1881, 397†.

Die Resultate Mulvany's mögen hier wiedergegeben werden, nicht als ob sie wirklich in der Form, in der sie mitgetheilt werden, Gültigkeit hätten, sondern weil sie von den zuletzt durch Schöne und Pernter ausgesprochenen Gesichtspunkten aus betrachtet, einiges Interesse gewähren.

Dieselben sind:

1) Wärme allein erhöht den Ozongehalt nicht.

2) Feuchte warme Luft ist um so ozonreicher, je feuchter.

3) Winde erhöhen oder vermindern den Ozongehalt, je nachdem sie feuchte See- oder trockene Land- und Wüstenwinde sind.

4) Wolken begünstigen die Ozonbildung.

5) Die nördliche Hemisphäre scheint ozonreicher als die südliche.

6) Die Ozonmenge scheint mit der Höhe über dem Boden erheblich zuzunehmen.

Auffallend ist, dass Verfasser den Einfluss der Feuchtigkeit auf die Jodkaliumstärkepapiere, der aus seinen Resultaten so deutlich hervorgeht, nicht näher untersucht hat. *Ht.*

Hautefeuille et Chappuis. Sur l'ozone. C. R. XCI, 228 bis 231; Mondes (2) LII. 413-414; Ber. d. chem. Ges. 1880, 1972; Athen. 1880. (2) 537; Bull. soc. chim. XXXV, 2-10.

— — Compression de l'ozone et sa couleur à l'état gazeux. Mondes (2) LIII, 352-353.

— — Sur la liquéfaction de l'ozone et sur la couleur à l'état gazeux. C. R. XCI, 522-525; Nature XXIII, 207†.

Fortsetzung früherer Untersuchungen über die Bedingungen, unter denen Sauerstoff in Ozon verwandelt wird. Nicht gerade neu, wenn auch bemerkenswerth, ist die Thatsache, dass der Charakter der elektrischen Entladung, welcher der Sauerstoff unterworfen wird, auf die Menge des erzeugten Ozons von grossem Einflusse ist. Interessant ist ferner die Bemerkung, dass es sich, wenn man recht grosse Mengen von Ozon erlangen will, empfiehlt, den Sauerstoff vermischt mit gewissen anderen Gasen, deren die Verfasser eine Anzahl aufführen, der elektrischen Entladung auszusetzen.

Hinsichtlich des Flüssigwerdens des Ozons hatten die Verfasser bei ihren früheren Versuchen nur die Entstehung eines Nebels in der benutzten Röhre feststellen können, der dann auftrat, wenn man den Druck plötzlich verminderte. Die neueren Erfahrungen gehen nun dahin, dass eine Mischung von Sauerstoff und Kohlensäure, welche bei einer niedrigen Temperatur ozonisirt worden ist, dann der Wirkung einer stillen elektrischen Entladung bei —23° (C.?) unterworfen und sanft zusammengepresst wird, zuerst eine tief blaue Färbung annimmt und nach einiger Zeit eine blaue Flüssigkeit liefert.

Bei —88° ist die Flüssigkeit tief schwarz-blau. Wenn nun andererseits bei —23° durch elektrische Funkenentladung Kohlensäure zersetzt wird, so entsteht ebenfalls ein blaues Gas und bei einem gewissen Druck (genau ist derselbe nicht gemessen worden) verdichtet sich die nicht zersetzte Kohlensäure zu einer blau gefärbten Flüssigkeit. Hierdurch glauben die Verfasser bewiesen zu haben, dass Ozon eines der Produkte ist, welche bei der Zersetzung von Kohlensäure durch elektrische Funken entstehen.

Ht.

Fernere Litteratur.

K. Bischof. Zur Witterungskunde. Ausland 1880, 99-100.

Reports of XL climatological stations. J. Met. Soc. Apr. u. July 1880; Nature XXII, 594.

T. A. Preston. Report on the phenological observations for the year 1880. J. Met. Soc. 15. Dec. 1880; Nature XXIII, 212. ad VI, 42J.

TROWBRIDGE. Behaviour of the earth's surface as a conductor of electricity. Athen. (2) 1880. 679; Elektr. Z. S. 1881, 71.

— — The earth as a conductor of electricity. SILLIM. J. (3) XX, 138-141†; Engineering XXX, 438; D'ALM. J. 1881, 224.

Störungen in telephonischen Leitungen seien nicht Induktionswirkungen, sondern rührten von Erdströmen her (Beobachtungen zwischen Boston und Harvard University (Cambridge)). Das Telephon sei daher ein Mittel zum Studium der Erdströme. Letztere seien intermittirend mit Perioden von Maximis und Minimis. Folgen einige Betrachtungen über die Möglichkeit, ohne Kabel durch grosse Meere zu telegraphiren.

The earth as a conductor of electricity. The Electrician V. No. 18.

Cosmical induction. Ibid. No. 19.

Remarkable effects of lightning. Ibid. No. 20.

NAUDIN. Influence de l'électricité atmosphérique sur la croissance, la floraison et la fructification des plantes. C. R. LXXXIX, 535; Mondes (2) LII, 219; Z. S. f. M. XV, 248†; Naturf. 1880, 231-232; J. chem. soc. 1880, 909.

Versuche haben gelehrt, dass nicht alle Pflanzen durch die Elektricität in gleicher Weise beeinflusst werden. GRANDEAU und LECLERC sind bekanntlich entgegengesetzter Ansicht.

Electricité atmosphérique. Annal. télégraph. VII. 1880.

BROOKS. Atmospheric electricity. J. of the Telegr. No. 298 u. 299.

P. F. DENZA. Leggi della variazione diurna dell' elettricità atmosferica dedotte dalle osserv. diurne fatte all' Osservatorio del R. Coll. Carlo Alberto in Moncalieri dal 1871 al 1878. Torino 1880. 1-19. Cimento (3) VIII, 86; Z. S. f. M. 1881, 88†; Atti di Torino XV. H. 3. 1880. Cf. Meteor. Italiana Mem. e Notizie 1878. H. 1-5.

Enthält eine kleine Tabelle über den täglichen Gang der atmosphärischen Elektricität zu Moncalieri. Es treten zwei Maxima auf, ungefähr um 9 h a. m. und 9 h p. m. und zwei Minima um 2 oder 3 h a. m. und um dieselbe Stunde nachmittags. Der tägliche

Gang der Luftelektricität ist also, wie schon NEUMAYER hervorgehoben hat, demjenigen des Luftdrucks sehr analog.

RAGONA. Sur la période diurne de l'électricité atmosphérique et du courant tellurique ascendant. Ann. d. l. soc. météor. d. France XXVIII. 1880.

PALMIERI. Sulle presenti condizioni della meteorologia elettrica. Napoli 1877. 1-20. Schon berichtet. Berl. Ber. v. 1877.

Electrical measurements at Montsouris. Nature XXII, 16.

H. ARON. Zur Frage der Influenz der Kabel durch atmosphärische Elektricität und die Gefährlichkeit ihrer Einleitung in Pulvermagazine. Elektr. Z. S. 1880. I. 3. p. 94.

MASSMANN. Ueber die Einwirkung der atmosphärischen Elektricität auf längere unterirdische Telegraphenleitungen. Elektr. Z. S. 1880. I. 3. p. 93.

L. AMAT. Sur l'intensité de quelques phénomènes d'électricité atmosphérique observés dans le nord du Sahara. C. R. XCI, 446; Mondes (2) LIII, 47-48.

E. J. MOTT. Curious electric phenomenon. Nature XXII, 193. Unwichtig.

Poissons tués par la foudre. Mondes (2) LI, 195. Unwichtig.

FRAPPÉ par la foudre sous l'eau. Mondes (2) LII, 219. Unwichtig.

BRUN. A fragment of fulgurite. Nature XXI, 316. Unwichtig.

v. STEIGER. Elmsfeuer auf dem Gorner Gletscher. Jahrb. d. schweiz. A. C. XV, 79-80.

Feux Saint-Elme dans les Alpes. Mondes (2) LI, 326-327.

PICTET. St. Elme's fire. Nature XXI, 316; Z. S. f. M. XV. 1880, 104†; Arch. d. phys. 1879. No. 8.

Interessantes St. Elmsfeuer während des Vorüberziehens einer sehr hohen Gewitterwolke.

St. Elme's fire. 11.|6. Hamburg. Nature XXII, 155. 375.

Curious lightning. Nature XXII, 466. Unwichtig.

COLLADON. Sur le peuplier foudroyé. J. d. Genève 9. Mai 1880; Arch. f. Pharm. XV. 1881, 65; Beibl. 1880, 743†. Nichts Neues.

The effect of lightning on trees. The Electric Bd. V. No. 3. Ref. nicht zugänglich. cf. Berl. Ber. 1872.

TRÉCUL. Exemple remarquable de foudre verticalement ascendante. C. R. XCI, 405-407; Mondes (2) LII, 573.

Sicher eine optische Täuschung. cf. TAIT. Thunderstorms. Berl. Ber. v. d. J.

FERRIÈRE. Sur l'orage à grêle qui a éclaté à Paris le 30 juillet 1880. C. R. XCI, 308; Mondes (2) LII, 496. Unwichtig.

PECHUËL-LÖSCHE. Ein Blitzschlag. Z. S. f. M. 1880, 377-378†.

Blitzschlag an einer aus zwei Stämmen bestehenden Weide. In der Nähe befindliche, weit höher gelegene Villen mit Zinkdächern, Flaggenstangen und Blitzableitern waren verschont geblieben.

Gewitter am 7. Mai 1880. Z. S. f. M. XV. 1880, 286.

Zwei Berichte über ein ungewöhnlich heftiges Gewitter in Ungarn (Pressburg), verbunden mit Hagelschlag.

W. F. SMITH. Ball lightning. Nature XXII, 267.

Kugelblitz, beobachtet bei Sutton Valence, Kent.

L. WEBER. Statistik der Blitzschläge in Schleswig-Holstein. Schr. d. naturw. Ver. f. Schleswig p. 101-124; Tagebl. d. Vers. deutsch. Naturf. Danzig. 1880, 136; Naturf. 1880, 422-423; Z. S. f. M. 1880, 384; Beibl. 1880, 491†.

Beiträge zur Sammlung statistischen Materials über Blitzschläge und Beschreibung aller zur Erklärung eines Blitzschlages erforderlichen Umstände. An einigen Beispielen werden besonders eigenthümliche Wirkungen des Blitzes, namentlich hinsichtlich Afficirung der Auffangespitzen mitgetheilt.

J. ROUYER. Sur un orage observé à Laigle (Orne) le 6 août 1880. C. R. XCI, 503; Mondes (2) LIII, 87†.

Beschreibung eines heftigen Gewitters, bei dem bis 100 Blitze in der Minute gezählt wurden.

M. SNELLEN. Merkwürdiger Fall eines Feuers, entstanden durch Blitzschlag. Z. S. f. M. XV. 1880, 58-60†; Elektr. Z. S. 1880. No. 4. Von keinem allgemeinen Interesse.

LAMARRE. Elektrische Erscheinung während eines Schneefalles. C. R. LXXXIX, 945; Naturf. 1880, 56.

GIBBONS. Spektrum des Blitzes. Arch. f. Pharm. XIII, 127; Pharm. J. and Trans. (3) 1879. No. 478. p. 165.

Die Linien sollen von Metallen herrühren.

A. SCHUSTER. Spektrum des Blitzes. Arch. f. Pharm. XIII, 127; Beibl. III, 872†.

Die im Spektrum beobachteten Linien waren 5592, 5334, 5182 und 5260. Darnach wäre das Spektrum des Blitzes demjenigen des mit etwas Kohlenoxyd vermischten Sauerstoffs am negativen Pole einer Vacuumröhre sehr ähnlich.

Lucht-electriciteit te Utrecht en Helder. Nederl. meteor. Jaarb. 1879. I. XXXI, 159-165. Tabellen.

R. ANDERSON. Lightning conductors, their history, nature and mode of application. 4°. London. Spons. 1880. 16 sh. Nature XXI, 415-416; Engineering XXIX, 73-74. Nichts Neues.

— — On the necessity for a regular inspection of lightning conductors. Rep. Brit. Ass. 1880. L. Swansea. 471 bis 473; Nature XXII, 446; Mondes (2) LIII, 173. Nichts Neues.

W. H. PREECE. On the best form to give lightning conductors. Brit. Ass. L. 1880. Swansea. 470-471; Nature XXII, 446†; Elektr. Z. S. 1881. II, 36; Mondes (2) LIII, 172-173.

Es handelt sich um die Form der Ableitung. Verfasser behauptet auf Grund von Experimenten, dass eine flache oder röhrenförmige Leitung der massiven nicht vorzuziehen sei, da die Blitzentladung den OHM'schen Gesetzen folge. O. REYNOLDS bestreitet die Beweiskräftigkeit der Experimente, da die Blitzentladung an Stärke die auf experimentellem Wege zu erzielenden Funken ausserordentlich übertreffe.

— — On the space protected by a lightning conductor. Philos. mag. (5) X, 427-430; SILLIM. J. (2) XXI, 141; Naturf. 1881, 34. Ref. nicht zugänglich.

HEILEMANN. Die Blitzableiter. Görlitz bei Richter. Populär.

Lightning conductors. Telegr. J. VIII. 15./7.

Ueber Neuerungen an Blitzableitern. DINGL. J. CCXXXV, 267-269. Ref. nicht zugänglich.

J. KERNAUL. Neuerung an Blitzableitern. DINGL. J. CCXXXVII, 384. Ref. nicht zugänglich.

Verbindung der Blitzableiter mit den metallenen Röhren der Gas- und Wasserleitungen. D. Eisenbahn. Zürich. XIII. No. 9; Polyt. Notizbl. XXXV. 1880, 193-196. Nichts Neues.

MC PHERSON DE BREMON. Lightning conductors. Nature XXII, 382. Unwichtig.

Résolution prise par la commission des paratonnerres relativement un nouveau système de M. MELSENS. Bull. d. Brux. XLVII. 1879. (1) 440. cf. Berl. Ber. 1875, 1876, 1877.

Schutzvorrichtung gegen Blitzschlag für Fernsprechapparate. Elektr. Z. S. 1880. I, 202. Ref. nicht zugänglich.

CONTER. Eine Methode zur Bestimmung des Erdleitungswiderstandes. Elektr. Z. S. 1880. I, 308. Ref. nicht zugänglich.

C. L. WRAGGE. Ozon. Nature XXI, 537. Unwichtig.

A. VOLTA. Ozon. Ber. d. chem. Ges. 1880, 203.

A. LEEDS. Ueber die Ozonisation der Luft durch feuchten Phosphor. Bemerkungen des Herrn KINGZETT. Chem. News XLI, 76-77. 182. 163-165. XLII, 17-19. 34-35. 163. 242; Chem. Ztg. 1880, 156; LIEBIG Ann. CC, 286-301; Nature XXI, 363.

— — Sur la volubilité de l'ozone dans l'eau. Bull. soc. chim. XXXIV, 232; Ber. d. chem. Ges. XII. 1831.

— — Influence of volume and temperature in the preparation of ozone. J. chem. soc. 1880. XXXVII, 90.

— — Action of ozone on the colouring matter of plants. J. chem. Soc. 1880. Jan. Abst. 58; Chem. News XL, 86.

— — The lines of discovery in the history of ozone. Chem. News XLI, 138-140.

MC. LEOD. Bildet sich Ozon oder Wasserstoffsuperoxyd bei der langsamen Oxydation des Phosphors? Arch. f. Pharm. XIII, 312; Pharm. J. and Trans. (3) 496. 514.

Auftreten des Ozon bei dem Verdampfen der Flüssigkeiten. Pol. Notizbl. 1880, 95.

Ridout. Bildung von Ozon bei der Verbrennung von Leuchtgas. Chem. C. Bl. 1880, 226; Chem. News XLI, 98.

Buchan. Bericht des Ozon-Comités. J. Scott. Met. Soc. (2) V. No. 49-59. p. 3-8; Z. S. f. M. 1880, 418†.

Beobachtungen an Schönbein'schen resp. Moffat'schen Papieren. Zahlenangaben.

Potilitzin. Unzuverlässigkeit der Ozonpapiere. Bull. soc. chim. XXXIV, 339.

O. Liebreich. Ueber Ozon. Chem. C. Bl. 1880, 589-590; Deutsche med. Wochenschr. VI. No. 24.

Tait. Thunderstorms. Nature XXII, 341.

Fitzgerald. Bemerkungen über Kugelblitze und Wasserhosen zu Donegal, Irland. (Discussion mit vielen neuen Daten.) Quart. J. of the Met. Soc. IV. 1878. No. 27.

J. Brun. Pierres cassées du Sahara, fulgurites calcaires, eau rouge du lac de Neuchâtel. Arch. sc. phys. (3) III, 329-342.

45. Physikalische Geographie.

A. Physik der Erde.

1. Ortsbestimmungen, Pendelbeobachtungen, allgemeine Eigenschaften der Erde (Dichte etc.).

C. Szily. Neue Daten über die Dimensionen des Erdkörpers. Hunfalvy liter. Ber. III. H. 4, p. 791†.

In Anschluss an die Publikationen des Survey Office über die Gradmessung in Ostindien 1872—1877 stellt Herr S. die Daten des als dreiaxiges Ellipsoid angenommenen Erdkörpers zusammen. Sind $a.b.c$ die respektiven Halbaxen in m so ist

	Schubert	Clarke
a =	6,378555	6,378379
b =	6,377837	6,377915
c =	6,356719	6,356387

Als Umdrehungsellipsoid betrachtet ist bei der Erde

	Clarke	Fischer
a =	6,378249	6,378338
b =	6,356515	6,356230

Würde man aber schliesslich die Erde als vollkommene Kugel betrachten und berechnet ihren Radius unter der Bedingung, dass das Volum dieser Kugel mit dem thatsächlich gemessenen Erdvolum übereinstimmt, so ergiebt sich folgende historisch geordnete Zusammenstellung dieser Halbaxe nach

	R
Aristoteles	10,976000
Archimedes	8,231000
Eratosthenes	6,859000
Posidonios	6,584000
Picard (1670)	6,375093
Delambre (1800)	6,375093
Airy (1830)	6,370380
Bessel (1841)	6,370283
Clarke (1856)	6,370790
Schubert (1859)	6,371037
Clarke (1866)	6,370990
Fischer (1868)	6,370960
Clarke (1878)	6,370890

also zuerst Unterschiede von Millionen, zuletzt von weniger als 100 m. *Sch.*

Sur les variations séculaires de la figure math. de la terre, par M. Faye. C. R. XC, 1185-1191†; Mondes (2) LII, 46 bis 47. 86.

Von den planetarischen Elementen ist die Obliquität, Excentricität und das Perihel variabel, die Rotation constant. Besprochen werden das Verhältniss der Pendelbeobachtung und

Geodäsie; „Distance au centre de l'Europe"; „Elevation du niveau des mers"; „Deviation du fil a plomb"; „Ecarts en latitude". — Unter dem Meere geht die Erkaltung des Globus schneller und tiefer vor sich, als im Festland. Daher unterliegt der Kern ungleicher Pressung. Nur bei gleichmässiger Erstarrung wäre die Rinde überall gleich dick. *Hh.*

CLARKE. On the figure of the Earth. SILL. J. 1880. (3) XIX, 335; Phil. Mag. 1878. January p. 81.

Folgende Werthe des Erdellipsoides werden angegeben:

$$a = 20926629', \quad b = 20925105', \quad c = 20854477',$$

worin a und b Aequatorialradien, c den Polarhalbmesser bedeuten. Das Verhältniss des Unterschiedes der Halbaxen zu ihrer halben Summe ist für die zwei Hauptmeridiane $\frac{1}{289,54}$ und $\frac{1}{295,77}$. Die entsprechenden Werthe von LISTING sind nicht gut begründet und sollten nicht angenommen werden. — Ein Zusatz von CLARKE, der fast wörtlich abgeschrieben werden müsste, bezieht sich auf die Länge der Axen und den Verlauf der Meridiane. *Hh.*

Methods and results of measurements of gravity at initial stations in America and Europe. Appendix No. 15. Report of 1876. Washington. Government printing Office, 1879. 4°. Angezeigt in Comptes rendus. Paris 1880. XCI, 186.

Ueber die Beschaffenheit des Erdinnern. DINGLER'S polytechn. J. 1880. CCXXXV, 469†.

THOMSON erschloss ein festes Erdinneres aus BISCHOF'S Experimentalangaben, dass die Zusammenziehung geschmolzener Silicate beim Erstarren 20 pCt. beträgt, welchen Werth indess MALLET auf 6 pCt. ermässigte. SIEMENS fand, dass flüssiges Glas für 100° um 1,18, festes um 0,24 pCt. sich ausdehnt. Die Temperatur rothglühenden Glases wird zu 800° geschätzt, seine Linear-ausdehnung für 100° gleich 0,0008. Beim Erstarren findet eine Ausdehnung statt. Unter diesen Voraussetzungen dürfte das Erdinnere nicht starr, sondern zähflüssig sein. Bei höchst langsamer Fortpflanzung jeder Gleichgewichtsstörung darin könnten die Fluth- und Ebbebewegungen der Innenmasse die äussere an der Oberfläche nur wenig beeinflussen. *Hh.*

Determination of the Acceleration of Gravity for Tokio, Japan. By W. E. Ayrton and John Perry. Phil. Mag. (5) 1880. IX, 292-301. 446-448†; Proc. phys. Soc. III, H. 4, p. 265-276.

Das Maass der Beschleunigung wurde nach der Formel

$$t = \pi\sqrt{l:g}$$

an Kater'schen Pendeln aufgesucht, welche von Elliot, Negretti und Zambra verfertigt worden waren, unter Anwendung von Borda's Methode der Coincidenzen. Für die geographische Breite λ und die in Centimetern ausgedrückte Höhe h steht

$$g = 980{,}6056 - 2{,}5028\cos\lambda - 0{,}000003h \text{ (Clairaut).}$$

Von den daraus erhaltenen Werthen weichen die Ergebnisse der Pendelbeobachtungen ab. An schematischer Zeichnung auf p. 293 ist ausführlich eine Experimentaluntersuchung beschrieben, welche auszugsweise kaum verständlich wiederzugeben ist. Als erste Annäherung erhielt man $g = 978{,}8$ cm für 1 sec. Berechnet wurde später aus mehreren tausend Schwingungen eines 939,09 cm (bei 0° C.) langen Pendels $g = 980{,}06$ cm. Die grundlegenden Experimentalzahlen stehen auf p. 295. Daran schliesst sich in 3 Paragraphen eine Besprechung von „Correcting factors“, welche ohne das hier zu viel Raum beanspruchende mathematische Material keine klare Vorstellung giebt. Die Berechnung von g geht von der Formel aus

$$t = \pi\sqrt{\Sigma(mr^2):lmg}$$

und führt zu $g = 979{,}58$ cm in der Atmosphäre, und $g = 979{,}74$ cm in der Luftleere. Als beste Bestimmungsmethode des Werthes von g wird schliesslich ein starres gleichförmiges Pendel erklärt, gegen welche höchstens ein Einwand möglich wäre hinsichtlich der Metallhomogenität. Unterstützt wurden die Arbeiten durch die jungen Studirenden HONDA, KIKKAWA, KASAI, NAKAHARA, NOBECHI. — Später richtet an die Herausgeber J. HERSCHEL ein Schreiben, worin nach einer scharfen Kritik der vorstehenden Arbeit die Gravitation in der präcisen Formel ausgedrückt wird $g = 9{,}8063 - 0{,}02553 \cos 2\lambda$. Auch für Tokio erhält man hiemit bessere Werthe, als aus den angeführten Pendelversuchen.

Hh.

MENDENHALL. Determination of the acceleration due to the force of gravity of Tokio, Japan. SILLIM. J. (3) XX, 124-132; D'ALMEIDA J. 1881, 224. Cf. AYRTON, PERRY; Philos. mag. Apr. 1880. HERSCHEL ib. June 1880.

Sur la valeur de la pesanteur à Paris, Note de M. C. S. PEIRCE. C. R. XC, 1401-1410; Rapport sur le travail de M. PEIRCE; Mondes (2) LII, 168. 211.

Die Angaben der Sekundenpendellänge von BORDA, BIOT und KATER weichen erst in den höheren Decimalen von einander ab; sie sind beziehentlich:

993,827 mm
993,845 -
993,867 -

Welchen Einfluss die Trägheit der Luft äussere, darauf machte zuerst BESSEL aufmerksam; er kommt als „innere Reibung der Gase“ (viscosité) von da ab oft und genau zu experimentaler Untersuchung. — BORDA verwendete eine Platinkugel an 4 m langem Eisendraht; BIOT: Kupfer; KATER: „laiton irregulaire.“ — Die neueste Angabe ist: 993,934.

Auf denselben Gegenstand beziehen sich:

Rapport d'Abbadie, MOUCHIER. p. 1463.

Sur la reduction des observations du pendule au niveau de la mer, par M. FAYE. p. 1443.

Unter Berücksichtigung der submarinen Formation und des

Compensationsgesetzes der Erdrinde gilt:

$$l_0 = l + \frac{hl}{R}\left(2 - \frac{3}{2}\,\frac{\delta\ \text{(Dichte des Continent.)}}{\varDelta\ \text{(Mittlere Dichte.)}}\right).$$

Hh.

J. Herschel. On the employment of the Pendulum for Determining the figure of the Earth. Nature 1880. XXI, 599-602†. Nur folgendes möge erwähnt werden:

Ausgegangen wird von Richer's Beobachtung zu Cayenne 1672. Die ausgedehnte Litteratur des Gegenstandes bezieht sich nicht blos auf die Hauptfrage, sondern auch auf anderweitige Beziehungen. Die Messung der absoluten Gravitation an der Erdoberfläche war von Richer als zweifelhaft betrachtet worden. Das Aequatorialsekundenpendel wird definirt als „a simple pendulum beating seconds under the force of gravity at or near the equator.“ Schliesslich erklärt H. nicht sagen zu können, worin das Motiv liege für eine absolute Bestimmung der Schwere anstatt einer differentiellen oder relativen. *Hh.*

Längenbestimmung einiger Punkte an den Festlandsküsten und auf Inseln des Antillenmeeres. Ann. d. Hydr. u. mar. Met. 1880. VIII, 165-166†.

Green bestimmte im Winter 1874/75 mittelst elektrischer Signale Havana, Santiago de Cuba, Kingston auf Jamaica, Aspinwall und Canada; 1877 Geo. Ryan durch fünf Chronometer mit Beihilfe correspondirender Sonnenhöhen die Länge von 19 Punkten an der südamerikanischen Nordküste und den benachbarten Inseln. In amtlichem Auftrage machte der französische Ingenieurgeograph Hanusse acht Ortsbestimmungen, welche in einer Tabelle auf p. 166 vereinigt sind. Hiebei wurde ausgegangen von

63° 24′ 43,5″ W. v. Paris
61° 4′ 28,2″ - - Greenwich.

Hh.

E. Mouchez. Longitude de la côte du Brésil. C. R. XCI, 635-639†; Mondes (2) LIII, 258.

Green und Davis haben 1878 die Länge verschiedener Orte Südamerikas (Para bis Buenos Aires, Pernambuco, Bahia, Rio, Montevideo) telegraphisch bestimmt. M. findet eine sehr gute Uebereinstimmung mit seinen früheren Angaben und weist auf die chronometrische Methode der Längenbestimmung als ganz vorzüglich hin, indem er Bemerkungen über die astronomische hinzufügt.

Para (Zeit)	3 h 23 m 21,04 s	
	3 h 23 m 18,77 s	nach Mouchez.
Buenos Aires	4 h 2 m 49,95 s	
	4 h 2 m 49,33 s	nach Mouchez.

Sch.

Explications sur l'expérience du Panthéon relative au mouvement de la Terre. Note posthume de Foucault. (Procès verbaux de la Société philomatique 1851 p. 58.) Ann. d. chim. (5) XX, 563-564†.

Foucault. Sur l'expérience de la verge vibrante. (Soc. philom. 2 août 1851.) Ann. d. chim. (5) XX, 565-575†.

Beide Arbeiten sind Wiederabdrücke der klassischen Untersuchungen Foucault's (Berl. Ber. 1850/51); doch mögen hier die Zahlendaten für das erste Experiment gegeben werden. Länge des Pendelfadens 67 m, Dicke 1,4 mm, Gewicht der Kugel 28 kg, Verlängerung 0,05—0,06 m. Der Kreis, über dem das Pendel schwebte, hatte den Umfang von 18 m, Vorrücken bei jeder Rückkehr 0,0023 m (1° in fünf Minuten). *Sch.*

H. Deville und Mascart. Construktion des internationalen geodätischen Maassstabes und Bestimmung der Controlgewichte. C. R. 1879. LXXXIX, 558†; Pogg. Beibl. 1880, 7; Ann. d. l'éc. norm. (2) X. 1880, 9-20.

Angaben über die Controle des Platiniridiummaasses; über die Einflüsse, denen die Waagen unterliegen; Veränderungen des Sammtes in den Gewichtskästen, in denen die Gewichte aufbewahrt werden durch den Staub; es entsteht ein die Gewichte ätzender, smirgelpapierähnlicher Körper. Cf. Berl. Ber. 1879 Abschnitt I. *Sch.*

M. Thiesen. Ueber Bewegungen auf der Erdoberfläche. Z. S. f. Met. 1880. XV, 88-89†.

Herr Sprung hatte an der Abhandlung von Thiesen Z. S. f. Met. 1879, 203 Ausstellungen gemacht (Archiv der dtsch. Seewarte II. No. 1. Studien über den Wind etc.). Herr Thiesen hält seine Auseinandersetzungen aufrecht. Vgl. die betr. Arb. 1879 und 1880. *Sch.*

F. Jimenez y L. Fernandez. Determinacion de la longitud del pendulo de secundas y de la gravidad en Mejico à 2283 m sobre el nivel del mar. 1878|79. Mejico 1879. Z. S. f. Met. XV. 1880, 104†.

Beobachtungsmethoden, Correktionsverfahren und Ableitung der Schlussresultate. Diese sind: Länge des Sekundenpendels (Sexagesimal. S. der mittleren Zeit) zu Mexico 0,99109 m. Intensität der Schwere $g = 9{,}7816$ m; auf das Meeresniveau reducirt 0,99153 und 9,7860. *Sch.*

Nivellements der trigonometrischen Abtheilung der Landesaufnahme (vom Oberstlieutenant Schreiber, IV. Bd. im Anschluss an Nivellements und Höhenbestimmungen der Punkte erster und zweiter Ordnung). Berlin 1880. 3 Bände.

Nivellements aus den Jahren 1875 und 1876, bezogen auf den im Frühjahr 1879 an der Sternwarte zu Berlin festgelegten Normal-Nullpunkt. Ueber letzteren ist eine Denkschrift erschienen, die im obigen Bande wieder abgedruckt ist. — Das Netz der Nivellementslinien erstreckt sich von der holländischen Grenze bis Tilsit und Memel und von Apenrade bis Zabrzeg in Schlesien,

Küstrin, Wittenberg, Cassel, Bingerbrück, Strassburg, Metz. Die früher angegebenen absoluten Höhen werden in Höhen über Normalnull verwandelt durch Hinzufügen von — 3,513, ausgenommen bei den im 2. Bande enthaltenen Höhen der Punkte in Schleswig-Holstein, die auf den Nullpunkt des Fluthmessers in Hamburg bezogen sind und durch Hinzufügen der negativen Zahl — 3,5379 in Höhen über Normalnull verwandelt werden. Nach PETERM. Mitt. 1880 p. 396. *Sch.*

Litteratur.

TAEGERT. Einwirkung der Ebbe und Fluth auf die Präcession und Nutation und die Drehungsgeschwindigkeit der Erde. Siegen. Realsch. Progr. 1880.

TH. FUCHS. Regelmässige Gestalt der Continente. Budapest 1880. Legrady. (Ungarisch.)

W. SIEMENS. Ueber die Beschaffenheit des Erdinnern. DINGL. J. CCXXXV. II. 6. p. 469. cf. a. a. O.

v. RYSSELBERGHE. Le poids de la Terre. Mondes (2) LII, 459.

C. A. SCHOTT. Remarks on the rigidity of the earth's crust. Bull. phil. soc. Washingt. II, 77.

TAYLOR. On the thickness and rigidity of the earth's crust. Ib. 76.

— — On the rigidity of the earth. Ib. 77.

DUTTON. Remarks on the rigidity of the earth's crust. Bull. philos. soc. Washingt. II, 77.

P. L. CORNET. La pression au centre de la Terre. Mondes (2) LIII, 471-474.

SHETTLE. On the influence of solar radiation on the earth's rotation. Chem. News XLI, 292; Phys. Soc. 12/6. 80.

CH. R. CROSS. Permanent record of FOUCAULT's Pendulum experiment. Nature XXII, 240-241.

PATTERSON. Measurements of gravity at initial stations in America and Europe. Washington 1879. 1-145. SILLIM. J. (3) XIX, 487.

C. F. W. PETERS. Resultate aus Pendelbeobachtungen. Astron. Nachr. XCVII. No. 2305-2307, p. 1-36.

— — Bestimmung der Länge des einfachen Sekundenpendels in Berlin. Astron. Nachr. XCVIII. No. 2334. p. 65-80. 81-84.

Methods and results, measurements of gravity at initial stations in America and Europe. Report of 1876. C. R. XCI, 186 (T.); Washington. Gov. print. 1879. 4°.

C. S. PEIRCE. Results of Pendulum experiments. SILLIM. J. (3) XX, 321.

C. ISENKRAHE. Das Räthsel von der Schwerkraft, bespr. von KÖTTERITZSCH. Z. S. f. Math. XXV, 172-173.

A. SAVITSCH. Les longueurs du pendule à secondes à Poulkova, à St. Pétersbourg et aux différents points de la Russie occidentale, corrigée de l'influence produits par la flexion des supports du pendule construits par REPSOLD. Mem. R. Astr. Soc. XLIV.

F. V. GREENE. On the deviation of the plumb line on the 49 parallel. Bull. philos. soc. Washingt. II, 82.

G. DAVIDSON and C. A. SCHOTT. Measurement of gravity at initial stations in America and Europe, Comparison of determining heights by levelling vertical angles and barometer. Rep. Pet. St. C. Surv. 1876. (Wash. 1880.)

YVON VILLARCEAU. Theorie des einfachen Pendels in konischen Schwingungen mit Rücksicht auf die Rotation der Erde. Beibl. 1880, 419-421; C. R. LXXXIX, 113. (1879).

Der Normalhöhenpunkt für das Königreich Preussen an der Königl. Sternwarte zu Berlin. Berlin 1879. Litt. C. Bl. 1880, 458-459.

v. BAUERNFEIND. Das bayerische Präcisions-Nivellement. 5 Mitth. München 1879. K. Akad. Abh. d. Münchn. Ak. (2 Cl.) XIII. 3. Aug.; Litter. C. Bl. 1880, 651.

C. BRUHNS. Neue Bestimmung der Längendifferenz zwischen der Sternwarte in Leipzig und der neuen Sternwarte auf der Türkenschanze in Wien. Leipzig. Abh. XII. No. 4. (1880) 285-353.

De Beaumont. Du méridien initial ou médiateur et observations à son sujet. Verh. d. schw. naturf. Ges. 62. Jahresv. 1878/79, 85.

C. Abbe. Remarks on hypsometry and geodesy. Bull. phil. soc. Wash. II, 24.

A. Thillot. Ueber den Stand der Arbeiten der europäischen Gradmessung Ende 1877. Schlussfolgerung über die Gestalt der Erde. Iswestija XV. H. 2. 1879.

A. Steinhauser. Eine in Vergessenheit gerathene Projektionsart. Z. S. f. w. Geogr. I, 62-65.

F. Perrier. Sur la mesure des longitudes terrestres en France. Bull. soc. geogr. Sept. 1879, 232-262.

R. Wolf. Geschichte der Vermessungen in der Schweiz. Z. S. f. Math. XXV, 35 bespr.

R. Wolff. Geschichte der Vermessungen in der Schweiz als historische Einleitung zu den Arbeiten der schweiz. geod. Commission. 4°. 1-320. Zürich 1879. 10 M.

J. H. Franke. Grundlehren der trigonometrischen Vermessung im rechtwinkligen Coordinatensystem. Leipzig. Teubner. 12 M.

W. Jordan. Mathematische und geodätische Hilfstafeln mit Calendarium für 1880. Stuttgart. Wittmer. 2,50 M.

Conder. On the trigonometrical survey of Palestine. Nature XXI, 268; Edinb. R. Soc. 5./1. 1880.
Ueber die Lage einiger historisch bekannter Orte.

Längenbestimmung einiger Punkte an den Küsten und auf den Inseln des Antillen-Meeres. Ann. Hydrogr. VIII. 1880. H. 3. p. 165-166.

M. Loew. Ueber den Einfluss verbesserter Sternörter auf die Polhöhen der Gradmessung in Ostpreussen. Astron. Nachr. XCVI. No. 2303. p. 353-358.

Topographische und geodätische Arbeiten, die in dem Gebiete Kars und Batum und auf dem 1878|79 besetzten Territorium der Türkei ausgeführt sind. Iswest. d. Kauk. Abt. 1880. VI. No. 2.

Helmert. Die mathematische Theorie der Höhengeodäsie. Teubner. 8°. 631 S.

Hirsch et Plantamour. Nivellement de prévision de la Suisse exécuté par la commission géodésique fédicale sous la direction de H. et P. Livr. 7. Genève. Bâle 1880. 4°.

Verhandlungen der vom 4.—8. September 1878 in Hamburg vereinigten permanenten Commission der europäischen Gradmessung von C. Bruhns, A. Hirsch zugleich mit dem Generalbericht für 1878 herausgegeben. 1-121. 4°. Bespr. Litt. C. Bl. 1880, 385.

Loewy et Oppolzer. Détermination de la différence de longitude entre Paris et Bregenz. C. R. XC, 264-269; Mondes (2) LI, 406.

Annuaire pour l'an 1880, publié par le Bureau des Longitudes. Paris 1880.

J. Herschel. Geodesy by Clarke. Oxford 1880. Nature 1880. XXI, 605.

„We find that the mean figure of the Earth is a Spheroid whose Axes are in the Proportion of about 292 : 293."

---

2. Boden- und Erdtemperatur.

Ernst Dorn. Beobachtungen der Station zur Messung der Temperatur der Erde in verschiedenen Tiefen im botanischen Garten zu Königsberg i. Pr. Januar bis December 1876. Schrift. d. phys. Ges. Königsb. XVIII. 1877. (2) 169-184†.

4. Jahrgang der fortlaufenden Beobachtungen, die von Herrn Dr. Mischpeter beaufsichtigt wurden. Im allgemeinen zeigten die oberen Thermometer einen höheren Stand, die tieferen einen niedrigeren als im Vorjahre. Die Beobachtungszeiten waren 7, 2 und 8 Uhr. Die Tiefen waren 1'', 1', 2', 4', 8', 16', 24'. Es werden gegeben die Beobachtungen von sämmtlichen Tagen; auch sind die Beobachtungen der Luftthermometer hinzugefügt. Hier mögen zunächst die Monatsmittel der Erdtemperaturen folgen, für 8' etc. nur für 7 Uhr gegeben, da von 4' an, wie aus der Tabelle ersichtlich, die täglichen Schwankungen schon schwinden.

Monatsmittel

1876.

	Erdthermometer														
	1″ tief			1′ tief			2′ tief			4′ tief			8′ tief	16′ tief	24′ tief
	7	2	8	7	2	8	7	2	8	7	2	8	7	7	7
Jan.	—5,06	—3,74	—4,64	—3,14	—3,09	—2,94	—1,39	—1,43	—1,42	1,12	1,10	1,09	4,76	8,36	9,02
Febr.	—1,21	—0,52	—0,90	—0,70	—0,69	—0,64	—0,31	—0,31	—0,31	0,85	0,84	0,85	3,72	7,40	8,62
März	0,85	3,87	1,75	0,65	0,87	0,98	0,28	0,30	0,33	1,00	1,00	1,01	3,30	6,64	8,20
April	5,83	11,54	7,85	6,54	7,07	7,52	6,02	5,99	6,12	4,33	4,37	4,42	3,98	6,11	7,77
Mai	7,31	14,33	9,36	8,97	9,62	10,17	8,88	8,82	8,95	7,42	7,44	7,47	6,14	6,16	7,42
Juni	16,31	24,05	19,12	17,42	18,24	18,70	16,35	16,30	16,43	12,66	12,70	12,76	8,75	6,73	7,30
Juli	17,18	23,80	19,54	18,64	19,50	19,83	18,22	18,14	18,30	15,50	15,52	15,53	11,71	7,87	7,44
Aug.	15,84	23,32	18,64	18,27	19,05	19,27	18,30	18,20	18,28	16,42	16,42	16,42	13,23	9,10	7,84
Sept.	11,73	15,83	13,22	13,63	13,99	14,21	14,17	14,09	14,14	14,23	14,20	14,19	13,19	10,04	8,36
Okt.	7,42	11,00	8,62	9,74	9,91	10,05	10,66	10,54	10,58	11,69	11,65	11,63	12,01	10,44	8,84
Nov.	—1,33	0,12	—0,97	1,51	1,54	1,51	3,28	3,22	3,18	6,49	6,43	6,39	9,60	10,32	9,16
Dec.	—4,21	—3,60	—4,00	—1,59	—1,55	—1,56	0,33	0,31	0,31	3,19	3,16	3,15	6,80	9,49	9,22

Ausserdem die Jahresmittel:

	1″	1′	2′	4′	8′	16′	24′
7	5,9	7,52	7,92	7,93	8,11	8,22	8,27
2	10,03	7,89	7,81	7,93			
8	7,32	8,11	7,93	7,93			

Auch diese Zahlen bestätigen die bekannten Gesetze über Bodentemperatur.

Diese Untersuchungen sind fortgesetzt:

E. Dorn. Beobachtungen der Station zur Messung der Temperatur der Erde in verschiedenen Tiefen im botanischen Garten zu Königsberg i. Pr. Jan.—Dec. 1877. Schr. d. Königsb. Ges. 1879. XX. 2. 1-14. 147-162.

Sch.

P. Harting. Temperaturmessungen in einem 369 m tiefen Brunnen (Utrecht). Naturf. 1880, 105; Arch. Néerl. XIV, 463; Versl. en meded. d. k. Ak. d. Wetensch. (2) XIV. Amsterdam 1879.

Herr Harting hat in einem 369 m tiefen Brunnen Temperaturmessungen gemacht, indem er die Dunker'schen Vorsichtsmaassregeln möglichst beobachtete (Abschliessen der tieferen wärmeren und oberen kälteren Schichten). Von den 4 benutzten Thermometern hält er das Casella'sche für das zuverlässigste, würde aber thermoelektrischen Apparaten den Vorzug geben.

Tiefe in m	Temperatur	
65 m	11,9°	
		also für 100 m 1,8°
165 m	13,7°	
		also für 100 m 1,65°
265 m	15,35°*)	
		also für 100 m 2,4°
365 m	17,75°	

also Zunahme von 1° für

55,6 m
60,6 m
42,6 m
———
51,7 m

*) Im Naturf. muss ein Druckfehler vorhanden sein, das Original war nicht erreichbar.

Tiefe in m	Temperatur	
65 m	11,9°	für 40 m 0,7°. 1° für 57 m; rechnet man von 35 m an, schon für 43 m
55 m	11,5°	
45 m	11,4°	
35 m	11,2°	
25 m	11,2°	

Sch.

F. M. STAPFF. Einfluss der Erdwärme auf die Ausführbarkeit von Hochgebirgstunneln. Arch. f. Phys. Suppl. 1879; Naturf. 1880, 97-100; DINGL. J. CCXXXVII, 167-169.

STAPFF (cf. oben). Temperatur im Gotthard-Tunnel. Z. S. f. Met. XV. 1880, 331-332.

PERRONCITO. Recherches expérimentales sur la maladie des ouvriers du Saint-Gothard. C. R. XC, 1373-1375.

Es mag zunächst auf die frühere und ausführliche Arbeit von STAPFF über Temperaturen im Gotthardtunnel hingewiesen werden. Z. S. f. Met. XIII. 17; cf. Berl. Ber. 1876 p. 1240.

Später sind dann veröffentlicht: „Studien über den Einfluss der Erdwärme auf die Ausführbarkeit von Hochgebirgstunneln und Repartition de la température dans le Grand Tunnel du St. Gotthard“.

Die erste Abhandlung, hauptsächlich von physiologischem Interesse, enthält die Abschnitte

I. Temperaturgrad, bei welchem unterirdische Arbeiten noch möglich sind.

Diese wird unmöglich, wenn die Körpertemperatur auf 40 bis 42° gesteigert wird. In ganz trockener Luft findet dies bei normaler mittlerer Arbeitsleistung bei 49,6°, in feuchter schon bei 40,2° Lufttemperatur statt.

II. Discussion der Frage, bei welcher Höhe des über dem Tunnel liegenden Gebirges eine Temperatur zu erwarten ist, die eine Fortsetzung der Arbeit hindern würde.

Für den Simplontunnel würden in der Mittelstrecke 46° bis 48° sein, also eine Arbeit unmöglich werden. Höhe des darüber liegenden Gesteins 2200 m.

Die Gesteinstemperatur in der Mitte des Gotthard-Tunnels, 7000 m von jedem Portal entfernt, beträgt 30,2 bis 30,6° C. (Höhe des Gebirges 1700 m). Beobachtungen der Gesteinstemperatur in einer Tiefe von 1,1 m werden fortgesetzt, um die Abkühlung des Tunnels erfahren zu können. *Sch.*

Klima von Budapest aus: SCHENZL: Budapest Meteorologiai Viszonyai. Budapest 1879. Z. S. f. Met. 1881. XVI, 18-19.

Bodentemperaturen wurden gemessen in Tiefen von 4, 8, 12, 16 und 20' (1,17, 2,33, 3,5, 4,67 und 5,84 m.). Die Extreme traten ein (Mittel von 8 Jahren)

Tiefe	Max.	Zeit	Min.	Zeit	Schwank.
4'	17,36	Aug. 20,7	5,20	Febr. 19,2	12,16
8'	15,16	Sept. 27,7	8,36	März 26,5	6,8
12'	14,03	Oct. 25,6	10,02	April 20,9	4,01
16'	13,3	Nov. 19,9	10,96	Mai 21,3	2,34
20'	12,87	Dec. 20,3	11,57	Juni 15,8	1,30

Die mittleren Bodentemperaturen nach 8jährigen Beobachtungen sind:

Tiefe	Dec.	Jan.	Febr.	März	April	Mai	Juni	Juli	Aug.	Sept.	Oct.	Nov.	Jahr
4'	8,8	6,5	5,3	5,7	7,5	10,7	14,0	16,0	17,2	17,0	15,1	11,9	11,34
8'	12,3	10,6	9,2	8,4	8,6	9,7	11,4	13,0	14,4	15,1	15,0	14,1	11,84
12'	13,3	12,3	11,3	10,4	10,0	10,2	10,9	11,9	12,8	13,6	14,0	14,0	12,06
16'	13,2	12,8	12,3	11,7	11,2	11,0	11,1	11,5	12,0	12,6	13,0	13,4	12,14
20'	12,9	12,8	12,6	12,2	11,9	11,7	11,6	11,6	11,8	12,1	12,4	12,7	12,14
m	Brunnentemperatur von 1864/71.												
14,8	12,7	12,7	12,6	12,7	12,7	12,7	12,7	12,8	12,8	12,7	12,8	12,7	12,7

Sch.

A. STECKER. Brunnentemperaturen Tripolitaniens und der Sahara. Mitth. d. Afrik. Ges. II. H. 1. p. 40†.

Die Tabelle enthält die Bezeichnung des Brunnens, das Datum der Messung, die Temperatur der Luft, Temperatur des Wassers, Tiefe des Brunnens und Bemerkungen über Lage, äussere Beschaffenheit des Wassers etc. Es sind die Brunnen von 16 verschiedenen Orten untersucht. Die Lufttemperatur scheint auf die Brunnen die ziemlich tief sind nicht unbedeutend einzuwirken. Nur der Brunnen l'Auinet in Sella ist wohl als warme Quelle in Anspruch zu nehmen (+ 26°); allgemeine Schlüsse lassen sich nicht ziehen. Die Wassertemperaturen gehen von 7,5 bis 26, die Brunnentiefen von 0,5 bis 15 m. *Sch.*

E. et H. Becquerel. Mém. sur la température de l'air à la surface du sol et de la terre jusqu'a 36 mètres de profondeur, ainsi que sur la température de deux sols, l'un denudé, l'autre couvert de gazon pendant l'année 1879. Mondes (2) LI, 561; C. R. XC, 578-583†. Cf. VI, 42 D.

Die Verfasser legen ihr Memoir über Beobachtungen der Bodentemperatur im Vergleich mit der Lufttemperatur 1. December 1878 bis 1. December 1879 vor. Frühere Abhandlungen wurden veröffentlicht: Mém. d. Paris XXXII, XXXVIII, XL, XLI; C. R. LXXXII, 587. 700, LXXXVI, 1222 und LXXXIX, 207 (letztere cf. unten).

Die Beobachtungen sind mit denselben Instrumenten in denselben Höhen und Tiefen angestellt. Das Jahr 1878/79 hatte namentlich im Winter und Frühjahr eine niedrigere Temperatur und da auch der Sommer etwas kühler war, ist die Gesammttemperatur nur 9,95 (1878 11,45).

Dann sind die mittleren Bodentemperaturen für die verschiedenen Tiefen und Jahreszeiten, so wie die Jahresmittel angegeben; bei den Tiefen von 16 und 26 m scheinen die Wasserverhältnisse eine wenig erhöhte Temperatur veranlasst zu haben.

Auch finden sich die Beobachtungen an kahlem und rasenbedecktem Boden (ausführliche Tabelle), die dasselbe Resultat wie früher gegeben haben. Der Rasen hindert ausserordentlich das Eindringen niedriger Temperatur.

In der Tiefe von 0,05 m ist das Monatsmittel nur um 6 h morgens unter dem bedeckten Boden höher als unter dem Rasen, und zwar im September am meisten (3,14°), im Februar am wenigsten (0,4°). 3 h nachmittags ist im Februar bis Oktober das

Umgekehrte der Fall, die Temperatur des kahlen Bodens ist 2,16° bis 0,49° höher; im Winter jedoch ist sie auch um diese Zeit niedriger 0,1° bis 1,53° als bei dem rasenbedeckten Boden. Das Jahresmittel des kahlen Bodens ist jedoch 0,78° höher. Aehnlich ist es bei 0,1 m Tiefe, nur sind die Differenzen kleiner; bei 0,2, 0,3 und 0,6 m ist die mittlere tägliche Temperatur im Frühling niedriger unter dem Rasenboden als unter dem kahlen Boden, in den anderen Zeiten höher, das Jahresmittel ist unter dem Rasenboden ebenfalls höher.

Am Schlusse wird die mittlere Jahrestemperatur der Luft und des mit Rasen bedeckten Bodens gegeben, die nur geringe Differenz (0,27 im Mittel) geben.

	Lufttemperatur (Thermometrograph)	mittlere jährl. Temp. unt. d. rasenbed. Bod. in 0,05 m T.
1872	11,34	11,62
1873	11,33	11,87
1874	11,44	11,52
1875	11,00	11,09
1876	11,03	11,33
1877	11,67	12,04
1878	11,45	11,78
1879	9,95	10,13
	11,15	11,42

Sch.

EDM. et HENRY BECQUEREL. Sur le froid du mois de décembre et son influence sur la température du sol couvert de neige. C. R. LXXXIX, 1011-1015†; Naturf. 1880, 44-45.

Die vorstehenden Beobachtungen sind vor der Kälte 1879, die in Paris — 20,75° (10. Dec.) erreichte, abgeschlossen. Diese Arbeit giebt die Beobachtung der Lufttemperatur in den früheren Höhen 10,7 m und 20 m und Bodentemperaturbeobachtungen in 0,05, 0,1, 0,2, 0,3, 0,6 m Tiefe. Der kahle Boden war ein angeschütteter Sandboden, der Rasenboden war eine sandige Gartenerde. Vom 26. Nov. bis 3. Dec. war Kälte (— 11°) ohne bedeutenden Schneefall, der erst vom 3. an reichlich eintrat und den Boden dann bis zur Höhe von 0,25 m bedeckte. Bis zum 15. war die Temperatur noch unter Null, die Schneedecke hatte sich auf 0,19 m vermindert. Im mit Rasen bedeckten Boden ist von 0,05 m Tiefe an die Temperatur immer über Null gewesen: 26. Nov. 3,58°, 14. Dec. 0,18° und hat also der Rasen vor dem Eindringen der Kälte geschützt, selbst als Schnee von unter Null Grad darauf fiel. Im kahlen Boden fiel schon am andern Tage, 27. Nov., die Temperatur unter Null und erreichte das Minimum —3,17° vor der Bildung der dicken Schneeschicht, später schwankte die Temperatur, trotzdem die Lufttemperatur noch bedeutend sank, doch nur von — 0,8 bis — 1,4°. Ein Thermometer gerade unter der Schneeschicht zeigt, dass die Lufttemperatur wohl hindurch dringt, die Schneeschicht aber die Wärmeabgabe des Bodens verhindert.

Die Tabelle ergiebt auch, dass die Abkühlung in 14 Tagen bis 0,3 m vordrang (zuletzt 0,03 m per Tag). In der Tiefe von 0,6 m war die Temperatur auch in dem kahlen Boden immer über Null, zuletzt +1,56. Die Tabelle ergiebt neben den Beobachtungen 3 h Nachmittags, 6 h Morgens, auch noch Bemerkungen über den allgemeinen Wettercharakter. Der Umfang der Fortschritte erlaubt nicht dieselben mitzutheilen. *Sch.*

Durand Claye. Sur la température des eaux souterraines de Paris pendant le mois de décembre 1879. C. R. XC, 197-199†; Mondes (2) LI, 279.

Die Decembertemperatur war in Paris 1879 ausserordentlich niedrig —7,6°, die der Seine war 0°, und doch hatten die Kloakenwasser selbst bei der grössten Kälte 5,7°, in manchen Theilen 13 bis 19°. *Sch.*

A. Church. Températures souterraines dans la mine de Comstock (Nevada). d'Almeida J. IX. 1880, 182†; Sill. J. (3) XVII, 1879.

Es sind Gesteinstemperaturen bis 69,8° beobachtet, in Europa ist die höchste beobachtete Temperatur (Luft) 51,7° in englischen Steinkohlengruben. *Sch.*

H. Wild. Ueber die Bodentemperaturen in St. Petersburg und Nukuss. Rep. f. Met. VI. No. 4. p. 1-95†.

Indem wir uns vorbehalten über diese äusserst wichtige, für die Kenntniss der Gesetze der Bodentemperatur bedeutungsvolle Arbeit nach dem Original ausführlich zu berichten, geben wir an dieser Stelle ein kurzes Referat nach der Z. S. f. Met. 1879. XIV, da auch die Arbeiten von 1880 über Bodentemperatur vielfach darauf Rücksicht nehmen.

Die Beobachtungen in Petersburg wurden nach dem Lamont'schen System (Thermometer in Latten) angestellt, Tiefen 0,0; 0,43; 0,81; 1,52 und 3,02 m, Zeit 1873—1877. Nach demselben System sind die Beobachtungen in Nukuss von Dohrandt († 1878) in Tiefen von 0,4; 0,8; 1,6; 2,8 und 4 m angestellt, und zwar wurden ausserdem, da für diese Tiefen Ablesungen um 7 h, 1 h und 9 h stattfanden, noch 11½ Monat hindurch 2stündliche Messungen der Bodentemperatur in Tiefen von 0,00; 0,05; 0,1 und 0,2 m angestellt.

I. Abschnitt: Tägliche Periode der Bodentemperatur. Zu Nukuss fallen die mittleren täglichen Minima der Bodentemperatur an der Oberfläche mit denen der Lufttemperatur in Höhe und Zeit zusammen, die Maxima der Bodentemperatur sind aber bedeutend grösser und traten ca. 1 Stunde vor dem Maximum der Lufttemperatur ein um 1 Uhr nachmittags. In den 3 Sommermonaten war die mittlere Temperatur der Bodenoberfläche 55,2° und die tägliche Amplitude 39,3°. Diese ist im Mittel 2½ mal so gross als die der Luft. In Bezug auf Wärmeleitung des Bodens bestätigen sich Littrow's Versuche, nach denen wärmerer und trockener Boden die Wärme schlechter leitet als der kalte und feuchte (Littrow: Ueber die relative Wärmeleitungsfähigkeit verschiedener Bodenarten und den betreffenden Einfluss des Wassers, Wien. Ber. LXXXI. Jan. 1875; Berl. Ber. 1875).

Jahresmittel der Bodentemperatur zu Nukuss.

Tiefe	Betrag des Min.	Max.	Diff.	Eintrittszeit des Min.	Med.	Max.	Med.
0,00 m	5,1	32,2	27,1	4 h 55 m a.	8 h 20 m a.	1 h 15 m p. m	6 h 20 m p.
0,05 m	8,5	19,2	10,7	6 h 5 m a.	10 h 55 m a.	4 h 30 m p. m.	10 h 10 m p.
0,10 m	9,9	17,8	7,9	7 h 15 m a.	11 h 45 m a.	5 h 30 m p. m.	11 h 25 m p.
0,2 m	12,2	15,6	3,4	10 h 0 m a.	3 h 15 m p.	8 h 15 m p. m.	3 h 5 m a.
0,4 m	14,1	14,7	0,6	4 h 10 m p.	10 h 20 m p.	3 h 35 m p. m.	9 h 50 m a.

Die Formel $\log \Delta p = A - Bp$ (Δp die in der Tiefe p unter der Oberfläche stattfindende Amplitude der periodischen Oscillation, A und B Constante) ist für die oberen Bodenschichten nicht, für grössere Tiefen als Näherungsformel anwendbar. Auch die von NEUMAYER in Melbourne angestellten Beobachtungen für die Erdoberfläche geben dieselben Resultate wie die zu Nukuss.

	Betrag und Zeit des Min.	Max.	Diff.	Min.	Med.	Max.	Med.
Boden 0°	10,8°	26,3°	15,5°	5 h 15 m a.	8 h 20 m a.	1 h 5 m p.	6 h 0 m p.
Lufttemper.	10,8	18,8	8,0	5 h 10 m a.	8 h 30 m a.	1 h 45 m p.	7 h 15 m p.

II. Jährliche Periode der Bodentemperatur.

Tiefe m	St. Petersburg 4jähriges Mittel. Min.	Max.	Diff.	Eintrittszeit und Betrag des Min.	Med.	Max.	Med.
3,02	3,2	11,9	8,7	5. Mai	13. Juli	4. Okt.	4. Jan.
1,52	0,4	15,1	14,7	5. April	15. Juni	26. Aug.	2. Dec.
0,81	−2,6	16,6	19,2	24. Febr.	5. Juni	7. Aug.	15. Nov.
0,43	−5,9	17,4	23,3	7. Febr.	27. Mai	22. Juli	5. Nov.
0,00	−8,2	18,8	27,0	5. Febr.	5. Mai	4. Juli	20. Okt.
Luft	−8,6	17,9	26,5	3. Febr.	3. Mai	7. Juli	21. Okt.

Nukuss. 3jähriges Mittel.

Tiefe m	Min.	Max.	Diff.	Min.	Max.
4,0	12,0	16,0	4,0	26. April	31. Okt.
2,8	10,6	18,2	7,6	26. März	30. Sept.
1,6	7,1	22,5	15,4	25. Febr.	21. Aug.
0,8	2,9	27,0	24,1	15. Febr.	28. Juli
0,4	−1,0	29,5	30,5	7. Febr.	22. Juli
0,2	−3,0	29,7	32,7	4. Febr.	20. Juli
0,1	−4,2	30,1	34,3	1. Febr.	18. Juli

Aus Combination der Beobachtungen in Tiefen von 0,81 und 1,52 m, von 1,52 und 3,02 m folgt in St. Petersburg für

$$\lg \Delta p = 1{,}4051 - 0{,}1537\,p$$

(hiernach in 15,7 m Tiefe $\Delta p = 0{,}1°$, in 22,2 m Tiefe 0,01°), für Nukuss $\lg \Delta p = 1{,}5771 - 0{,}2444p$ ($\Delta p = 0{,}01$ in 14,6 m, 0,1° in 10,6 m Tiefe).

III. Nichtperiodische Veränderungen der Erdtemperaturen.

IV. Mitteltemperaturen der Luft und des Bodens.

V. Vergleichung mit Beobachtungen an anderen Orten.

Es sind berechnet die Königsberger Beobachtungen (cf. die Berichte, Königsberg 1873—1875).

Tiefe	Min.	Max.	Diff.
1,25 m	1,9	16,0	14,1
2,51 m	4,1	13,3	9,2
5,02 m	6,6	10,5	3,9
7,53 m	7,7	9,4	1,7

$$\lg \Delta p = 1{,}3295 - 0{,}1466p.$$

Die Hauptresultate aller bisherigen Beobachtungen werden in einer Tabelle, welche für 24 Stationen die wichtigsten Elemente der Bodenwärme enthält, zusammengefasst und schliesst Herr WILD, dass BOUSSINGAULT's Behauptung, dass in der Nähe des Aequators an geschütztem Orte die jährliche wie tägliche Temperaturschwankung im Boden in ca. ½ m Tiefe verschwinde, unrichtig sein müsse. Er findet, dass die Tiefe, wo $\Delta p = 0{,}1°$ C., in Trevandrum = 9,6 m ist. Ueberhaupt schwankt die Tiefe wo $\Delta p = 0{,}01$ zwischen 14,6 und 32,8 m, und kann man allgemein aussprechen, dass die Erdschicht mit wirklicher veränderlicher Temperatur im Jahre an verschiedenen Orten kaum weniger dick als 6 m und kaum mächtiger als 33 m sich erweisen wird.

VI. Prüfung der Methoden zur Bestimmung der Bodentemperatur und daraus hervorgehend Vorschläge über die zweckmässigste Weise, auf welche diese Beobachtungen anzustellen sind.

Herr WILD fasst nun die Resultate seiner Untersuchungen in folgenden 12 Sätzen zusammen:

1. Der Temperaturzustand der äusseren Oberfläche der Erde, wie er durch die tägliche und jährliche Periode der Sonnenstrah-

lung, die Ausstrahlung gegen den Weltraum, sowie durch die wechselnden Winde und Hydrometeore bedingt wird, lässt sich stets durch die bekannte BESSEL'sche Interpolationsformel darstellen, wenn nur eine genügende Zahl von Gliedern derselben dazu benutzt wird. In dieser Formel repräsentirt das erste periodische Glied mit seinen zwei Constanten — Amplitude und Phase der Bewegung — die Hauptperiode: Jahr oder Tag (je nachdem die Formel die eine oder andere Periode darzustellen hat), die folgenden Glieder aber stellen Perioden von $^1/_2$, $^1/_3$, $^1/_4$ etc. der Dauer der Hauptperiode dar und modificiren je nach dem Betrag ihrer Constanten mehr oder minder die einfache Form der Hauptperiode des ersten Gliedes (Sinusoïde).

2. Wenn nun die periodischen Variationen des Temperaturzustandes der Oberfläche in den Boden eindringen und sich darin nach der Tiefe hin fortpflanzen, so erfolgt nach der Theorie der Wärmebewegung in der Erde von POISSON zunächst beim Uebergang in den Boden eine Verminderung der Amplitude und Veränderung der Phase der Bewegung aller periodischen Glieder der BESSEL'schen Formel, welche beide von Glied zu Glied der Reihe zunehmen. Die absolute Grösse dieser Aenderungen hängt von dem äusseren und inneren Leitungsvermögen und der Wärmecapacität des Erdbodens ab. Bei der Fortpflanzung sodann der Temperaturvariationen in die Tiefe des Bodens werden die Amplituden und Bewegungsphasen der periodischen Glieder der BESSEL'schen Reihe in gleicher Weise noch weiter und für die höheren Glieder der Reihe ebenfalls relativ stärker verändert. Die Schwächungen der Amplituden stehen hierbei im logarithmischen Verhältniss zur Tiefe, die Veränderungen der Phase im einfachen Verhältniss dazu und die absoluten Grössen beider Aenderungen hängen hier nur vom inneren Wärmeleitungsvermögen der Erde und von ihrer Wärmecapacität ab. Der Effect ist also der, dass durch den Uebergang in den Boden und die Fortpflanzung in demselben nicht blos die Grösse, respective Amplitude der Gesammtvariation der Temperatur, sondern auch die Form derselben durch vorzugsweise Schwächung der höheren Glieder der BESSEL'schen Reihe eine immer einfachere wird, ja

zuletzt, wenn die letzteren ganz klein geworden sind, die einfache Gestalt einer Sinusoïde annehmen wird, wo das Maximum und Minimum um 12 Stunden beim Tag, um 182 $^5/_8$ Tage beim Jahr auseinanderliegen. Schon die vorstehenden Folgerungen der Theorie involviren Voraussetzungen, welche wenigstens in den oberen Schichten des Bodens jedenfalls nicht erfüllt sind. Sie berücksichtigt nicht die Veränderung von Leitungsvermögen und Wärmecapacität der Erde mit ihrer Temperatur und ihrem Feuchtigkeitszustand, sie trägt dem Einfluss der Niederschläge und der Schneebedeckung, der Wärmemittheilung durch Luftströmungen in den Poren des Bodens etc. keine Rechnung. Da diese Einflüsse eine besonders grosse Rolle in den obersten Bodenschichten spielen, so ist von vorn herein zu erwarten, dass die Abweichungen von den Resultaten der Theorie sich bei der täglichen Periode mehr als bei der jährlichen und bei dieser letzteren mehr in den höheren als in den tieferen Schichten zeigen werden. Ebenso ist zu vermuthen, dass längere Beobachtungsreihen in ihren Mittelwerthen eher mit den Ergebnissen der Theorie stimmen werden, da nichtperiodische Störungen wie die durch Niederschläge, Winde und dergleichen dann zurücktreten.

3. Die Erfahrung bestätigt innerhalb der zuletzt angedeuteten Beschränkungen vollkommen die angegebenen Consequenzen der Theorie. Im Mittel von vielen Jahren (13—18 Jahre in Edinburg) entspricht der jährliche Gang der Temperatur in grösserer Tiefe sehr genau der Theorie; die beobachtete tägliche Periode der Temperatur (in Nukuss) lässt dagegen nur eine nahe Annäherung an die theoretischen Verhältnisse erkennen. Auch beim jährlichen Gang der Bodentemperatur weist die Erfahrung in den Schichten nahe der Oberfläche auf beträchtliche Abweichungen von der Theorie hin.

4. Demgemäss gestatten die Darstellungen der jährlichen Temperaturperiode des Bodens nach der Bessel'schen Formel, bei Benutzung der Beobachtungsdaten grösserer Tiefen, wozu vollkommen Monatsmittel genügen, eine befriedigende Herleitung der einen Wärmekonstanten des Bodens: *K* (i. e. Wärmeleitungsfähigkeit dividirt durch Wärmecapacität). Dieselbe beträgt, be-

zogen auf Zeitminuten und Centimeter für Sandstein: 1,39, für Trapp: 0,47 und für nicht kohärenten Boden (Dammerde, Sand, Thon, Kies) im Durchschnitt: 0,50, (bei einer mittleren Temperatur von 11° und mittlerem Feuchtigkeitszustand, als Extreme sind 0,26 und 0,98 beobachtet). Die tieferen Schichten ergeben überall — mit Ausnahme von Trevandrum — einen grösseren Werth von K als die höheren, was einer durch Druck bewirkten grösseren Dichtigkeit der ersteren beizumessen wäre, wenn nicht anderweitige Abweichungen von der Theorie vorliegen. — Zwischen den aus der täglichen und jährlichen Periode abgeleiteten Werten von K für Nukuss zeigt sich innerhalb der Sicherheitsgrenze des ersteren eine die Theorie bestätigende Uebereinstimmung.

5. Die zweite Wärmekonstante des Bodens: h, i. e. sein äusseres Leitungsvermögen, kann zur Zeit nicht genügend bestimmt werden, da gleichzeitige Beobachtungen über die äussere Temperatur der Erdoberfläche fehlen. Auf die Bestimmung auch dieser Grösse ist daher in Zukunft besonders zu achten.

6. Die zur Verknüpfung der beobachteten Amplituden $\varDelta p$ der Temperaturperioden in verschiedenen Tiefen p des Bodens gebräuchliche Formel:

$$\log \varDelta p = A - B \cdot p$$

repräsentirt, insofern sie auf die Gesammtamplituden angewendet wird, theoretisch nur eine erste Annäherung, die um so grösser wird, je tiefere Schichten des Bodens wir betrachten oder je mehr mit anderen Worten die Bessel'sche Formel sich nur auf das erste periodische Glied der Reihe beschränken lässt. In der That zeigen sich im Verhalten der beobachteten Extremdifferenzen des jährlichen Ganges der Temperatur in den obersten Schichten des Bodens, sowie des täglichen Ganges bedeutende Abweichungen von der obigen Formel, während sie sich im Allgemeinen schon von 1 m an abwärts den Beobachtungen befriedigend anschliesst.

7. Der hier zum ersten Mal bestimmte tägliche Gang der Temperatur im Boden ist im allgemeinen bis zu 0,3 m Tiefe noch so beträchtlich, dass eine Vernachlässigung desselben über-

haupt oder der an gewissen Stundenkombinationen anzubringenden Correctionen beträchtliche Fehler in den aus vereinzelten Beobachtungen herzuleitenden Mittelwerthen der Temperatur der oberen Bodenschichten bedingen kann. Es wäre daher wünschenswerth, wenn zu dem Ende der tägliche Gang der Bodentemperatur analog wie jener der Luft an mehreren Orten bestimmt würde.

8. Die Monats- und Jahresmittel der Temperatur zeigen, wie in der Luft, so auch im Boden eine gewisse Veränderlichkeit von Jahr zu Jahr, die aber nach der Tiefe hin an Grösse abnimmt, und zwar bei den Monatsmitteln beträchtlich rascher als bei den Jahresmitteln.

9. Wie die jährlichen Variationen der Temperatur tiefer in den Boden eindringen als die täglichen und absolut grössere Verschiebungen — Verzögerungen des Eintritts der Maxima und Minima — erfahren als die letzteren, so verhält es sich mit den Sekularvariationen (von noch grösserer Periode) gegenüber den jährlichen. Es repräsentirt deshalb die momentane Temperaturvertheilung im Boden nach der Tiefe hin gewissermaassen eine Chronik der Temperaturen an der Oberfläche für die vergangene Zeit.

10. Die Erdschichte, innerhalb welcher von der Oberfläche aus noch eine tägliche Veränderung der Temperatur (von mindestens 0,01°) bemerkbar ist, besitzt im Maximum eine Dicke von ungefähr 1 m. — Die jährliche Temperaturvariation aber wird kaum über 33 m hinaus bemerkbar sein und selbst unter den Tropen bei der geringsten beobachteten Jahresamplitude (entgegen der Behauptung von Boussingault) sich immer noch bis zu 6 m Tiefe fühlbar machen. — Wie weit Sekulärvariationen der Oberflächentemperatur in die Tiefe dringen, hängt von der Dauer ihrer Periode ab. Theoretisch würde z. B. eine solche von 9 Jahren und gleicher Amplitude wie die Jahresperiode sich im Maximum bis (3×33) nahezu 100 m bemerkbar machen.

11. Die Jahresmittel der Temperatur des Bodens nehmen fast ohne Ausnahme von der Oberfläche bis zu ungefähr 1 m Tiefe um durchschnittlich 0,5° zu, und von da an erfolgt an den

meisten Orten bis zu 7,3 m Tiefe noch eine weitere Zunahme von ungefähr 0,5°, welche dem allgemein bekannten Anwachsen der Temperatur nach dem Erdinneren hin entspricht. Nur an drei Orten niedriger Breiten und ausserdem noch in Greenwich zeigt sich ungefähr in 1 m Tiefe ein Maximum der Temperatur, von welchem aus nach unten hin wieder eine schwache Abnahme derselben, 0,5° durchschnittlich, wenigstens bis zu der Grenze unserer Beobachtungsschicht (7,3 m) eintritt. — Ohne nähere Definition ist die mittlere Bodentemperatur eines Ortes eine durchschnittlich um 0,8° unsichere Grösse.

12. Die Jahresmittel der Temperatur der Luft sind durchschnittlich um 1° geringer als die des Bodens in 1 m Tiefe, indessen ist diese Grösse keineswegs eine constante, vielmehr mit einer mittleren Unsicherheit von $\pm 1^{\circ}$ behaftet. Es kann also durchaus nicht die mittlere Bodentemperatur, wie vielfach versucht worden ist, mit der Lufttemperatur identificirt, respective als Ersatz für die Bestimmung der letzteren benutzt werden.

Sch.

A. MÜTTRICH. Beobachtungen der Erdbodentemperatur auf den forstlich-meteorologischen Stationen in Preussen, Braunschweig und Elsass-Lothringen. Festschrift zur 50 jährigen Jubelfeier der Forstakademie Eberswalde. Berlin bei J. Springer. 1880. 4°. p. 1-33†.

Schon seit einer Reihe von Jahren werden die Beobachtungen der forstlich-meteorologischen Stationen in genannten Ländern publicirt und haben auch in diesen Fortschritten Erwähnung gefunden, cf. Beobachtungsergebnisse der im Königreich Preussen, im Herzogthum Braunschweig und in den Reichslanden eingerichteten forstlich-meteorologischen Stationen 1—5. Jahrgang 1875 bis 1879. Verlag von J. Springer, Berlin. 8° und Jahresbericht über die Beobachtungsergebnisse der im Königreich Preussen und in den Reichslanden eingerichteten forstlich-meteorologischen Stationen 1—4. Jahrg. (1875—1878 incl.). Verlag von J. Springer, Berlin. Aus der vorliegenden interessanten Abhandlung mag

Folgendes hervorgehoben werden. Die Beobachtungsstationen waren mit grösster Sorgfalt ausgewählt, und entspricht einer Waldstation immer eine Feldstation (100—300 m von der Waldgrenze entfernt); auf 14 Stationen werden die Beobachtungen regelmässig durchgeführt, zu denen vom 1. Januar 1880 an noch eine im Königreich Würtemberg in der schwäbischen Alp hinzugetreten ist. Die Natur der Sache (Entlegenheit der Stationen etc.) bringt es mit sich, dass nur zweimal im Laufe des Tages beobachtet werden konnte, so dass die Ableitung genauer Mittelwerthe der meteorologischen Constanten nicht gut möglich ist, wohl aber haben die relativen Werthe für Feld und Wald einen grossen Werth. Beobachtungszeiten waren 8 h morgens und 2 h nachmittags. Schon eine oberflächliche Betrachtung ergiebt einen Einfluss des Waldes auf die meteorologischen Werthe, wie in Beziehung auf Temperaturschwankungen, doch sind bestimmte Gesetze nur schwer abzuleiten, da ja lokale Einflüsse alle Beobachtungsresultate mit beeinflussen. Eine Tabelle giebt die Stationen, ihre geographische Lage, Höhe, Art und Alter des Waldbestandes, Anfang der Beobachtung. Am wenigsten scheinen durch Nebenumstände die Temperaturbeobachtungen der obersten Erdschichten beeinflusst, die deshalb hier einer eingehenden Discussion unterworfen werden. Die Beobachtungsmethode war die häufig angewandte Lamont's. (Die Thermometer werden in lange Latten eingelassen, in senkrecht eingegrabene Holzröhren herabgelassen.) Man benutzt dabei ziemlich träge Thermometer mit grossem Quecksilbergefäss, so dass beim Herausziehen und Beobachten keine Standänderung eintritt. Die Ablesungen waren auf 0,1° C. genau, die Einsenkungstiefe 0,3; 0,6; 0,9 und 1,2 m. Ausserdem waren auf allen Stationen nach 0,2° fortschreitende Thermometer eingegraben. Um festzustellen wie weit die zweimaligen Beobachtungen geeignet sind Schlüsse auf die mittlere Tagestemperatur der Bodenschichten zu machen, wurden auf der Hauptstation (Eberswalde) 15—30 einstündliche Beobachtungen Tag und Nacht angestellt. (Aehnliche Beobachtungen liegen von Dohrandt vor, bearbeitet von Wild: Ueber die Bodentemperaturen in St. Petersburg und Nukuss, Wild Rep. VI, H. 1, kurzer

Bericht darüber oben.) Die Lufttemperatur wurde in 1,5 m Höhe beobachtet. Aus den beobachteten Zahlen wurden dann die Werthe abgeleitet für den täglichen Gang der Temperatur unbeeinflusst von den allgemein sich geltend machenden Temperaturänderungen. — Die graphische Darstellung giebt einen Ueberblick und zwei Tabellen geben die höchste und niedrigste Temperatur und die Zeiten, zu welchen dieselben und die tägliche Mitteltemperatur im Erdboden in verschiedenen Tiefen, so wie in der Luft eintreten; für Tiefen unter 0,6 m bis 0,9 m und 1,2 m waren nur äusserst geringe Schwankungen zu bemerken. Die Bodentemperaturen sind im Walde niedriger als im Freien. Aus den Schlüssen, auf Wiedergabe der Tabellen müssen wir verzichten, heben wir einige hervor. Das Minimum der Temperatur in der Bodenoberfläche tritt gleichzeitig mit dem der Lufttemperatur um Sonnenaufgang ein, das Maximum etwas verspätet gegen das der Lufttemperatur, bei Nukuss tritt das Maximum an der Bodenoberfläche früher ein als in der Luft — aus der cylindrischen Gestaltung des Quecksilbergefässes erklärt sich, dass so die Temperatur von 2 bis 2,5 cm dicken Schichten sich ergeben musste. Im freien Felde sowohl als im Walde nimmt die Grösse der täglichen Oscillationen mit wachsender Tiefe rasch ab und beträgt im Walde nur die Hälfte wie in derselben Tiefe auf freiem Felde. Die täglichen Mitteltemperaturen sind im Walde kleiner als für dieselben Tiefen im Freien und zwar beträgt ihre Differenz für die beobachteten Tiefen 0,00; 0,15; 0,30; 0,6; 0,9; 1,2 m 2,77; 3,78; 2,14; 2,66; 2,83; 2,68° C. Minimum und Maximum, so wie die täglichen Mittelwerthe der Temperatur treten in den verschiedenen Erdschichten verspätet ein und zwar nimmt die Verzögerung mit wachsender Temperatur zu. Aus diesen Verhältnissen zeigt sich auch, dass das Wärmeleitungsvermögen in den einzelnen Schichten ein verschiedenes ist. Bei Tiefen von 0,9 und 1,2 m geben zwei Ablesungen die mittlere Temperatur höher, bei geringeren Tiefen geben die zwei Beobachtungen nur relative Werthe. Es werden dann die Amplituden der Temperaturschwankungen, die auch aus der Temperaturcurve abgeleitet sind, mit Hilfe der Bessel'schen Formel bestimmt:

Tiefe in m	Amplitude im Freien	im Walde
0,15	5,63°	2,41
0,30	1,50°	0,86
0,61	0,17°	0,05

ebenso die Grösse $\frac{k}{c}$ (k innere Wärmeleitungsfähigkeit, c Wärmecapacität): Im Freien = 0,3377, im Walde 0,3263 und für die verschiedenen Bodenschichten

	$\frac{k}{c}$ im Freien	im Walde
0,15 m bis 0,3 m	0,2806	0,4623
0,3 - - 0,6 -	0,4141	0,2426.

Auch ergiebt sich, dass die tägliche Temperaturschwankung im Freien bis zu einer grösseren Tiefe bemerkbar ist als im Walde, aber auch dort keinen vollen Meter erreicht. Der Werth von $\frac{k}{c}$ ist auch aus den Verzögerungen bestimmt, die Werthe stimmen nicht mit den aus den Amplituden gefundenen, sind kleiner für die obersten, grösser für die unteren Bodenschichten.

Nun folgen die Angaben über die monatlichen Mittel der Temperatur in verschiedenen Tiefen. Im Winter wird der Werth des Minimums der Temperatur und seiner Eintrittszeit durch die Schneedecke beeinflusst. Die Schwankungen werden schon in 0,15 m Tiefe viel geringer und das Temperaturminimum ist bei weitem nicht so tief. Die Vertheilung der Temperatur im Laufe des Jahres zeigt die bekannten Gesetze, im Sommer im allgemeinen Abnahme mit der Tiefe, im Winter Zunahme. Die Jahresmittel sind, abgesehen von der Oberfläche, in den einzelnen Tiefen wenig verschieden und im Walde etwas kleiner als im Freien; auch nimmt die Jahresamplitude mit der Tiefe schnell ab. Auch hier sind Rechnungen angestellt für die Wärmeleitungsconstante, die Grösse der Jahresamplitude etc., die mit den Beobachtungen nicht übereinstimmende Resultate geben. Am Schlusse sind die Beobachtungen in Monatsmitteln der einzelnen Stationen zusammengestellt und die Werthe von $\frac{k}{c}$ bestimmt. Dieselben weichen, wie vorauszusehen, ausserordentlich von einander ab, und zwar nicht nur an den verschiedenen Oertlichkeiten, sondern auch bei den Beobachtungen im Freien und im Walde. Es hat ja abgesehen von der Bodenbeschaffenheit (Material, Struktur etc.) auch Feuchtigkeit etc. derselben einen Einfluss.

In Beziehung auf das reiche Zahlenmaterial müssen wir auf die Originalabhandlung verweisen.

Die Tabellen über den täglichen Verlauf der Temperatur zeigen für geringere Tiefen im Walde weniger Temperaturschwankungen als im Freien; in Tiefen von 0,9 m ist an beiden Orten die Schwankung schon äusserst gering.

Abtheilung im Freien.

Tiefe in m	Werth des Temp.- Min.	Max.	Diff.	Eintrittszeit der Temperatur Min.	1 Med.	Max.	2 Med.
0,00	15,08	22,60	11,52	3 h 40′ a	8 h 48′ a	2 h 48′ p	7 h 42′ p
0,15	17,20	22,98	5,78	6 h 54′ a	11 h 20′ a	4 h 30′ p	10 h 48′ p
0,30	16,55	18,15	1,60	10 h 30′ a	3 h 48′ p	9 h 18′ p	3 h 48′ p
0,60	15,75	15,92	0,17	—	—	—	—
				für die Lufttemperatur			
—	12,40°	22,68°	10,28°	3 h 48′ a	7 h 52′ a	2 h 18′ p	7 h 54′ p

Abtheilung im Walde.

Tiefe in m	Min.	Max.	Diff.	Min.	1 Med.	Max.	2 Med.
0,00	14,23	20,9°	6,67	3 h 36′ a	8 h 48′ a	2 h 44′ p	8 h 24′ p
0,15	14,90	17,43°	2,53	6 h 42′ a	11 h 36′ a	4 h 28′ p	11 h 24′ p
0,30	14,73	15,61°	0,88	11 h 15′ a	4 h 48′ p	12 h 0′ p	5 h 36′ a
0,60	13,15	13,22°	0,07	—	—	—	—
				für die Lufttemperatur			
—	13,00°	21,80°	8,80°	3 h 36′ a	8 h 3′ a	2 h 27′ p	7 h 56′ p

Monatsmittel der Temperatur in Graden C. (Eberswalde).

Im Freien.

Tiefe in m	Jan.	Febr.	März	April	Mai	Juni	Juli	Aug.	Sept.	Oct.	Nov.	Dec.	Jahr
0,00	−0,47	1,58	3,09	9,49	16,25	21,41	20,65	21,22	16,38	10,11	4,21	−0,04	10,4
0,15	0,56	1,24	2,42	7,92	14,31	19,92	19,46	19,71	15,27	9,55	4,38	0,58	9,61
0,30	0,10	0,64	1,77	6,35	10,82	17,12	17,97	18,33	13,75	9,49	4,20	1,07	8,63
0,60	1,17	1,20	2,28	6,25	10,54	16,34	17,74	18,24	14,64	10,56	5,64	2,59	8,93
0,90	1,92	1,68	2,55	5,95	9,76	15,16	16,94	17,67	14,93	11,19	6,70	3,64	9,01
1,20	2,55	2,10	2,76	5,53	8,97	13,91	15,98	16,91	14,95	11,60	7,54	4,49	8,94
Luft	−1,55	1,05	2,24	7,67	11,01	17,28	17,44	18,38	13,65	9,26	2,55	−1,98	8,09

Im Walde.

Tiefe in m	Jan.	Febr.	März	April	Mai	Juni	Juli	Aug.	Sept.	Oct.	Nov.	Dec.	Jahr
0,00	0,55	1,28	2,04	7,77	12,73	18,03	17,70	18.77	14,8	8,89	4,15	—0,33	8,87
0,15	0,94	1,26	1,79	6,46	10,65	15,69	16,27	17,26	13,88	8,93	4,67	0,52	8,19
0,30	1,10	1,28	2,20	5,76	8,84	14,27	15,3	16,15	13,32	9,81	5,03	1,88	7,91
0,60	2,46	2,16	2,84	5,42	8,06	12,71	14,33	15,43	13,66	10,75	6,79	3,8	8,20
0,90	3,28	2,72	3,22	5,17	7,47	11,46	13,36	14,54	13,49	11,1	7,78	4,93	8,21
Luft	—1,65	0,87	1,98	7,73	11,00	17,18	17,53	18,53	13,44	8,97	2,58	—1,99	8,01

Die Tabellen über die monatlichen und jährlichen Mittel der einzelnen Stationen, sowie die berechneten Werthe von u_1 und U_1 in der Bessel'schen Formel und die von $\frac{k}{c}$ können aus Mangel an Raum nicht wiedergegeben werden. *Sch.*

Litteratur.

E. Bérard. Le Mont Blanc et le Simplon considérés comme voies internationales. Turin 1880. Mitth. d. d. ö. A. C. 1881, 30.

Briem. Uebersicht der Resultate fünfjähriger Beobachtungen der Bodentemperatur in Grussbach. Verh. d. naturf. Ver. zu Brünn. XVIII. (1879). Nicht zugänglich.

Brackebusch. Informe sobre pozos artesianos en la provincia de Catamarca. Boletin d. l. Ac. nacional d. ciencias de l. Rep. Argentina III. H. 1. Cordoba 1879†. Unwichtig.

A deep bore-hole. Engineering XXIX, 271.

Report of the Brit. Ass.: on underground temperature 1876. Nature XXII, 442-443, nach den Rep. Brit. Assoc. vielleicht noch zu berichten.

F. M. Stapff. Wärmezunahme nach dem Innern von Hochgebirgen. 1-20. Bern. Dalp'sche Buchhandl. 1880.

Temperature of the soil during winter. Nature XXI, 523. Kurzer Bericht über Becquerel's Arbeit.

Becquerel. Sur la température de l'air à la surface du sol. Mém. d. Paris XLII.

F. Seelheim. Durchlässigkeit des Bodens für Wasser. Naturf. 1880, 139-141; Arch. Néerl. XIV, 393. Von geologischer Wichtigkeit.

3. Vulkane.

v. Dücker. Theorie des Vulkanismus. Tagebl. d. Naturf.-Vers. Baden-Baden 1879. p. 197.

Nach dem Referate Naturf. 1880, 92-93 sucht Herr D. unter Annahme eines feurig flüssigen Erdkerns mit verhältnissmässig dünner starrer Erdrinde und Zuhilfenahme der Schiebungstheorie den Vulkanismus daraus zu erklären, dass Meerwasser zu Hohlräumen, die mit geschmolzenem Material gefüllt sind, durch Erdbeben Zutritt erhält, der Wasserdampf die Massen emporpresst und den vulkanischen Ausbruch veranlasst. Die Erdbeben, die Erdschiebungen, sind die Ursachen der vulkanischen Thätigkeit, nicht umgekehrt. *Sch.*

Fuchs. Vulkan-Eruptionen und Erdbeben im Jahre 1879. Naturf. 1880, 170-171†.

Bericht wie er gewöhnlich von Herrn Fuchs im Naturf. veröffentlicht wird. Es fanden 1879 nur drei Eruptionen statt, darunter keine von grosser Heftigkeit und Dauer. Interessant ist die Entstehung des neuen Vulkans im See Ilopango (San Salvador) unter heftigem Erdbeben und Lavaerscheinungen im December 1879. Mit diesem Vulkan sind in Salvador 11 Vulkane bekannt, darunter sechs thätige incl. des Ilopango. Die zweite Eruption ist die des Aetna am 26. Mai 1879, die einen sehr langen Lavastrom von 16 km lieferte. (Oeffnung einer den Hauptkrater schneidenden 10 km langen Spalte, auf welcher die Eruptionserscheinungen auftraten.) Die dritte Eruption war die des Merapi (Java) am 28. März mit Asche und Lava. Der Vesuv war auch nicht vollkommen ruhig, der submarine Vulkan im SW von Island wurde im Mai von Havnen aus in Thätigkeit gesehen.

Erdbeben. 99 sind zur Kenntniss des Herrn Fuchs gekommen, darunter nur wenige von bedeutender Stärke. 22. März

1879 starkes Erdbeben im nördlichen Persien bis 2. April. 25. April bis 2. Mai Erdbeben in der Romagna, 17. Mai in Mexico, 29. Juni in China. Hier öffnete sich der Boden an mehreren Stellen und drangen hohe Wasserstrahlen aus den Oeffnungen hervor. Die Erschütterung dauerte bis Mitte August und kamen viele hundert Menschen um. Solche Riesenfontänen (Wasserhervorquellungen) zeigten sich auch beim Erdbeben in Bessarabien (Mai) und auf der Donau-Insel Babacay (10.—18. Oct.). Von den deutschen Ländern wurden Kärnthen und Krain am meisten erschüttert, nächstdem das Rheinland, auch der südwestliche Schwarzwald wurde mehrmals erschüttert. Die einzelnen Erdbeben sind aufgezählt. Im deutschen Reiche fanden überhaupt Erdbeben an 13 Tagen statt. Am 3., 10., 26. Januar; 9. 17. und 20. Februar; 12. März; 9. April; 26. Mai; 17. November; 4., 5. und 22. December und zwar an 9 verschiedenen Punkten: Buir (3. Januar und 9. April); Aachen (10. Januar, 26. Mai); Schwarzwald (26. Januar, 5. und 22. December); Lechthal (9. Februar); bairisch Tiroler Grenze (17. Februar); Gebweiler (20. Februar); Sachsen (12. März); Harburg (17. November); Mühlhausen (4. Februar). Die erdbebenreichsten Tage 1879 waren am 14. Februar zu Brusio in Graubündten, Laibach und Arco in Tirol und am 2. Juli zu Athen, China, Burg bei Gräfenberg. *Sch.*

The Lipari Islands (RODWELL). Nature 1880. XXI, 400-402†.

Nach älteren Angaben besteht der grössere Theil von Lipari aus Tuff mit Porphyrlava; Panavia, Dattolo, Lisia Bianca aus Trachyt; der grösste Theil des Vulkans und mehr als halb Stromboli aus Feldspathlava und fortdauernden vulkanischen Bildungen. Die Ergebnisse späterer Forschungen sind den Römern und Neapolitanern so gut wie unbekannt, und die Inseln wenig besucht. Lipari hat 10½ Quadrat Meilen (e.), der höchste Punkt 1978′ Seehöhe. Der vulkanische Ursprung ist zweifellos. Tuff, Quarz, Trachyt, Obsidian finden sich überall. Eine heisse Quelle bei San Calogero (198° F.) ist beladen mit Kohlensäure und Schwefelwasserstoff, während der Bagno secco Dämpfe von schwefliger Säure und Chlorwasserstoffsäure ausstösst. Der Vulkan liegt 4—5 e. M. südlich von Lipari und enthält einen halbactiven Krater, der hinsichtlich seiner dynamischen Activität innesteht zwischen dem gegenwärtigen Zustand des Vesuvs und der thätigen Solfatara von Puzzuoli. Schwefel, Borsäure, Arsen, Kupfer, Aluminium, Chlorammonium, Thallium, Cäsium, Rubidium kommen in den Incrustationen vor; auch Spuren von Schwefelverbindungen des Selens und Lithiums. Das Wasser der Grotta del Cane dell' isola di Vulcano ist 22° C. warm; das Gas besteht nach Cossa aus 80 Kohlensäure, 19,4 Stickstoff, 0,6 Sauerstoff. — Zur Zeit des Plinius behaupteten die Einwohner von Stromboli einen Unterschied der Eruptivgewalt bei ruhigem oder stürmischem Wetter, und wäre wohl möglich, dass der Luftdruck Einfluss äussert. *Hh.*

Volcanic eruption in Dominica (kleine Antillen). Nature XXI, 330†.

4. Jan. 1880. Der Mittelpunkt des Ausbruchs war die Boiling Lake in den Grand Souffrière Bergen (vier Solfataren). Die Flüsse traten aus, einzelne Erdstösse, grosse Aschenwolken, vulkanische Gewitter. Milchig weisses Wasser des Roseau-Flusses, starke Schwefelwasserstoffausströmung. Ein weiterer Bericht darüber findet sich:

H. A. Nicholls. The Volcanic Eruption in Dominica. Nature XXI, 372-373; Sillim. J. (3) XIX, 426.

Éruption volcanique et inondation à la Dominique. Mondes (2) LI, 291-293.

E. Watt. The recent volcanic eruption in Dominica. Nature XXII, 77. cf. a. a. O.

Daubrée. Produits solides et liquides qui continuaient à sortir en avril 1880 d'un cratère de la Dominique (Antilles anglaises). C. R. XCI, 949-951; J. chem. soc. 1881, 237-238 (Abstr.). *Sch.*

The volcanic Eruption in Dominica. (ALFORD NICHOLLS.) Nature 1880. XXI, 372.

Am 4. Jan. 11 h a. m. kam im Distrikt Grande Soufrière auf Dominica, nahe der Mitte des südlichen Drittels der Insel, ein Vulkanausbruch vor. Bis dahin wurde die subterrane Thätigkeit bekundet in vier Solfataren. Der eigentliche Schauplatz der Eruption liegt 8 Meilen östlich von der Hauptstadt Roseau. Der Aschenfall umschliesst 20 q Miles. Die Erde ist um die „grande Soufrière" fussdick mit vulkanischen Trümmern bedeckt, unter denen grosse Trachytstücke eingebettet sind. Der ovale Krater 2615' hoch, erstreckt die grosse Achse WSW—ENE. Reichliche Schwefelmassen bedecken die Feldspath-, Porphyr-Felsen, welche mit Augit und Pyrit durchsetzt sind. Die thätigste Solfatara lag im Krater. Weder Lavaströmung noch Erdbeben begleitete die Erscheinung. Der Auswurf glich dem des Tomboro im April 1815 und bestand nach BERT in Roseau aus „ferric sulphide, magnesia, potash, soda, silicon, sulphur, carbon, oxides of iron, lead, alumina." *Hh.*

L. BERT. Éruption et chute de poussières volcaniques, le 4 janvier 1880 à la Dominique. Mondes (2) LI, 644. LII, 15; C. R. XC, 622-624.

DAUBRÉE. Examen des poussières recueillies par M. BERT et de l'eau qui les accompagnait. Chem. C. Bl. 1880, 282; C. R. XC, 624; Naturf. 1880, 203-204; J. chem. soc. 1880. July. 453.

Der Krater (900 m hoch) ist die Hauptsolfatare der Insel, mit heissem Wasser gefüllt (75° C.). Der Ausbruch gab grosse Mengen vulkanischen Staubes und zeigten sich Aenderungen in den Wasserläufen. Gleichzeitig ergiesst sich heftiger Regen. Eigenthümlich sind in dem Staube neben Sanidin, Gyps etc. kleine Schwefelkieskrystalle und Spuren von Bleiglanz.

Weitere Nachrichten:

Recent volcanic eruption at the grand Souffrière in the island of Dominica. Proc. R. Geogr. Soc. 1880. No. 6. p. 363.

A. R. Lockhart. Volcanic eruption in the island of Dominica. Athen. 1880. (1) 218. *Sch.*

Is Mount Unzen a Volcano? Nature 1880. XXI, 153†.

Auf der Halbinsel Simabara 20 Miles östlich von Nagasaki wurde der 4700′ hohe Berg Unzen von H. B. Guppy bestiegen. Derselbe gilt für einen aktiven Vulkan, dessen unterirdische Feuer schlummerten seit Ende des vorigen Jahrhunderts, wo seine Ausbrüche nebst einem Erdbeben 53000 Menschenopfer gefordert hatten. Man findet indess keinerlei frische vulkanische Spuren auf dem höchsten Porphyrgipfel. Vielleicht verschuldeten drei heisse Schwefelquellen den Irrthum. Die eine am Fusse des Berges bei Wobama entspringend, riecht stark nach Schwefelwasserstoff und ist auf 112° F. temperirt. 2000′ hoch über See liegen die Quellen Kojeego und Unzen, dort 182°, hier vielleicht 202° F. nahe dem Siedepunkte auf dieser Höhe. — Die chemischen und thermalen Einflüsse der Gewässer auf den Porphyr sind von eigenthümlichen Folgen. Der Fels hat Neigung zur Lamination, so dass die Feldspath-Constituenten aus der ganzen Oberfläche abgeschieden werden und in der Nachbarschaft der Quellen Kalkklippen überhängen. *Hh.*

Dölter. Die Produkte des Vulkans Monte Ferru. Wien. Denkschr. XXXIX. 2. Abt. p. 41-96†.

Wien. Denkschr. XXXVIII ist von demselben Verf. der Bau des Vulkans Monte Ferru auf Sardinien besprochen, hier wird Ausführliches über die mineralogische und chemische Zusammensetzung desselben gegeben. Die gelieferten vulkanischen Gesteine sind ausserordentlich mannichfaltig und zeigt die Analyse derselben, dass je jünger die Gesteine, sie desto basischer sind, das specifische Gewicht scheint mit dem jüngeren Alter zuzunehmen.

Charakteristisch sind trachytische und phonolitische Gesteine sowie Feldspath und Leucitbasalte. Das Vorkommen von Tuffbildungen ist selten. *Sch.*

D. Dana. Composition of the capillary volcanic glass of Kilauea, Hawaii, called Pélés Hair. J. chem. soc. 1880, 536; Sillim. J. (3) XVIII, 134.

Von Allen 1840 gesammeltes Pelehaar gab aus 2 Analysen im Mittel:

50,75 pCt.	SiO_2
16,54 pCt.	Al_2O_3
2,1 pCt.	Fe_2O_3
7,88 pCt.	FeO
7,65 pCt.	MgO
11,96 pCt.	CaO
2,13 pCt.	Na_2O
0,56 pCt.	K_2O
0,35 pCt.	Glühverlust.

Cf.

E. Cohen. Analysen glasartiger Laven von Hawaii. Jahrb. f. Min. 1880. II, 23.

In Bezug auf die Veröffentlichung anderer Lava-Analysen muss auf die Litteratur und die chemischen Journale verwiesen werden. Cf. auch den betreffenden Jahresbericht für Chemie. *Sch.*

E. Cohen. Ueber Laven von Hawaii und einigen anderen Inseln des grossen Oceans nebst einigen Bemerkungen über glasige Gesteine im Allgemeinen. N. Jahrb. f. Miner. 1880. II. H. 1. p. 23. Cf. oben.

Analysen von 8 Laven von Hawaii (Kilauea am Mauna Loa), eines Basaltobsidians von Ninafou und eines Augitandesitbimstein, aufgefischt zwischen Neubritannien und Neuirland. Wir theilen hier die Analyse des eigenthümlichen Basaltbimsteines (Peles Haar) mit:

$50{,}82 SiO_2$; $9{,}14 Al_2O_3$; $7{,}33 Fe_2O_3$; $7{,}03 FeO$; $11{,}63 CaO$; $7{,}22 MgO$; $1{,}02 K_2O$; $3{,}06 Na_2O$; 1,72 Wasser, spec. Gew. 2,66.

Sch.

FOUQUÉ. Ueber Santorin. Paris 1879. Auszug Jahrb. f. Min. 1880. Ref. II. p. 305.

Der neue Vulkan im Ilopango-See (San Salvador). PETERM. Mitth. 1880, 451 (mit Kärtchen). Nach Informe de la comision cientifica del Instituto Nacional de Guatemala, nombrada por el Sr. Ministro de Instruccion Pública para el estudio de los fenómenos volcánicos en el Lago de Ilopango de la Républica del Salvador. 8°. 1-65 mit Karte. Guatemala 1880.

Am 20. December 1879 wurde San Salvador von Erderschütterungen heimgesucht, am 31. December begann der See zu steigen (1,22 m über das Niveau), 20. Januar erschien inmitten des Sees eine Rauchsäule mit einem Felsen; vom 24. December an war das Phänomen beobachtet worden. Der Abflussstrom wuchs bedeutend an und wühlte sich in Kurzem ein 10 m tiefes Bett. Der See sank am 12. Januar 1,32 m unter sein Niveau, am 11. Februar 9,22 m tief, und hatte bis zum 6. März sein Volum 635 Millionen Cubikmeter abgenommen. Starke Schwefelwasserstoffausströmungen vor und bei dem Ausbruch. GOODYEAR, Geologe von San Salvador, suchte am 21. Januar die Felsen wieder zu erreichen und beschrieb die einzelnen Erscheinungen. Die Guatemala-Commission fand bei der Ankunft (23. Februar) nur einen grösseren Kegel von 50 m Breite und 150 m Länge, und zwei Inselchen, welche auch bald wieder verschwanden. Die Fische des Sees gingen zu Grunde. Die Temperatur des Wassers in der Nähe des Vulkans war 35°—50° C., später war auch das Wasser in der Nähe des Ufers warm. — Auch der Krater des Vulkans San Salvador wurde besucht (5 km Umfang, 500 m tief).

Sch.

GOODYEAR. Sur les phénomènes volcaniques survenus en déc. 1879 et janvier 1880 dans la region d'Ilopango (San Salvador). Titel nach C. R. XCI, 412.

Un Viaggio all' Etna del Prof. ORAZIO SILVESTRI di Firenze. Presidente del Club Alpino Ital. a Catania. Torino b. Loscher 1879.

Besprochen Nature XXII, 359 von RODWELL. *Sch.*

Il Vesuvio e la sua storia per L. PALMIERI. Milano. Faverio 1880. 8°. 1-79. Ausl. 1880, 857-859. Das Observatorium am Vesuv.

Der kurzen Besprechung der angeführten Schrift geht eine Beschreibung der neuen Drahtseilbahn (56 : 100 Steigung) auf den Krater des Vesuvs vorauf. Die Schrift selbst, als Gelegenheitsschrift im Ausl. bezeichnet, giebt einen Ueberblick über die Vesuveruptionen und enthält auch eine Beschreibung des Observatoriums und seiner Geschichte. Das Observatorium hat dadurch an Sicherheit verloren, dass die Lavaströme nach und nach die Thaleinschnitte (Fosso della Vetrana, Piano delle Ginestre) erhöhen. Auch die Instrumente, PALMIERI's Seismograph und atmosphärisches Elektrometer, werden beschrieben. Die Leistungen des Observatoriums werden in 8 Punkten zusammengefasst:

1) Es hat dasselbe eine genauere und ununterbrochene Geschichte der verschiedenen Eruptionsphasen des Vulcans ermöglicht.

2) Es wurde das Wesen und die Beschaffenheit der Lava sammt den hauptsächlichsten sie begleitenden Erscheinungen genauer erforscht.

3) Es wurde festgestellt, dass das specifische Gewicht der verhärteten Lava geringer ist als jenes der flüssigen.

4) Es wurden die Gesetze der Fumarolenbildung entdeckt.

5) Man hat nicht nur die Beschaffenheit der die Fumarolen

bildenden Sublimate besser bestimmt, sondern auch mehrere ganz neue entdeckt ($PbCl_2$).

6) Es wurde nachgewiesen, dass einzelne Erscheinungen, die man früher für mehr oder weniger zufällig hielt, beständig sind.

7) Es wurden mehrere irrthümliche wissenschaftliche Meinungen, wie beispielsweise, dass Ammoniak niemals in der Nähe des Kraters oder an anderen hochgelegenen Stellen des Bergs vorkomme, berichtigt oder bestätigt.

8) Es trug die Station am Vesuv besonders durch ihre die eruptiven Kräfte des Vulkans und die atmosphärischen Erscheinungen anzeigenden Instrumente wesentlich zur Vervollkommnung der Beobachtungsapparate und durch die auf solchem Wege angestellten Studien auch ausserordentlich zur Bereicherung unseres Wissens über elektrische Meteorologie bei.

Zum Schluss wird eine Skizze von PALMIERI's Leben, geboren 21. April 1807, gegeben. Der Bau des Observatoriums wurde 1841 begonnen und war die Leitung desselben zuerst MELLONI anvertraut worden.

Auf die

Annali dell' Osservatorio Vesuviano

mag hier nochmals hingewiesen werden als für das Studium des Vesuvs nothwendige Hilfsmittel. *Sch.*

The History of Vesuvius during the year 1879. Nature 1880. XXI, 351.

Die mit einer Zeichnung geschmückte Darstellung RODWELL's weist zurück auf die betreffenden Monographien von PHILLIPS für 1868 und PALMIERI für 1871/72. Innerhalb drei Jahren wurden Fumarolen von schwefeliger, Salz- und Kohlen-Säure ausgehaucht aus dem seit 1872 auf 250 m vertieften Krater. Im December 1875 erschien ein kleiner Eruptivkegel, im November 1878 ein Lavastrom, nordwestlich fliessend gegen Atrio del Cavallo. Während 1879 brachen solche zeitweise mit mehr oder weniger Energie hervor. Im November 1878 stieg die dynamische Aktivität sehr hoch. Neben vielen besonderen Angaben, welche besser dem Original entnommen werden, erscheint bemerkenswerth ein hier wörtlich folgender Vergleich: „exactly in every respect resembling small geysers which I have seen at Reykir and at Haukadlar in Iceland.“ — Am 14. Januar 1879 schien sich die Energie erschöpft zu haben. Die Lava ist leucitischen Charakters. Die Fumarolen erzeugten massenhafte Niederschläge von Chloriden und Sulphaten, in denen spektroskopisch Lithium und Thallium erkenntlich war. — In den gelbgrünen Lava-Inkrustationen von 1631 fand Scacchi ein neues Element Vesbium in Thon- und Kupfer-Verbindungen. — Palmieri theilt die ganze Eruptionsgeschichte des Vesuv in Perioden von höherer Aktivität mit einzelnen heftigeren Ausbrüchen, und kürzere Intervalle. Die wichtigsten Anhaltspunkte hierfür geben das gegenwärtige Observatorium und der Seismograph, insbesondere hinsichtlich der Grade der dynamischen Aktivität. *Hh.*

P. S. Langley. Observations on Mount Etna. Sillim. J. (3) XIX, 33.

Astronomische Beobachtung Ende December und Januar in der Casa del Bosco, hauptsächlich um den Einfluss atmosphärischer Zustände auf die Beobachtung kennen zu lernen.

Sch.

Faye. Sur les orages volcaniques. C. R. XCI, 708-713†; Mondes (2) LIII, 341; Engineering XXX, 549.

Ziemlich breite Darlegung, dass die vulkanischen Gewitter als eine besondere Art anzusehen seien und sich nicht nach der Faye'schen Theorie (absteigende Wirbel) erklären. Die Elektricität der Aschentheilchen wirkt bei der Entstehung derselben mit.

Sch.

Observatoire de l'Etna. Mondes (2) LI, 160-161. LIII, 49†.

Das Aetna-Observatorium, das ähnliche Zwecke wie das Vesuv-Observatorium erfüllen soll, liegt 3000 m hoch, in der Nähe der Casa Inglesa, Kosten 60,000 Fr. Nachrichten über Besteigung des Aetna sind hinzugefügt. (Drei Abtheilungen: für Vulkanbeobachtungen, Astronomie und Meteorologie.) *Sch.*

S. da Roberto. The Etna observatory. Rivista scient.-industriale 1880. No. 8. 30./4.

Rossi. Le Vulcanisme en Italie. Mondes (2) LI, 546-547†.

Nachrichten über die Arbeiten, welche im Bulletino del Vulcanismo erschienen sind; ferner über Silvestri's Arbeit über den Aetna, die Minima und Maxima der Thätigkeit, Goiran, Aenderungen im Niveau des Garda-Sees, die durch die seismischen Bewegungen des Bodens beeinflusst werden.

Aus den Vesuvbeobachtungen geht eine Coincidenz der Maxima der Thätigkeit mit denen des Aetna hervor, wie überhaupt ihre Thätigkeit mit den seismischen Bewegungen von ganz Italien zusammenhängt. Die seismischen Maxima sind um 1, 2, 5, 6, 7, 8, 10 und 11 Uhr. Zur Erinnerung an die Zerstörung von Pompeji wird ein Werk herausgegeben. Herr Ruggiero hat nachgewiesen, dass die Eruption wahrscheinlich im November stattgefunden und Schlammströme nicht betheiligt gewesen sind.

Sch.

Eruption des Aetna 26. Mai 1879. Att. d. Linc. Trans. (3) III, 257; Naturf. 1880, 45†.

Die römische Commission hat mit ihrem Bericht über diese Eruption folgende Schlussätze veröffentlicht:

1. Es hat sich eine enorme Zerreissung gebildet, welche den Gipfel des Gebirges von einem Abhang zum andern spaltet.

2. Die Eruption zeigt sich gleichzeitig auf den beiden entgegengesetzten Flanken und in verschiedenen Höhen; ein Grund weshalb sie an der höheren Seite bald aufhörte und an der anderen mehr Kraft gewinnt.

3. Der Eruptionsapparat ist imponirend und grossartig wegen der grossen Entfernungen, welche ihre verschiedenen constituiren-

den Elemente durchlaufen, und weil in denselben in directerer Weise als gewöhnlich der Hauptkrater mit inbegriffen ist.

4. Die erste Periode der Eruption ist aussergewöhnlich heftig gewesen, aber gegen jedes Erwarten hörte nach 11 Tagen die Eruption der Lava auf, eine Thatsache, welche vielleicht ihre natürliche Erklärung findet in dem ausgiebigen und leichten Entweichen der Gase.

5. In den bewohnten Centren, die längs des Perimeters des Aetna liegen, hat das Zerreissen des Berges nur schwache Oscillationen wahrnehmen lassen ohne Schaden anzurichten oder Furcht zu wecken. Die Eruption kam unverhofft. Dieser Charakter der Stille, der den Beginn der Eruption begleitet hat, erklärt sich dadurch, dass diesmal z. Th. der Apparat der Eruption von 1874 benutzt wurde, welcher abortiv geblieben war.

Ueber denselben Ausbruch finden sich Nachrichten, Beschreibungen und Schilderungen in verschiedenen Zeitschriften, vgl. u. a.:

L'eruzione dell' Etna del 26 maggio 1879. Boll. Soc. Geogr. Ital. 1879. No. 8. p. 550-560.

A. v. Lasaulx. Der Aetna und seine letzte Eruption. Deutsche Revue Sept. 1879. p. 365-372.

P. S. Langley. Observations of Mount Aetna. Sillim. J. (3) XX, 33-44.

G. F. Rodwell. Etna. Nature XXI, 396.

Notes from Sicily: the late eruption of Etna. Nature XXI, 458. *Sch.*

Rodwell. Etna. Nature 1880. XXI, 396. Rodwell (Silvestri).

Seit 10. Februar gewährte der Aetna bemerkenswerthe Erscheinungen innerhalb des Centralkraters. Die Asche ist grau, gleich pulverisirtem Basalt. Bei Vergrösserung sieht man kleine, durchscheinende Tabularkrystalle, wohl von Feldspath mit eingestreuten grünen und braunen Partikeln. *Hh.*

LASAULX. Die Schlammvulkane von Paterno (am Aetna). Naturf. 1880, 67; Z. S. d. dtsch. Geol. Ges. XXXI, 457†.

Schon früher hat Herr GÜMBEL, München. Ber. 1879, diese Schlammvulkane untersucht. Als Schlussergebniss wird angeführt:

1. Die Salinellen (Schlammvulkane, Schlammsprudel) entstehen aus dem Zusammentreten gasförmiger, vulkanischer Emanationen mit Quellläufen in leicht auflöslichen, Steinsalz, Gyps, Kalk und andere Salze enthaltenden Schichten.

2. Die mit den Salinellen in Verbindung auftretenden Kohlenwasserstoffe bilden sich aus denselben vulkanischen Emanationen unter der Mitwirkung dieser Schichten.

3. Die sogenannten Eruptionen der Schlammvulkane entstehen nur dadurch, dass unter dem Drucke der als Wirkung einer Erderschütterung bewegten und dislocirten Schichten die aufgelösten und gelockerten Schichtentheile mit dem Quellwasser emporgequetscht werden. Eine gleichzeitige erhebliche Steigerung von gasförmigen Emanationen ist damit nicht nothwendig verbunden. Cf. Ber. 1879.

Vgl. auch:

LÜDICKE. Ueber GÜMBEL's Arbeit „Schlammvulkane“. Münchn. Ber. 1879, 3; Z. S. f. ges. Naturw. (3) IV. LII. 1879, 878-882. *Sch.*

W. SIEMENS. Physikalisch-mechanische Betrachtungen, veranlasst durch eine Beobachtung der Thätigkeit des Vesuvs im Mai 1878. Berl. Monatsber. 1878. 17. Okt. p. 558†; Beibl. 1880, 23-25.

— — Considerazioni fisico-meccaniche occasionate da un' osservazione dell' attività del Vesuvio nel maggio 1878. Berl. Monatsber. 1878; Cimento (3) XIX, 182. cf. oben.

Dem Verfasser fiel bei seinem Aufenthalte in Neapel auf, dass die Dampfströme des Vesuvs, mit einem Fernrohr beobachtet, aus auf einander folgenden Dampfringen zu bestehen schienen. Bei einer nachfolgenden Besteigung des Vesuvs bemerkte er, dass aus der hellglühenden Krateröffnung alle 2 bis 3 Sekunden heftige Explosionen hervorbrachen, durch welche die umgebende Luft emporgerissen wurde, so dass sich die nach oben sich erweiternden Dampfringe bildeten. Flammenerscheinung wurde nicht beobachtet. Diese Beobachtung konnte der Verfasser mit der gewöhnlichen Annahme, dass die aufsteigenden Dampfblasen die Ursache waren, nicht in Einklang bringen; auch etwa durch Dissociation gebildete Knallgasmengen konnten das Phänomen nicht erklären. (Es wird zugleich ein früherer Versuch, nach dem kaltes Knallgas bei sehr hohem Druck explodirt, angeführt.) „Es bleibt hiernach nur übrig anzunehmen, dass im Krater Wasserstoffgas oder brennbare Wasserstoffverbindungen emporsteigen, die auf irgendeine Weise mit Sauerstoff zu einer explosiven Gasmischung vermischt und nach erfolgter Mischung im oberen Theile des Kraterzuges entzündet wurden.“ Diese Mischung erklärt sich dadurch, dass die nach der Explosion eintretende kalte Luft einen Theil des gebildeten Wasserdampfes condensirt und so ein Nachströmen der Luft bewirkt, die sich mit dem zuströmenden brennbaren Gase mischt und an der Explosionsgrenze angekommen, explodirt. Nach Beobachtungen über die Natur des brennbaren Gases scheint sich der Verfasser unter Beziehung auf kosmische Verhältnisse für Wasserstoff zu entscheiden. Einer speciellen Besprechung der THOMSON'schen Anschauung, der den inneren Erdkern für fest, die Lavamassen der Vulkane, eingeschlossenen mit flüssigem Material angefüllten Spalten entspringend, ansieht und die Erdbeben auf Einsturz im Erdinnern zurückführen will, wird die Mitttheilung von Versuchen von F. SIEMENS über Erkaltung von Glas angeschlossen. Es zeigt sich, dass das auf höhere Temperatur (1650° C.) erwärmte Gas eine viel bedeutendere Volumverminderung (8,07 pCt.) erfährt als das weniger hoch erhitzte (1250°) (um 3,37 pCt.). Nach allem findet die Contraction hauptsächlich beim Uebergang aus dem leichtflüssigen in den zähflüssigen Zustand statt und eine Volumverminderung von 30 pCt. wie sie THOMSON für den Uebergang aus dem flüssigen in den festen Zustand angenommen hatte, ist nicht statthaft. Hiernach müsste das Innere aus einer zähflüssigen Masse bestehen. Es steht auch die THOMSON'sche Flutberechnung dem nicht entgegen, und wird im einzelnen diese Anschauung zur Erklärung vulkanischer Erscheinungen benutzt. *Sch.*

GEIKIE. The lava fields of north western Europe. Nature XXIII, 3-5†.

Herr GEIKIE wendet sich gegen die Gewohnheit die vulkanischen Erscheinungen am Mittelmeerbecken (Vesuv, Aetna) als typisch für alle Zeiten anzusehen und weist auf die Basaltplateaus Nordwest-Europas hin, wie sie sich auch in Nordamerika an den Abhängen nach dem Pacific zu finden (namentlich am Snake River). Die Lavaausströmungen fanden aus Spalten statt.

Sch.

Litteratur.

G. FREDA. Inkrustation der Lava des Vesuvs vom Jahre 1854. Gazz. chim. ital. X, 44. Analyse.

SILVESTRI. Ascent of Etna (HEIGHT). Nature XXII, 465.

— — Activity of the Aetna. Nature XXII, 39 (kurze Mitth.).

Vesuvius shows increased activity. Nature XXI, 524.

Auch Nachrichten über die Drahtseilbahn.

Eruption of Vesuvius 18.|12. 1879. Nature XXI, 215-216.

Lavastrom nach Portici zu, neuer Eruptionskegel 50' höher als der alte Kegel.

Eruption of Vesuvius. Nature XXIII, 83.

Verstärkte Thätigkeit November 1882. Kein grösserer Ausbruch.

M. COPPOLA. Vesuvlava. Gazz. chim. IX, 452 (1879); Chem. C. Bl. 1880, 139.

Eisenglanz und Rotheisenstein durch Einwirkung von Kochsalz und Wasserdämpfen auf Vesuvlava.

H. C. SORBY. Künstliche Schlacken und eruptive [illegible]steine. Naturf. 1880, 362-365. Lond. Geol. Soc.

J. R. SANTOS. Volcanic ash from Cotopaxi. Ch[illegible] XL, 186; J. chem. soc. Febr. 1880, 97-98 (L).

Specif. Gew. 2,473. Die Asche war zu Bahia de Caraguez 200 km vom Vulkan beim Ausbruch vom 23. August 1878 gesammelt und analysirt (Blei gefunden).

SCACCHI. Ricerche chimiche sulle incrostazioni gialle della lava vesuviana del 1631. J. chem. soc. July 1880. 445; Gazz. chim. X. H. 1. 1880; Atti d. Lincei (3) Transunti IV. H. 5. p. 150-151. (Vesbium, Vesbin von Vesvius, Vesbius, Vesuv.)

B. S. LYMAN. Geological survey of Japan 1878—1879. PETERM. Mitth. 1880, 70.

PETIT. Excursion au Fusiyama. Librairie des Bibliophiles. 6 fr. Paris 1880.

HILGENDORF. HOUETTE's Besteigung des Fusiyama. Globus XXXVII. No. 18 u. 19.

A. HOUETTE. Une ascension au Fusiyama. Tour du Monde XXXVIII. No. 990. p. 401.

T. COAN. Recent action of Mauna Loa and Kilauea. SILLIM. J. (3) XX, 71-72.

Besteigung des Hekla. Ausland 1880, 300.

Erhöhung der Temperatur des Kratergesteins. (Unwichtig.)

MENTEN. Ausbruch des Cotopaxi 3. Juli 1880. Verh. d. Ges. f. Erdk. VII. No. 8. p. 381. (Brief an STÜBEL.)

Höhe der gefallenen Asche 11 mm.

P. LÉVY. Le système volcanique de l'Isthme Américain. L'Exploration 1879. No. 154. IV. 1. p. 97-101.

THIERSONT. Eruptions in Guatemala (Fuego etc.). Nature XXII, 544. Weitere Nachrichten.

The eruption of the Fuego (Guatemala). Nature XXII, 441; Mondes (2) LIII, 265.

Nach dem Panama Star und Herald. Erdbeben, die mit dem Ausbruch des Vulkans endeten.

Flora der Vulkane. Ausl. 1880, 497.

Namentlich Vertheilung am Utaké (Japan), Einfluss der Thalwinde auf das Hochsteigen der Flora.

MAURO. Ricerche chimiche sulle lave di Montelompatri, del Tusculo, di Villa Lancellotti e di Monte Pila. Atti Nuov. Linc. IV. 1880. H. 7. p. 226.

Dölter. Die Produkte des Vulkans Monte Ferru. Wien. Denkschr. XXXIX, 41-97. Cf. oben.

A lacastrine volcano. Nature XXII, 129.

Schlammvulkane und ihr Eruptionsmaterial. Gaea XVI. H. 4.

G. Novi. Sur l'emploi des sables volcaniques dans le tractement des vignes attaquées par le Phylloxera. C. R. XC, 1258-1259†; Mondes (2) LII, 88.

A. Verri. Sulla cronologia di vulcani terreni e sulla idrografia della Val di Chiana. Rendic. Lomb. XI. H. 3.

Ed. Reyer. On the structure of the volcanoes of Bohemia. Philos. mag. (5) IX, 149; Jahrb. d. k. k. geol. Reichs. XXIX, 405.

S. Speciale. The lavas of the volcanoes of Ernici in the valle del Sacco. Gazz. chim. IX, 393-395; J. chem. soc. April 1880. Abst. 226.

---

4. Erdbeben.

The study of Earthquake in Switzerland. Nature 1880. XXI, 351.

Heim. Les tremblements de terre et leur étude scientifique. Arch. sc. phys. (3) III, 261-290†.

Am tellurischen Observatorium in Bern behandelte diese Frage eine Commission, zusammengesetzt aus den Herren Heim und Billwiller aus Zürich, Amsler aus Schaffhausen, Forel aus Morges, Hagenbach aus Basel, Soret aus Genf, unter der Vorstandschaft von Forster zu Bern. Drei Hauptstationen Genf, Basel, Bern sollen mit Seismometern vollständig, mehrere sekundäre Observatorien mit einfacheren Instrumenten ausgerüstet werden. Drei Apparate werden vorgeschlagen von Amsler, Forster und Hagenbach. Sie sind hier in Kürze nicht beschrieben, sondern bloss angedeutet. Der erste ist ein Pendel mit Pinselschwungspitze und elektrischer Zeitglocke; der zweite ein mit Quecksilber gefülltes Becken oder besser ein Y förmiges Röhrensystem; der dritte besteht aus drei Metallcylindern, senrecht stehend auf einer Platte, fallend und rollend, Richtung und Erstreckung von Stoss und Erschütterung zeigend. Eine erläuternde Abhandlung und Aufstellung bestimmter Fragen über die einschlägigen Haupterscheinungen soll vornehmlich den naturforschenden Vereinen und Alpenclubs Anlass zu genauen Beobachtungen geben. *Hh.*

Ueber Erdbebenmesser.

Vielfach sind in neuerer Zeit, wo sich den Erdbebenbeobachtungen wieder ein grösseres Interesse zugewandt hat, Versuche gemacht möglichst einfache Apparate dieser Art, die an vielen Orten aufgestellt werden können (vgl. auch den Schweizer Commissionsbericht), zu construiren. Vgl. die Arbeiten von Palmieri etc. Unter anderem mögen noch folgende Versuche erwähnt werden:

G. Wagener (auch Wagner gedr.). On a new Seismometer. Folio. Tokio 1880. Japan Gazette 10. Juli 1880. cf. unten die Notiz von Knipping (Seismological Soc.) Nat. XXIV, 113. cf. 1881 den Erdbebenbericht aus der Schweiz an verschiedenen Orten. *Sch.*

O. Lang. Pendelseismograph. Z. S. d. dtsch. geol. Ges. 1879, 775-781.

Tissandier. L'étude des tremblements de terre. Le nouveau sismographe de M. Galli. Mondes (2) LI, 513 bis 517†.

Der Bericht Tissandier's (la Nature entnommen) zeigt, dass der ziemlich complicirte Apparat auch für mikroseismische Beobachtungen eingerichtet ist. In Bezug auf letztere glaubt Referent darauf hinweisen zu müssen, dass diese erst dann vollständigen Anspruch auf Sicherheit machen können, wenn die Apparate nachgewiesenermaassen gegen jede Uebertragung einer künstlichen Erderschütterung geschützt sind und Beobachtungen über die Fortpflanzung derselben (Explosion, Rollen von Fuhrwerk) vorliegen;

bei der grossen Empfindlichkeit der Apparate können sonst leicht Irrthümer entstehen. Der GALLI'sche Apparat ist ohne die im Mondes enthaltene Zeichnung nicht gut discutirbar, er besteht aus einer Art Pendelvorrichtung. Auf zwei Messingsäulen ruhen glockenartige Aufsätze mit nach oben gehenden langen Stäben, die unten durch einen weiteren concentrischen Ring, der mit der auf der Spitze sitzenden Kuppel durch vier Stäbe verbunden ist, im Gleichgewicht gehalten werden; der eine Stab trägt ein Silberspiegelchen, von dem ein Lichtpunkt nach einem Fernrohr reflectirt wird, so dass hier die geringste Bewegung erkannt werden kann, der andere Verticalstab trägt ein geschwärztes Papier, das einer Nadel gegenübersteht, die bei der Bewegung des Papiers diese markirt. Die Verticalstösse werden durch eine Spirale mit angehängtem Gewicht nebst Uebertragung auf einen markirenden Hebel nachgewiesen.

Um die Richtung zu messen dient ein Pendelapparat mit Uhr und ermöglicht eine besondere Vorrichtung die Orientirung des Stosses. Da verschiedene Beobachtungen darauf hindeuten, dass die magnetische Kraft eines Magneten vor dem Erdbeben geändert wird, hat Herr G. an seinem Seismographen einen Hufeisenmagneten, mit den Schenkeln nach oben, angebracht, dessen Anker, durch ein Laufgewicht äquilibrirt, bei der geringsten Aenderung der magnetischen Kraft sich neigt. *Sch.*

SCHIMMELPFENNIG's Seismograph. Elektrot. Z. S. 1880. I, 182 bis 183†.

In Veranlassung eines Apparats von Herrn LASAULX, der zum Zweck der Fixirung der Zeit des ersten Erdbebenstosses mehreren Postanstalten zur Beobachtung übergeben war, hat Herr SCH. einen eigenen Apparat construirt. Der LASAULX'sche Apparat giebt nur den ersten Stoss und wird in dem Kasten einer Pendeluhr befestigt. Er besteht aus einem beweglichen Stempel, rings von Tellerchen umgeben. Durch eine Kugel von Messing wird der Stempel bis zum Rande des Tellerchen herabgedrückt, beim Erdbebenstosse rollt die Kugel in ein Tellerchen und der durch eine Feder hervorgetriebene Stempel arretirt die Uhr. Der SCHIMMELPFENNIG'sche Apparat soll die Zahl der Erdstösse, ihre Richtung und die Zeitmomente der Erschütterungen registriren, wird aber jedenfalls noch einer Bewährung in der Praxis bedürfen, ehe er eine allgemeine Einführung erfahren kann.

Sch.

E. KNIPPING. Neuer Erdbebenmesser. Z. S. f. Met. XV, 102†; KLEIN Wochenschr. f. Astron. 1879. No. 16.

Der von WAGNER vorgeschlagene, für die deutsche ostasiatische Gesellschaft ausgeführte Apparat giebt die Zeit und die grösste Horizontalbewegung der Erde, letztere den geschätzten Stärkegraden des Erdbebens entsprechend, an. Es ergiebt sich, dass bei kaum merkbaren Erdbeben das Maximum der horizontalen Ortsveränderung eines Punktes der Erdoberfläche, von seiner Ruhelage aus gemessen 0,05 mm und weniger beträgt, bei mässig starken 0,8 mm. Der Apparat wird sehr gerühmt und soll später ausführlich beschrieben werden. *Sch.*

L. PALMIERI. Il Sismografo portatile. Napoli 1874. Mem. 1-9†.

Schon früher 1856 hatte PALMIERI, nachdem er die Unvollkommenheiten der mechanischen Seismometer nachgewiesen, einen elektomagnetischen Seismographen construirt, welcher vervollkommnet, bei grösster Empfindlichkeit Stunde, Dauer und Natur des Stosses anzeigt und zugleich die Intensität desselben misst. Dieser Seismograph ist auch Berl. Ber. 1872, 930 berücksichtigt. Der Uebelstand war die Schwierigkeit des Transportes und hat deshalb PALMIERI an diesem „festen“ Seismographen Aenderungen angebracht, die ihn zu einem transportirbaren machen. Der Apparat besteht aus der Vorrichtung, die Zeichen zu geben und einer andern sie zu registriren; im wesentlichen ein Telegraphenapparat, bei welchem das Erdbeben das Schliessen bewirkt. Für Angabe der verticalen Stösse sind zwei Vorrichtungen angebracht, eine Platinspirale mit Temperaturcompensation, deren

Spitze über einer Quecksilberfläche schwebt und ein cylindrisches federndes Stahlstäbchen, dessen Spitze über einem Quecksilbertropfen sich befindet. Durch den Stoss wird in beiden Fällen das Quecksilber mit den Spitzen in Berührung gebracht und dadurch der Strom geschlossen. Die oscillatorische Bewegung wird durch ein Pendel signalisirt, dessen Spitze, wenn in Ruhe, in der Mitte eines Quecksilberkreises, dessen Meniskus eben über die Rille hervorragt sich befindet. Diese Vorrichtung ist so empfindlich gemacht, dass die geringsten Vibrationen angegeben werden. Die Registrirvorrichtung ist ebenfalls beschrieben.

Sch.

CARPENTIN. Notice sur les tremblements de terre ressentis à Smyrne depuis l'antiquité la plus reculée jusqu'au 26 septembre 1880. Ann. de chim. XXI, 512-551†. Vergl. auch CARPENTIN: tremblement de terre de Smyrne du 29 juillet 1880. C. R. XCI, 601-607†.

In Veranlassung des jüngsten Erdbebens von Smyrna, hat Herr CARPENTIN eine ausführliche Darstellung sämmtlicher Erdbebenerscheinungen, die von Smyrna bekannt geworden sind, gegeben. Zuerst werden Nachrichten aus dem Alterthum gegeben unter Anführung der Quellen. Die heftigsten Erschütterungen erfuhr Kleinasien 17 und 262 n. Chr.; für Smyrna finden sich folgende Daten: 1362 v. Chr., darüber eine nähere Quellenbesprechung, 180 n. Chr., 1048, 1664, 1688, 1778; auch diese beiden Erdbeben erfahren eine ausführliche Besprechung. Sodann werden Erschütterungen aus 1846, 1852 angeführt und wird nach L'Impartial 1880 hervorgehoben, dass fast jedes Jahr Erschütterungen erfolgen, die Daten über die früheren jedoch sehr schwer zugänglich sind (PURSER).

1865 4 Haupterschütterungen
1866 3 - -
1867 5 - -

(namentlich am 14. März Erdbeben von Mytélene)

1868	8 (1)*)	1869	6 (4)
1870	5 (1)	1871	6 (3)
1872	3 (1)	1873	8 (3)
1874	3 (1)	1875	20 (2)
1876	1	1877	9 (3)
1878	3	1879	6 (2)
1880	30 (12)**)		

Das stärkste Erdbeben seit 1778 fand am 29. Juli 1880 statt und folgten Erdstösse 3., 8., 9., 10., 11., 21., 24., 31. August und 2., 12., 25., 26. September. Die Richtung des Stosses NNO.—SSE.

Es zeigte sich eine heftige stossförmige Bewegung mit undulatorischen Bewegungen verschiedener Art, auch drehende Bewegungen wurden beobachtet. Der Mittelpunkt der Bewegung lag im Imamler Dagh (am Sipylus), die Fortpflanzung schien concentrisch und erstreckte sich auf den grössten Theil der Provinz Smyrna. Auf die dem Erdbeben vorangegangene grosse Hitze und starke elektrische Ladung, sowie auf den niedrigen Barometerstand wird hingewiesen und scheint der Verfasser an einen Zusammenhang mit diesen Erscheinungen zu denken. Dann folgen Nachrichten über das Erdbeben von verschiedenen Orten, Ménemen (Sipylus), Bournabat, Smyrna, Magnesia. Spalten entstanden von Ost nach West, das Meer schien durch verticale Stösse erschüttert und zeigte keine Ebbung und Fluthung; in kreisförmigen Wasserbehältern zeigte sich ein Rotiren der Flüssigkeit. In dem Abschnitte III werden die Erscheinungen, welche dem Erdbeben folgten, behandelt. Barometerstand, Wind, Temperatur, auch die Abweichungen der Magnetnadel sind dann beobachtet. Die Deklination war sehr stark, von 12,5° auf 34°, sank von 30 auf 1,5, stieg aber nach einem Erdstosse wieder auf 9° und nahm erst in der Nacht vom 1. zum 2. August ihre normale Lage wieder an. Auf die Erdbeben in Manila 12. bis 21. Juli, Azoren Ende Juli und Neapel 25. Juli wird hingewiesen. Tafeln geben dann die Stellung eines Pianos, aus denen auf

*) Die Zahl der stärksten ist eingeklammert.

**) E. Purser, Meteorological Tables of Smyrna from the year 1865—1880.

Richtung, Stärke etc. der Stösse geschlossen ist; auch sind die erzielten meteorologischen Beobachtungen in Tabellen zusammengestellt. Die Smyrnaer Erdbeben geben für eine Periodicität keinerlei Anhalt.

Weitere Notizen über dies Erdbeben:

H. Clarke. Earthquake in Smyrna. Nature XXII, 363.
(Unwichtig, Anfüllen der Brunnen mit Wasser.)

Auch folgende Notiz passt auf die Nachrichten, die etwas übertrieben und ungenau sind.

Les tremblements de terre de Syrie des 28 et 29 juin 1880. Mondes (2) LII, 579. *Sch.*

J. Delauney. Earthquakes and the Planets. Sillim. J. (3) XIX, 162-163†.

Herr D. hat Perrey's Erdbebentafeln 1750 bis 1842 untersucht. Er findet zwei Gruppen von Maxima, anfangend 1751 (?) und 1756 mit einer Periode von 12 Jahren und zwei andere anfangend 1756 und 1773 mit einer Periode von 28 Jahren. Die ersten fallen zusammen mit der Zeit, wenn Jupiter die mittlere Länge von 265° und 135° erreicht, die letzten mit denen, wenn Saturn die nämlichen Längen erreicht, woraus geschlossen wird, dass die Erdbeben ein Maximum haben, wenn diese Planeten in den erwähnten mittleren Längen sind. Das jährliche November-maximum wird daraus erklärt, dass die Erde um diese Zeit Meteorschwärme passirt, und er erklärt ähnlich die Wirkung des Jupiter und Saturn. Für die Jahre 1886, 1891, 1898, 1900 etc. wird eine Vermehrung der Erdbeben vorausgesagt. *Sch.*

Seismological Society of Japan. Peterm. Mitth. 1880, 317; Sillim. J. (3) XX, 159†.

Nachricht, dass in Japan eine seismologische Gesellschaft gegründet ist, die den Zweck hat die Erdbeben zu studiren und sich mit anderen ähnlichen Gesellschaften oder Commissionen in Verbindung zu setzen (Italien, Schweiz). Der Berichterstatter,

Herr KNIPPING, macht die Bemerkung, dass in Japan die alten Erdbebenmesser sich nicht bewährt haben und empfiehlt den WAGNER'schen, der sich vortrefflich bewährt habe, indem er auf Mittheilungen der Ostasiatischen Gesellschaft XIV, 117, XV, 216, XVII, 318 verweist, die der physikalischen Gesellschaft leider nicht zugänglich sind. *Sch.*

Elektricität und Erdbeben. Elektrot. Z. S. 1880. H. 10. p. 361†.

Herr CEDRARO bemerkte am 12. März 1880 auf der Linie Lagonegro-Cosenza, während nicht gearbeitet wurde, eine langsame Ablenkung der Nadel durch einen negativen Strom bis 10°, 4—5 Sekunden darauf fühlte er zwei starke Erdstösse von 3 Sekunden Dauer. Herr SERPIERI giebt an, dass sich die Beobachtungen elektrischer Strömungen vor den Erdbeben vermehren. *Sch.*

FOREL. Sur les travaux de la commission seismologique. Arch. sc. phys. (3) IV, 369-372†.

Nachrichten über den Zweck der Commission. In den letzten 12 Monaten (Bericht erstattet in d. schweiz. naturf. Gesellschaft, Jahresversammlung zu Brieg 13.—15. September 1880) sind in der Schweiz 14 Erdbeben beobachtet. 28. November 1879 Lugano bis 3. September 1880 Zermatt. Die Erdbeben vom 4. und 5. December, 30. und 31. December 1879 und 4. Juli 1880 waren ausgedehnter und stärker. Das mittlere bestand aus drei grossen Erschütterungen und ca. einem Dutzend kleineren. Herr FOREL schlägt folgende Bezeichnungen für Stärke der Stösse vor:

I. Mikroseismische Erschütterung (Secousse d'ordre microseismométrique).

II. Sehr schwache Erschütterung (nur mit seismometrischen Instrumenten wahrnehmbar) Secousse extrêmement faible.

III. Sehr schwacher Stoss, Secousse très faible (nur unter günstigen Umständen durch das Gefühl bemerkbar).

IV. Schwacher Stoss, Secousse faible. (Stoss beim Wachen

leicht bemerkbar; im Stande Schlafende zu wecken; Bewegung aufgehängter oder flüssiger Körper).

V. Stoss von mittlerer Intensität, Secousse d'intensité moyenne (Verrückung von Möbeln).

VI. Starker Stoss, Secousse forte (Umstürzen von Möbeln, Risse in Decken und Wänden).

VII. Recht starker Stoss, Secousse assez forte (Einstürzen von Schornsteinen, Beschädigungen von Gebäuden).

VIII. Sehr starker Stoss, Secousse très forte (Einsturz von Schuppen und leichtem Bauwerk).

IX. Ausserordentlich starker Stoss, Secousse extrêmement forte (Einsturz von Häusern).

X. Stoss grösster Stärke, Secousse d'intensité extrême (Verwerfung der Schichten, Spaltenbildung, Bergstürze etc.).

Die drei Stösse 30. und 31. December waren hiernach mit VII, V und IV zu bezeichnen. *Sch.*

C. W. C. Fuchs. Ueber Erdbeben in den Alpen und deren Beobachtung. Z. S. d. d. ö. A. Ver. 1880. XI†.

In einer früheren Abhandlung Z. S. d. d. ö. A.V. Bd. III p. 1 (1872) hatte der Verfasser eine Uebersicht der Erdbeben in den deutschen Alpen von 1865—1871 (58) gegeben, aus welcher hervorgeht, dass diese verhältnissmässig häufig sind. Nach Vervollständigung der Statistik giebt der Verfasser jetzt die Zahl für das gesammte Alpengebiet (Seealpen bis Karst) für den Zeitraum von 1865—1880 auf 362 an, also durchschnittlich pro Jahr 24. Sie scheinen an Häufigkeit von West nach Ost zuzunehmen. In Tirol, Salzburg und den baierischen Alpen beläuft sich die Zahl auf 76, wobei die vom italienischen Abhang ausgehenden Erschütterungen (Belluno, Monte Baldo) nicht mitgerechnet sind, und hier wieder ist das Unterinnthal ein Hauptherd (42). Sehr häufig werden sie nur in Thälern verspürt. Hierauf geht der Verfasser kurz auf die Kärntner Erdbeben ein, aus deren Beobachtung sich ergeben hat, dass sie mit dem geologischen Bau zusammenhängen, so dass die Erdbeben in Folge der gebirgsbildenden Kräfte auftreten, und bespricht die Organisation für weitere Erdbebenbeobachtungen in den Alpen. *Sch.*

Erdbeben auf der Halbinsel Kamtschatka. Z. S. f. Met XV, 1880, 291†. Ausbruch des Kliutschewsk (Kliutschewskaja).

„Im vorigen Jahre (1879) ergoss er während des ganzen Sommers nach 3 Seiten hin sehr breite Ströme feuriger Lava und darauf am 26. August (7. September) schleuderte er plötzlich nach zwei Erderschütterungen eine so ungeheure Menge von Asche und Sand empor, dass um 3 Uhr Nachmittags, bei heiterem Himmel und vollem Sonnenscheine, eine wahrhaft ägyptische Finsterniss hereinbrach.“ *Sch.*

G. Rockwood. Notices of recent earthquakes. Sillim. J. (3) XIX, 295-300†.

— — Statistics on earthquakes. Ib. 496†.

Zusammenstellung der Erdbebenerscheinungen in Amerika vom 9. Juni 1878 bis 23./24. Februar 1880. Die nach einzelnen Journalnotizen gemachten Angaben sind als nicht ganz sicher besonders gedruckt (hier eingeklammert), auch finden sich notirt Zeit und Stärke des Stosses.

1878. 9. Juni Granada (Nicaragua), S. José (Costa Rica) ebenso hier am 31. October, 3., 8., 23. November; 16., 19. Juni Cerro de Pasco; 17. Juni Granada (Nicaragua); (12. November Unalanka), 18. November Missouri, 26. November Alajuela (Costa Rica); 9. December Red Bluff (Cal.), 17. December Yuma (Arizona), 24. December Flushing N. Y., 28. December Schobare N. Y.

1879. 9. Januar Arequipa, Peru, 12. Januar Iquique, Florida, (30. Januar Colima, Mexico); 4. Februar Visalia, Cal.; 12., 18., 26. Februar San José de Costa Rica, (19. Februar San Francisco), 18. März Alajuela; 25. März Chester, Salem N. J., 3., 4., und 9. April San José, 14. April Norfolk N. Y.; 16. Mai Vera Cruz; 25. Mai St. Georges, Bermuda; 26. Mai Princeton Cal., 29. und 30. Mai Costa Rica; 3. Juni Atka-Insel, Alaska; 11. und

12. Juni Montreal; 11. Juli Bogota, Columbia; 26. Juli Cairo, Ill.; (30. Juli, 1. August St. Thomas), 10. August Dominica, 10. August Los Angeles Cal., (18. August Tiske's Mills Cal.), 21. August Buffalo; 24. September Krisuvik, Island, 25. September Memphis, Tenn.; 2. October Oakland Cal., (2. October Arequipa), 24. October New Haven, Conn; 25. October Peterborough N. H., (26. October Winsborough, S.C.); 3. November Contovcook, N.H.; (13., 14., 15., 16. November Valparaiso), (18. November Costa Rica), 25. November Boise City, Idaho; (7. December Los Angeles, Cal.), 12. und 13. December Charlotte, S.C., 21. December San Salvador, ebenso 27. December; 29. December Yankton, Dacot.

1880. 9. Januar Bair. Monterey Cal., 22. und 23. Januar Key West. Havana, (8. Februar Ottawa), 23. und 24. Februar San Christoba, Cuba. *Sch.*

The Microphone as a Seismometer. Sillim. J. (3) XIX, 427; Nature XXI, 382-383†.

Herr Milne (Tokio) hat wie früher Herr Rossi (Sill. J. XVIII, 159) versucht, Mikrophone mit Telephon verbunden, die in Gruben in der Nähe des Beobachtungsgebäudes eingegraben waren, zu benutzen, um sehr geringe seismische Erschütterungen zu beobachten. Ob die etwa bemerkten Erschütterungen seismische sind, dürfte schwer festzustellen sein. Cf.:

Rossi. Milne, the microphone as a seismometer. Engineering XXIX. No. 756. p. 498. *Sch.*

Das Verhältniss der Erdbeben zu den Gebirgen. Ausland 1880, 1001-1002†.

Ausgehend von der neueren Theorie der Gebirgsbildung bei Kettengebirgen, die durch Faltenbildung, Stauungen und Verschiebungen erklärt wird, und daraus dass eine Verkleinerung des Erdumfangs um etwa 1 pCt. die ganze Stauung der nun zu weit gewordenen Rinde zur Folge hat, welche die jetzigen Kettengebirge auf der Erde erzeugt, wird hervorgehoben, dass durch noch vor sich gehende Stauungen in der Tiefe (durch Schrumpfung der Erdrinde hervorgerufen), welche die oberen Schichten in Spannung respective Bruch setzen, die Erdbeben erklärt werden können. Die einzelnen Gründe für diese Anschauung werden näher auseinandergesetzt. Zum Schluss wird bemerkt, dass nicht alle Erdbeben auf dieselbe Ursache zurückzuführen sind, und die Schweizer naturforschende Gesellschaft eine Commission eingesetzt hat, um den Erschütterungsherd der einzelnen Erdbeben auf den geologischen Bau zu untersuchen, Formveränderungen durch Nivellements nachzuweisen etc.

Als Gründe für die Stauungstheorie werden angeführt 1. die Erschütterungsherde der Erdbeben fallen zusammen mit den Falten oder Verschiebungslinien der gebirgsbildenden Dislocationen (den Längsfalten entsprechen Längsbeben, den Querfalten Querbeben). 2. Innerhalb einer Erdbebenperiode beobachtet man häufig, dass die Erschütterungsmittelpunkte sich auf diesen Dislocationslinien gesetzmässig nach bestimmter Richtung mit dem Vorschreiten der Spannung verschieben. 3. Erdbeben sind da am häufigsten, wo noch in jüngster Zeit starke Hebungen geschehen und junge Meeresablagerungen gehoben sind (Sicilien, Spanien, Alpen, besonders südamerikanische Anden), selten wo die Schichten fast unzerstört geblieben sind (Russland). 4. Mit den Erdbeben sind häufig Dislokationen verbunden (Hebungen, Senkungen, Spalten mit verschobenen Rändern, plötzliche Bildung von Hügelketten) (Indusdelta). 5. Die Seeschwankungen und Meeresbewegungen lassen sich nur durch Annahme einer dauernden plötzlichen Verschiebung erklären.

Bemerkt mag noch werden, dass die hauptsächliche Stütze für diese Theorie die Beobachtungen der alpinen Erdbeben gegeben haben. *Sch.*

J. F. J. Schmidt. Studien über Erdbeben. 2. Ausgabe. Mit 5 lithogr. Beilagen. Leipzig 1879.

Das Werk selbst lag dem Referenten nicht vor. Aus dem in Z. S. f. Met. XV, 70—71 sich findenden kurzen Berichte über den ersten Abschnitt: „Die Häufigkeit der Erdbeben im Vergleich mit den Stellungen der Erde gegen die Sonne, mit der Tageszeit, dem Luftdruck und den Gewittern", entnehmen wir folgendes: Nachdem der Verfasser den Einfluss des Mondes auf die Häufigkeit der Erdbeben nachgewiesen hat, werden die Luftdruckaufzeichnungen von Athen mit den dort beobachteten Erdbeben verglichen, woraus eine grössere Häufigkeit bei niedrigem Luftdruck sich ergeben würde. Doch scheint der Verfasser zunächst keinen inneren Zusammenhang zwischen beiden Erscheinungen anzuerkennen. Die elektrischen Erscheinungen finden sich in einer Uebersichtstabelle zusammengestellt (25jährige Mittel).

Donner hörbar.

Dec.	Jan.	Febr.	März	April	Mai	Juni
1,5	1,3	1,1	1,0	1,1	2,1	1,9

Juli	Aug.	Sept.	Oct.	Nov.	Jahr
1,4	1,0	1,7	2,5	2,7	19,3

Blitze allein sichtbar.

Dec.	Jan.	Febr.	März	April	Mai	Juni
3,3	2,7	1,9	2,7	1,9	3,3	5,3

Juli	Aug.	Sept.	Oct.	Nov.	Jahr
4,1	5,6	3,9	5,8	5,1	45,6

Summe.

Dec.	Jan.	Febr.	März	April	Mai	Juni
4,7	4,0	2,9	3,7	3,1	5,5	7,3

Juli	Aug.	Sept.	Oct.	Nov.	Jahr
5,5	6,6	5,6	8,3	7,8	65

In der jährlichen Periode fallen die Hauptmaxima der Orient-Erdbeben und die Gewitter nahe zusammen, aber sonst mangelt jede weitere Uebereinstimmung.

Der zweite grösste Theil des Werkes ist den Monographien der Orienterdbeben von 1837—1873 gewidmet. *Sch.*

FALB. On earthquakes. Nature XXIII, 156†.

NOVAK. Hypothesis as to the cause of earthquakes. Nature XXIII, 156†.

Herr FALB hat in einer Rede seine Theorie, nach der die Erdbeben durch unterirdische vulkanische Ausbrüche, veranlasst durch die Abkühlung der Erde und durch Sonnen- und Mondattraction, wieder vorgebracht, sie stützend durch die Behauptung, dass die wenigsten Erdbeben im Januar, die meisten im Juni stattfinden und ihre Zahl April und October zunimmt. Für Agram sind für December 16—30 Erdbeben vorausgesagt und hält FALB an deren vulkanischer Natur fest. Das Erdbeben von Agram vom 9. bis 14. November wird von andern mit Recht als ein tektonisches, entstanden durch Verschiebuugen, aufgefasst. (HÖRNES, HOCHSTETTER, PETERS.) Auf die einzelnen Momente desselben kann hier nicht eingegangen werden und mag auf den gleichzeitigen Ausbruch des benachbarten Schlammvulkans Sevete und Resnica hingewiesen werden; beide gaben sandig-thonigen Schlamm. Nature XXIII, 83. 106.

Herr NOVAK will die Erdbeben aus dem Schwanken der Erdaxe und des Aequators erklären. *Sch.*

J. C. LABHART. Erdbeben am 18. Juli zu Manila. Wien. Anz. 1880, 193-194†.

Am Sonntag, den 18. Juli 12 h 40 m Nachmittags, ein starkes Erdbeben, das 70 Sek. dauerte und den grössten Theil der Stadt zerstörte, am 20. Juli 3 h 40 m Nachmittags folgte ein zweites von 45 Sek. und 10 h 40 m Abends ein solches von 55 Sek. Dauer. Der Verlust an Menschenleben war gering.

	Winkel des Seismometers								beim vertikalen Seismometer
bei 1.	22°	11°	nach	O.	und	11°	nach	W.	34 mm
- 2.	17°	8°	-	W.	-	9°	-	O.	22 -
- 3.	17°	9°	-	SW.	-	8°	-	NO.	28 -

Ausdehnung ungefähr 422 km nach NO. und 120 km nach Süden.

Ebendarüber:

Tremblements de terres des îles Philippines. Mondes (2) LII, 457. Hier ist als Datum der 20. und 22. Juli angegeben.

ALVORD. The recent earthquakes in North Carolina. Bull. Philos. Soc. Washingt. I 1874, 101-102†.

CLINGMAN. Earthquake phenomena in North Carolina. Bull. Philos. Soc. Wash. I. 1874, 104†.

Es wird darauf hingewiesen, dass dieselbe Gegend auch 1811 erschüttert wurde Der Bergrücken (Bald Round Mountain) zeigt kein vulkanisches Gestein. Die Erschütterungen begannen am 10. Febr. 1874. Auf beiden Seiten des Rückens desselben wurden die Geräusche und die Stösse fast gleichzeitig verspürt. *Sch.*

HEIM. Erdbebenerscheinungen. Ausland 1880, 717†.

— — Die Erdbeben und deren Beobachtung. Basel bei Schwabe 1880. Bespr. Nature 1880, 459†.

Um Interesse für die Erdbebenbeobachtungen wach zu rufen, hat Herr HEIM eine kleine Schrift veröffentlicht, in der er einen Ueberblick über unsere Kenntniss der Erscheinung giebt. Einige der stärksten Erdbeben werden beschrieben, die Stossrichtung (succussorisch, succussorisch-undulatorisch, undulatorisch) besprochen; Schütterungsgebiete, Hebungen, Senkungen, etwaige Beziehungen zu anderen Erscheinungen werden berührt. Die Schrift wird in beiden Besprechungen empfohlen. *Sch.*

H. HÖFER. Die Erdbeben Kärntens und deren Stosslinien. Wien. Denkschr. XLII, 1-90† mit 10 Tafeln, 3 Karten, 1 Skizze und 10 Holzschnitten. Von FUCHS berichtet Naturf. 1880, 254-256.

Diese Arbeit muss zu den bedeutenderen Arbeiten der neueren Zeit auf dem Gebiete der Erdbebenkunde gezählt werden. Wenn auch wegen der vielen einzelnen Daten, auf welche sich die Schlüsse stützen, kein ausführlicher Bericht gegeben werden kann, muss doch etwas näher auf die Arbeit eingegangen werden, weil sie eine Hauptstütze für die Erklärung der Erdbeben aus tangentialverschiebenden Kräften, den Gebirgsstauungen, bildet. Am besten wird dies durch einen Ueberblick über den Gesammtinhalt geschehen.

Zuerst werden die allgemeinen Methoden der Erdbebenuntersuchungen kurz besprochen. Höfer unterscheidet die statistische, die monographische und die historisch-monographische. Die erste sucht aus einer Zusammenstellung und Aufzeichnung der Erdbebenerscheinungen im Vergleich mit anderen Erscheinungen Zusammenhänge zwischen beiden aufzufinden. Schon Pilgram (Untersuchungen über die Wahrscheinlichkeit der Wetterkunde 1788) glaubte an Beziehung zwischen Erdbeben und Witterungsverhältnissen, auch J. F. S. Schmidt arbeitete in dieser Richtung, während bei Perrey, Falb und anderen mehr die kosmischen Verhältnisse zum Vergleich herangezogen wurden. Dieser Richtung gegenüber, die bis jetzt keine sicheren Resultate ergeben hat, hat sich die monographische ausgebildet, die aus der Betrachtung der Verhältnisse eines Erdbebens und Wiederholung derselben bei verschiedenen Erdbeben die Ursache der Erschütterungen, die als in der Erde selbst gelegen, angesehen werden muss, zu ergründen sucht; kombinirt man beide Untersuchungsmethoden, so erhält man die historisch-monographische Methode. Nach dieser Methode wurden die Erdbeben Kärntens untersucht und zeigt sich, dass dieselben, wie Suess (Die Erdbeben Nieder-Oesterreichs. Wien. Denkschr. 1873. XXXIII; Berl. Ber. 1874) schon von anderen Gegenden nachgewiesen hatte, Stosslinien erkennen lassen, die zugleich Beziehungen zu Erderschütterungen, welche fast gleichzeitig an entfernten Gebieten stattfanden, zeigen, da diese in der Verlängerung der Stosslinien liegen. Es wird der Nachweis einer stauenden Kraft, die in den Ostalpen von Süd nach Nord gerichtet ist, höchst wahrscheinlich. In einer späteren Arbeit sollen die Kärntner Erdbeben nach der statistischen Methode untersucht werden und deutet der Verfasser schon hier an, dass das Resultat die Falb'schen Hypothesen nicht zu stützen vermag.

Nach dieser Einleitung folgt die Litteraturangabe und eine Aufzählung der einzelnen Erdbeben Kärntens, die unter sorgfältigster und umsichtigster Benutzung aller Quellen aufgestellt ist, und in der sich die Nachrichten über die einzelnen Erdbeben zusammengestellt finden. Hieran schliesst sich eine Quellenkritik, die zeigt, wie viel ungenaue Angaben in dieser Beziehung gemacht werden. Es sind berücksichtigt Angaben*) aus: 792, 1167, 1201, 1267, **1348** (bei diesem erfolgte der bekannte Abrutsch des Dobratsch, der Schütt; ganz Kärnten wurde verwüstet), 1359, 1360, 1511, 1512, 1622, 1681, **1690,** 1691, 1695, 1767, 1785, 1804, 1812, 1816, 1825, 1830, 1832, 1833, 1835, 1837, **1840,** 1841, 1844, 1845, 1846, 1847, 1850, 1851, 1853, **1855,** 1856, **1857,** 1858, 1860, 1861, **1862,** 1863, 1864, 1865, 1866, 1867, 1868, 1869, 1870, 1871, 1872, 1873, 1874, 1875, **1876,** 1877. (Im Ganzen sind 131 Erdbeben bekannt.)

Hiernach werden nun die Stosslinien der Kärnter Erdbeben untersucht, und bei den einzelnen Nachrichten als aktiv nachgewiesen; auch stehen sie in Beziehung zu Erschütterungen benachbarter Gebiete und entfernter Stossgebiete. Bei diesen zeigt sich eine grosse Regelmässigkeit, denn es sind dieselben immer wieder als Erbebenherde auch nach langen Zeiten aufgetreten. Es werden unterschieden:

I. Die Ostwest-Stosslinien.

1. Die westliche Mur-Linie (Mur-Ursprung—Knittelfeld).
2. Die Wörther Linie.
3. Die Dobratsch-Linie.
4. Die Kanalthal-Linie.
5. Die Lacker-Linie.

II. Die Nordwest-Stosslinien.

1. Linie Fray-Eisenkoppel, für Kärnten nicht nachweisbar.
2. Köln-Laibach.
3. Greifenburg-Adelsberg.
4. Die Tschitschen-Linie.
5. Die Adria-Linie.
6. Bozen-Primario.

Diese hängen mit den westdeutschen Erdbeben nahe zu-

*) Die stärksten Erdbeben sind hervorgehoben.

sammen, und werden diese Beziehungen in ausführlichen Tabellen dargestellt (Klana-Grossgerau, Belluno, Odenwald, Herzogenrat September 1873 bis Januar 1874).

III. Die Nord- und Nordost-Querlinien.

1. Das obere Lavantthal.
2. Die St. Veiter-Linie.
3. Die Rosegger-Linie.
4. Tarvis-Arriach.
5. Tagliamento-Linie.
6. Obervellacher-Linie.

Diese stehen mit den Erdbebenlinien von Steiermark und Oesterreich in nahem Zusammenhang.

Schliesslich spricht sich der Verfasser in dem Abschnitte, die Stosslinien und die Entstehung der Alpen, dahin aus, dass die stauende, gebirgsbildende mit der Erde tangentiale Kraft noch heute wirkt. Die seismologischen Studien und die Festlegung der Stosslinien, die nach den verschiedensten Methoden erfolgt ist, ergeben eine Richtung von Süden nach Norden und wird die Rückstauung durch die älteren Schichten Böhmens und des Schwarzwalds hervorgerufen. Die alten Bruchlinien der Schichten würden sich jetzt als Erdbebenstosslinien markiren. Eine Erdbeben-Karte von Kärnten, die Stosslinien der südlichen Kalkalpen und die Uebersicht des Erdbebens vom 22. Oktober 1876 sind hinzugefügt.

Sch.

Palmieri. On Earthquakes. Nature XXII, 185†.

Kurzer Bericht über einen Vortrag Palmieri's (nach Daily News), in dem er zur Beobachtung mikroseismischer Bewegungen auffordert, da es diese vielleicht gestatten auf Erdbeben zu schliessen. *Sch.*

Milne. Seismology in Japan. Nature XXII, 208†.

Bericht über die beim Erdbeben vom 20. Februar 1880 angestellten Beobachtungen. Dasselbe traf kurz nach Mitternacht ein und war ziemlich heftig. Der Stoss erfolgte zuerst SSE. bis NNW. und schien die Erschütterung in drei Perioden stattzufinden.

Sch.

H. LETHO. Hungarian Earthquakes and the Kolumbács Flies. Nature XXI, 202 (L)†.

In Nature XX, 89 war gesagt, dass bei den Erdbeben auch enge Höhlen bei Golubacz zugestürzt seien und die Brutplätze der Kolumbatsch-Fliege zerstört wären. Herr L. weist auf die richtige Kenntniss der Entwickelung der Kolumbatsch-Mücke hin, die ihre Brutstätten in den Höhlen, die deshalb sogar zugemauert wurden, gar nicht hat. *Sch.*

A. H. (Canton, 13. Sept.) Earthquake in China. Nature 1880. XXI, 12-13†.

Der südöstliche Theil der Provinz von Kanfuh wurde von einem verheerenden Erdbeben betroffen. Vom 29. Juni bis 11. Juli traten wiederholte Stösse auf, welche am dritten Tage ihre Höhe erreichten. Ein Tempel, Amtsgebäude und viele Privathäuser wurden zerstört. *Hh.*

Erdbeben am 18. November 1881. Nachrichten über Erdstösse in Cöln, Obercassel, Brohl, Wesel etc. Zeitungsbericht. Voss. Ztg. 22. November 1881.

Litteratur.

Erdbeben in Südwest-Russland. Z. S. f. Met. XV. 1880, 291.

Am 8./20. März zu Kischenew; heftiges Getöse, Dauer circa 3 Minuten; auch in Ssorki (Bessarabien) wurden die Erschütterungen wahrgenommen.

Z. S. f. Met. XV. 1880, 137. 138. 453 finden sich folgende Nachrichten: Gradatz, Unterkrain (v. HOMMATSCH) 12. Febr. abends 5h 15m, vorher Geräusch ohne Erschütterung, Richtung der Schwingung NE—SW. Dasselbe Erdbeben wurde Rudolphswert und Tschernembl verspürt. 18. Febr. in Idria. — St. Georgen 5. Febr.

2 h morgens. Ala 9. Febr. 2—3 h nachmittags; Lemsal (Livland) nach Zeitungsnotiz von BERGMANN berichtet am 5./17. Febr. 11 h abends. — Wiener Neustadt (LORENZ) 8. März 2 h 40 m nachmittags. — Am 23. März (4. April) Samarkand, 17./29. April zu Schemacha (Kaukasus).

Earthquake shock 19. Sept. 11 h a. m. und. 8 h Nature XXII, 519; Wellington New Zealand July 28 ib. 519; Chile 14. Aug. Nature XXIII, 20; Poitiers 22. März Nature XXI, 500; Rangoon 23. Sept. XXII, 615; Callander (Schottland) 28. Nov. Nature XXIII, 106; Dortmund 25. bis 27. Nov. ib. 106, 132; Schaffhausen Mondes (2) LIII, 505, Nature XXIII, 132; Omagh ib. 132; Wiesbaden 8. Dec. ib. 156; Banjaluka (Bosnien) 6 Dec. ib. 182; Irland ib. 183; 10. Dec. Brescia; Trakostyan (Croatien) 10.—11. Dec.; Smyrna 12. Dec.; 23. Dec. zu Bucharest, Galatz, Jassy etc.; 16.—17. Dec. Agram; 16.—17. Dec. Carniola (Krain), ebenso Pragerhof, Marburg, Csakathurn (Ungarn); 21.—22. Dec. Agram; 25. Dec. Odessa, Bessarabien, Kishneff, Tirospol Nature XXIII, 205; 23. und 25. Dec. in Bucharest, ebenso in Tultscha, Fokscha etc., Siebenbürgen ib. 232; Peschawar 10. Dec. ib. 275.

Reports of earthquakes. Agram 8. Dec. 1879 Nature XXI, 215; Switzerland 30. Dec. 1879 ib. 239; Weisskirchen, Churwalden etc. 22. Dec. 1879 ib. 286.

Shocks of earthquake: Tenez (Algier) 2.|3. Nature XXI, 547; at Nice ib. 617.

Erdbeben in Graubünden 27. April 1880 3 h 30 m Nachmittags Nature XXII, 66.

Earthquake at Carlsruhe 24. Jan. 1880, 1. Aug. 1880 zu Caracas Nature XXI, 408; XXII, 432.

DENZA. Coincidence of a shock of earthquake (febr. 1880) with an eruption of a volcano at St. Domingo. Nature XXI, 408.

Reports of earthquakes. Havana 22. Jan. 1880 Nature XXI, 306.

Earthquake in Japan 25.|2. 1880. Nature XXI, 423.

Earthquake of Yokohama 22.|2. 1880. Nature XXI, 617. Zermatt ib. 3. Sept. XXII, 466.

Earthquakes in S. Salvador (Dec. 1879). Nature XXI, 452.

GOODYEAR. Earthquake of San Salvador. SILLIM. J. (3) XIX, 415. Siehe die Nachrichten über den Ausbruch des Ilopango.

Erdbeben zu Smyrna 29.|7. 5 h 10 m a. m. Nature XXII, 329. Cf. oben.

Earthquake in Switzerland 28.|6. Mondes (2) LII, 299; Nature XXII, 252.

Earthquake at Manila 18.|7. 1880. Nature XXII, 276. 300. Cf. oben.

Earthquake at Naples July 3 h 30 m. Ib. 300.

Earthquakes in Austria 7.|11. Nature XXIII, 42; Tyrol 14. Nov. ib. 83.

Erdbeben von Agram. Nature XXIII, 63. 132; Erdb. v. Sitka 25. Okt. ib. 83.

Nachrichten über das Erdbeben von Agram. Mondes (2) LIII, 386-387. 425-426.

R. Hörnes. Das Erdbeben in Steiermark. Verh. d. k. k. geol. Reichsanst. 1880, 269-272.

G. Sebisanovic. Einiges über die Erdbeben von Karlstadt in Croatien. Verh. d. k. k. geol. Reichsanst. 1880, 325.

A. Goiran. Meteorologia endogena. Il terremoto veronese del 9 febbraio 1880. Verona.

de Touchimbert. Sur un tremblemeut de terre ressenti à Poitiers et dans les environs le 22 mars 1880. Mondes (2) LII, 37; C. R. XC, 831-832.

6 h 5 m abends. Nachrichten über diesen Erdstoss, der nicht weit verspürbar war.

Geinitz. Das Erdbeben von Iquique am 9. Mai 1877 und die durch dasselbe verursachte Erdbebenfluth im grossen Ocean. Verh. d. k. Leop. Car. deutsch. Akad. d. Naturf. Bd. XL. Halle 1878. cf. Ber. 1877.

British earthquakes. Nature XXIII, 117-118. (Zusammengestellt mit den Oberflächenfaltungen.)

O'Reilly. Remarks. Nature XXIII, 170 (L). (Weist auch auf die Spaltenbildung und Faltung in Beziehung zu den Erdbeben hin.)

Seebeben im südlichen stillen Ocean. Ann. d. Hydrogr. VIII. 1880, 665.

14. März 1880. 18° S. Br. und 172° W. Lg. 9 h 4 m $1\frac{1}{2}$ M. lang.

Seebeben 23° 21′ N. Br., 64° 44′ W. Lg. am 9.|2. 1880. Ann. d. Hydr. 1880, 336.

O'Reilly. On the relation to be established between coast-line directions represented by great circles on the globe and the localities marked by earthquakes in Europe. Rep. Brit. Ass. 1880. L. Swansea. 576.

Ponzi. I terremoti nelle epoche subappenniniche. Bollettino No. 3 e 4 del R. comitato geologico d'Italia, Roma 1880.

Paul. Earth tremors as shown by astronomical observations. Bull. philos. soc. Wash. III, 120-121.

Heim. Untersuchung der Erdbeben und deren bisherige Resultate. Sillim. J. (3) XIX, 334; Züricher Sitz.-Ber. XXIV. 1879, 310-316.

Lersch. Ueber die Ursachen der Erdbeben. Cöln 1879. 1 M. Bespr. Litt. C. Bl. 1880, 138.

de Bosis. Note on electricity and earthquakes. Tit. n. Nature XXII, 20; Rivista Scient. Ind. 15./3. 1880.

Erdbebenbeobachtung in der Schweiz. Ausland 1880, 260.

Nachricht, dass Erdbebenstationen in der Schweiz errichtet werden sollen.

Bericht der Erdbeben-Commission in der Schweiz. Verh. d. schw. naturf. Ges. 1878/79. Gallen. 62. S p. 112-117. cf. noch andere Journale und oben.

Hörnes. Die Erdbeben und deren Beobachtung. N. dtsch. Alpenztg. X. No. 7-10.

T. Bertelli. Della realtà dei moti microsismici ed osservazioni sui medesimi nell' anno 1873|74, fatte nel collegio alla Querce d. n. L. Acc. Pontif. d. n. L. XXVIII.; Cimento (3) VII, 160.

— — Riassunto delle osservazioni microsismiche fatte nel collegio alla Querce di Firenze e delle conseguenze dedotte dalle medesimi. Cimento (3) VII, 161; Acc. Pont. d. n. L. XXXI.

D. G. Mugna. Lo studio e la predizione dei fenomeni

sismici, mediante l'ascoltatore endogeno. Cimento (3) VII, 162.

Erdbeben. Nature 1880. XXI, 19. 202. 215.

In West-Cumberland kam im Oktober d. J. (? at 5.30 a. m. on Saturday week) ein starker Erdstoss vor. Die Erschütterungen in Südungarn verbreiten sich in nordöstlicher Richtung. Am 9. Okt. 8 h 55 m p. m. traf ein von SW gegen NE vorschreitendes Erdbeben Ekaterinodar im Kaukasus; ferner Agram, Seissenberg, Genua, Lyon.

---

5. Hebungen und Senkungen, Gebirge, Thalbildungen, Niveauveränderungen, besondere Verwitterungserscheinungen.

The scientific Results of the second Yarkand Mission, based upon the Collections and Notes of the late Dr. F. STOLICZKA. Published by Order of the Government of India. Calcutta 1878|79. Nature 1880. XXI, 389.

Zur Physik der Erde gehört blos der von BLANDFORD bearbeitete geologische Theil, von dem es heisst: „very little indeed had been done to elucidate the geological structure of the country.“ *Hh.*

Der Mechanismus der Gebirgsbildung. Dr. F. PFAFF. Heidelberg 1879. 8°. 1-143. 4,80 M. Mountain Building; Nature 1880. XXI, 325; Naturf. 1880, 213-214†.

Wenige Fragen der physikalischen Geologie sind so fesselnd, zugleich aber auch so schwierig, als die Entstehung der Gebirge. Zuvörderst muss deren Structur erforscht werden. Uebereinstimmung der physikalischen Gesetze und der geologischen Dynamik soll nicht nur als möglich, sondern als höchst wahrscheinlich erweisbar sein. Die eine Reihe von Arbeiten muss im Laboratorium, die andre auf dem geognostischen Beobachtungsfelde ausgeführt werden. Besonders die Alpen sind hierbei berücksichtigt worden. (BALTZER, HEIM.) Bahnbrechend war die Begründung der Experimental-Geologie durch HALL, DAUBRÉE, PFAFF, welche (Allgemeine Geologie als exacte Wissenschaft) darnach strebt, jedes geologische Problem auf den Versuch und die

Messung zurückzuführen. Unter Anderm handelt es sich namentlich um die Plasticität der Gesteine unter starkem Druck, welcher auf nahe zehn Atmosphären gesteigert werden konnte. Krümmungen oder Werfungen und Umbildungen der Felsarten werden aus der Cooperation des Wassers mit der Schwere hergeleitet. Dies wird im Artikel des Herrn „A. G." als „hydropathische Geologie" bezeichnet. *Hh.*

A. Gautier (Genf). The St. Gothard Tunnel. Nature XXI, 581-586†.

Aus der, mit 4 Zeichnungen erläuterten Arbeit gehört nur Weniges hieher. — Der eine Ausgangspunkt Göschenen in Uri hat 1109 m Meereshöhe und 672 m Erhebung über den Seen der vier Cantone. Der andere Punkt Airolo in Tessin liegt 1145 m über See. Die Länge beträgt 15000 m mit einer „curved bifurcation" von 125 m. Der Berg gewährt weniger topographische Vortheile als der Mont Cenis. Die Triangulation basirte auf einer Linie von 1450 m im Urseren Thale. Die Compressions-Pumpen, welche achtfache Atmosphärenpressung bei einer Temperatursteigerung auf 32° Cels. förderten, beschafften täglich 208000 cbm Luft, während 104000 nöthig waren. Die ausführliche Beschreibung der einschlägigen Verhältnisse und der genaue Verfolg der Arbeit kann, da unterdess vielfache Veröffentlichung der Resultate stattfand, hier übergangen werden. *Hh.*

F. Woas. Der St. Gotthard. Ausland 1880, 221-224. Angaben ohne physik. Interesse.

A. Gautier. The St. Gothard Tunnel. Nature XXI, 581 bis 587. Ausführliche Nachrichten über Bohrung des Tunnels.

Gothard Tunnel. Engineering XXIX, 190.

D. Colladon. Note au sujet de la rencontre des deux galeries d'avancement du grand tunnel du Saint-

Gothard. C. R. XC, 492-496. Ueber Treffen der beiden Galerien. Sofort nach der Durchbohrung stellte sich ein Luftzug ein.

D. COLLADON. Tunnel du Saint-Gothard, observation sur la rencontre de deux galeries d'avancement et sur les causes de la rapidité d'exécution des travaux. Arch. sc. phys. (3) III, 381-401 cf. C. R. oben.

— — Rencontre des deux galeries d'avancement du grand tunnel de Saint-Gothard. Mondes (2) LI, 527-531; Arch. sc. phys. (3) III, 381-401.

A Manual of the Geology of India. SILLIM. Journ. (3) XIX, 148. (H. B. MEDLICOTT. BLANFORD.)

Der erste Theil behandelt die physikalische Geographie und Geologie der indischen Halbinsel, der zweite das Extrapeninsulargebiet, deren Theilung bei der breiten Ebene des Indus und Ganges am Fusse der inneren Bergregion beginnt. Marinefossilien tragende Schichten, älter als die Tertiärformation fehlen auf der Halbinsel, kommen jedoch vor in den Bergregionen des extrapeninsularen Gebietes. Zehn andere folgende Thesen von specifisch-geologischem Inhalt berühren das rein physikalische Interesse weniger. Den Schluss bilden allgemeine Bemerkungen über den Ursprung des Himalaya. Während der Intervalle zwischen den Eocenperioden mögen die gigantischen Kräfte gearbeitet haben, welche zu den ungeheuren Faltungen der Erdrinde im Himalaya führten. Das Sub-Himalayaeocen wurde abgelagert auf ungewundene palaeozoische Felsen. Ein grosser Theil der Bewegungen war vertheilt auf die Tertiär- und Posttertiär-Periode, vielleicht auch auf die Post-Pliocene. Die Thatsache, dass Erdbeben nicht selten vorkommen in den Himalaya-Bergen, Assamhügeln, Burma, Cutch und Sind, im Peninsulargebiete aber sehr spärlich, beweist, dass die Kräfte der Erhebung und Windung der Erdschichten dauernd in Wirksamkeit sind, und hier (wie anderwärts) ein mächtiges Gegengewicht bilden gegen die Wegspülung. Es ist klar, dass die Kräfte, welchen die Haupterscheinungen des Extrapeninsulargebietes entstammen, zeitweise mitgearbeitet haben an allen Ereignissen der Postpliocen-Periode.

Hh.

SCHÜTT. Höhenmessungen in Afrika.

KIEPERT. Bemerkungen dazu. Mitth. d. Afrik. Ges. II, 11-14; PETERM. Mitth. 1880, 118†.

In dem betreffenden Hefte findet sich eine Karte der Oase Kufra (ROHLFS und STECKER). Im Anhang dazu Brunnentemperaturen und Höhenbestimmungen (mit Aneroid und Thermometer), Verzeichnisse der seit 1873 von der Afrikanischen Gesellschaft ausgehenden Expeditionen und Höhenmessungen von SCHÜTT mit kritischen Bemerkungen von ERMAN und R. KIEPERT über SCHÜTT'sche Aufnahmen.

Sch.

Expedicão scientifica ao interior de Africa. Observacões meteorologicas e magneticas fectas pelos exploradoros portuguezes H. d. BRITO CAPELLO e R. IVENS. Lisboa 1879. (Enthält Positionsbestimmungen und Höhenmessungen, welche von der portugiesischen Expedition über Serpa Pinto von Benguele nach Bihe 1877/78 gemacht wird.)

Höhen bis 1760 m. Caconda 1679 m. Abweichung der Magnetnadel in Benguela 23° 30′ W., Quillengues (904 m) 23° 3′, Caconda (Januar 1878) 22° 40′, Bihe (1627 m) 21° 45′ W.

Sch.

Supplement zu H. GANNETT's Lists of Elevations. Bulletin of the U. S. Geol. and Geogr. Surv. of the Territories V. 1879. No. 3. PETERM. Mitth. 1880, 121.

Viele Höhenangaben, die durch die Eisenbahnnivellements (incl. Pacific und Canadian-Pacific) gewonnen wurden.

Der höchste Berg der Vereinigten Staaten Whitneys Peak (Sierra Nevada) hat 14448′ e., Uncompahyre P. (Colorado) 14408′ e. (frühere Angaben 14540 und 14235), Mt. Harvard (Colorado) 14452′ e, Blanca Peak (Colorado) 14464′ e. Dieser würde also der höchste Punkt der Vereinigten Staaten sein.

Sch.

Höhen in Japan. Yatsuyatake, Hakusan and Tateyama. Notes of a summer trip v. R. W. Atkinson. Trans. of Ass. Soc. at Tokio VIII.; Peterm. Mitth. 1880, 155.

Yatsuyatake 2579 m. Hakusan 2618 m. Touristisch-geographisch. *Sch.*

Zur Orographie Kaukasiens. Z. S. f. wiss. Geogr. I, 68-75†.

Gruppirung der Systeme mit Beziehungen zu den meteorologischen Verhältnissen. Physikalisch interessant sind die elektrischen Erscheinungen am Ararat, die mit dem physischen Bau des Gebirgstocks zusammenhängen. Diese Erscheinungen treten in dem Hochthale zwischen den beiden Ararat auf und äussern sich in der häufigen bisweilen augenblicklichen Bildung von Gewittern zu Anfang und im Verlauf der Frühlingsperiode, wenn die Schneemassen auf den Hochflächen des Taurus schmelzen. Die Gewitter entstehen durch das Eindringen der feuchten und kalten Strömungen in diese Spalte, wo sie bei ihrem Eintritt in Berührung mit den heissen Luftmassen treten, welche von der Araxesebene emporsteigen. Die Andesitkuppe des kleinen Ararat ist durch die häufigen Gewitter in eine poröse Masse von Fulguriten umgewandelt. Die dunkelgrünen glasartigen Röhrchen von der Dicke einer Gänsefeder, verbreiten sich weit in die Tiefe des Gesteins und sind stellenweise so dicht an einander gerückt, dass es an einigen Stücken schwer hält, den früheren mineralogischen Charakter der Steinart festzustellen. *Sch.*

Geikie. Verwitterung der Grabsteine auf Kirchhöfen. Naturf. 1880, 371-374†; Nature XXII, 104†.

Beobachtungen über Vorschreiten des Verwitterungsprocesses liegen nur wenig vor. Pfaff hatte die Verwitterung zu bestimmen gesucht, indem er gemessene und gewogene Stücke von Kalkstein, Syenit, Granit und Knochen exponirte und nach drei Jahren wieder wog, (beim Kalkstein war eine Schicht von 0,04 mm fort). Herr G. hat die Grabmonumente in Edinburgh untersucht, die aus Kalkstein, Sandstein oder Granit bestehen. Es ist selbstverständlich, dass bei den Verwitterungsprocessen in der Nähe der Städte andere Verhältnisse und Bedingungen obwalten werden als auf dem Lande, auch kommen ja so viel Momente in Betracht (wie Structur des Gesteins etc.), dass man zunächst keine allgemeineren Resultate finden wird. In Bezug auf Marmor sagt Herr G.: Die Resultate meiner Beobachtungen auf unsern Begräbnissplätzen zeigen, dass mit Ausnahme von ungewöhnlich geschützten Situationen Marmorplatten, die der Witterung ausgesetzt werden in einem Klima und einer Atmosphäre, wie die von Edinburg in weniger als einem Jahrhundert vollständig zerstört werden. Wenn diese Zerstörung stattfindet durch einfache, verhältnissmässig schnelle oberflächliche Lösung und Entfernung des Steins, steigt die Geschwindigkeit der Erniedrigung der Oberfläche zuweilen auf 9 mm in einem Jahrhundert; wo sie erzeugt wird durch innere Verschiebung, kann eine Krümmung von $2^1/_2$" mit reichlichen Sprüngen, ein theilweises Verlöschen der Inschrift und eine Reduction des Marmors zu einem pulverförmigen Zustande in etwa 40 Jahren erfolgen und ein gänzliches Zerreissen und Verschwinden des Steins in 100 Jahren. Sandsteine (kieselige) sind sehr widerstandsfähig; Granit wird erst seit zu kurzer Zeit zu Monumenten benutzt. *Sch.*

A. Woeikof. Ueber die Höhen von Colorado. Ausland 1880, 119-120†.

Herr W. macht darauf aufmerksam, dass Höhenangaben über dieses Gebiet vielfach wenig gekannt sind. Die Baumgrenze geht bis 3627 m herauf, Städte bis 3350 m (Montgomery 11000') und Minen bis 4000 m (Highwater Minen 12500'). Bekanntlich findet sich auch hier das hochgelegene Observatorium auf den Pike's Peak 4300 m. *Sch.*

Prshewalskij. Resultate einiger barometrischer Höhenmessungen in Central-Asien. Verh. d. Ges. f. Erdk. VII. 76-77. (Abgeleitet von Scharnhorst, Russische Revue 1879. H. XII. p. 570.)

Kuldscha 634 m. Lob Nor 762 etc. *Sch.*

Verzeichniss der von Mr. Mathews auf dem Rio Madeira und in Bolivia gemessenen Höhen. Verh. d. Ges. f. Erdk. 1880, 212-213.

Mit einem Taschen-Aneroid gemessen, wenig zuverlässig. Cf.

E. Mathews. Up the Amazon and Madeira Rivers through Bolivia and Peru. Mit Karten und Holzschnitten. 1-402. 8°. London 1879. cf. Verh. d. Ges. f. Erdk. 1881, 215-216. *Sch.*

Die grössten Höhen Indiens und Hochasiens. Verh. d. Ges. f. Erdk. VII, 208†.

In dem 4. Bande der Reisen in Indien und Hochasien von Schlagintweit-Sakünlinski finden sich Tabellen der Höhenbestimmungen, die in der „Nature" 1880 p. 15 wiedergegeben sind. Es sind 73 Höhen über 20000′ angeführt. Die höchsten Berge sind darnach:

Gaurisankar	29,002′ e.	8840 m	
Dapsang (West. Tibet)	28,278′ e.	8619 m	
Kantschindschinja	28,156′ e.	8581 m	
Sisbur Peak (Nepal)	27,799′ e.	8473 m	
Dhavalagiri (Nepal)	26,826′ e.	8177 m	
Dschibdschiba North Peak	26,306′ e.	8018 m	etc.

1 e′ = 0,3048 m = 0,9383 p′. *Sch.*

Dr. Wilh. Junker. Reise durch die Libysche Wüste nach den Natron-Seen. (Mit Karte.) Peterm. geogr. Mitth. XXVI. 1880, 179-188.

Die Reise wurde am 6. November 1875 von Alexandria aus über Gabari in südwestlicher Richtung begonnen. Am dritten Tage wurde auf dem 89 m hohen Gebel Komen Ndjus eine kraterförmige Einsenkung gefunden. Die Wahrscheinlichkeit, dass in irgend welcher Zeit ein Nilarm westlich von der jetzigen Mündung sich ins Meer ergossen habe, wird entschieden verneint, weil weder Spuren von Einsenkungen noch Durchbrüchen da sind. An das (unvollständige) Reisetagebuch reiht Prof. Zoeppritz Bemerkungen über Aneroidablesungen, welche die Niveau-Verhältnisse der libyschen Wüste mannigfach aufklären. 450 Höhenberechnungen correspondiren mit der meteorologischen Station Alexandria, deren Leiter H. Pirona die Naudet'schen Instrumente mit dem Quecksilberbarometer verglichen hatte. Die Minimaltemperaturen liegen im Durchschnitt 5° C. unter denen Alexandriens. Der mittlere Dunstdruck ist in der Wüste 8,7 mm, bei den Natronseen 6 mm, zu Alexandria 11,6 mm, in Mittel-Europa 7 mm (?) — Als besonders wichtig wurde nachgewiesen, dass Uadi Natrun eine eng umschriebene Depression unter dem Meeresspiegel bildet, indem die Seen 2—3 m tiefer liegen, als das im Küsten-Niveau gelegene Kloster Baramus. Nordwestlich schliesst sich daran eine Hochebene von 120—130 m, nordöstlich ein 30 m höheres Plateau, nach N. und E. sanft abfallend. Südlich von den Natronseen liegt ein wenigstens 80 m hoher Landrücken, jenseits dessen die Niederung des Uadi Fârĕgh bis zum Nilspiegel bei Kairo, 13 m Seehöhe sinkt, in der Mitte aber eine Fläche von 10 bis 12 qkm und 30—40 m Höhe enthält. Im W. und S.W. der Seenmulde erstreckt sich ein Hügelland mit eingestreuten unregelmässigen Thälern. Das Uadi Râsse geht in einen Engpass über, der zu einer 140—180 m hochgelegenen Ebene emporsteigt, später zu einem zweiten Plateau 200 m hoch, zuletzt zu einem Pass von 271 m Erhebung, von da in Terrassen zur Depression des Birket Keirûn gen N. ziemlich rasch abfallend. Der letzte genannte See liegt 42 m unter dem Meeresspiegel. Zur Karte fügt Hassenstein Bemerkungen bei, welche zu speciell und umfangreich sind, um hier verfolgt werden zu können. Im Allgemeinen wird den Früchten der Reise volle Anerkennnng gezollt, das Unvollkommene mit der Neuheit wie Schwierigkeit des Unternehmens entschuldigt und die Aufmerksamkeit der durch das Vorliegende wesentlich geförderten Touristen auf die noch vielfach erforschbare Gegend hingewendet.

Hh.

W. JUNKER. Die ägyptischen Aquatorial-Provinzen. — Reisen im Westen des Weissen Nils. PETERM. Mittheil. 1879, 445. 1880, 81-91.

Der letzte Theil der Arbeit enthält: 1. Topographie der an den Fluss Rohl und Djur angrenzenden Ländergebiete. 2. Hydrographische Verhältnisse. 3. Berechnung von Dr. JUNKER's Höhenmessung von Prof. Dr. K. ZÖPPRITZ. Die Tabelle enthält Angabe des Ortes, die directe Barometerablesung (Aneroid), die Differenz derselben gegen den Barometerstand von Kabajendi, das Mittel beider, die Temperatur des Beobachtungsortes und die zu Kabajendi, die relative Höhe über Kabajendi (830 m) und die absolute Meereshöhe gestützt auf HANN's Zahl 365 m für Lado nebst sich anschliessenden Bemerkungen über die Beobachtungen.

Sch.

LYMAN's Bericht über geologische Aufnahmen in Japan. PETERM. Mitth. 1880, 70 u. 118. (Geological Survey of Japan. Reports of progress for 1878 and 1879 by B. Smith Lyman. Tokio 1879.)

Zunächst von montanistischem Interesse. Angaben über den vorgeblichen Vulkan Unzen (4700′), der Ende des vorigen Jahrhunderts verheerende Ausbrüche gezeigt haben soll, nach Berichten von GUPPY ist keine Spur einer vulkanischen Thätigkeit vorhanden. Cf. Absch. Vulkane. In der Nähe 3 heisse Schwefelquellen, darunter die heisseste 76° R. In der zweiten Notiz finden sich Höhenangaben.

Sch.

WHYMPER's Besteigung des Chimborazo. Verh. d. Ges. f. Erdk. VII, 95-97. 145. 261-265†; Nature XXI, 620. XXII, 19; Ausland 1880, 419-420; Mondes (2) LII, 2-3.

Herr W. hat mit zwei Schweizer Führern eine Anzahl bekannter Gipfel der südamerikanischen Anden bestiegen. So den Chimborazo, nach Reiss 6310 m hoch, Corazon (schon von Condamine und Reiss bestiegen) 4816 m, den Sincholagua 4988 m, Cotopaxi 5943 m, Antisana 5756 m (5850 barometrisch). Letzterer wird ausführlicher p. 261 ff. geschildert, hoch oben findet sich ein ausserordentlich zerklüfteter Gletscher (Boussingault-Gletscher). Sehr rasche Temperaturwechsel werden selbst bei ruhiger Luft beobachtet. Ferner wurden bestiegen Cayambe, Sorasurcu, Cotocachi und ihre Höhen barometrisch bestimmt. Ein Quecksilberbarometer wurde von dem Führer Carrel auf den Antisana getragen. Angaben hierüber finden sich auch Peterm. Mitt. 1880, p. 320. *Sch.*

A. Geikie. A fragment of Primeval Europe. Nature XXII, 400-403†.

Es wird auf eigenthümliche Felsbildungen aufmerksam gemacht an der Küste von Ross und Sutherland. Runde kahle Felsdome einer hinter dem andern erheben sich so weit das Auge reicht, wenn man in die Mündungen der westlichen Fjords von Sutherland eintritt. Sie bestehen aus Laurentinischem Gneis, der tiefsten Schicht der britischen Inseln. Alle sind von Eis abgeschliffen. An einzelnen Stellen bildet Cambrischer rother Sandstein steil abfallende Berge. Der Verfasser sieht diese Gegend als ein Stück der frühesten Landoberfläche von Nordwest-Europa an. *Sch.*

J. Murray. The Structure and Origin of Coral Reefs and Islands (Abstract of paper, read at the R. S. of Edinburg). Naturf. 1880, 344-345; Nature XXII, 23-24. 351-355†.

Herr Murray kann sich mit der Darwin'schen Theorie über Entstehung der Coralleninseln und Riffe nach eigener Anschauung nicht einverstanden erklären. Vielmehr kann in vielen Fällen die Entstehung dadurch erklärt werden, dass unterseeische Erhebungen oder Vulkane vorhanden sind, diese werden zuerst die Ausgangspunkte zur Bildung von Bänken aus Schalen von Foraminiferen, Mollusken etc. Auf diesen bilden sich dann die Atolls. Wiederauflösung des kohlensauren Kalks, Zertrümmerung, Zusammenwachsen der Riffs erklären die verschiedenen Gestalten. Jedenfalls ist eine Senkung des grossen Pacifischen Beckens nicht anzunehmen. Das Wachsthum nach aussen erklärt sich leicht dadurch, dass hier die Nahrungszufuhr am reichlichsten ist, und im innern des Corallenfels durch Auflösung oder Störungen entfernt wird. Auch die Barrier- und Saumriffe erklären sich aus denselben Principien. Für diese Theorie spricht auch, dass der Boden der aufsitzenden Corallenriffe aus kalksteinähnlichen Massen besteht. *Sch.*

J. le Conte. Coral Reefs and Islands. Nature XXII, 558 bis 559†.

In Anschluss an die Arbeit Murray's, cf. diese Berichte, weist le Conte darauf hin, dass die Darwin'sche Theorie über Entstehung der Riffe für Florida nicht passe. Diese Halbinsel hat sich von Nord nach Süd durch die Corallenriffe, welche auf einer Bank emporgebaut wurden, gebildet. Diese Bank wurde wesentlich durch den Golfstrom gebildet, und bauten die Corallen je weiter sie nach Süden sich ausdehnten ihm Barrierriffe vor, indem die Wellen die Riffe in einzelne vorliegende Riffe und Inseln zertrümmerten, wurden hinterliegende durch die Trümmer in festes Land verwandelt. *Sch.*

Fr. Ratzel. Ueber Fjordbildungen an Binnenseen. Nebst allgemeinen Bemerkungen über die Begriffe Fjord und Fjordstrasse und die nordamerikanischen Küstenfjorde. Peterm. Mitth. 1880, 387-396†.

Der Verfasser weist zunächst darauf hin, dass J. D. Dana zuerst auf die Fjordbildungen und ihre Analogie in den verschiedenen Vorkommnissen aufmerksam gemacht hat. Ohne dann auf die beiden sich entgegenstehenden Meinungen über Fjordbildung (Gletscher, Thäler, früher gebildete Schluchten, die später mit Eis ausgefüllt waren) einzugehen, sucht der Verfasser Fälle, wo die Fjordbildung nicht an der Meeresküste sich vorfindet, auf.

So weisen die grossen amerikanischen Seen Fjordbildungen auf (am Ontario), sie finden sich aber auch an kleinen Seen Nordamerika's, in dem Lake George, in New-York und den Seen Finnlands. Man muss vor allem den Parallelismus gewisser Inseln und Landzungen in's Auge fassen und wird auch in dem Michigan, Oberen- und Huron-See solche Fjordbildungen erkennen. Die einzelnen Localitäten werden angegeben und näher beschrieben. Ja man kann das ganze Lorenzfluss-Thal wie auch das des Hudson als Fjordbildung auffassen. Den Tiefenverhältnissen, die man als charakteristisch für Fjordbildung angesehen hat, ist ein grosses Gewicht nicht beizulegen, da diese durch Anschwemmung u. dgl. leicht sich ändern konnten. Auch sind die Tiefen in ein und demselben Fjord sehr verschieden, meist an den Enden bedeutend geringer. Bei den Fjords des westlichen Nordamerika's sind die tief einschneidenden Fjords tiefer als ihre Mündungen (bis 200 Faden), während die Fjorde in Maine weniger tief, in der Regel 15 bis 30 Faden lothen lassen. Der Begriff Fjord muss nicht blos auf tief einschneidende Buchten sondern auch auf Strassen angewandt werden (Fjordstrassen), die sich überall in den Fjordgegenden zahlreich vorfinden, auch sie besitzen den Parallelismus der Seiten und die geringe Breite (Baffinsbai etc.).

Sch.

---

de Lesseps. Sur les résultats obtenus par M. Roudaire dans son exploration des chotts tunesiens et algériens. C. R. XCI, 538†.

Herr L. theilt der Akademie mit, dass Roudaire seine Arbeiten an den tunesischen Schotts beendet habe, aus denen hervorgehe, dass es leicht sei, die geringe Tiefe zwischen dem Golf von Gabes und der projektirten Bahn Biskra-Tugurt zum Binnenmeere von 400 km Länge und 1600 km Umfang zu machen. Da das Projekt zunächst keine Aussicht auf Verwirklichung hat und viele abweichende Ansichten geltend gemacht sind, brauchen nur die Arbeiten referirt zu werden, welche wichtige physikalische Verhältnisse berühren, sonst genügt der Litteraturnachweis. Inzwischen ist das Panama-Kanalprojekt von Lesseps angeregt, und hat eine ziemliche Litteratur veranlasst, auf die hier hingedeutet sein mag:

Bulletin bimensuel du canal interocéanique du 1er sept. 1879 au 1er oct. 1880. *Sch.*

Klönne. Die periodischen Schwankungen des Wasserspiegels in den inundirten Kohlenschichten von Dux in der Periode vom 8. April bis 15. September 1879. Wien. Ber. 1. Abth. LXXXI, 101-119†.

Am 10. Februar 1879 wurden fünf grössere Braunkohlenwerke zwischen Dux und Ossegg plötzlich überfluthet und dadurch das Versiegen der Teplitzer Thermalquellen für kurze Zeit veranlasst. Es wurde der Wasserstand in den Werken regelmässig gemessen und dieses in späterer Zeit, vom 8. April an, stündlich vorgenommen und mit einem Apparate, der graphisch registrirte, fortgesetzt. Die ausgedehnten Tabellen sind mitgetheilt und ausserdem durch graphische Tabellen erläutert. Berücksichtigt man auch die Aenderungen des Barometerstandes, so ergiebt sich eine Ebbe und Fluth, die auf den Einfluss des Mondes und der Sonne zurückzuführen ist. *Sch.*

Litteratur.

A. Mason-Bey. Dar-For. Peterm. Mitth. 1880, 377-381.

Enthält neben ethnographischen Verhältnissen Positionen und Höhenbestimmungen.

Pettersen. Scheuerungserscheinungen und Terrassenbildungen der Gegenwart. Naturf. 1880, 290-292; Z. S. f. ges. Naturw. LIII, 247 (übers. v. Lehmann). Tromsö Museums Aarhefter II, 65.

W. B. Carpenter. On the antiquity of volcanic basins. Nature XXI, 609.

W. Whitaker. The Geological record for 1877. Athen. 1880. (1) 568.

A. C. Ramsay. Address. (Geologisch, Vulkane etc.). Rep. Brit. Ass. Swansea. L. 1880, 1-24.

J. Lucas. On the quantitative elements in Hydrogeologie. Engineering XXIX, 16-17.

Jentzsch. Ueber die Moore der Provinz Preussen. Schrift. d. Königsb. Ges. XIX. 1878. (1) 91.

— — Ueber den angeblichen Steppencharakter Mitteleuropas. Schrift. d. Königsb. Ges. XVIII. 1877. (2) 161-169. XIX. 1878. (1) Sitzber. 10-11.

M. Close. Anniversary address to the R. Geol. Soc. of Ireland. Proc. Dubl. Soc. II. 1. Oct. 1878, 5-25. 191-209. (3).

Transformations des contrées par les puits artésiens. Mondes (2) LII, 548.

Nehring. Neue Beweise für die ehemalige Existenz von Steppendistrikten in Deutschland. Ausl. 1880, 501-505.

Geology of Belgium and North France. Nature XXII, 348. Geologisch.

Sur les terrains tertiaires de la Bretagne. Environs de Saffré (Loire infr.) Note de M. G. Vasseur, prés. par M. Hebért. C. R. 1879. XC, 1229. (Mit der Atlantic durch Sümpfe communicirend. Form. éocén. Fossilien.)

Geology of Greece. Nature 1880. XXI, 192.

Von Neumayer u. A. sind untersucht der thessalische Olymp, Chalkidike in Südrumelien und das Eiland von Kos.

Landslips. Nature XXII, 506†.

Es werden zuerst einige allgemeine Betrachtungen über Bergschlüpfe und Felsstürze gegeben und dann der von Naini Tal (Vorberge des Himalaya) näher beschrieben. Auch hier ging ein ausserordentlich starker Regenfall voraus.

Th. Wand. Landslips. Nature XXII, 560†. XXIII, 144 (L).

Es wird auf die interessanten Distrikte von Cheshire (Salzbergwerkè) aufmerksam gemacht, wo sich leicht Bergschlüpfe ereignen können.

J. Le Conte. Coral reefs and islands. Nature XXIII, 77 (L).

Correktur eines Fehlers in XXII, 558 anstatt metres l. miles: On the Florida coast we have barriers with channels 10—40 miles wide.

C. A. DUTTON. The high plateaux of Utah. Report on the geology of the Plateaux of Utah. Nature XXII, 324-327.

Das fünfte Capitel ist betitelt: Betrachtungen über die Ursache vulkanischer Erscheinungen. Verfasser meint, dass dieselben durch lokale Zunahme der Temperatur in gewissen unterirdischen Schichten erklärt werden möchten. Die Lava entsteht durch Schmelzen krystallinischen Schiefer und Sedimentärgesteine, und ihr Ausfliessen wird nicht durch Dämpfe, sondern hydrostatisch durch den Druck der überlagernden schweren Massen erklärt.

Subterranean Forest in India. Nature XXIII, 105-106†.

Im Dock von Bombay, Baumstämme unter dem Bodenschlamm.

G. HARTUNG. Eine Thalspalte. Z. S. d. Ges. f. Erdk. XV, 161-181†.

Specielle Verhältnisse des Schluchtenthals Jutulhugget betrachtet mit Rücksicht auf die Theorie der Spalten- und Erosionsthäler.

Les pierres cassées du Sahara. Mondes (2) LII, 346-348.

Das Dünengebiet an der Ostsee im Stettiner Regierungsbezirke. Ausl. 1880, 693-695 v. BERGHAUS.

Handelt über Festlegung der Dünen.

TH. KJERULF. Einige Chronometer der Meteorologie. Samml. wissensch. Vortr. H. 352. Berlin. Habel. 1,60 M. Gehört zum 1. Abschnitt.

R. LEHMANN. Zur Strandlinienfrage. Z. S. f. ges. Naturw. 1880, 280.

A. BOULANGIER. Étude sur le relief du sol et recherche des lois qui y président. in gr. 8°. Paris. Dunod 1880. 7,50 fr.

SCHLAGINTWEIT-SAKÜNLÜNSKI. Reisen in Indien und Hochasien. IV. Bd. Jena 1879.

T. SAUNDERS. Mountain ranges. Nature XXI, 347-348.

Ueber eine Notiz, die MEDLICOTT Nature XX, 301-304 im Anschluss über eine Aeusserung von SAUNDERS' betreffs der Kette des Himalaya cf. ib. 96 gemacht hatte. Unwichtig.

F. P. MORENO. Viage à la Patagonia austral 1876|77. PETERM. Mitth. 1880, 122. (Buenos Aires, Imprenta Nacional 1879.)

CH. WIENER. Pérou et Bolivie. PETERM. Mitth. 1880. 122.

Reise zu den peruanischen Ruinenstätten. Ersteigung eines Gipfels des Illimani von La Paz aus Pic de Paris 6131 m, der höchste Gipfel Condor Blanc hat 6386 m (6446 nach PENTLAND, 6509 nach PISSIS, 6469 nach MINCHIN).

SJEWJERZOFF's Bemerkungen über die meridionalen Erhebungen der Pamirwüste und ihr Verhältniss zu HUMBOLDT's Bau des Bolor (v. KOHN). Z. S. f. w. Geogr. I, 55-60; Ausland 1880, 689-693.

BLANFORD. The Himalayan ranges. Nature XXI, 442-443.

Wendet sich gegen SAUNDERS' Ausdruck Antiquated theory.

F. CZERNY. Entstehung der Gebirge. Geogr. Rundsch. II. No. 5 ff

Die Karte von N. A. SEWERZOW's Reise auf dem Pamir. PETERM. Mitth. 1880, 420-422.

Höhenangaben (höchster beobachteter Gipfel Tagharma 25800 engl. F.).

H. B. MEDLICOTT. Mountain ranges. Nature XXI, 301-302.

K. W. SCHARNHORST. Resultate einiger barometrischen Bestimmungen N. M. PRZEWALSKY's in Central-Asien. Istwestija XV. H. 1-3 (1879).

WAGENER. Höhe des Norikura (Kioto). PETERM. Mitth. 1880, 468.

Berg in Japan 2994 m, Ontak 3000 m.

A. STECKER. Barometrische Messung der Höhen von Sokna etc. Mitth. d. Afrik. Ges. II. H. 1, p. 41-44.

G. MARINELLI. Höhenmessungen im östlichen Venetien. Cora's Cosmos V. 1878/79, 418.

Normalhöhenpunkte für das Königreich Preussen. Z. S. f. Vermessungswesen IX. 1880.

Höhen in den Seealpen (Freshfredo). PETERM. Mitth. 1880, 154; Alpin. J. Febr. 1880.

J. SSTEBNIZKI. Höhen, die auf der früheren Poststrasse von Kars nach Erzerum bestimmt worden sind. Iswest. d. Kauk. Abth. 1880. VI. No. 2.

F. TOZER. Argaeus-Besteigung. (Ardschisch in Kleinasien). PETERM. Mitth. 1880, 234; Alpin. J. Mai 1881. 13150 engl. F. gef.

C. W. GÜMBEL. Gelegentliche Mittheilung aus den Alpen. Münchn. Ber. 1880. H. 4. p. 542-624.

G. K. GILBERT's Report on the geology of the Henry mountains. SILLIM. J. (3) XIX, 17-25; Nature XXI, 137.

TOULA. Geologische Untersuchungen im westlichen Theile des Balkan und in den angrenzenden Gebieten. Wien. Ber. (2) LXXXI. H. 5. p. 188.

BARETTI. Studii geologici sulle Alpi Grace settentrionali. Mem. d. Lincei (3) III, 407.

J. T. GARDNER. On elevations in the United States, determined by rail-road levellings. Bull. soc. phil. Wash. II, 23.

— — Remarks on local attractions in hypsometry. Ib. 24.

G. K. GILBERT. On the Wasatch, a growing mountain. Bull. phil. soc. Wash. II, 195.

E. TIETZE. Zur Geologie der Karsterscheinungen. Jahrb. d. k. k. geol. Reichsanst. 1880. XXX, 729-756.

J. D. DANA. Note on the age of the Green Mountains. SILLIM. J. (3) XIX, 191-200. Geologisch. Von lokalem Interesse.

GANZENMÜLLER. Die Entwicklung unserer Kenntniss des Himalayasystems. Z. S. f. wissensch. Geogr. I, 104-114. Griechische, römische, chinesische Quellen etc.

Mount Naiguatá in Venezuela. Nature XXI, 598. 551,2 mm Barometerstand. Corares 683,44 mm. 2782 m hoch.

Informe sobre la exploracion de Sierra Mojada. Anal. del Fomento (Mexico) III, 627.

J. THOMSON. Notes on the geology of east-central Africa. Nature XXIII, 102-104. (Vulkanische Gesteine am Nordende des Nyassa.)

J. GIRARD. L'affaissement du sol des Pays-Bas. Bull. soc. géogr. 1879. Oct. 374-382.

GWYN-JEFFREYS. On the occurrence of marine shells of

existing species at different heights above the present level of the sea. Geol. Soc. 9./6. 1880; Philos. mag. 1880. (5) X, 65.

GANNETT. List of elevations. Bull. U. St. Geol. and Geogr. Survey V. No. 3. 1879. 30./1.

GUIDI. Sul sollevamento del litorale in Ostra nella epoca presente. Atti d. Acc. pont. d. nuov. Linc. XXXII. H. 5-7.

G. ROHLFS. Audjila und Djalo. Ausland 1880, 359.

Nach STECKER's und ROHLFS' hypsometrischen Messungen können beide Orte auch über dem Niveau des Mittelmeeres liegen, ohne geodätische Messung ist ihre Höhenlage nicht genau bestimmbar.

Prof. GEIKIE. On the Geology of the Far West. Nature 1880. XXI, 67-69.

Die Wirkungen der Atmosphäre und der Flusserosionen auf die Erdoberfläche, die Beziehungen der Felsenstruktur und der Oberflächenform, die Phasen der vulkanischen Thätigkeit sind die wichtigsten Fragen, deren Auseinandersetzung zu ausführlich geschieht, um hier folgen zu können.

WHITE. Geology of Mercer C. Pennsylvania. SILLIMAN Journ. 1880. (3) XX, 69.

United States Mensuration Surveys. SILLIMAN Amer. J. of Sc. 1880. XIX, 164. (Eds.)

Ohne Angabe eigentlich wissenschaftlicher Thatsachen wird bloss die Bedeutung, ja Nothwendigkeit officieller Vermessungen und Untersuchungen über Geodesie, Geographie und Topographie der Culturländer betont und mitgetheilt, unter welcher Organisation neuere Schritte zu diesen Zwecken geschehen.

J. W. POWELL. Geology of the valley of the Colorado. Bull. Philos. Soc. Washingt. I. 1874, 48-51.

Geological survey of the United states. Nature XXI, 197.

American geological surveys. Nature XXI, 476.

F. V. HAYDEN. North American geology; Idaho and Wyoming. Nature XXII, 268-269 v. GEIKIE bespr. XI. Report.

A. GEIKIE. Geological survey of the United States. Nature XXI, 612.

S. AUGHEY. Sketches of the physical geography and geology of Nebraska. SILLIM. J. (3) XIX, 412. (Omaha Nebr.) p. 1-326.

J. E. HILGARD. On the measurement of the coast-survey base line near Atalanta. Bull. philos. soc. Washingt. II, 50.

Geology of Wisconsin. Survey of 1873—1877. Vol. II. 8°. 768 pp. with numerous Plates and other Illustrations; accompagnied by an Atlas of Maps. Published under the Direction of the Chief Geologist by the Commissioners of Public Printing, in accordance with Legislative Enactement. Madison, 1877. Philos. Magaz. 1880. (5) IX, 302-304.

Government explorations and survey U. St. Geol. and geographical survey of the Territories (CLAYDEN). SMITHS. Contrib. 1878, 65.

Geogr. and Geol. Survey of the Rocky mountain region (POWELL). SMITHS. Rep. 1878, 79.

U. St. Geogr. Surveys West of the 100th Meridian (WIKEDER). Ib. 77.

J. J. STEVENSON. Surface geology of south-west Pennsylvania and adjacent portions of West Virginia and Maryland. Proc. Amer. Soc. XVIII. 1879. 2. No. 104. p. 289 bis 315.

A. GUYOT. Physical structure and hypsometry of the Catskill Mountain Region. SILLIM. J. (3) XIX, 429-451.

F. PRIME. Catalogue of official reports upon geological surveys. SILLIM. J. (3) XIX, 74.

Geological survey of the United states. Nature XXI, 332. (Namentlich über die Mittel für diese Surveys.)

H. TRAUTSCHOLD. Die geologischen Forschungen in den vereinigten Staaten von Nordamerika. Bull. de la Soc. imp. des Naturalistes de Moscou 1879. LIV, 156.

HÉBERT. Histoire géologique du canal de la Manche. C. R. XC, 1318-1324. 1385-1390; Mondes (2) LII, 125.

KJERULF. Geologie des südlichen Norwegen. Refer. Verh. d. Ges. f. Erdk. VII, 181.

C. v. d. DECKEN's Reisen in Ostafrika 1859—1865. Bd. III. Geologie, Meteorologie, bearb. von SADEBECK etc. Leipzig. Winter 1879. 30 M.

A. FAVRE. Description géologique du canton de Genève. Arch. sc. phys. (3) IV, 58-63.

E. FAVRE. Revue géologique suisse pour l'année 1879. Arch. sc. phys. (3) III, 81-130. 201-236.

M. CLOSE. On the physical geology of the Neighbourhood of Dublin. Proc. Roy. Soc. I. 1878. No. 3. p. 133-162.

Von lokalem Interesse.

O. RADIMSKY. Ueber den geologischen Bau der Insel Arbe in Dalmatien. Jahrb. d. k. k. geol. Reichsanst. 1880. XXX, 111-115.

Von jüngsten Bildungen sind merkwürdig Diluvialschotter, Lössbildungen und als Auswaschungsprodukt derselben Flugsand (bei Loparo). Geologisch.

E. FUGGER. Der Untersberg. Wissenschaftliche Beobachtungen und Studien. Meteorologische Erscheinungen, Höhenbestimmungen etc. Z. S. d. d. ö. A. V. 1880, 117-197.

Die unterirdischen Wunder im Flussgebiet des Green river. Ausland 1880, 849-853.

H. C. SORBY. The structure and origin of stratified rocks. Nature XXI, 431-432.

J. S. GARDNER. Observations on arctic fossil Floras with regard to temperature. Nature XXII, 341-342.

Geologisch, paläontologisch.

Die Lehre von den Lagerstätten der Erze, ein Zweig der Geologie von Dr. ALBRECHT v. GRODDECK. Leipzig 1879. Nature 1880. XXI, 174. (H. B.)

The structure and origin of stratified Rocks. H. C. SORBY, Geolog. Soc., Febr. 20. Nature 1880. XXI, 431.

G. v. HELMERSEN. Beitrag zur Kenntniss der geologischen und physiko-geographischen Verhältnisse der Aralo-Caspischen Niederung. Verh. d. Ges. f. Erdk. 1880. No. 4. p. 59-60†.

Beobachtungen geologischer Natur. Das russische Inner-Asien, namentlich in Beziehung auf das frühere oder ausgedehntere Bestehen der Wasserbecken. Der Amu Darja soll erst im 16. Jahrhundert aufgehört haben ins kaspische Meer zu fliessen.

HELMERSEN. Geology and physical geography of the Aralo-Caspian basin. Nature XXI, 577; Verh. d. k. k. geol. Reichsanst. 1880. No. 3. p. 59.

v. HELMERSEN. Beitrag zur Kenntniss der geologischen und physikogeographischen Verhältnisse der aralokaspischen Niederung. Mél. phys. d. Pétersb. XI.

CHEVALIER. Flooding of the Sahara. Engineering XXX, 58.

W. JUNKER. Reise durch die Libysche Wüste nach den Natron-Seeen (Höhenbestimmungen). PETERM. Mitth. 1880. H. 5. p. 179-184.

K. ZÖPPRITZ. Bemerkungen über die Berechnung und die Resultate der Aneroidablesungen des Herrn JUNKER. Ib. 185.

W. T. BLANFORD. The Geology of East-Central Africa and the subterraneous forest in Bombay. Nature XXIII, 145 (L). Cf. oben.

J. THOMSON. On Geology of East-Central Africa. Ib. XXIII, 104.

DAUBRÉE. Rapports géologiques et physico-géographiques de la dépression aralo-caspienne. C. R. XC, 147.

Kurze Mittheilung über das HELMERSEN'sche Werk bei Ueberreichung desselben an die Akademie.

Résultats obtenus par M. ROUDAIRE dans son exploration des chotts tunisiens et algériens. Mondes (2) LIII, 547.

Nachricht über das Werk, das ROUDAIRE über seine Untersuchungen herausgiebt.

J. CHAVANNE. Das algerisch-tunesische Binnenmeer. Geogr. Rundsch. II. No. 6. p. 7.

JUS. Les oasis de l'oued Rir' en 1856 et 1879 suivies du résumé des travaux de sondages exécutés dans le department de Constantie de 1878—1879. 1-26. Paris. 1879. Challamel.

K. A. ZITTEL. Ueber den geologischen Bau der libyschen Wüste. Festrede gehalten in öffentl. Sitzung d. k. bayr. Akademie zur Feier ihres einhunderteinundzwanzigsten Stiftungstages. München. 4°. 1-47†.

Der Verfasser ist nicht der Meinung, dass die Sahara durch Einfluss des Meeres entstanden, sondern durch die combinirte Wirkung der Atmosphäre und von süssem Wasser; auch für den etwaigen Transport des Wüstensandes aus Sennaar und Nubien wird neben dem Winde die Mitwirkung des Wassers in Anspruch genommen. Spuren eines Diluvialmeeres waren nicht zu entdecken, nur für die Depression südlich von der kyrenäischen Hochebene (25—70 m) muss eine frühere Meerbedeckung angenommen werden. Jedenfalls kann diese Bedeckung keine grossen klimatischen Einflüsse auf Europa ausgeübt haben. Die Annahme eines grossen Saharameeres zur Erklärung der Eiszeit erscheint nicht thunlich.

J. ROCHE. Sur la géologie du Sahara septentrional. Mondes (2) LIII, 500; C. R. 29./11. 1880.

---

6. Theorien der Erdbildung.

The temperature of space and its bearing on terrestrial Physics. Nature 1880. XXI, 521†.

Wird die Temperatur des Weltraumes zu — 239° F. angenommen, so wäre sie im Vergleich zum absoluten Nullpunkt: — 461° F. : 222° und folglich die Erde fast mehr in ihrer Temperatur („indebted") abhängig von den Sternen, als von der Sonne, so dass beim Erlöschen des Sternenlichtes die Wärme an der Oberfläche unseres Planeten auf — 360° F. sänke. Die Diathermansie des Weltraums, das thermale Strahlungsvermögen, die Wärmeabsorption in Luft und Wasserdunst sind für solche Untersuchungen in höchst complicirter Weise maassgebend. Ferner wäre die Zu- oder Abnahme in der Quantität der Sonnenwärme zu eruiren. Dieselbe wird zu 2130° F. angegeben*). Die Annahme, dass die Veränderungen der Erdwärme proportional seien denen in der Intensität der Sonnenhitze dürfte ziemlich richtig sein**). *Hh.*

Th. Fuchs. Ueber die sogenannten Mutationen und Zonen in ihrem Verhältniss zur Entwicklung der organischen Lehre. Verh. d. k. k. geol. Reichsanst. 1880. No. 5. p. 61-66†.

Vortrag über des Verfassers Stellung zur Darwin'schen Lehre auf Grund der paläontologischen Daten. *Sch.*

P. M. Dunvan. Geological climates. Nature XXII, 559†.

An dem Beispiel, dass ein Bambus in Schottland überwinterte und gedieh, knüpft Duncan die Bemerkung, dass das Vorkommen von Thierformen wärmerer Klimate in extratropischen Orten nicht auf das Klima der geologischen Epochen schliessen lasse. *Sch.*

Daubrée. Descartes, l'un des créateurs de la Cosmologie et de la Geologie. C. R. 1879. XC, 1324; M. J. Landerer, Geologie lunaire, p. 1018.

Aus der Dichte des Mondes und dem Polarisationswinkel des Sonnenlichtes werden Schlüsse gezogen auf die minerale Beschaffenheit unseres Trabanten, welche analog sei Silikatfelsgesteinen (minette du Morvan). *Hh.*

---

*) Amrc. Journ. of Science. July 1870.

**) Edmond und Henry Becquerel studirten in Paris den Gang der Bodentemperatur während des Winters 1878/79.

On the probable Temperature of the primordial Ocean of our Globe; by Robert Mallet, F. R. S., F. G. S. Sill. J. 1880. (3) XIX, 148-152; Philos mag. Jan. 1880; Naturf. 1880, 180-182.

Nach den neuesten Hypothesen entspricht die Quantität des Wassers auf der Erde bei gleichmässiger Vertheilung einem Druck von 204,74 Atmosphären. Beim ersten Beginn der Wasserverdichtung an der Erdoberfläche konnte jene unter weit höherer Temperatur geschehen, als beim jetzigen Siedepunkt. Die ersten Wassertropfen an der sich abkühlenden Erdrinde hatten vielleicht die Temperatur des schmelzenden Eisens. Später fand allerdings die Verdichtung bei niedrigeren Temperaturen statt. Die Primordial-Atmosphäre war flacher und leichter durchdringlich für die Sonnenhitze als die gegenwärtige, und der Wärmeunterschied zwischen der Polar- und Aequatorial-Region war grösser, so dass in den späteren geologischen Zeiten dort Eis gebildet ward, hier dagegen es zu heiss für pflanzliches und thierisches Leben war.

Hh.

A. Hempel. Ueber den Wärmezustand der Erde. Grunert Arch. LXV, 337-362†.

Es wird versucht, mit Benutzung der Thomson'schen Annahmen (Thomson und Tait, Handbuch der theoretischen Physik) den Wärmezustand der Erde zu ermitteln. Nachdem der Verfasser eine kurze Herleitung der Erdbewegung um die Sonne gegeben und die Wirkung einer Veränderung der Excentricität auf die Erwärmung der Erde discutirt hat, wobei er zu dem Schlusse kommt, dass je nach Annahme des absoluten Nullpunkts oder der Temperatur des Weltraums auf — 142°, die Oberflächentemperatur nur um 1° oder 0,4° variiren kann, wird der Einfluss, den Vertheilung und Bewegung der vorhandenen Wärme auf den Zustand der Erde ausübt, untersucht, wobei sich unter andern auch das Resultat ergiebt, dass die fortschreitende Abkühlung der Erde nur einen unmerklichen Einfluss auf die Erdoberflächentemperatur ausüben kann.

Sch.

G. VAN DER MENSBRUGGHE. Du rôle de la surface libre de l'eau dans l'économie de la nature. Assoc. française pour l'avancement des sciences. Montpellier 1879. 4./9†.

Der Verfasser will die Wirkungen, welche durch die Spannung der Oberflächenschicht des Wassers (Flüssigkeitshäutchen) in der Natur hervorgebracht werden, darlegen. Aus der Bestimmung, dass jeder Quadratmeter einer freien Wasseroberfläche eine potentielle Energie von 0,0075 kgmt besitzt*), findet er für die gesammte Wasseroberfläche der Erde $\frac{3}{4} 4 R^2 \pi . 0{,}0075$ kgmt oder 382.10^8 Pferdekraft. Indem er die Sätze der mechanischen Wärmetheorie zu Hülfe nimmt, dass nämlich bei Vermehrung der Oberfläche der Flüssigkeit Abkühlung, bei Verminderung Erwärmung stattfindet und sich in Folge dessen thermoelektrische Ströme entwickeln können, wird die potentielle Energie, die durch den in Luft übergehenden Wasserdampf erzeugt wird, bestimmt. So entsteht auch die bei Condensation des Wasserdampfs auftretende Wärme durch Verlust der freien Oberflächen (die Wassertheilchen sind als äusserst kleine Kügelchen in der Luft enthalten**). — Auch auf die fliessenden Gewässer wird die Theorie angewandt und werden sogar Ueberschwemmungen darauf zurückgeführt; auch viele Erscheinungen an den Meereswellen werden aus der Oberflächenspannung und Oberflächen-Vermehrung oder Verminderung des Wassers erklärt. *Sch.*

W. THOMSON. The internal condition of the earth; as to temperature, fluidity and rigidity. Trans. Geol. Soc. Glasgow 14. Febr. 1878, 38-49†.

Herr TH. sucht zu beweisen, dass das Erdinnere nicht aus grossen flüssigen Massen bestehen kann, sondern dass höchstens Ansammlungen feurig flüssigen Materials in den oberen Theilen des Erdinnern, die dann mit den vulkanischen Erscheinungen zu-

*) Diese Bestimmung gründet sich auf Bestimmung der Adhäsion zweier durchfeuchteter Holzcylinder, zwischen denen sich eine sehr dünne Wasserschicht befindet.

**) Die Beobachtung, dass grössere Regentropfen wärmer als kleinere sind, kann wohl nicht, wie es der Verfasser thut, als Beweis herangezogen werden.

sammenhängen, vorhanden sein können. Es wird zunächst die Temperaturzunahme mit der Tiefe discutirt, die bekanntlich unter der Voraussetzung, dass sie in gleicher Weise stattfindet, zu sehr hohen Temperaturen führte. Ist die Erde zuerst eine geschmolzene Masse gewesen, so werden die abgekühlten Massen, wenn sie nicht specifisch leichter sind als die flüssigen, aus denen sie entstanden, niedersinken; doch liegen hierüber noch nicht ausreichende Untersuchungen vor. (Die Zähigkeit der geschmolzenen Massen würde auch einen wesentlichen Einfluss haben). Auch die Erhöhung des Schmelzpunktes durch grossen Druck würde die Annahme des Nichtflüssigseins des Erdinnern stützen, worauf Hopkins bekanntlich aus der Nutation und Präcession geschlossen hat. Der Verfasser betont, dass die hohe Temperatur im Erdinnern durchaus nicht aus den Beobachtungen in den oberen Schichten, wo sie doch bis zu geringer Tiefe nachgewiesen ist, folge; nichts beweist, dass solche Zunahme auch in grösseren Tiefen stattfindet; nimmt die Temperatur nur in geringerem Grade zu, als proportional der Tiefe (1° C. für 30 m), so kommt man bald zu Tiefen, wo kein merkliches Anwachsen mehr stattfindet; auch spricht das Fluthphänomen, das im Innern der Erde stattfinden müsste, aber nicht merklich ist, gegen die Annahme des Flüssigseins. Es müsste die Erde, wenn die Fluthbewegung nicht einwirken sollte, eine unannehmbare Starrheit haben. *Sch.*

Sur l'invariabilité du Niveau des Mers. Par H. Trautschold. Bull. de la Soc. impr. des Naturalichtes de Moscou. 1880. LIV, 129-155†.

Der Verfasser geht aus von einem Aufsatz Lenthéris' in der Revue des deux Mondes über eine verschwundene Stadt, worin gesagt ist, dass die verhältnissmässig dünne Erdrinde secularen Schwankungen von sehr langer Dauer aber unberechenbarer Macht unterworfen sei. Dagegen erscheint Menge und Kreislauf der Gewässer fest bestimmt, so dass eigentlich nicht das Meer, sondern das Starre das beweglich Wechselnde der Erde darstellt. — Die absolute Unveränderlichkeit des Seeniveaus wird jedoch als Irrthum bezeichnet. Nun werden die verschiedenen geologischen Epochen durchgegangen, besonders hinsichtlich des Verhältnisses von flüssigem und festem. Mit vorschreitender Erhebung des letzteren war das Zurücktreten des ersteren unvermeidlich, wenn schon allerdings zeitweise auch dieses gestiegen sein mag. Jedenfalls hat der Ocean kein festes Niveau, sondern ist continuirlichen Oscillationen unterworfen. Die Küstenlinien (shore-lines) sind ebensogut vom Sinken des Wassers als vom Steigen des Landes veranlasst. Deltas an Flussmündungen entstehen keineswegs durch Bodenerhebung allein, sondern unter directer Einwirkung des Wasserlaufs. — Betreffs der ungleichen Strandlinien Norwegens gesteht PETTERSEN, dass man eine vollständige natürliche Erklärung der einschlägigen Verhältnisse hätte, wenn die Veränderlichkeit des Ocean-Niveaus zugelassen würde. — Massenhaftes Material aus verschiedenen Ländern und Zeiten muss hier übergangen werden. Das Zurücktreten des Wassers beim allmählichen Erstarren der Erdrinde und Erheben der Gebirge in bestimmt begrenzte Ufer ist keine absolute Verminderung, sondern ein Versinken in tiefere Erdschichten. Die Formation des Polareises, des ewigen Schnees, der Gletscher, die chemische und mechanische Absorption der Flüssigkeit durch Mineralien, ihr Verbrauch durch organische Wesen sind Phänomene, welche gegen die Constanz der Wasseroberflächen sprechen. Selbst Industrie und Technik arbeiten daran mit, indem ihre Schöpfungen, besonders die ungeheure Rauch- und Dampf-Erzeugung mineralische Umwandlungen mit folgender Hydratisirung veranlasst. Schon 1748 spricht MAILLET für die Verminderung des Meeres sich aus, findet indess ebenso schwierig zu glauben, dass die Gewässer sich zerstreuen, als dass sie in andere Stoffe übergehen. Hieher gehört die Theorie von SCHMICK von der periodischen Transposition der Meere. Sie ist freilich bisher nicht hinreichend unterstützt durch Thatsachen und findet wenig Beifall bei den Astronomen. WINTLE fand an der Küste von Tasmanien und Neuholland eine langsame Erhebung, welche für das Jahrhundert 10′ beträgt. Wenn sich die Küsten unserer Antipoden ebenso erheben, wie die unsrigen, kann natürlich von einer

Transposition der Meere keine Rede sein. Viele Thatsachen sprechen zu Gunsten einer langsamen Intermittenz der Veränderlichkeit des Meeresniveau, wie für die Eruptionen Periodicität herrscht. Die Oberfläche fast aller Continente war Meeresboden; dessen Erhebung ist andererseits Zurücktreten des Wassers.

Hh.

E. Toula. Säkulare Hebungen und Senkungen. Litter. C. Bl. 1880, 1579; Peterm. Mitth. 1880, 241†.

Die diesem Vortrage beigegebene Uebersichtskarte weicht nach der kurzen Notiz von der Credner'schen (Delta-Bildungen) in manchen Punkten ab. Als in Hebung begriffen werden so bezeichnet: Ostküste der Behringstrasse, ein Theil der Aleuten, Californische Halbinsel, ein grosser Theil von Central-Amerika, Galapagos Inseln, Strecken an der Südküste des Caplandes.

Sch.

W. Reiss. Sinken die Anden? Verh. d. Ges. f. Erdk. VII. 1880, 45-56†; Verh. d. k. k. geol. Reichsanst. 1880. No. 3, p. 48†. Hebung oder Senkung Südamerika's. Ausland 1880, 252-257.

Anknüpfend an die Annahme, welche von Orton gemacht war, dass durch Beobachtungen das Sinken der Anden bewiesen sei, die durch die Messungen von Stübel und Reiss bestätigt schien, giebt Herr Reiss eine kurze Darlegung der gesammten Verhältnisse. Es geben nämlich die Zusammenstellungen der verschiedenen Höhenmessungen zu verschiedenen Zeiten stets geringere Werthe, z. B. für Quito 2925 m nach Condamine (1740), 2917 m nach Humboldt (1808), 2910 m nach Boussingault (1831), 2902 m nach Orton (1867), 2850 m nach Reiss und Stübel (1870), was eine Senkung von 70 m in 130 Jahren ergeben würde. Anstatt diese Verschiedenheiten aus Unvollkommenheit der Instrumente zu erklären, fand die Erklärung aus dem Sinken der Anden ihre Stütze in der vulkanischen Beschaffenheit der betreffenden Gebiete. Nach der Bemerkung, dass auch die Anden-Vulkane durch Aufschüttung, Lavaströme, Asche entstanden, wird die Frage untersucht, ob überhaupt die Barometerhöhenmessungen hinlängliche Genauigkeit besitzen, um solche Schlüsse zu rechtfertigen und legt Herr R. mit Evidenz dar, dass diese in keiner Weise geeignet sind, um ein Sinken der Anden zu constatiren, da die gefundenen Differenzen innerhalb der Fehlergrenzen liegen. Auch die trigonometrischen Messungen geben keinen Anhalt, da sie von barometrisch bestimmten Punkten ausgehen. Ausserdem müsste sich diese Senkung auch an der Küste bemerklich machen, wobei auf die HANN'sche Untersuchung des Meeresniveaus, nach der an der peruanischen Küste dasselbe etwa 800 m von der unzerstörten Sphäroidfläche absteht, hingewiesen wird und werden die Nachrichten über Hebungen und Senkungen am südamerikanischen Continente zusammengestellt. Senkungen werden angeführt: Guyana, (z. Th. widersprechend) Amazonas-Mündung und La Plata, an der Westküste im Chonos-Archipel und bei Cabao. Hebungen hingegen sind an vielen Stellen (Santa marta etc.) nachgewiesen. „Eine Höhenveränderung der Cordilleren muss sich an der Küste bemerkbar machen und umgekehrt muss jede Niveauveränderung des Küstensaums auch mehr oder minder sich dem Binnenlande mittheilen, denn eigentlich wird nicht der Küstensaum bewegt, sondern grosse Theile der Erdrinde verändern ihre natürliche Lage. Für uns ist es am leichtesten an der Grenze des Festen und Flüssigen die Niveauveränderungen nachzuweisen, und nur allzugern sind wir dann bereit auch die Bewegungserscheinungen als auf den Beobachtungsort beschränkt zu betrachten. Dem ist aber in Wirklichkeit nicht so. Finden wir an beiden Küsten des Continents eine Hebung, so sind wir wohl berechtigt, bis Beweise für das Gegentheil geliefert sind, auch die gleichartige Bewegung für die zwischen liegenden Landestheile anzunehmen. Somit glaube ich zum Schluss dieser Betrachtung aussprechen zu dürfen, dass im Gegensatz zu ORTON und in Uebereinstimmung mit DARWIN wir Südamerika als einen a u f s t e i g e n d e n, als einen in der Vergrösserung begriffenen Continent betrachten dürfen. *Sch.*

F. G. Hahn. Untersuchungen über das Aufsteigen und Sinken der Küsten. Ein Beitrag zur allgemeinen Erdkunde. p. 1-223. 8°. Leipzig 1879.

Nach der günstigen Besprechung (W. R.) Verh. f. Erdk. 1880 p. 178—179 hat der Verfasser eine Zusammenstellung der Nachrichten über Hebungen und Senkungen, mit Ausschluss der instantanen Hebungen gegeben. Die Zusammenstellung ist geographisch geordnet, die Nachrichten über den einzelnen Erdraum chronologisch. Der allgemeine Theil handelt von den Kennzeichen der Hebungen. Als Hauptresultate werden angeführt: Mittelmeere, welche zwischen grösseren Landmassen eingeschaltet sind, zeigen vorwiegend aufsteigende Küsten (Ausnahme das Adriatische Meer). — Auf sinkenden Küsten fehlen thätige Vulkane. — Eine Küste mit thätigen Vulkanen befindet sich im Zustande der Hebung (Ausnahme Umgegend von Neapel). *Sch.*

H. Trautschold. Zur Frage über das Sinken des Meeresspiegels. Bull. d. Moscou 1880. LV. No. 1, p. 174-182†.

Herr T. wendet sich gegen Herrn Toula, der in einem populären Vortrage „Ueber die säcularen Hebungen und Senkungen der Erdoberfläche“ (gehalten im Verein zur Verbreitung naturwissenschaftlicher Kenntnisse, 10. März 1880) p. 460 gegen die Forscher, die diese Theorie nicht anerkennen, starke Ausdrücke gebraucht hat. Ganz kurz giebt er die Gründe für seine Anschauung an, dass der Meeresspiegel sich in geologischer Zeit gesenkt habe, da ein Wasserverlust durch Bildung des Polareises, Bildung hydratischer Verbindungen u. s. w. wohl denkbar sei und weist zugleich auf die Schwierigkeiten, welche die Hebungstheorie darbietet, indem sie, namentlich abgesehen davon, dass einzelne Erscheinungen nur unvollkommen dadurch erklärt werden, über die hebende Kraft keine hinlängliche Aufklärung zu geben weiss. Cf.:

H. Trautschold. Sur l'invariabilité du niveau des mers. Bull. d. Mosc. 1879. No. 3. LIV, 129-155. Cf. p. 458.

Die Strömungen des Festen, Flüssigen und Gasförmigen und ihre Bedeutung für Geologie, Astronomie, Klimatologie und Meteorologie von Dr. H. WETTSTEIN, Seminar-Director in Küssnacht. Mit 29 Holzschnitten und 25 Karten. Zürich. Verlag von J. Wurfer u. Co. 1880. 406 pp.; Naturforscher 1880. XVII, 167; Z. S. f. Met. 1880, 470.

Die Wirkungen der Gravitation an den festen, flüssigen und gasförmigen Stoffen der Erde werden gezeigt in Form der Dislocationen, der Vulkan-Eruptionen, der Wärmevertheilung; dann die desfallsigen Einwirkungen des Mondes wie der Kometen gewürdigt. Selbst der „wundersame Gang der Magnetnadel" soll von Strömungen der Sonnenanziehung abhängen. *Hh.*

PH. PLANTAMOUR. Periodische Schwankungen des Bodens. Naturf. 1880, 15-16; C. R. LXXXIX. (1879), p. 937; cf. Berl. Ber. 1879.

Von Oktober 1878 bis 30. September 1879 sind von Herrn PLANTAMOUR Niveau-Verschiebungen beobachtet an Wasserwaagen, die in dem Keller der Wohnung zu Sécheron bei Genf aufgestellt waren (Beobachtungszeit 9 h Morgens, 12 h Mittags, 3 h, 6 h und 9 h). Die grösste Amplitude der Bodenschwankung war 32,8 mm, am 15. Januar grösste Senkung um 19,5 mm, 8. September 1879 grösste Hebung, also 52,3 mm. Ausser der jährlichen Bewegung zeigt sich auch eine tägliche, die sehr gering ist. Es scheint, dass diese periodischen Bewegungen durch die äussere Temperatur bestimmt werden und hat vielleicht die Configuration des Bodens auf diese Bewegungen Einfluss; an einigen Sternwarten sind an Wasserwaagen des Meridianfernrohrs auch Bewegungen beobachtet. *Sch.*

PETRINÒ. Ueber die Entstehung der Gebirge. Z. S. f. wiss. Geogr. I, 37-38.

Ungünstige Besprechung der Schrift (von A. KIRCHHOFF), die geringen Anspruch auf Wissenschaftlichkeit und Gründlichkeit habe. *Sch.*

Oscillations du sol depuis Dunkerque jusqu'à la Bidassoa. C. R. XC, 1200.

Die weiteren Arbeiten der Hebungen und Senkungen cf. 45 A. 6 und 1. *Hh.*

Suess. Ueber die säcularen Schwankungen der Erdrinde. Ausland 1880. XXIX, 566-570. Vortrag in d. k. k. geol. Reichsanst. zu Wien. Peterm. Mitth. 1880, 363; Verh. d. k. k. geol. Reichsanst. 1880. No. 11†.

Es handelt sich bei der heutigen Ansicht über die Lithosphäre der Erde weniger um räumliche Schwankungen, als um Erhebungen oder wirkliche Formänderungen der planetaren Kruste. Howorth, Anschwellungen an den Magnetpolen und Senkungen rings um den Aequator findend, folgerte eine fortschreitende Einschnürung des Festen am Aequator und eine nordsüdliche Protuberanz. Dagegen schlossen schon vor 40 Jahren Chambers in England und Domeyko in Chile aus der steten Wiederkehr von Terrassirungen an scheinbar gehobenem Lande, dass eine allgemeine, den ganzen Planeten umfassende Kraft noch immer an seiner Rinde arbeite. Adhémar's, Croll's, Schmick's Lehren von der abwechselnden Ansammlung grösserer Wassermassen am Nord-, dann am Südpol werden zweifelhaft Angesichts des abgestuft entblössten Landes, das ebensogut an den südlichen Küsten Afrika's, Amerika's, Australiens, als der nördlichen Hemisphäre hervortritt. Man sollte nach Süss bloss von **Verschiebungen der Strandlinien** sprechen, **aufwärts positiv**, **abwärts negativ** bezeichnet. Die oberste Terrasse eines abgestuften Landes stellt das Maass dar, um das seit der Zeit des höchsten Niveaus der Strandlinie die Summe ihrer negativen Bewegungen diejenigen der positiven überschritt. Dass beide wechseln, zeigt die Abstufung selber. Die deutlichsten Spuren hievon wurden von Hayes an 23 regelmässigen Terrassen in Port Foulke nördlich vom Cap York erkannt. Wo längere Zeit hindurch eine Compensation besteht, wird eine tiefe Furche in den Felsen gegraben, wie man solche auf der norwegischen Insel Tromsoe und oberhalb Montreal in Canada sieht. Die Geschwindigkeit, überhaupt das Gesetz dieser Oscillationen ist unbekannt. Die Enthüllung wird am wenigsten gelingen, wenn hier die theilweise compensirte Summe der Einzelbewegungen, dort die letztbeobachtete derselben als massgebend betrachtet wird. So glaubte man im südwestlichen Grönland aus dem nördlich terrassenartigen Ufer auf Erhebung, aus versunkenem Mauerwerk auf Senkung der Bucht von Igallico, also auf eine Schaukelbewegung mit neutraler Axe schliessen zu dürfen. Steenstrup fand jedoch jene Baureste seit Jahrzehnten unveränderlich und nach Laube laufen die nördlichen Hochterrassen über die Igallico-Fjords hin. Irrig ist auch, wenn wegen trockenliegender todter Korallenbank, etliche Fuss die Strandlinie überragend, eine Bodenerhebung angenommen wird, während nur an der Steilheit unterseeischer Riff-Abstürze das Uebergewicht der positiven, wie am Igallico das der negativen Bewegung auftritt. In Nord frankreich und Süd-Italien erfuhren die Küsten sicher noch in der historischen Zeit eine positive Bewegung, zwischen dem V. und IX. Jahrhundert aber eine negative. Terrassirtes Land wird in hohen nordischen Breiten überall gefunden. Verschiedentlich in die gemässigte Zone herabreichend, nimmt es an Höhe ab, wonach in der Polarnähe die negative Bewegungssumme der Strandlinien gegen die positiven überwiegt, weiter südlich eine Annäherung beider stattfindet, und in den tropischen Gebieten der Korallenbauten die positive Bewegung vorwaltet. Vom 25 bis 35° südlicher Breite beginnt wieder das terrassirende Uebergewicht der negativen Bewegung mit gleichem oscillirenden Charakter wie im Norden. Dawson und Dana beschrieben für Canada die Höhenabnahme des Stufenlandes gegen Süden. Lyell nimmt für Schottland eine weit höhere Ueberfluthung an als bei England. In Skandinavien nimmt die Erhebung gegen Norden namhaft zu. Richthofen findet das nördliche China steigend, das südliche sinkend mit der Neutralaxe bei den Tschuchan-Inseln (30° nördl. Br.). Fast unter demselben südl. Breitengrade findet Brough Smith das nördliche sinkende und südliche steigende Australien geschieden. Auch die Höhe der südamerikanischen Terrassen nimmt gegen Norden ab. Nahe scheint aus thiergeographischen Thatsachen Belt der Wahrheit zu kommen, wenn er den Abfluss der Gewässer gegen den Aequator behauptet. „Seit man den oscillirenden Charakter, die Ausdehnung der Erscheinung und die Compensation im Grossen kennt, welche durch das Uebergewicht der positiven Bewegungen gegen die äquatorialen Gegenden und der negativen gegen die Pole hin erzeugt wird", kann es sich eigentlich bloss „um fortdauernde Veränderungen in der Gestalt der flüssigen Hülle unseres Erdkörpers" handeln. Seit der Maximalkälte, welche Hochstetter auf beiden Hemisphären gleichzeitig eingetreten ansieht, überwog lange die positive Bewegung, dann die jetzt noch herrschende negative. Vielleicht verdanken die concentrischen Riffe Floridas den Zwischenbewegungen ihre Entstehung. Die meisten Flüsse sind alt; auf ihr Verhalten selbst tief im Binnenlande übt das Meer bestimmenden Einfluss, so dass manche weit landeinwärts gelegene Flussterrassen mit den Bewegungen der Strandlinie in Zusammenhang stehen. In einem durch viele Breitengrade erstreckten Continent, deshalb von negativen zu positiven Regionen jener Thätigkeit ragend, kann, wenn die Wasserscheide nicht sehr widerstandsfähig ist „eine volle Umstürzung des Gefälles" eintreten. Ein Fall liegt vor am Red River, indem die hohen, die Hudsonbay umgürtenden Terrassen veranlassten, dass der Abfluss des Winnipeg-Sees dem Golf von Mexico entzogen und der Hudsonbay zugewendet wird. Fast in gleicher Breite Europas wird Aehnliches für den Rhein südlich von Bingen angenommen. Dann würde Winnipeg mit Bodensee, Mexicanischer Golf mit schwarzem Meere, Hudsonbay mit Nordsee, Saskatchewan mit Oberrhein correspondiren. Ob die Schwankungen von veränderter Fliehkraft abhängen, bleibt vorerst unentschieden, weil von Variationen der Tageslänge nichts bekannt ist. Der Wasserreichthum der Südhemisphäre bedingt die Incongruenz des Schwerpunktes der ganzen Erde und des Festen. Wird dem Norden eine besonders wichtige Rolle in Vertheilung der organischen Wesen zugedacht (Buffon), so hat daran die Formveränderung des Meeres und die bleibende Wasserbedeckung der südlichen Halbkugel wesentlichen Antheil. Aeltere Typen sind in südlichen

Regionen zusammengedrängt. Neuseeland besitzt uralte Reptilien. Die australische Fauna steht für Europa vor der Kreideformation. Die Malayen-Zone birgt Formen unserer ersten Mediterranstufe. Unter Vögeln und Säugethieren überwiegt der äthiopische Typus. Die heutige arktische Bevölkerung ist einst südlicher gestanden. Fauna und Flora Australiens zeigen südasiatische Spuren. Im Allgemeinen werden gegen SE. und S. immer ältere Faunen angetroffen. Das stete Uebergewicht der nordischen Typen bei wiederholter Verschiebung scheint veranlasst durch die Unmöglichkeit, dass die negativen Bewegungen im wasserreichen Süden grosse bewohnbare Flächen blosslegten. Die Formveränderungen des Oceans mit Variationen der Temperatur in Zusammenhang zu bringen, gelang bis dahin nicht. Das letzte bekannte Wärmemaximum fällt in den Anfang der Eocänzeit; das letzte grosse Minimum oder eine Aufeinanderfolge solcher, die Eiszeit bedingend, ist von uns durch die polarpositive und eine noch andauernde polarnegative Zone getrennt. Nach der Conchylienfauna der Abstufungen Amerikas und Neuseelands, welche mit den jetzigen Seeformen viele Aehnlichkeit hat, kann die Temperatur zur Zeit jener, während der letzten polarpositiven Bewegung stattgefundenen Sedimentirung von der gegenwärtigen kaum abgewichen sein. Kältere Formen im europäischen Terrassenland erklären sich daraus, dass der Golfstrom die damaligen Küsten nicht erreichte. Formveränderungen des Meeres dürften öfter und wohl auch ungleichartiger vorgekommen sein, als grosse Temperaturschwankungen. Die Contraktion der äusseren Lagen der Erde faltet die Massen, welche zu Bogen aufgestaut vielfach brechen. Luft, Wasser und Kälte graben Furchen ein, welche allmälich zu Zacken erodirt werden, während anderen Orts flache Rücken abgerieben und Rinnsale ausgeschwemmt sind. Bloss die Faltenbildung ist eine wirkliche Vertikalbewegung des Festen. Die Felsen besitzen keine elevatorische Gewalt. Wie die Lehre von den Erhebungskratern, später von der Gebirgsbildung durch senkrechtes Aufsteigen über centrale Axen aufgegeben wurde, so werden wir uns entschliessen müssen, „auch die letzte Form der Erhebungstheorie, die Doctrin von den secularen Schwankungen der Continente zu verlassen", und das Hauptgewicht der Thätigkeit auf die „Abänderungen in der Gleichgewichtsfigur der flüssigen Hülle" zu legen. *Hh.*

E. Reyer. Die Bewegung im Festen. Geologische Skizze. Jahrb. d. k. k. geol. Reichsanst. 1880. XXX. H. 3. p. 543 bis 556; Ausland 1880. No. 26. p. 518, 529, 575, 594.

Der durch seine Arbeit über Physik der Eruptionen bekannte Verfasser giebt hier zunächst einen guten Ueberblick über die Umänderungen, welche in festen Körpern vor sich gehen können. Temperaturwechsel, mechanische Gewalt, jede Erschütterung bringen Veränderungen in der Molekularanordnung hervor, wofür eine grosse Anzahl interessanter Beispiele existirt. Ebenso werden die Pseudomorphosen und das Wachsen mineralischer Körper besprochen (räumliches Wachsthum, flächiges Wachsthum, Concretion); auch mechanische Umformung vermag, wenn die Kraft nur gleichmässig und anhaltend wirkt, mit der Zeit bedeutende Veränderungen hervorzubringen (Eis, Glas, Umlagerungen durch Bergfeuchtigkeit). Hieraus geht dann weiter hervor, dass die tieferen Erdschichten plastisch biegsam sein müssen und grosse Höhlungen und Spalten nicht vorhanden sein können. In Beziehung auf den Einfluss des Mondes geht der Verfasser noch weiter als die Anhänger der Fluth-Erdbebentheorie, indem er die Ansicht ausspricht, dass die ganze Masse der Erde zufolge der Mondanziehung wie eine schwingende elastische Kugel wandernde Wellen wirft. Die tiefen Theile geben nach, die starr-spröde Kruste aber platzt und kracht da und dort unter dem Einfluss der Wellung, besonders in Gebieten, welche ohnedies schon durch die Gebirgsbildung bewegt sind. Für die zahlreichen angeführten Beispiele werden Litteraturbelege gebracht.

Sch.

G. H. Geologische Litteratur. Ausland 1880, 678.

Daubrée's wichtiges geologisches Werk ist unter dem Titel: „Synthetische Studien zur Experimental-Geologie" in's

Deutsche übersetzt von Dr. A. Gurlt. (Braunschweig 1880. Vieweg). Die Untersuchungen sind im Sinne Kant's geführt, wonach der Forscher an die Natur herantreten soll, nicht als Alles ungeprüft annehmender Schüler, sondern als Zeuge abhörender, urtheilsfähiger Richter. Es wird eine vollständige Anleitung geboten zur geologischen Experimentaluntersuchung auf chemischem, physikalischem, mechanischem Wege, nicht bloss für die Erde, sondern auch in Bezug auf Bildungsweise aller Weltkörper. Entstehung der Erzlagerstätten, der krystallinischen, metamorphen und eruptiven Gesteine, vulkanische Thätigkeit, Bildung von Geschieben, Sand und Schlamm, Zerreibung und Fortführung, Formveränderung und Zerreissung der Erdrinde, Verwerfungen und gepaarte Kluftsysteme, Gesteinschieferung, verzerrte Versteinerungen, Aufbau der Bergketten, Wärmebildung durch mechanische Einflüsse werden im ersten Theile verhandelt. Der zweite beschäftigt sich mit den Meteoriten, welche mit irdischen Massen überraschende Aehnlichkeit haben und deshalb ein Bindeglied zwischen Astronomie und Geologie darstellen, welche hiemit zur Sideralgeologie erhoben wird. Eine Anwendung der experimentalen Methode auf kosmische Erscheinungen ist oft möglich und führt zu interessanten Ergebnissen, insbesondere bei der künstlichen Nachahmung der Aërolithen*). Zuweilen ist hier allerdings die Hypothese nicht ganz fernzuhalten; geschieht es indess unter bestimmten Bedingungen und mit grosser Vorsicht, so gewährt es den Vortheil, dass Einwürfe, neue Beobachtungen und Systeme von Thatsachen hervorgerufen werden. — Acht Tafeln und 260 Holzschnitte im Text, der 554 Seiten umfasst, erläutern die Darlegungen. *Hh.*

Daubrée's Experimental Geology. II. Experimental Study of Meteorites with reference to certain Cosmical Phenomena; noticed by J. Lawrence Smith. Silliman Journ. d. sc. 1880. XIX, 386-390†.

Die synthetische Studien von Daubrée zur Experimental-Geologie beziehen sich auf verschiedene kosmologische Probleme.

*) Siehe die nächste Nummer dieses Berichtes.

Im vorliegenden zweiten Theile handelt es sich um Structur und Entstehung der meteorischen Mineralien mit Folgerungen auf die Constitution des Universums. Die Monate August und November, ausgezeichnet durch die bekannten Sternschnuppenschwärme, ragen vor den übrigen Zeiten nicht merklich empor hinsichtlich des Falles von Aerolithen. Für die Zusammensetzung der Meteoriten ist constatirt, dass nur wenige Mineralien in dieselbe eingehen, so verschieden ihre physikalische Beschaffenheit sein mag. Das metallische Eisen, welches die ganze Masse des Steines bildet, oder in kleineren Partien eingestreut ist, erscheint stets begleitet von Nickel-, Kobalt- und Kupfer-Spuren. Die Steine bestehen meist aus Bronzit oder Enstatit mit Olivin in verschiedenen Proportionen und den oben erwähnten Metallen. Das nächst häufige nicht metallische Mineral ist Anorthit. Andere Stoffe, Troilit, Schreibersit, Chromit, Daubréelit kommen selten und zerstreut vor. Wichtig sind die Arbeiten D.'s zur künstlichen Nachahmung der Meteoriten, besonders durch Schmelzung von vornehmlich aus Pyroxen und Olivin bestehenden Gesteinen in Schmelztiegeln (brasqué), wobei man Eisenknollen mit regelmässigen Aetzfiguren und Gehalt an Nickel wie Kobalt erhielt. In anderen Fällen wurde Wasserstoff als Reductionsmittel des Lherzolite und Pyroxene verwendet und die Zerlegung in niederer Rothgluth bewerkstelligt. Auch hier hatten die Erzeugnisse grosse Aehnlichkeit mit Meteoriten, namentlich dem S. Catarina Meteor-Eisen. — Im zweiten Abschnitt sind die tief liegenden Felsen der Erde mit den Meteoriten verglichen. Hier ist die Transformation von Serpentin in Olivin bemerkenswerth. Jedenfalls wirkte eine sehr hohe Temperatur bei den gegenseitigen Modificationen der Anhydrit-Silicate und Pyroxene. Die geologischen Vergleiche wie die spektroskopischen Forschungen überzeugen vom einheitlichen Ursprung der himmlischen und irdischen Körper. Dann wird eingegangen auf die mit den Meteoriten verbundenen mechanischen Phänomene. Die Globularstructur, die Polyedrie und die Grübchen an den Meteoritenoberflächen werden besprochen. Die letztere Erscheinung ist mit grossem Gasdruck in Zusammenhang gebracht.

Danach sind besondere physikalische Charaktere betrachtet: die schwarzen Adern, die marmorirten Flächen, die pulverförmigen Varietäten der Meteoriten. Cf. Abschnitt: Meteorite. *Hh.*

DAUBRÉE. Études synthétiques de la Géologie expérimentale. Ausl. 1880, 678-680; C. R. XC, 49-50, erwähnt auch p. 148. I., II. Theil.

J. L. SMITH. DAUBRÉE's Experimental geology. SILLIM. J. XIX, 386-390.

L i t t e r a t u r. (Cf. vor. Abschn. u. 1.)

S. HAUGHTON. Geological climates. Nature XXII, 532-533 (L); XXIII, 8-9. 98-99 (L).

GARDNER. Geological climates. Nature XXIII, 53-54.

S. HAUGHTON. On ROSSETTI's Law of cooling applied to the consideration of the relative effects of sun-heat, earth-heat starheat and atmospheric conditions upon climates during geological time. Proc. Dubl. Soc. II. H. 6. 19./1. 1880, 417-430.

WALLACE. Geological climates. Nature XXIII, 145 (L), 217 (L), 266-267 (L).

S. HAUGHTON. Geological climates. Ib. 145 (L), 241-242, 290, 313.

WALLACE. Climates of Vancouver island and Bournemouth. Ib. 169 (L).

W. INGRAM. Geological climates. Ib. 169.

J. RAE. Geological climates. Ib 337. Ueber Temperatur zur Eocenzeit.

v. CZERNY. Die Veränderlichkeit des Klimas und ihre Ursachen. Wien b. Hartleben. 2,50 M.

ENDLICH. On the time required for glacial and geological formations. Bull. philos. soc. Wash. II, 36.

J. St. Gardner. Geological climates. Nature XXIII, 193 bis 194. Ueber fossile Pflanzen.

H. Doolittle. Remarks on the formation of the earth. Bull. philos. soc. Washingt. II, 134.

R. Mallet. On the probable temperature of the primordial ocean of our globe. Philos. mag. (5) IX, 72. Cf. diese Ber. p. 456.

C. Ramsay. On the recurrence of certain phenomena in geological time. Nature XXII, 383-390. Address (Swansea) No. A. Chem. News XLII, 99-106; Naturf. 1880, 353-354.

Prestwich. On the geological evidence of the temporary submergence of the South west of Europe during the early human period. Rep. Brit. Ass. Swansea 1880. L, 581.

J. Peroche. Les oscillations polaires et les températures géologiques; considérations. 4°. 1-52. Paris. Baillière et Co.

Th. Ward. Constitution of the Earth derived from the Sun by a progressive development. 1-390. London, Bell and S. 1880. 7 sh. 8 Pf.

Boué. Ueber den ehemaligen und jetzigen Stand der Geologie und Geogenie und die Untersuchungen und Methoden in diesen Richtungen. Wien. Ber. (1. Abth.) LXXXI, 148-153*.

Peters. Ueber die Entwicklung geologischer Anschauungen im Volke. Ausl. 1880, 893. Graz bei Leuschner u. Lubansky 1880. 8.

Faye. On the physical forces which have produced the present figure of the earth. Nature XXII, 206.

Radau. La constitution interieure de la terre. Paris. Gauthier-Villars. 1880. 1,50 fr.

Jentzsch. Ueber die Statik der Continente und die angebliche Abnahme des Seewassers. Tageb1. d. 53. Vers. d. Naturf. Danzig 1880.

E. Wisotzki. Die Vertheilung von Wasser und Land an der Erdoberfläche. Königsberg 1879. 8°.

Ph. Plantamour. Des mouvements périodiques du sol. Bruxelles 1879. 8. Extr.

T. M. Reade. A problem for Irish geologists in post-glacial geology. Proc. Dubl. Soc. II. (p. 4) Jan. 1880. p. 255-259.

S. Roth. Einiges über geographische Homologien. Ausl. 1880, 71-74.

K. Zöppritz. Ueber Schwankungen des Meeresspiegels infolge von geologischen Veränderungen. Ann. d. Phys. (2) XI, 1016-1034. Ber. später.

Hann, Hochstetter u. Pokorny. Allgemeine Erdkunde. Prag bei Tempsky. Z. S. f. Met. 1880, 504-510.

B. Physik des Wassers.

1. Meere (Oceanographie).

G. v. Boguslawski. Ueber einige Ergebnisse der Tiefseeforschungen. Ann. d. Hydr. 1879 bis 1882. (Vergl. auch Berl. Ber. 1873—1877.)

Unter diesem Titel giebt der Verfasser in einer Reihe von Artikeln eine Uebersicht über die bisher mit den neueren, verbesserten Tiefsee-Apparaten auf verschiedenen Expeditionen (über welche wir in den Berl. Ber. 1873 bis 1877 berichtet haben und in den späteren Jahrgängen noch berichten werden) gewonnenen Ergebnisse hinsichtlich der Untersuchungen der physikalischen Verhältnisse der Tiefen der Oceane und einzelner Meere, und berücksichtigt dabei stets die schon früher erhaltenen Forschungsergebnisse.

Die beiden ersten Artikel (A. d. H., 1879, 49—58, 97—107) betreffen einige allgemeine Ergebnisse hinsichtlich der Tiefen, der Bodengestaltung und -beschaffenheit, der Vertheilung der Temperatur und des specifischen Gewichtes von der Oberfläche bis zum Meeresboden, der Luft im Meerwasser und das Thierleben in den Oceanen. Hierauf folgen die Darstellungen aller dieser Tiefseeverhältnisse in den einzelnen Oceanen und deren Meerestheilen, nämlich des Atlantischen Oceans (A. d. H. (1879) p. 195—209, 255—267, 313—324), des Stillen Oceans (ib. p. 369 bis 378, 481—493, 545—556), des Indischen Oceans (ib. 1880, 65—73), des Arktischen Oceans (ib. 1881 und 1882 a. a. O. vgl. Berl. Ber. f. 1881 und 1882). *Bo.*

Die Expedition der „Vega" 1878|79 unter Nordenskiöld und Palander.

Unter dem Protektorate des Königs Oskar von Schweden und mit freigebiger Unterstützung von Seiten zweier reicher Kaufleute, Dirksen in Gothenburg und Sibiriakoff in Moskau wurde im Sommer 1878 nach dem von Professor Nordenskiöld, welcher seit dem Jahre 1858 unermüdlich und mit grossem Erfolge im Dienste der Polarforschung thätig gewesen ist, sorgfältig ausgearbeiteten Plane der Dampfer „Vega" für eine Schiffs-Expedition von Europa bis zur Behring-Strasse ausgerüstet. Hauptzweck dieser Expedition war die nördliche Umsegelung Europa-Asiens zu vollführen und während derselben hydrographische, physisch-geographische, naturhistorische und ethnographische Forschungen und Untersuchungen anzustellen. Sie hat ihre grosse Aufgabe nach allen Richtungen unter der wissenschaftlichen und nautischen Leitung von A. E. von Nordenskiöld und L. von Palander und mit der Beihülfe des Stabes der Gelehrten der Expedition vollständig gelöst.

Der äussere Verlauf dieser Vega-Expedition war folgender:

Sie verliess am 22. Juni 1878 den schwedischen Hafen Carlskrona, erreichte am 25. Juli das Nordcap und segelte durch den Kanal von Magerö in das Eismeer und vom 6. August bis 27. September durch das Karische Meer und längs der Nordküste von Sibirien bis Seodzekamen in der Koljutschin Bucht dicht bei dem Eingange der Behring-Strasse. Dort überwinterte die Expedition, im Eise festgesetzt, bis zum 18. Juli 1879; an diesem Tage wurde die Heimreise durch die Behring-Strasse fortgesetzt und am 2. September Yokohama erreicht, von wo die telegraphische Kunde des glücklichen Gelingens der Hauptaufgabe der Expedition, die Durchführung der nordöstlichen Durchfahrt Europa erreichte.

Aus der umfangreichen Litteratur über diese Expedition und die Arbeiten und Errungenschaften derselben theilen wir nachstehende Schriften, als die bedeutendsten mit:

1) Die Umsegelung Asiens und Europas auf der Vega. Mit einem historischen Ueberblick auf frühere Reisen längs der Nordküste der Alten Welt. Von ADOLF ERIK Freiherr VON NORDENSKIÖLD. Zwei Bände. 477 u. 451 SS. 500 Abbildungen. 19 Karten. Leipzig, Brockhaus 1882. 2. autorisirte Deutsche Ausgabe (ausserdem noch gleichzeitig in 5 verschiedenen Sprachen erschienen).

2) Die wissenschaftlichen Ergebnisse der Vega-Expedition. Von Mitgliedern der Expedition und anderen Forschern bearbeitet und herausgegeben von A. E. NORDENSKIÖLD. Autorisirte Deutsche Ausgabe in Lieferungen. Leipzig, F. A. Brockhaus 1883 (bis Mai 1883 erschienen sechs Lieferungen des I. Bandes). Dieses Werk soll aus zwei Bänden à 12 Lieferungen bestehen.

3) GIAC. BOVE. Procedimenti della spedizione artica suedese sotto il comando del Prof. NORDENSKIÖLD (1878|79). Rivista Marittima, 1880, II trim., 55-112, 325-359, 563-595; III trim., 181-193, 429-465; IV, 89-109; Boll. Soc. geogr. Ital., 1879, 742-748, 789-834. Alle diese Abhandlungen mit vielen Karten und Tabellen.

Anmerk. Der italienische Marine-Officier, Lieut. Giacomo Bove hatte sich mit Genehmigung des italienischen Marine-Ministeriums und Unterstützung der italienischen Geogr. Ges. der Vega-Expedition angeschlossen und in hydrographischer un physisch-oceanischer Beziehung, bis zum Erscheinen der betreffenden Theile des officiellen Werkes der Vega-Expedition in den oben erwähnten Abhandlungen die wichtigsten, auch die Originalbeobachtungen berührenden Aufschlüsse gegeben.

Ueber den Verlauf der Reise und über die nautischen und physisch-oceanischen Beobachtungen und Untersuchungen vgl. PETERMANN's Mitth. 1878, 67—70. 79. 141—150. 319. 429—434. 476—479; 1879, 11—23; 1880, 122; Ann. d. Hydr. 1880, 236 bis 249. 389—392; 1881, 1—8. 61—64. Aus diesen Berichten und aus verschiedenen Zeitungsnotizen und Einzelberichten der Mitglieder der Expedition sind in einer grossen Anzahl von Zeitungen und Zeitschriften des In- und Auslandes Mittheilungen über Einzelheiten der Expedition und der Thätigkeit ihrer Mitglieder veröffentlicht worden. Bis zur Herausgabe des vollständigen Werkes ad 2) können wir hier diese Mittheilungen nur beiläufig erwähnen, ohne ihren Inhalt und Angabe der oft aus dritter bis vierter Hand entnommenen Quelle mitzutheilen.

Die vorläufigen Ergebnisse der physisch-oceanischen Beobachtungen während der Vega-Expedition — die definitiven sind in dem Hauptwerke (s. oben Litteratur) enthalten aber bis zur Zeit des Abschlusses dieser Reisen noch nicht veröffentlicht — stellen wir folgendermaassen zusammen (vgl. Ann. d. Hydr. 1881, 61—64; nach Bove in Riv. maritt. 1880. III, 452—463.)

Zwischen der Jugor-Strasse und der Koljutschin-Bucht wurden an 38 Stellen vom 1. August bis 23. September 1878 Messungen der Temperatur und des specifischen Gewichts gemacht. Fast überall zeigte sich das eiskalte Wasser schon in geringen Tiefen (vom 3—10 m) unter der Oberfläche; in den Tiefen von 30—50 m betrug die Temperatur des Wassers zwischen —1° und —2,4°. In diesen halben Tiefen überstieg das specifische Gewicht des Wassers nicht selten den Werth von 1,0250, entsprechend einem geringeren Salzgehalt, als dem des atlantischen Oceans.

An manchen Stellen wurden relativ höhere Wassertemperaturen bei geringerem specifischen Gewicht (von nur 1,0100 und darunter) vorgefunden, entsprechend einer Mischung von ungefähr einem Theil Seewasser mit zwei Theilen Flusswasser. Nach N. ist dies daraus zu erklären, dass von den Mündungen der sibirischen Ströme und Flüsse warme und wenig salzige Oberflächen-Strömungen ausgehen, welche sämmtlich ihr unter dem heissen Sommer Sibiriens erwärmtes Wasser in das Eismeer ergiessen und dieses während einer kurzen Zeit des Jahres eisfrei machen.

Eine in dem Winterquartiere zu Seodzekamen am 10. Januar 1879 gewonnene Temperaturreihe zeigt eine unter der eiskalten Oberfläche in der Tiefe von 5—10 m befindliche wärmere Wasserschicht, wie es auch von anderen Beobachtern in dem vom Eise bedeckten Polarmeere gefunden worden ist. Dies erklärt sich daraus, dass das wärmere aber salzhaltigere und deshalb specifisch schwerere Wasser unter das kalte aber weniger salzhaltige und deshalb specifisch leichtere Wasser herabsinkt.

Die Messungen von Ltn. Brusewitz der Dicke des Eises in dem Winterquartier der „Vega“ in Seodzekamen und 67° 7′ nördl. Br. und 173°26′ westl. Lg. ergab vom 1. November 1878 bis zum 1. Mai 1879 eine Zunahme um 1,255 m; die grösste Dicke des Eises betrug am 31. Mai 1879 1,544 m. (Ueber die verschiedenen Messungen der Dicke des sich binnen eines arktischen Winters ausbildenden Eises an mehreren arktischen Orten s. Berl. Ber. pro 1881.)

Auf der Rückreise der Vega wurden in der Behring-Strasse zwischen Port Clarence an der amerikanischen Küste, bis zum Kongove Fjord an der asiatischen Seite sehr genaue Temperaturmessungen an der Oberfläche und in verschiedenen Tiefen gemacht, um die Grenze des sich nach dem arktischen Ocean abzweigenden Armes des Kurosiwo gegen den diesem entgegengesetzt fliessenden kalten Polarstrom zu bestimmen. Es hat sich hierbei herausgestellt, dass die östliche oder amerikanische Seite der Behring-Strasse bis in die grössten Tiefen derselben (60 bis 65 m) wärmer ist als die westliche oder asiatische Seite (vgl. Doll Berl. Ber.), und dass diese später vom Eise befreit sein wird, als jene, die im allgemeinen schon Ende Juni eisfrei ist.

Bo.

Die vier niederländischen Expeditionen des „Willem Barents“ in das Barents-Meer in den Jahren 1878 bis 1881. Peterm. Mitth. 1878. 79, 120, 240, 399; 1879. 35, 75, 194, 236, 315; 1880, 18 (mit Skizze), 199, 425; 1881, 279; 1882, 5, 394; Proceed. of the R. Geogr. Soc. 1882, 35 ff.; Tijdschrift van het „Aardrijkskundig Genootschap“, Amsterdam, 1878 bis 1881; Ann. d. Hydr. 1882, 707 ff. und nach diesen Quellen in verschiedenen Zeitschriften (vgl. sub. Polar-Litteratur).

Diese Expeditionen sind sämmtlich durch Privatmittel zu Stande gekommen und ausgerüstet. Der „Willem Barents“ ist nur ein kleines Segelschiff von 80 Tonnen. Die beiden ersten

Expeditionen standen unter der Leitung des Lieutenant der niederländischen Marine A. DE BUNIYNE. Die erste vom 6. Mai bis 12. Oktober 1878 erstreckte sich auf die Gewässer zwischen Spitzbergen und Nowaja Semlja. Auf dieser Fahrt wurden in 72° N. Br. und zwischen 7°—9° W. Lg. Tiefen von 2213 m und 2250 m (1210 und 1230 Fad.) gelothet und in 79½° N. Br. und 3° W. Lg. von 2130 m (1165 Fad.). Ungünstige Eisverhältnisse zwangen das Schiff zur Rückkehr, ohne seine Aufgabe, das Barents-Meer zu durchkreuzen, lösen zu können. Während der zweiten Expedition, 3. Juni bis 28. September 1879, gelangte das Schiff bis vor Metotschkin Chan (Nowaja Semlja), wurde aber vom Eise gehindert in das Karische Meer einzudringen, segelte alsdann längs der Westküste von Nowaja Semlja und nördlich herauf bis zur Breite von ca. 79° 30′ Nord. Auf dieser Fahrt wurde auf 16 Sm. Entfernung der südlichste Theil von Franz-Josef-Land, die in hohen Schneebergen aufsteigende Insel Mc. Clintock, gesichtet, zum ersten Male seit ihrer Entdeckung durch die Expedition des „Tegetthoff“ unter PAYER und WEYPRECHT (vgl. Ber. Ber. 1874 und diese Ber. 1880). Ungünstiger Eisverhältnisse halber konnte das Schiff aber nicht landen und musste die Heimreise antreten.

Sehr ungünstig verlief die dritte Expedition unter der Leitung von H. VAN BROEKHHUIJZEN im Sommer 1880, 8. Juli bis 4. September, bei welcher das Schiff, noch ehe es Nowaja-Semlja erreichte, so schwere Havarie erlitt, dass es wieder umkehren musste.

Die vierte Expedition (1881), unter der Leitung desselben Officiers sollte durch das Karische Meer bis zum Dickson-Hafen, nördlich der Jenissei-Mündung (der projectirten dänischen internationalen Polarstation, s. a. a. O.) vorzudringen versuchen; sie erreichte aber wiederum ihr Ziel nicht, sie konnte, durch Eis verhindert, nicht einmal in das Karische Meer gelangen, sondern musste heimkehren. Dasselbe Schicksal traf die fünfte Expedition (s. Berl. Ber. f. 1882) vom Jahre 1882, wobei sie mit der seit einem Jahre verschollenen Mannschaft der „Eira“ zusammentraf.

Während der zweiten, dritten und vierten (1878, 1879 und 1880) Expedition des „Willem Barents“ wurden mehrere interessante physisch-oceanische Beobachtungen gewonnen, welche in dem arktischen Ocean, nahe dem Eise das Vorhandensein von kälteren Wasserschichten zwischen zwei wärmeren, bez. von einer wärmeren zwischen zwei kälteren bestätigten. Näheres hierüber s. „Meteorol. Waarnemungen en Deepzeelodingen etc. in den Spitzbergen en Barendsz-Zee in den Jaren von 1878 und 1879“ und für 1880 in dem officiellen Bericht an das Comité für die niederländische Polarfahrt (Haarlem 1882) und nach diesen Quellen im Auszuge Ann. d. Hydr. 1882, p. 710—712. *Bo.*

Tiefsee-Expeditionen der dänischen Kriegsschiffe „Fylla“ und „Ingolf“ in der Dänemark-Strasse und nördlich von Island, 1877—1879. Ann. d. Hydr. 1880, 175-192 u. 494-496 aus „Geogr. Tidskr.“ d. Kön. dän. Geogr. Ges. II u. III, 1878 u. 1879; Geogr. Jahrb. IX. (1883) 458; Naturf. 1880, 321-323; „Tidskrift for Sövaesen“ 1879, 50-56; ib. 1880, 35-40; Peterm. Mitth. 1880, 311-314. Vgl. Berl. Ber. 1877, 1326.

Zur besseren Kenntniss der noch wenig bekannten physisch-oceanischen Verhältnisse der Dänemark-Strasse zwischen Island und Grönland und zur Lösung der Frage ob durch diese aus dem Polarmeere so vieles und so kaltes Wasser in das atlantische Becken einfliesse, um dessen niedrigere Temperatur in den grösseren Tiefen erklärlich zu machen, wurden auf Anregung von Kapt. N. Hoffmeyer von dem dänischen Marine-Ministerium in den Jahren 1877—1879 die Kriegsschooner „Fylla“ (1877 unter dem Kommando und der wissenschaftlichen Leitung vom Kapt. Jacobson, 1878 unter der vom Kapt. Buchwald) und „Ingolf“ (1879 unter Kapt. Mouvier) mit den nöthigen Instrumenten und Apparaten ausgerüstet, um in der Dänemark-Strasse und an der Nordküste von Island Tiefseelothungen und Temperaturmessungen vorzunehmen.

Die Arbeiten der „Fylla“ im Jahre 1877 sind vom Kapt. N. Hoffmeyer in der Geogr. Tidskr. etc. Bd. II, 1878, p. 1—27 eingehend discutirt worden, namentlich hinsichtlich der Temperatur- und Stromverhältnisse (vgl. Ann. d. Hydr., 1880, p. 175 bis 188). Die Hauptergebnisse dieser Untersuchungen sind: 1. dass der warme Strom in der Dänemark-Strasse sich nicht allein auf die Oberfläche erstreckt, sondern bis in grössere Tiefen hinabreicht, bis zu einem geringen Abstande von der Westküste Islands sogar bis zum Boden (575 m); 2. dass dieser Strom weiter in die Strasse hinaus, sowohl nach oben, als nach unten, von dem kalten Wasser verdrängt wird; 3. dass diese kalten Schichten sich wahrscheinlich nach und nach einander nähern und in dem westlichen Theile der Dänemark-Strasse einen kalten bis zum Boden reichenden Strom bilden; 4. dass der warme Strom längs der Westküste von Island bei seinem Austreten aus der Dänemark-Strasse in das Eismeer noch kräftig genug ist, um in diesem seinen Lauf noch weiter fortzusetzen, indem er sich (im Sommer wenigstens) bei Cap Nord nach Osten dreht und der Nordküste von Island folgt; 5. An denjenigen Stellen, wo ein wärmerer Strom neben einem ausführenden kalten läuft, findet man in geringen Tiefen unter der kalten Wasserschicht wärmeres Wasser, so dass die Temperatur von den oberen Schichten nach unten zunimmt und erst von einer bestimmten Tiefe an abzunehmen beginnt. Als charakteristisches Beispiel hierfür diene folgende Messung vom 21. Juni 1877 in 66° 25′ N.Br. und 25° 50′ W.Lg. bei Lufttemperatur von 5°.

Tiefe m	0	9	19	28	38	47
Temp. °C.	1,7	1,2	— 1,2	— 1,6	— 0,8	5,3
Tiefe m	56	69	107	188	565	650
Temp. °C.	5,9	6,2	6,3	6,1	— 0,5	- 1,1

Aehnliche Erscheinungen zeigen sich unter gleichen Bedingungen im Europäischen Nordmeere, im Barents-Meere, im Sibirischen Eismeere, an der Westseite des Smithsundes; 6. Westlich von Island nehmen die Wassertiefen nur sehr langsam von der Küste aus zu, dann etwas schneller; der grösste mittlere Theil der Dänemark-Strasse, zwischen 65°—69° N. Br. und 20° bis 35° W. Lg. bis in die Nähe von Ost-Grönland, ist flach (in maximo 550—670 m); innerhalb der Parallele von 62° und 63°

Nord um den Meridian von 40°—30° West, Tiefen von 2300 bis 2875 m; in dem nördlichen Theile der Dänemark-Strasse betragen die Tiefen 1425—1525 m. *Bo.*

„Gulnare"-Messungen von Tiefseetemperaturen in der Davis-Strasse im Sommer 1880. Sillim. J. (3) XXI, 163; Ann. d. Hydr. 1881, 234†.

Während der Sommerfahrt des für arktische Forschungen bestimmten amerikanischen Dampfers „Gulnare" gewann O. T. Sherman an Bord desselben mehrere sehr genaue und für den Instrumentenfehler korrigirte Temperaturmessungen (Miller-Casella), die für die Küste Westgrönlands eine Bestätigung der auch anderwärts in den arktischen Meeren gefundenen Thatsache, das Vorhandensein einer kälteren Wasserschicht zwischen einer oberen und unteren wärmeren liefern, d. h. unterhalb der im Sommer erwärmten Oberflächenschicht oder Ueberlagerung einer Schicht kühleren, aber weniger dichten Wassers, über einer solchen von höherer Temperatur, aber von höherem Salzgehalt oder grösserem specifischen Gewicht. Zwischen 57½°—60° N.Br. und 55¼°—56½° W.Lg. waren die Oberflächentemperaturen 5,5°—7,2°; bis zu 110—150 m sank die Temperatur bis zu 3,8° bis 3,4° und diese nahm wieder zu bis 4,9° in Tiefen von 170 bis 300 m. In der Nähe von Eis oder einem Vorbeigange von Packeis wurden plötzliche Aenderungen in der Temperatur und im specifischen Gewicht angetroffen. So betrugen z. B. bei Cap Desolation in 60° 44′ N. Br. und 48° 6′ W. Lg. am 4. August 1880 die Temperaturen °C. und das specifische Gewicht an der Oberfläche:

5h a.m.	6h a.m.	7h a.m.	8h a.m.	9h a.m.	10h a.m.
6,7	7,8	7,8	1,9	2,2	4,2
1,02732	1,02738	1,02738	1,01649	1,01864	1,02006
11h a.m.	Mittag	1h p.m.	2h p.m.	3h p.m.	4h p.m.
2,2	2,2	2,8	5,6	5,6	6,1
1,01864	1,02152	1,01853	1,01865	1,02009	1,02011

Bo.

Lothungen und Temperaturmessungen des „Knight Errant“ zwischen Schottland und den Farö-Bänken im Juli und August 1880. Nature XXII, 405-407; Rep. of Brit. Ass. Swansea. 1880, 603-604; Mondes (2) XXII, 405-407; mit Zusätzen etc. Ann. d. Hydr. 1880, 491-494.

Behufs einer genaueren Festlegung der Ursache der von den Expeditionen der Schiffe „Lightning“ und „Porcupine“ unter der wissenschaftlichen Leitung von W. Carpenter und Wyv. Thomson 1868 und 1869 aufgedeckten Thatsachen der Existenz zweier von einander scharf abgegrenzter Gebiete mit „warmem und kaltem Wasser“ zwischen Schottland und der Farö-Gruppe in Tiefen von 200—1000 m, wurde im Juli und August 1880 von der britischen Admiralität der Vermessungs-Dampfer „Knight Errant“ unter Kapt. Tizaud ausgesendet, um eine Linie nördlich von Stornoway bis zur Farö-Bank auszulothen. Die vorläufigen Ergebnisse dieser Sommer-Campagne des „Knight Errant“ haben die früheren der „Lightning“ und „Porcupine“ hinsichtlich von unregelmässiger Vertheilung der Temperatur in der Farö-Shetland-Rinne bestätigt, und die Ursache derselben in dem Vorhandensein eines dicht an der schottischen Küste beginnenden bis zu den Farö-Bänken sich erstreckenden und bis zu mindestens 550 m unter der Meeresoberfläche sich erhebenden unterseeischen Höhenzuge nachgewiesen. — Zum Vergleiche mit den Temperatur-Angaben des „Knight Errant“ 1880, werden in den Ann. d. Hydr., 1880, p. 493 die im Sommer 1869 nahe bei denselben Stellen gemachten Messungen der „Porcupine“ wiedergegeben. *Bo.*

H. Mohn. Die Norwegische Nordmeer-Expedition 1876 bis 1878. Resultate der Lothungen und Tiefseetemperatur-Beobachtungen. Peterm. Mittheil. Ergänzungsheft No. 63. 24 SS. Mit 12 Karten und 12 Durchschnitten auf drei Tafeln. Gotha 1880†.

Das Wesentlichste (die Tiefen und Temperaturverhältnisse betreffend) aus dieser trefflichen Arbeit Mohn's, des wissenschaftlichen Leiters der drei norwegischen Expeditionen des Schiffes

„Vöringen", Kapt. WILLE, haben wir bereits in den Berl. Ber. 1877, p. 1318—1326 mitgetheilt und weisen nur hierauf hin. Inzwischen ist der officielle Generalbericht über die von den einzelnen Mitgliedern der Expeditionen ausgeführten Arbeiten in 9 Atheilungen, jede in einzelnen Heften, theils bereits erschienen theils in Bearbeitung. Diese Einzelberichte erscheinen zugleich in norwegischer und englischer Sprache und werden auf Kosten der norwegischen Regierung herausgegeben u. d. T. „Den Norske Nordhaves Expedition (1876—1878)" etc. „General-Report of the Norvegian North Atlantic Expedition (1876—1878)." Die grössere (für die Berl. Ber. wichtigste), in dem Prospect zu diesen Einzelberichten angezeigte Arbeit MOHN's über die meteorologischen und oceanographischen Beobachtungen der „Vöringen" ist bis 1883 noch nicht erschienen. Ueber die Arbeiten von zwei Mitgliedern der Expedition, SCHMELEK und TORNÖE, s. diese Ber. p. 494. *Bo.*

Tiefsee-Expeditionen des „Travailleur" in dem Meerbusen von Biscaya und an den Küsten von Portugal und Spanien bis in das Mittelländische Meer 1880 und 1881. Bull. de la Soc. géogr. de Paris 1882, 93-131 und daraus in Ann. d. Hydr. 1882, 519-523. Vergl. Behm. Geogr. Jahrb. IX. (1883) 462; PETERM. Mitth. 1880, 363; Nature XXII, 468-470; Rep. of Brit. Ass. 1880 (Swansea) 378-390.

Auf Anregung und unter Leitung der beiden französischen Naturforscher ALPHONSE und HENRY MILNE-EDWARDS wurde von dem französischen Unterrichtsministerium der Aviso „Le Travailleur", Ltn. E. RICHARD zunächst zur Untersuchung der Tiefseefauna in dem Meerbusen von Biscaya ausgerüstet, und im Sommer 1881 mit erweitertem Programm für physisch-oceanische Beobachtungen in den oben erwähnten Meerestheilen. Die Hauptergebnisse dieser beiden Expeditionen des „Travailleur" in dem Sommer von 1880 und 1881 sind folgende:

1. Tiefen. Das Gebiet der grössten von dem „Travailleur" im Meerbusen von Biscaya im Jahre 1880 gelotheten Tiefen (2450—2700 m) liegt auf dem Parallel von ca. 44° Nord zwischen

den Meridianen von 3° 2′ bis 37′ West. Die 1000—200 Meter-Linien, parallel der Küste und in 4½° W. Lg. umbiegend, begrenzen nach Osten und Norden hin das sogen. Travailleur-Plateau mit Tiefen von nur 140—180 m. Die grösste Tiefe im Meerbusen von Biscaya ist 5100 m in 44° 48′ N. Br. und 4° 40′ W. Lg.

2. Bodenbeschaffenheit. Die aus grösseren Tiefen in dem Meerbusen von Biscaya gewonnenen Grundproben zeigen zwei von einander gesonderte Schlammschichten; eine untere harte und von grüner Farbe und eine obere weiche, ockerfarbige von 4—5 cm Mächtigkeit.

3. Die Bodentemperaturen sind in dem Meerbusen von Biscaya um 1° höher als weiter westlich in dem offenen Atlantischen Ocean (3,5° gegen 2,5°). Das specifische Gewicht und damit auch der Salzgehalt des Meerwassers nahmen vom atlantischen Oceane aus nach Osten hin bis in das Mittelländische Meer hinein an der Oberfläche und in der Tiefe zu. Diese Erscheinung rührt her von der grösseren Verdunstung des Wassers im Mittelländischen Meere in Vergleich zu der des Atlantischen Oceans (vgl. C. R. XCIV. (1882), p. 1063—1066). *Bo.*

Jul. Wolf und Josef Luksch. Physisch-oceanische Untersuchungen im Adriatischen, Jonischen und Sicilischen Meere 1874—1880. Vier Berichte über die Expeditionen von 1874—1878 in Separatabhandlungen (wenig bekannt), Fiume 1877 und 1878 und daraus Auszug in Ann. d. Hydr. 1879, 320-324; Expedition von 1880 s. Beil. z. Mitth. a. d. Geb. d. Seew. 1881. Heft VIII u. IX und daraus in Ann. d. Hydr. 1881, 687-692 und Geogr. Jahrb. IX. (1883) 464†.

Die hauptsächliche Aufgabe dieser fünf Expeditionen bestand in Messungen der Temperatur und des Salzgehaltes des Seewassers in verschiedenen Theilen der oben erwähnten Meere, welche zugleich auch Anhaltspunkte für den indirecten Schluss auf das Vorhandensein von Strömungen in diesen Meerestheilen gewähren können. Die Hauptergebnisse dieser Expeditionen lassen sich wie folgt zusammenfassen.

a. Tiefen und Bodengestaltung. Das Adriatische Meer ist in seiner Längenausdehnung von NW. nach SO. durch eine unterseeische Bodenschwelle zwischen den Halbinseln des Monte Gargano und von Sabbioncello in zwei Seebecken getrennt, von denen das nördliche seicht ist und ganz allmählich bis 200—250 m Tiefe abfällt und das südliche sehr rasch bis zu seiner grössten Tiefe von 1590 m sich senkt. Eine zweite ungefähr von Saseno gegen Brindisi hin verlaufende unterseeische Bodenerhöhung mit einer Maximaltiefe von kaum 800 m trennt das Adriatische Meer von dem tieferen sicilisch-jonischen Meere. Der Gestaltung der Gestadelandschaften entsprechend fällt die italienische Küste an der Westküste der Adria nur allmählicher, während an den steilen östlichen Küsten (Dalmatien) eine schnelle Senkung des Meeresgrundes stattfindet.

b. Temperatur und specifisches Gewicht. In den tieferen Schichten und am Boden bis zu 1025 m zeigt sich deutlich eine Abhängigkeit der Temperatur, nicht nur von der Tiefe, sondern auch von der geographischen Lage, indem im südlichen Theile der Adria nicht nur in gleichen, sondern selbst in höheren Tiefen höhere Temperaturen gefunden wurden, als in dem nördlichen; dieser ist also in seiner ganzen Masse kälter, als der südliche. Diese Erscheinung und die gleichzeitig wahrgenommene eines entschiedenen Rückganges des Salzgehaltes von höher gelegenen Wasserschichten bis zum Boden können durch das Einmünden süsser Quellen am Meeresgrunde erklärt werden, deren Temperatur im Winter nahezu mit jener des Seewassers übereinstimmt, im Sommer aber erheblich niedriger ist. Dieselbe Erscheinung von versüsstem Wasser am Boden zeigte sich auch an verschiedenen Stellen des Meeres zwischen den Becken von Lissa und Sansego und auch an der sicilischen Küste, südlich von Catania.

c. Strömungen. Directe und zuverlässige Strommessungen konnten während diesen Expeditionen nicht gewonnen werden, aber die indirecten Herleitungen der Stromverhältnisse aus den Beobachtungen über Temperatur und Salzgehalt haben u. A. das Vorhandensein einer Strömung nach Südost an der italischen Küste nachgewiesen.

Bei der letzten Expedition, im Sommer 1880, im adriatischen und sicilisch-jonischen Meere, stellten J. Luksch und Wolf mehrere interessante Versuche an, die Durchsichtigkeit des Seewassers zu bestimmen; sie beruhten auf Messungen der verschiedenen Tiefen, bis zu welchen Scheiben von verschiedener Beschaffenheit (blank oder angestrichen) sichtbar blieben (vgl. Original-Abhandlung von W. und L., 1881, p. 68—75). Die so erhaltenen Resultate stimmten mit den früheren, von Secchi gewonnenen ziemlich überein, nämlich die Durchsichtigkeit des Wassers in der Adria reicht bis zu 39—44 m. *Bo.*

Tiefseeforschungen des Ver. St. D. „Blake", Commander J. R. Bartlett im Karibischen Meere, im Golf von Mexico und im Golfstrome 1878—1881. **Bulletin of the Am. Geogr. Soc. 1881. No. 1. p. 29-46; Proceed. of the U. S. Naval Instit. VII. (1881) 25-39 mit Chart of the Golf of Mexico and Caraibean Sea; Peterm. geogr. Mitth. 1881, 311; Nature XXII. (1880) 242-243; Ann. d. Hydr. 1880, 497-499; 1881, 395-400; für 1881: Bull. of the Am. Geogr. Soc. 1882. No. 2; Ann. d. Hydr. 1882, 653-656†.**

Die hauptsächlichsten Ergebnisse dieser drei Expeditionen der „Blake" 1878—1881 sind:

a) Tiefen und Bodengestaltung. Die grösste Depression im Karibischen Meere ist die „Bartlett-Tiefe", welche sich zwischen Cuba und Haiti und von da weiter nach Westen bis zur Honduras-Bai erstreckt; die tiefste Stelle derselben 6270 m (über 3400 Faden) unter dem Meeresspiegel, liegt 20 Seemeilen südlich von der Insel Grand Cayman, welche sich kaum 6 m über den Meeresspiegel erhebt. Das für viele physisch-oceanische Fragen, namentlich die den Ursprung des Golfstroms betreffenden, wichtigste Ergebniss dieser Untersuchungen der „Blake" 1878—1881 besteht in dem Nachweise, dass in der Windward-Passage zwischen Cuba und Haiti ein unterseeischer Bergrücken in einer Maximaltiefe von 1450 m beide Inseln miteinander verbindet und an seinen beiden Seiten das tiefere Wasser des Atlantischen Oceans von dem des Karibischen Meeres absperrt, ferner, dass eine sehr bedeutende Wassermasse von einer Mächtigkeit bis zu 1450 m aus jenem in dieses durch die Windward-Passage hineingetrieben wird, südlich von Cuba weiter nach Westen fliesst und durch die Yucatan-Passage in den Golf von Mexico gelangt. Der Boden dieses Bergrückens besteht aus Korallenfels oder zerbrochenen Korallen auf seiner inneren Seite, also im Karibischen Meere, in grösseren Tiefen ganz und gar aus Pteropodenschlamm.

Die im Sommer 1881 von dem Commander Bartlett auf dem Dampfer „Blake" in dem Golfstromgebiete längs der amerikanischen Küste zwischen Jupiter-Einfahrt (Florida) und Carrituck (Nord-Carolina) oder zwischen 27° und 37° N. Br. und quer über den Golfstrom bis zu Abständen von 50—250 Seemeilen von der Küste gewonnenen Ergebnisse der Tiefseeforschungen sind kurz folgende. Oestlich von den Bahama-Bänken bis zum Kap Hatteras erstreckt sich ein fast ebenes Plateau, über welches der Golfstrom hinfliesst; in der Höhe von Kap Canaveral (ca. 27° N. Br.) ist er nahezu 200 Seemeilen breit und verengt sich nach Norden bis Kap Hatteras, wo die Tiefe in einem Abstand von 30 Seemeilen von der Küste über 1830 m (1000 Faden) beträgt. Dieses Plateau hat eine durchschnittliche Tiefe von 730 m (400 Faden) und fällt an seiner Ostkante steil bis über 3660 m (2000 Faden) in den offenen Atlantischen Ocean ab. Der Lauf des Golfstromes selbst wird durch die Beschaffenheit der Bodenproben gekennzeichnet. An jeder Seite des Golfstromes besteht der Boden aus weichem Schlamm, aber in dem Gebiete des Stromes selbst aus kleinen harten Stücken von zertrümmerten Korallen; auf der Höhe von Charleston (32° 46′ N. Br., 79° 55′ W. Lg.), wo das obenerwähnte Plateau eine geringere Tiefe, 550 m (300 Faden), hat als weiter südlich, erstreckt sich dieser Korallenboden über die ganze Breite des Stromes.

Der Meeresboden südlich der Breite von Charleston besteht aus Pteropodenschlamm, wie in dem Karibischen Meere und in dem Golfe von Mexico; nördlich von Charleston besteht er aus dunkelgrünem Globigerinenschlamm. Diese Vorkommnisse zeigen, dass die Pteropodenreste durch den Golfstrom weiter nach Norden geführt werden, aber nur bis zur Höhe von Charleston, während andererseits die allmähliche Abnahme des Globigerinenschlammes von Kap Hatteras nach Süden bis zum gänzlichen Aufhören desselben bei Charleston die südliche Grenze des arktischen Stromes bezeichnet, welcher südlich von Kap Hatteras mit seinem kalten und schweren Wasser unter den Golfstrom untertaucht und an der Aussenkante des Golfstromes längs der 1000-Fadenlinie in der Tiefe nach dem Aequator hin fliesst.

Hinsichtlich der Temperaturvertheilung in dem Karibischen Meere und im Golf von Mexico stellt sich nach den Untersuchungen der „Blake“ 1878—1880 folgendes heraus. Zwischen den einzelnen Inseln von St. Lucia bis zu den Virginischen Inseln betrug (December 1878) die Bodentemperatur in Tiefen von 1000—1100 m 5° und von 2000—4500 m 3,1—3,3°, so auch zwischen St. Thomas und St. Croix; südlich von St. Croix war sie in allen Tiefen unterhalb 1460 m (800 Faden) 3,9—4,2° und südlich von der Mona-Passage in Tiefen von 2750—2820 m (1500—1540 Faden) 4,2°. Die in den Passagen zwischen je zwei der Windward-Inseln bis zu Tiefen von 1460 m (800 Faden) genommenen Reihentemperaturen ergaben für die nördlicheren Passagen bis zu 900 m (ca. 500 Faden) höhere Temperaturen, als für die südlicheren, also erwärmtes Wasser, welches demnächst in den westlichen Theil des Karibischen Meeres geführt wird. Zwischen der Mona- und Windward-Passage (nördlich von Haiti im Atlantischen Ocean) war die Bodentemperatur in durchschnittlich 3660 m (2000 Faden) Tiefe 2,5—2,7°, ebenso an der Aussenseite des obenerwähnten unterseeischen Bergrückens in der Windward-Passage zwischen Cuba und Haiti, während auf dem Rücken selbst und auf der Innenseite desselben die Temperatur in Tiefen von 1375—5500 m (750—3000 Faden) 4,4—4,2° betrug. Diese selbe Bodentemperatur wurde nicht nur in dem westlichen Theile des Karibischen Meeres gefunden, sondern auch in der Yucatan-Passage und in dem Golf von Mexico; hiernach kann man den sicheren Schluss ziehen, dass das Wasser bis zu der Tiefe von ca. 1400 m nur über den erwähnten unterseeischen

Rücken der Windward-Passage in beide Meerestheile gelangen kann, und den Ansichten von HILGARD und BARTLETT wohl beipflichten, dass die warme Wassermasse, welche durch die Yucatan-Passage in den Golf von Mexico von Süden hereinströmt, sich hier aufstaut und so eine Art von Reservoir für den Golfstrom bildet, welcher, im Süden der Mississippi-Mündungen beginnend, direct nach der Florida-Strasse fliesst. *Bo.*

J. E. HILGARD. Bodengestaltung des Golfs von Mexico. SILLIM. J. (3) XXI. (1881) 288-292; Ann. d. Hydr. 1881, 296-299 (mit Skizze)†.

In den Jahren 1872 bis 1878 sind in dem Golf von Mexico durch die V. St. D. „Bache“ und „Blake“, Comm. HOVELL und SIGSBEE auf Anordnung und nach Instruktionen der „U. St. Coast and Geodetic Survey“ eine grosse Anzahl von Lothungen in systematischer Weise ausgeführt worden; auf Grund dieser Lothungen hat M. J. E. HILGARD in Washington ein Modell des Golfs von Mexico in horizontalem Maassstabe von 1:2400000, und im verticalen zum horizontalen wie 33:1 angefertigt und Erläuterungen dazu gegeben. Hiernach ist der tiefste Theil des Golfs von Mexico die sogenannte „Sigsbee-Tiefe“, zwischen 23°—25½° N. Br. und 95°—84½° westl. Lg. mit einer Maximaltiefe von 3875 m (2120 Fad.) in 25°8′ N. Br. und 87°18′ westl. Lg. Die steilsten Abhänge des Bodens des Golfes sind zwischen Tiefen von rund 200—2750 m. Der Abstand der 200 m (100 Fad.)-Linie von der Küste schwankt zwischen 6 Seemeilen bei Cap Florida bis 130 Seemeilen gegenüber von Louisiana und Texas; ein Drittel der Gesammtfläche des Golfes hat eine geringere Tiefe als 200 m.

Hinsichtlich des Problems der allgemeinen oceanischen Circulation in ihrer Beziehung zu dem Golfstrom ist die wichtigste Erscheinung die der Seichtheit und des geringen Querschnittes der Strassen von Florida zwischen dieser Halbinsel und den Bahamabänken, indem diese in dem flachsten Theile nur einen Querschnitt von 29 qkm mit einer grössten Tiefe von nur 630 m (344 Fad.) hat. Die durchschnittliche Geschwindigkeit des nördlich setzenden warmen Stromes ist nicht grösser als 2—2½ Seemeilen die Stunde. Hieraus folgt mit Evidenz, dass das warme Wasser, welches so bedeutend das Klima von West-Europa beeinflusst, nicht allein von dem Zufluss aus diesem so engen Canal herrühren kann. Die Concentration des warmen, aus dem Golf von Mexico ausströmenden Oberflächenstromes giebt dieser Ader der allgemeinen Circulation des Atlantischen Oceanes allerdings eine bedeutende und leicht bemerkbare Geschwindigkeit, und hat dem ganzen System der in nordöstlicher Richtung in den Atlantischen Ocean einfliessenden Oberflächenströme den Namen „Golfstrom" aufgeprägt. Nach dem heutigen Standpunkte unserer Kenntniss über den eigentlichen Golfstrom wird dieser bedeutend verstärkt durch einen von der Aussenseite der Westindischen Inseln her nordwärts setzenden Strom. *Bo.*

Ch. D. Sigsbee. Deep Sea Sounding and Dredging. A description and discussion of the methods and appliances used on board the Coast and Geodetic Survey Steamer „Blake", Washington 1880, 4°, 208 SS.†

In dieser Schrift werden die von Sigsbee bei seinen Tiefseeuntersuchungen im Karibischen Meere, im Golf von Mexico etc. angewendeten Tieflothapparate nach dem Systeme von Sir Will. Thomson (Klaviersaitendraht) mit den von ihm daran angebrachten Modificationen und Verbesserungen näher beschrieben und durch viele Abbildungen und Holzschnitte erläutert. *Bo.*

Tieflothungen der britischen Schiffe „Argus" und „Flamingo" rundum die Bermuda-Inseln. Ann. d. Hydr. 1880, 56 u. 57†.

Diese Tieflothungen wurden im Juli 1879 gemacht, um einige in dieser Gegend früher aufgefundenen Untiefen und Bänke, deren Vorhandensein aber angezweifelt wurde, zu untersuchen. In der That ergaben sich an den für sie angegebenen Stellen grösserer Meerestiefen bis zu 4680 m (2560 Fad.) *Bo.*

Tieflothungen des V. St. S. „Wachusett“ im nördlichen atlantischen Ocean. Ann. d. Hydr. 1880, 210.

Diese Tieflothungen erstreckten sich auf die Meerestheile zwischen 42°—25° N. Br. und 71°—41° westl. Lg. und zwischen 12°—3° N. Br. und 34°—24° westl. Lg. Sie bilden theils Ergänzungen früherer Lothungen, theils zeigen sie das Nichtvorhandensein mehrerer Klippen und Untiefen an den für sie früher angegebenen Positionen. *Bo.*

Tieflothungen S. M. S. „Luise“, Korv.-Kapt. SCHERING in dem Japanischen Meere. Ann. d. Hydr. 1880, 58; PETERM. Mitth. 1880, 123†.

Die Lothungslinien der „Luise“ erstreckten sich von Kosima (am Eingange der Tsugar- oder Sangar-Strasse) bis Tsusima in der Korea-Strasse, also in südwestlicher Richtung quer durch das Japanische Meer, also in einem Meeresstriche, in welchem bis jetzt noch keine Lothungen gemacht worden sind. Die grössten Tiefen wurden gefunden zu 2030 m in 39°7′ N. Br., 135°30′ östl. Lg. und zu 3050 m in 38°39′ N. Br. und 134°53′ östl. Lg. *Bo.*

Tieflothungen des „Alert“ bei den Inseln St. Felix und St. Ambrose. Ann. d. Hydr. 1880, 386†.

Zwischen diesen Inseln und dem südamerikanischen Continent wurden Tiefen bis zu 4115 m (2250 Fad.) und zwischen denselben Inseln und der Juan Fernandez-Gruppe bis zu 3650 m (2000 Fad.) gefunden. Sie hängen also unterseeisch weder mit dem Continent, noch mit der letzt erwähnten Gruppe zusammen und scheinen als isolirte Berge von einem unterseeischen Plateau emporzusteigen. *Bo.*

H. N. MOSELEY. Deep-Sea Dredging and Life in the Deep-Sea. Nature XXI, 543-547. 569-572. 591-593†.

In diesem Vortrage in der Roy. Instit. of London am 5. März 1880 giebt Verfasser, Zoologe der Challenger-Expedition (1873 bis 1876) eine Darstellung der Bedingungen des thierischen Lebens in den Meerestiefen, der Gewinnungsweise der thierischen Organismen an der Oberfläche und in grösseren Tiefen mittels des Schleppnetzes (dredge) und vorzugsweise eine Beschreibung der wichtigsten und am meisten charakteristischen Thierformen des Meeres. *Bo.*

ALEX. AGASSIZ and CARPENTER. The antiquity of oceanic basins. Nature XXXI, 587. 609†.

Veranlasst durch eine falsch verstandene Notiz von CARPENTER, in dessen Vortrag in der Royal Institution über die Tiefseeveränderungen von POURTALÈS 1866—69, will Al. AGASSIZ seinem Vetter L. AGASSIZ die Priorität der Hypothese über das hohe Alterthum der oceanischen Becken vindiciren, wird aber von CARPENTER dahin widerlegt, dass diese Hypothese von Prof. DANA herrührt, und dass die grössten Meerestiefen in der Nähe von Gegenden der vulkanischen Thätigkeit liegen. *Bo.*

ROBERT MALLET. Temperatur des Urmeers. Quart. Journ. of the Geolog. Soc. XXXVI, 112ff.; Naturf. XV, 180-182†.

Die Beziehungen zwischen der Temperatur und dem Drucke des Wasserdampfes sind bekanntlich experimentell von REGNAULT untersucht worden bis zum Dampfdrucke von 24 Atmosphären und theoretisch bis zu dem von 50; nach den Versuchen von Dr. ANDREWS ist der sogenannte „kritische Punkt" des Wassers wahrscheinlich 700° F., die Temperatur des schmelzenden Zinks. Alle diese Angaben müssen aber nach Ansicht des Verfassers noch genauer revidirt werden, ehe wir in der Lage sein werden mit hinreichender Sicherheit zu wissen, wie hoch die Temperatur des Wassers gewesen sein würde, welches zuerst von einer Wasserdampf-Atmosphäre auf der erhitzten Erde abgelagert worden ist, zu der Zeit, als alles Wasser (also auch das der heutigen Oceane) der Erde als Dampf über der Erde schwebte und die Erde selbst heiss und trocken war. Die Temperatur der letzteren muss etwas höher gewesen sein, als die der Atmosphäre über ihr, welche der Abkühlung durch Strahlung in den Raum ausgesetzt war. In diesem Gleichgewichtszustande zwischen der Wärme und Gravitation hatte die geringste Abnahme der Temperatur eine Condensation des Wasserdampfes und eine Ablagerung flüssigen Wassers auf der Erde zur Folge, und die Temperatur desselben ist nach Mallet der des flüssigen Gusseisens gleich gewesen. Mit jedem fortschreitenden Wärmeverlust durch Strahlung müssen in der Folge der Zeiten Wasserdämpfe in flüssigem Zustande sich auf der Erde niedergeschlagen haben; zugleich muss aber auch eine stetige Abnahme des Luftdruckes eingetreten sein und damit auch eine Erniedrigung der Verflüssigungs-Temperatur des übrigbleibenden Wasserdampfes und des Siedepunktes des Wassers auf der Erde, bis dieser im Laufe der Zeit den jetzigen Grad erreichte.

Die hieran von dem Verfasser geknüpften Betrachtungen gehören meist in das Gebiet der geologischen Speculationen, auf die wir hier nicht näher eingehen können. (Cf. andere Abschnitte.)

Bo.

Emil Witte. Zur Theorie der Meeresströmungen. Z. S. f. wiss. Geogr. I. 1880, 51-55†; Ann. d. Hydr. 1880, 192†.

Auf die meridianalen Strömungen wirkt modificirend die Axendrehung der Erde und die bis zu einer gewissen Tiefe vorherrschende Windrichtung; eine Erscheinung bei denselben, das Auftreten mehr oder weniger kalter Wasserschichten zwischen dem Festlande und den Strömungen (wie z. B. die kalte Wand „cold wall“ zwischen dem Golfstrom und den Vereinigten Staaten), lässt sich aber nicht hieraus erklären. Verfasser sucht nun nachzuweisen, dass diese Erscheinung durch ein Emporquellen kalten Wassers am Festlande aus der Tiefe wohl zu erklären sei.

Bo.

E. Witte. Das Emporquellen von kaltem Wasser an meridionalen Küsten. Ann. d. Hydr. 1880, 192-193†.

Ausgehend von der Annahme (s. Berl. Ber. f. 1878), dass unmittelbar unterhalb einer in meridionaler Richtung längs einer

Küste folgenden warmen Strömung eine ruhende kalte Wasserschicht sich befindet, und dass jede Bewegung sei es der Luft, wie des Wassers in Folge der Rotation der Erde das Bestreben hat, auf der nördlichen Halbkugel nach rechts und auf der südlichen nach links hin abzuweichen, muss nach Ansicht des Verfassers an den meridionalen Küsten das kältere Wasser zwischen den warmen Strömungen und der Küste eindringen.

Bo.

L. Schmelek. Die festen Bestandtheile des Seewassers. Journ. f. prakt. Chem. N. F. XXII, 165; Naturf. XV, 356. Heft IX Chemie des Generalber. d. Norweg. Nordmeerexpedition 1882.

Während der norwegischen Nordmeer-Expedition 1876 bis 1878 (s. Berl. Ber. f. 1876 und 1877) wurde eine grosse Anzahl von Wasserproben gesammelt, welche Herr Ludwig Schmelek nachträglich genau untersucht hat; es ergab sich hieraus u. A., dass in den durchforschten Breiten von 60—80° Nord und in allen Tiefen das Meereswasser eine gleichartige Zusammensetzung besitzt. Im Durchschnitt besitzt nach Schmelek das Wasser der betreffenden Meerestheilen in Procenten: Cl 1,932, CaO 0,0578, MgO 0,2203, SO_3 0,2214 und K_2O 0,0472. Als Mittelzahlen für die im Meere vorkommenden Salze ergeben sich folgende Werthe in Procenten des Seewassers: $CaCO_3 = 0,0020$; $CaSO_4 = 0,1395$; $MgSO_4 = 0,2070$; $MgCl_2 = 0,3562$; $KCl = 0,0747$; $NaHCO_3 = 0,0166$ und $NaCl = 2,682$. Verfasser giebt in dieser Arbeit auch noch eine werthvolle kritische Uebersicht über alle früheren Meerwasseranalysen und deren Methoden. *Bo.*

H. Tornöe. 1) Specifisches Gewicht und Salzgehalt des Norwegischen Nordmeeres. — 2) Luft- und Kohlensäure-Gehalt des Norwegischen Nordmeeres. S. Abth. IX (Chemie) des Generalberichtes der Norweg. Nordmeer-Expedition 1870—1878 (s. p. 482), 1880, 78 S. gr. Folio und 3 Karten; Sitzungsber. d. Kais. Ak. d. Wiss. zu Wien, math.-naturwiss. Kl.

LXXXI. (IV, Apr. 1880) 924-973; Ann. d. Hydr. 1881, 641-648; Geogr. Jahrb. (IX) 1882, 457-459†.

Zunächst giebt Verfasser eine kritische Uebersicht über die verschiedenen Methoden der Bestimmung des specifischen Gewichtes und des Salzgehaltes des Seewassers und über die von ihm während der Expedition der „Vöringen“ (1877 und 1878) und von SWENDSON (1876) angewendeten Verfahren hierbei und bei den Bestimmungen der Volumenänderungen des Seewassers mit der Temperatur und den Chlor- und Salzmengen desselben.

Im Ganzen sind 335 Bestimmungen des specifischen Gewichtes und 138 von Chlormengen während der Jahre 1876 bis 1878 gewonnen. Sie sind a. a. O. tabellarisch zusammengestellt und in sogenannten Aequisalinen, Linien gleichen Salzgehaltes an der Oberfläche und in verschiedenen Tiefen auf zwei Karten mit verschiedenen Farben-Nuancirungen der zwischen ihnen liegenden Gebiete gekennzeichnet und graphisch dargestellt. An der Oberfläche sind die äquisalinen Linien mit 3,55 pCt. Salzgehalt, 3,50, 3,45 und 3,40° eingetragen, in mehr oder weniger grossen Tiefen von 3,55 bis 3,50 pCt. Die ungleichmässige Vertheilung des Salzgehaltes an der Oberfläche in diesem Meere hängt, wie TORNÖE nachweist, von den verschiedenen warmen und kalten Strömungen, von dem Süsswasserzufluss an den Küsten und von der Nähe von Eis oder Gletschern her. Für den Salzgehalt in grösseren Tiefen constatirt T. die bemerkenswerthe Thatsache, dass das in den südlicheren Theilen des Nordmeeres befindliche Tiefenwasser über weite Strecken hin einen Salzgehalt besitzt, welcher ziemlich genau demjenigen in dem atlantischen Oberflächenstrome entspricht. Er schliesst hieraus, dass dieses Tiefenwasser des Nordmeeres entweder ausschliesslich aus wärmeren Gegenden herstammt oder wenigstens mit dem Wasser derselben vermischt ist, dass es also entweder weniger deutlich einen atlantischen Charakter besitzt, während das salzärmere Wasser der Eismeertiefe keinen polaren Ursprung anzeigt. Hinsichtlich der Beantwortung der Frage, in welcher Weise das Wasser der oberen Schichten auf den Meeresgrund gelangt, nimmt T. an, dass das atlantische Wasser unter beständiger Abkühlung durch das eiskalte Wasser hindurchsinkt und dieses verdrängt, indem das Meerwasser bei einer Abkühlung unter 0° sich seinem Dichtigkeitsmaximum nähert. Diese Ansicht T.'s wird noch bestätigt durch das Verhalten der Stickstoffmenge am Meeresboden. Nach den Untersuchungen T.'s (s. Abhandlung ad 2) absorbirt das Meereswasser von der gesammten an der Oberfläche aufgenommenen Luftmenge bei einer Temperatur von 0° per Liter 14,4 ccm Stickstoff, bei niedrigeren Temperaturen mehr, bei höheren weniger. Vergleicht man nun die Wärme- und Salzmenge-Vertheilung mit derjenigen des Stickstoffs, so gelangt man zu dem Ergebniss, dass Wasser mit höherer Temperatur und grösserem Salzgehalt, wie z. B. zwischen Jan Mayen und Norwegen, einen geringeren Stickstoffgehalt besitzt, als die benachbarten Theile der Eismeertiefe, und dass dieses Wasser, wenn noch seine Bodentemperatur —1,2° beträgt, also dieses Wasser polaren Ursprunges zu sein scheint, demnach seine Quelle in dem wärmeren atlantischen Wasser und nicht in dem kalten polaren findet.

Tornöe hat ferner in der Abhandlung ad 2 aus zahlreichen Luftanalysen des Wassers des Nordmeeres gefunden, dass der Sauerstoffgehalt der von der Kohlensäure befreiten Luft im Meerwasser südlich von 70° N. Br. 34,96 pCt. und zwischen den Parallelen von 70° und 80° N. Br. 35,64 pCt. beträgt (Maximum 37,4, Minimum 33,4, Mittel 35,4 pCt), also eine Abhängigkeit von der Temperatur: in wärmerem Wasser ist der Sauerstoffgehalt geringer als in kälterem. Bis zu 1100 m Tiefe findet eine zuerst rasche, dann langsame Abnahme desselben statt (von 33,93 bis 32,50 pCt.), von dieser Tiefe an bis zu 3200 m wieder eine langsame Zunahme von 32,50 bis 32,89 pCt. — Für den Gehalt des Wassers des Nordmeeres an Kohlensäure wurde mittels einer auf neuere Untersuchungen verschiedener Autoritäten der Chemie gegründeten Methode (s. Abh. ad 2), indem er den Betrag der Kohlensäure in die einfachen Carbonate und Bicarbonate bildenden Theile trennte, für erstere 53 mg und für letztere 43 mg, also zusammen 96 mg in 1 l Wasser gefunden. (Vgl. Jacobsen in Berl. Ber. 1874.) *Bo.*

Gemeinfassliche Mittheilungen aus den Untersuchungen der Commission zur wissenschaftlichen Untersuchung der deutschen Meere. Kiel 1880†.

Dieses Schriftchen ist auf besondere Veranlassung des Ministers für landwirthschaftliche Angelegenheiten von den Mitgliedern der Kieler Commission (H. A. MEYER, K. MÖBIUS, G. KARSTEN, V. HANSEN) abgefasst worden, um den praktischen Fischern einige für sie wichtige Ergebnisse aus den Untersuchungen dieser Commission (s. Berl. Ber. 1874—1877) zugänglich zu machen, und gewährt überdies eine klare Uebersicht über die physikalischen Eigenschaften der Nord- und Ostsee, verfasst von G. KARSTEN. *Bo.*

---

v. WRANGEL. Aenderungen des Meeresniveaus im Schwarzen Meere. Nature XXI, 289†.

Bei Gelegenheit des 6. Congresses der russischen Naturforscher theilte Herr VON WRANGEL in der Sektion für Physik und Meteorologie mit, dass das Niveau des Schwarzen Meeres fortwährenden Schwankungen unterworfen ist; es ist am niedrigsten während der Nacht und erreicht am Mittage in allen Seehäfen der nördlichen und östlichen Küste das Maximum; im Laufe des Jahres tritt das Minimum im Oktober und das Maximum im Mai ein; die Differenz zwischen beiden Höhen beträgt 180 Zoll = 457 mm. *Bo.*

HUGO LENTZ. Fluth und Ebbe und die Wirkungen des Windes auf den Meeresspiegel. Hamburg. O. Meissner. 230 SS. u. 9 Taf. Ref. in Naturf. 1880, 46; GRUN. Arch. 1880 (65) 45.

Verfasser hat in diesem Buche Alles zusammengestellt, was bisher über die Gezeiten bekannt geworden ist. In dem ersten Abschnitte wird die theoretische Gezeit nach den NEWTON'schen Gravitationsgesetzen dargestellt, in dem zweiten, wie sie sich thatsächlich in der Natur zeigt; es werden dabei alle Meere berücksichtigt. Der dritte Abschnitt handelt von der Wirkung des Windes auf den Wasserspiegel, und in dem vierten werden die natürlichen mit den theoretischen Gezeiten (Tides) verglichen; dabei wurden trotz einiger Aehnlichkeiten so grosse und wesentliche Abweichungen gefunden, dass der Schluss gerechtfertigt ist, dass die NEWTON'sche Theorie der Ebbe und Fluth auf die wirklichen Verhältnisse nicht anwendbar ist. *Bo.*

C. BÖRGEN. Ueber die Gezeitenströmungen in dem englischen Kanal und dem südwestlichen Theile der Nordsee. Ann. d. Hydr. 1880, 1-15†; PETERM. Mitth. 1880, 123.

Diese Arbeit beruht auf den theoretischen Untersuchungen AIRY's über die Gezeitenwellen, welche er in seinem klassischen Werke „Tides and waves" (Theil der „Encyclopaedia metropolitana") niedergelegt hat und bezweckt zunächst die physikalische Erklärung BEECHEY's (Philos. Transact. 1851) für die Verhältnisse der Gezeiten im englischen Canal durch das Zusammentreffen zweier Fluthwellen, einer direct aus dem Atlantischen Ocean in den Canal eindringenden und einer aus Norden durch die Nordsee kommenden, zu widerlegen. Verfasser giebt noch eine Beschreibung der betreffenden Strömungs-Erscheinungen, die Grundzüge der Erklärung derselben nach BEECHEY und nach den theoretischen Untersuchungen AIRY's über Wellenbewegung. Bei den Discussionen dieser letzteren gelangt Verfasser zu dem Schlusse, dass die Fluthwelle sich in allen wesentlichen Beziehungen so verhält, wie eine theoretische Wasserwelle, und dass die Ebbe und Fluth in der That als eine grossartige Wellenbewegung aufgefasst werden kann und allen Gesetzen der Wellentheorie unterworfen ist. Im Speciellen weist Verfasser nach, dass alle im Canal beobachteten Eigenthümlichkeiten der Gezeiten als Folgen der Wellenbewegung zu betrachten seien. *Bo.*

C. BÖRGEN. Ueber die täglichen Ungleichheiten in den Gezeiten und eine Abhängigkeit derselben von der Geschwindigkeit der Bewegung des Mondes in seiner Bahn. Ann. d. Hydr. 1880, 74-84†.

In dieser Abhandlung weist Verfasser nach, dass auch die complicirtesten Erscheinungen der Gezeiten, wie z. B. die an den Küsten und Flüssen stattfindenden, durch die von AIRY in seiner Abhandlung „Tides and waves“ entwickelte mathematische Theorie sich einfach und leicht erklären lassen. *Bo.*

G. H. DARWIN. 1) On the bodily tides of viscous and semi-elastic spheroids and on the ocean tides upon a yielding nucleus. Philos. Transact. 1879. I, 1-34; Proc. of the R. Soc. XXVII, 419-424; Nature XVIII, 265.

— — 2) On the precession of a viscous spheroid and on the remote history of the earth. Phil. Trans. 1879. II, 1-538; Proc. R. Soc. XXVIII, 184-194; Nature XVIII, 580.

— — 3) Problems connected with the tides of a viscous spheroid. Philos. Transact. 1879. II, 539-593; Proc. of the R. Soc. XXVIII, 194-199; Nature XIX, 292.

— — 4) The determination of the secular effects of tidal frictions by a graphical method. Proc. R. Soc. XXIX, 168-181; Nature XX, 246; Astr. Nachr. XCVI. No. 2294. p. 218 ff.; Naturf. 1880, 77.

— — 5) On the secular changes in the elements of the orbits of a satellite revolving about a tidally distorted planet. Proc. of the R. Soc. XXX, 1-16; Nature XXI, 235-237.

— — 6) On the analytical expressions which give the history of a fluid planet of small viscosity, attended by a single satellite. Proc. R. Soc. XXX, 255-278.

— — 7) On the tidal friction of a planet attended by several planets. Proceed. R. Soc. XXXI, 322-325; Nature XXIII, 389-390; Naturf 1881, 177-179.

In diesen sieben Abhandlungen (1879—1881) legt der Verfasser seine Theorie der Deformation der Erde unter dem Einflusse der Gestirne dar, welche in einem flüssigen oder halbflüssigen Körper Gezeitenerscheinungen hervorrufen, die wiederum ihrerseits durch Reibung auf der Erde im Laufe der Zeiten grössere Veränderungen veranlasst haben und noch veranlassen. Sie gehören in das Gebiet der kosmischen Physik; es möge aber gestattet sein, hier auf diese für die Gezeitentheorie wichtigen Arbeiten aufmerksam zu machen. *Bo.*

Litteratur.

Oceanographische Beobachtungen.

Kapt. z. See MAC LEAN. Oceanographische Beobachtungen an Bord S. M. S. „Prinz Adalbert“ zwischen Yokohama und Shanghai im April 1880. Ann. d. Hydr. 1880, 352.

Enthält Angaben über Wind, Ströme, Luftdruck, Temperatur der Luft und des Wassers und das specifische Gewicht desselben.

— — Oceanographische Beobachtungen an Bord S. M. S. „Prinz Adalbert“ im Chinesischen Meer, im Indischen und Atlantischen Ocean; April bis September 1880. Aehnliche Angaben wie oben.

Kapt. RINGE. Reihentemperaturmessungen im Atlantischen Ocean und an einigen Stellen im Indischen und Stillen Ocean. Ann. d. Hydr. 1880, 485 u. 486.

Korv.-Kapt. MATTHESEN. Temperaturmessungen und Strombeobachtungen an Bord S. M. S. „Medusa“ im Juni 1880 zwischen Norfolk und Halifax. Ann. d. Hydr. 1880, 488.

Kapt. MIUSSEN. Wassertemperaturen an und unter der Oberfläche im Atlantischen und Indischen Ocean, Juni bis September 1879 auf der Fahrt des Schiffes „Hedwig“ von New-York nach Java. Ann. d. Hydr. 1880, 334.

Korv.-Kapt. BECKS. Stromversetzungen zwischen Hongkong und Amoy gemessen von S. M. Kbt. „Wolf“ im März 1880. Ann. d. Hydr. 1880, 335.

Korv.-Kapt. VON HIPPEL. Strömungen und Färbungen des Wassers zwischen Callao und Panama beobachtet an Bord S. M. S. „Freya“ im April 1880. Ann. d. Hydr. 1880, 335.

Korv.-Kapt. SCHERING. Wassertemperaturen und Stromversetzungen im Agulhas-Strom, gemessen an Bord S. M. S. „Luise“ im September 1880. Ann. d. Hydr. 1880, 564.

— — Temperaturmessungen, angestellt an Bord S. M. S. „Luise“ auf der Reise von Yokohama nach Hakodate und Tschifu im August 1879. Ann. d. Hydr. 1880, 58-60.

N. HOFFMEYER. Strömungs- und Temperaturverhältnisse des Meeres bei Island. Ann. d. Hydr. 1880, 173-188. (Vgl. oben.)

Strömungen in der Djilolo-Passage. Ann. d. Hydr. 1880, 171.

Strömungen in der Nähe von South Sand Head. Ann. d. Hydr. 1880, 171.

Strömungen an der Südküste von Frankreich. Ann. d. Hydr. 1880, 120.

Stromverhältnisse im Bosporus. Ann. d. Hydr. 1880, 87.

Stromverhältnisse an der Ostküste von Australien. Ann. d. Hydr. 1880, 250.

Flaschenposten. Ann. d. Hydr. 1880, 336, 490, 599.

Treibeis im Nordatlantischen Ocean, Januar bis Juni 1880. Ann. d. Hydr. 1880, 441-447.

Vorkommen von Eis im Indischen und Südatlantischen Ocean. Ann. d. Hydr. 1880, 116, 172, 219, 339.

Seebeben im Nordatlantischen und südlichen Stillen Ocean. Ann. d. Hydr. 1880, 336, 665.

v. QUINTUS-ICILIUS. Ueber Meeresströmungen. Hannov. geogr. Ges. 1880 v. 5. Jan.

Ergebnisse von oceanographischen Beobachtungen an den deutschen Küsten der Ost- und Nordsee. Herausgegeben von der Kieler Commission etc. 1879 u. 1880 je 12 Hefte.

C. WEYPRECHT. Die Metamorphosen des Polareises. Wien 1879. Cf. Berl. Ber. f. 1879.

Instruktion for hydrografiska observationers utförande ved Svenska Fyr-och Lots. Stabruer 1879. No. 1-5.

Koeppen und Sprung. Regenverhältnisse des Atlantischen Oceans. Ann. d. Hydr. 1880, 225-236; Z. S. f. Met. XV, 473-479; Naturf. 1880, 357-359.

Koeppen. A Toynbee's Meteorology of the North-Atlantic. Ann. d. Hydr. 1880, 225-236; Z. S. f. Met. XV, 201 bis 209.

Collot. Observations sur la météorologie et sur les colorations accidentelles des eaux de mer, faites pendant un voyage autour de l'Amérique du Sud. Bull. Soc. Langued. géogr. II, 431.

Hennequin. Les courants océaniques, leurs causes et leurs effets. Bull. Soc. Belgique d. Géogr. 1880. No. 1. p. 7-41.

W. B. Carpenter. Ocean circulation. Nature XXII, 217 bis 218.

Hydrographisches Amt der Kais. Admiralität. Bericht über deren Publicationen 1873—1879. Verh. d. Ges. f. Erdk. VII. (1880) 268-278.

Taylor. Annual Report of the marine Surveys of the Indian coasts for 1879. Athen. 1880. (2) 372.

J. Revertegat. Notice météorologique sur les mers comprises entre la Chine et le Japon. Paris. 1-34 S. 1.25 fr.

Osborne-Reynolds. On the effect of oil in destroying waves on the surface of water. Rep. of the Brit. Ass. 1880. Swansea. 489.

Enthält nichts neues. Vergl. Berl. Ber. 1882.

Abbe. Remarks on oceanic surface temperatures and winds. Bullet. Philos. Soc. Washington. II, 18.

Antisell. On the temperatures of the Pacific Ocean. Bullet. Philos. Soc. Washington II, 192.

Chickering. On the temperature of the surface water of the ocean. Bull. Philos. Soc. Washington. 17.

Lemmola. Sulla temperatura delle acque del Golfo di Napoli. Atti di Napoli XVI. 1876.

BUCHAN. Temperatur der See zu Peterhead an jedem Tage des Jahres. J. Scott. Met. Soc. V. No. 57-59.

HAYES. Modern ocean highways. Bull. Am. Geogr. Soc. 1879. No. 3. p. 97-112.

The First volume of the publications of the „Challenger". Ref. von HUXLEY in Nature XXIII, 1-3. 33 und Bemerkungen über die allgemeine Einleitung von DARWIN, ib. 32 und WYV. THOMSON ib. 33.

Betrifft nur Zoologisches und Geologisches über die Beziehungen der jetzigen Meeresfauna zu der früheren.

H. TRAUTSCHOLD. Sur l'invariabilité du niveau des mers. Aus Bullet. d. Moscou (1879) ref. in Verh. d. k. k. geol. Reichsanstalt, Wien, 1880, 105 u. 106. Cf. oben.

Tiefseeforschungen.

G. v. BOGUSLAWSKI. Vergleichung der Temperaturen des Meerwassers im Pacific und Atlantic. Ann. d. Hydr. 1879. (VII.) 555 u. 556; Naturf. 1880, 147; Berl. Ber. 1876, 1269.

— — Die Tiefsee und ihre Boden- und Temperaturverhältnisse. Heft 310/311 der VIRCHOW'schen Sammlung gemeinverständlicher Vorträge. Berlin 1879.

H. MOHN, TORNÖE und SCHMELCK. Physisch-oceanische Tiefsee-Untersuchungen der „Vöringen", Kapt. WILLE, während der Norwegischen Nordmeer-Expedition 1876 bis 1878. PETERM. Ergänzungsheft No. 63 (1880); Naturf. 1880, 445-447; officieller Generalbericht 1882—1883, Christiania. cf. Berl. Ber. f. 1876 u. 1877 u. 1882—1883.

O. KRÜMMEL. Ueber die mittlere Tiefe der Oceane. Z. S. f. wiss. Geographie I. 1880, 40-46.

G. v. BOGUSLAWSKI. Dgl. Ib. 86-88.

Diese zwei Notizen betreffen eine Diskussion über die Angaben KRÜMMEL's in seiner Schrift: „Versuch einer vergleichenden Morphologie der Meeresräume", Leipzig 1879. (S. Berl. Ber. f. 1879.)

Die Tiefen der See und des Meeresbodens. Ausl. 1880, 47-51.

Tieflothungen im Nordatlantischen Ocean um und bei den Bermuden im Jahre 1879. Peterm. Mitth. 1880, 77-78, 123. (S. Berl. Ber. f. 1879.)

G. v. Boguslawski. Verticale Temperaturvertheilung im Stillen Ocean. Verh. d. Ges. f. Erdk. 1879. No. 10; Naturf. 1880, 210-212.

Topographie sous-marine. Mondes (2) LII, 587-588.

Guiejessé. Étude sur les sondages. Paris 1880. 1-24 S.

United states submarine survey. Engineer. XXX, 521.

G. Renard. Ueber die in grossen Tiefen des Stillen Oceans von der Challenger-Expedition aufgefundenen Sedimente. Verh. d. k. k. geol. Reichsanst. 1880, 116.

Apparate.

Kirchner. Apparate zur Tiefseemessung. Chem. Ztg. 1880, 280; Verh. d. Ver. z. Bef. d. Gewerbfl. 1880, 1451.

Ferrini. Progetto di un indicatore elettrico del livello dell' acqua in un fiume. Politecnico XXVII, 3.

J. Y. Buchanan. On deep sea thermometers. Proc. Edinb. Soc. 1878/79, 76.

Th. du Moncel. Nouveau loch électrique. In „La lumière électrique" 1880. No. 7.

Will. Thomson. Patentlothmaschine. Ann. d. Hydr. 1880, 281-286.

— — On a septum promeable to water and impermeable to air, with application to a navigational depth gauge. Brit. Ass. Rep. Swansea. 1880, 488-489; Nature XXII, 548-549.

Stevenson. Beschreibung des Verfahrens zur Beobachtung der Meer- und Flusstemperatur mit beständig registrirenden Thermometern. J. Scott. Met. Soc. V. No. 57 bis 59.

Rousset. Deep sea sounder. Engineer. XXX, 520.

Dittmer. Die nautischen Instrumente in der Berliner

Gewerbeausstellung 1879. Amtlicher Ber. über diese Ausstellung 1880, 133 u. a. a. O.

Vermischtes.

v. Boguslawski. Einige Bemerkungen über die Dicke des in den arktischen Gegenden sich alljährlich neubildenden Eises in der Beziehung zu den arktischen Temperaturen. Verh. d. Ges. f. Erdk. VIII. 1881, 48-56.

E. Lippmann. Petit traité de sondage, études et recherches souterraines par sondages à de faibles profondeurs. VIII. 8°. 1-56. Paris b. Lacoir. 4 fr. P. Bibl. 1880, 7.

Warren. Beobachtung der Meerestemperatur in geringen Tiefen. Quart. J. of Meteor. Soc. IV. No. 6. 1878.

C. Abbe. On ripple marks. Bull. phil. soc. Washingt. II, 62.

G. K. Gilbert. On ripple marks. Ib. p. 61.

Rutot u. Vincent. Relevé des sondages exécutés dans le Brabant par M. v. Ertborn. Ann. de l. soc. géolog. d. Belgique V. 1877/78.

Daubrée. Boutan, Ing. des Mines: sur la constitution geolog. de l'isthme de Panama au point de vue de l'execution du canal interocéanique. Comptes rendus. Paris 1879. XC, 1499.

Hierher gehört auch:

Sur le canal interocéanique de Panama. Note de M. de Lesseps. p. 903.

Der Kanal hätte bloss eine Länge von 73 Kilometern, während der von Suez 162 Kilometer lang ist. Rio Chagres und Rio Grande nehmen die beiderseitigen Enden auf.

Histoire geolog. du Canal de la Manche, par M. Hebert. C. R. 1879. XC, 1318.

Betrachtet wird die Beschaffenheit des Meeres zwischen Frankreich und England. In der Periode „jurassique supr." reichte dasselbe bis Paris. Im Beginn der Kreidezeit (Epoche wealdienne) fand eine Depression SO—NE statt. Karten auf p. 1320 u. 1323 erläutern die Darstellung.

Gezeiten, Wellen- und Wasserstände.

JOSEPHSON. Some facts about the great tidal wave, May 1877. Proc. R. Soc. New South Wales 1878. II. Sydney.

Gezeitentafeln für 1880 und 1881. Darstellungen der Strömungen in der Nordsee und der Gezeiten-Strömungen im Kanal. Berlin 1879 und 1880. C. S. Mittler und Sohn; je 1,25 M.

A. CIALDI. L'influenza della luna nelle maree Mediterranee. T. n. Atti di Linc. IV. H. 4.

CAPPANERA. Nuova teoria dei cambimenti di nivello del mare. La Natura IV. H. 1.

S. BERTIN. On the relation between the true period of waves and the period observed on board a vessel underway. Engineer. XXIX. No. 145. p. 119, 282-283.

R. LENZ. Gestalt der Erde und Niveau der Oceane. Sapisti (2) VIII.

W. H. DALL. Remarks on the tides of arctic basins. Bull. Soc. philos. II, 89.

L. J. ELLERY. The tidal datum of Hobsons bay. Transact. R. Soc. of Victoria XVI.

R. S. AVERY. Methods of registering tidal observations. Rep. Un. St. Coast Survey 1876, 1-418.

W. FERREL. Maxima and minima tide predicting machine. Rep. Amer. Assoc. f. sc. Boston 1880.

Third Report of the Committee etc., appointed for the purpose of obtaining information respecting the phenomena of the stationary tides in the English channel and in the North Sea etc. Mit einem Anhange, enthaltend einen Bericht über gleichzeitige Gezeitenbeobachtung im Kanal an den Küsten von England und Frankreich in den Monaten Februar, März, April, Juni und August 1878. Rep. of the Brit. Assoc. 1880. Swansea. 390-396.

Polar-Litteratur.

A. E. v. NORDENSKIÖLD. Sur la possibilité de la navigation commerciale dans la mer glaciale de Sibérie.

Stockholm 1879. 36 S. Vgl. Verh. d. Ges. f. Erdk. VII. (1880). 164-171; PETERM. Mitth. 1880, 77. 122.

A. E. v. NORDENSKIÖLD. Arctic voyages 1858—1879. London 1879. Deutsche Ausgabe: Nordpolarreisen, Leipzig, Brockhaus 1880.

Ueber die im Jahre 1879 unternommenen Versuche von den europäischen Häfen nach den Mündungen der sibirischen Ströme zu gelangen. Verh. d. Ges. f. Erdk. VII. 1880, 161-163.

NOURSE. Naviative of the second arctic expedition made by CH. F. HALL etc. 1864—1869. Washington 1879. Ref. in PETERM. Mitth. 1880, 239.

HERMANN SIGLERSCHMIDT. Der Golfstrom und der Weg in das Polarmeer. Mitth. d. Hamb. geogr. Ges. 1878/79, 133 bis 153. Empfohlen in PETERM. Mitth. 1880, 279.

Die arktische Campagne 1880. PETERM. Mitth. 424-435.

Dieser Artikel giebt Nachrichten über die verschiedenen im Jahre 1880 ausgeführten oder in Angriff genommenen arktischen Expeditionen, welche ein mehr geographisches, als physisch-oceanisches Interesse gewähren und daher hier nicht besonders erwähnt werden können. Sie gehören in das Gebiet der arktischen Geographie und Entdeckungsreisen.

W. H. O. ADAMS. Recent Polar Voyages 1880. London. 650 S.

L. D'AUNET. Voyage d'une femme en Spitzbergen. Paris 1879. 308 S. (Hachette.)

H. CHOTARD. La géographie des terres arctiques et des mers qui avoisinent le pôle nord. Paris 1879.

E. COLOMBO. I deserti di ghiaccio, ossia storia dei viaggi al pole Nord dal 1769—1791. Milano 1879. 126 S.

BLASERNA. La questione del mare polare libero. Boll. Soc. geogr. Ital. 1880, 177-187.

Bericht über die Verhandlungen und die Ergebnisse der ersten und zweiten internationalen Polarconferenz 1879 und 1880, abgehalten in Hamburg vom 1. bis 5. Oktober 1879 (Hamburg 1880) und zu Bern vom 7. bis 9. August 1880 (Hamburg 1881). Vgl. über die Polarconferenzen in Berl. Ber. f. 1882.

Freiherr von Schleinitz. Ueber die von der ersten internationalen Polarconferenz in Hamburg geplanten Polarforschung. Verh. d. Ges. f. Erdk. 1880. (VII.) 187-208. (Vgl. Berl. Ber. f. 1882.)

---

2. Seen und Flüsse.

Credner. Die Deltas. Peterm. Mitth. Ergänzungsheft No. 56. 4°. p. 1-74†.

Die überaus eingehende und durch Beibringung einer ausgedehnten Litteratur gestützte Arbeit enthält so viel des Interessanten und Wichtigen, dass jeder, der sich mit der physikalischen Geographie beschäftigt, vom Original Kenntniss nehmen wird. Es braucht deshalb hier nur über den Gang der Arbeit im ganzen und grossen ein Ueberblick gegeben zu werden. Der Verfasser will den Nachweis liefern, dass die Bildung der Deltas nicht abhängig von der Masse des fortgeführten Materials, nicht bedingt durch die Einflüsse des Meeres etc. ist, sondern dass es säculare Hebungen der Festlandsküsten und die Erniedrigung des Wasserstandes von Binnenseen sind, unter deren Einfluss die Anschwemmungen der Flüsse trotz sonst vorhandener ungünstiger Verhältnisse zu Deltas über den Wasserspiegel hervortreten, während im Gegentheil Senkungen der Meeresküsten und Erhöhung des Wasserspiegels in Binnenseen die Bildung von Deltas an ausgedehnten Küstenstrichen des Festlandes und an den Gestaden mancher Binnenseen verhindern und früher an denselben entstandene Deltas unter den Fluthen wieder verschwinden lassen. Hieraus erklärt sich auch die zweite Art der Flussmündungen, freie Mündungen mit Sand- und Schlammbänken, zwischen denen tiefe Kanäle sich befinden (Tiefendeltas).

Um einen Einblick in die Gründlichkeit und Reichhaltigkeit des Gebotenen zu geben, sei hier zunächst die Inhaltsangabe reproducirt.

Einleitung.

Bedeutung der Deltas für allgemeine Erdkunde so wie für Länderkunde.

Definition des Begriffs „Delta“.

I. Theil. Gestaltung, Bau, Wachsthum und Verbreitung der Deltas.

1. Begrenzung und Gestalt der Deltas.
2. Gestaltung und Beschaffenheit der Deltaoberfläche.
3. Grösse der Deltas.
4. Mächtigkeit der Deltas.
5. Das Material der Deltas.
   - a. Mechanisch abgesetzte anorganische Bestandtheile.
   - b. Chemisch ausgeschiedene anorganische Bestandtheile.
   - c. Vegetabilisches Material.
   - d. Animalisches Material.
   - e. Gasbildung in Folge der Zersetzung organischer Bestandtheile der Deltaablagerungen.
6. Architektonik der Deltas.
7. Maass des Wachsthums der Deltas.
8. Folgen des Wachsthums der Deltas.
   - A. Erhöhung des Bettes im Unterlaufe der Flüsse.
   - B. Veränderungen der Mündungsarme innerhalb des Deltagebietes.
   - C. Verschmelzung mehrerer Deltas. Tributärwerden einst selbstständiger Flüsse.
   - D. Seeausfüllung, Seebildung und Seetheilung durch das Deltawachsthum.
   - E. Landfestwerden von Inseln durch das Vorrücken von Deltas.
   - F. Einfluss des Druckes der angehäuften Alluvionen auf den Untergrund der Deltas.
9. Das Alter der Deltas.
10. Zahl und geographische Verbreitung der Deltas.
11. Classification der Deltas.

II. Theil. Entstehungsweise der Deltas. Ursachen und Bedingungen ihrer Bildung.

A. Ueber die Sedimentationsvorgänge an den Flussmündungen, so wie über den Process der Deltabildung.

B. Ueber Ursachen und Bedingungen der Deltabildung.

1. Einfluss der Sedimentführung der Flüsse auf die Deltabildung.
2. Einfluss der Seetiefe vor den Flussmündungen auf die Deltabildung.
3. Einfluss der mechanischen Thätigkeit des Meeres auf die Deltabildung.
   - a. Ueber die Abhängigkeit der Deltabildung von Uferwällen.
   - b. Einfluss der Gezeiten auf die Deltabildung.
   - c. Einfluss der Meeresströmungen auf die Deltabildung.
   - d. Einfluss der Winde auf die Deltabildung.
4. Einfluss von Niveau-Veränderungen des Festlandes oder des Wasserspiegels auf die Deltabildung.
   - a. Einfluss von Senkungen der Meeresküsten auf die Deltabildung.
   - Tabellarische Zusammenstellung von Küsten, an welchen Senkungen nachgewiesen sind, mit speciellem Bezug auf die Gestaltungsweise der dortigen Flussmündungen.
   - b. Einfluss von Hebungen der Meeresküsten auf die Deltabildung.

Uebersichtliche Zusammenstellung in Hebung begriffener und deshalb Deltas führender Küsten.

c. Einfluss von Niveau-Veränderungen des Wasserspiegels von Binnenseen auf die Deltabildung.

Beigegeben ist ausserdem eine grosse Zahl kleiner Kärtchen, darstellend die Deltas verschiedener Flüsse, eine Uebersichtskarte über die geographische Verbreitung der Deltas und eine kartographische Darstellung der Niveauveränderungen an Küsten und Binnenseen.

Nachdem die Wichtigkeit der Deltas in kultureller Beziehung hervorgehoben, wendet sich Credner gegen die landläufige Eintheilung der Flussmündungen in Haff, Deltamündungen, Aestuarien (negative Delta) und einfache Mündung und sucht die Unhaltbarkeit dieser morphologischen Eintheilung nachzuweisen, da oft ein Fluss verschiedene Arten der Mündungen (Delta, Haff etc.) vereinige. Besser unterscheidet man nur 2 Gruppen von Flüssen. 1) Solche, die Nichts zur Vergrösserung des Festlandes beitragen, 2) welche landbauend sind oder I. Mündungen, welche einer von dem Flusse abgesetzten Schwemmlandbildung entbehren, II. Mündungen, welche von Alluvialland umgeben sind: I. Mündungen ohne Schwemmland, 1) ohne Erweiterung des Rinnsals (Duero, Guadiana, Linpopo), 2) mit trichterförmig erweiterter Oeffnung (Elbe, Themse), II. Mündungen mit vorgelagerten Schwemmlandbildungen fluviatilen Ursprungs an Stelle vorher wasserbedeckter Gebiete, 1) einfache Mündungen (Ebro, Arno, Hwangho), 2) getheilte Mündungen.

a) Ohne Erweiterung der Mündungskanäle (Po, Rhone, Donau, Atrato).

b) Mit trichterförmig erweiterten Mündungskanälen (Ganges, Iravaddy, Niger).

Sämmtliche Mündungen sub II sind als Deltamündungen aufzufassen, gleichviel ob eine Gabelung des Flusses stattgefunden hat oder nicht und wird als Definition festgehalten: Unter Deltas versteht man Schwemmlandbildungen, welche durch Anhäufung der von den Flüssen mitgeführten Sinkstoffe an ihrer Mündung im See- oder Meeresbecken entstanden sind, und durch welche sich das Festland auf Kosten der Wasserbedeckung vergrössert hat, worauf auf andere Definitionen zugleich eingegangen wird. Bei der Gestaltung der Deltas wird zunächst hervorgehoben, dass die Gabelung des Flusses nicht mit dem Anfang der Deltabildung zusammenzufallen braucht und in vielen Fällen die Begrenzung des Deltas schwer festzustellen ist. Man kann vorgeschobene und Ausfüllungsdeltas unterscheiden und kann sich der Fluss in verschiedenster Weise ästeln; die Dünen- und Uferwälle sind nur bei einigen der Deltas vorhanden. Ueber die Ausdehnung einiger Deltas giebt Tabelle p. 12 Auskunft:

Fluss	Flächeninhalt d. Deltas in Hektaren	Länge in Kilometern	Breite
Ganges und Bramaputra	8259435	354	321,8
Mississippi	3185933	320	300
Nil	2219400	170,6	207,7
Donau	258795	74,2	74,2
Rhone	75000	—	—
Aude	20000	—	—
Niger	—	148,4	326,5
Memel	—	51,9	46,3
Wolga	—	448	—
Ural	—	—	53,3

Die Mächtigkeit steht mit der Ausdehnung nicht in bestimmtem Zusammenhang, sehr umfangreiche Deltas besitzen nur eine geringe Mächtigkeit (Nil 10—15 m, Ganges 20 m etc.), während andere, namentlich solche in Binnenseen grosse Mächtigkeit besitzen (Rhone im Genfersee 200—250 m, Dranse 300 m). Das Material besteht aus mechanisch abgesetzten anorganischen Bestandtheilen, die naturgemäss nach ihrer Zusammensetzung Structur und den Graden der Verfestigung sehr verschieden sein müssen. Dieser Hauptmasse sind chemisch ausgeschiedene unorganische Bestandtheile (kohlensaurer Kalk) und vegetabilisches und animalisches Material beigemengt. Durch letztere können kohlige Absetzung und Gasentwicklungen (CH_4) hervorgebracht werden und finden die Mudlumps der Pässe des Mississippi eine etwas nähere Berücksichtigung. Die eigentliche Architektonik und Lagerung ist nur bei wenigen Deltas, da sie nur durch zahlreiche Tiefbohrungen ergründet werden kann, bekannt; das Deltaland am nördlichen adriatischen Meere, Po, Brenta und einige Deltas in Binnenseen können als Beispiele dienen. Das Wachsthum ist ein äusserst verschiedenartiges. Tabelle p. 25.

Delta des	Zeitraum	jährl. mittl. Wachsth.
Terek	in 30 Jahren	495 m
Mississippi	—	350 m
(nach anderen Angaben 101 resp. 80 und 20 m)		
Po	1600—1804	70 m
Rhone (Mündung)	seit 1737	58 m
Euphrat und Tigris	1793—1853	54 m
Hwangho	BC 220 — AD 1730	30 m
Po	1200—1600	25 m
Peiho	seit 500 n. Chr.	24 m
Donau	1857—1871	12 m
Arno	seit 800 Jahren	6 m
Donau-Sulina	1842—1857	4 m
Nil	—	4 m
Rhone (Genfersee)	seit 800 Jahren	3 m
Tiber (Ostia)	—	3 m
Herault	—	2 m
Seihun	seit 12 Jahren	2 m
Traun	in 70 Jahren	1 m

Durch das Wachsthum können Verlegungen des Flussbetts (Hwangho), Erhöhungen, Verzweigungen der Wasserläufe, Abgrenzungen von Meerestheilen, Tributärwerden einst selbständiger Flüsse, Seeausfüllungen, Seebildungen, Landfestwerden von Inseln, Veränderung der Meeresküste (so dass frühere Seestädte Binnenstädte werden) etc. herbeigeführt werden. Ueberall werden belegende Beispiele ausgeführt; auch durch den Druck auf den Untergrund können Veränderungen mannichfacher Art (Senkungen, seitliche Pressungen) hervorgebracht werden. Die Entstehungszeit und die Mächtigkeit etc. zu schätzen, scheint nicht thunlich, da die Absetzungen nicht regelmässig und gleichmässig erfolgen und führen die Schätzungen zu ganz verschiedenen Resultaten, so für das Mississippi-Delta 4400 Jahre (Humphrey), 33000 (Lyell), 67000 (Lyell), 100000 (Vogt), 126000 Jahre (Vogt). Für den Nil finden sich Zahlen 12000—30000 Jahre, Lombardei 74253 Jahre. Es können also nur ganz allgemeine Alterbestimmungen erfolgen. Von einzelnen deltabildenden Flüssen werden 143 aufgezählt, und zwar für Europa 54, Asien 56, Amerika 17, Afrika 12, Australien und Polynesien 4. Ungefähr mag die Zahl der Ströme, welche Delta bilden, der der nicht deltabildenden Gewässer gleich sein, doch sind unter den Flüssen mit mehr als 100 geogr. Meilen Lauf mehr deltabildend (48) als mit offenen Mündungen (26), bei den kürzeren (unter 100 geogr. Meilen) sind 22 mit Deltamündungen, 49 mit offenen. Von jenen 143 Strömen bauen 33 ihre Deltas in Binnenseen auf, von diesen 16 in Seen ohne Abfluss. Auffallend ist, dass die Deltamündungen auf ganz bestimmte Küstenstriche beschränkt sind und wird Näheres über Afrika und Asien sowie über Vertheilung der Binnensee-Deltas angegeben. Die Deltas selbst werden classificirt:

I. Deltas an den Mündungen von Zuflüssen des Meeres.

II. Deltas an den Mündungen der Zuflüsse von Binnenseen. a. von Seen mit Abfluss. b. von Seen ohne Abfluss.

Im zweiten Theile werden zuerst die Vorgänge an der Mündung des Flusses näher auseinandergesetzt, die Ausbreitung und das Eindringen des süssen Wassers in das Meerwasser, der Sedimentirungsprocess und die Erhöhung des Deltabodens. Sodann wird an einzelnen Beispielen nachgewiesen, dass sehr beträchtliche Mengen von Senkstoffen in einem Flusse für die Produktion eines Deltas weder nothwendig sind, noch dieselbe unbedingt im Gefolge haben; auch grössere oder geringere Stromgeschwindigkeit, sei dieselbe durch Neigung oder durch grosse Wassermassen bedingt, erklären die Existenz oder das Fehlen des Deltas nicht. Auch die Einflüsse der Tiefenverhältnisse an der Mündung, der der Gezeiten, der Winde, der Strömungen sind nicht von so tiefgreifender Bedeutung, dass sich daraus die geographische Verbreitung der Deltas erklären liesse. Es bleiben dann zur Betrachtung die Senkungserscheinungen übrig; an vielen

Küsten zeigt sich, dass diese die Delta-Bildung hemmen, ja veranlassen, dass schon gebildete Deltas wieder zu Grunde gehen, und wird dies durch eine tabellarische Zusammenstellung von Küsten, an welchen Senkungen nachgewiesen sind, mit speciellem Bezug auf die Gestaltungsweise der Flussmündungen belegt, während eine ähnliche Zusammenstellung der in Hebungen begriffenen Küsten zeigt, dass dort die Deltamündungen auftreten. Die Uebersichten enthalten zugleich die Thatsachen, welche für Hebung oder Senkung sprechen, die Quellenangaben und die Gestaltungsweise der betreffenden Flussmündungen. (Tabelle p. 64.)

Es sind Senkungen nachgewiesen für: die deutschen Nordseeküsten, Küste der Niederlande, Nordküste Frankreichs, Westküste Frankreichs, die Küsten von Dalmatien; die atlantischen Küsten der Union, die atlantischen Küsten von Südamerika, Ostküste von China, von der in den Tschusen-Inseln auslaufenden Gebirgskette nach Süden. In Hebung begriffene Küsten: A. Küsten des nördlichen Eismeeres. 1. Küsten Sibiriens, 2. Arktische Küsten von Nord-Amerika, 3. Nordküste des europäischen Russlands. B. Küsten des stillen Oceans. 1. Westküste von Nord-Amerika, 2. Nordostküste von China, 3. Südküste von China, 4. Küsten des Golfs von Siam. C. Küsten des indischen Oceans. 1. Küsten des Golfs von Bengalen, 2. Küsten des persischen Meerbusens, 3. Ostküste Afrikas. D. Küsten des atlantischen Oceans. 1. Küsten des Karaibischen Meeres, 2. Küsten des Golfs von Mexico. E. Küsten des Mittelmeeres. 1. Küsten von Südfrankreich und Ligurien, 2. Küste von Toskana, 3. Südküste von Kleinasien, 4. Westküste von Kleinasien, 5. Küsten des schwarzen Meeres.

Bei einigen Binnenseen, wie beim Tsad, erfolgt die Deltabildung ähnlich wie beim Meere durch Hebung, während bei andern durch Senkung des Wasser-Niveaus, bewirkt durch Ueberschuss der Verdunstung (Caspisches Meer) oder durch allmähliche Tieferlegung des Abflusses (Genfersee), die Deltabildung erzielt wird. Die Flüsse, welche in die Binnenseen des nordwestlichen Asien münden, einerseits, die Schweizer Seen andererseits, illustriren diese Verhältnisse vortrefflich.

Dies in kurzen Umrissen die Arbeit. Die zahlreichen, sonst schwer zugänglichen Beispiele für alle einschlagenden Verhältnisse geben zugleich für hydrographische Studien vortreffliche Anhaltspunkte und wenn vielleicht auch den als nebensächlich betrachteten Momenten der Deltabildung in ihrer Thätigkeit etwas zu wenig Gewicht beigelegt ist, wird doch dadurch der Werth der Arbeit ein nicht geringerer. *Sch.*

S. Haughton. Notes on the annual Water Discharge of Large Rivers; with indications of some new methods of Calculation. Proc. of the R. Dubl. Soc. (2) II. p. IV. Jan. 1880, 259†.

Die Wassermenge des Ganges wurde bei Ghazipûr unterhalb Benares 500 e. M. von der Mündung bei dem Hoogly gemessen (1831—1832 von Everest). Die Messungen ergaben für die Regenzeit (vier Monat) 494208 Kubikfuss per Sekunde*), Winter (fünf Monat) 71200 Kubikfuss, trockne Zeit (drei Monat) 36330 Kubikfuss, also durchschnittlich 203485 Kubikfuss oder 43,625 Kubikmeilen. Da bis Ghazipûr nur 150 e. M. Wasser von dem westlichen Abhange, dem regenreichsten erhalten haben, hat Lyell vorgeschlagen diese Menge um das $4^1/_2$ fache höher anzunehmen. Der Verfasser hat nun, um genauere Daten zu erhalten, die Regengebiete des Ganges und Brahmaputra genau berechnet, wonach sich die Menge des Ganges dann nur auf 97,170 Kubikmeilen berechnet. Nach einer Messung an der Mündung des Brahmaputra (150000 Kubikfuss per Sekunde) findet Haughton für diesen Fluss 191,78 Kubikmeilen und für das Brahmaputra-Gangessystem 288,95 Kubikmeilen, also bedeutendere Höhen als beim Mississippi. Die Schlammmenge wird bei Ghazipûr auf 332550000 Tonnen geschätzt. (Herschel giebt 534600000 Tonnen für die Mündung an.) Hiernach würden 1146 Jahre erforderlich sein um das Gangesgebiet um einen Fuss abzuschwemmen, während Geikie 2358 Jahre fand, wahrscheinlich weil er das ganze Regengebiet mit der Schlammmenge von Ghazipûr verglich. Für den Irawaddy

*) 1 engl. Kubikfuss 28,3 l.

werden als Wasserabfluss 75,038 Kubikmeilen (35000 Kubikfuss per Sekunde) angenommen und $^1/_{3000}$ dieses Gewichts an Schlamm. Für den Rio de la Plata werden die Angaben nach BATEMAN's Messungen gemacht. Er ist der breiteste Strom der Erde an der Mündung, von Montevideo nach Piedras 60 Meilen und unterhalb des Zusammenflusses des Uruguay und Parana 120 e. Meilen von der See noch 26 Meilen. Zum Zweck der Bestimmung der Wassermengen mussten Geschwindigkeitsbestimmungen im Parana und Uruguay vorgenommen werden. Es folgt dabei, dass die Geschwindigkeit direct proportional der Tiefe des Querschnittes ist. Für den Parana ergiebt sich aus neun Stationen bei Tiefen von 20 bis 68,5 Fuss Tiefe (d) und 89,5 bis 255,3 Fuss Geschwindigkeit (v) per Minute, das Verhältniss $\frac{v}{d}$ im Mittel = 4,3033, beim Uruguay (für neun Stationen) bei 13,1 bis 33′ Tiefe und 79,6 bis 333,1 Geschwindigkeit per Minute, $\frac{v}{d}$ im Durchschnitt = 9,970. Für die Gesammtmenge Wasser, die einen Querschnitt passirt, findet man die Formel

$$Q = 2k \times y_1 \times A,$$

wo y_1 die Tiefe des Schwerpunktes des Flussquerschnittes, A der Flächeninhalt und $k = \frac{v}{d}$, da Ay_1 der hydrostatische Druck, kann man folgendes Gesetz aussprechen: Die Menge Wasser, welche von einem Fluss in einer gegebenen Zeit geliefert wird, ist dem hydrostatischen Druck auf den Flussquerschnitt proportional, multiplicirt mit einem Coefficienten der sich nach Gestalt des Flussbettes ändert. Theilt man nun das Flussbett in verschiedene Sectionen, so gelangt man bei Berechnung der Wassermenge für den Parana zu 578910 Kubikfuss, welche Zahl mit der von BATEMAN für den niedrigsten Wasserstand gefundenen, 520000 Kubikfuss, ziemlich übereinstimmt; ähnlich wurden für den Uruguay 318470 Kubikfuss per Sekunde gefunden. Hieran schliesst der Verfasser eine Berechnung der Wassermenge des Nil aus dem gemessenen Minimum und Maximum und den gemessenen Höhen des Nilwassers zu Cairo. Es werden Zahlen der französischen

Expedition zu Grunde gelegt (Maximum 10247 Kubikmeter per Sekunde im September, und 678 Kubikmeter per Sekunde im Juni) und nun für jeden Monat die Menge in Kubikmetern (1799—1801) abgeleitet.

1. September	10274	7. März	1408
2. Oktober	7062	8. April	1093
3. November	4882	9. Mai	702
4. December	3406	10. Juni	678
5. Januar	2533	11. Juli	1125
6. Februar	1824	12. August	5424

Hieraus folgt als Durchschnitt 3367 Kubikmeter in der Sekunde oder 4404,1 Kubikyards und 118900 Kubikfuss per Sekunde d. h. 25,49 Kubikmeilen das Jahr. *Sch.*

H. FRITZ. Die Veränderlichkeit der Wassermengen der Gewässer des Festlandes. PETERM. geogr. Mittheil. 1880. XXVI, 245-255†.

Nach den Pegelständen der Seine bei Paris, des Rheines bei Emmerich, der Elbe bei Magdeburg, der Oder bei Küstrin, der Weichsel bei Kurzebrack, der Donau bei Orsowa, der Weser bei Bremen ergiebt sich das Maximum des mittleren Wasserstandes 1,36 m für das Jahrzehnt 1770—1780, das Minimum 1,06 für 1860—1870, ein naheliegendes 1,09 für 1820—1830. Die Abnahme ist gering, überdies periodisch. Uebertrieben erscheinen demnach die Befürchtungen von WEX*) und BERGHAUS, welch letzterer eine beständige Wasser-Abnahme der Oder und Elbe behauptete und für diese 1860 als Grenze der Befahrbarkeit mit tiefer gehenden Schiffen bezeichnete. Nach den Angaben des k. preuss. statist. Bureau blieben um 1820 und 1850 die Pegelstände über, sonst unter dem Mittel. In Frankreich**) wird geklagt, dass die Ströme im Sommer weniger Wasser führen und viele Quellen verschwinden. Dagegen folgert BELGRAND aus den Pegelständen der Seine, dass seit Anfang des vorigen Jahrhun-

*) Oestr. Ingenieur Zeitschr. 1873.

**) Marié-Davy, An. météor. pour l'an 1873.

derts zwei, zwischen Perioden niederer Wasserstände eingeschlossene, wasserreiche Epochen auftraten. Auch an Oder, Elbe und Rhein zeigt die genauere Betrachtung, dass im Allgemeinen die Schwankungen unbedeutend sind, und um mehrmal erreichte Maxima herumgehen. Die hierin durch Eisverhältnisse erzeugten Unregelmässigkeiten gleichen sich in längeren Zeiträumen aus. Die Wasserstände der Binnenseen haben ähnliche Schwankungen, wie die Flüsse. An der Veränderlichkeit der Wassermengen sind wesentlich betheiligt die Gletscher, deren Ausdehnung in weiten, bis dahin unbekannten Perioden variirt. — Am Nil sind grossartige Schwankungen geschichtlich bekannt. Zehnjährige Minima schliessen Maxima ein. Im Ganzen zeigt seit 1825 die Nilwassermenge eine entschiedene Zunahme, mit auffallender Depression um 1840. Aus dem oberen Nilgebiete wird Wasserabnahme berichtet; dagegen nahm der Tanganikasee seit 1858 zu. Im südlichen Afrika waren früher bei reichlichem Regen ungeheure Landstrecken mit Kaffergurken bedeckt; jetzt kommt nach Livingstone dies kaum alle Jahrzehnte einmal vor. An verschiedenen Seen und Flüssen wird die Wasserverarmung bestätigt. In Central-Afrika fand derselbe Tourist periodische Regenlosigkeit zwischen 10 und 15° S. Br. alle 10 bis 15, zwischen 15 und 20° alle 5 Jahre. In Amerika bestand ein Maximum 1815. 1859 war der Wasserstand noch höher. In dem 57000 Quadratmeilen umfassenden Gebiete des Mississippi herrschte in den Jahren 1818/20, 1827/28, 1855/57 grosse Dürre, mit geringer Höhe jenes Flusses zusammenhängend. Der Ontario-See hatte mittlere Jahres-Pegelstände 1859—61: 24,7, 1866—68: 11,2″ engl. (?). Andere Seen zeigten ähnliche Schwankungen. — Die Feuchtigkeit des Salzplateaus zwischen Sierra Nevada und Felsengebirge nimmt seit 1870 zu. Das Wasser des Salzsees in Utah wird salzärmer und dessen Spiegel steigt; erst 5 Tonnen Wasser geben soviel Salz wie früher 4. Im nördlichen Texas beobachtet man seit 1870 viel öfter als sonst Eisbildung und bedeutenderen Regen, während einst über Dürre geklagt wurde. Nach Eggers wechseln auf der westindischen Insel St. Cruz die Regenfälle einzelner Jahre, ohne indess stetig abzunehmen. Der See von Valencia (Tacarigua der Indianer) weicht zurück, wird aber schwerlich ganz eintrocknen, weil die Wasserabnahme vielleicht wohl zum Theil von der Entwaldung herkommt, grösseren Theiles aber von relativer Trockne einzelner Jahrzehnte (HUMBOLDT). Auch der mächtige Amazonenstrom schwindet seit 1878. Für Australien stellte man die Ansicht hin, dass Eintritt und Stärke der Niederschläge mit 11jährigen magnetischen Cyklen in Beziehung stehe. Grosse Trockenheit mit folgender Hungersnoth in Indien und China, zuletzt 1876/78, erklärt sich nicht aus der Abholzung allein, denn schon vor Jahrtausenden konnte bloss künstliche Bewässerung jene Uebelstände abhalten. Für Frankreich schreibt MARIÉ-DAVY die Veränderlichkeit der Wasserstände zu einer vom Lande wie von besonderen Verhältnissen desselben unabhängigen Periodicität und einer fortschreitenden Verminderung des sommerlichen Wassers wegen Cultur- und Regulirungs-Arbeiten. — Die Gletscher stossen am stärksten, wenn mehr Niederschläge erfolgen, also höhere Pegelstände bestehen, worauf gemeinsam die Temperaturen von Einfluss sind. Aus diesen und vielen anderen Einzelheiten folgt, dass fast überall grössere Wassermengen da waren in den Jahren: 1804, 1816, 1829, 1837, 1848, 1860, 1871 (1876, 1882), während kleine Niederschlagmengen mit ihren Folgen dazwischen fallen. Im Allgemeinen scheinen auf der Gesammt-Erdoberfläche weit, und namentlich einseitig, gehende Veränderungen nicht zu bestehen, sondern Oscillationen nur im Mittel einzutreten. *Hh.*

GRAEVE. Der Wasserreichthum der deutschen Ströme. Der Civilingenieur 1879, 591; Naturf. 1880. VI, 49-51†.

Der Wasserreichthum eines Flusses wird berechnet aus der bei mittlerem Wasserstand in 1 sec. abfliessenden Wassermenge mal der Sekundenzahl des betrachteten Zeitraums, „während in Wirklichkeit die Menge des abfliessenden Wassers von der Dauer jedes einzelnen Standes, der maximalen, der minimalen und der Zwischenwerthe bedingt wird." Die im ersteren Sinne gemachten Angaben haben daher bloss relativen Werth. Die Abflussmenge für 100 qkm des Niederschlaggebietes ist für

Rhein (bei Coblenz)	1,07 cbm
Weser (bei Minden)	0,826 cbm
Memel (bei Tilsit)	0,6 cbm
Elbe (bei Torgau)	0,579 cbm
Weichsel (bei Montau)	0,538 cbm
Oder (bei Steinau)	0,46 cbm

Die durchschnittliche Abflussmenge verschiedener Ströme aus gleich grossen Gebietstheilen differirt bedeutend, und nimmt in der Regel stromabwärts ab. Sehr wichtig zur Beurtheilung des Wasserreichthums gilt das Verhältniss der Abflussmassen und der Regenmengen. Unter Anwendung eines Correctionsfactors, der so gewonnen wurde, dass die Differenz der Abflussmengen am unteren Laufe von Oder und Elbe gegen die Abflussmenge im oberen mehr Schwankungen darbietenden bestimmt wurde, fand sich der Procentsatz der thatsächlichen Abflussmenge von der Regenmenge auf den verglichenen Gebieten höchst verschieden. Beim nämlichen Strome nimmt er in der Richtung zur Mündung hin ab. In Gebirgsterrain wird ein relativ grösserer Theil der atmosphärischen Niederschläge durch die Flüsse abgeführt. Bewaldung zeigt keinen wesentlichen Einfluss. Die von der Temperatur und den Winden abhängige Verdunstung beeinträchtigt unter sonst gleichen Umständen die Abflussmenge. Relativer Feuchtigkeitsgehalt der Luft, mehr oder weniger durchlässige Bodenart sind secundäre, doch beachtenswerthe Momente. Die Zahlenwerthe sind: Rhein 38,5, Weser 37, Elbe 30, Oder 27,2 Warthe 21, Weichsel 29, Memel 32,5 pCt. — Die Vertheilung der Abflussmengen auf Jahre und Monate, die Ermittelung der Maxima und Minima des Wasserlaufes ist mindestens von gleichem, zuweilen noch von grösserem practischen Werthe, als die Angaben der Durchschnittszahlen. Die desfallsigen Differenzen sind beträchtlicher, als man vermuthen mag, eigenthümlich für jeden besonderen Strom und gegen die Mündung abnehmend. Die Winterabflussgrösse verhält sich zur sommerlichen am Rhein wie 1:0,922, Weser 1:0,434, Elbe 1:0,467, Oder 1:0,525, Weichsel 1:0,486. Für den wasserärmsten und wasserreichsten Monat des Jahres steht das Verhältniss für Rhein 1:1,458, Weser 1:4,4,

Elbe 1:5,238, Oder 1:4,5. Die Eigenthümlichkeiten am Sammelbecken, die orographischen und klimatischen Verhältnisse sind hierauf von Einfluss. Wenn der Rhein durch überraschende Regelmässigkeit hierin ausgezeichnet ist, so liegt es daran, dass die Alpen ihm grosse Seen als Vorrath-Reservoirs gewähren, die Schneeschmelzung in Hochgebirge, Hügelland und Ebene in verschiedentlicher Zeit ihm zugutekommt, Die Minimal-Abflussmenge nimmt für gleich grosse Gebietstheile vom Mittelrhein zur Mittel-Oder bedeutend, doch in geringerem Grade als das Mittelwasserquantum ab. Je höher die Temperatur, ein desto geringerer Procentsatz der Regenmenge fliesst in den Strömen ab. Das Maximum des Procentsatzes fällt etwas nach dem Temperatur-Minimum. Wenigstens ist es so bei Oder und Weichsel. *Hh.*

Dr. med. Robert Avé-Lallement (and). Das Abnehmen des Amazonenstromes. Ausland 1880. VII, 131-135†.

Nach einer trüben Schilderung der socialen Verhältnisse Brasiliens wird der Besorgniss gedacht, dass die Wassermenge des Amazonenstromes von Rionegro und Manaos aufwärts abnehme, denn drei Dampfbote hatten sich so gründlich festgefahren, dass die Schifffahrt längere Zeit eingestellt werden musste. Bei genauer Betrachtung findet man, dass die Stromabtheilungen von Pará bis Manaos und von da nach Tabatinga physisch von einander abweichen. Diese werden näher geschildert. — Die gegenwärtig unverkennbare Wasserverminderung wegen anhaltender Trockenheit Nordbrasiliens kam früher auch vor, ohne dauernd zu bleiben, wurde aber weniger oder gar nicht bemerkt, weil der Verkehr geringer war. Zur Zeit scheint am meisten bedroht Cameta am Tocantins und S. Paulo de Olivenza am Solimões, welch letzteres vielleicht plötzlich in die Fluth sinkt, während von jenem das Hochufer allmählig weggespült und abgebrökelt wird. *Hh.*

Die Niagara-Fälle. Ausland 1880, 420 u. 599.

Die Commission der New Yorker Staatsvermessung schlägt vor, Land zu erwerben von 1 engl. M. Länge und einer Breite von 100′ an den Schnellen, bis 800′ an den Fällen; desgleichen die im Strome gelegenen Bath- und Ziegen-Inseln. Anpflanzungen sollen die unmalerische Landschaft verschönern.

Wichtig ist das Ergebniss einer beiliegenden Karte über das Zurückweichen der Fälle 1842—1875. Die meisten Theile der Fälle traten in den 33 Jahren um 35′, die Mitte des grossen Hufeisenfalles dagegen um 160′ zurück — vielleicht die grossartigste und schnellste geologische Abnutzung, welche auf der Erde vorkommt.

In Ufernähe besteht eine Tiefe von 85′, im Swift Drift, wo unter Einengung die Stromkraft ungeheuer ansteigt, 153′, in den Wirbelstromschnellen nahe der unteren Hängebrücke 210′ (berechnet). — Nach dem Berichte des Dr. Gardner, Mitglied der New-Yorker Staatsvermessung, sind seit 1842, der ersten trigonometrischen Aufnahme, die Niagarafälle etwas über 100′, also jährlich circa $2^{3}/_{11}$′, zurückgewichen. *Hh.*

Soundings of the Niagara river. Nature XXII, 41.

On the depth of the water below Niagara Falls. Riv. Scient. Ind. 1879. 19./10.

L. Franzius, Oberbaudirector in Bremen. Die Unterweser von Bremen bis Bremerhaven. Peterm. geogr. Mitth. XXVI. 1880, 294-304†.

Das Quellengebiet der Werra und Fulda, aus denen bei Münden die Weser entsteht, liegt 300 bis 500 m hoch, so dass für den Wasserzufluss besonders Gewitterregen und Schneeschmelzung massgebend sind. Erst an der Porta Westfalica beginnt Flachland. Die Aller führt die nördlichen und westlichen Abflüsse des Harzes hinzu. Das bergige Speisungsgebiet oberhalb Bremen umfasst 755 Quadratmeilen. Da auch dessen jährliche Niederschlaghöhe um etwa 5″ P. höher ist, als in den Gebieten der Elbe und Oder, so zeichnet sich diesen Strömen gegenüber die Weser durch rasche Entstehung grösserer Wassermassen aus. Das Gefäll ist oben viel beträchtlicher als unten. Von der zwischen Münden und Bremen 367 km betragenden Flussstrecke haben die obersten 46 km ein Durchschnittsgefäll von 1:1800, öfters durch Stromschnellen von 1:300 unterbrochen. Das Mittelgefäll der nächsten 157 km ist 1:3000, und für die letzten 169 km 1:4000 bis 1:6500. Wenn der Wasserstand zu Bremen 0,73 m über Null des Hauptpegels liegt, so steht er bei Minden 34,27 m, bei Münden 114,62 m darüber. Bei Minden findet man Gerölle von centnerschweren Blöcken bis eigrossen Kieseln; bei Bremen sind diese nussgross und in der schwächeren Strömung auf Sand reducirt. Die weicheren Sinkstoffe gelangen nur kleineren Theiles durch meist 3 m das gewöhnliche Niveau überschreitendes Hochwasser auf das umgebende Land zur Ablagerung, und werden grösstentheils ins offene Meer getragen. Durch Ufercorrectionen steigt die angeschwollene Weser bei Bremen jetzt um einen halben Meter weniger hoch als vor ungefähr 30 Jahren. Nur ungewöhnliche Eisstopfungen lassen die Ueberschwemmung um mehr als 5 m das regelmässige Niveau überschreiten. Die Wassermenge dürfte für den tiefsten Stand: — 1 m am Pegel der Bremener Börsenbrücke 50 cbm, für den stärksten: + 5 m: 2500 cbm betragen. Eine kleine Tabelle auf p. 296 giebt neben dem Quantum, Querschnitt und Sekundengeschwindigkeit für fünf Fälle von 0 bis 4 m. Die mittleren Werthe sind: Wasserstand 2 m, Geschwindigkeit 1,07 m, Querschnitt 543 qm, Quantum 580 cbm. Der Fluss trägt zwischen Minden und Bremen Schiffe von 6000 Centner. Das Wasser im oberen Flussgebiet bildet, untergeordnete Schwankungen abgerechnet, eine bestimmte Grösse, welche von Quellenreichthum und Gefäll abhängt. Das Fluthgebiet dagegen unterliegt den wellenartigen Schwingungen des Meeres. Das Aestuarium ist eine langgestreckte Meeresbucht, welche landwärts sich verengt und verflacht. Die Fluthwelle führt anfangs grösstentheils frisches Seewasser, weiter oben gemischte Flüssigkeit, zuletzt bloss aufgestautes Süsswasser. Hindernisse der Fortschreitung beeinträchtigen ebensowohl die Fortpflanzungsgeschwindigkeit der Fluthwelle als die von ihr beförderte Wassermenge. Im Fluthgebebiet der Flüsse liegt vorzugsweise der Fluthstrom auf dem Fluthabhang, der Ebbestrom auf dem Ebbeabhang; wegen Ausdauer der lebendigen Kraft indess greift jener über den Hochwasserscheitel in die Ebbe, dieser über den Niedrigwasserstand in die folgende Fluth über. Die Grenze des Fluthstromes liegt unter der Fluthgrenze; diese rückt auf- und abwärts, je nach stärkerem oder schwächerem Auftreten des Oberwassers; bei Constanz desselben auch durch mächtigere oder geringere Fluthentwicklung an der Mündung. Diese Verhältnisse schwanken fortwährend, abgesehen selbst vom bedeutenden Einfluss des Windes, welcher so gross sein kann, dass zuweilen an der deutschen Nordseeküste taube Fluthen über Springfluthen hinausgehen. Die nun folgende Beschreibung ist einerseits zu detaillirt, anderseits zu sehr an den Augenschein der Karten gebunden, als dass wir uns hier nicht auf das Kürzeste beschränken sollten. Die eigentliche Wesermündung liegt 55 km unter Bremerhaven, indem hier die den Stromschlauch einfassenden Sandbänke aufhören. 36½ km von der Mündung aufwärts kann eine 20 km breite Fläche zur Wesermündung gerechnet werden. Das 53000 Hektare umfassende Mündungsgebiet erscheint während der Fluth ganz bewässert, in der Ebbe aber bloss zur Hälfte. Die Fluthwelle überläuft das ungeheure Gebiet in weniger als einer Stunde und erreicht bei Bremerhaven die durchschnittliche Höhe von 3⅓ m, zu Bremen im Sicherheitshafen aber nur eine solche von 0,31 m (bei Vegesak: 1,03). Die Fluthhöhe nimmt oberhalb Brake sehr schnell ab, wie die Zunahme des Gefälles der Niedrigwasserlinie am besten beweisen mag. Bei mittlerem Jahreswasserstand des Oberwassers hört die Fluthschwankung oberhalb der Börsenbrücke in Bremen auf, während sie bei Vegesak fast 1 m beträgt. Die Fluthhöhe steigt jedoch auch in Bremen zu 0,76—1,02 m, wenn eine Springfluth bei W.Wind zu Bremerhaven 4,12 m bemisst. Steht am Bremener Brückenpegel das Oberwasser bei 4 m, so rückt die Fluthgrenze nach Vegesak. Zwischen Bremerhaven und Brake schreitet das Niedrigwasser mit 4,3, das Hochwasser mit 9,5 m Sekundengeschwindigkeit vor, welche Bewegungen zwischen Sicherheitshafen und Börsenbrücke in Bremen beziehlich 0,9 und 1 m betragen. Die ganze Fortschrittzeit von Bremerhaven bis Bremen beträgt für das Niedrigwasser $7\frac{1}{2}$, bei Hochwasser $4\frac{1}{3}$ Stunden, wobei die Gezeiten dort $6-6\frac{1}{2}$, hier $3-9\frac{1}{2}$ Stunden währen. Um die durchfliessende Wassermenge zu ermitteln, werden die wechselnden Formen der Fluthwelle an einem selbstregistrirenden Uhrwerkpegel aufgezeichnet, und in den einzelnen Fluss-Sectionen die Oberflächengrössen jeglichen Wasserstandes aus Karte und Querprofilen des Stromlaufes festgestellt. Auf p. 301 ist desfalls eine Tabelle für 7 Orte zusammengestellt, welche unter Anderm uns lehrt, dass die Summe der Wassermenge des Fluth- und Ebbe-Stromes bei Bremen 13231200, bei Bremerhaven aber beziehentlich 136223800 und 149133600 ausmacht. Die Beschreibung der Karte kann ohne diese wenig Bedeutung haben. Hinsichtlich der Nebenflüsse ist bemerkenswerth, dass Ochtum und Lesum miteinander 1570000, die Hunte 2250000 cbm Fluthwasser aufnehmen und in der Ebbe wieder abgeben. Sie verstärken also das hydraulische Vermögen der Weser namhaft. Beiderseits von der Unterweser liegen 18 Quadratmeilen Marschflächen, welche durch 27 Gräben entwässert werden, und vor der Eindeichung wegen Aufnahme und Rückgabe grosser Fluthwassermengen die Hydrodynamik des Weserstromes erheblich beeinflussten, während in den letzten 20 Jahren starke Dämme auch die um 3—4 m das gewohnte Mass übersteigenden Fluthen sicher abhalten. — Auch die Weser sucht gleich allen von S. gen N. laufenden Flüssen der nördlichen Erdhälfte ihr Bett nach Osten zu verschieben wegen der Axendrehung unseres Planeten. Demgemäss erscheint das rechte östliche Ufer abgenagt, während links im W. junges Alluvium angelegt wird. Die Deiche stehen im oberen Theile des Fluthgebietes 1000 m, im unteren 3000 m auseinander. Bestimmt, mindestens 1 m das höchste Wasser zu überragen, sind sie oft 6 m hoch, oben 5 m, also an der Basis 40 m breit. Etwa 1 m unter Niedrigwasser laufen die 3—6 m weiten Entwässerungssile. Durch die Regulirungen nahm die Stromkraft ab, so dass das Fluthgebiet allmählich sich von Oben ber verengern wird und eine seewärtige Verschiebung der Mündung erfolgt. An den natürlichen Ufern waltet die Tendenz zur Anlandung weit vor der Neigung zum Abbruch. 20—30 cm unter Hochwasserhöhe beginnt dichter Pflanzenwuchs. Vorspringende Buhnen und Parallelwerke schützen die Ufer. Jene halten die Sinkstoffe auf, sind aber wegen Hervorrufung von Stromschnellen der Schifffahrt unbequem und beeinträchtigen die Entwickelung der Fluthwelle. — Die den Hauptstrom umgebenden Nebenarme sollten noch mehr beschränkt werden; denn für die Hydrostatik jener wäre wünschenswerth, dass statt der Inseln gleich grosse Flächen ans Ufer stiessen und statt vieler getrennter seichter die Gesammtstromkraft schwächender Rinnsale ein einziges Flussbett bestünde, weil dann die natürliche Wirkung der Fluthwelle und Strömung unter leichter künstlicher Nachhilfe ein tieferes Fahrwasser bildete, was ebenso wohl den Schiffen, als den Marschen zu gut käme. *Hh.*

Ueber die Erosion im Gebiete der Reuss. Ausland 1880, 659-660; Jahrbuch S. A. C. XIV. 1879, 371-405, mit 1 Karte u. 4 Profilen (Heim u. Becker). Bemerkungen dazu von Dr. Ziegler in d. geogr. Ges. zu Wien†.

Aus den Thälern des Kanton Uri bringt die Reuss alles Geschiebe zur südlichen Bucht des Vierwaldstätter-Sees. Vergleicht man die Niederschläge aus zwei Perioden vor und nach der Correction, welche im untersten Flussthal von Attinghausen 1851 vorgenommen wurde, und die Strömung rascher, also die Deltabildung gleichmässiger gemacht hatte, so ergiebt sich, dass das Auffüllungsmaterial von 1851 bis 1878 betrug 3947050 cbm, mithin im Jahresdurchschnitt 146187. Bei mittlerem Wasserstand ragen 52,1 qm Deltaland hervor. Das Sammelgebiet misst horizontal 825 qkm. Es würde demnach circa 1 m in 4125 Jahren abgetragen. Von der jährlichen Niederschlags-Wassermenge 1070 Millionen cbm gelangt etwa $^1/_{10}$ in den See. Somit ist der Wasserstrom im Gewichte 1440, im Volum 3750 mal grösser, als die mitgerissene Geschiebemasse. — Die Linth bringt nach Bürkli und Legler 60—80000 cbm in den Wallensee. — Zur Modellilung der jetzigen Plastik des Urner Landes mögen 1151 Jahrtausende nöthig gewesen sein. Bei gegenwärtigem Fortbestand könnte der Urner See in 20 Jahrtausenden ausgefüllt sein. Wahrscheinlich ging der Process vor der Tertiärzeit rascher von Statten. — HEIM hält die jetzigen Berggestalten der Alpen in kettenförmiger Anordnung durch die Faltung der Erdrinde bedingt, die Form des Einzelberges aber fast nur von der Verwitterung modellirt. *Hh.*

Effemeridi e Statistica del Fiume Tevere prima e dopo la confluenza dell' Aniene, e dello stesso Fiume Aniene durante l'anno 1878. Memoria del Socio ALESSANDRO BETOCCHI, letta nella seduta del 1. giugno 1879; Atti della R. Accad. dei Lincei. Roma 1879. IV, 237†.

Die Hydrologie hat Interesse daran, dass möglichst viele und genaue Messungen an Flussläufen gemacht werden. Auf p. 238 steht eine kurze Tabelle für eilf verschiedene Zeiträume: „Confronto delle altezze di piena del Tevere alle estremità del corso urbano." Die ersten und letzten Werthe (zugleich die kleinsten und grössten) sind: Von

13.—17. Okt. 1875 Ripa grande: 5,1, Ripetta: 11,23 ($d = 6,13$),
28.—29. Dec. 1870 - - 8,9, - 17,22 ($d = 8,32$).

Ausführliche Tafeln der einschlägigen Werthe stehen auf p. 240—252, denen zwei Karten angehängt sind, deren erste die graphische Höhenmessung giebt bei Tivoli (Aniene) und des Tiber (bei Orte und Ripetta) im Jahre 1878; die zweite: Registro delle Altezze del Pelo d'Acqua del fiume Tevere für die Zeiten

26. Nov.— 7. Dec. 1875.
21. Dec.—27. Dec. 1876.
12. Dec.—25. Dec. 1878. *Hh.*

Le foci del Tevere. Memoria del prof. GIOVANNI MORO, approvata per la stampa negli Atti dell' Accademia nella seduta del 1. dicembre 1878; Atti della R. Accad. dei Lincei. Roma 1879. (3) III, 3-16.

Im ersten Abschnitt der sehr umfänglichen Darstellung „Opinione diversi“ werden geschichtliche Nachrichten gegeben über die Tiber, ihre Deltabildung, das Seegestade in verschiedenen Epochen, und hydraulische Werke, deren Herstellung vielfach mit dem Namen der Kaiser aus dem Hause der Claudier verknüpft ist, doch bis auf Ancus Martius zurückgeht. Der Tiber soll 3000 Meter in 600 Jahren ans Meeresufer vorgeschoben haben. — Die zweite Abtheilung ist betitelt: Cordone litorale del Delta tiberino, die dritte: la Baja Ostiense secondo gli storici, die vierte: la Baja secondo i poëti (von denen jedoch Vergil schon den Historikern mehrfach allegirt wird), die fünfte: Avanzamenti dello sbocco del Tevere, die sechste: Colmata della Baja. *Hh.*

Betocchi. Effemeridi e statistica del Tevere e dell' Aniene per l'anno 1879. Atti d. Linc. IV. 1880. H. 7. p. 240.

— — Effemeridi e statistica del fiume Tevere prima e dopo la confluenza dell' Aniene e dello stesso fiume Aniene durante l'anno 1878. Atti dei Lincei (3) IV, 237 bis 252.

Cesarini. Sulla nuova inalveazione del Tevere nei Prati di Castello. Politecnico. Marzo. Milano 1880.

G. Zannini. Considerazioni sul fiume Po e sulla terre basse a destra del medesimo. 32°. 32 pp. Modena 1879. Abdruck aus „Diritto Cattolico“. (1/4 lire.) Peterm. geogr. Mitth. 1880. XXVI, 80.

Der grosse tibetanische Fluss in seinem Laufe zum Brahmaputra. Mit Karte, einer verkleinerten Copie der Zeichnung: „Conjectural Sketch of the country to the South of the lower portion of the great Sanpo River of Tibet. Peterm. geogr. Mitth. 1880. XXVI, 14-18.

J. DUPUIS. L'Ouverture du fleuve rouge. PETERM. geogr. Mitth. 1880. XXVI, 117; Journal de voyage et d'expédition,' Paris 1879. Challamel. Mit Karte in 1 : 200000.

The Old River-beds of California; by JOSEPH LECONTE. SILLIM. Journ. of Sc. 1880. XIX, 176-190†.

Von dieser ungemein umfangreichen Vorlesung, gehalten am 29. Oktober 1879 vor der National-Akademie der Wissenschaften, ausgestattet mit drei Profilzeichnungen, kann hier aus Mangel an Raum, nur eine kurze Skizze des Inhaltes gegeben werden. — Alte Strombetten, welche in vielen Gegenden gefunden werden, wo „Drift-Agentien" wirksam waren, sind oft bis zu grosser Tiefe mit Flussablagerungen gefüllt. Die besagten Erscheinungen sind aber in Californien höchst eigenthümlich in Displacirungen, Höher- oder Tiefer-Legungen. Die allgemeine Beschreibung betrachtet nacheinander das Bett, die Füllung, die Abdachung. In erweiterter Darstellung wird eingegangen auf die Art der Ausfüllung alter Flussbette, die Ursachen der Displacirung von Flüssen, den Grund, weshalb die modernen Ströme in tiefere Flächen eingeschnitten haben, das Alter des Flusssandes und der Lavafluth. Daran reiht sich die Consequenz der Ereignisse. Mit Beginn der Kreideperiode bildete sich ein Drainagesystem, unverändert bleibend wohl durch die ganze Tertiärzeit. Dann kam die Eiszeit am Ende des Pleocens. Darauf schmolz die Grundhitze durch überfluthende Lava den Eismantel, vielleicht Jahrhunderte hindurch die Flusskanäle füllend. Aschen-Eruptionen verstopften das Drainagesystem. Gleichzeitig geschah eine namhafte Erhebung der Sierra. Nach der Obliteration der alten Kanäle begannen Gletscher und Gewässer neue zu graben. Mittlerweile durchsickerte das meteorische Niederschlagwasser die zersetzten Lavahüllen, belud sich mit Carbonaten von Natron und Kalk, löste dafür Silicate, cementirte den Sand, versteinerte das Driftholz und brachte andere geognostische Veränderungen hervor. *Hh.*

The „Encyclopaedia Britannica“ — the Nile. Nature 1880. XXI, 155. (Albert J. Mott.)

Ueber das Volumen des Niles erbte sich lange ein Irrthum fort, der dadurch entstand, dass in England die decimalen durch einen Punkt, die triadischen Zahlenperioden aber durch ein Komma abgeschnitten werden. Das ins Mittelmeer bei voller Fluth binnen 24 h ergossene Wasser beträgt nach Kubikmetern 705514667½ (rund), denn in der Zahl 705514667,440 bilden die nach französischer Sitte mittels des Komma abgetrennten Ziffern einen Decimalbruch. *Bh.*

Litteratur.

Wm. Curran (Warrington). Perforated Stones in River Beds. Nature 1880. XXI, 348.

Veränderungen in der Mündung des Tabasco (Grijalba) Flusses, Küste von Mexico. Aviso à los Navegantes No. 63. Madrid 1879; Ann. d. Hydr. u. mar. Met. 1880. VIII, 120.

Der Führer des spanischen Schiffes Juanita, Kapitän Pedro Boldó y Ruiz, berichtet an den Präsidenten des Centro Naval Español in Barcelona, dass jetzt das nutzbare Fahrwasser westlich liege zwischen der Insel Buey und einer fünf Kabellängen davon entfernten Bank mit 1,8 m Tiefe bei Niedrigwasser. Die kleinere Insel Buey ist verschwunden und durch eine 0,6 m tiefe Bank ersetzt.

G. H. Kinahan. On the Arklow Beach and Rivers. Proc. Dubl. Soc. (2) IV. Jan. 1880, 250-255†.

Ueber die Veränderungen der Küste und des Flusses Arklow namentlich in Beziehung zur Hafenanlage seit 1821.

E. v. Dunikowsky. Das Gebiet des Strypaflusses in Galizien. Jahrb. d. k. k. geol. Reichsanst. 1880. XXX, 43-69†.

Strypa, galizischer Nebenfluss des Dniestr, mit vortrefflichem Erosionsthal giebt gute geologische Aufschlüsse. — Geologisch.

Metzger Jets over hydrographie in Indië. Tijdschr. Aardrijksk Genootsch. IV. No. 3. p. 191-197.

M. Desor. Les Deltas torrentiels. C. R. XC, 324.

Die Entdeckung der Nigerquellen. Peterm. geogr. Mitth.

1880. XXVI, 72; geographischer Monatsbericht p. 120, 255-260. P. F. Bainier. Mit Karte.

Zweifel und Moustier. Verminck'sche Expedition zur Erforschung der Nilquellen. Peterm. Mitth. 1880, 469.

E. Behm. Ueber die Entdeckung der Nigerquellen. Verh. d. Ges. f. Erdk. VII, 149-151.

Zweifel und Moustier. Entdeckung der Nigerquellen. Peterm. Mitth. 1880, 72. 119-120.

T. Lonatschevsky-Petruniaka. Analyse des Dnieperwassers zu Kiew. Z. rusk. chim. obs. XII. 307. Sept. 1880 u. Chem. C. Bl.

Giermanski. Ueber die Menge der festen Substanzen des Weichselwassers bei Czernichow (Galizien) bei höchstem Stande 1878|79. Landw. Vers. Stat. XXV, 285 bis 289. Juli.

Guppy. The Yang-tse, the yellow river and the Pei-ho. Nature XXII, 486-488. XXIII, 99 (L).

A. Woeikof. Remarks. Nature XXIII, 9 (L).

Guppy. Remarks. Ib. 35 (L).

Annual Report upon the surveys of northern and northwestern lakes and the Mississippi river, in changes of S. M. Comstock. Washington 1879. Governm. printing.

Schrader. L'embâcle de la Loire. Club Alp. Franc. Annuaire VI. 1879.

W. Weith. Composition chimique des eaux en Suisse par rapport à leur faune. Arch. sc. phys. (2) IV, 526.

G. Lemoine. Prévisions relatives à la tenue des eaux courantes dans le bassin de la Seine pendant l'été et l'automne de la presente année. C. R. XC, 1496-1499.

Ch. Hauvel. Études des cours d'eau. 1880. br. in 8°. Clermont.

C. G. Forshey. Alluvial basin of Mississippi river. Bull. Philos. Soc. Wash. I. 1874. Appendix II.

E. Graf. Waldverwüstung und Murbrüche. N. dtsch. Alpen-Ztg. VIII. No. 16 u. 17.

Sainjon. La Loire, le Loiret et les courants souterrains du val d'Orléans. Mondes (2) XLII, 416; C. R. XCI, 242.

Collot. Sur le delta pliocène du Rhône à Saint-Gilles (Gard). C. R. XC, 548-549.

T. M. Reade. The Yang-tse, the Yellow river and the Peiho. Nature XXII, 559 (L).

L. Lalanne et G. Lemoine. Sur le désaccord apparent entre les hauteurs observées récemment sur la Seine et les prévisions du service hygrométrique dans la traversée de Paris. C. R. XC, 65-69.

Morin. Remarques. C. R. XC, 69-70; Mondes (2) LI, 188-189.

Les crues de la Seine. C. R. XC, 125.

The Thames. Engineering XXX, 351.

C. de Fondouce. Action érosive du sable en mouvement sur des cailloux de la vallée du Rhône. T. n. C. R. XC, 760; Mém. d. Montpellier 1880.

Gaudin. Sur les causes qui ont déterminé la crue anormale de la Seine dans les premiers jours de janvier. C. R. XC, 199-200.

Hagen. Ueber Veränderung der Wasserstände in den preussischen Strömen. Abh. d. Berl. Ak. 1879/80. 1,50 M.

J. Horvath. Messungen der Wassergeschwindigkeiten im Jahre 1876. Ung. Litt. Ber. III. H. 1. p. 180-182.

P. W. P. Lehmann. Die Wildbäche der Alpen. Breslau b. Manischka. 1,50 M. Mitth. d. d. ö. A. V. 1880, 70; Beitrag z. physischen Geogr. Breslau 1879. 1,50 M. Litt. C. Bl. 1880, p. 306.

Desor. Les deltas torrentiels. C. R. XC, 324-326; Mondes (2) LI, 456; Bull. d. Neuchatel XII. H. 1.

v. Wex. Zweite Abhandlung über die Wasserabnahme in den Quellen, Flüssen und Strömen. 1879. 4°. T. n. Berl. Monatsber. 1880. Febr. Wien 1879. Sep.

Nachrichten vom oberen Nil. (JUNKER, BEY etc.) PETERM. Mitth. 1880, 261-263.

H. FRITZ. Die Nilwasserstände bei den Barrages. Z. S. f. Met. XV, 302-305.

BARRANDE. L'Amou et l'Oozbai. Mem. par le Gand Duc Nicolas Constantinowitch; Bull. d. geogr. Nov. 1879. Paris.

CH. HELLMANN. Erforschung der Durchbrüche des Amu Darja. PETERM. Mitth. 1880, 69.

E. D. MORGAN. The old Channels of the lower Oxus. J. R. geographical Soc. XLVIII, 301.

A. WOEIKOF. Lettres sur la question de l'Oxus. Bull. soc. géogr. Paris. 1879. Sept. 262-272.

W. LOCHTIN. Der Fluss Amu und seine ehemalige Verbindung mit dem kaspischen Meere. (Russisch.) 1-92. Petersburg 1879.

CH. HELLMANN. Erforschung der Durchbrüche des Amu Darja, die sich während des Austretens 1878 im Sommer gebildet haben. Russ. geogr. Ges. X. No. 3.

N. A. MAJEW. Der obere Lauf des Amu Darja nach der Beschreibung IBN-DASTS. Istwestija XV. H. 1-3. 1879.

v. GUTTENBERG. Der Kerkafluss in Dalmatien. Z. S. d. d. ö. A. V. 1880, 94.

E. KRAMBERGER. Die Karstflüsse in der Umgebung von Opulin. Globus XXXVII. No. 15. p. 235-238.

E. BEHM. Der grosse tibetanische Fluss in seinem Laufe zum Brahmaputra. PETERM. Mitth. 1880, 14-18.

D. COLLADON. Sur les moyens pour déterminer la rupture des couches de glaces formées à la surface de l'eau. C. R. XC, 217-218.

— — Current of air round the Pissevache. Nature XXI, 316; Genf. Nachr.

BOVE. Da le bocche del „Lena“ alla Baia di Koliucin. Boll. d. l. soc. geogr. ital. (2) IV. H. 12. 1879.

Der Kerkafluss in Dalmatien. Ausland 1880, 405-408.

Overmans. Die Theissüberschwemmungen. 8°. 1-56. Budapest b. Grill 1879.

Riedel. Die Theissregulirung. Z. S. d. öster. Ges. f. Meteor. XV. Febr.-Heft 1880.

A. F. Heksch. Die Donau von ihrem Ursprunge bis an die Mündung. 25 Lief. Wien, Hartleben 1879. à 30 Kr.

Das eiserne Thor. Ausland 1880, 265-268.

Makowski. Die Donau einst und jetzt. Tourist 1880. No 2-8.

P. Ortvay. Faktoren der Gruppirung und Formation der Donauinseln. Ung. Litt. Ber. III. H. 2. 1879. p. 341.

G. Dal Sie. Determinazioni fisico-chimiche eseguite sull' acqua dell' Adige. Verona 1879. 8°.

J. Fletcher. Water of the river Vartry. Chem. News XL, 171; J. chem. Soc. 1880. Jan. Abstr. 21.

Weigelt. Ueber die Schädlichkeit der Fabrikabflüsse, insbesondere der Bleicherei, für Fische. Chem. Ztg. 1880, 39.

A. Kohn. Die Wolga und Kama. Geogr. Rundsch. II. No. 1. p. 13-17.

St. v. Vilovo. Die Felsengen des Kazan und die Donau- und Theissregulirung. 8°. Wien. Hartleben 1879. 2 Fl.

Goudireau. Die Charente. Bull. d. l. soc. geogr. d. Rochef. 1879. juillet nach Peterm. Mitth. 1880, 124.

Tidy. On river water. Chem. soc. 18./3. 1880; Chem. News XLI, 143-145; Nature XXI, 506; J. chem. soc. 1880. (May) XXXVII, 268-327; Ber. d. chem. Ges. 1880, 1484 (R); Chem. Ztg. 1880, 209.

R. Warington. Bemerkungen zu Dr. Tidy's Abhandlung über Flusswasser. Ber. d. chem. Ges. 1880, 1366; Chem. News XLI, 265-266.

Beschreibung des Sugury- und Mahtchflusses und des Fisherman-Sees bei Cape Mount, Westküste von Afrika. Ann. d. Hydrogr. VIII. 1880, 654-658.

Siccama. The delta of the Rhine and the Meuse in the Netherlands. Minutes of proceed. of Inst. of civil engineers LIX. 1880. London.

Ice in the Loire. Nature XXI, 286; C. R. XC, 125.

A. Gaudin. Procédé pour diviser les amas de glaçons. C. R. XC, 218.

E. J. Mills. River water (Remarks). Chem. News XLI, 260-261.

J. Mann. The removal of river bars by induced tidal scour. Engineering XXX, 343.

F. Stolba. Chemische Analyse des Wassers des Radbugaflusses. Sitzber. d. böhm. Ges. d. Wiss. 1880. Apr.; Chem. C. Bl. 1880, 633.

K. Jarz. Das Bär'sche Gesetz und der Einfluss der Erdrotation auf die Strömungen der Flüsse. Gaea XVI. No. 9.

Seen.

Forel. Tidal Phenomenon in Lake Constance. Nature 1880. XXI, 397. 443 (L)†.

Die von Capper beschriebenen Bewegungen von Eis und Wasser im Boden-See dürfen nicht als Mond-Sonnen-Fluth gedeutet werden, deren Einfluss auf so kleinem Gebiete unmerklich ist. Die „seiches" *) sind eine wiegende Bewegung der Gesammtwassermasse wie in einer Wanne. Allerdings dauert eine solche im Bodensee nach einer Beobachtung am 14. Sept. 1874 nur eine Stunde, während C. einen halben Tag angiebt. *Hh.*

A. Achard. Notice sur la question de l'abaissement des hautes eaux du lac de Constance. Arch. sc. phys. (3) IV, 592-633.

Der Röthelsee bei Gmunden. Ausl. 1880, 880†.

Bei diesem unterirdischen See wie bei vielen anderen stellte sich heraus, dass er früheren Annahmen entgegen nur 5 m tief ist. Thiere lebten nicht darin Die Temperatur war 7° R. *Sch.*

*) Am Genfer See bei Morges.

Dr. Rob. Weber. Rapport sur les observations limnimétriques des lacs de Neuchatel et Bienne pendant l'année 1880. Bull. de la soc. des sc. nat.de Neuchatel 1880. XII. Deuxieme Cahier p. 419†.

Der See war am Hafen von Neuchatel zwei Monate lang gefroren und lag die Eisfläche 47 cm tiefer, als der Wasserspiegel nach dem Aufthauen. Besondere Zahlen für die Seen von Neuchatel und Bienne (Biel) folgen auf p. 420, graphisch erläutert durch eine Curventafel. *Hh.*

A Tidal Problem. Nature 1880. XXI, 186.

Die sogenannten Seiches, abwechselnder Hin- und Herfluss am Genfer See, wurden von Forel bei Morges studirt. Das Mass schwankt zwischen wenigen und 200 cm. Die Ursache liegt in Variationen des Luftdruckes und der Winde. Aus der Formel

$$t=2\times\frac{2l}{\sqrt{2gh}},$$

worin l die Länge 73 km, h die Tiefe des Sees bedeutet, folgt für den Genfer-See 13 Minuten als Gezeitendauer. Cf. frühere Ber. 1877 etc. Daran reiht sich eine Untersuchung über die Strömungen zwischen Euböa und Griechenland mit folgendem Ergebniss: Sicher besteht eine genaue Dauer und ein normaler Rhythmus in den Gezeiten des Euripus. Wie bei den Seiches im Genfer-See ist auch hier Hin- und Herfluss in der Amplitude von atmosphärischen Störungen beeinflusst. Zwischen der Stromrichtung und der Meeresfluth besteht ein umgekehrtes Verhältniss. *Hh.*

F. Borel. Sur un mouvement particulier des eaux du lac pendant la periode de gel. Bull. de la soc. des sc. nat. de Neuchatel 1880. XII. premier cahier p. 120-122†.

Am Nachmittag des 28. Januar gefror das Wasser längs des Quai Ostervald in der Dicke von 2—3 mm. Um $9^1/_2$ Uhr, bei klarer ruhiger Luft, brach heranfluthendes Wasser die dünne Eisdecke unter eigenthümlichem Geräusche. Der Wasserlauf geschah von SW. nach NE. in der Richtung Cudrefin—Neuchatel. Um 11 Uhr war Alles zu Ende. Vier oder fünf Tage wiederholte sich dasselbe Ereigniss in nämlicher Ordnung. Die Ursache lag wahrscheinlich in einem schwachen doch stetigen Winde. *Hh.*

Ritter. De l'action des vagues sur les sables des bords du lac. Bull. de la soc. des sc. nat. de Neuchatel 1880. XII. Premiér cahier p. 114-119†.

Der Sand kommt in überwiegender Masse aus den Alpen und nicht von dem Seegestade. Er ist nichts Anderes als Moränen-Gruss des alten Rhonegletscher. Das Seewasser hat niemals viel niedriger gestanden seit seiner Formation in den topographischen Grenzen, seit dem Verschwinden der Gletscher. Als flottirender Sand erheben sich kleine sandige Flächen an den Wasserspiegel und erhalten sich darauf durch gegenseitige Anziehung und Capillarität. Zu dieser Bildung wird ruhiges Wetter vorausgesetzt. *Hh.*

F. A. Forel. Températures lacustres. Recherches sur la température du lac Léman et d'autres lacs d'eau douce. d'Almeida J. X, 180-181; Arch. sc. phys. (3) III. 1880, 501-515. IV, 89-106†.

— — Temperaturen des Genfer Sees. Archives des sciences physiques et naturelles (3) III. 1880. Juin. p. 501; Naturf. 1880. XXXIII, 305-306.

Saussure's Untersuchungen hatten 1779 ergeben, dass in Nähe des Seebodens eine etwas höhere Temperatur als 4° C. herrscht. Dies konnte bloss herrühren von der Eigenwärme der Erde oder von solarer Beeinflussung theils durch Strahlung, theils durch Leitung. Die Herren Brunner und v. Fischer-Oster hatten 1848/49 die Wärmeverhältnisse des Thuner-Sees erforscht, indem achtmal im Jahre 12 Thermometer an einer Leine in die Tiefe versenkt wurden. Forel benutzte Negretti-Zambra's Thermometer, das 3 km von Ouchy 324 m tief vom 14. Mai bis 19. December siebenmal in Reihen von je 10 m Tiefe verwendet ward.

Dazu kamen oberflächliche Temperatur-Messungen. Diese ergaben auf den Centraltheilen des Sees eine winterliche Wärmeschwankung von 5,2—5,4° C. Die Isothermen sinken im Frühlingsanfang schnell und steigen im Sommer langsam, um im Herbste wieder zu sinken. Die sommerliche Wärme dringt rasch durch die obersten 50—100 m, träg in tiefere Schichten. Die senkrechte Ansteigung der Herbst-Isothermen ist bloss theoretisch gewonnen. Die tiefste Temperatur im Sommer 1879 war 5,2° C. Am 20. Januar 1880 hatte wahrscheinlich die ganze Wassermasse 5°. Die Temperatur der grossen Seetiefen erscheint nicht unveränderlich. Auch im Juli 1873 wurde 260 m tief 5,9° gefunden. — SIMONY fand im Gmundener See 190 m tief 3,95 bis 4,75°, im Atter See 170 m tief 3,7—4,6°. Diese Seen, unter 4° in der Tiefe abgekühlt, frieren zu im Winter. Im pelagischen Theil des vermuthlich nie unter 4° temperirten Genfer Sees geschieht dies nie. Die in letzterem aufgespeicherten Calorien und seine Wärme-Verluste oder -Gewinne in verschiedenen Jahreszeiten, endlich Temperaturvergleichungen desselben mit dem Thuner See bilden den weiteren Inhalt der Arbeit. *Bh.*

Ueber die Seiches ist schon früher ausführlich berichtet und genügt es, die weitere Litteratur darüber zusammenzustellen:

FOREL. Limnimetrie du lac Léman en 1878 et 1879. Bull. soc. Vaud. XVI. No. 83. p. 641-653.

SARASIN. On the Seiches. Nature XXI, 427.

FOREL. On the lake of Geneva. Nature XXI, 306.

— — Seiches discrotes. Ib. 316; Arch. des sc. phys. Nov. Dec. 1879. Jan. 1880. (3) III, 5-20; Genf. Ber. 1879. Juli.

J. L. SORET et FOREL (cf. oben). Les seiches discrotes. Cimento (3) VII, 163-164; Arch. sc. phys. Jan. 1880.

SARASIN. Sur les mouvements oscillatoires du lac Léman. Arch. sc. phys. (3) IV, 383; C. R. d. l. Soc. helvét. (Brigue. 26).

On the temperature of frozen lakes. By F. A. FOREL. Philos. Mag. 1880. (5) IX, 305-307†; C. R. XC, 322-324†; DINGL. J. CCXXXVI, 429; Mondes (2) LI, 456.

BUCHANAN's Untersuchungen der Thermometrie*) schottischer Seen haben vielfach die Vorstellungen berichtigt von der senkrechten Verbreitung der Kälte in den Gewässern. Im Loch Lomond fand er, dass die Temperatur von 0 an der Oberfläche stieg zu 2,4° in 20 m Tiefe, doch nicht weiter. FOREL's Forschungen geschahen am Schweizer See von MORAT mit der grössten Tiefe 45 m, und am Züricher See (141 m). Die Haupt-Ergebnisse sind: 1. Die alte Theorie der Temperaturverbreitung von 0 bis 4° C. ist ganz richtig. 2. Die Kälte kann bis zu einer Tiefe von 110 m herabdringen. 3. Diese Vorschreitung erfolgt progressiv und stufenmässig. Ob Leitung oder Strahlung hiebei vorwalten, blieb unentschieden. *Hh.*

CANTONI. Temperatur und Feuchtigkeit der Luft in der Nähe grosser Seen. Rendiconti del Reale Istituto Lombardo (2) XII. Dicembre 1879. p. 935; Naturf. 1880. XIV, 129-130.

Die unmittelbar über einen Seespiegel schwebende Luft ist weit weniger feucht, als auf den benachbarten Landflächen. Am merklichsten ist dies an dem hier, aber nicht dort entwickelten Thau an heiteren Herbstabenden. GIOVANNI CANTONI machte darüber am Comersee Beobachtungen. Die Temperatur desselben an der Oberfläche hält sich von August bis Oktober zwischen 19° und 23°, kurz zuvor auf $26\frac{1}{2}$, danach zu $17\frac{1}{2}$° gehend. Im Laufe eines heiteren Tages stieg die Wärme von 7 h Morgens bis 3 h Nachmittags um 2°, sank von 3 h bis 7 h Abends um 1°. Bei Bewegungen des Wassers vom Winde waren die Schwankungen noch kleiner. Die Lufttemperatur nahe dem Wasser oder dem Gestade ist früh um etliche Zehntel Grade niedriger, als im Wasser, steigt aber bei Sonnenschein um höchstens 3°, dann wieder sinkend. Höher überm Seespiegel und ferner dem Ufer

*) Nature 1879. XIX, 421.

sind zwar die Unterschiede beträchtlicher aber viel beschränkter als an entfernten Orten. Die Luftfeuchtigkeit wurde an und über dem See in einer Barke untersucht, und betrug zwischen 7 früh und Abend an heiteren Tagen durchschnittlich 70, an trüben 80 pCt., sank jedoch in wärmeren Stunden auf 50 pCt.; 12 m über dem Seespiegel sogar auf 40 pCt. — Ackerboden und seine Pflanzen erwärmen sich unter intensiver Sonnenstrahlung um 20° stärker, als die überliegende Luft, und kann die Hitze bis 49,1° steigen. Unter solchen Umständen verdunstet vom feuchten Boden weit mehr Wasserdampf, als von freier Wasserfläche. In der Nacht kühlt sich der ausstrahlende Boden schneller ab, was die relative Feuchtigkeit steigert. Die Luft über dem Boden braucht bloss von 45—50° auf 32—37° zu sinken, um mit dem Maximum der Feuchtigkeit gesättigt zu werden. Eine kleine weitere Erniedrigung scheidet Thau aus. Im September genügen hiezu Wärmeschwankungen von 30—35° zu 18—23°. Die directe Seeluft dagegen müsste zu gleichem Zweck von 23—25° auf 13—14° im August, und im September von 19—21° zu 9—11° sich abkühlen, was sogut wie niemals geschieht. *Hh.*

Dr. Guillaume. Sur les bandes lisses de la surface du lac de Neuchatel. Bull. de la soc. des sc. nat. de Neuchatel 1880. XII. Premiér Cahier p. 87-92†.

Die Erscheinung ist bekannter unter dem Namen: „fontaines". Beim Wehen des Ostwindes bemerkt man zwei glatte Streifen, welche sich hinstrecken vor der Bai von St. Blaise, an der Stadt Neuchatel vorbeiziehen und sich gegen Auvernier verlieren. Weniger ausgeprägt, nur als gekreuzte und parallele Linien, welche die Wasserfarbe etwas klären, erblickt man die Phänomene auch an anderen Stellen der Seeoberfläche. Bei Westwind sind beide Bänder einander sehr angenähert, selbst confundirt. Die zwei Hauptfontänen entspringen vielleicht aus ähnlichen Ursachen, wie die Wasserlücken, beobachtet während des Frostes vom See. Vor der Bai von St. Blaise bestand die Wasseröffnung fast während der ganzen Frost-Dauer oder war wenigstens bloss zeitweise von sehr dünnem Eise bedeckt. Neben der Ursache der „bands lisses ou fontaines“ sollte erforscht werden, warum dieselben bei jeglichem Winde immer die Gegend der offenen Wasserstrassen bei Frost einnehmen. Von den „fontaines“ glaubt FOREL, dass es fettige Stoffe seien, welche die Flecken bilden und die Form der Wogen modificiren. Betreffs der constanten Stellen könnte man vermuthen, dass Strömungen vorhanden seien. HENRI LADAME fand, dass das Wasser der glatten Streifen eine von der Umgebung abweichende Temperatur habe, und zwar eine kühlere, vielleicht wegen plötzlicher bedeutender Vertiefung des Sees. Auch möchten Vorsprünge des Ufers Einflüsse auf das Wasser üben, welche zu aussergewöhnlichen Lichtreflexen führen, wie ein Dampfer leuchtende Furchen hinter sich lässt. — HIRSCH meint, dass die „fontaines“ in der Stelle veränderlich seien; auch bestreitet er aus hydrographischen Gründen eine grosse reguläre Strömung und lässt lieber kleinere locale vorübergehende zu. — MACHON weist auf die empfindlichen Temperaturunterschiede hin, welche in den Bädern von Orêt herrschen. — RITTER erzählt, dass er am Morgen des Sitzungstages zwischen 10 und 12 Uhr die fragliche Fontaine gesehen habe, welche trotz starker Winde und anprallender Wogen ihre Lage behauptet habe. Jedenfalls bestehen für die, vielleicht wechselnde, Erscheinung mehrere Ursachen. *Hh.*

The outlet of Lake Bonneville; by G. K. GILBERT.

SILLIM. Journ. of Sc. 1880. XIX, 341-349†.

Der See Bonneville, dessen Abfluss oder Auslauf betrachtet wird, liegt in Utah. Es war längst vermuthet, dass derselbe durch Ablaufen in seinem Gewässer erneuert werde, aber der Punkt des Abganges war unbekannt. Im April 1878 behauptete der Autor, er erfolge am Red-Rock-Pass: Idaho, beim nördlichen Ende von Cache Valley. Dies wurde bestritten von Dr. A. C. PEALE, weil der Red-Rock-Pass beträchtlich unter dem Bonnevillesee liege, ferner die alte Uferlinie in Marsh Valley gerade so nördlich läuft, wie in Cache Valley südlich; endlich liege der wirkliche Abflusspunkt über 45 Miles nördlich vom Red-Rock-Pass. Die nun zur Entgegnung angeschlossene Untersuchung ist äusserst gründlich, auch für die locale Topographie höchst interessant, aber doch zu weitläufig, als dass hier sie genauer verfolgt werden könnte. *Hh.*

Litteratur.

Dr. L. Liebrecht in Elberfeld. Die Schweizer Seen. 33. Schulschrift d. städt. höheren Töchterschule u. Lehrerinnenbildungsanst. Peterm. geogr. Mitth. 1880. XXVI, 193.

Die Hochseen der Schweiz erhalten Lage und Form des Spiegels, Austiefung und Auffüllung von der Arbeit des rinnenden Wassers. Zur Entstehung sogenannter Randseen wirkt die Wagebewegung des Gebirges mit, in deren Folge nördlich Behälter ruhigen Wassers aufgestaut, südlich Küstenfjorde ins Meer gesenkt wurden. Durch Abnagung und Fortschiebung mittels des rinnenden Wassers, dessen Kraft nur sehr langsam durch Widerstände gebrochen wird, vertrocknen allmählich die Seebecken, womit in unberechenbarer Zeit den Alpen ihre Anmuth entfällt.

G. Marinelli. Hypsometrische Arbeiten im östlichen Venetien. Cora's „Cosmos" 1878/79. V, 418; Peterm. geogr. Mitth. 1880. XXVI, 195.

97 Höhenmessungen werden gegeben aus den Flussgebieten des Tagliamento, Corno Stella, Livenza, Piave.

J. Stewart. Vom Nordwestende des Nyassa zum Südende des Tanganjika. Peterm. geogr. Mitth. 1880. XXVI, 197.

Im Tanganjika wird der Wasserstand nicht andauernd erhöht. Die kürzeste Entfernung dieses und des Nyassa-Sees ist 210 miles.

Emin Bey. Reisen zwischen dem Viktoria und Albert Nyanza 1878. Peterm. Mitth. 1880, 21-28.

Höhe des Tanganjika. Peterm. Mitth. 1880, 197.

Hore. Rise of the waters of Lake Tanganyika. Nature XXIII, 234.

Prschewalski's Bemerkungen über den Lob Nor. Ausland 1880. VII, 135-137. Vortrag des China-Reisenden Baron Richthofen in der Berl. geogr. Ges.

v. Klöden. Das todte Meer. Aus allen Weltth. XI. No. 1.

Der Aralsee. Natur 1880. No. 8.

A. Woeikoff. On Tillo's determination of the elevations of the Caspian and Aral Seas. Bull. philos. Soc. Wash. II, 34.

F. A. Forel. Les échantillons de limon dragués en 1879 dans les lacs d'Arménie. Bull. de Pétersb. XXVI, 571-576.

G. v. Helmersen. Beitrag zur Kenntniss der geologischen und physiko-geographischen Verhältnisse der aralo-kaspischen Niederung. Bull. d. Peters. 1879. No. 5. p. 513.

W. R. Nichols. Observations on the temperature and chemical character of the water of Mystic Lake. Mass. at different depths. Amer. Ass. f. sc. Boston 1880. Sep.

Congélation curieux d'un lac. Mondes (2) LI, 745-746.

Lortet. Dragages profonds exécutés dans le Lac de Tibérias (Syrie Mai 1880). C. R.; Athen. 1880 (2) 503.

Egli. Areal der beiden grossen Jordan-Seen. Z. S. f. wiss. Geogr. I. 1880, 183.

J. Y. Buchanan. Note on the distribution of temperature under the ice in Linlith-gow Loch. Edinb. Proc. 1878/79. X, 56-61.

— — Further nota. Ib. 68.

Rougemont, Weber, Pictet. Laws of the freezing of great surfaces of water (Neuchatel lac). Nature XXI, 424.

G. Asper. Recherches sur la faune profonde des lacs de la Suisse. Arch. sc. phys. (3) IV, 181.

— — Fauna der Alpenseen. Naturf 1881, 8; Arch. sc. phys. (3) IV. 1880, 406.

F. Pfaff. Notizen über Tiefe und Temperatur des Achensees. Mitth. d. d. ö. A. V. 1880. No. 6. p. 205-206.

Heim. Die Seen in Ober-Engadin. Jahrb. d. Schweiz. A. C. 1879/80. XV.

3. Quellen, Grundwasser.

Eugen Buri. Analyse des Mineralwassers von Niederbronn im Unterelsass. Erdm. Kolbe J. (2) XXII, 388†.

Im Schlamm wurde Arsen nachgewiesen. Das Wasser enthält in 10000 Theilen 47,509 Theile fester Bestandtheile, 0,794 für Kohlensäure und 0,328 Stickstoff. Die frei aufsteigenden Gase waren vorwiegend Stickstoff (94,65 V.) und Kohlensäure.

Sch.

Ueber Geysirs und nebenan entstehende verkieselte Bäume von Dr. Otto Kuntze. Ausland 1880. XIX, 361 ff.†

Die Studien wurden vornehmlich gemacht im National-Park der Vereinigten Staaten und zu Atami auf der japanesischen Halbinsel Simoda. Der Riesen-Geysir des Fireholeflusses hat einen Bassintrichter von 23½′ Länge, 32½′ Breite, 63′ Tiefe; fünf Strahlen von 6—15″ Stärke sprangen 150′ hoch. Die Steighöhen sind nicht immer gleich, weil wegen mehrfacher unterirdischer Kanaltheilung der Geysir abweichend von anderen keine gleichmässigen Pausen besitzt. Wasser- und Dampfstrahlen wechseln stetig ab, welch letztere schwer zu erkennen sind, weil sie das auf sie zurückfallende Wasser wieder emporheben. Verschiedene Irrthümer anderer Darstellungen werden verbessert. Die Geysirs springen nicht gleichzeitig, sondern sind in der Eruptionszeit von einander unabhängig. Im Lower-Bassin giebt es nicht 22 Geysirs, sondern bloss 3—6; allerdings aber sehr viele, vielleicht 1000, heisse Quellen. Die Geysirs springen nicht 400—900′, sondern durchschnittlich 60—80′ hoch. Es giebt nicht 9 erloschene und 560 thätige Geysirs am Fireholefluss; vielmehr sind bis dahin nur 23 aktive dort, die anderen als erloschen, höchstens dampfend und pulsirend bekannt. Das Wasser läuft ziemlich ausgebreitet oder in seichten veränderlichen Rinnen ab, oft auch wieder in die Bassins zurück, so dass das Flusswasser kaum erwärmt wird. Die Temperatur desselben war 11° R.; eine Tagereise stromaufwärts 10° R. In der Umgebung der Geysirs ist nicht Kalk-, sondern bloss Kieselsinter zu finden.

Höchstens erscheint jener dem Kieselsäurehydrat zu 2 pCt. beigemengt; die Geyserite sind Varietäten des gemeinen Opales, glanzlos wegen Kälte-Einwirkung. Verkieselte Hölzer werden in tropischen Gegenden durchscheinend. Schwefel-Incrustationen wollen Doane und Hayden zahlreich gesehen haben, während K. keine fand, ausser einmal im Bauche eines hohlen, äusserlich verkieselten Baumes neben einem Geysir. Former-Fan-Geysir wirft 20 Minuten lang einen 60′ hohen andauernd starken Strahl, während aus dem Hauptschlund zuweilen eine 8′ hohe Säule emporsteigt. 10 Minuten später schleudert der Latter-Fan-Geysir einen 40′ hohen Strahl 30 Minuten lang, mit der Richtung jenes gekreuzt, doch nicht gleichzeitig auftretend. Vielmehr wechseln beide ab. Die Wiederholungen der Geysir-Phänomene geschehen mit seltenen Ausnahmen regelmässig. Verstopft werden die Kieselkrater durch Sinterung höchst langsam. Auf p. 364 wird eine Uebersicht der wesentlichen Eigenschaften und Erscheinungen an 30 aktiven Geysirs des amerikanischen National-Parkes gegeben. Daran reiht sich eine in ebensoviele Nummern getheilte Erläuterung, woraus nur wenige Auszüge möglich sowohl als räthlich erscheinen. Der Schlamm-Geysir entspringt vermuthlich aus besonders leicht zersetzbarem Gestein und ist deshalb in den Eruptionserscheinungen ungewöhnlich rasch veränderlich. Der Steady ist wohl nur ein schräg mündendes Dampfventil. Die durch Dampf fortwährend pulsirenden Quellen bauen um sich grosse Kraterhügel; dagegen besitzt der „grosse Geysir" im Upper-Gebiet weder Krater noch Bassin. Der „Riesen-Geysir" wirft selten, doch kaum „drei Stunden lang 200′ hoch" (Doane). Der Grotto-Geysir besteht aus zwei zugleich werfenden Kratern nebeneinander. Das Wasser des Soda-Geysir schmeckt keineswegs alkalisch. Der Geysir des kochenden Sees liegt auf einem Hügel aus Kieselsinter, wahrscheinlich vom Geysir selbst gebildet. Der Turban-Geysir hat einen melonenförmigen Krater. Am Union-Geysir liegen 3 Oeffnungen in einem älteren Sinterkrater; er wirft in irregulären Pausen. — Die Temperatur des Eruptionswassers steht zwischen 85 und 92,7° C. (Diejenige der Geysir Islands: 124° C.) Der Atami-Geysir in Japan dampft noch in dem 300.

bis 400 Schritt weit geleiteten Wasser. Er wirft, soweit erinnerlich, stets 6mal täglich 1½ Stunden lang, mit Pausen von 2½ Stunden. Nahe dem Meere ist sein Wasser, das arzneilich verwendet wird, doch nicht salzig. Auf p. 392/393 ist ein ausführlicher Tagesbericht seiner Erscheinungen niedergelegt. 2½ bis 3 Volumina Dampf im Verhältniss zu 4 Volumina Wasser entweichen, jedoch in verschiedener Vertheilung der Eruptionszeiten. Jeder Geysir scheint unabhängig von andren seine regelmässigen Eruptionen durchzumachen. Engheit, Länge, Richtung und Verzweigung der oberen Kanäle mag hiefür vornehmlich maassgebend sein. Constante Wasserzuflüsse müssen vorhanden sein. Tritt das Wasser überhitzt aus, so muss ein Höhlenkessel bestehen, dessen aufsteigender Kanal mit seiner tiefgelegenen Mündung periodisch unter und über dem Wasserniveau liegt, so dass im ersteren Fall dieses durch den absteigenden Kanal überhitzt wird, bis die Dämpfe in der Höhle es herausschleudern. Spring-Quellen können auch durch comprimirte Kohlensäure gehoben werden, wie Bad Rank Herlein bei Ungarisch-Kaschau, wo 404 m tief und 0,143 m weit ein 60 m hoher Wasserstrahl heraufsteigt, eine halbe Stunde lang nach 11½ stündiger Pause. Das Eruptionswasser ist milchig. In einer zweiten Abhandlung*) bespricht Dr. Otto Kuntze „die Verkieselung der Bäume." Im U. St. Nationalpark haben nahe am Boiling-Lake-Geysir die Bäume Blätter, Rinde und Aeste verloren; sie waren weiss und weich geworden, einige ganz umgefallen. Diese erscheinen theils innen verrottet, theils mit Kieselsäurehydrat imprägnirt und von Aussen nach Einwärts allmählich erhärtet. An Etlichen war die verweste Holzfaser völlig durch Kieseleinlagerung gleicher Structur ersetzt — Um Rothenburg an der Fulda liegen im Boden viele tausendjährige Eichen bis über 2 m Durchmesser, 500—600 cbf Stamm-Inhalt, 150—200 Centner Gewicht quer nach allen Richtungen, an Wurzeln und Aesten beschädigt, als Opfer der Ueberfluthung gefallen. — Doane**) fand in Sümpfen der Geysirregion abge-

*) Ausland 1880, 669-672 u. 684-689.

**) Globus 1875, 337.

storbene Bäume bis 3' hoch von Rinde entblösst, schneeweiss, fast versteinert. Seine Annahme, dass heisses Wasser der oberen Geysir zu ihnen abgeflossen sei, erscheint nach der Eingangs erwähnten Thatsache unnöthig. HEYDEN*) vergleicht das frisch verkieselte weiche Holz dem Papierbrei. Er nimmt an, dass von kieselhaltigem heissen Quellwasser imprägnirte Bäume erst erhärteten, als die Bassins, in denen sie lagen, austrockneten. HOLMES**) erzählt, dass in East Fork des Lower-Bassin innerhalb 4000' Höhendifferenz verkieselte Stämme aufrecht stehen, 20—30' hoch, an Stärke den kalifornischen Riesenbäumen gleich. Diese Baumart, Sequoia gigantea, 20—37' im Durchmesser, war zur Tertiärzeit wohl bis Europa und auch in den Roky-Mountains verbreitet, hat aber jetzt 1 bis höchstens 4' dicken Coniferen Platz gemacht. PEALE***) sah im Lower-Bassin Holz in den verschiedensten Stadien der Verkieselung. Folgendes scheint der wahre Verlauf zu sein: Kieselhaltiges heisses Wasser gelangt zu einem Walde, indem es aus höheren Geysirbassins abfliesst, während andererseits Bäume wachsen, zu denen später das Wasser gelangt, nachdem an der früheren Abflussstelle Kieselsinterung einen Wall bildete. Die zunächst aufrecht stehenbleibenden Stämme verlieren Blätter, Aeste, Rinde. Die Capillarität hebt das Kieselwasser durch die Holzzellen, welche sie imprägnirt, während der Ueberschuss äusserlich verdunstet. Hier scheidet sich deshalb zuerst Kieselgallerte aus und erhärtet auch am frühesten. Erst innen morsch gewordene Bäume fallen um und vielleicht ins Wasser; nie erfolgt in diesem die Verkieselung, sondern über dem Erdboden in natürlicher Lage. Structurlos versteinerte Bäume allerdings entstehen anders; nämlich unter Wasser, in Schlamm eingebettet, verwesend und verkohlend, später durch Sedimente ausgefüllt. Solche Füllmassenbäume sind meist seitlich zusammengedrückt. Steinkohlenbäume, in früheren salzarmen Meeren lebend, konnten längere Zeit aufrecht schwimmen, versanken auch so in den Schlamm, finden sich aber hier

*) Amrc. J. of science 1872, 172; 5 annual report 112.

**) Nature 1879, 257.

***) 6 report 146.

in ungleichem Niveau, also nicht in natürlicher Lage entstanden. Farnpflanzen erscheinen als carbonische Füllmassenbäume oder verkieselt; im letzteren Fall mit anscheinender Rindenschicht, weil nur die hier fehlende korkhaltige Rinde abfällt. Diese nämlich ist für Wasser undurchdringlich, also nicht verkieselungsfähig. Verkieselte Farnstämme stehen nie in Zusammenhang mit Laub und Früchten. Dyadische Cycadeen finden sich weniger oft verkieselt. Am häufigsten sind von ältesten verkieselten Bäumen die Araucariten, stets rinden- und blattlos, nie zusammengedrückt, manchmal in situ. 1752*) wurde ein massiver structurhaltig verkieselter Stamm gefunden, unten 5 m, oben 4,7 m dick, 5 m hoch, in Vollständigkeit vielleicht 300 Centner schwer. Versteinerte Aeste lagen daneben; erst nach der Verkieselung abgesprungen, weil quer, was Holz nie thut. Eilf verschiedene Erdlagen, vom Rothliegenden bis zur jüngsten Dammerde umgaben ihn. Hier konnte er nicht entstanden sein, sondern die Verkieselung fand bei aufrechter Stellung über Land statt. Die meisten Kieselbäume um Chemnitz sind mindestens theilweise in Thon eingebettet, der das Wasser nicht durchlassend, keine Verkieselung ermöglichte. Unger**) fand 61', Schimper 20 m lange verkieselte Bäume; Letzterer, die verkieselte Structur bis ins Feinste gut erhalten sehend, meint, die Verkieselung sei sehr rasch vor sich gegangen. Die Imprägnirung des Holzes mit Kieselsäure verlangsamt aber ausserordentlich die Vermoderung. Der versteinerte Wald bei Cairo hat grosse Ausdehnung und ungleichmässige Ausbreitung. Die Wurzeln dürften noch in natürlicher Lage sich befinden. Die Stämme liegen in vom Winde beweglichen Sande, meistens umgeworfen. Die Poren an den rindenlosen Flächen erklären sich daraus, dass die in der Luft verkieselten Bäume mit noch weicher Aussenseite umfielen, denn bei unterirdischer Verkieselung müsste der Steingruss mit dem Holze durch Kieselsinter cementirt sein. Auf kräuterbewachsenem Boden setzt sich die Kieselgallerte als colloide Substanz an der

*) Sterzel, Chemnitzer naturw. Ges. 1875. V.

**) Sitzgsber. d. math. Cl. d. Acad. d. W. Wien, 1858.

Aussenseite der Blätter ab. Bevor sie erhärtet, verwesen die eingeschlossenen krautigen Theile; die zusammensinkenden Hohlräume werden mit Kieselsinter cementirt. Austrocknung und Abkühlung der Gewässer sind die Vorbedingungen der Kieselsinterbildung, demnach eine submerse Entstehung unmöglich. 1770 Jahre alte Pfähle der Trajanbrücke bei Belgrad sind $1/2''$ tief versteinert; man weiss nicht genau durch Kieselsäure oder mittels Zeolithen. Im Verhältniss hätte ein Chemnitzer Riesenstamm 226560 Jahre zur directen Versteinerung im Wasser gebraucht. Die Abscheidung der Kieselsäure in den Zellen geschieht, indem nach Imprägnirung der Zellwände eine concentrisch-schalige Lagerung um einen Kern erfolgt. Pyritisation von Stämmen hält die Verwesung lange auf. Die Holzstructur bleibt meist schlecht erhalten, und später kommt dazu Umwandlung in Eisencarbonat. Lepidodendren und Sigillarien, Hauptbäume der Kohlenperiode, werden nie verkieselt gefunden, weil sie lebend schwimmende Pflanzen waren, horizontal verzweigt, wurzellos und mit submersen Blattformen. *Hh.*

The Kane Geyser. Nature 1880. XXI, 115†. (ASHBURNER.)

Er liegt im Thale von Wilsons Run nahe bei Philadelphia und der Erie-Eisenbahnlinie. 364′ kommt auf „fresh water veins“, 1415′ auf „gas-vein“. Beim Einfluss des Wassers begann der Conflikt desselben mit dem Gase, und die wechselnde Pressung förderte zeitweise Strahlen von grosser Höhe: 108—138′. Mit Pausen von 13 Minuten erfolgt das Steigen $1\frac{1}{2}$ Minuten lang. Die Flamme der leicht entzündlichen Gase erlischt oft fast ganz, um plötzlich wieder mit majestätischem Glanze aufzuleuchten.

Hh.

H. O. LANG. Ueber die Bedingungen in Geysirs (der Mechanismus des Geysirs). Götting. Nachr. 1880. No. 6. p. 225-287; Naturf. 1880, 226-228.

Herr O. LANG hat versucht den Nachweis zu führen, dass die BUNSEN'sche Geysir-Theorie, die im Naturf. nach kurzer Beschreibung des grossen Geysir in ihren Hauptpunkten einleitend dargelegt ist, die Erscheinung nicht hinlänglich erklärt. Bei den nachgewiesenen Strömungen im Geysirrohr würde in der Mitte nicht gut Ueberhitzung eintreten können, auch sei dies um so weniger annehmbar, als bei constanter Wärmezufuhr von unten eine periodische Dampfbildung nicht gut denkbar sei. Auch muss der Geysir einen constanten Zufluss aus oberflächlichen mit kühlem Wasser gefüllten Kanälen haben, weil zur Zeit der Ruhe fortwährend Abfluss erfolgt, und ist es wohl richtiger anzunehmen, dass die Wärmezufuhr nicht direct von einem vulkanischen Heerde herrührt, sondern durch Wasser der Kanäle mit erwärmten Seitenwänden entstanden ist. Die Theorie, die nun Herr Lang aufstellt, geht darauf hinaus, dass die Hebung des Wassers durch Dampf, in besonderen Räumen durch besondere Wärmequellen entwickelt, bewirkt wird, indem dieser das Ende der Wassersäule erwärmt. Der Verfasser nimmt nur einen oberen kälteren Wasserzufluss, der durch eine andere Wärmequelle temperirt wird und als hydraulischer Verschluss dient, an. Die Periodicität erklärt sich dann daraus, dass sich das obere Rohr nach der Entleerung mit Wasser von ziemlich gleicher Temperatur von der Seite her füllt und nun wirkt auf dieses wieder der von unten her zutretende Dampf, indem er zugleich Wärme an die Seite abgiebt. Seine Spannkraft wird dann nach einiger Zeit so gross, dass er die Wassersäule herauswirft. Ein Apparat, der im wesentlichen aus einem langen Rohre mit seitlicher Zuflussröhre besteht, welches erstere unten spitzwinklig umgebogen, mit einem abwärts steigenden Knierohr versehen ist, erläutert die Verhältnisse. Wird letzteres direct oder durch Zufuhr von Dampf erhitzt, so erfolgt in demselben Dampfbildung, die schliesslich ein Herausschleudern des Wassers bewirkt. Uebrigens würde auch hier die Eruption schliesslich auf Ueberhitzung des Wassers in dem heberartigen Rohr hinauslaufen.

Das Vergehen der Geysire lässt sich hiernach leicht durch Entweichen der erwärmenden Dämpfe durch Spalten, erklären, das Entstehen durch von vulkanischen Einwirkungen herbeigeführte Spaltenbildungen mit hydraulischem Verschluss. *Sch.*

J. HANN. Eine neue Quellentheorie auf meteorologischer Basis. Z. S. f. Met. 1880, 482-486; Verh. d. k. k. geol. Reichsanst. 1880, 331-332†.

Herr VOLGER, unbefriedigt mit der gewöhnlichen Erklärung der Quellen durch einsinkendes wiederhervortretendes Meteorwasser, hat eine neue Theorie über die Entstehung der Quellen aufgestellt: „Kein Wasser des Erdbodens rührt her vom Regenwasser".

Gegen die ältere Theorie hat Herr V. einzuwenden dass die Sommerregen nur wenig tief eindringen und das Erdreich überhaupt ein tieferes Eindringen des Wassers nicht gestatten soll, die Verdunstung grösser sei als der Niederschlag u. dgl. m. Die VOLGER'sche Theorie erklärte die Bodenfeuchtigkeit in der Tiefe dadurch, dass die mit Feuchtigkeit beladene Luft in dem Erdboden circulirt und dort in den kälteren Schichten ihren Wasserdampf abgiebt. SONNTAG und JARZ haben Gaea XVI. H. 6. p. 320 ausgesprochen, dass ihre Versuche der VOLGER'schen Theorie günstig sein. Herr HANN führt aber einige physikalische Thatsachen an, die diese Erklärung der Quellen als unmöglich erscheinen lassen. Er hebt hervor, dass die Condensation nur vor sich gehen kann, wenn der Boden kühler als die Luft, also in ungefähr der Hälfte des Jahres und müsste der Boden aus der Luft wenigstens, wenn diese Quellentheorie richtig sein soll, so viel Wasser erhalten als durch den Regen. Berechnet man die dafür erforderliche Luftmenge, so müssten 2000 cbm Luft (für Wien) in 24 Stunden durch jeden Quadratmeter Bodenoberfläche ein- und auspassiren, an und für sich schon sehr unwahrscheinlich, und durch die Condensation des darin enthaltenen Wasserdampfes würde bald durch die latente Wärme der Boden so weit erwärmt werden, dass eine Condensation nicht mehr stattfinden könnte. Nun müsste aber danach auch die Luftschicht bis 1000 m Höhe hineindringen, eine Erscheinung, die nicht beobachtet ist. Die oberen Luftschichten enthalten nun viel weniger Feuchtigkeit und würde danach die Luftsäule noch höher sein müssen. In den Tagen wo die Temperaturdifferenzen noch geringer sind, sind die Verhältnisse der Theorie noch ungünstiger. Auch spricht gegen die Theorie, die offenbare Abhängigkeit der Quellen in ihrer Wassermenge vor den Niederschlägen, das Fehlen der Quellen in Gegenden mit grosser Feuchtigkeit aber wenig Niederschlägen, das Versiegen der Quellen im Herbst, wo die Condensation sehr lebhaft sein müsste; und so sind noch viele Einwände zu machen, die die VOLGER'sche Theorie als hinfällig erscheinen lassen. *Sch.*

A. BELOHOUBEK. Ueber den Einfluss der geologischen Verhältnisse auf die chemische Beschaffenheit des Quell- und Brunnenwassers. Prag 1880 bei Rziwnatz. P. B. 1880, 149; Verh. d. k. k. geol. Reichsanst. 1880, 227†.

Untersuchung von 125 Quellwassern, 17 aus der Gneisformation, 10 aus der huronischen Formation, 15 aus dem Silur, 13 aus der Steinkohlenformation, 12 aus der permischen Formation, 42 aus der Kreideformation, 5 aus der Tertiär-, 9 aus der Diluvium- und Alluvium-Formation, 2 aus basaltischen Gesteinen. Die Wasser der Gneis-, der huronischen und Quadersandsteinformation waren am reinsten, am unreinsten die aus der Steinkohlenformation und dem Silur. *Sch.*

M. POPPER. Schwankungen im Kohlensäuregehalt des Grundwassers. Naturf. 1880, 96†; Z. S. f. Biol. XV, 589.

Die Untersuchungen wurden an einem Prager Pumpbrunnen angestellt und werden die Resultate folgendermaassen zusammengefasst. 1. Der Kohlensäuregehalt des Wassers ist in verschiedenen Tiefen eines und desselben tiefen Brunnens verschieden und nimmt von unten nach oben ab. 2. Gepumptes Wasser differirt im Kohlensäuregehalt von dem geschöpften dann, wenn letzteres von der Oberfläche stammt. 3. Eine Beziehung zwischen der Kohlensäure des Wassers und dem Grundwasserstande ist nicht ersichtlich. 4. Der Kohlensäuregehalt des Wassers steigt, wenn das Barometer fällt und umgekehrt. Die drei letzten Punkte 5., 6. und 7. beziehen sich auf den Chlorgehalt, geben aber keine sicheren Anhaltspunkte für allgemeine Schlüsse.

Sch.

E. Reichardt. Chemische Untersuchung der Grosslüderer Mineralquelle bei Salzschlirf. Arch. f. Pharm. 1880. XIII, 208; Ber. d. chem. Ges. XIII, 825; J. chem. soc. 1881, Abstr. 29.

1000 Theile Wasser enthalten 21,9257 Theile feste Substanz, darunter 15,4122 NaCl und dann besonders kohlensauren Kalk und Magnesia; schwefelsaurer Kalk und Magnesia, auch Bromnatrium, Chlorlithium und lösliche Kieselsäure sind vorhanden. Bei 11,5° und 760 mm Bar. geben 1000 Theile Wasser 1627,59 ccm Kohlensäure. *Sch.*

A. Almén. Ueber die Eisenwasser von Carlsbad. Upsala Läkareförenings Förh.; Ber. d. chem. Ges. 1879. XII, 1724; J. chem. soc. 1880. Jan. Abstr. 20*.

Bei den beiden künstlichen Quellen waren in 10000 Theilen 0,593 resp. 0,660 $FeCO_3$ neben den sonst gewöhnlichen Stoffen auf 1,348 und 1,653 feste Bestandtheile. Eine Zusammenstellung zeigt, dass die Quellen zu den eisenreichsten gehören: so hat Pyrmont nur (auf 10000 Theilen) 0,559, Kissingen 0,318, Spaa jedoch 1,424; das berühmte schwedische Eisenwasser Ronneby führt Eisensulfat statt Carbonat in sehr grosser Menge. *Sch.*

Poleck. Die Analyse des Oberbrunnens in Flinsberg am Iserkamm in Schlesien. Ber. d. chem. Ges. XII, 1902; J. chem. soc. 1880. Apr. Abstr. 226.

Genaue Beschreibung der Quelle, Angabe der Untersuchungsmethode. Auch der ockrige Rückstand wurde analysirt. Geringer Gehalt an festen Bestandtheilen (Eisensäuerling). Sie enthält fast alle Bestandtheile der Mineralien, welche im Isergebirge gefunden wurden. (Titansäure, zuerst quantitativ bestimmt, im Absatz 3 pCt.), auch Nickel, Arsen, Antimon, Zinn sind nachgewiesen. *Sch.*

E. Planchud. On the formation of sulphuretted mineral waters. Chem. News XLI, 236-237; Philos. Soc. of Glasg. 19./4. 1880.

Der Verfasser meint, dass der Schwefelgehalt in den Mineralquellen auf die reducirende Kraft lebender Organismen auf in den Quellen enthaltene Sulfate zurückzuführen sei. Er fand an Steinen in der Nähe von Schwefelquellen lange hohle cylindrische Röhren, die oft für Schwefel gehalten werden, angefüllt mit Sporen, die ähnliche Fäden entwickelten. Die Fäden entwickelten in Gypslösung in lebendem Zustande Schwefelwasserstoff; andere organische Materie oder durch Kochen getödtete Fäden hatten diese Eigenschaft nicht. Cf. frühere Berichte.

Sch.

M. Delachanal. Analyse de l'eau de la source thermale de Bagnoles de l'Orne et des dépots formés dans les conduites. Ann. d. chim. (4) XXI, 275-279; J. chem. soc. 1881. Abstr. 81.

Das von Henry 1868 analysirte Wasser enthielt damals in 10000 Theilen 0,1309 feste Substanz; D. fand nur 0,0628, also ein ausserordentlich reines Wasser. In den Leitungsröhren findet sich ein ockriger Absatz, der Eisenoxyd, Kieselsäure, Bleioxyd etc. enthält. *Sch.*

Boussingault. Les sources thermales de la chaine du littoral du Venezuela. Mondes (2) LIII, 460-461; C. R. XCI, 836-841†.

Die Quellen entspringen aus Gneis oder Granit. Es werden besprochen die Verhältnisse der Quellen

Onoto 696 m Höhe 44,5° F. (Ursprung des Baches Aguas calientes),
Maiara 553 m Höhe 64,0° F. (bei Maracay),
Trincheras 300—350 m Höhe 96,9° F. (bei Nueva Valencia).

Letztere ist nächst der heissen Quelle von Urijano in Japan (100°) die heisseste der Erde.

Auch findet sich eine unvollständige Analyse der Quelle las Trincheras und historische Nachrichten über Neu-Valencia.

Sch.

L. Lévy. Aperçu sur la genèse des eaux minérales de la Savoie. C. R. XC, 628-630†; Mondes (2) LII, 215; J. chem. soc. July 1880, 453.

Die Mineral-Quellen von Savoyen werden in drei Gruppen getheilt:

1. Die Schwefelwässer. 2. Die Salzquellen (Chlorverbindungen oder die Sulfate enthaltend). 3. Die kohlensauren Wasser (Alkali-, Kalk- und Eisenhaltig).

Zu 1. gehören: Aix, Marlioz, Challes, Bromines, Caille, Menthon. (Aix, Temperatur 43,5°, Marlioz 11°, Challes 10,0°). Der Gehalt an Schwefelverbindungen ist nach den Analysen von Willm 1878 angegeben.

Zu 2. gehören: die von Brides, Salins, Échaillon, Bonneval, Saint-Gervais. Sie sind reich an Chlornatrium, Chlormagnesium und Natrium- und Calciumsulphat. Gehalt an festen Substanzen 5 g pro Liter (Saint-Gervais) bis 16 Eaux de Salins, Temperatur 20° (Saint-Gervais) bis 40°.

Zu 3. gehören: Quellen von Saint-Simon, Coise, Farette, de la Bauche, Evian, Amphion. Feste Substanzen immer weniger als 1 g per Liter bis 0,5 g. Temperatur 10—12°.

Die Quellen (1 und 2) sind zur Seite der Erhebungsaxe der Westalpen vertheilt, N. 26° E. und glaubt Herr L. diese durch Infiltration des Regenwassers in Berührung mit den verschiedenartigen Schichten erklären zu können. Sie sinken bis zu einer bestimmten Tiefe hinab und steigen durch hydrostatischen Druck wieder herauf. Die Schwefelquellen werden, wie häufig, aus Einwirkung von organischen Körpern auf Kalksulphat erklärt. Die dritte Kategorie von Quellen hat nur wenig tiefen Ursprung; sie entstammen dem Alluvium. *Sch.*

Ed. Willm. Analyse des eaux de la Bourboule. Chem. C. Bl. 1880, 281; Bull. soc. chim. XXXIII, 292-295.

— — Composition des eaux minérales de Bussang (Vosges). C. R. XC, 630-632; Mondes (2) LII, 215; J. chem. soc. 1880. July. 455; Chem. C. Bl. 1880, 281; Arch. Pharm. (3)

XVI, 208. Analyse dreier Säuerlinge von gewöhnlicher Temperatur.

Ed. Willm. Sur des eaux minérales ferrugineuses et nitratées. Bull. soc. chim. XXXIII, 450-452; Ber. d. chem. Ges. 1880. XIII, 1248.

— — Zusammensetzung der Mineralquellen von Cransac. C. R. XC, 547; Ber. d. chem. Ges. 1880, 939; Mondes (2) LI, 642; Chem. C. Bl. 1880, 217; J. chem. soc. July 1880, 454.

A. Riche. Note sur les eaux de la Bourboule. Bull. soc. chim. XXXIII, 452-456; Ber. d. chem. Ges. 1880. XIII, 1248-1249; J. chem. soc. 1880. July. 455.

Die Quellen von Bourboule, Choussy, Perrière, Sédaiges enthalten in dem löslichen Theil des Verdampfungsrückstandes Arsen. Jod, Bor; Lithium findet sich ebenfalls in diesen Quellen. Herr Riche findet, dass der Gesammtgehalt an mineralischen Bestandtheilen in Perrière von 1874 (5,18 g) bis 1879 hinabgegangen ist (4,97 g). Die Zahlen für Arsen schwanken zwischen 0,0051 bis 0,0087.

In der dritten Abhandlung finden sich Analysen der Mineralquellen von Ripperville (Vogesen), welche ziemlich viel Mangan enthalten; auch Salpeter findet sich und ist der Kaligehalt grösser als der Natrongehalt.

Das Wasser von Cransac enthält hauptsächlich Sulphate (auch Aluminium- und Mangansulphate), kein Eisen. Im Liter circa 4 g Trockenrückstand.

In Bezug auf die Zahlen der Analysen muss auf die Originalarbeiten verwiesen werden. *Sch.*

Litteratur.

Quellen.

Es kann nicht der Zweck der Fortschritte sein, eine vollständige Uebersicht über alle Quellenanalysen zu geben und muss in dieser Beziehung auf die Jahresberichte der Chemie 1880 verwiesen werden.

Hauer. Analyse der Dextquelle bei Budapest. Chem. C. Bl. 1880, 140; Arch. Pharm. (3) XV, 539; Rep. Pharm. 1879.

J. BERNATH. Les eaux minérales de la Hongrie. Budapest 1878. 1-147. Ung. Litter. Ber. III. H. 2. p. 319-323. ib. H. 1. p. 176.

v. HOCHSTETTER. Ueber einen neuen geologischen Aufschluss im Gebiete der Karlsbader Thermen. Wiener Denkschr. XXXIX, 1-19†.

W. KÖRNER. Analisi dell' acqua minerale di Bacedasco nel Piacentino. Milano 1878.

H. QUINCKE. Ueber Bitterwässer. Dtsch. med. Wochenschr. XXXV. 1880; Ind. Bl. XVII, 435.

TRIBOLET. Note sur la présence d'une source minérale à Valangin suivie d'une statistique des sources minérales du canton et de renseignements nouveaux sur quelques unes d'entre elles. Bull. d. sc. d. Neuchatel XI. H. 3. 1879.

TOMMASI-CRUDELI. Della distribuzione dell' acqua nel sottosuolo dell' Agro romano e della sua influenza nella produzione della Malaria. Atti dei Lincei III 1879, 183-198.

TOMMASI-CRUDELI. Sulla distribuzione delle acque nel sottosuolo di Roma. Atti dei Lincei IV. 1. 46-49.

H. STORER and S. LEWIS. Calcium carbonate in water filtered through dry soil. BIED. C. Bl. 1879, 328-331; J. chem. soc. 1880. Jan. Abstr. 59.

F. STOLBA. Einige Beiträge zur Kenntniss des Brunnen- und Quellwassers. Prag. Ber. 1879, 181-184.

E. ROBINET. Études sur les eaux d'Epernay. Epernay. 1880. 12°.

VINCENT et RUTOT. Note sur un puits artésien à la Brasserie de Bouk à Molenbeek-St.-Jean. Annales de la Soc. géolog. d. Belgique VI. 1878/79. Liège 1879.

A. SOMMER. Ueber Ergiebigkeits-Schwankung der Quellen namentlich der Mineralquelle in Franzensbad und

A. Nowak. Ueber die barometrischen Ergiebigkeits-Schwankungen der Quellen in den Alpen. Prag. Ges. f. Physiokr. 1-64; Z. S. d. k. k. geol. Reichsanst. 1880, 312.

A. Brasseur. Mean composition of the salt waters and the various products of the brine springs of S. Leopold near Volterra and the theory of the preparation of salt as there practised. l'Orosi, Giornali di chimica farmacia e scienze affini 1880. No. 2, 3, 4.

La Fontaine ardente du Dauphiné. Mondes (2) LII, 13-15.

B. Latham. On the temperature of town water supplies. Rep. Brit. Ass. L. 1880. Swansea. 696.

E. Frankland. Water analysis for sanitary purposes, with hints for the interpretation of results. Chem. News XLI, 206.

A. Houzeau. Sur la teneur en fer des eaux minérales de Rouen et de Forges-les-Eaux. C. R. XC, 1001-1002; Ber. d. chem. Ges. 1880, 1145; J. chem. soc. 1881. Abstr. 397.

Bestimmung des Eisens in diesen Quellen.

J. V. Mélion. Der neue Andersdorfer Sauerbrunnen. Verh. d. k. k. geol. Reichsanst. 1880. No. 9. p. 137-139.

Nachdem der ältere Eisensäuerling zu Andersdorf nicht mehr benutzbar geworden war, ist daselbst ein neuer Sauerbrunnen ergraben, der neben einer grossen Menge freier Kohlensäure doppelt kohlensauren Kalk, -Magnesia, -Eisenoxydul, Spuren von phosphorsaurem und schwefelsaurem Kalk, Kieselsäure, kohlensaures Natron, Chlorcalcium, schwefelsaures Natron enthielt.

Der Säuerling ist dadurch ausgezeichnet, dass er sich sehr lange hält.

G. Stache. Ueber die Trinkwasserfrage von Pola in Istrien. Verh. d. k. k. geol. Reichsanst. 1880. No. 9. p. 140-142.

An Examination of some county Dublin waters. By J. Fletcher, F. C. S. The Chem. News. XLI. No. 1054. 6. Febr. 1880. p. 62-63.

Die Untersuchungen wurden an folgenden Oertlichkeiten vorgenommen: Vartry, Rathmines Township, Howth, Malahide, Dalkey. Sie erstrecken sich auf feste Bestandtheile, Chlor, Sauerstoffgehalt, Härte vor und nach dem Sieden; die Werthe auf drei Decimalen berechnet, sind in fünf kleinen Tabellen zusammengestellt.

Organic Matter in Water. By C. T. KINGZETT. Chem. News XLI. No. 1071. p. 254-255.

Ueber die Reinigung des Wassers durch Filtration (mit Abbildungen auf Tafel XIV). DINGL. polyt. Journ. 1880. CCXXXVI, 139-145.

Beschrieben werden die Filter von GRANT in Boston, KLEUCKER in Braunschweig, PERRET, MÜHLRAD in Magdeburg, GERSON in Hamburg, REINSCH, JENNINGS und KELLOGG in New-York, HAYDEN in Wasserburg. Eine noch weitere Kürzung des ohnedem sehr knappen Textes würde ihn völlig unverständlich machen. Angereiht ist: die Wasserversorgung Hamburgs.

Ueber Wassermesser. DINGLER J. 1880. CCXXXVI. 77. 165.

Im Anschluss an den vorigen Band (p. 463) sind 32 Wassermesser beschrieben in so kurzer, jedoch an vier Zeichnungen erläuterter, Weise, dass zum Verständniss nur auf den Originaltext verwiesen werden kann.

L. BRACKEBUSCH. Pozos artesianos en la Provincia de Catamarca. Boletin de la Acad. Nacional de Ciencias de la Républica Argentina III. (H. 1) p. 37.

Es wird zuerst die Excursion des Verfassers nach Catamarca beschrieben, dann die Bedingungen für Gewinnung von Wasser durch artesische Brunnen angegeben und die Umgegend von Catamarca darauf hin geprüft.

C. MEYMOTT TIDY, M. B. Composition and Quality of the metropolitan Waters. August 1880. Chem. News 1880. XLII, 211.

Von fünf Thames Water Companies und drei anderen Gesellschaften werden bestimmt die festen Stoffe in Summa: 18,39 g (Southwark and Vauxhall) — 30,17 (Kent); durch jene requirirter Sauerstoff: 0 (Kent) — 0,12 (Chelsea); Stickstoff in Form von Nitraten: 0,41 (Kent) — 0,125; Ammoniak: 0; Härte vor dem Sieden: 14 (Lambeth) — 21,2 (Kent); danach: 2 (West Middlessex) — 5,2 (Kent).

Observations upon Dr. TIDY's Paper on River Water. By R. WARINGTON. Chem. News 1880. XLI, 265.

Die Bemerkungen sind überwiegend chemischer Natur und beziehen sich auf die Umwandlungen, welche im Wasser organische Stoffe erfahren. Allerdings wirken auch physikalische Momente mit, wie insbesondere die Temperatur. Die Nitrification der Bakterien erfolgt nach SCHLOESING und MÜNTZ zehnmal schneller bei 37° als bei 14°. Sonst ist bemerkenswerth das Maximum der Wasserhärte im Februar, und deren Minderung im Sommer. Cf. oben Litteratur.

GILBERT. A cold geyser in Ohio. Bull. Philos. Soc. Wash. I. 1874, 103.

HALCROW and FRANKLAND. On the action of air upon Peahy water. Nature XXII, 139; Chem. News XLI, 245-248.

F. STOLBA. Das Quellwasser des Prager Belvedere. Chem. C. Bl. 1880, 633; Sitzungsber. d. böhm. Ges. d. Wiss. Apr.

CANNIZZARO und A. LIEBEN. Bericht über die Analyse von 4 Turiner Wässern. Gazz. chim. It. X, 86. 115; Chem. News XLII erwähnt.

Von hygienischem Interesse. Untersuchungen zum Zweck der Wasserversorgung Turins. Die Proben enthielten in 10000 Theilen Wasser 20,11 bis 34,7 Theile fester Bestandtheile. Die Analysen Original und Chem. Ber. 1880.

LEMOINE. Prévisions relatives à la tenue des eaux courantes dans le bassin de la Seine, pendant l'été et l'automne de la présente année. Ann. d. l. soc. météor. d. France XXVIII, 2.

A. R. LEEDS. Detection and determination of nitrous acid in drinking water etc. Chem. News XLI, 42.

L. CRESTI e B. LOTTI. Studi sopra i soffioni boraciferi della Toscana. Atti dei Lincei IV. 1. p. 33-34.

J. KÖNIG. Zur quantitativen Bestimmung des in Wasser gelösten Sauerstoffs. Ber. d. chem. Ges. XIII. 1880, 154-157.

W. ZSIGMONDY. Die Thermen von Schönau-Teplitz. Ung. Litt. Ber. 1879. III. H. 3. p. 637. (Notiz.)

Heisse Quellen im Gotthardt-Tunnel. Chem. Ztg. 1880, 241.

RICHARD, un découvreur de sources. Mondes (2) LIII, 345 bis 347.

Nachrichten über den bekannten Quellenfinder, der seine Wissenschaft Hydrogeologie oder Hydrogeoskopie nennt.

G. H. O. VOLGER. Die wissenschaftliche Lösung der Wasserfrage mit Rücksicht auf Versorgung der Städte. Frankf. a. M. 13 S. Litter. C. Bl. 1880, 1659.

Hidrografia. Memoria sobre el sistema hidrografico de la Hacienda de Ciénega de Mata y su aplicacion à una de las teorias que explican el origen de las fuentes naturales. An. d. Min. de fomento III, 182-188. (Mexicanische Zeitschrift.)

HULWA. Analyse des Kanitzer oder Kainzenbrunnens bei Partenkirchen. ERDM. KOLBE J. (2) XXII, 290-293; Chem. C. Bl. 1880, 697; J. chem. soc. 1881. abstr. 30.

Das Wasser enthält in 100000 Theilen 58,67 feste Bestandtheile, riecht schwach nach H_2S.

The disappearance of the thermal springs at Teplitz, Bohemia. Engineering XXX, 79-80.

DIXON. The deep well waters of Sydney. Proc. R. S. New South Wales 1878. XII. Sydney.

A. LIVERSIDGE. Water from a hot spring, New Britain. Ber. d. chem. Ges. 1881, 283; J. chem. Soc. 1881. July. 564.

— — Water from a hot spring, Fiji Islands (NaCl-haltige Quelle). Chem. News XLII, 324-325; J. chem. soc. 1881. July. 564.

E. JOHANSON. Wasser der Mineralquelle von Tambow (Russland). Chem. C. Bl. 1880, 139.

LEFORT. Mineralwasser von Saint-Maurice (Puy-de-Dome). Chem. C. Bl. 1880, 140; Arch. Pharm. (3) XV. Dec. 1879; Rep. Pharm. 1879.

BIZIO. Analisi chimica dell' acqua minerale di Valgrande, eseguita per in carico nel Comelico superiore. Atti d. Ist. Veneto 1878/79. (5) V. H. 9.

MELION. Der neue Andersdorfer Sauerbrunnen (Mähren). Verh. d. k. k. geol. Reichsanst. 1880. No. 9. p. 137-140.

Kräftiger alkalischer Säuerling.

G. STACHE. Ueber die Trinkwasserfrage von Pola in Istrien. Verh. d. k. k. geol. Reichsanst. 1880, 140-146. Geologisch.

VI Report of the committee, consisting of Prof. HULL etc. appointed for investigating the circulation of the underground waters in the Permian etc. formations of England and the quantity and character of the water supplied to towns and districts from those formations. Rep. Brit. Ass. L. Swansea 87-107.

J. LEFORT. Non-existence of Mercury in the Mineral Water of the Source „DU ROCHER" at Saint Nectaire. Mon. Scient. July 1880.

GARRIGOU. Le mercure dans l'eau minérale de Saint-Nectaire. Paris b. Maltente 1880. 4°.

E. GUTMANN. The watering places and mineral springs of Germany, Austria and Switzerland. Sampson, Law & Co. Athen. 1880. (2) 276.

WINKING. On the Artesian wells at Pondicherry and the possibility of finding such sources of water supply at Madras. Rec. Geol. Surv. of India. May 1881.

---

4. Eis, Eiszeit, Gletscher.

M. BARETTI. Il ghiacciaio del Miage, versante italiano del Gruppo del Monte Bianco (Alpi Pennine). Mem. della Reale Accademia delle Scienze di Torino (2) XXXII, 261-302†.

Dieser neben dem Brenva-Gletscher bedeutendste Gletscher des italienischen Abhangs des Mont Blanc, bietet die verschiedensten Gletscherphänomene in vollständiger Klarheit dar. Während die anderen Gletscher der Allée blanche und des Val de Ferret sich nicht über secundäre hinaus entwickeln, zeigt der Miage-Gletscher ganz den Charakter des Eisstroms. Seine durchschnittliche Neigung beträgt 18° 31′ (Brenva-Gletscher 22° 30′ durchschnittliche Neigung) und beträgt die Oberfläche 10 qkm. Er entsteht aus 4 sehr steilen Nebengletschern, die genau beschrieben werden (Angabe der Lage und Neigung). Sie treffen in einem grossen Becken zusammen, von dem aus der Miage-

Gletscher sich unter viel schwächerer Neigung ins Thal herabbewegt (4,5° Neigung). Er ist 700 bis 800 m breit und 200 m dick und erfährt eine Ablenkung durch die rechte Moräne. Er mündet in drei Armen, und ausgezeichnet ist der sehr regelmässige Verlauf der Moränen vom Hauptbecken an. Die Geschwindigkeit wird in dem oberen Theile auf 5 m per Monat August angegeben. Gerade dieser Gletscher wäre besonders zu weiteren Messungen geeignet, die aber nicht vorliegen. In Beziehung auf die Einzelnheiten der Monographie muss auf die Arbeit verwiesen werden. *Sch.*

Koch und Klocke. Die Art der Gletscherbewegung. Ann. d. Phys. (2) VIII, 661†; Z. S. d. d. ö. A. V. 1880, 65.

— — Movements of glaciers n. Wied. Ann. 1879, 12. Ausland 1880, 436-438; Philos. mag. (5) IX, 274-278; Nature XXI, 309; Sillim. J. (3) XIX, 425; d'Alm. J. 1880, 359; Naturf. 1880, 43; Mondes (2) XLII.

Die Verfasser haben zuerst einen auf dem Eise des Gletschers markirten Punkt andauernd beobachtet und dadurch die Bewegung des Eises auch innerhalb sehr kurzer Zeiten beobachten können, während die Verrückung von Signalen und Marken nach längerer Zeit nur dem Resultat der Gesammtbewegung während dieser Zeiten entspricht. Als Resultat theilen die Verfasser mit, dass das Eis kein gleichförmiges Fliessen, sondern eine unregelmässige, abwechselnd vor- und rückwärts- und ab- und aufwärtsgehende Bewegung zeigt, ein Resultat, das von vornherein viel Wahrscheinlichkeit hatte. Die Beobachtungsmethode entspricht der von Pfaff für Beobachtung des Firns gewählten. Ein in das Eis fest eingesenkter Pfahl ist mit horizontaler und verticaler Skala versehen und wird durch ein am Ufer fest aufgestelltes Fernrohr mit Fadenkreuz beobachtet. Diese Untersuchungen wurden Sommer 1879 am Morteratsch, $1\frac{1}{2}$—$2\frac{1}{2}$ km vom unteren Ende desselben entfernt, an einer Stelle angestellt, die weniger Zerklüftungen und Blockabsonderungen zeigte. Die Beobachtungszeit dauerte von 6 Uhr Morgens bis 6 Uhr Abends und wurden die Beobachtungen 3—5 Tage verfolgt; die eine Skala war nahe 35 m, die andere 90 m vom Rande entfernt. Ein und derselbe Punkt bewegte sich bald zu Thal, bald zu Berg, bald aufwärts, bald abwärts; die Beobachtung verschiedener Signale an 1 km auseinanderliegenden Stationen gab ein gleiches Resultat. Während des Nachmittags bewegte sich ein Punkt des Gletschers (der im Schatten lag) nur wenig und zwar thalabwärts und einsinkend, spät Nachmittags wurde die Bewegung fast null. In der Nacht beugten sich die näher liegenden Signale abwärts, indem sie sich etwas hoben; das nach der Mitte zu aufgestellte zeigte ein Sinken und die Horizontalskala eine starke Rückwärtsbewegung von 10 cm. Morgens, wenn die Sonne den Gletscher beschien, zeigten sich ganz unregelmässige Bewegungen, abwechselndes Auf- und Abwärtsbewegen, Heben und Senken, bis 4—5 cm im Laufe von $1/2$ Minute, und 2 auf demselben Querschnitte gelegenen Punkte (50—60 m von einander entfernt), konnten sich ganz verschieden und entgegengesetzt bewegen. Eine weniger intensive Bestrahlung des Gletschers ist auch von einer schwächeren Bewegung begleitet. *Sch.*

F. Pfaff. Einige Bemerkungen zu den Beobachtungen über Gletscherbewegung der Herren Koch und Klocke.

Z. S. d. d. ö. A. V. 1880, 198†.

Nach kurzer Besprechung der Gletscherbewegung im Allgemeinen in Analogie mit der Wasserbewegung macht Herr Pf. auf die Unregelmässigkeit in den Wasserbewegnngen aufmerksam und vergleicht damit die von K. und Kl. beobachteten Gletscherbewegungen, die er graphisch darstellt. Auch wird auf die Abnormität hingewiesen, dass die entferntere Skala sich langsamer vorwärts bewegte als die nähere etc. Der Verfasser stellt dann drei Sätze, als sich vermuthlich aus diesen Verhältnissen ergebend auf:

1. Neben der normalen thalabwärts erfolgenden Bewegung des Gletschers können an einzelnen Stellen von dieser ab-

weichende, selbst in entgegengesetzter Richtung erfolgende Bewegungen einzelner Theile des Gletschers statt haben.

2. Diese abnormen Bewegungen, namentlich das Rückwärtswenden, sind wahrscheinlich nur einzelnen Gletschern zukommend und hier durch Eigenthümlichkeiten des Grundes und des Ufers bedingt, ähnlich den ebenfalls rückläufigen Bewegungen einzelner Wassermassen in den Flüssen. Vielleicht trägt auch die Spaltung der Gletscher, namentlich tiefe Spalten, zu dem Rückwärtsbewegen bei. Im letzteren Falle wäre es ein Oberflächen-Phänomen von geringer Erstreckung in die Tiefe.

3. Diese abnormen Bewegungen sind ein neuer Beweis für die grosse Plasticität des Eises und mit der Theorie, nach welcher sich die Gletscher durch die Schwere wie eine zähflüssige Masse fortbewegen, sehr leicht zu erklären. Sie zeigen uns, dass die Analogie zwischen der Bewegung von Eisströmen und Wasserströmen noch weiter geht, als man früher nach den Beobachtungen schliessen konnte.

Referent kann nicht umhin, auf einen Umstand aufmerksam zu machen, der eine wesentliche Rolle bei diesen Bewegungen zu spielen scheint: die Wärmestrahlung der Sonne. Die Bewegungen sind bei der Erwärmung am stärksten, so dass die Wärmeausdehnung, die Oberflächenspannung u. s. w. einen Einfluss haben müssen, Beobachtungen an gleichmässig bewölkten Tagen, an beschatteten und beschienenen Theilen des Gletschers zu derselben Zeit würden wünschenswerth sein. Herr PF. schlägt auch vor, um die Bewegung ausgedehnter Theile des Gletschers zu controlliren, eine Zahl von Pfählen in Kreise aufzustellen. Jedenfalls sind weitere Beobachtungen dringend wünschenswerth.

Sch.

J. CROLL. La cause des neiges perpétuelles. Mondes (2) LIII, 274-275† auch SILLIM. J.

Nach Herrn CROLL ist die wesentlichste Ursache, weshalb der Schnee auf sehr hohen Bergen nicht schmilzt, die grosse Trockenheit der Luft daselbst. Die Sonnenwärme, die reichlich ausreichen würde, den Schnee zu schmelzen, wird sofort wieder ungehindert ausgestrahlt, während in tiefer gelegenen Gegenden die mit Wasserdampf beladene Luft Wärme absorbirt und so das Schneeschmelzen veranlasst. In ähnlicher Weise wird für Grönland, den südlichen Continent u. s. w. die Schneeanhäufung erklärt. Bei den Inseln, Süd-Georgien u. s. w. ist es der stets bewölkte Himmel, der den Zutritt der Sonnenstrahlung hindert, so dass auch hier die Schneemassen nicht fortschmelzen.

Sch.

LÜDICKE. Ueber Riesenkessel. Z. S. f. ges. Naturw. (2) IV. LII. 1879, 766-769†.

Herr LÜDICKE macht auf durch Wasserwirbel entstehende Riesenkessel aufmerksam, die sich an vielen Flussläufen finden, und bespricht dann die durch Gletscher hervorgebrachten, namentlich die von Luzern. Auch die Rüdersdorfer Kalkberge bei Berlin werden erwähnt (Z. S. d. geol. Ges. 1879).

Ueber die seit 1875 fast regelmässig unternommenen dänischen Expeditionen zur Erforschung Grönlands liegt ein interessanter Bericht vor von Herrn R. LEHMANN in Halle: Ergebnisse der dänischen Expeditionen in das Innere Grönlands, aus dem wir einige Beobachtungen von Gletscherverhältnissen hervorheben; die Litteraturnotizen finden sich dort ebenfalls ausführlich. Verh. d. Ges. f. Erdk. 1880, 64; PETERM. Mitt. 1880, 91—105. Vgl. auch:

Meddelelser om Grönland, udgivne af Commissionen for Ledelsen af de geologiske og geographiske Undersøgelser i Grönland. Copenhagen 1879. Nature XXI, 344 bis 345.

Sch.

Danish expeditions to Greenland. Nature XXIII, 134†.

Die Expeditionen sollten zunächst den südlichsten Theil von Grönland (Julianahaab, Cap Farvell) untersuchen, doch wurden, als sich hier die Naturverhältnisse zu ungünstig zeigten, dann gleichzeitig Expeditionen in den nördlichen Theil von Westen aus unternommen. Die Zugänglichkeit des südlichsten West-Grönland ist auch wegen der Eisverhältnisse, die durch den an der Südspitze umlagernden Polarstrom Ost-Grönlands bedingt werden, äusserst schwierig. Bei Steenstrup's Expedition 1876 gelang es nicht das eigentliche Binneneis zu erreichen. Die Geschwindigkeit eines Gletschers bei Kiagtut wurde bestimmt. Derselbe ist am Ende circa 630 m breit. Die Messungen wurden an zwei Punkten, 147 und 240 m vom Rande entfernt, vorgenommen, und es ergab sich ein Vorrücken von 0,1 m resp. 0,21 m in 24 Stunden. Bei dem Gletscher im Sermilikfjord, an den aus dem Binneneis niedersteigenden Armen ergab sich bei einem 440 m breiten, für zwei 125 m und 270 m vom Rande entfernten Punkte ein tägliches Fortrücken von 0,32 und 0,51 m, doch war hier das Eis weniger zerklüftet als beim vorigen Gletscher. Glacialstreifungen, Glacialgerölle, marine Terrassen (20 m, 45 m hoch über dem Meere) wurden festgestellt. Die Glacialstreifung reicht bis zur Höhe von 800 m. Bei den warmen Quellen von Unartok soll die hohe Temperatur durch aufsteigende warme Kohlensäure hervorgebracht werden. Bei einem Gletscher in der Nähe von Cap Farvel (Tasermintfjord) wurden, 157 m, 204 m, 408 m vom Ufer entfernt, ausserordentlich hohe Vorrückungen gefunden: 0,48 (wohl 3,48 m), 3,43 m, 3,75 m täglich. 1877—1879 unternahm Steenstrup eine Expedition nach Uunanak 70° 40′, deren Resultate nur unvollkommen vorliegen.

Aus Jensen's Expedition 1878—1879 mag die Untersuchung des Frederikshaabs-Gletschers hervorgehoben werden. Dieser hat einen Theil der Scheeren durch seine Grundmoräne landfest gemacht und kommt zwischen den Nunataks und dem Binneneise hervor. Es gelang nun die Nunataks 1556 m zu besteigen, von wo aus sich ein endloser Blick auf das Binneneis öffnete, das nach dem Innern anstieg. Der Umfang des Nunatak war 7532 m. Bemerkt mag noch werden, dass der Charakter des Eises bei diesem Gletscher, von dessen Spitze aus man 10 Meilen nach ONO. vorgedrungen war, äusserst verschiedenartig war. Cf. p. 569. *Sch.*

J. Daimer und R. Seyerlen. Die Rieserferner Gruppe (zwischen Tauferser- und Deferegger-Thal). Z. S. d. d. ö. A. V. 1880, 401†.

Angabe der orographischen, topographischen Verhältnisse. Seit Sonklar's Angaben sind die Gletscher sehr zurückgegangen. Es werden folgende aufgezählt: Rieserferner, Lengstauf., Fleischbachf., Geltthalf., Schneebogenockf., Patscherf., Ohrenspitzf., Almerhornf., Rauhkofelf., Kirchendachf., Fleischbachspitzf., Gross- und Klein-Rothsteinf., Graunockf. (sehr klein). Mittlere Höhe der Gletscherenden 2500 m. Auch die Spuren alter Gletscher werden angeführt. *Sch.*

F. Seeland. Studien am Pasterzengletscher. Z. S. d. d. ö. A. V. 1880, 204-209†.

Ausführliche Beschreibung wie Marken an Felsen des Pasterzen-Gletschers angebracht sind, um den Rückgang desselben zu controlliren. Auffindung eines Riesentopfes, der auf eine frühere grosse Mächtigkeit des Gletschers schliessen lässt (134 m).

Nach diesen Marken ist der Gletscher bis Sommer 1880 7 m zurückgegangen, wie überhaupt der Rückgang in diesem Sommer deshalb so gross war, weil ein schneearmer Winter vorherging und die mittlere Wärme im Juli auch auf den Höhen sehr gross war. (Glockner-Haus 11,02° C.) *Sch.*

J. T. Bottomley. Fliessen von zähen Stoffen. Ein Gletscher-Modell. Nat. XXI, 159. (1879); Beibl. 1880, 182; Ausland 1880, 920.

Eine hölzerne Rinne, deren Boden verschiedene Neigung in den verschiedenen Theilen besitzt; auch die Wände sollen den Configurationen eines Thales entsprechen. Bringt man auf den obersten horizontalen Theil Pech, so zeigt dies die Bewegung der Gletscher.

Herr Newall bemerkt (Nature XXI, 201), dass früher bereits ähnliche Versuche gemacht seien. Thomson's Versuch, dass eine auf Pech gelegte Bleikugel nach unten sinkt, wie unter dasselbe gelegter Kork hoch dringt, werden beschrieben.

Sch.

W. H. PICKERING. Moving snow-mass of Tuckerman Ravine, White Mountains, New Hampshire. SILLIM. J. (3) XX, 329†.

Eine gletscherartige Schneemasse, die sich in einer Schlucht herabbewegt. Steine in der Mitte hatten sich ca. 13 Fuss in 20 Tagen bewegt (8″ per Tag), die Bewegung an den Rändern war sehr langsam, die Oberfläche war convex. Die Eisgrotte war 50′ lang. Das ganze Schneefeld verhielt sich wie der Firn am Ursprung der Gletscher. *Sch.*

JENSEN. Explorations in the Interior of Greenland in 1878. SILLIM. J. (3) XIX, 416.

— — Meddelelser om Grönland I. 1-195. Copenhagen 1879. Cf. oben.

Von physikalischem Interesse dürfte folgendes sein:

Das Inland-Eis Grönlands wurde zuerst 1757 und später erst wieder von NORDENSKIÖLD erforscht (1870). JENSEN drang am weitesten 45 Meilen (e.) von der Küste aus vor, indem er von Frederiksbaab Isblink 62° 30′ N. Br. aufbrach. Er erreichte eine Reihe isolirter Bergesgipfel (JENSEN's Nunnatakker) 5000′ hoch, die rings von Gletschereis umgeben Vegetation zeigten. Das Eis im Osten der Nunnatakker hat eine Höhe von 1570 m über dem Meere und muss eine sehr grosse Dicke besitzen, da es von Westen her nur unter 0° 40′ ansteigt. Diese Piks üben einen bedeutenden Einfluss auf die Bewegung des Inland-Eises aus. In der Mitte desselben sind die Spalten vertical bei den Nunnatakkers geneigt, woraus auf eine grössere Geschwindigkeit in den oberen Schichten des Eises zu schliessen war. Die Spalten sind zum Theil senkrecht, zum Theil parallel der Bewegungsrichtung und wo das Eis sich ausbreiten kann radial oder tangential. Die Oberfläche des Inland-Eises ist mit feinem Thon und Sand bedeckt, die durch die Winde dahin gebracht, durch das Schneewasser in die Spalten gespült werden. Auch Moränen finden sich bei den Nunnatakkers, die aus stark abgerundeten Steinen von geringer Grösse bestehen, beim Vorrücken fallen sie in die Spalten, so dass die Moränen verschwinden.

Ausserdem finden sich astronomische und meteorologische Beobachtungen ebenso wie Nachrichten über die geologischen Forschungen. *Sch.*

The Berel Glacier. Nature XXIII, 210†.

Am Byeloukher, dem höchsten Gipfel des grossen Altai, 2 Meilen lang 2800′ breit. Der Gletscher wurde im unteren Ende näher erforscht. *Sch.*

Gosset. Sur le glacier du Rhône. Arch. sc. phys. (3) IV, 384; C. R. d. l. soc. helvétique à Brigue 1880 (auch als Monographie ausführlich).

Bericht über die Monographie, die den Preis Schläfli erhalten hat. Die beigegebenen Tafeln enthalten sämmtliche Aenderungen des Gletschers seit 10 Jahren. Auch sind transversale Profile und die Vorrückungen der vier zum Messen gelegten Steinlinien genau angegeben. *Sch.*

Hagenbach. Sur les propriétés optiques de la glace des glaciers. Arch. sc. phys. (3) IV, 384; C. R. d. l. Soc. helvét. Brigue 1880, 28.

Optische Untersuchungen über das Gletschereis und Beobachtungen am Eigergletscher. Jedes Gletscherkorn bildet ein Krystallindividuum, doch sind dieselben ganz verschieden orientirt. Sie sind senkrecht zu dem grossen Hohlraum im Innern des Eises, auch aus der Vergrösserung der Krystalle, welche in Richtung der Axe zusammengepresst werden, auf Kosten derer, die senkrecht zur Axe den Druck erfahren wodurch der Schmelzpunkt verschieden erniedrigt wird, lässt sich die Erscheinung erklären. *Sch.*

Argyll. Ice Crystals. Nature XXI, 274 (L).

J. Le Conte. Ice Crystals. Nature XXII, 54 (L).

Die Eiskrystalle nehmen nach den Körpern, an denen sie sich ansetzen, verschiedene Gestalt an. So wurden an einem hölzernen Geländer eigenthümliche, farrenkrautähnliche Formen beobachtet; auch die Eisblumenzeichnungen der Fenster sind sehr verschieden. Lange seidenartige Fäden bilden sich leicht auf faulem Holz, wenn bei milder feuchter Luft plötzliche Kälte eintritt. Diese Bildungen gleichen Efflorescenzen des Holzes. Herr Le Conte bemerkt, dass er schon früher auf diese Bildungen aufmerksam gemacht hat (Philos mag. (3) XXXVI, 339—382. May 1850). Er macht darauf aufmerksam, dass, da das Wasser in dem oberen Capillarraum der Erde unter Null abgekühlt ist, das Gefrieren plötzlich und heftig geschehen kann.

Auch Herr Meldola, Nature XXI, 302, macht hierzu Bemerkungen und theilt mit, dass er ähnliches beobachtet; wie auch die Bildung des Eises zwischen Rinde und Holz bei abgestorbenen Aesten, während es durch die Rinde nicht hindurchdrang. *Sch.*

V. Ball. Existence of floating ice during the earlier periods in India. Nature XXI, 508†. (Weiterer Titel unter Litter.)

Zusammenstellung der Thatsachen, welche zu der Annahme geführt haben, dass während eines Theiles der Talchir (Permischen) Periode Vorderindien kühl genug war, dass sich Eis an den damaligen grossen Seen bilden konnte. (Gletscherschutt, Kritze etc.) *Sch.*

J. Rae. Anchor-Ice. Nature XXI, 538†.

Ein eigenthümliches Beispiel von Grundeisbildung in einem wenig tiefen, ziemlich schnellen Flusse und Bemerkungen über die Bildung. Es wird dafür erforderlich sein ein felsiger oder steiniger Boden: Seichtes Wasser in Vergleich zum höheren Stromlauf: Schnellere und unruhigere Strömung im Vergleich mit dem vorhergehenden Flusslaufe. In dem ruhigen Wasser ist dasselbe bis auf den Gefrierpunkt abgekühlt, kommt es in dem seichteren Bette mit den kälteren Steinen in Berührung, so wirken die einzelnen vorhandenen Eiskrystalle als nuclei und das Grundeis entsteht. Das Grundeis in Teichen und ruhigen Flüssen ist kein eigentliches Grundeis, sondern hat sich in gewöhnlicher Weise gebildet. Hieran schliesst sich eine Discussion von M. A. MACDOUGALL und C. F. C. Nature XXI, 612 und XXII, 31, auf welche J. RAE ib. 54 erwidert. *Sch.*

H. HILDEBRAND HILDEBRANDSSON et C. A. RUNDLUND. Prise et Débâcle des lacs en Suède, automne 1871—printemps 1877. Nov. Act. Reg. Soc. Sc. Ups. (3) 1879, 1-8†. (13./11. 1878); Z. S. f. Met. 1881, 265-265*.

Die Verfasser haben eine grosse Anzahl von Nachrichten über die mittlere Zeit des Zufrierens und Aufthauens der schwedischen Seen gesammelt, nachdem schon früher von HILDEBRANDSSON und v. CRONVALL Arbeiten in ähnlicher Richtung veröffentlicht waren. (H. HILDEBRANDSSON, État des glaces en Suède pendant l'hiver de 1870/71. Upsala Universitets Årsskrift 1872 und A. J. A. CRONVALL, État des glaces en Suède pendant les hivers de 1871—72 et de 1872/72. Thèses pour le doctorat des sciences. Upsal 1875). Die Seen bedecken in Schweden $^1/_{12}$ des ganzen Landes, 36000 Quadratkilometer; die Beobachtungen müssen der Lage der Seen nach und aus persönlichen Gründen oft lückenhaft sein. Wenn die Seen kurze Zeit im Winter aufgehen und bald wieder zufrieren, ist dies für die gesammte Eiszeit nicht in Betracht gezogen. Die Verfasser haben nun zur Vergleichung äquiglaciale Linien gezogen, welche die Seen mit gleichzeitigem Zufrieren und Aufthauen verbinden, wobei Seen, die sich durch grosse Ausdehnung der Wassermasse oder schnell durchströmende Flüsse abnorm verhalten, ausgeschlossen sind. Die Curven stimmen im Allgemeinen mit den früheren überein. Im Herbst schreitet das Zufrieren von NO. fort, in Südschweden 10. December. Auffällig ist, dass die noch fast in Polarbreite zugelegene Seen verhältnissmässig spät zugehen, 10—30. November. Die Curven des gleichen Aufgehens schreiten von Süden nach Norden, später nach NW. fort und bleiben jene Seen im Innern am längsten gefroren, 20. Juni. Eine dritte Tafel giebt die eigentlichen Aequiglacialen, die die Orte verbinden, an denen das Eis zu gleicher Zeit besteht. Die nach Finnland verlängerten Zweige der Curven sind nicht ganz sicher, da von dort noch weniger Beobachtungen vorliegen. (Bidrag till kännedom af Finlands natur och folk. Helsinfors 1875, Beobachtungen aus 1846—1855). Neben den drei Tafeln ist noch eine Tabelle für die Jahre 1876—77 gegeben, welche enthält Namen der Seen, Lage (Länge und Breite), Meereshöhe, mittlere Zeit des Zufrierens und das Maximum vorher und nachher, das Aufgehen des Eises mit demselben Maximum und Minimum, die mittlere Dauer mit eben jenen Extremen, z. B. Uddjaur 65° 57′ N.B., 35° 32′ Oestl. Lg., 419 m über dem Meere; durchschnittliche Zeit des Zufrierens 31. Oktober, frühester Termin 22 Tage vorher, spätester 14 Tage nachher, Aufthauen 10. Juni —9 und +5, Dauer der Bedeckung 222 —23 resp. +21. Es sind 78 Seen berücksichtigt. Die Dauer der Eisbedeckung liegt zwischen 92 und 225 Tagen. Cf. auch:

H. HILDEBRANDSSON. État des glaces, époques de la végétation en Suède. 4°. 1880. Orig. C. 31-46.

— — On the freezing and breaking up of the Ice on the lakes. Nature XXII, 132; Ann. d. Bureau central météor. d. France 1875. *Sch.*

W. JOLLY. The parallel roads of Lochaber. The problem and its various solutions. Nature XXII, 68-70†.

Die Strandwege am Lochaber und Umgegend sind ausgezeichnet durch ihre Höhe und Breite. Sie finden sich in Glen Gluvy in Höhen von 1148, 1067, 855′. Die Breite ist von 40 bis 70′ die Neigung zum Thale 5 bis 30°, während die Bergfläche Neigungen von 25 bis 40° besitzt. Sie verlaufen parallel und horizontal. Ihre anderen Eigenthümlichkeiten werden kurz zusammengestellt. Dann folgen die verschiedenen Erklärungsversuche seit 1771, die im Wesentlichen alle auf eine Einwirkung des Wassers hinauslaufen (durch das Meer oder Aufdämmung des Sees) und die Darlegung, dass sie sich am besten durch Einwirkung der Gletscher und die Eiszeit erklären lassen. Cf. eine ausführliche Arbeit über diese interessanten Bildungen.

PRESTWICH. On the origin of the parallel roads of Lochaber and their bearing on other phenomena of the glacial period. Philos. Trans. CLXX. II. 663-846.

Sch.

The Glacier of the Zarafshan. Nature XXIII, 44.

Dieser grösste Gletscher Centralasiens wurde Sommer 1880 von den Herren MUSHKETOFF und JVANOFF untersucht. Das untere Ende des Gletschers liegt in der Höhe von 9000'. Unter dem Gletscher dringt das Bette des Macha Flusses tunnelartig 3500' tief ein. Es wurden 7 Meilen (e.) auf dem Gletscher zurückgelegt. Die Temperatur am Tage war 40° C., Nachts —8° (25./8.), am 42. Tage wurde der erste Eissturz erreicht bei 16 Meilen e. Länge, Breite 1 Meile. Sechs grosse Gletscher mündeten in den Hauptgletscher; an den Quellen des Gletschers befindet sich ein grosser Cirkus, der von bis 20000' hohen Berge überragt ist.

Sch.

H. HÖFER. Gletscher und Eiszeitstudien. Wien. Ber. 1879. Apr.; Mitth. d. d. ö. A. V. 1880. No. 3. p. 105; PETERM. Mitth. 1880, 444.

Die Arbeit müsste 1879 nach der Originalabhandlung referirt werden.

Nach den 1880 erschienenen Referaten hat der Verfasser bei einer Anzahl alpiner Gletscher (Pasterze, Gepatsch, Gorner Lysgletscher etc.) aus der Höhe der Firnfelder und Gletscherenden berechnet, dass die absolute Höhe der Firnlinie das Mittel zwischen der Höhe der Umrahmung des Firnfeldes und der Höhe des Gletscherendes betrage; es soll der senkrechte Abstand von dem Rande des Firnplateaus gleich seiner Erhebung über dem Gletscherende sein. Dies wird auf den alten Etschgletscher angewandt. Höhe der Firnumrahmung 7752', Höhe des Endes 300', Firnlinie 4026', so dass dann zur Eiszeit die Schneedecke viel höher sich gefunden hätte, als man gewöhnlich annimmt; auch braucht man dann nur eine viel geringere Temperaturabnahme für die Eiszeit anzunehmen. Der Referent R. in den Mittheilungen wendet sich gegen Verallgemeinerung der Hypothese, hält sie nicht für hinlänglich gestützt, und klagt, dass die Berechnung der Höhen der Firnkämme nach veraltetem hypsometrischen Material vorgenommen sei. *Sch.*

Ed. Hagenbach. Sprengwirkungen durch Eis. Ann. d. Phys. (2) X, 330-336; Arch. sc. phys. (3) III. avril.

Bei dem bekannten Sprengungsversuch von eisernen Bomben durch Gefrieren von Wasser wurden bei dem heraustretenden Eise lineare Eisstäbchen, welche erstarrten Wasserstrahlen ähnelten, beobachtet. Die Erscheinung wird beschrieben und erklärt.

Sch.

Litteratur.

A. Eishöhlen und besondere Eisbildungen.

Aust. Eine Eishöhle in Steiermark. Jahrb. d. Steirischen Gebirgsvereins 1879. (VII).

Beer. Die Eisseen im Alpengebiete. Geogr. Rundsch. II. No. 10. p. 470-475.

D. Wetterhahn. Ice crystals and filaments. Nature XXI, 396. Fadenförmige Eisbildungen. cf. oben.

Ritter. Observations faites sur la glace du patinage du Mail hiver 1879—1880. Bull. d. Neuch. XII. H. 1. 1880.

Glacier in the Leadville mountains (in den Mosquitobergen). Nature XXI, 574-575.

Nicht verbürgte Nachricht über die Existenz einer gletscherartigen Eismasse (1 e. Meile lang, 150' hoch).

FARQUHARSON. Anchor ice (Grundeis). Nature XXII, 339 (L).

Nachricht, dass es sich regelmässig in den Rock Island Stromschnellen oberer Mississippi bildet und Beobachtungen darüber, die in Proc. of Davenport Acad. II. p. 349 veröffentlicht sind.

B. Gletscher.

CH. DUFOUR. Rückgang des Rhonegletschers. Verh. d. schw. naturf. Ges. St. Gallen. 62. J. p. 73. (1878/79). cf. frühere Jahrgänge.

C. MEIGS. On the movements caused in large ice-fields. Bull. soc. philos. Wash. II, 33. Appendix VII.

— — On the movements caused in large ice-fields by expansion and contraction. Bull. soc. philos. Wash. II. (22) Appendix.

M. HUGO. Sur l'érosion des glaciers des rivières. C. R. XC, 46.

DERICHSWEILER. Die Gletscherwelt des Montblanc. Metz. geogr. Ges. 6./5. 1879.

W. GRÖMMER. Rückgang der Gletscher. Z. S. f. Met. XV. 1880, 452.

Rückgang des Gosaugletschers am Dachstein, mit dem Fernrohr vom Schafberg bemerkbar.

GOSSET's survey of the Rhone glacier. Alpine J. 1880. Febr. cf. frühere Berichte.

Rechtsverhältnisse an Gletschern. Mitth. d. d. ö. A. V. 1878, 82. 121. 1880, 61-64†.

THUREAU. A qui appartiennent les glaciers.

BORREL. Retrait du glacier de Gébrulaz. Club alpin. français VI. 1879.

H. HÖFER. Eine Gletscherfahrt in Spitzbergen. Jahrb. d. österr. Tour. Club 1880. H. 1. p. 27-41.

— — Gletscher und Eiszeitstudien. Wien. Ber. (2) LXXIX, 331-367.

FR. PFAFF. Gletscherstudien. Augsb. allg. Zeit. 24. Septbr. 1880. No. 268.

KÖFLER. Ueber Bildung der Gletscher. Tourist 1880. No. 2 bis 8. (Pop.)

GRÖMER (Besitzer des Schafberghotels). Retrogade motion of glaciers. Nature XXIII, 181.

Der Gosaugletscher und übergossene Alm zeigten 12. Septbr. kaum Eis (beobachtet mit dem Fernrohr).

The Saumur glacier. Engineering XXIX, 184.

C. Eiszeit und frühere Gletscher.

J. D. KENDALL. On the interglacial deposits of west Cumberland and North Lancashire. Philos. mag. (5) X, 448-449; Geol. Soc. 17./11. 1880.

W. H. DALL. On a fossil glacier of Yakutal Bay, Alaska. SILLIM. J. (3) XX, 335-336.

T. M. READE. A problem for Irish Geologists in post-glacial Geology. Proc. R. Soc. (2) IV. Jan. 1880, 254-258. Geologisch.

W. M. THOMSON. Traces of glacial action on the flank of mount Lebanon. Journ. Amer. Orient. Soc. X. No. 2.

DE RANCE. On the preglacial contour and post-glacial denudation of the North-West of England. Nature XXII, 451; Brit. Ass. 1880.

W. B. TAYLOR. On CROLL's astronomical theory of glacial climate. Bull. philos. Soc. Wash. II, 43.

— — On the astronomical and the geographical theories of climate. Bull. philos. Soc. Wash. II, 46.

A. HELLAND. Geology of the Farö Islands. Nature XXI, 556; Edinb. Soc. 15./3. 1880.

— — Vergletscherung der Faröer etc. Z. S. d. Dtsch. geol. Ges. 1879. No. 4. p. 716-756.

Spuren der Eiszeit, Gletscherschliffe und -Driften von Norden her.

MILNE HOME. V[th] Report of the Boulder committee. Proc. Edinb. Soc. X. 1878/79, 113-177. Remarks ib. 192.

W. JOLLY. On the transportation of rocks found on the south shores of the Moray Firth. Ib. 178.

A. SOMERVAIL. Observations on boulders and drift on the Pentland Hills. Ib. 186.

J. HENDERSON. Notes on drift and glacial phenomena on the Pentland Hills. Ib. 187.

CH. MACLAREN and GEIKIE. References to striae and boulders on the Pentlands. Ib. 189.

A. FALSAN et E. CHANTRE. Monographie géologique des anciens glaciers du bassin du Rhône. Arch. sc. phys. (3) IV, 549-573; Mondes (2) LI, 674-676; Verh. d. k. k. geol. Reichsanst. 1881, 40-41.

— — Catalogue des blocs erratiques. Ann. d. l. Soc. d'agriculture d. Lyon (4) X. = (5) I.

F. SANDBERGER. Ueber Ablagerungen der Glacialzeit und ihre Fauna bei Würzburg. Würzb. Verh. (2) XIV, 125-142.

W. F. WRIGHT. The Kames and moraines of New England. Proc. Bost. Soc. XX. 1878/79. 2./11.

W. UPHAM. Glacial drift of Boston and vicinity. Nature XXI, 243 (T.); Proc. Bost. Soc. XX. 1878/79.

D. MACKINTOSH. On the correlation of the drift deposits of the N. W. of England with those of the Midland and Eastern Counties. Philos. mag. (5) IX, 151; Geol. soc. 7./1. 1880.

HELLAND. Om de glaciale dannelser paa den nordeuropaeiske Slette. Arch. f. Math. og Naterv. IV. H. 3. 1879.

LEIPOLDT. Ueber Fjordbildung. Dresden. geogr. Ges. 5./9. 1879.

PEACH und HORNE. On the glaciation of the Shetland islands. J. geol. Soc. XXXV, 4. 140. London 1879; Nature XXII, 259.

PEACH. The glaciation of the Orkney islands. Philos. mag. (5) X, 133-134. (Geolog. Soc.).

Ancient glacier bed near Solothurn. Nature XXII, 466.

TH. NOAK. Das Bodethal, eine Glacialbildung. Aus allen Welttb. XII. No. 3 u. 4.

CROSSKEY. Report of the committee on erratic blocks. Nature XXII, 444; Rep. Brit. Ass. 1880.

Aufzählung und Beschreibung wichtiger erratischer Blöcke etc. in England.

W. CROSSKEY. Rapport sur les blocs erratiques. Mondes (2) LVI, 249.

H. W. CROSSKEY. VIIIth Report of the committee consisting of Prof. PRESTWICH etc. appointed for the purpose of recording the positions etc. origin of Erratic Blocks in England. Rep. Brit. Ass. L. Swansea. 1880, 110 bis 119.

v. DÜCKER. Die Eisperiode in Europa, Drift- und Gletschertheorie des neuen geologischen Streitsatzes. 80 Pf. Minden. 1-40.

LÜDICKE. Wirkungen der Gletscher im Braunkohlengebirge. Z. S. f. ges. Naturw. (3) IV. LII. (1879) p. 636.

Kurze Notiz.

JENTZSCH. Ueber Riesenkessel und geologische Orgeln in Norddeutschland. Schrift. d. Königsb. Ges. 1880. (1) XXI. Sitzb. 8-9.

H. H. GODWIN-AUSTEN. On the post tertiary and more recent deposits of Kashmir and the Upper Indus Valley. Rep. Brit. Ass. L. 1880. Swansea. 589.

Neueste Auffindungen von Grundmoränen und Gletscherschrammen in Norddeutschland. Verh. d. Ges. f. Erdk. VII. No. 9. p. 443-444.

A. BITTNER. Der geologische Bau von Attika, Boeotien, Lokris und Parnassis. Wien. Denkschr. Bd. XL. 1-415. 1880.

Enthält auch barometrische Höhenmessungen etc.

F. HAYDEN. Twin lakes and Teocalli Mountain, Central Colorado with remarks on the glacial phenomena of that region. Amer. Naturalist. Dec. 1880.

V. BALL. On the evidence in favour of the belief in the existence of floating Ice in India during the deposition of the Talchir Rocks (Permian). Journ. of the Geol. Soc. of Ireland (2) V, 3. 1879/80. Dublin; Proc. Dubl. Soc. II. Juli 1880, 6. 430-437.

C. Weltz. Die Shetland-Inseln der nordeuropäischen Glacialperiode gegenüber betrachtet. Berg- u. Hüttenm. Ztg. 1880. No. 36-40.

Palgrave. Spuren der Gletscherzeit in Anatolien. Iswestija (kauk. Abth.) VI. No. 2.

Gletscherausdehnung und Eiszeit. Ausland 1880, 933-937.

Ponte. Un tentativo di geologia sperimentale sul clima dell' epoca glaciale. Roma 1880. 8°.

Helland. Ueber die Westgrenze der norwegischen Gletscher zur Eiszeit. Z. S. d. dtsch. geol. Ges. XXXI, 716; Naturf. 1880, 244-246.

Gilbert. The glacial epoch in Utah and Nevada. Bull. Philos. Soc. Wash. I. 1874, 84-85.

C. E. Dutton. Remarks on Croll's theory of glacial climate. Bull. philos. Soc. Washingt. II, 45.

T. N. Gill. Remarks on the climate of the glacial epoch. Bull. philos. soc. Wash. II, 36.

J. Henry. On the glacial theory. Bull. soc. philos. Wash. II, 35.

H. Credner. Ueber die Vergletscherung Norddeutschlands während der Eiszeit. Verh. d. Ges. f Erdk. VII. No 8. p. 359-369; Ausl. 1881, 65-70; Verh. d. k. k. geol. Reichsanst. 1880, 260.

---

46. Geographie und Reisen (in denen physikalische Beobachtungen sich vorfinden).

Eine grosse Anzahl von Notizen und Mittheilungen physikalisch-geographischen Inhalts findet sich in den speciellen geographischen Arbeiten. Diese können jedoch hier nicht berücksichtigt werden und wird bezüglich derselben auf die Litteraturübersichten in Peterm. Mitth., in der Z. S. d. geogr. Ges. zu Berlin, auf Behm's Jahrbuch und die verschiedenen geographischen Journale verwiesen. Z. B.:

Ferreiro. Memoria sobre el progresso de los trabajos geograficos. Bol. d. l. Soc. geogr. d. Madrid VIII, 5-6. IX, 1-3. Cf. VII, 5. 6.

W. Whitaker. List of works on the geology, mineralogy and palaeontology of Wales. Rep. Brit. Ass. L. Swansea 1880, 397-436.

Drapeyron. La géographie et la politique. Paris b. Delagrave 1880.

Behm und Wagner. Die Bevölkerung der Erde. VI. Peterm. Mitth. Ergzh. No. 62. p. 1-132.

E. Wisotzki. Vertheilung von Wasser und Land an der Erdoberfläche. Beitrag zur Geschichte der Erdkunde. Königsb. 1879. p. 1-52.

A. R. Wallace. Island life; or the phenomena and causes of insular Faunas and Floras including a revision and attempted solution of the problem of geological climates. Athen. 1880. (2) 609-610.

Die Redaktion hatte eine grosse Anzahl von hierher gehörigen Arbeiten zusammengestellt und nach den einzelnen Erdtheilen und Ländern geordnet, doch gestattet der Umfang der Berichte die Wiedergabe nicht. Da die Geographie sich mehr und mehr nach der physikalischen Seite hin ausbaut und der Umfang der hier einschlagenden Arbeiten und Beobachtungen stetig wächst, scheint eine gesonderte Uebersicht darüber recht wünschenswerth.

Verzeichniss der Herren, welche für den Abschnitt VI des Jahrgangs XXXVI der Fortschritte der Physik Berichte geliefert haben.

Herr Dr. SCHEINER (*Schnr.*) in Bonn a./Rh.
- Prof. Dr. SCHWALBE (*Sch.*) in Berlin.
- Prof. Dr. v. BOGUSLAWSKI (*Bo.*) in Berlin
- Dr. THIESEN (*T.*) in Paris.
- Prof. Dr. HUTT (*Ht.*) in Brandenburg a./Havel.
- Dr. BÖTTGER (*Bg.*) in Berlin.
- Prof. Dr. AVENARIUS (*A.*) in Kiew.
- Prof. Dr. HOH (*Hh.*) in Bamberg.

Namen- und Capitel-Register.[1)][2)]

1) Ueber die mit einem * bezeichneten Artikel ist kein Bericht erstattet. Die mit (*) bezeichneten Arbeiten sind schon anderweitig (frühere Jahrgänge) erwähnt oder referirt; indessen befinden sich auch unter den mit * bezeichneten manche, die schon in einem früheren oder in diesem Jahrgange referirt sind. Die Bedeutung der übrigen Zeichen siehe Inhalt.

2) Die Arbeiten, welche gleichzeitig mehreren Gebieten angehören, oder welche von verschiedenen Gesichtspunkten aus referirt wurden, sind mehrmals aufgenommen.

Druckfehler, Berichtigungen und Zusätze.

Bd. XXXVI. Abschnitt 3.

p. 10 Zeile 5 von unten statt „bemerkt" benutzt.
- 46 - 7 von oben das Wort Moester ist zu streichen.
- 47 in der Seitenüberschrift ist anstatt Moester „Mösta" zu lesen.
- 94 Zeile 7 von unten anstatt 1819 lies 1879.
- 117 der Name Widmanstädten (sche Figuren) wird auch gedruckt Widmanstätten und Widmanstätt'sche Figuren.

p. 134 Zeile 1 von oben der Titel lautet: The inevitable test of the Aurora.
- 143 - 6 von oben anstatt Archibald Douglas lies Douglas Archibald.
- 160 - 14 von oben anstatt Minster lies Münster.
- 181 - 15 von oben anstatt Mattern lies Matern.
- 184 - 5 von oben anstatt oder Cyklone lies einer Cyklone.
- 224 - 13 von unten in dem Citat lies XXVIII anstatt XXIII.
- 225 - 5 von unten anstatt 1848 lies 1878.
- 288 - 16 von oben das Citat muss lauten: Anales del Ministerio di Femento.
- 289 - 17 von unten das Citat muss lauten anstatt Z. S. f. Meteor. Z. S. f. Math.
- 291 - 7 von oben anstatt und um und „wie" fällt fort.
- 291 - 15 von oben anstatt angemessen lies einigermaassen.
- 293 - 13 von oben anstatt Cornu lies Bornu.
- 293 - 13 von unten anstatt Gurnée lies Guinée. (Ausserdem finden sich auf derselben Seite mehrere leicht corrigirbare Druckfehler, Arny anstatt Army, Nombers anstatt numbers, Serra anstatt Sierra, cikà anstatt città etc.)

p. 305 Zeile 14 von unten anstatt Island lies Irland.
- 373 - 15 von oben anstatt Wolff lies Wolf.
- 374 - 3 von oben anstatt prévision lies précision.
- 481 unten fehlt die Bemerkung zu 8 h a. m. Eisberg passirt; in 18 m Tiefe war die Temperatur 4,4°.

p. 482 Zeile 14 von oben anstatt Tizaud lies Tizard.
- 486 - 10 von oben der Zusatz ist hinzuzufügen: Nach Secchi (Juli 1865) bis 45 m.

p. 493 Zeile 13 von unten anstatt meridianalen lies meridionalen.

p. 494 Zeile 7 von oben, der letzte Passus muss lauten: Wasser sich zwischen die warmen Strömungen und die Küste kälteres Wasser eindrängen, also an der Landseite.

p. 495 Zeile 6 von unten anstatt entweder lies mehr oder weniger und Zeile 4 anstatt keinen: seinen.

p. 474 Zeile 11 von oben anstatt Dirksen lies Dickson. Zeile 5 von unten anstatt Seodzekamen lies Serdzekamen, ebenso auf den folgenden Seiten 476, 477.

p. 476 Zeile 17 und 18 von unten anstatt halben lies selben und für nicht: nur.

- 478 - 2 von oben anstatt Buniyne lies Bruyne.

- 478 - 11 von oben lies Matoschkin Schar anstatt Metotschkin Chan.

- 479 - 6 von unten anstatt Mouvier lies Mourier.

- 503 - 14 von unten der Name Schmelck findet sich in dem Journale auch Schmelek und Schmelik gedruckt.

p. 504 Zeile 10 von unten anstatt promeable lies permeable.

- 505 - 20 die Arbeit gehört nicht hierher.

- 531 - 4 von oben anstatt Nilquellen lies Nigerquellen.

www.ingramcontent.com/pod-product-compliance
Lightning Source LLC
LaVergne TN
LVHW092123300926
849161LV00002B/208